Verfahrenstechnische Grundlagen
der Lebensmitteltechnik

Verfahrenstechnische Grundlagen der Lebensmitteltechnik

Prozesse und Apparate in der Lebensmittelproduktion

V. M. Lysjanski
W. D. Popow
F. A. Redko
W. N. Stabnikow

Mit 334 Bildern und 14 Tabellen

Springer Fachmedien Wiesbaden GmbH 1983

CIP-Kurztitelaufnahme der Deutschen Bibliothek

Verfahrenstechnische Grundlagen der Lebensmitteltechnik:
Prozesse u. Apparate in d. Lebensmittelproduktion / V. M. Lysjanski... [Übers.: Horst-Dieter Tscheuschner... Wiss. Red.: Horst-Dieter Tscheuschner...]. – 1. Aufl.

Einheitssacht.: Processy i apparaty piščevych proizvodst' ⟨dt.⟩
ISBN 978-3-642-88609-6 ISBN 978-3-642-88608-9 (eBook)
DOI 10.1007/978-3-642-88608-9
NE: Lysjanski, Viktor M. [Mitverf.]; EST

© Springer Fachmedien Wiesbaden 1983
Ursprünglich erschienen bei VEB Fachbuchverlag Leipzig, Deutsche Demokratische Republik 1983
Lizenzausgabe für den Dr. Dietrich Steinkopff Verlag Darmstadt
1. Auflage

Gesamtherstellung: IV/10/5 Druckhaus Freiheit Halle

Vorwort zur deutschsprachigen Ausgabe

Die Analyse von Prozessen der Lebensmittelproduktion hat in den letzten 30 Jahren entscheidend zur wissenschaftlichen Fundierung und Optimierung ihrer technologischen Grundprozesse und Produktionsverfahren beigetragen. Im gleichen Maße hat sich die Lebensmitteltechnik als technologische Disziplin entwickelt, die auf der Grundlage verfahrenstechnischer und verarbeitungstechnischer Prinzipien die Gestaltung der technologischen Prozesse der Lebensmittelproduktion in Einheit mit der maschinen- und apparatetechnischen Auslegung der Produktionsmittel zum Inhalt hat. Eine geschlossene Darstellung der wichtigsten verfahrenstechnischen Grundlagen lebensmitteltechnischer Prozesse war in deutscher Sprache bisher in dieser Form nicht verfügbar, was besonders bei der Ausbildung von Ingenieuren für die Lebensmittelproduktion an den Hoch- und Fachschulen als spürbarer Mangel empfunden wurde.
Die Autoren haben bei der Erarbeitung dieses Lehrbuches die Erfahrungen der chemischen Verfahrenstechnik genutzt, um darauf aufbauend die verfahrenstechnischen Grundlagen der Lebensmitteltechnik unter Berücksichtigung der Spezifik der Lebensmittel darzustellen. Die Fülle des zu behandelnden Stoffes im Rahmen eines Lehrbuches machte dennoch klare Beschränkungen erforderlich.
Darüber hinaus fanden sehr stoffspezifische Gebiete, wie Reaktionstechnische Prozesse, Mikrobiologische Prozesse, Sterilisationsprozesse, Garprozesse, Strukturbildungs- und Modifizierungsprozesse keine Aufnahme in diesem Lehrbuch.
In der vorliegenden Form wendet sich dieses Lehrbuch besonders an Studenten der Lebensmitteltechnik und Lebensmitteltechnologie der Hoch- und Fachschulen. Es wird darüber hinaus ein nützlicher Ratgeber für den in der Lebensmittelindustrie, im Lebensmittelanlagenbau und in der Projektierung tätigen Ingenieur sein.
Für die kritischen Hinweise zur deutschsprachigen Ausgabe sei auch an dieser Stelle den Herren Professoren Dr.-Ing. habil. *M. Schubert*, Dresden, und Dr. sc. techn. *E. Manzke*, Berlin, sehr herzlich gedankt. Besonderer Dank gebührt Prof. Dr. techn. nauk. *W. N. Stabnikow* und Prof. *W. N. Lysjanski* für die konkreten Hinweise zur Überarbeitung sowie für die Autorisierung der Übersetzung.

Prof. Dr.-Ing. habil. Horst-Dieter Tscheuschner

Inhaltsverzeichnis

1.	**Einführung**	
1.1.	Stellung des Lehrgebietes in der Ausbildung	13
1.2.	Inhaltsschwerpunkte des Buches	13
1.3.	Grundlegende Gesetze und Prinzipien der Verfahrenstechnik	15
1.3.1.	Gesetze von der Erhaltung der Masse und der Energie	16
1.3.2.	Gesetze vom Gleichgewicht der Systeme	17
1.3.3.	Gesetze der Übertragung und das Prinzip der Triebkraft	18
1.3.4.	Prinzip der Optimierung des Prozeßverlaufs	19
1.3.4.1.	Kontinuität des Prozesses	20
1.3.4.2.	Richtungsbezug sich austauschender Ströme	20
1.3.4.3.	Erneuerung der Phasenkontaktflächen	21
1.3.4.4.	Stufenweise Nutzung von Wärmeträgern	21
1.3.5.	Gesetze der Maßstabsübertragung und Modellierung	21
	Zu empfehlende Literatur	
2.	**Allgemeiner Teil**	
2.1.	Grundlegende physikalische Eigenschaften	22
2.1.1.	Allgemeine Einführung	22
2.1.2.	Besonderheiten einiger physikalischer Eigenschaften der Lebensmittelstoffe	24
2.1.2.1.	Dichte	24
2.1.2.2.	Viskosität	26
2.1.2.3.	Wärmeleitung	28
2.1.2.4.	Spezifische Wärmekapazität	28
2.1.2.5.	Temperaturleitfähigkeit	30
2.1.2.6.	Oberflächenspannung	31
	Zu empfehlende Literatur	
2.2.	Modellierungsmethode zur Untersuchung und Berechnung von Prozessen und Apparaten der Lebensmittelproduktion	32
2.2.1.	Vorbemerkungen	32
2.2.2.	Methoden der Modellierung	32
2.2.3.	Grundtheoreme der Ähnlichkeit	36
2.2.3.1.	Erstes Ähnlichkeitstheorem	37
2.2.3.2.	Zweites Ähnlichkeitstheorem	40
2.2.3.3.	Drittes Ähnlichkeitstheorem	42
2.2.3.4.	Grundregeln der Modellierung	43
2.2.3.5.	Einige wichtige Ähnlichkeitskriterien	45
2.2.3.6.	Regeln der Anwendung verallgemeinerter Gleichungen	47
	Zu empfehlende Literatur	
2.3.	Grundlagen des rationellen Apparatebaus	49

2.3.1.	Forderungen an die Apparate	49
2.3.1.1.	Technologische Forderungen	49
2.3.1.1.1.	Funktionsbezogenheit des Apparates	49
2.3.1.1.2.	Hohe Arbeitsintensität des Apparates	50
2.3.1.1.3.	Beständigkeit des Apparatewerkstoffes gegen Korrosion	50
2.3.1.1.4.	Geringer Energieverbrauch	50
2.3.1.1.5.	Zugänglichkeit für Besichtigung, Reinigung und Reparatur	50
2.3.1.2.	Forderungen der Sicherheitstechnik, Ergonomie	50
2.3.1.3.	Konstruktive und ästhetische Forderungen	51
2.3.1.4.	Ökonomische Forderungen, Hinweise zur Optimierung bei der Projektierung	52
2.3.2.	Werkstoffe zur Herstellung von Apparaten und ihre Auswahl	52
2.3.2.1.	Chemische Beständigkeit der Werkstoffe	53
2.3.2.2.	Schutz von Metallen gegen Korrosion durch Schutzschichten, Imprägnierung	54
2.3.2.3.	Elektrochemischer Schutz der Metalle	55
	Zu empfehlende Literatur	
3.	**Mechanische und hydraulische Prozesse**	
3.1.	Zerkleinerung	57
3.1.1.	Klassifizierung der Zerkleinerungsverfahren	57
3.1.2.	Zerkleinerungstheorie	58
3.1.3.	Allgemeine Anforderungen an die Zerkleinerung	60
3.1.4.	Aufbau und Arbeitsweise der Haupttypen von Zerkleinerungsmaschinen	60
3.1.4.1.	Backenbrecher	62
3.1.4.2.	Walzenzerkleinerungsmaschinen	64
3.1.4.3.	Hammermühlen	66
3.1.4.4.	Scheibenmühlen	67
3.1.4.5.	Kugelmühlen	68
3.1.4.6.	Strahlmühlen	69
3.1.4.7.	Kolloidmühlen	70
3.1.5.	Schneiden	71
	Zu empfehlende Literatur	
3.2.	Sortierung (Klassifizierung)	74
3.2.1.	Trennung der Teilchen nach Größe und Form (Sieben)	74
3.2.1.1.	Siebe	74
3.2.1.2.	Siebanalyse	76
3.2.1.3.	Wirkungsgrad eines Siebes	77
3.2.1.4.	Klassifizierung der Siebmaschinen	77
3.2.1.5.	Trieure	78
3.2.2.	Trennung nach der Sinkgeschwindigkeit der Teilchen	79
3.2.3.	Magnetseparatoren	79
3.2.3.1.	Separatoren mit Permanentmagneten	80
3.2.3.2.	Separatoren mit Elektromagneten	80
3.2.4.	Sonstige Trennmethoden	81
	Zu empfehlende Literatur	
3.3.	Druckbehandlung von Materialien der Lebensmittelproduktion (Pressen)	82
3.3.1.	Theoretische Ansätze der Druckbehandlung	83
3.3.1.1.	Abpressen von Flüssigkeiten	83
3.3.1.2.	Formen plastischer Materialien	85
3.3.1.3.	Pressen (Brikettieren)	86
3.3.2.	Maschinen für Druckbehandlung	88
3.3.2.1.	Pressen zum Abtrennen von Flüssigkeiten und hydraulische Pressen	89
3.3.2.2.	Pressen zum Formen plastischer Massen	91
3.3.2.3.	Pressende (brikettierende) Maschinen	94
	Zu empfehlende Literatur	

3.4.	Mischen	95
3.4.1.	Mischen im flüssigen Medium	95
3.4.1.1.	Mechanisches Mischen	95
3.4.1.2.	Strömungsmischen	103
3.4.1.3.	Pneumatisches Mischen	104
3.4.1.4.	Bewertung der Effektivität des Mischens	105
3.4.2.	Mischen von Schüttgütern	106
3.4.3.	Mischen von plastischen Massen	108
	Zu empfehlende Literatur	
3.5.	Trennen inhomogener Systeme	109
3.5.1.	Prozesse, bei denen sich disperse Systeme bilden	109
3.5.1.1.	Mechanische Prozesse	109
3.5.1.2.	Wärmeprozesse	109
3.5.1.3.	Chemische Prozesse	109
3.5.1.4.	Diffusionsprozesse	110
3.5.1.5.	Biologische Prozesse	110
3.5.2.	Klassifizierung der dispersen Systeme	110
3.5.3.	Methoden zur Trennung disperser Systeme	111
3.5.4.	Abscheidegrad	113
	Zu empfehlende Literatur	
3.6.	Absetzen (unter dem Einfluß von Kraftfeldern)	114
3.6.1.	Absetzen im Gravitationsfeld (Sedimentieren)	114
3.6.1.1.	Ableitung der Grundgleichungen	114
3.6.1.2.	Der Einfluß der Teilchenform und der Konzentration der Suspension	118
3.6.1.3.	Periodisch arbeitende Absetzer	119
3.6.1.4.	Halbkontinuierlich arbeitende Absetzer	120
3.6.1.5.	Kontinuierlich arbeitende Absetzer	122
3.6.2.	Absetzen im Zentrifugalfeld	126
3.6.2.1.	Grundlegende Gesetzmäßigkeiten des Absetzens im Zentrifugalfeld	126
3.6.2.2.	Absetzzentrifugen	131
3.6.2.3.	Tellerseparatoren	132
3.6.3.	Zyklone	135
3.6.3.1.	Wirkungsweise	135
3.6.3.2.	Aerozyklone	136
3.6.3.3.	Hydrozyklone	139
3.6.4.	Elektrosedimentation	142
3.6.4.1.	Allgemeine Voraussetzungen	142
3.6.4.2.	Physikalische Grundlagen der Elektrosedimentation	144
3.6.4.3.	Arbeitsweise eines Elektrofilters	145
3.6.4.4.	Berechnung von Elektrofiltern	147
	Zu empfehlende Literatur	
3.7.	Filtration	148
3.7.1.	Einteilung der Filtrationsprozesse	148
3.7.2.	Theorie der Filtration mit Filterkuchenbildung	149
3.7.3.	Filtrationsregime	153
3.7.3.1.	Filtration bei konstantem Druck	153
3.7.3.2.	Filtration mit konstanter Filtrationsgeschwindigkeit	155
3.7.4.	Grundlagen der Filtration ohne Filterkuchenbildung (Verstopfungsfiltration)	157
3.7.5.	Filterapparate	159
3.7.5.1.	Filterapparate mit diskontinuierlicher Betriebsweise	159
3.7.5.2.	Kontinuierlich arbeitende Filterapparate	164
3.7.6.	Berechnung von Filtern	168
3.7.7.	Zentrifugalfiltration	168
3.7.7.1.	Mechanismus der Zentrifugalfiltration	168
3.7.7.2.	Filterzentrifugen mit periodischer und kontinuierlicher Betriebsweise	170

3.7.7.3.	Bestimmung der Antriebsleistung von Filterzentrifugen	171
	Zu empfehlende Literatur	
3.8.	Fragen der angewandten Strömungstechnik	176
3.8.1.	Strömungsstruktur in kontinuierlichen Apparaten	176
3.8.2.	Hydrodynamik der Wechselwirkungen zwischen Gas (Dampf) und Flüssigkeit	177
3.8.2.1.	Fließen von Flüssigkeitsfilmen (Prozeßmechanismus)	178
3.8.2.2.	Fließen von Flüssigkeit und Gas durch Füllkörperschüttungen	179
3.8.2.3.	Hydraulischer Widerstand von Füllkörperschichten	183
3.8.2.4.	Versprühen von Flüssigkeiten	184
3.8.2.5.	Pneumatisches Rühren	186
3.8.2.6.	Fließen zweiphasiger Systeme in Kanälen	189
3.8.3.	Wirbelschicht	190
	Zu empfehlende Literatur	
4.	**Wärmeübertragungsprozesse**	
4.1.	Grundlagen der Wärmeübertragung in Lebensmittelapparaten	192
4.1.1.	Allgemeines	192
4.1.2.	Grundlegende Gleichungen für die Wärmeübertragung	194
4.1.3.	Verteilung des gesamten thermischen Widerstandes	198
4.1.4.	Berechnung der Wärmeträgertemperaturen und der mittleren treibenden Temperaturdifferenz	200
4.1.5.	Bestimmung von Wärmeübergangskoeffizienten	202
4.1.6.	Berechnung von Wärmedurchgangskoeffizienten	208
	Zu empfehlende Literatur	
4.2.	Vorwärmer und Kühler in der Lebensmittelindustrie	212
4.2.1.	Beschreibung und Einsatz der Apparate	212
4.2.2.	Auswahl der Ausführungsform von Wärmeübertragern	218
4.2.3.	Grundlagen für die Berechnung von Oberflächen-Wärmeübertragern	220
	Zu empfehlende Literatur	
4.3.	Eindampfen	231
4.3.1.	Eindampfprozeß	231
4.3.2.	Grundlagen der Prozeßtheorie von Verdampferanlagen	239
4.3.3.	Wärmetechnische Berechnung	254
4.3.4.	Apparatetypen und Auswahl von Verdampferanlagen	260
	Zu empfehlende Literatur	
4.4.	Kondensation	266
4.4.1.	Allgemeines	266
4.4.2.	Oberflächenkondensatoren	266
4.4.3.	Mischkondensatoren	271
	Zu empfehlende Literatur	
5.	**Stoffübergangsprozesse**	
5.1.	Grundlagen der Stoffübertragung	279
5.1.1.	Einteilung der Stoffübergangsprozesse	279
5.1.2.	Möglichkeiten für die Angabe der Phasenzusammensetzung	285
5.1.3.	Phasengleichgewicht	286
5.1.4.	Stoffbilanz für den Stoffübergangsprozeß	288
5.1.5.	Der Mechanismus der Stoffübertragung	290
5.1.6.	Molekulare Diffusion	291
5.1.7.	Stoffübergang	293
5.1.8.	Stoffübertragung in einem System ohne Feststoff	294

5.1.9.	Stoffübertragung in Systemen mit einer festen Phase	300
	Zu empfehlende Literatur	
5.2.	Trocknung und Befeuchtung von Gasen	304
5.2.1.	Zustandsgrößen feuchter Luft	304
5.2.2.	Zustandsdiagramm für feuchte Luft nach *L. K. Ramzin*	308
5.2.3.	Darstellung einfacher Zustandsänderungen feuchter Luft	311
5.2.4.	Wärmeübergang zwischen Wasser und feuchter Luft	313
5.2.5.	Wärme- und Stoffübergang in Wärmeübertragern mit direktem Kontakt zwischen Luft und Wasser	316
	Zu empfehlende Literatur	
5.3.	Trocknung fester Stoffe	320
5.3.1.	Entfeuchtungsmethoden.	320
5.3.2.	Allgemeine Merkmale des Trocknungsprozesses	320
5.3.3.	Bedeutung des Trocknungsprozesses für die Lebensmittelindustrie	321
5.3.4.	Feuchte Stoffe	321
5.3.5.	Kinetik der Trocknung	324
5.3.6.	Grundlagen für die Berechnung von Trocknern	330
5.3.7.	Varianten des Trocknungsprozesses	335
5.3.8.	Ausführung von Trocknern	338
5.3.9.	Spezielle Trocknungsarten	345
	Zu empfehlende Literatur	
5.4.	Sorptionsprozeß	349
5.4.1.	Grundlagen	349
5.4.2.	Absorptionsprozeß	350
5.4.3.	Absorber	356
5.4.4.	Adsorptionsprozeß	361
5.4.5.	Adsorber	365
5.4.6.	Regeneration des Adsorptionsmittels	367
	Zu empfehlende Literatur	
5.5.	Destillation	367
5.5.1.	Grundlagen der Destillationstheorie	368
5.5.2.	Einfache offene Destillation	373
5.5.3.	Gleichgewichtsdestillation	378
5.5.4.	Mehrfache Destillation	380
5.5.5.	Analyse der Arbeit von Rektifikationsanlagen	390
5.5.6.	Stoff- und Wärmebilanzen der Rektifikationsanlagen	393
5.4.7.	Konstruktionen von Rektifikationsanlagen.	395
5.5.8.	Prinzipschemata der Rektifikation von Mehrstoffgemischen	402
5.5.9.	Rektifikationsanlagen mit mehrfacher Ausnutzung der Wärme des Sekundärdampfes	404
5.5.10.	Molekulardestillation	406
	Zu empfehlende Literatur	
5.6.	Kristallisation und Lösen	408
5.6.1.	Einführung	408
5.6.2.	Theoretische Grundlagen der Lösungskristallisation	410
5.6.3.	Technische Anlagen zur Kristallisation aus Lösungen	422
5.6.4.	Berechnungsgrundlagen für Kristallisationsanlagen	427
5.6.5.	Theoretische Grundlagen des Lösens	432
	Zu empfehlende Literatur	
5.7.	Extraktion	437
5.7.1.	Fest-Flüssig-Extraktion	437
5.7.1.1.	Physikalisches Wesen des Prozesses	437
5.7.1.2.	Faktoren, die den Diffusionswiderstand beim Stofftransport innerhalb der Feststoffteilchen bestimmen	438

5.7.1.3.	Faktoren, die den äußeren Diffusionswiderstand bestimmen	440
5.7.1.4.	Einfluß der Relativbewegung der Phasen und des Massenstromverhältnisses auf den Prozeß	441
5.7.1.5.	Prozeßberechnung	443
5.7.1.6.	Möglichkeiten zur Intensivierung des Extraktionsprozesses.	447
5.7.1.7.	Maschinen und Apparate für die Feststoffextraktion	448
5.7.2.	Flüssig-Flüssig-Extraktion	455
5.7.2.1.	Wesen des Prozesses	455
5.7.2.2.	Besonderheiten der Dreiecksdiagramme	456
5.7.2.3.	Phasengleichgewichtskurve im Dreiecksdiagramm	457
5.7.2.4.	Extraktionsmethoden	459
5.7.2.5.	Anlagen für die Flüssigkeitsextraktion	463
	Zu empfehlende Literatur	
	Sachwortverzeichnis	466

1. Einführung

In einer Zeit, da die Wissenschaft als unmittelbare Produktivkraft immer mehr hervortritt, sind nicht mehr Einzelerkenntnisse, so glanzvoll sie auch sein mögen, sondern ein hohes wissenschaftlich-technisches Niveau der gesamten Produktion das wichtigste. Die wissenschaftlich-technische Revolution bewirkte eine grundlegende Umgestaltung der technischen Basis der Produktion. Vor den Werktätigen aller Zweige, darunter auch denen der Lebensmittelproduktion, steht eine Aufgabe von historischer Bedeutung, die Errungenschaften der wissenschaftlich-technischen Revolution mit den Vorzügen des Sozialismus organisch zu verbinden.
Zur Lösung dieser Aufgabe ist die Intensivierung der technologischen Prozesse, die Schaffung vollkommenerer Konstruktionen, die volle Mechanisierung und Automatisierung der Produktionsprozesse unerläßlich.
Diesem Anliegen ist das vorliegende Werk gewidmet.

1.1. Stellung des Lehrgebietes in der Ausbildung

Das Studium des Lehrgebietes setzt Grundkenntnisse auf dem Gebiet der theoretischen und der angewandten Mechanik, der Strömungsmechanik, der Thermodynamik und der physikochemischen Grundlagen voraus. Das Lehrgebiet ist eine wesentliche Basis zum Studium der speziellen Verfahren und Ausrüstungen der Lebensmittelproduktion.
Es enthält die theoretischen Grundlagen der Prozesse sowie die grundlegenden Berechnungsmethoden von Ausrüstungen. Auf diese Weise vertieft das Buch die verfahrenstechnische Bildung von Ingenieuren der Lebensmitteltechnik.

1.2. Inhaltsschwerpunkte des Buches

Die Gesamtheit in Wechselwirkung stehender Dinge wird *System* genannt. Die Veränderung des Zustandes eines beliebigen Systems, seine unaufhörliche Bewegung und Entwicklung, die in der Natur, im Laboratorium und in der Gesellschaft vor sich gehen, nennt man *Prozeß*.[1]
Unter *Technologie* versteht man die *Wissenschaft* von den naturwissenschaftlich-technischen Gesetzmäßigkeiten der materiell-technischen Seite des Produktionsprozesses und ihrer bewußten Anwendung durch die Menschen. Ihr Gegenstand sind die industriellen Verfahren zur Herstellung materieller Produkte mit bestimmten

---

[1] Siehe *F. Engels*, Anti-Dühring

Eigenschaften aus vorhandenen Ausgangsstoffen unter ökonomisch günstigen Bedingungen sowie die dazu benötigten Methoden zur Kennzeichnung der Stoffe. Zur Stoffwirtschaft zählen im wesentlichen die Chemische Industrie, die Baumaterialien-, Brennstoff-, die Leicht- und die Lebensmittelindustrie.

Dabei sind die Prozesse der *Stoffwandlung* der Verfahrenstechnik zugeordnet, die daher die Analyse, Synthese und industrielle Realisierung aller Prozesse der chemischen und biologischen Stoffumwandlung und der physikalischen Stoffänderungen umfaßt, bei denen makrogeometrische Formen keine primäre Bedeutung haben.

Einer der ältesten Zweige der Technologie der Stoffwirtschaft ist die Herstellung von Lebensmitteln. Die Besonderheit der Lebensmitteltechnologie besteht darin, daß in den Lebensmittelbetrieben Rohstoffe pflanzlicher und tierischer Herkunft verarbeitet werden. Deshalb spielen biochemische Prozesse in allen Zweigen der Lebensmittelindustrie eine bedeutende Rolle.

Bei aller Verschiedenartigkeit der technologischen Prozesse kommen viele von ihnen in den einzelnen Zweigen der Lebensmittelindustrie vor. In einem beliebigen Zweig findet man z. B. Mischprozesse, die zur Gewährleistung eines engen Kontaktes zwischen reagierenden Stoffen notwendig sind. In der Zucker-, Spirituosen-, Süßwarenindustrie und in vielen anderen Zweigen wendet man zur Erhöhung des Trockensubstanzanteils im Gut das Eindampfen an.

Andererseits gibt es Prozesse, die für jeweils bestimmte Zweige spezifisch sind.

So können die Prozesse der Lebensmittelproduktion in Grundprozesse und Spezialprozesse unterteilt werden. Das Buch verfolgt das Ziel, die Prozesse unabhängig von dem Zweig, in dem sie angewendet werden, zu betrachten. So wird das Mischen beispielsweise vom allgemeinen Standpunkt dargelegt, aber nicht aus der Sicht seiner konkreten Anwendung in der Zucker- oder Brennereiindustrie. Der Vorteil eines solchen Herangehens an die Untersuchung der Prozesse ist der, daß der Lernende Kenntnisse erhält von den allgemeinen Gesetzmäßigkeiten des Prozeßablaufs, die sich auf die Gesetze der Mechanik, der Hydrodynamik, der Thermodynamik und anderer Grundlagendisziplinen stützen.

Die Verfahrenstechnik entstand am Ende des vorigen Jahrhunderts fast gleichzeitig in einer Reihe von Ländern.

Im Jahre 1893 sprach der Züricher Professor *G. Lunge* die Erkenntnis aus, daß man Herstellungsverfahren der Gebrauchsgüterindustrie, so verschieden die Einsatzmaterialien auch sind, auf gemeinsame Grundlagen zurückführen kann. Eine andere Quelle schreibt diese Erkenntnis den Forschern *Davis* und *Armstrong* zu.

In Rußland legte *D. I. Mendelejew* in seinem 1897 erschienenen Buch „Grundlagen des Fabrikwesens" die Prinzipien einer Ausbildung in der Verfahrenstechnik dar und gab eine Klassifizierung der Prozesse der chemischen Technologie an. Diese Ideen wurden von *A. K. Krupski*, *I. A. Tistschenko* und einer Reihe anderer Wissenschaftler weiterentwickelt.

Die Notwendigkeit der Untersuchung allgemeiner Gesetzmäßigkeiten der einzelnen technologischen Prozesse unterstrich schon 1909 einer der Begründer der Verfahrenstechnik, der Professor an der Petersburger Hochschule, *A. K. Krupski*, in seinem Buch „Anfangsgründe der Lehre vom Projektieren der chemischen Technologie", indem er schrieb: „In dem weiten Feld der Lehre von der chemischen Technologie ist der Weg der Verallgemeinerung der erfolgreichste und fruchtbarste, sowohl was das System der Darstellung betrifft, als auch sein Ziel, dem technischen Verständnis eine Richtung zu geben, die die Herausbildung eines bewußten Gestaltens gewährleistet".

1909 formulierte *A. K. Krupski* in der schon erwähnten Arbeit die grundsätzlichen Ideen der Verfahrenstechnik.

Das erste Lehrbuch in Rußland war „Grundprozesse und Apparate der chemischen Technologie" von *I. A. Tistschenko* und erschien 1913. Er schrieb darin: „Der Aus-

gangspunkt der heutigen Situation der angewandten Chemie an den Technischen Hochschulen ist die Spezialisierung der Lernenden auf einzelne, enge Gebiete der chemischen Technologie ... Die Aufmerksamkeit der Studenten wird mehr und mehr von den allgemeinen Grundlagen abgelenkt, auf denen die hauptsächlichen bzw. technologischen Operationen beruhen."
Das Konzept der „unit operations" wurde von dem amerikanischen Wissenschaftler *A. D. Little* 1915 umfassend und konkret ausgearbeitet.
Einen beachtlichen Beitrag leisteten in der Vergangenheit auch folgende amerikanische, englische, polnische, tschechoslowakische, bulgarische, ungarische und deutsche Wissenschaftler: *Louis, Walker, Butcher, Sherwood, Gilliland, Richardson, Coulson, Zibarowski, Swentoslawski, Ziulkowski, Schteidl, Ilijew, Benedeck, László, Kirschbaum, Erdmenger* und *Kiesskalt*.
In der Entstehungszeit der Grundkonzeption dieses Buches wurde sein Inhalt in vier grundlegende Gruppen von Prozessen aufgeteilt und diese untersucht: mechanische, hydrodynamische, thermische und Stoffaustauschprozesse.
Zu den *mechanischen* gehören die Prozesse, deren Grundlage die mechanische Einwirkung auf die Stoffe ist (Zerkleinern, Sortieren, Pressen ...). Triebkraft dieser Prozesse sind der mechanische Druck, die Zentrifugalkraft usw.
Zu den *hydrodynamischen* Prozessen gehören diejenigen, deren Grundlage die Bewegung in flüssigen und gasförmigen Systemen ist (Mischen, Filtern, Absetzen ...). Triebkräfte sind der hydrostatische und der hydrodynamische Druck.
Zu den *thermischen* Prozessen gehören die, deren Grundlage Veränderungen des Wärmezustandes der Medien sind, die am Prozeß teilnehmen (Erhitzen, Abkühlen, Eindampfen, Kondensieren, Kälte erzeugen). Triebkraft ist der Temperaturunterschied zweier Medien.
Zu den *Stoffaustauschprozessen* gehören die, deren Grundlage der Stoffaustausch zwischen den Phasen ist (Adsorbieren und Absorbieren, Extrahieren, Trocknen, Kristallisieren, Destillieren). Triebkraft ist der Konzentrationsunterschied in verschiedenen Phasen.
In diesem Buch werden nicht nur Prozesse, sondern auch die Ausrüstungen betrachtet, in denen ein technologischer Prozeß vor sich geht. Meist sind die Ausrüstungen Gefäße, die teilweise mit verschiedenen mechanischen Einrichtungen versehen sind. Man nennt sie Apparate.
Einige der betrachteten Ausrüstungen sind jedoch typische Arbeitsmaschinen, z. B. Mühlen.

1.3. Grundlegende Gesetze und Prinzipien der Verfahrenstechnik

Die technologischen Prozesse der Lebensmittelproduktion verlaufen in Übereinstimmung mit den allgemeinen Gesetzen der Chemie, Physik und Physikochemie. Die Anwendung dieser Gesetze gestattet es, eine Theorie des Prozesses zu begründen. Bei der Betrachtung von Prozessen der chemischen Technologie unterscheidet man grundlegende Verallgemeinerungen, Gesetze und Prinzipien, die in den folgenden Darlegungen auf konkrete Prozesse angewendet werden:

- Gesetze von der Erhaltung der Masse und der Energie,
- Gesetz vom Gleichgewicht der Systeme,
- Gesetz der Übertragung und Prinzip der Triebkraft,
- Prinzip der Optimierung des Prozeßverlaufs,
- Prinzip der Maßstabsübertragung und der Modellierung.

1.3.1. Gesetze von der Erhaltung der Masse und der Energie

Die von *Lomonossow, Lavoisier, Mayer* und *Joule* aufgestellten Gesetze von der Erhaltung der Masse und der Energie spielen in der Verfahrenstechnik eine grundlegende Rolle. Sie legen fest, daß in der Natur und in der Technik nur solche Umwandlungen vor sich gehen, bei denen Masse und Energie innerhalb eines Systems unveränderlich bleiben. In der Verfahrenstechnik drücken sich diese Gesetze in Form von Stoff- und Energiebilanzen aus.

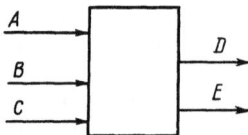

Bild (1./1). Schema einer Stoffbilanz

Es wird angenommen, daß in einem Apparat (Bild 1./1) ein beliebiger Prozeß abläuft. In diesen Apparat gelangen die am Prozeß teilnehmenden Komponenten A, B und C, das können Gase, Dämpfe, Flüssigkeiten oder Feststoffe sein. Nach Ablauf des Prozesses im Apparat erhält man die Stoffe D und E. Die Gesamtmasse der eintretenden Stoffe kann weder größer noch kleiner sein als die der austretenden. Das geht aus dem Satz von der Erhaltung der Masse hervor.
Aus dem Dargelegten folgt die Gleichung

$$m_A + m_B + m_C = m_D + m_E, \tag{1./1}$$

wobei m_A, m_B, m_C, m_D und m_E die Massen der Komponenten A, B, C, D und E darstellen.
Die Gleichung trägt die Bezeichnung *Stoffbilanz*.

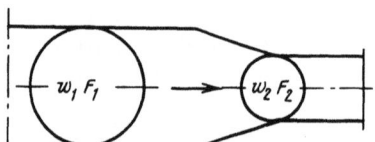

Bild (1./2). Die Kontinuität des Stromes fließender Systeme

Für Systeme, die sich in Bewegung befinden (fließende Systeme), wird das Gesetz von der Erhaltung der Masse durch die *Kontinuitätsgleichung* dargestellt. Für zwei Querschnitte A_1 und A_2 eines Apparates (Bild 1./2), in denen die Fließgeschwindigkeiten W_1 und W_2 betragen, gilt die Kontinuitätsgleichung (bei konstanter Dichte).

$$A_1 \cdot W_1 = A_2 \cdot W_2. \tag{1./2}$$

Jeder Stoff, der in den Apparat eintritt, ist Träger eines bestimmten Energiebetrages. Es wird angenommen, daß sich diese Energie in thermischen Einheiten ausdrückt. Außerdem soll dem Apparat von außen die Energie Q_n, z. B. in Form elektrischer Beheizung, zugeführt werden. Im Ergebnis des Prozesses, der in dem Apparat abläuft, soll außerdem eine bestimmte Wärmemenge Q_i entstehen.
Bei der Durchführung des Prozesses wird der Teil Q_V als Verlustwärme an die Umgebung abgegeben (Bild 1./3). Auf der Grundlage des Gesetzes von der Erhaltung der Energie kann man schreiben:

$$Q_A + Q_B + Q_C + Q_i + Q_n = Q_D + Q_E + Q_V \tag{1./3}$$

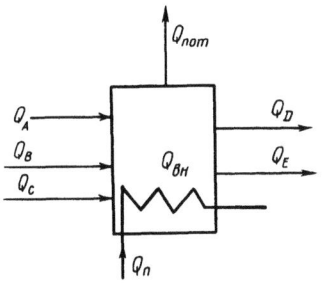

Bild (1./3). Schema einer Energiebilanz
Q_A, Q_B und Q_C durch die Komponenten A, B und C eingebrachte Wärmemengen
Q_D und Q_E mit den Komponenten D und E abgeführte Wärmemengen
Q_V an die Umgebung abgegebene Verlustwärme
Q_n von außen zugeführte Wärmemenge
Q_i im Prozeß entstehende Wärmemenge

Gleichung (1./3) ist eine *Energiebilanzgleichung*. Meist stellt sie eine Wärmebilanzgleichung dar, die man gut graphisch darstellen kann. In Bild (1./4) ist der Wärmeinhalt aller Komponenten durch den Wärmestrom dargestellt. Dabei stellt die Breite des Stroms von A, B, C, D, E und n im bestimmten Maßstab die Größe des Wärmeinhalts der Komponenten dar. Die graphische Darstellung in Bild (1./4) ist auf den Fall bezogen, daß $Q_i = 0$. Es ist offensichtlich, daß die summierte Breite der Ströme von A, B und C der von D, E und n gleich ist. Die Stoff- und Energiebilanzgleichungen sind Grundlage der Untersuchung jedes beliebigen technologischen Prozesses.

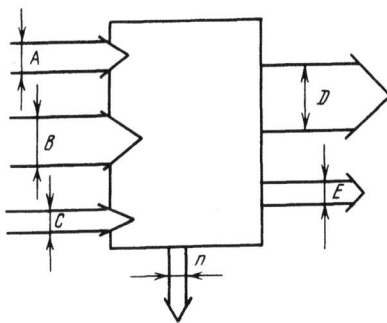

Bild (1./4). Graphische Darstellung einer Wärmebilanz

1.3.2. Gesetze vom Gleichgewicht der Systeme

Der Zustand eines Systems wird wesentlich durch seine Entfernung vom Gleichgewichtszustand bestimmt.
Systeme, die sich im Gleichgewicht befinden, ändern ihren Zustand in Abhängigkeit von der Zeit nicht. Solche Systeme sind z. B. isotrope Systeme (Gas, Flüssigkeit), bei denen Druck und Temperatur in allen Volumenteilen gleich sind.
Um ein solches System aus dem Gleichgewichtszustand herauszuführen, ist ein Einfluß von außen notwendig, z. B. durch mechanische oder thermische Einwirkung. Bei ingenieurtechnischen Aufgaben ist eine der wichtigsten Fragen die, in welche Richtung das Gleichgewicht dem äußeren Einfluß ausweicht. Untersuchungen dieser Art bedienen sich der zwei Hauptsätze der Thermodynamik – dem Prinzip von *Le Chatelier* und der *Gibbs*schen Phasenregel.
Entsprechend dem Prinzip von *Le Chatelier* gehen in dem aus dem Gleichgewichtszustand herausgeführten System Veränderungen vor sich, deren Wirkung der das Gleichgewicht verschiebenden Kraft entgegengesetzt wird. Wendet man das *Le Chatelier*sche Prinzip auf konkrete Prozesse an, kann man feststellen, welche Para-

meter zu verändern sind, um die für einen Herstellungsprozeß notwendigen Veränderungen im Systemzustand hervorzurufen.

Die *Gibbs*sche Phasenregel drückt den Zusammenhang zwischen der Zahl der Komponenten K eines Systems, der Zahl der Phasen f und der Zahl der Freiheitsgrade S des Systems aus.

$$S = K - f + 2 \qquad (1./4)$$

Die Phasenregel gestattet es, die Zahl der Veränderlichen festzustellen, die das Gleichgewicht des Systems bestimmen, d. h. die frei gewählt werden können. Solche Veränderliche können Druck, Temperatur und Konzentration der Komponenten des Systems sein.

1.3.3. Gesetze der Übertragung und das Prinzip der Triebkraft

Zur Intensivierung der Produktion ist es notwendig, die technologischen Prozesse mit möglichst großer Geschwindigkeit ablaufen zu lassen. Die Kinetik vieler Prozesse ist ungenügend untersucht, ihre Ablaufgeschwindigkeit kann man jedoch heute mit ausreichender Genauigkeit bestimmen. Bei der Betrachtung verschiedener Prozesse (hydrodynamische Prozesse oder Wärme- und Stoffaustausch) konnte festgestellt werden, daß ihre kinetischen Gleichungen analog sind.

Für thermische Prozesse hat die kinetische Gleichung, wie sie aus der Thermokinetik bekannt ist, folgendes Aussehen:

$$\frac{dQ}{A\,dt} = K\Delta T = \frac{1}{R}\Delta T, \qquad (1./5)$$

Q Wärmemenge in kJ
A Wärmeaustauschfläche in m^2
t Zeit in s
ΔT Triebkraft des Wärmeübergangsprozesses, Temperaturdifferenz in K
K Koeffizient des Wärmedurchgangs in W m^{-2} K^{-1}
$R = 1/K$ Wärmeübergangswiderstand, Kehrwert von K

Für Stoffaustauschprozesse hat die kinetische Gleichung das analoge Aussehen:

$$\frac{dm}{A\,dt} = K'\Delta C = \frac{1}{R'}\Delta C \qquad (1./6)$$

dm die Masse des in der Zeiteinheit dt übertragenen Stoffes in kg
A die Stoffaustauschfläche in m^2,
t Zeit in s
ΔC Triebkraft des Stoffübertragungsprozesses, Konzentrationsdifferenz in kg/m^3
K' Koeffizient der Stoffübertragungsintensität in $\dfrac{\text{kg}}{\text{m}^2 \cdot \text{s} \cdot \text{kg/m}^3}$;
$R' = 1/K'$ Stoffübertragungswiderstand, Kehrwert von K'

Für hydrodynamische Prozesse, z. B. die Filtration, kann die kinetische Gleichung in folgender Form geschrieben werden:

$$\frac{dV}{A dt} = \frac{1}{R_h} \Delta p = k_h \Delta p \tag{1./7}$$

V Filtratvolumen in m³
A Filteroberfläche in m²
Δp Triebkraft des Prozesses, Druckdifferenz in Pa
R_h hydraulischer Filterwiderstand in Pa·m²·s/m³
k_h Übergangskoeffizient des Filtermittels, zu K bzw. K' analoge Größe

Es können also alle betrachteten kinetischen Gleichungen auf die einheitliche Form

$I = l \cdot X$ zurückgeführt werden.

I Ablaufgeschwindigkeit des Prozesses
X Triebkraft des Prozesses, immer durch die Differenz von Größen (Druck, Temperatur, Konzentration) dargestellt
l Übergangskoeffizient, skalare Größe, die für den betrachteten Prozeß charakteristisch ist und den Kehrwert des Übergangswiderstandes darstellt

Auf die allgemeinen Gesetzmäßigkeiten, die die Einheit der materiellen Welt widerspiegeln, verwies *W. I. Lenin*: „Die Einheit der Natur läßt sich in der ‚offensichtlichen Analogie' der Differentialgleichungen beobachten, die zu verschiedenen Klassen von Erscheinungen gehören". Diese Aussage *Lenins* illustriert überzeugend die Gesetze der Kinetik technologischer Prozesse.
Die Analyse der kinetischen Gleichungen zeigt auf das allgemeine Prinzip der Prozeßintensivierung; um die Prozeßgeschwindigkeit zu erhöhen, muß die Triebkraft verstärkt und der Widerstand verkleinert werden.
Die Triebkraft ist bei der Betrachtung jedes beliebigen Prozesses entscheidend. Sie stellt einen Potentialunterschied dar, der für jeden Prozeß charakteristisch ist. Die Triebkraft eines Prozesses kann aus zwei Größen bestehen, wenn sich der Prozeß unter dem Einfluß von zwei Faktoren, z. B. Diffusion und Wärmeübergang, entwickelt. In diesem Fall steht der Prozeß unter dem Einfluß der zahlenmäßigen Größe sowohl von ΔC als auch von Δt. Ein solcher Fall wird unter Abschn. 5.3. betrachtet.
Die Einheit der kinetischen Gleichungen hydromechanischer Prozesse und der des Stoff- und Wärmeaustauschs bezeichnet man als *Dreifachanalogie*.

1.3.4. Prinzip der Optimierung des Prozeßverlaufs

Im Buch „Materialien und Prozesse der chemischen Technologie" schrieb Akademiemitglied *D. P. Konowolow*: „Eine der Hauptaufgaben der chemischen Technologie, die sie von der (reinen) Chemie unterscheidet, ist die Bestimmung des günstigsten Verlaufs einer Operation und ihrer Projektierung entsprechend den industriellen Apparaten und mechanischen Ausrüstungen".
Bei der Gestaltung eines beliebigen Prozesses bestehen immer mehrere Lösungsvarianten. Eine davon ist die zweckmäßigste. Die Auswahl dieser zweckmäßigsten Variante des Prozeßablaufs bezeichnet man als *Optimierung*.

Als Kriterium der Optimierung wird häufig das Minimum an Zeit und Aufwendungen für die Herstellung des Produkts gewählt. Dieses Kriterium ist aber auch verbunden mit den Kosten für Energie, Arbeitskraft und Material, wodurch es eine gewisse Unbeständigkeit erhält. Optimierung führt zur Auffindung des günstigsten Kompromisses zwischen den Werten der Parameter, die den Prozeß gegenläufig beeinflussen. Ein Minimum an Kosten wird durch die Auswahl eines zweckmäßigen Prozeßverlaufs und einer ebensolchen apparatetechnischen Durchführung erreicht. Jeder Prozeß fordert individuelles Herangehen, jedoch gibt es einige allgemeine, universelle Lösungen, die im folgenden Text dargestellt werden.

1.3.4.1. Kontinuität des Prozesses

Die Prozesse werden unterteilt in *kontinuierliche* und *periodische*. Historisch gesehen, kommen die periodischen vor den kontinuierlichen. Das wird meistens mit dem kleineren Umfang der früheren Produktion erklärt, denn beim Übergang zur Großproduktion beobachtet man eine starke Tendenz zu kontinuierlichen Prozessen. Schon *D. I. Mendelejew* verwies auf diesen Umstand und erwähnte folgende Vorteile einer kontinuierlichen Produktion:

Verringerung des Aufwands an menschlicher Arbeit,
verbesserte Material- und Energieökonomie.
Man kann heute hinzufügen:
Verringerte Abmessungen der Ausrüstungen bei gleicher Produktivität,
Erleichterung von Kontrolle und Automatisierung,
Verbesserung des Arbeitsschutzes,
Stabilität des technologischen Ablaufs und der Qualität des erzeugten Produktes.

1.3.4.2. Richtungsbezug sich austauschender Ströme

Bei der Realisierung von Austauschprozessen im kontinuierlichen Strom sind verschiedene Richtungen der in Wechselwirkung tretenden Ströme möglich:

Parallelstrom, Gegenstrom und *Kreuzstrom* (Bild 1./5).

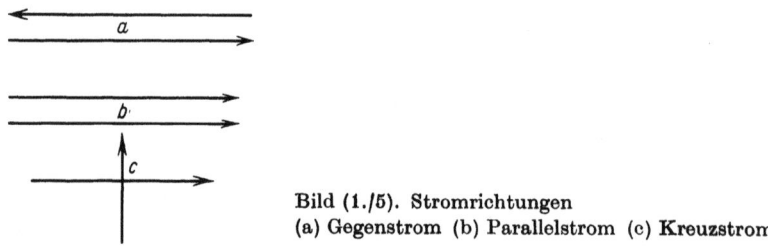

Bild (1./5). Stromrichtungen
(a) Gegenstrom (b) Parallelstrom (c) Kreuzstrom

Eine Analyse des Wärme- und Stoffaustauschs im kontinuierlichen Strom zeigt, daß in der Regel der Gegenstrom den günstigsten Prozeß erlaubt. Deshalb ist bei Austauschprozessen im kontinuierlichen Strom der im Gegenstromprinzip realisierte optimal.

1.3.4.3. Erneuerung der Phasenkontaktflächen

Bei Austauschprozessen verläuft der Austausch um so intensiver, je enger der Kontakt der sich austauschenden Medien ist und je öfter vorher nicht in Kontakt gewesene Elemente des Mediums aufeinandertreffen. Deshalb ist bei der Konstruktion von Ausrüstungen für den Stoff- und Wärmeaustausch diejenige Variante optimal, die eine *turbulente* Arbeitsweise vorsieht und eine *maximale* Durchdringung der sich berührenden Medien bei kontinuierlicher Erneuerung der Kontaktflächen gewährleistet.

1.3.4.4. Stufenweise Nutzung von Wärmeträgern

Bei einem bedeutenden Teil der Prozesse in der Lebensmittelproduktion muß Wärmeenergie an das Produkt herangeführt werden. Der verbreitetste Wärmeträger ist dabei Wasserdampf, der die bemerkenswerte Eigenschaft eines nahezu konstanten Wärmeinhalts bei veränderlichem Druck hat. Diese Eigenschaft gestattet es, einen *optimalen Stufenprozeß* mit einer Mehrfachnutzung der Wärme aufzubauen.

1.3.5. Gesetze der Maßstabsübertragung und Modellierung

Beim Entwurf und Betrieb von Apparaturen spielt einer der Grundsätze der Verfahrenstechnik – der Satz vom Einfluß der Abmessungen des Apparates auf den in ihm verlaufenden Prozeß – eine wesentliche Rolle. Da man Untersuchungen von Prozessen und Apparaten aus ökonomischen Erwägungen gewöhnlich an Apparaten kleiner Abmessungen durchführt, muß zur Übertragung der Ergebnisse der Einfluß des Maßstabs beachtet werden. Deshalb sind Prozesse und Apparate notwendigerweise zu modellieren. Die *Theorie der Modellierung* geht aus der Ähnlichkeitstheorie hervor, sie wird in der Verfahrenstechnik in breitem Maße angewendet. Die Ähnlichkeitstheorie, deren Grundlagen unter Abschn. 2. dargelegt sind, gibt Auskunft über die Prinzipien der physikalischen und mathematischen Modellierung von Prozessen und Apparaten. Sie verringert die Aufwendungen, die bei Veränderungen des Maßstabs notwendig werden und vermindern ihren Einfluß auf den Prozeßverlauf.

Zu empfehlende Literatur

Benedek, P.; Laszló, A.: Grundlagen des Chemieingenieurwesens. Leipzig: VEB Deutscher Verlag für Grundstoffindustrie 1965

Wolfkowitsch, C. I.: Die chemische Technologie als Wissenschaft und ihre Aufgaben (russ.). Moskau: Verlag MGU 1961, 33 S.

Stabnikow, W. N.: Entstehen und Entwicklung der Verfahrenstechnik der Lebensmittelproduktion (russ.). Isw. wusow, Pistschewaja technologija 1970, No 2 (75), S. 72 bis 77

Stabnikow, W. N.: D. I. Mendelejew und die Verfahrenstechnik der chemischen Produktion (russ). Im Sammelband „Chimitscheskoje maschinostrojenie" 1970, No 11, S. 50 bis 55

Stabnikow, W. N.: Die Verfahrenstechnik und ihre Stellung zu den anderen Wissenschaften (russ.). Im Sammelband „Pistschewaja promyschlennost", Moskau 1969, Ausg. 10 S. 44 bis 49

Raeuber, H.-J.: Die technologischen Grundverfahren und ihre Systematik (I und II). Die Lebensmittelindustrie *8* (1961) H. 9, S. 278 bis 280 und H. 10, S. 303 bis 305

Autorenkollektiv: Einführung in die Verfahrenstechnik (Band des Lehrwerks Verfahrenstechnik). Leipzig: VEB Deutscher Verlag für Grundstoffindustrie 1973

Tscheuschner, H.-D.; Heidenreich, E.: Die Funktion von Verfahrens- und Verarbeitungstechnik bei der Gestaltung technologischer Verfahren der industriellen Lebensmittelproduktion. Die Lebensmittelindustrie *21* (1974) H. 10, S. 435 bis 439

2. Allgemeiner Teil

2.1. Grundlegende physikalische Eigenschaften

2.1.1. Allgemeine Einführung

Die überwiegende Menge der Lebensmittel wird durch industrielle Verarbeitung pflanzlicher und tierischer Stoffe und Produkte hergestellt.
Grundziele der Verarbeitung von natürlichen Ausgangsstoffen sind:

- Anreichern, Konzentrieren oder Extrahieren von Nährstoffen, die für die menschliche Ernährung wertvoll sind (Zucker aus Rüben, Öl aus Ölsaaten, Mehl aus Getreide u. a.),
- Aufschließen und Aufbereiten der Rohstoffe für den Verzehr (Vermahlen von Getreide, Backen von Brot u. a.),
- Erhöhen der Haltbarkeit für die Lagerung (Konservieren, Pasteurisieren u. a.),
- Erzeugen neuer Lebensmittelstoffe durch Stoffwandlung (Sirupe, Alkohole),
- Erzeugen neuer Lebensmittel mit besonderen ernährungsphysiologischen und sensorischen Eigenschaften (Optimierte Nahrungsmittel, Diäterzeugnisse, Genußmittel u. a.).

Die *Verarbeitung* besteht in der gezielten Veränderung physikochemischer und sensorischer Eigenschaften der Ausgangsstoffe zur Erzeugung von Produkten mit *definierten Eigenschaften*. Die Eigenschaften der Lebensmittel in qualitativer (sensorischer) Hinsicht werden durch Farbe, Geschmack, Geruch, Textur und Form bestimmt. In quantitativer Hinsicht charakterisieren Zahlenwerte physikalischer Parameter sowie die chemische Zusammensetzung die Lebensmittel.
Mit *Parameter* bezeichnet man physikalische Größen, die konstante Werte bei bestimmten definierten Prozeßbedingungen beibehalten und verschiedene, aber reproduzierbare Werte bei anderen Prozeßbedingungen annehmen können.
Man unterscheidet thermodynamische, thermophysikalische, physikochemische, elektrische und andere physikalische Parameter der Stoffe, die für konkrete Berechnungsziele von Apparaten und Maschinen der Lebensmittelproduktion verwendet werden.
Aus der Thermodynamik ist bekannt, daß der Zustand eines reinen chemisch homogenen Stoffes durch drei thermodynamische Parameter charakterisiert wird:

Druck,
spezifisches Volumen,
absolute Temperatur.

Die Parameter sind miteinander durch folgende Zustandsgleichung verbunden:

$$f(p, v, T) = 0 \tag{2.1./1}$$

p Druck in Pa
v spezifisches Volumen in m³/kg
T absolute Temperatur in K

Für Lösungen werden die Zustandsparameter p, v, T durch die Konzentration des gelösten Stoffes ergänzt, die auf verschiedene Art ausgedrückt wird: prozentuales Verhältnis der gelösten Trockensubstanz zur Gesamtmasse der Lösung, Verhältnis der Masse zum Volumen der Lösung usw.
Viele Lebensmittelprodukte stellen *disperse Systeme* dar, wie Suspensionen (Gemisch einer festen dispersen Phase in einer Flüssigkeit, z. B. Zuckerkristalle im Sirup), Emulsionen (z. B. Milch – Gemisch feinverteilten Fettes in einer nicht fettlöslichen Flüssigkeit) und andere.
Für disperse Systeme führt man als Parameter zusätzlich den Volumen- oder Massenanteil der dispersen Phase ein.
Alle übrigen physikalischen Eigenschaften der Stoffe und Systeme werden durch physikalische Parameter als Funktion der Zusammensetzung des Produktes, des Druckes und der Temperatur ausgedrückt. Zu solchen Parametern gehören physikochemische (Koeffizienten der Viskosität, der Oberflächenspannung, der Diffusion), thermophysikalische (Koeffizienten der Wärmeleitung, der Temperaturleitung, der spezifischen Wärmekapazität) und andere. Daten über diese Parameter für chemisch homogene Stoffe, ihrer Gemische und Lösungen werden in der Regel experimentell bestimmt und sind in Nachschlagewerken enthalten.
Die physikalischen Parameter der meisten Lebensmittelprodukte zeichnen sich durch charakteristische Besonderheiten aus, die durch *verschiedene Nebensubstanzen* in der Hauptsubstanz bedingt sind. Auf Gehalt und chemische Zusammensetzung der Nebensubstanzen haben viele Faktoren Einfluß: die Qualität des pflanzlichen Ausgangsrohstoffes, die vom Boden, Klima, von der Düngung, vom Anbauverfahren, dem Arbeitsregime, von der Dauer und den Bedingungen der Rohstofflagerung usw. abhängig ist. Hierdurch bedingt, haben Lebensmittelrohstoffe eine komplizierte und nicht konstante Zusammensetzung der Inhaltsstoffe. Ihre physikalischen Parameter unterliegen deshalb unter Produktionsbedingungen einer bestimmten Variationsbreite. In Nachschlagewerken gibt man deshalb Daten und physikalische Parameter der Produkte für eine bestimmte standardisierte Zusammensetzung an (z. B. für reine Zuckerlösungen oder reine Wasser-Methanol-Mischungen). Die vom Standard abweichenden Eigenschaften der Rohstoffe und Halbfabrikate berücksichtigt man durch die Einführung entsprechender Korrekturfunktionen. Dadurch erhält man die wahrscheinlichsten Zahlenwerte der physikalischen Parameter für die konkreten Produktionsbedingungen des entsprechenden Produktes.
Die Kenntnis der Abhängigkeit der Parameter von den verschiedensten Faktoren, ihre Wechselbeziehungen und die Gesetzmäßigkeit ihrer Veränderung während der Rohstoffbearbeitung haben entscheidende Bedeutung für die Steuerung der technologischen Prozesse und die Herstellung von Produkten mit definierten Eigenschaften. Für den konkreten Prozeß erweisen sich nicht alle, sondern nur bestimmte physikalische Eigenschaften der Rohstoffe und Produkte als wesentlich, die gewöhnlich als *Verarbeitungseigenschaften* bezeichnet werden und in ingenieurmäßigen Berechnungen von Prozessen, Maschinen und Apparaten Berücksichtigung finden.

2.1.2. Besonderheiten einiger physikalischer Eigenschaften der Lebensmittelstoffe

2.1.2.1. Dichte

Als Dichte eines *homogenen Einkomponentenstoffes* bezeichnet man das Verhältnis seiner Masse zur Volumeneinheit:

$$\varrho = \frac{M}{V} \qquad (2.1./2)$$

ϱ Dichte in kg/m³
M Masse in kg
V Volumen in m³

Die Größe, die den Kehrwert der Dichte darstellt (und in m³/kg gemessen wird), bezeichnet man als *spezifisches Volumen*:

$$v = \frac{1}{\varrho} = \frac{V}{M} \qquad (2.1./3)$$

Die Dichte chemisch homogener Stoffe steht in Beziehung mit den thermodynamischen Parametern der Zustandsgleichung (2.1./1) und ist in Nachschlagewerken in Form von Diagrammen und Tabellen (z. B. thermodynamische Tabellen für Wasser und Wasserdampf, Kohlensäure u. a.) dargestellt. Die Dichte von Gasen und Dämpfen ist ungefähr tausendmal geringer als die Dichte von Flüssigkeiten und Festkörpern. Die Dichte *flüssiger Lösungen reiner Stoffe* hängt von der Konzentration des gelösten Stoffes und von der Temperatur der Lösung ab:

$$\varrho = f(C_S, T) \qquad (2.1./4)$$

C_S Konzentration des gelösten trockenen Stoffes in %
T Temperatur der Lösung in K

Die Form der Funktion (2.1./4) ist für jedes Stoffpaar, d. h. Lösungsmittel und gelöster Stoff, individuell. Gewöhnlich ist diese Funktion nichtlinear und wird in Form von Tabellen oder empirischen Formeln angegeben.
Für tabellarische Angaben verwendet man in Abhängigkeit vom Verhältnis der Massen der Komponenten und der Temperaturen die Dichte homogener Mischungen zweier oder mehrerer Flüssigkeiten.
Die Dichte *binärer inhomogener Systeme*, die aus den zwei Komponenten a und b bestehen, beträgt

$$\varrho = \left(\frac{m_a}{\varrho_a} + \frac{m_b}{\varrho_b}\right)^{-1} \qquad (2.1./5)$$

m_a Massenanteil (Konzentration) der Komponente a im Gemisch in kg/kg Gemisch
$m_b = 1 - m_a$ Massenanteil der Komponente b
ϱ_a und ϱ_b entsprechende Dichte der Komponenten a und b in kg/m³

Wenn das inhomogene binäre System aus festen Teilchen der Dichte ϱ_T und einem flüssigen Medium der Dichte ϱ_M besteht, so bestimmt sich die Dichte des Systems ϱ nach der Formel (2.1./5) bei Substitution von ϱ_a durch ϱ_T und ϱ_b durch ϱ_M

$$\varrho = \left(\frac{m_T}{\varrho_T} + \frac{1-m_T}{\varrho_M}\right)^{-1} \qquad (2.1./6)$$

m_T Massenanteil der Teilchen im Gemisch

Der Anteil des Gesamtvolumens des Systems, der von der Flüssigkeit eingenommen wird, beträgt

$$\varepsilon_M = \frac{\varrho_T - \varrho}{\varrho_T - \varrho_M} \qquad (2.1./7)$$

Für Lebensmittelschüttgüter (Getreide, Kristallzucker) ist die *Schüttdichte* charakteristisch, die von der wirklichen Dichte des Materials der Teilchen und den Hohlräumen zwischen ihnen abhängig ist. Sie bestimmt sich nach der Formel

$$\varrho_S = (1 - \varepsilon)\varrho_T \qquad (2.1./8)$$

ϱ_S Schüttdichte des Schüttgutes in kg/m³
ϱ_T wirkliche Dichte des Materials der Teilchen in kg/m³
$\varepsilon = V_H/V_S$ Porosität des Schüttgutes
V_H Volumen der Hohlräume des frei geschütteten Materials in m³
V_S Volumen des frei geschütteten Materials in m³
      wobei $V_S = V_H + V_T$,
      wenn V_T das Volumen der festen Teilchen des Materials ist.

Für ideales Schüttgut, das aus gleichgroßen Kugelteilchen besteht, sind zwei Grenzvarianten der Teilchenpackung möglich: die freie und die dichte.
Bei der *freien Packung*, bei der das Zentrum der sich berührenden Kugeln einen Kubus bildet, gilt

$$\varrho_S = 0{,}523\, \varrho_T \qquad (2.1./9)$$

Bei der *dichten Packung*, bei der das Zentrum der sich berührenden Kugeln einen Rhomboeder bildet, gilt

$$\varrho_S = 0{,}744\, \varrho_T \qquad (2.1./10)$$

Nach Angaben von *G. M. Snamenskij* beträgt für die Mehrzahl der Schüttgüter durchschnittlich

$$\varrho_S = 0{,}576\, \varrho_T \qquad (2.1./11)$$

Als Parameter, der der Stoffdichte analog ist, erweist sich die *Molekularmasse* μ, die man für binäre Mischungen der Stoffe a und b nach der Formel erhält:

$$\mu = \left(\frac{m_a}{\mu_a} + \frac{m_b}{\mu_b}\right)^{-1} \qquad (2.1./12)$$

m_a und m_b Massenanteile der Komponenten der Mischung
μ_a und μ_b Molekularmassen der Komponenten a und b

Es empfiehlt sich, die Dichte komplizierter, aus mehreren Komponenten bestehender Stoffsysteme aus Nachschlagewerken zu nehmen, die experimentelle Daten in Abhängigkeit von der Zusammensetzung der Produkte und ihrer Temperatur enthalten.

2.1.2.2. Viskosität

Als *Viskosität* bezeichnet man die Eigenschaft von Flüssigkeiten und Gasen, einen Widerstand gegenüber einer Schubbeanspruchung zu leisten, die eine relative Verschiebung der Teilchen bei laminarer Strömung bewirkt. Quantitativ wird die Viskosität durch das *Newtonsche Gesetz der inneren Reibung* ausgedrückt.

$$\tau = -\eta \cdot \dot{\gamma} \qquad (2.1./13)$$

τ Spannung der inneren Reibung (Schubspannung oder Scherspannung) der Flüssigkeitsschichten mit dem Geschwindigkeitsgradienten $\dot{\gamma}$ in Pa

$\dot{\gamma} = dv/dn$ Geschwindigkeitsgradient des Schubes, der die Geschwindigkeitsänderung v charakterisiert, die sich auf die Einheit des Abstandes zwischen den Schichten nach der Normalen n bezieht, die in Richtung der Geschwindigkeitsverringerung verläuft, in 1/s

η für den gegebenen Zustand der Flüssigkeit konstanter Proportionalitätskoeffizient, der als Koeffizient der dynamischen Viskosität (oder als dynamische Viskosität), in Pa·s, bezeichnet wird

Man unterscheidet dynamische und kinematische Viskosität.
Die *dynamische Viskosität*, die experimentell durch laminare Strömung einer Flüssigkeit mittels eines Viskosimeters bestimmt wird, ist ein physikalischer Parameter der Flüssigkeit und ist nur von ihrer Temperatur, ihrem Druck und der chemischen Zusammensetzung abhängig. Die dynamische Viskosität von Lösungen hängt zusätzlich von der Konzentration und den Eigenschaften des Lösungsmittels ab.
Für die Mehrzahl der Flüssigkeiten sind in Nachschlagewerken tabellarisch Daten der dynamischen Viskosität bei verschiedenen Temperaturen angeführt. Der Zahlenwert der dynamischen Viskosität verschiedener Flüssigkeiten und Gase unterscheidet sich wesentlich; zum Beispiel beträgt bei 20 °C die Viskosität des Wassers etwa 0,01 Pa·s, des Glyzerins 1,5 Pa·s und der Luft 0,00002 Pa·s. Die Viskosität von Flüssigkeiten wird auch durch den Koeffizienten der *kinematischen Viskosität* charakterisiert.

$$v = \frac{\eta}{\varrho} \qquad (2.1./14)$$

v kinematische Viskosität in m²/s
ϱ Dichte der Flüssigkeit in kg/m³

Da die Dichte von Gasen etwa tausendmal geringer ist als von tropfbarer Flüssigkeit, kann die kinematische Viskosität der Gase größer sein als bei tropfbaren Flüssigkeiten vom Typ Wasser.
Flüssigkeiten, die dem *Newtonschen* Gesetz der inneren Reibung unterliegen, bezeichnet man als *normale* oder *Newtonsche Flüssigkeiten*. Viele Flüssigkeiten und Lebensmittelprodukte (konzentrierte Suspensionen, Emulsionen, Pasten, Sirupe, Massen und Teige der Konditorei-, Süßwaren- und Backwarenproduktion u. a.) weichen mehr oder weniger stark vom *Newtonschen* Gesetz ab und werden als *nicht-Newtonsche Flüssigkeiten* bezeichnet. Ihre Eigenschaften untersuchen die Rheologie und die

physiko-chemische Mechanik (eine neue Wissenschaftsdisziplin über die Struktur und das Fließen disperser Systeme).
Nach der Art der Abweichung vom *Newton*schen Reibungsgesetz kann man die nicht-*Newton*schen Flüssigkeiten in drei Gruppen einteilen:

Gruppe 1.
Viskose zeitunabhängige nicht-*Newton*sche Flüssigkeiten, für die sich die Beziehung $\dot{\gamma} = f(\tau)$ nicht mit der Zeit ändert. Zu ihnen gehören:
1. *Bingham*sche plastische Körper (Pasten, dichte Suspensionen), deren Fließen nach Erreichen der Fließgrenze τ_0 in Übereinstimmung mit der Gleichung

$$\tau = \tau_0 + \eta_{pl} \cdot \dot{\gamma} \qquad (2.1./15)$$

beginnt.
Der Proportionalitätskoeffizient η_{pl} (der in Pa·s gemessen wird) heißt *plastische Viskosität*.
2. Pseudoplastische (strukturviskose) Flüssigkeiten (Lösungen von Polymeren), deren Fließen bei kleinsten Schubspannungen nach einem nichtlinearen Gesetz beginnt und mit dem *Potenzgesetz* von *Ostwald-de Waele* beschrieben werden kann:

$$\tau = k \cdot \dot{\gamma}^n \qquad (2.1./16)$$

k und n experimentell bestimmbare Charakteristika, von denen der Fließkoeffizient k mit Zunahme der Viskosität anwächst und ein Maß der Konsistenz der Flüssigkeit darstellt, während der Fließexponent n im Bereich von 0 bis 1 liegen kann und ein Maß für die Strukturviskosität ist. Bei $n = 1$ wird $k = \eta$, da es sich hierbei um eine *Newton*sche Flüssigkeit handelt.

3. Dilatante Flüssigkeiten (Suspensionen mit hohem Gehalt an fester Phase), deren Fließen der Gleichung (2.1./16) folgt, jedoch bei $n > 1$, d. h. es tritt eine Fließverfestigung auf.

Gruppe 2.
Zeitabhängige nicht-*Newton*sche Flüssigkeiten, für die der Zusammenhang $\dot{\gamma} = f(\tau, t)$ gültig ist, wobei t die Dauer des Fließens bedeutet. Die Viskosität dieser Flüssigkeiten wird nicht nur durch den Geschwindigkeitsgradienten, sondern auch durch die Dauer der Scherbeanspruchung bestimmt. Zu ihnen gehören:
1. Thixotrope Flüssigkeiten (Milchschokoladen, Mayonnaise, gezuckerte Kondensmilch), deren Struktur unter der Einwirkung einer konstanten Spannung allmählich reversibel zerstört wird und die Viskosität dabei abnimmt. Nach dem Abbau der Spannung, z. B. im Ruhezustand, stellt sich die Ausgangsviskosität nach einer endlichen Zeit wieder ein.
2. Rheopexe Flüssigkeiten, deren Viskosität im Maße der Einwirkung einer gleichbleibenden Spannung reversibel anwächst (hochkonzentrierte Stärkesuspension).

Gruppe 3.
Visko-elastische *Maxwell*-Körper (eiweißreiche Lebensmittel, Teige u. a.), die unter der Einwirkung einer Schubspannung fließen, jedoch nach Aufhebung der äußeren Einwirkung teilweise ihre ursprüngliche Form, ähnlich den elastischen Körpern, wieder herstellen.
Die Nichtlinearität der Fließkurven der nicht-*Newton*schen Flüssigkeiten bedeutet, daß die Viskosität solcher Systeme keinen bestimmten Wert hat, sondern mit zunehmendem Geschwindigkeitsgradienten nach einem gewissen Gesetz abnimmt oder anwächst.

Dieser Umstand erschwert die thermische und hydrodynamische Berechnung von Apparaten für nicht-*Newton*sche Medien und läßt das Studium der Rheologie der Lebensmittelmassen in die Gruppe der erstrangigen Aufgaben zur Schaffung neuer technischer Mittel der Lebensmittelindustrie aufrücken.

2.1.2.3. Wärmeleitung

Als *Wärmeleitung* bezeichnet man die molekulare Übertragung der Wärme in kompakte Medien, die durch die Existenz eines Temperaturgradienten bedingt wird. Die Wärmeleitung in solchen Körpern wird mit dem *ersten Fourierschen Gesetz* beschrieben, wonach die Dichte des Wärmestromes direkt proportional dem Temperaturgradienten ist.

$$\dot{q}_1 = -\lambda \frac{\partial T}{\partial x_1} \qquad (2.1./17)$$

$\dot{q}_1$ Wärmestromdichte in Richtung der Normalen zur isothermen Oberfläche, die in Richtung der Temperaturabnahme führt, in W/m²

$\partial T/\partial x_1$ Temperaturgradient, der die Temperaturveränderung charakterisiert, die sich in der Einheit der Entfernung zwischen zwei benachbarten isothermen Flächen auf der Normalen in Richtung der Temperaturabnahme ergibt, in K/m

λ Proportionalitätskoeffizient, der als Koeffizient der Wärmeleitfähigkeit bezeichnet wird, in W/(m·K)

Der Koeffizient der Wärmeleitfähigkeit fester, flüssiger und gasförmiger Stoffsysteme ist ein thermophysikalischer Parameter dieser Körper, der die Intensität der Wärmeleitung im Stoff charakterisiert und zahlenmäßig gleich der Dichte des Wärmestromes durch Wärmeleitung bei einem Temperaturgradient von 1 ist. Der Zahlenwert hängt von der Temperatur, dem Druck und der Art des Stoffes ab. Der Koeffizient der Wärmeleitfähigkeit wird experimentell bestimmt und ist für verschiedene Körper in Nachschlagewerken angeführt. Die experimentellen Werte liegen in den Grenzen von

Metalle und ihre Schmelzen	15···380 W/(m·K)
feste Nichtmetalle	0,02···3,0 W/(m·K)
tropfbare Flüssigkeiten	0,07···0,7 W/(m·K)
Gase	0,006···0,6 W/(m·K)

Die Wärmeleitung von Lebensmittelprodukten hängt im bedeutenden Maße von ihrer chemischen Zusammensetzung und dem strukturierten Aufbau ab. Die Koeffizienten der Wärmeleitfähigkeit von Lebensmittelprodukten stellt man gewöhnlich als empirische Formeln dar.

2.1.2.4. Spezifische Wärmekapazität

Als *Wärmekapazität* eines Stoffes bezeichnet man das Verhältnis der Wärmemenge, die einem Stoff in einem beliebigen Prozeß zur entsprechenden Temperaturänderung zugeführt wird.

Als *spezifische Wärmekapazität* bezeichnet man die Wärmekapazität, bezogen auf die Mengeneinheit des Stoffes.

Als *massenspezifische Wärmekapazität* bezeichnet man die Wärmemenge, die der Masseneinheit eines Stoffes zur Erhöhung seiner Temperatur um ein Grad zugeführt werden muß

$$c = \frac{\delta q}{dT} \qquad (2.1./18)$$

c massenspezifische Wärmekapazität in J/(kg·K)
δq Wärmezuwachs in J/kg
dT Temperaturdifferenz zwischen Anfang und Ende des Prozesses in K

Die spezifische Wärmekapazität hängt vom Typ des Prozesses ab, bei dem der Energieaustausch zwischen dem Stoff bzw. Arbeitsorgan und dem Umgebungsmilieu stattfindet. Deshalb unterscheidet man die spezifischen Wärmekapazitäten:

c_p als isobare bei konstantem Druck p
c_V als isochore bei konstantem Volumen V
$c = 0$ als adiabate bei $\delta q = 0$
$c = \infty$ als isotherme bei $dT = 0$
c_n als polytrope bei einem polytropen Prozeß, der durch den Exponenten der Polytropien charakterisiert wird

Die isobare und isochore spezifische Wärmekapazität steht in der *Mayerschen Gleichung*

$$c_p - c_V = R \qquad (2.1./19)$$

R Gaskonstante des betreffenden Stoffes in J/(kg·K)

Außer der massenspezifischen Wärmekapazität c (die in J/kg·K gemessen wird), unterscheidet man die Volumen-Wärmekapazität c' (gemessen in J/m³·K) und die molare Wärmekapazität μc (gemessen in J/mol·K, wobei μ die Molekularmasse des Gases ist). Zwischen ihnen besteht folgende Beziehung:

$$c = V_n c'; \quad \mu c = 22{,}4\, c' \qquad (2.1./20)$$

V_n spezifisches Volumen des Gases im Normzustand
    ($t = 0\,°C$, $p = 0{,}1$ MPa)

Man unterscheidet auch die tatsächliche spezifische Wärmekapazität, die bei der entsprechenden Temperatur des Prozesses bestimmt wird, und die mittlere (integrale) im betreffenden Temperaturintervall gemittelte spezifische Wärmekapazität. Für die Berechnung der Wärmekapazität von Gasen, Dämpfen und flüssigen chemischen homogenen Stoffen gibt es Tabellen der thermodynamischen Eigenschaften der Stoffe, die nach experimentellen Untersuchungen zusammengestellt wurden. Die Werte der experimentellen Größen der spezifischen Wärmekapazität von Lebensmittelprodukten gibt man in Nachschlagewerken in Form von Tabellen oder empirischen Formeln an. Wenn keine besonderen Anmerkungen gemacht werden, gelten Tabellen und Formeln für isobare Wärmekapazität, was den üblichen Arbeitsbedingungen der Apparaturen unter gleichbleibendem Druck entspricht. Deshalb hat man im weiteren für $c = c_p$ zu verstehen. Die spezifische Wärmekapazität der Gase beträgt ungefähr $1 \cdot 10^3$ J/(kg·K), des Wassers ungefähr $4 \cdot 10^3$ J/(kg·K), der Metalle $(0{,}2 - 1) \cdot 10^3$ J/(kg·K).
Die spezifische Wärmekapazität der Lebensmittelprodukte hängt von der Art der Stoffe, der Temperatur, des Feuchtigkeitsgehaltes (oder der Trockensubstanz) ab; für die Mehrzahl der Lebensmittelprodukte beträgt $c_p = (0{,}5 \cdots 4{,}2) \cdot 10^3$ J/(kg·K).

Die spezifische Wärmekapazität disperser Systeme bestimmt man gewöhnlich nach additiven Regeln (direkte Proportionalität).

$$c = c_a \cdot m_a + c_b \cdot m_b + c_c \cdot m_c + \ldots \ldots \qquad (2.1./21)$$

c_a, c_b, c_c massenspezifische Wärmekapazität der Komponenten a, b, c
m_a, m_b, m_c Massenanteil der Stoffmenge, in denen die Wärmekapazitäten c_a, c_b, c_c vorhanden sind

In der Regel ist es am zuverlässigsten, die Wärmekapazität solcher Systeme unmittelbar zu messen.

2.1.2.5. Temperaturleitfähigkeit

Als *Temperaturleitfähigkeit* bezeichnet man den Prozeß der Temperaturänderung im Umkreis des betreffenden Punktes im Stoffvolumen bei Veränderung des Temperaturfeldes (Temperaturverteilung) in diesem Volumen.
Die Temperaturleitfähigkeit wird durch den Koeffizienten der Temperaturleitfähigkeit charakterisiert:

$$a = \frac{\lambda}{c \cdot \varrho} \qquad (2.1./22)$$

a Temperaturleitfähigkeit in m²/s
λ Wärmeleitfähigkeit in W/(m·K)
ϱ Dichte in kg/m³

Aus diesem Ausdruck folgt, daß $\lambda = a \cdot c \cdot \varrho$, so daß das erste *Fourier*sche Gesetz (2.1./17) in anderer Form geschrieben werden kann:

$$\dot{q}_1 = a \cdot c \cdot \varrho \, \frac{\partial T}{\partial x_1} \qquad (2.1./23)$$

Der Koeffizient der Temperaturleitfähigkeit ist eine komplexe Charakteristik und ein thermophysikalischer Parameter des Stoffes, der durch Berechnung nach der Formel (2.1./22) erhalten werden kann oder unmittelbar auf experimentellem Weg bestimmbar ist.
Der Zahlenwert hängt von den gleichen Faktoren ab, die auch λ, c und ϱ beeinflussen, und für verschiedene Stoffe findet man Angaben in Nachschlagewerken. Der physikalische Sinn des Koeffizienten der Temperaturleitfähigkeit erklärt sich bei der Betrachtung der Grundgleichung der Wärmeleitung (Energiegleichung), die in einfachster Form wie folgt geschrieben wird:

$$\frac{\partial t}{\partial \tau} = a \, \frac{\partial^2 T}{\partial x_1^2} \qquad (2.1./24)$$

$\partial t / \partial \tau$ Geschwindigkeit der Temperaturveränderung im Umkreis des betreffenden Punktes in K/s
$\partial^2 T / \partial x_1^2$ Anwachsen des Temperaturgradienten in Richtung der Normalen n zur isothermen Oberfläche in K/m²

Aus Gleichung (2.1./24) folgt, daß bei gleichem Anwachsen des Temperaturgradienten im betreffenden Punkt des Stoffes sich die Abkühlungs- oder Erwärmungsgeschwindigkeit für alle jene Stoffe schneller ändert, die durch einen größeren Koeffizienten der Temperaturleitfähigkeit charakterisiert werden. Deshalb ist der Koeffizient der Temperaturleitfähigkeit die *wichtigste Wärmeträgheitscharakteristik* fester, flüssiger und gasförmiger Körper.

2.1.2.6. Oberflächenspannung

In dispersen Systemen hat die flüssige Phase eine Phasengrenzfläche, die unter der Wirkung oberflächenaktiver Kräfte einem Minimum zustrebt. Diese Kräfte werden infolge unkompensierter Anziehungskräfte durch innere Moleküle der Oberflächenschichten hervorgerufen. Dadurch entsteht an der Oberfläche der Flüssigkeit ein Druck, der in das Innere der Flüssigkeit auf der Normalen zu ihrer Oberfläche gerichtet ist. Bei der Schaffung neuer Oberfläche ist eine Verausgabung von Energie für die Überwindung dieser Druckkraft, die als *Koeffizient der Oberflächenspannung* σ bezeichnet wird, erforderlich. Er wird in folgenden Einheiten des SI-Systems ausgedrückt:

$$\sigma \; [J/m^2 = (N \cdot m)/m^2 = N/m]$$

Der Koeffizient der Oberflächenspannung wird als Kraft angesehen, die auf die Einheit Länge der Oberfläche von der Flüssigkeit und des sich mit ihr berührenden Mediums wirkt, oder auch als Arbeit, die für die Bildung einer Einheit neuer Oberfläche erforderlich ist. Deshalb ist die Größe σ für die Berechnung der Tropfenbildung bei der Dampfkondensation, der Dampfblasenentstehung bei siedenden Flüssigkeiten und in vielen anderen Fällen von wesentlicher Bedeutung. In der Nachschlageliteratur gibt man gewöhnlich die σ-Werte für die Grenzfläche Flüssigkeit – Luft in Abhängigkeit von der Art der Flüssigkeit und der Temperatur an. Mit der Erhöhung der Temperatur verringert sich die Grenzflächenspannung und geht bis auf Null im kritischen Punkt.

Nach dem 2. Hauptsatz der Thermodynamik strebt ein System zur Verringerung der freien Energie, was einem stabileren Zustand entspricht. Die Verringerung der Oberflächenenergie in reinen Flüssigkeiten wird durch Verringerung der Oberfläche erreicht (sphärische Form von Tropfen oder die Vereinigung von kleinen Tropfen zu großen). In Lösungen, bei denen sogenannte oberflächenaktive Substanzen vorhanden sind, verringert sich die Oberflächenspannung des Lösungsmittels. Zu diesen Stoffen zählen organische Säuren, Alkohole, Aldehyde, Ketone und andere. Die Schaumbildung bei technologischen Prozessen hängt auch mit der Senkung der Oberflächenspannung und der dadurch leichteren Bildung neuer Phasengrenzflächen zusammen.

Zu empfehlende Literatur

Kassatkin, A. G.: Grundprozesse und Apparate der chemischen Technologie. Moskau: Chimija 1973

Nikolajew, B. A.: Messung der strukturmechanischen Eigenschaften von Lebensmittelprodukten. Moskau: Ökonomika 1964

Popow, W. D.: Grundlagen der Theorie des Wärme- und Stoffaustausches bei Saccharosekristallisation. Moskau: Pistschewaja promyschlennost 1970

Autorenkollektiv: Rheologie von Lebensmittelmassen. Leipzig: VEB Fachbuchverlag 1974

Tschubik, J. A.; Maslow, A. M.: Wärmephysikalische Konstanten von Lebensmitteln und Halbfabrikaten. Leipzig: VEB Fachbuchverlag 1973

Reiner, M.: Rheologie in elementarer Darstellung. Leipzig: VEB Fachbuchverlag 1968

Sherman, P.: Industrial Rheology. Academic Press, London und New York 1970

Rha, C. K.: Theory, Determination and Control of Physical Properties of Food Materials. D. Reidel Publishing Company, Dordrecht-Holland, Boston-USA 1975

2.2. Modellierungsmethode zur Untersuchung und Berechnung von Prozessen und Apparaten der Lebensmittelproduktion

2.2.1. Vorbemerkungen

Die mathematische Beschreibung und Optimierung technologischer Regime, die Kontrolle, Automatisierung und Intensivierung in Gang befindlicher Prozesse, Untersuchungen zur Messung unzugänglicher Größen sowie die optimale Projektierung neuer Prozesse werden durch die Anwendung der Methoden und Mittel der *Kybernetik* gewährleistet. Hauptmethode der Kybernetik ist die mathematische Modellierung, aufbauend auf der Lehre von der Ähnlichkeit physikalischer Prozesse. Grundlegendes technisches Mittel der Kybernetik sind elektronische Rechenmaschinen. Sie werden in breitem Maße als effektives Hilfsmittel experimenteller Untersuchungen bei der Modellierung von Prozessen der Lebensmittelproduktion und der Steuerung der Arbeit von Maschinen, Apparaten, Anlagen, Fabrikabteilungen und ganzen Betrieben genutzt. Der Aufbau von elektronischen Rechenmaschinen, die Methodik ihrer Nutzung und die Praxis der Anwendung werden in speziellen Disziplinen — Rechentechnik, angewandte Mathematik, Prozeßautomatisierung der Lebensmittelproduktion — behandelt. In diesem Buch wird nur eine einleitende Einführung in die Methoden der Ähnlichkeitstheorie als Grundlage der Modellierung sowie der Untersuchung und Berechnung von Prozessen und Apparaten der Lebensmittelproduktion gegeben.

Nachfolgend werden grundlegende Vorstellungen über die Modellierung und Ähnlichkeit physikalischer Prozesse dargelegt, die für das Verständnis dieses Buches erforderlich sind, für das die Hauptsprache die Sprache der Ähnlichkeitstheorie ist.[1]

2.2.2. Methoden der Modellierung

Die Entwicklung jeder Wissenschaft beginnt mit Beobachtungen oder experimentellen Untersuchungen. Die Resultate der Experimente geben ein gesichertes Material, auf dessen Basis man Hypothesen beweisen und die Theorie entwickeln kann. Weitere theoretische Schlußfolgerungen werden in praktischen Empfehlungen verkörpert, die an Objekten der industriellen Produktion überprüft werden müssen.

Die Wechselbeziehung von Experiment und Theorie bei der Erkenntnis wurde wissenschaftlich von *W. I. Lenin* definiert: „Von der lebendigen Betrachtung zum abstrakten Denken und von ihm zur Praxis — das ist der dialektische Weg der Erkenntnis der Wahrheit, der Erkenntnis der objektiven Realität."

Der wissenschaftlich-technische Fortschritt gründet sich auf die gegenseitige Verbindung von Theorie und Experiment. Die zweckmäßigste Verbindung von Theorie und Experiment in wissenschaftlichen Untersuchungen erreicht man durch die Modellierung der untersuchten oder neu zu schaffenden Objekte.

Modellierung heißt die Methode des Studiums des existierenden oder zu schaffenden Objektes, bei der anstelle des Objektes (Originals) ein Modell (anderes Objekt, das

---

[1] Neben der nachfolgend ausführlich dargestellten physikalischen Modellierung mit Hilfe der Ähnlichkeitstheorie haben in der Lebensmitteltechnik sowohl die physikalische Modellierung auf der Basis von Bilanzgleichungen als auch die mathematische Modellierung mit Hilfe von empirischen (black-box-) Modellen, z. B. auf der Basis der statistischen Versuchsplanung, eine praktische Bedeutung (s. *Benedek, P.*; *Laszló, A.*: Grundlagen des Chemieingenieurwesens, bzw. *Hartmann, K.*, u. a.: Statistische Versuchsplanung und -auswertung in der Stoffwirtschaft)

das Original ersetzt) untersucht wird und die Resultate quantitativ auf das Original übertragen werden. Das hauptsächliche Resultat der Modellierung besteht in der Voraussage des Verhaltens des Originals bei den Arbeitsbedingungen der Produktion durch die Berechnung der notwendigen Parameter des Originals, basierend auf den vermessenen Parametern des Modells.

Die Methoden der Modellierung gründen sich auf die Ähnlichkeit verschiedenartiger Objekte. Als *ähnlich* bezeichnet man solche Objekte, bei denen sich entsprechende Parameter, die den Zustand der Objekte in Raum und Zeit bestimmen, nur im Maßstab der physikalischen Größen unterscheiden. Die gegenwärtige Etappe des technischen Fortschritts wird durch eine wachsende Kompliziertheit der in die Produktion eingeführten Prozesse und das sich beschleunigende Tempo ihrer Einführung charakterisiert. Dadurch komplizieren sich die Aufgaben der wissenschaftlichen Arbeit bedeutend, und ihre Resultate und technischen Neuerungen veralten schnell.

Unter diesen Bedingungen erhält der Zeitfaktor eine entscheidende Bedeutung. Die Modellierung verkürzt in einer Reihe von Fällen die Frist der Beherrschung neuer Prozesse wesentlich und gestattet, die Ziele mit einfacheren Mitteln zu erreichen.

An die Modellierung werden folgende Hauptforderungen gestellt:

- Experimente am Modell müssen sich schneller durchführen lassen und einfacher, bequemer, ökonomischer und ungefährlicher sein als Versuche am Original.
- Es müssen eindeutige Regeln – *Algorithmen* – bekannt sein, mit denen die Berechnung der Parameter des Originals auf der Grundlage der Modellversuche durchgeführt werden kann.
- Die Struktur, der Aufbau und der Verwendungszweck des Modells müssen den Grundzielen der Modellierung entsprechen, weil jede Modellierung einen Näherungscharakter trägt und prinzipiell kein Modell fähig ist, vollständig das Original widerzuspiegeln.

Die angegebenen Forderungen werden befriedigt, wenn bei der Modellierung die Grundregeln der Ähnlichkeit befolgt werden. Die Bedingungen der Ähnlichkeit bei den verschiedenen Methoden der Modellierung und entsprechende Regeln für den Aufbau der Modelle werden auf der Grundlage von drei Grundtheoremen der Ähnlichkeit formuliert (s. Abschn. 2.2.3.). In jedem konkreten Fall ist die zutreffende Modellart auszuwählen.

Modelle können in Zeichenmodelle (symbolische, gedankliche) und reale Modelle (stoffliche, materielle) geteilt werden. *Zeichenmodelle* bestehen aus mathematischen Abhängigkeiten, die physikalisch-chemische, betriebliche und konstruktive Parameter des technologischen Prozesses verbinden und in einer augenscheinlichen Form das physikalische Wesen dieses Prozesses widerspiegeln. Zeichenmodelle enthalten eine mathematische Beschreibung des Prozesses und werden deshalb auch als mathematische Modelle bezeichnet. Die Auswahl der Art der Beschreibung (z. B. mit Hilfe der Wahrscheinlichkeitstheorie oder durch Differential-, Integral- und andere Gleichungen) wird durch den Charakter und die Kompliziertheit des untersuchten Systems bestimmt.

In diesem Sinne kann man die Wissenschaft als Gesamtheit der gedanklichen Modelle auffassen, d. h. der Schemata der Objekte und Erscheinungen, die im Bewußtsein des Menschen im Prozeß der Erkenntnis entstehen und die wesentlichsten Seiten der Erscheinungen reproduzieren.

Eine wichtige Besonderheit der gedanklichen Modelle ist die Möglichkeit, das Objekt auf verschiedene Weise und mit einem unterschiedlichen Grad der Vereinfachung zu beschreiben. In vielen Fällen ist die Nutzung ganz einfacher Modelle zweckmäßig (z. B. des Modells des idealen Gases in der Thermodynamik für die näherungsweise Beschreibung der Eigenschaften realer Gase).

Ein *reales (materielles) Modell* ist ein physikalisches Objekt, verkörpert in einer gerätetechnischen Ausrüstung, einem Arbeits- (Untersuchungs-) Stoff usw. Jedes materielle Modell ist auf der Grundlage eines geistigen Modells aufgebaut.
Reale Modelle werden in physikalische und analoge Modelle unterteilt.
Ein *physikalisches reales Modell* hat die gleiche physikalische Natur wie das untersuchte Objekt und reproduziert seine Eigenschaften. Z. B. kann die Erwärmung einer großen metallischen Welle in einem Industrieofen durch die Erwärmung einer kleinen Welle, die aus einem anderen Material gefertigt wurde, in einem Laborofen modelliert werden.
Ein *analoges reales Modell* gründet sich auf die Ähnlichkeit der mathematischen Beschreibung von Prozessen verschiedener physikalischer Art und gibt die Analogie zwischen Gesetzen wieder, die ähnliche Erscheinungen im Original und Modell beschreiben. Z. B. existiert eine Ähnlichkeit zwischen den Gesetzen des Wärmetransports, des Stofftransports, der Bewegungsgröße, der Durchströmung eines porösen Körpers bei der Filtration, dem Durchgang des elektrischen Stromes und anderen Gesetzen.
Als Beispiel sollen einige von ihrer physikalischen Natur her unterschiedliche Erscheinungen und ihre mathematische Beschreibung angeführt werden:

a) Gesetz der Wärmeleitung von *Fourier*
$$\dot{q} = -\lambda \nabla^1 t \qquad (2.2./1)$$
b) *Fick*sches Diffusionsgesetz für den Stofftransport
$$j = -D \nabla c \qquad (2.2./2)$$
c) Gesetz der inneren Reibung von *Newton*
$$s = -\eta \nabla w \qquad (2.2./3)$$
d) *Ohm*sches Gesetz für den Transport der Elektrizität
$$i = -\varkappa \nabla u \qquad (2.2./4)$$
e) Filtrationsgesetz von *Darcy-Weisbach*
$$w = -k \nabla p \qquad (2.2./5)$$

Alle angeführten Gleichungen sind *isomorph*, d. h. sie haben eine einheitliche mathematische Schreibweise[2]. In diese gehen ein:
Sich entsprechende Gradienten für die Temperatur ∇t in K/m, die Konzentration ∇c in kg/m^4, die Geschwindigkeit ∇w in 1/s, das elektrische Potential ∇u in V/m und der Druck ∇p in N/m^3;
sich entsprechende Stromdichten für die Wärme $\dot{q}$ in W/m^2, der Stoff j in kg/m^{2}s, die Bewegungsgröße s in N/m^2, die Elektrizität i in A/m^2 und das Filtrat w in m/m^{2}s.
Als Proportionalitätskoeffizienten zwischen den Stromdichten und den Gradienten dienen entsprechende Koeffizienten der Wärmeleitfähigkeit λ in W/mK, der Diffusion D in m^2/s, der Zähigkeit η in Ns/m^2, der spezifischen Leitfähigkeit $\varkappa$ in A/Wm und der Filtration k in Ns/m^2.
Jedes der angeführten Gesetze kann mit dimensionsbehafteten Proportionalitätskoeffizienten für die Modellierung verwendet werden, z. B. als elektrisches Modell das *Ohm*sche Gesetz, als hydraulisches Modell das Gesetz der Flüssigkeitsströmung

---

[1] ∇ (Nablaoperator – bringt den Prozeß einer räumlichen Ableitung zum Ausdruck)

[2] Das gilt allerdings nur, wenn das Gesetz der inneren Reibung wie die anderen Gesetze eindimensional (als Vektor) betrachtet wird. Eine ausführliche Ableitung der Ähnlichkeitsbeziehungen, ausgehend von den Bilanzgleichungen, erfolgt mit Hilfe der angeführten Gesetze in *Benedek, P.; Laszló, A.*: Grundlagen des Chemieingenieurwesens

usw. So entstehen die Analogie zwischen dem Transport von Elektrizität und Wärme oder dem Transport von Flüssigkeit und Elektrizität.

Für die praktische analoge Modellierung wurden in der Sowjetunion eine Reihe von Typengeräten geschaffen.

Anlagen zur universellen Modellierung sind analoge und digitale elektronische Rechenmaschinen. Sie reproduzieren die mathematischen Operationen durch kodierte Größen in Übereinstimmung mit einer mathematischen Zeichenbeschreibung des Prozesses, unabhängig von seinem physikalischen Inhalt. Der Typ der Maschine wird in Abhängigkeit vom Charakter und der Kompliziertheit der zu lösenden Aufgaben ausgewählt, weil jede Maschine über bestimmte Möglichkeiten verfügt. Für die Lösung gewöhnlicher linearer und nichtlinearer Differentialgleichungen mit begrenzter Genauigkeit (0,5···10%) nutzt man Analogrechner. Kompliziertere Aufgaben lösen Digitalrechner praktisch mit beliebiger Genauigkeit. Digitalrechner fordern eine arbeitsaufwendige Programmierung, aber sie sind fähig, beträchtliche Mengen von Zahlenmaterial für verschiedene Lösungsvarianten zu verarbeiten[1].

Es existieren spezielle elektronische Rechenmaschinen für die Lösung von Aufgaben einer begrenzten Klasse, z. B. einzelne Steuerungsaufgaben. In der letzten Zeit wurden analog-digitale Komplexe entwickelt, in denen sowohl die Vorteile der Analog- als auch der Digitalrechner genutzt werden. Für die Lösung der Mehrheit der Ingenieuraufgaben der Lebensmitteltechnologie ist der Einsatz vergleichsweise kleiner elektronischer Digitalrechenmaschinen und Analogrechner möglich.

In der Lebensmittelindustrie versteht man unter Modellierung am häufigsten die experimentelle Methode, verbunden mit der Durchführung von Versuchen an physikalischen, materiellen Modellen und der Übertragung der Ergebnisse auf das Original. Oft dient bei der Durchführung von Betriebsversuchen der industrielle Apparat selbst als Modell. Das erleichtert die Maßstabsübertragung vom Modell zum Original. Jedoch ist in diesem Falle die mögliche Variation der Prozeßparameter begrenzt. Die Modellierung wird passiv statt aktiv, weil sie sich nur auf die im industriellen Prozeß zu beobachtenden Fakten stützen kann.

Dabei können aus dem Blickfeld einige Faktoren herausfallen, deren Wirkung sich unter den Bedingungen des beobachteten Prozesses nicht zeigt. Deshalb ist es in vielen Fällen der physikalischen Modellierung nützlich, ein Original mit Hilfe verschiedener vereinfachter Modelle zu modellieren, die nur einzelne Züge des Originals widerspiegeln. Solche Modelle ein und desselben Objektes oder seiner Teile können einander unähnlich sein.

Bei der Lösung einzelner Aufgaben der Lebensmitteltechnologie nutzt man verschiedene Methoden der angenäherten physikalischen Modellierung:

- Die Untersuchung der Arbeit einzelner Elemente des Apparates, z. B. eines Rohres von Wärmeübertragern, deren Original aus einer Vielzahl von Rohren besteht.
- Die Untersuchung der Arbeit eines „vertikalen Ausschnittes" des Apparates; das kann z. B. die Zirkulationskontur aus einem einzelnen Rohr mit den Höhenmaßen in natürlicher Größe sein.
- Die zeitlich aufeinanderfolgende Lage der vermessenen Volumenelemente in verschiedenen Punkten des Volumens des untersuchten Objektes usw.

In einzelnen Fällen wird die Modellierung vereinfacht, wenn die Versuche in einem Bereich durchgeführt werden, in dem der Prozeß aufhört, von einigen Faktoren abhängig zu sein. So wird z. B. bei hohen Strömungsgeschwindigkeiten das Ge-

---

[1] Während Analogrechner auf der Basis analoger realer Modelle arbeiten, ist für Digitalrechner in jedem Falle die Aufstellung mathematischer Modelle erforderlich

schwindigkeitsprofil strömender Flüssigkeiten nicht mehr von der Strömungsgeschwindigkeit beeinflußt; in anderen Fällen verlieren die geometrischen Abmessungen ihren Einfluß auf den Ablauf des Prozesses usw.

2.2.3. Grundtheoreme der Ähnlichkeit

Bei der physikalischen Modellierung werden Klassen gleichartiger Erscheinungen betrachtet, die die gleiche physikalische Natur haben, z. B. die Klasse der Wärmeleitvorgänge. In einer Klasse gleichartiger Erscheinungen existieren Gruppen einander ähnlicher Erscheinungen.

Das Prinzip der Bildung von Gruppen ähnlicher Erscheinungen aus einer Klasse gleichartiger kann an einfachen Beispielen gezeigt werden. Im Fall der geometrischen Ähnlichkeit wird aus der Klasse gleichartiger Figuren (z. B. Dreiecke oder Rechtecke) eine Gruppe ähnlicher Figuren abgeteilt, die sich nur im Maßstab unterscheiden. Eine beliebige der ähnlichen Figuren kann aus einer anderen Figur dieser Gruppe durch Multiplikation ihrer linearen Abmessungen mit einem konstanten Maßstabsmultiplikator C_l, genannt *Ähnlichkeitskonstante* oder *Multiplikator der ähnlichen Verwandlung*[1], gebildet werden. So gilt für zwei ähnliche Dreiecke $A_1B_1C_1$ und $A_2B_2C_2$ entsprechend $\overline{A_1B_1} = C_l \overline{A_2B_2}$, $\overline{B_1C_1} = C_l \overline{B_2C_2}$ und $\overline{C_1A_1} = C_l \overline{C_2A_2}$, wobei für gegebene Figurenpaare C_l eine Konstante ist.

Bei der Anwendung auf technologische Prozesse wird das elementare Verständnis der geometrischen Ähnlichkeit auf alle physikalischen Größen erweitert, die den gegebenen Prozeß charakterisieren. Zwei ähnliche Prozesse aus einer nach einem beliebigen Merkmal gleichartigen Klasse von Prozessen unterscheiden sich nur im Maßstab der physikalischen Größen. Deshalb existiert für jede dieser Größen (Dichte ϱ, kinematische Zähigkeit ν, Geschwindigkeit w, Kraft F, Beschleunigung des freien Falles g u. a.) ein eigener Multiplikator der ähnlichen Veränderung (C_ϱ, C_ν, C_w, C_f, C_g u. a.).

Physikalische Größen eines Prozesses (ϱ_1, ν_1, w_1, F_1 u. a.) werden durch die Größen eines zweiten Prozesses (ϱ_2, ν_2, w_2, F_2 u. a.) mit Hilfe entsprechender Multiplikatoren ($C_\varrho \neq C_\nu \neq C_w \neq \ldots$) ausgedrückt.

$$\varrho_1 = C_\varrho\, \varrho_2;\ \nu_1 = C_\nu\, \nu_2;\ w_1 = C_w\, w_2;\ F_1 = C_f\, F_2 \text{ usw.}$$

Weil sich die physikalischen Größen mit der Zeit (im Prozeßverlauf) und im Raum (im Volumen des Apparates) verändern, existieren Felder dieser Größen (Temperaturfeld, Geschwindigkeitsfeld u. a.). Daraus resultieren die Begriffe *zeitliche Ähnlichkeit* (Ähnlichkeit in bestimmten Zeitabschnitten, gerechnet vom Anfang des Prozesses) und *Ähnlichkeit der Felder physikalischer Größen* (konstantes Verhältnis physikalischer Größen zweier Prozesse für zwei beliebige ähnliche Punkte der betrachteten Apparate). Ähnliche Felder physikalischer Größen, beispielsweise Geschwindigkeitsfelder, können nur in geometrischen ähnlichen Apparaten beobachtet werden. Deshalb ist die geometrische Ähnlichkeit der Apparate eine notwendige Voraussetzung für die physikalische Ähnlichkeit der Prozesse.

Physikalische Erscheinungen sind einander ähnlich, wenn alle Größen ähnlich sind, die diese Erscheinungen charakterisieren. Physikalische Ähnlichkeit tritt auf, wenn in geometrisch ähnlichen Systemen die Felder aller Größen in ähnlichen (gleichen) Zeitpunkten vom Anfang des Prozesses an ähnlich sind.

---

[1] In der deutschsprachigen Literatur werden die Bezeichnungen Ähnlichkeitskonstante oder Ähnlichkeitsfaktor bevorzugt

Ein beliebiger Prozeß unterscheidet sich von einem ihm ähnlichen Prozeß der gleichen Gruppe nur im Maßstab der charakteristischen Größen, die verschiedene Seiten des Prozesses widerspiegeln. Alle Prozesse der gegebenen Gruppe sind ein- und derselbe Prozeß in verschiedenem Maßstab. Folglich ist es für die Beurteilung der ganzen Gruppe ähnlicher Prozesse ausreichend, einen Prozeß dieser Gruppe zu untersuchen. Für die Untersuchung kann man einen bequemen Maßstab auswählen. Meist wird der zu modellierende Prozeß in einem kleineren Maßstab nachgebildet. Mit den Versuchsergebnissen beurteilt man den ähnlichen Prozeß, der im großen Maßstab im industriellen Apparat abläuft.

Prozesse, die sich im physikalischen Wesen unterscheiden, werden durch andere physikalische Größen charakterisiert. So unterscheidet man im Rahmen entsprechender Klassen ähnliche Prozesse des mechanischen Feststofftransports, des hydromechanischen Flüssigkeitstransports, des molekularen Wärme- bzw. Stofftransports, der physikalisch-chemischen Umwandlung usw. Wenn sich ein komplizierter technologischer Prozeß aus verschiedenartigen, miteinander verbundenen Erscheinungen zusammensetzt, betrachtet man die Ähnlichkeitsbedingungen der einzelnen Erscheinungen in ihrem Zusammenwirken und ihrer zeitlichen Entwicklung.

Die Wahl der Multiplikatoren der ähnlichen Verwandlung für jede der physikalischen Größen ist nicht willkürlich. Für verschiedene physikalische Größen (Dichte, Geschwindigkeit usw.) wird die Größe der Ähnlichkeitskonstanten durch besondere Regeln bestimmt, die aus den Grundtheoremen der Ähnlichkeit hervorgehen.

In der praktischen Anwendung ist der mathematische Apparat der Ähnlichkeitstheorie einfach und leicht zu erlernen. Man muß nur vermeiden, durch formale, schablonenhafte Anwendung Fehler zu machen, deren Entstehung möglich ist, wenn man sich den physikalischen Inhalt der Methode nicht zu eigen macht. Die Anwendung der einzelnen Verfahren und Theoreme der betrachteten Methode ist vom Umfang der vorläufigen Kenntnisse über den zu untersuchenden Prozeß abhängig. Praktisch werden drei Grundtheoreme der Ähnlichkeit genutzt sowie die Maßstabsanalyse physikalischer Größen und das sogenannte π-Theorem über die ausreichende Zahl der Ähnlichkeitskriterien.

2.2.3.1. Erstes Ähnlichkeitstheorem

Das erste Theorem der Ähnlichkeit, bekannt als *Newtonsches Ähnlichkeitstheorem*, beantwortet die Frage, welche Einflußgrößen experimentell bestimmt werden müssen. Es wurde wie folgt definiert:

- Von *Newton*: Untereinander ähnliche Erscheinungen haben zahlenmäßig gleiche Ähnlichkeitskriterien.
- Von *M. V. Kirpičev*: Bei ähnlichen Erscheinungen sind die Indikatoren der Ähnlichkeit gleich eins.

Die Richtigkeit dieser Formulierungen kann an einem einfachen Beispiel gezeigt werden. Es sollen in zwei ähnlichen Systemen ähnliche Bewegungen von Körpern ablaufen. Das Grundgesetz für diese Bewegung ist das 2. *Newton*sche Gesetz, das in Form einer Gleichung lautet:

$$F = m \frac{dw}{dt} \qquad (2.2./6)$$

F Kraft in N
m Masse in kg
w Geschwindigkeit in m/s
t Zeit in s

Für zwei ähnliche Systeme schreibt man diese Gleichung zweimal:

$$F_1 = m_1 \frac{dw_1}{dt_1}; \quad F_2 = m_2 \frac{dw_2}{dt_2}$$

Die physikalischen Größen in beiden Systemen unterscheiden sich nur im Maßstab. Deshalb gilt:

$$F_1 = C_f F_2; \quad m_1 = C_m m_2; \quad w_1 = C_w w_2; \quad t_1 = C_t t_2;$$
$$dw_1 = C_w dw_2; \quad dt_1 = C_t dt_2$$

Die Division der Ausgangsgleichungen beider Systeme durcheinander ergibt:

$$\frac{F_1}{F_2} = \frac{m_1}{m_2} \cdot \frac{dw_1}{dw_2} \cdot \frac{dt_2}{dt_1} \quad \text{oder} \quad C_f = C_m \frac{C_w}{C_t} \quad (2.2./7)$$

Folglich gilt bei Ähnlichkeit beider Systeme:

$$\frac{C_f C_t}{C_m C_w} = j = 1 \quad (2.2./8)$$

Der Komplex der Multiplikatoren ähnlicher Verwandlungen j heißt *Indikator der Ähnlichkeit*. In Übereinstimmung mit der Formulierung *M. V. Kirpičevs* ist er für zwei offenkundig ähnliche Erscheinungen gleich eins. Die Auswahl der zahlenmäßigen Größen der Ähnlichkeitskonstanten ist für ähnliche Erscheinungen der Bedingung $j = 1$ unterworfen.

Aus Gl. (2.2./7) folgt, daß

$$\frac{F_1 dt_1}{m_1 dw_1} = \frac{F_2 dt_2}{m_2 dw_2} \quad \text{und} \quad \frac{F_1 t_1}{m_1 w_1} = \frac{F_2 t_2}{m_2 w_2} \quad (2.2./9)$$

Auf diese Weise wird für zwei oder mehrere ähnliche Erscheinungen, d. h. für eine Gruppe ähnlicher Erscheinungen der gegebenen Klasse, die zahlenmäßige Gleichheit des Quotienten Ft/mw bewahrt. Es gilt:

$$\frac{Ft}{mw} = \text{inv (invariant, unveränderlich)}$$

oder $\quad \dfrac{Ft}{mw} = $ idem (ein und dasselbe)

Zu Ehren *Newtons* wurde dieser Komplex physikalischer Größen als Ne (*Newtonsche Kennzahl*) bezeichnet.

$$Ne \equiv \frac{Ft}{mw}$$

Das Zeichen $\equiv$ heißt, daß die Definition des Komplexes Ne beschrieben ist und nicht seine Abhängigkeit von den Größen F, t, m und w.

Folglich gilt für eine Gruppe ähnlicher Prozesse, deren Klasse durch die Ausgangsgleichung des 2. *Newtonschen* Gesetzes beschrieben wird, die Beziehung

$$Ne_1 = Ne_2 = Ne_3 = \ldots = \text{idem}$$

Für die Betrachtung ähnlicher Prozesse der Bewegung in Modell und Hauptausführung (Industrieapparat) muß die Bedingung

$$Ne_{\text{Mod}} = Ne_{\text{Beisp}} \tag{2.2./10}$$

gewährleistet sein. Diese Bedingung ist die mathematische Formulierung des ersten Theorems der Ähnlichkeit nach *Newton*.

Der Komplex *Ne* heißt *Ähnlichkeitskriterium*, weil die Gleichheit dieses Komplexes für eine Reihe ähnlicher Prozesse Kennzeichen (Kriterium) ihrer Ähnlichkeit ist. Offensichtlich ist es in zweckmäßig geplanten Versuchen günstig, nur jene physikalischen Größen zu messen, die in die Ähnlichkeitskriterien des untersuchten Prozesses eingehen. Die willkürliche Auswahl der zu messenden Größen sollte vermieden werden, weil diese bei den weiteren Berechnungen oft nicht oder nur teilweise genutzt werden können.

Ähnlichkeitskriterien sind dimensionslose, verallgemeinerte Charakteristika (verallgemeinerte Veränderliche) des Prozesses, die aus dimensionsbehafteten pysikalischen Größen bestehen, welche die verschiedenen Seiten der Erscheinung widerspiegeln.

Weil sich die Dimensionen der Größen, die in die Ähnlichkeitskriterien eingehen, kürzen, sind die Ähnlichkeitskriterien dimensionslos. Die zahlenmäßige Größe der Kriterien hängt nicht von dem gewählten System der Maßeinheiten ab. Für die richtige Aufstellung und Berechnung der Kriterien ist es jedoch wichtig, sich zu überzeugen, daß die Ausgangsgleichung in den Maßeinheiten einheitlich ist, d. h., die physikalischen Größen in einem beliebigen, aber einheitlichen Einheitensystem dargestellt werden und die Maßeinheiten der rechten und linken Seite der Gleichung übereinstimmen. Die Richtigkeit der Bildung der Kriterien wird durch Aufstellen und Kürzen der Maßeinheiten der Größen, aus denen die Kriterien bestehen, überprüft. Im betrachteten Falle erhält man

$$Ne = \frac{Ft}{mw} \quad \left(\frac{\text{N s}^2}{\text{kg m}} = \frac{\text{N}}{\text{N}}\right) \tag{2.2./11}$$

d. h., die Maßeinheiten kürzen sich, das Kriterium ist vermutlich richtig.

Aus der Maßeinheiten beinhaltenden physikalischen Ausgangsgleichung bildet man dimensionslose Ähnlichkeitskriterien. Eine dafür notwendige Voraussetzung ist das Vorhandensein der Ausgangsgleichung, d. h. der mathematischen Beschreibung des Prozesses. Dabei ist es gleichgültig, ob eine solche Gleichung in algebraischer oder differentieller Form geschrieben ist. Das Ähnlichkeitskriterium kann mit Hilfe verschiedener Annahmen aus einer beliebigen, richtig aufgestellten Dimensionsgleichung erhalten werden. Ein außerordentlich wichtiger Umstand ist die Möglichkeit, die Ähnlichkeitskriterien aus den Differentialgleichungen des Prozesses zu bilden, ohne diese zu lösen.

Wie die physikalische Ausgangsgleichung hat auch das aus ihr abgeleitete Ähnlichkeitskriterium einen bestimmten physikalischen Sinn. So ist das Kriterium *Ne* ein Maß für die Wechselbeziehung des Impulses der Kraft *Ft* und der Bewegungsgröße *mw*. In Abhängigkeit von den jeweiligen Beziehungen für die Kraft, die Masse und die Geschwindigkeit nimmt das Kriterium *Ne* andere Formen an und wird in die Kriterien *Reynolds* (*Re*), *Euler* (*Eu*), *Froude* (*Fr*) und *Galilei* (*Ga*) umgewandelt. Der bestimmte physikalische Sinn jedes Ähnlichkeitskriteriums unterscheidet es von den ausgewählten dimensionslosen Komplexen aus zufälligen physikalischen Größen.

Aus physikalischen Gleichungen, die Erscheinungen verschiedener Klassen widerspiegeln, erhält man Ähnlichkeitskriterien verschiedener Prozesse: Wärme-, Diffusions-, hydraulische u. a. Kompliziertere Gleichungen und Gleichungssysteme ergeben auf einmal mehrere Kriterien, die die verschiedenen Seiten des komplizierten Prozesses charakterisieren.

Die Bildung der Kriterien aus den Ausgangsgleichungen des Prozesses heißt *ähnliche Verwandlung der Gleichung*. Das hier gezeigte Verfahren der Ableitung der Kriterien aus den physikalischen Gleichungen ist nicht das einzige. Andere Verfahren werden in der Spezialliteratur beschrieben.

2.2.3.2. Zweites Ähnlichkeitstheorem

Das zweite Theorem der Ähnlichkeit, das *Federman-Buckingham-Theorem*, sagt aus, daß die quantitativen Versuchsergebnisse in Form von Gleichungen dargestellt werden müssen, die die Abhängigkeit zwischen den Ähnlichkeitskriterien des untersuchten Prozesses wiedergeben.

Das Ähnlichkeitskriterium K_1, das eine interessierende Untersuchungsgröße beinhaltet, muß als Funktion anderer Kriterien K_2, K_3, K_4, ... ausgedrückt werden, die die verschiedenen Seiten des Prozesses widerspiegeln.

$$K_1 = f(K_2, K_3, K_4 \ldots) \qquad (2.2./12)$$

Im allgemeinen Fall ist die Form dieser Funktion vorher unbekannt. Sie wird empirisch bei der Verarbeitung der experimentellen Daten bestimmt. In der Mehrzahl der Fälle ist eine Darstellung der Versuchsergebnisse in Form von Potenzgleichungen oder Exponentialgleichungen (für die Prozeßkinetik) möglich.

$$K_1 = C\, K_2^m\, K_3^n\, K_4^r \ldots \qquad (2.2./13)$$

$$K_1 = K_0 \exp(-t/\Theta) \quad \text{„erlöschender Prozeß"} \qquad (2.2./14)$$

$$K_1 = K_0 \left[1 - \exp(-t/\Theta)\right] \quad \text{„zunehmender Prozeß"} \qquad (2.2./15)$$

C, m, n, r Konstanten, verallgemeinert aus den experimentellen Untersuchungen
K_0 Anfangswert des Kriteriums K_1 bei $t = 0$ (oder Endwert bei $t = \infty$)
t Zeit vom Beginn des Prozesses in s
Θ Zeitkonstante des Prozesses, abhängig von den Prozeßbedingungen, in s

Bemerkenswert und wichtig für die Anwendung der Ähnlichkeitstheorie ist, daß das Ausgangssystem der physikalischen Gleichungen nicht analytisch gelöst, aber für die Bestimmung der Art und Zahl der Kriterien in Gl. (2.2./12) genutzt wird. Eine praktische experimentelle Lösung des Ausgangssystems wird mit Gleichung (2.2./13) erreicht. Daraus ergibt sich folgende Formulierung des 2. Theorems:

Die Lösung der Differentialgleichung kann in Form der Abhängigkeit zwischen den Ähnlichkeitskriterien, die aus dieser Gleichung gewonnen wurden, dargestellt werden. Diese Abhängigkeit nennt man *Ähnlichkeitsgleichung* oder *Kriteriengleichung*.

Die Ähnlichkeitstheorie vereinigt die Vorteile der analytischen und der experimentellen Untersuchungsmethode. Die analytische Methode liefert die Ausgangsbeschreibung der Erscheinungen in Form komplizierter Differentialgleichungen, die die Wechselwirkungen zwischen den Einflußgrößen beschreiben. Eine explizite Lösung dieser Differentialgleichungen ist gewöhnlich wegen ihrer Kompliziertheit nicht möglich. Deshalb bleibt die rein analytische Untersuchung häufig nur eine prinzipielle Möglichkeit, die praktisch nicht realisierbar ist und zu keiner ingenieurmäßigen Lösung führt. Die rein experimentelle Methode ist ohne einen theoretisch begründeten Lösungsansatz bei aller Glaubwürdigkeit der Resultate ebenfalls nicht zweckmäßig, weil für die Lösung einer beliebigen Ingenieuraufgabe eine sehr große Zahl von Versuchen notwendig würde, um das gewünschte Resultat auf dem Wege willkürlichen Probierens zu erreichen.

Die Ähnlichkeitstheorie führt zur experimentellen Lösung der Aufgaben auf der Grundlage physikalischer Gesetze in Form der Ausgangsgleichungen des Prozesses, wobei der Übergang zu verallgemeinerten Veränderlichen und die Modellierung diese Lösung wesentlich erleichtern und beschleunigen.

Jede Kriteriengleichung hat, unabhängig von der empirischen Methode ihrer Aufstellung, einen bestimmten physikalischen Sinn, denn sie basiert auf einer ähnlichen Widerspiegelung der Naturgesetze, ausgedrückt durch das Ausgangssystem der physikalischen Gleichungen. Diese Widerspiegelung erfolgt allerdings nur näherungsweise, d. h. unvollständig, weil sie nur die wichtigsten, bestimmenden Faktoren des Prozesses, entsprechend der gegebenen Stufe der Untersuchung berücksichtigt. Demzufolge bilden die Kriteriengleichungen jeweils nur die wesentlichsten Züge des Prozesses nach. Deshalb gelingt es gewöhnlich, den funktionellen Zusammenhang zwischen einigen grundlegenden und den sich im Prozeß wesentlich verändernden Ähnlichkeitskriterien aufzustellen.

Jedes Kriterium der verallgemeinerten Gleichung spiegelt eine beliebige der Hauptseiten des Prozesses wider, die Gesamtheit aller Kriteriengleichungen den Prozeß als Ganzes. Ziel der Verarbeitung der experimentellen Daten in Form von verallgemeinerten Gleichungen ist eine bequeme Darstellung der Resultate. Diese Methode ist kein Resultat der Ähnlichkeitstheorie. In einer Reihe von Fällen werden die Ergebnisse analytischer Lösungen ebenfalls in eine dimensionslose Form überführt, um die Zahl der Veränderlichen zu verringern (Theorie der Wärmeleitung, der Diffusion u. a.).

Bei der ähnlichen Umwandlung der Ausgangsgleichungen und der weiteren Verallgemeinerung der Versuchswerte ist eine Differenzierung in Ähnlichkeitskriterien, die aus gegebenen und für die gegebenen Bedingungen konstanten Größen aufgestellt wurden und Ähnlichkeitszahlen, die aus veränderlichen, gesuchten Größen resultieren, möglich. In diesem Sinne sind in Gl. (22./12) K_1 eine Ähnlichkeitszahl und K_2, K_3 Ähnlichkeitskriterien. Im weiteren werden alle dimensionslosen Größen der ähnlichen Umwandlung als Ähnlichkeitskriterien bezeichnet. Diese umfassen sowohl Kriterienkomplexe aus gleichartigen physikalischen Größen (*Newton*sches Ähnlichkeitskriterium) als auch Kriteriensimplexe aus gleichnamigen physikalischen Größen (z. B. l/d relative Rohrlänge aus Länge l und Durchmesser d).

Die Gesamtmenge der voneinander unabhängigen Ähnlichkeitskriterien bei der ähnlichen Umwandlung einer gegebenen physikalischen Gleichung wird durch das sogenannte π-Theorem bestimmt. Es ist folgendermaßen formuliert:

Jede Gleichung, die in sich N physikalische Größen vereinigt, deren Maßeinheiten durch n Grundeinheiten widergespiegelt werden, kann in eine Gleichung umgewandelt werden, die π dimensionslose Ähnlichkeitskriterien enthält.
Dabei gilt:

$$\pi = N - n \qquad (2.2./16)$$

Die Zahl der Simplexe, die in den π-Kriterien enthalten ist, ist gleich der Paare von gleichnamigen Größen in der Ausgangsgleichung des Prozesses.

Das π-Theorem gestattet, in einzelnen Fällen die charakteristischen Kriterien auf der Grundlage einer Analyse der Maßeinheiten der Größen aufzustellen, die wahr-

scheinlich den Verlauf des Prozesses beeinflussen, auch wenn die mathematische Ausgangsgleichung fehlt. Diese als *Dimensionsanalyse* bezeichnete Methode kann jedoch nur in einfachen Fällen bei einer nicht zu großen Zahl von Veränderlichen angewendet werden. Sie wird in speziellen Lehrbüchern erläutert.
Aus den gleichen physikalischen Größen können verschiedene Ähnlichkeitskriterien aufgestellt werden. Durch Multiplikation und Division von Ähnlichkeitskriterien erhält man neue Ähnlichkeitskriterien mit gleichem physikalischen Sinn. Deshalb ist die Lösung in Form von Gl. (2.2./13) nicht einheitlich. Wenn z. B. bei zwei verschiedenen Kriterien K_2 und K_3 gleiche Exponenten vorhanden sind (m = n), ist es zweckmäßig, diese Kriterien zusammenzufassen ($K = K_2 K_3$) und Gl. (2.2./13) in folgender Form zu schreiben:

$$K_1 = C\, K^n\, K_4^r \qquad (2.2./17)$$

Folglich kann ein und derselbe Prozeß mit mehreren Kriteriensystemen beschrieben werden. Für den Prozeß der Eindampfung von Flüssigkeiten existieren mehr als zehn verallgemeinerte Abhängigkeiten, die sich auf praktisch übereinstimmende experimentelle Ausgangsdaten stützen.

2.2.3.3. Drittes Ähnlichkeitstheorem

Die ersten beiden Theoreme der Ähnlichkeit kennzeichnen die Eigenschaften ähnlicher Systeme, liefern aber keine Angaben über die Bedingungen für die Modellierung mit Hilfe der Ähnlichkeitstheorie. Das dritte Theorem der Ähnlichkeit, das *Theorem von V. M. Kirpičev und A. A. Guchman*, charakterisiert die Merkmale ähnlicher Erscheinungen sowie den Bereich der Anwendbarkeit der Kriteriengleichungen. Offensichtlich kann man Versuchsergebnisse, die durch Kriteriengleichungen widergespiegelt werden, nur auf eine Gruppe ähnlicher Erscheinungen übertragen, die über gemeinsame Eigenschaften verfügen. Eine Kriteriengleichung ist deshalb nur innerhalb bestimmter Grenzen gültig. Eine Extrapolation außerhalb dieser Grenzen ist nicht zulässig. Bei jeder Kriteriengleichung ist ein Hinweis nötig, welche Grenzwerte die Ähnlichkeitskriterien, z. B. $K_2, K_3, K_4, \ldots$ in Gl. (2.2./13), nicht übersteigen dürfen.
Welche Ähnlichkeitsbedingungen sind einzuhalten, um die Übertragung der Versuchsergebnisse zu ermöglichen? Das dritte Ähnlichkeitstheorem lautet:
Erscheinungen sind untereinander ähnlich, wenn man sie durch das gleiche System von Differentialgleichungen beschreiben kann und die Ähnlichkeitsbedingungen identisch sind.
Folglich sind die Erscheinungen physikalisch ähnlich, die derselben Klasse angehören und im Rahmen dieser Klasse in eine Gruppe von Erscheinungen eingehen, die sich nur im Maßstab der physikalischen Größen unterscheiden. Die Forderung nach Eindeutigkeit bei der Verallgemeinerung durch Kriteriengleichungen hat den gleichen Sinn wie die Forderung nach einer eindeutigen analytischen Lösung der physikalischen Differentialgleichungen.
Die Differentialgleichung beschreibt eine Klasse von Erscheinungen, deren Grundlage ein allgemeines physikalisches Gesetz ist (z. B. die Klasse der Erscheinungen der Wärmeausbreitung nach dem Gesetz der Wärmeleitung). Jedoch widerspiegelt eine solche allgemeine Gleichung nicht die individuellen Merkmale einer Teilerscheinung der gegebenen Klasse (z. B. die Erwärmung des Teiges in der Backkammer). Deshalb wird die Ausgangsgleichung durch eine Vielzahl von Lösungen befriedigt. Den Ingenieur interessiert eine konkrete Erscheinung der gegebenen Klasse, beobachtet unter den Arbeitsbedingungen eines bestimmten Apparates. Deshalb ist es nötig,

aus der Vielzahl der möglichen Lösungen der Ausgangsgleichung (oder des Gleichungssystems) die Lösung auszuwählen, die der untersuchten Erscheinung entspricht, d. h. dafür eindeutig ist. Diese Eindeutigkeit wird durch ergänzende Bedingungen (Randbedingungen) erreicht, die nicht im System der Ausgangsgleichungen enthalten sind und die deren Lösung auf einen konkreten Fall begrenzen.
Die *Randbedingungen* schließen ein:

a) Angaben über die geometrischen Eigenschaften des Systems (Gestalt und Abmessungen des Arbeitsraumes des Apparates).

b) Daten über die physikalischen Eigenschaften der Verarbeitungsgüter und Werkstoffe (Wärmeleitfähigkeit und spezifische Wärmekapazität der Wände des Apparates, Zähigkeit und Dichte der Verarbeitungsgüter usw.).

c) Angaben über den Zustand des Systems an seinen Grenzen (räumliche Randbedingungen) und über die Wechselwirkung mit der Umgebung (Intensität des Wärme- und Stoffaustausches, Temperatur- bzw. Konzentrationsverteilung an der Oberfläche u. a.).

d) Daten über den Zustand des Systems zu Beginn und am Ende des Prozesses (zeitliche Randbedingungen).

Das Ausgangssystem der physikalischen Gleichungen bestimmt gemeinsam mit den Randbedingungen eindeutig die konkreten Erscheinungen der gegebenen Klasse. Die Lösung eines solchen Systems in Form von Formeln, die die Grundgrößen des Prozesses verbinden, könnte das für die Praxis notwendige Resultat ergeben. Jedoch ist die analytische Lösung des Gleichungssystems in Anbetracht seiner Kompliziertheit nahezu nie erreichbar. Deshalb benutzt man die Methode der verallgemeinerten Veränderlichen, die Ähnlichkeitstheorie.
Offensichtlich darf man die Ähnlichkeitskriterien nicht nur aus der physikalischen Grundgleichung des Prozesses ableiten, sondern muß die Bedingungen für ihre eindeutige Lösung berücksichtigen. Die Eindeutigkeitsbedingungen an den Grenzen des Systems und während des zeitlichen Ablaufs des Prozesses gewährleisten die physikalische Ähnlichkeit der Prozesse in vollem Umfang. Die Identität der Ähnlichkeitsbedingungen drückt sich in der Übereinstimmung der Kriterien K_2, K_3, K_4, ... in Gl. (2.2./13) für ähnliche Prozesse aus sowie in der Gleichheit der Exponenten entsprechender Kriterien.
Als Ergebnis der Identität der Ähnlichkeitsbedingungen erhält man die gleiche Art der Funktion und die Übereinstimmung der Größe des gesuchten Kriteriums K_1 für zwei oder mehrere ähnliche Prozesse.

2.2.3.4. Grundregeln der Modellierung

Das dritte Theorem der Ähnlichkeit gestattet es, Grundregeln der Modellierung abzuleiten. Nur wenn die Identität der Ähnlichkeitsbedingungen für das Laboratoriumsmodell und das Industriebeispiel geschaffen wurde, kann man die Resultate der Modellversuche sicher auf die industriellen Apparate übertragen. Für einen beliebigen Fall der Modellierung ist dazu die Befolgung folgender Bedingungen unerläßlich:

a) Die geometrische Ähnlichkeit ist sowohl für die physikalische als auch für die mathematische Modellierung physikalischer Felder erforderlich.

b) Die zeitliche Ähnlichkeit ist ebenfalls für die physikalische und mathematische Modellierung notwendig. D. h., daß in Prozessen, die sich während der Zeit verändern, die Ähnlichkeit physikalischer Größen in Modell und Original zu jedem ähnlichen Zeitpunkt von Beginn des Prozesses an gewährleistet sein muß.

c) Die Ähnlichkeit der physikalischen Größen muß in allen Fällen der Modellierung beachtet werden. Bei der analogen Modellierung haben die Ähnlichkeitskonstanten eine Dimension, weil bei der Modelldarstellung die dimensionsbehafteten physikalischen Größen des Originals Größen mit einer anderen Dimension sind.

d) Die Ähnlichkeit der Anfangsbedingungen ist gleichfalls sowohl bei der physikalischen als auch bei der mathematischen Modellierung erforderlich, weil der zeitliche Ablauf des Prozesses sowohl von den Eigenschaften des Prozesses selbst als auch durch die Anfangsbedingungen bestimmt wird. Bei einigen Anfangsbedingungen ist das System stabil, bei anderen kann es instabil werden, was unzulässig ist.

e) Die Ähnlichkeit der Randbedingungen ist für die Beschreibung des Ablaufs der Erscheinungen erforderlich. An den geometrischen Grenzen des Bereichs können Erscheinungen ablaufen, die nicht von den untersuchten Erscheinungen abhängen, aber diese beeinflussen (z. B. hängt die Wärmeabgabe von der Oberfläche eines Körpers an die Umgebung nicht vom Prozeß der Wärmeleitung im Inneren des Körpers ab, beeinflußt aber seine Abkühlungsgeschwindigkeit). Im Fall der zeitlichen Veränderung der Bedingungen an den Systemgrenzen ist es notwendig, die zeitliche Ähnlichkeit der Veränderlichen, die diese Bedingungen beeinflussen, zu berücksichtigen.

Die Forderungen der Identität bestimmen den Maßstab der Veränderlichen und der physikalischen Parameter des Prozesses in Übereinstimmung mit den Forderungen des ersten Theorems. Die Multiplikatoren der ähnlichen Verwandlung müssen so gewählt werden, daß der Indikator der Ähnlichkeit gleich eins wird. Die genaue Befolgung der Bedingungen der vollständigen Ähnlichkeit (Identität) ist schwierig und kann nur in einzelnen Fällen erreicht werden. Besonders kompliziert ist die Erfüllung dieser Bedingungen in den Fällen, wo im Apparat gleichzeitig unterschiedliche und sich gegenseitig bedingende Prozesse ablaufen, z. B. Wärme- und Stoffaustausch.
Die Forderung nach vollständiger Ähnlichkeit würde die Gewährleistung einer entsprechenden Gleichheit aller entscheidenden Ähnlichkeitskriterien (gegebenenfalls auch nicht auffindbarer, unbekannter) nach sich ziehen, was praktisch nicht verwirklichbar ist. Deshalb wird die vollständige Ähnlichkeit von Modell und Apparat nicht erreicht, und man beschränkt sich auf die näherungsweise Modellierung der wichtigsten Prozeßgrößen.
In der Gegenwart wurden eine Reihe von Annahmen für die vereinfachte physikalische Modellierung ausgearbeitet, die erfolgreich in der experimentellen Praxis angewendet werden. Die Wahl der einzelnen Annahmen wird durch die konkreten Untersuchungsaufgaben bestimmt. Gewöhnlich bildet man für die ingenieurmäßige Lösung nicht die Gesamtheit der Prozesse ab, die im Apparat ablaufen, sondern nur jene Prozesse, die die wesentlichste Rolle spielen. Die Gewißheit von der Ähnlichkeit der Erscheinungen ist besonders wichtig, wenn in einem kleinen Modell die Arbeit einer großtechnischen Ausrüstung untersucht wird.
Meist werden am Anfang Mikromodelle geschaffen. Dann geht man zu Verbindungsmodellen großen Maßstabs über. Dabei wird das Prinzip der Aufgabe aller für den Prozeß und die gestellte Aufgabe unwesentlichen Faktoren in verallgemeinerter Form mit zulässigen und notwendigen Vereinfachungen genutzt. Bei der Veränderung des Modellmaßstabes um ein Vielfaches verändern sich die Arbeitsbedingungen seiner Elemente. Je kleiner das Modell, desto stärker wird der Prozeß schematisiert

und um so größer wird sein Unterschied zu den Vorgängen im industriellen Apparat. Wenn man vom kleinen zum größeren Modell übergeht, wird der Prozeß komplizierter. Nur bei Erhöhung der Zahl der zu untersuchenden Faktoren vermindert sich die unvermeidliche Wirkung des Maßstabseffektes, d. h. die Differenz zwischen den Größen der Modell- und der industriellen Versuche.

2.2.3.5. Einige wichtige Ähnlichkeitskriterien

Die Mannigfaltigkeit der Kriterien, mit deren Hilfe technologische Prozesse der Lebensmittelproduktion beschrieben werden können, erschwert ihre Klassifikation. Für jeden Prozeß ist ein eigenes System von Kriterien auszuarbeiten, auf dessen Grundlage man spezifische Kriteriengleichungen erhält.
Es existieren Kriterien der geometrischen, mechanischen und thermodynamischen Ähnlichkeit, der Ähnlichkeit von Wärmetransport- und Diffusionsvorgängen, Ähnlichkeitskriterien für chemisch-physikalische Umwandlungen, für Änderungen des Aggregatzustandes u. a. Hier sollen nur einige der am meisten verwendeten Ähnlichkeitskriterien aufgeführt werden, die zur Berechnung von Apparaten der Lebensmittelproduktion nützlich sind.
Kriterien der geometrischen Ähnlichkeit erscheinen gewöhnlich in Form relativer Abmessungen des gegebenen Systems, z. B.

$G_1 \equiv l/d$ (relative Rohrlänge, d. h. Länge des Rohres l, geteilt durch seinen Durchmesser d)
$G_2 \equiv s/d$ (relative Teilung eines Rohrbündels)
$G_2 \equiv x/R$ (relative Entfernung des betrachteten Punktes vom Zentrum einer Kugel oder der Achse eines Zylinders mit dem Radius R)

Diese Kriterien dürfen mit dem Verhältnis der Abmessungen zweier ähnlicher Systeme nicht verwechselt werden. Für zwei ähnliche Systeme gilt sowohl $l_1/l_2 = C_1$ als auch $G_1 = $ idem, $G_2 = $ idem usw.
Die hydromechanische Ähnlichkeit wird durch eine ganze Skala von Varianten des Hauptkriteriums der mechanischen Ähnlichkeit nach *Newton* charakterisiert. Das ist in erster Linie das *Reynoldssche Kriterium*:

$$Re \equiv \frac{w \cdot l}{\nu} \qquad (2.2./18)$$

w Strömungsgeschwindigkeit der Flüssigkeit in m/s
l charakteristische (bestimmende) lineare Abmessung des Stromes, z. B. der Rohrdurchmesser in m
ν kinematische Zähigkeit der Flüssigkeit in m²/s

Die *Reynoldszahl* charakterisiert das Bewegungsregime der Flüssigkeit. Sie ist ein Maß für das Verhältnis der Trägheitskräfte und der Reibungskräfte im Strom. Bei turbulenter Bewegung überwiegen die Trägheitskräfte gegenüber den Kräften der inneren Reibung, die *Reynolds*zahl ist groß. Bei laminarer Strömung ist die *Reynolds*zahl kleiner. Für verschiedene geometrische Systeme vollzieht sich ein sprunghafter Übergang vom laminaren zum turbulenten Bewegungsregime bei typischen kritischen *Reynolds*zahlen Re_{kr}. So ist z. B. für die Strömung in geraden kreisrunden Rohren $Re_{kr} \approx 2300$, bei der Umströmung einer Kugel durch Flüssigkeit $Re_{kr} \approx 1{,}0$ usw.

Eine Abart des *Newton*schen Kriteriums ist auch das *Euler*sche Kriterium:

$$Eu \equiv \frac{\Delta p}{w^2 \cdot \varrho} \qquad (2.2./19)$$

Δp Druckverlust des Flüssigkeitsstromes (statisches Druckgefälle) in Pa
w Strömungsgeschwindigkeit in m/s
ϱ Dichte der Flüssigkeit in kg/m³

Dieses Kriterium geht in die Gleichung zur Bestimmung des Druckverlustes im Flüssigkeitsstrom ein und ist ein Maß für das Verhältnis des statischen Druckgefälles Δp zum dynamischen Druck $w^2\varrho$.

Von den anderen Abarten des *Newton*schen Kriteriums sollen noch das *Froude*sche Kriterium Fr und die *Galilei*-Zahl Ga erwähnt werden:

$$Fr \equiv \frac{w^2}{g \cdot l}; \quad Ga \equiv \frac{g \cdot l^3}{v^2} = \frac{Re^2}{Fr} \qquad (2.2./20)$$

g Fallbeschleunigung in m/s²

Die *Froude*-Zahl benutzt man bei der Berechnung von Rührern, Zentrifugen und Zyklonen. Die *Galilei*-Zahl charakterisiert das Abfließen von Flüssigkeiten an Oberflächen. Sie wird z. B. in den Gleichungen zur Wärmeübertragung bei der Kondensation von Dampf genutzt.

Wärmeaustauschprozesse werden mit speziellen Ähnlichkeitskriterien modelliert. Die wichtigsten von ihnen sind Nu (*Nußelt*-Zahl), Pe (*Peclet*-Zahl), Bi (*Biot*-Zahl) und Fo (*Fourier*-Zahl). Ihnen analog sind für Diffusionsvorgänge Nu'[1], Bi', Pe' und Fo'.

Die angeführten Kriterien werden wie folgt gebildet:

$$Nu \equiv \frac{\alpha \cdot l}{\lambda}; \quad Bi \equiv \frac{\alpha \cdot l_c}{\lambda_c}; \quad Pe \equiv \frac{w \cdot l}{a}; \quad Fo \equiv \frac{a \cdot t}{l^2} \qquad (2.2./21)$$

$$Sh \equiv Nu' \equiv \frac{\beta \cdot l}{D}; \quad Bi' \equiv \frac{\beta \cdot l_c}{D_c}; \quad Pe' \equiv \frac{w \cdot l}{D}; \quad Fo' \equiv \frac{D \cdot t}{l^2} \qquad (2.2./22)$$

l bestimmende Abmessung des Systems in m; für Prozesse im Inneren eines festen Körpers gilt $l = l_c$
α Wärmeübergangskoeffizient an der Oberfläche eines festen Körpers in W/m² K
λ Wärmeleitkoeffizient in W/m K
λ_c Wärmeleitkoeffizient für feste Körper (Wände) in W/m K
a Temperaturleitkoeffizient in m²/s
t Zeit vom Beginn des Prozesses in s
D Diffusionskoeffizient in der Flüssigkeit in m²/s
D_c Diffusionskoeffizient in festen Körpern in m²/s
β Stoffübergangskoeffizient in m/s

Die *Nußelt*-Zahlen Nu bzw. Nu' sind die dimensionslosen Koeffizienten des Wärme- bzw. Stoffübergangs, die *Biot*-Zahlen Bi bzw. Bi' stellen ein Maß für die Intensität des Wärme- oder Stoffüberganges an der Oberfläche im Verhältnis zur Wärmeleitung bzw. Diffusion im Inneren eines Körpers dar. Die *Fourier*-Zahlen Fo und Fo' sind Kriterien für die räumliche und zeitliche Ähnlichkeit der Temperatur- bzw. Kon-

---

[1] Häufig wird Nu' auch als Sh (*Sherwood*-Zahl) bezeichnet

zentrationsfelder bei Wärmeleit- oder Diffusionsprozessen in festen Körpern. Die *Peclet*-Zahl kann als Produkt zweier Kriterien dargestellt werden:

$$Pe = Re\,Pr;\ Pe' = Re\,Pr' \tag{2.2./23}$$

Die *Prandtl*-Zahlen Pr und Pr'[1] sind dimensionslose Charakteristika physikalischer Parameter von Flüssigkeiten und Gasen.

$$Pr \equiv \nu/a;\ Sc = Pr' \equiv \nu/D \tag{2.2./24}$$

Bei der Beschreibung von Prozessen der Änderung des Aggregatzustandes verwendet man besondere Ähnlichkeitskennzahlen, die die bestimmenden Prozeßparameter enthalten. So wird z. B. die Strömungsgeschwindigkeit in der *Reynoldszahl* durch die Bildungsgeschwindigkeit der neuen Phase ersetzt:

$$w_K = \frac{\dot{q}}{r_K \cdot \varrho'};\ w_V = \frac{\dot{q}}{r_V \cdot \varrho''} \tag{2.2./25}$$

w_K Kondensationsgeschwindigkeit des Dampfes in m/s
$\dot{q}$ Wärmestromdichte in W/m²
r_K Kondensationswärme in J/kg
ϱ' Dichte des Kondensates in kg/m³
r_V Verdampfungswärme in J/kg
w_V Verdampfungsgeschwindigkeit in m/s
ϱ'' Dichte des gebildeten Dampfes in kg/m³

Damit erhält man folgende Kriterien:

bei Kondensation von Dampf

$$Re_K = \frac{w_K \cdot l_K}{\nu_K} \tag{2.2./26}$$

beim Sieden (der Eindampfung) einer Flüssigkeit

$$Re_V = \frac{w_V \cdot l_V}{\nu_V} \tag{2.2./27}$$

l_K bzw. l_V charakteristische Abmessungen für den Kondensations- bzw. den Verdampfungsprozeß in m
ν_K kinematische Zähigkeit des Kondensates in m²/s
ν_V kinematische Zähigkeit der siedenden Flüssigkeit in m²/s

Bei der mathematischen Beschreibung der Prozesse und Apparate der Lebensmittelproduktion nutzt man noch eine Vielzahl anderer Kriterien. Sie werden in den Berechnungsformeln der entsprechenden Abschnitte dieses Buches verwendet.

2.2.3.6. Regeln der Anwendung verallgemeinerter Gleichungen

Die Nachschlagewerke enthalten eine Vielzahl dimensionsloser Abhängigkeiten für die verschiedenen Fälle der Berechnung von Prozessen und Apparaten der Lebensmittelindustrie. Die Auswahl zutreffender Formeln ist eine wichtige Ingenieurauf-

---

[1] Die Pr'-Zahl wird häufig auch als *Schmidt*-Zahl (Sc) bezeichnet

gabe, weil eine Fehlentscheidung zu unverbesserlichen Folgen bei der Auswahl und Dimensionierung bzw. der Nutzung der Apparate führen kann. Bei der Auswahl von Kriteriengleichungen für die Berechnung irgendeiner Größe ist zu überprüfen:

a) Gilt der gewählte Typ der Formel für den gegebenen Berechnungsfall? Z. B. darf der Wärmeübergangskoeffizient bei der Kondensation von Dampf nicht mit der Formel für die Verdampfung berechnet oder die Formel für das laminare Strömungsregime nicht für die Bestimmung einer Größe bei turbulenter Flüssigkeitsbewegung verwendet werden.

b) Stimmen die Konstanten der Formel für den gegebenen Berechnungsfall? So kann ein und dieselbe Formel verschiedene Prozeßbereiche mit verschiedenen Konstanten und Exponenten für die einzelnen Kriterien beschreiben.

c) Entspricht das zulässige Intervall der Veränderung der Ähnlichkeitskriterien bei der Anwendung der ausgewählten Formel dem vorliegenden Berechnungsfall? Wenn eine Formel für *Reynolds*zahlen zwischen 2000 und 10000 empfohlen wird, ist ihre Anwendung für $Re = 100000$ unzulässig, und es muß in der Literatur eine andere gesucht werden.

Viele Kriteriengleichungen wurden in Form von Nomogrammen dargestellt oder in für die Berechnungen bequeme dimensionsbehaftete Formeln überführt. Dabei gehen jedoch meist die Kenntnisse über die ursprüngliche Kriteriengleichung und ihre Anwendungsgrenzen verloren.

Vor der Anwendung jeder dimensionsbehafteten Gleichung ist es deshalb notwendig, ihre Herkunft sowie den zahlenmäßigen Wert und die Dimension der konstanten Koeffizienten zu prüfen. Fehler beobachtet man besonders bei der Nutzung von dimensionsbehafteten Größengleichungen mit gemischten Einheiten. Deshalb ist es sinnvoll, die Primärdaten (insbesondere physikalische Parameter) zunächst in SI-Einheiten, d. h. ein einheitliches, kohärentes Einheitensystem, zu überführen.

Zu empfehlende Literatur

Alabužev, P. M. u. a.: Ähnlichkeitstheorie und Maßstabsanalyse. Modellierung. Moskau: Verlag Vysšaja škola 1968

Bondar, A. G.: Mathematische Modellierung in der chemischen Technologie. Kiew: Verlag Višča škola 1973

Butuzov, A. I.; Minakovskij, V. M.: Verallgemeinerte Veränderliche bei Übertragungsvorgängen. Kiew: Verlag Višča škola 1970

Guchman, A. A.: Einführung in die Ähnlichkeitstheorie. Moskau: Verlag Vyssaja škola 1973

Guchman, A. A.: Anwendung der Ähnlichkeitstheorie zur Untersuchung von Prozessen der Wärme- und Stoffübertragung. Moskau: Verlag Vysšaja škola 1974

Zakgejm, A. Ju.: Einführung in die Modellierung chemisch-technologischer Prozesse. Moskau: Verlag Chimija 1973

Verzeichnis der zusätzlich empfohlenen deutschsprachigen Literatur:

Kattanek, S.; Gröger, R.; Bode C.: Ähnlichkeitstheorie. Leipzig: VEB Deutscher Verlag für Grundstoffindustrie 1967

Kattanek, S.: Übungsaufgaben zur Ähnlichkeitstheorie. Leipzig: VEB Deutscher Verlag für Grundstoffindustrie 1970

Kafarov, V. V.: Kybernetische Methoden in der Chemie und chemischen Technologie. Berlin: Akademie-Verlag 1971 (Übers. a. d. Russ., bearbeitet u. hrsg. v. K. Hartmann)

Benedek, P.; László A.: Grundlagen des Chemieingenieurwesens. Leipzig: VEB Deutscher Verlag für Grundstoffindustrie 1965 (Übers. a. d. Ungar.)

Hartmann, K.; Lezki, E.; Schäfer W.: Statistische Versuchsplanung und Auswertung in der Stoffwirtschaft. Leipzig: VEB Deutscher Verlag für Grundstoffindustrie 1974

2.3. Grundlagen des rationellen Apparatebaus

2.3.1. Forderungen an die Apparate

Ein zweckmäßig gebauter Apparat muß technologische, konstruktive, ästhetische, ökonomische und sicherheitstechnische Forderungen erfüllen.

2.3.1.1. Technologische Forderungen

2.3.1.1.1. Funktionsbezogenheit des Apparates

Die spezielle Verwendung eines Apparates erfordert das Schaffen von Bedingungen, die für die Prozeßführung optimal sind. Diese Bedingungen werden durch den Prozeßtyp, den Aggregatzustand der verarbeiteten Stoffe, ihren chemischen Zustand und die physikalischen Eigenschaften, z. B. Viskosität, Elastizität und Plastizität, bestimmt.
Dem Apparat muß eine Form gegeben werden, die die für den Prozeßablauf notwendigen technologischen Bedingungen gewährleistet (Betriebsdruck, Durchflußgeschwindigkeit und Turbulenzgrad der Verarbeitungsgüter, Schaffung des notwendigen Kontaktes der Phasen im Apparat, Realisierung der mechanischen, thermischen, elektrischen und magnetischen Einwirkungen).

Beispiel: Es wird gefordert, eine zähflüssige Lösung zu erwärmen und zu durchmischen, die eine bestimmte Menge von Teilchen eines temperaturempfindlichen Stoffes enthält (z. B. eine Zuckerlösung mit Zuckerkristallen).
Dafür können zwei Apparate verwendet werden. Im Apparat gemäß Bild (2.3./1) ist die Ablagerung von Feststoffteilchen auf dem Boden und in den Ecken unvermeidlich. An diesen Stellen brennt das Produkt an und wird zerstört. Folglich ist diese Apparateform für die Durchführung des Prozesses nicht geeignet. Der in Bild (2.3./2) dargestellte Apparat läßt sich für den speziellen Zweck gut verwenden. Der Apparat ist zylinderförmig und hat einen halbkugelförmigen Boden sowie einen Ankerrührer. Dadurch wird kein Bodensatz gebildet und das Anbrennen an der Heizfläche verhindert.

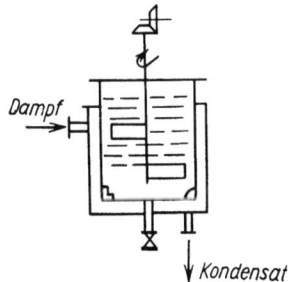
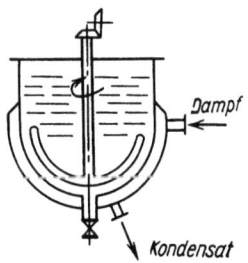

Bild (2.3./1). Schema eines Rührwerks, das den technologischen Forderungen nicht genügt

Bild (2.3./2). Schema eines Rührwerks, das den technologischen Forderungen genügt

Aus dem angeführten Beispiel ist ersichtlich, daß es für die richtige Apparatekonstruktion notwendig ist, die Eigenschaften des zu verarbeitenden Stoffsystems zu kennen und zu berücksichtigen. Die Mißachtung der technologischen Forderungen führt zu einer Schädigung des Produktes.

2.3.1.1.2. Hohe Arbeitsintensität des Apparates

Eine Hauptkenngröße des Apparates ist seine *Produktivität*, das ist die im Apparat verarbeitete Eingangsmenge bzw. Fertigproduktmenge, bezogen auf die Zeiteinheit. Dabei kann die Menge in Massen- oder Volumeneinheiten angegeben werden. Bei Erzeugnissen, die stückweise hergestellt werden, entspricht die Produktivität der Anzahl je Zeiteinheit.

Die *Arbeitsintensität* des Apparates ist seine Produktivität, bezogen auf eine beliebige Grundeinheit, die den gegebenen Apparat charakterisiert. So ist die Arbeitsintensität eines Trockners die Menge des in einer Stunde entfernten Wassers, bezogen auf einen Kubikmeter Trocknervolumen; die Arbeitsintensität von Verdampfern wird durch die Menge des in einer Stunde ausgedampften Wassers, bezogen auf einen Quadratmeter Heizfläche, charakterisiert.

Es ist offensichtlich, daß die Intensivierung aller Prozesse eine Hauptaufgabe der Produktion ist, um eine hohe Produktivität bei kleinen Außenabmessungen der Apparate zu erreichen. Der Weg dazu ist für die einzelnen Apparatetypen verschieden, jedoch können einige allgemeine Methoden zur Erhöhung der Arbeitsintensität der Apparate genannt werden, die nicht von ihrem Aufbau abhängen, z. B.

Ersatz periodischer Prozesse durch kontinuierliche (dabei wird der Zeitverlust für die Hilfsoperationen liquidiert und eine Automatisierung der Steuerung möglich), oder Vergrößerung der Arbeitsgeschwindigkeit der Arbeitsorgane.

2.3.1.1.3. Beständigkeit des Apparatewerkstoffes gegen Korrosion

Der Werkstoff, aus dem der Apparat gefertigt ist, muß gegenüber den in ihm verarbeiteten Stoffen beständig sein. Außerdem dürfen die Produkte, die sich bei der Reaktion der Verarbeitungsgüter mit den Apparatewerkstoffen bilden, keine schädlichen Eigenschaften haben, wenn die Verarbeitungsgüter als Nahrungsmittel genutzt werden.

2.3.1.1.4. Geringer Energieverbrauch

Die Energieintensität eines Apparates wird durch den Energieverbrauch, bezogen auf die Einheit des verbrauchten Rohstoffes oder des erzeugten Produktes, charakterisiert. Bei sonst gleichen Bedingungen ist der Apparat vollkommener, bei dem die Energieintensität kleiner ist.

2.3.1.1.5. Zugänglichkeit für Besichtigung, Reinigung und Reparatur

Die ordnungsgemäße Nutzung eines Apparates erfordert eine systematische Besichtigung, Reinigung und ständige Reparatur. Die Apparatekonstruktion muß gewährleisten, daß diese Operationen ohne langwierige Unterbrechungen des Produktionsprozesses durchgeführt werden können.

2.3.1.2. Forderungen der Sicherheitstechnik, Ergonomie

In sozialistischen Betrieben werden an die Apparate hohe Forderungen bezüglich der Sicherheit und Bequemlichkeit der Bedienung gestellt. Der Apparat muß mit einer hinreichenden Festigkeit berechnet und gebaut sowie mit Schutzvorrichtungen für sich bewegende Teile, Sicherheitsventilen, automatischen Schutzschaltern und anderen Sicherheitsvorrichtungen gegen Explosionen und Havarien ausgerüstet werden.

Das Einfüllen des Rohstoffs und die Entnahme des fertigen Produktes müssen für das Bedienungspersonal bequem und ungefährlich sein. Das wird durch eine zweckmäßige Konstruktion der Luken und Ventile gewährleistet. Am sichersten sind hermetisch geschlossene, kontinuierlich arbeitende Apparate mit kontinuierlicher Rohstoffzuführung und Produktentnahme. Die Steuerung des Apparates soll nur einen geringen Aufwand an physischer Arbeit erfordern. Eine einfache Bedienung wird durch ein zentrales Steuerpult erreicht, erfordert jedoch eine Fernkontrolle und Fernsteuerung. Die höchste Form ist die automatisierte Prozeßkontrolle und -steuerung.[1]
Sehr unbequem in der Bedienung und gefährlich für die Arbeiter sind Transmissionen. Für den Apparateantrieb sollten deshalb individuelle Elektromotoren bevorzugt werden.

Unter den Bedingungen der technischen Revolution erhielt die *Ergonomie*, die Wissenschaft von der Anpassung der Arbeitsbedingungen an den Menschen, eine große Bedeutung. Die Ergonomie betrachtet praktische Fragen, die bei der Organisation der menschlichen Arbeit einerseits und der Mechanismen und Elemente der materiellen Sphäre andererseits entstehen. Eine aktuelle Forderung an die Organisation schnell ablaufender intensiver Prozesse ist, diese Prozesse an die physiologischen und psychologischen Möglichkeiten des Menschen anzupassen, um die Bedingungen für eine hohe Arbeitseffektivität zu gewährleisten und alle Arbeiten mit einem geringen Kraftaufwand und ohne Gefahr für die menschliche Gesundheit zu realisieren. Für den Bau von Apparaten besagen die Forderungen der Ergonomie, daß die Aufgaben des Apparatebedieners seinen physischen und psychischen Möglichkeiten angepaßt werden. Das gewährleistet eine maximale Arbeitseffektivität und beseitigt die mögliche Gefahr für die Gesundheit des Werktätigen.

Bei Apparaten der Lebensmittelproduktion müssen außerdem strenge sanitärhygienische Forderungen beachtet werden, um rechtzeitig einer Infizierung der Produktion oder einer Verschmutzung der Produkte durch die Wechselwirkung von Verarbeitungsgut und Apparatewerkstoff vorzubeugen. Das wird durch einen hermetischen Abschluß und konstruktive Formen gewährleistet, die gestatten, den Apparat sorgfältig zu reinigen und zu sterilisieren, außerdem durch entsprechende Werkstoffwahl sowie durch die Automatisierung, die die Möglichkeit gibt, den Prozeß ohne Berührung durch die menschlichen Hände zu führen.

2.3.1.3. Konstruktive und ästhetische Forderungen

Zu dieser Gruppe zählen Forderungen, die mit der Projektierung, dem Transport und der Aufstellung der Apparate verbunden sind. Die wichtigsten sind:

Verwendung standardgerechter, austauschbarer Bauteile des Apparates,
minimaler Arbeitsaufwand bei der Montage,
bequemer Transport sowie bequeme Demontage und Reparatur,
minimale Masse des gesamten Apparates und seiner Bauteile.

Verringert man die Masse des Apparates, so senkt man seine Kosten. Das kann durch Beseitigung überflüssiger Festigkeitsreserven bzw. Veränderung der Apparateform erreicht werden. So soll nach Möglichkeit bei zylindrischen Apparaten ein solches

---

[1] Dabei gewinnt der Einsatz von Mikroprozessoren zunehmende Bedeutung

Verhältnis von Durchmesser und Höhe gewählt werden, daß das Verhältnis von Oberfläche und Volumen minimal wird. Es ist bekannt, daß die spezifische Oberfläche von zylindrischen Apparaten mit ebenen Deckeln bei h/d = 1 ein Minimum erreicht. Bei diesem Verhältnis wird (für drucklose Behälter) auch die Metallmasse minimal, die für den Bau des Apparates erforderlich ist. Der Metallverbrauch kann auch durch Austausch ebener Deckel durch gewölbte vermindert werden. In vielen Fällen führt der Einsatz von geschweißten Konstruktionen zu einer erheblichen Verringerung der Apparatemasse, desgleichen der rationelle Aufbau einzelner Baugruppen, die Verwendung von Metallen mit einer höheren Festigkeit und von Plasten (Textolit, PVC u. a.).

Bei der Projektierung von Apparaten ist es außerdem notwendig, die Aufmerksamkeit auf die Fertigungstechnologie zu richten. Angestrebt wird eine Konstruktion, die mit einem geringen Aufwand an Zeit und Arbeit hergestellt werden kann. Der Apparat soll nach Möglichkeit eine für das Auge gefällige Form und Farbe haben.

2.3.1.4. Ökonomische Forderungen, Hinweise zur Optimierung bei der Projektierung

Die ökonomischen Forderungen an die Apparate können in zwei Kategorien geteilt werden: Forderungen im Hinblick auf die Berechnung und Herstellung der Apparate und Forderungen an ihren Aufbau im Hinblick auf die Nutzung. Vom Standpunkt dieser Forderungen sollen die Kosten für die Projektierung, Fertigung und Nutzung der Maschine möglichst niedrig sein. Apparate, die die technologischen und konstruktiven Forderungen erfüllen, erfüllen auch die ökonomischen Forderungen. Bei der Einführung einer neuen Technik und neuer Apparate kann es vorkommen, daß der modernere Apparat teurer ist. In diesem Falle verringern sich jedoch die Kosten bei der Nutzung des Apparates, bzw. die Qualität der Produkte verbessert sich. Dadurch wird die Einführung des neuen Apparates sinnvoll. Detaillierter werden die ökonomischen Forderungen in den Lehrbüchern der Sozialistischen Betriebswirtschaft betrachtet.

Bei der Apparateprojektierung ist es notwendig, danach zu streben, daß der zu realisierende Prozeß in der optimalen Variante abläuft. Die Optimierungsaufgabe besteht darin, eine Variante auszuwählen, bei der die Größen, die die Arbeit des Apparates charakterisieren (Optimalitätskriterien), einen optimalen Wert haben. Als Optimalitätskriterien werden am häufigsten die Produktionsselbstkosten gewählt. In diesem Falle steht vor dem Projektanten die Aufgabe, einen Apparat mit Kenngrößen zu projektieren, die minimale Produktionsselbstkosten gewährleisten.

Hauptetappen der Optimierung sind die Auswahl der Optimierungskriterien und die Aufstellung des mathematischen Modells des Apparates. Mit Hilfe dieses Modells und elektronischer Rechenmaschinen findet man die optimale Lösungsvariante.

2.3.2. Werkstoffe zur Herstellung von Apparaten und ihre Auswahl[1]

Apparate der Lebensmittelproduktion werden aus den verschiedenartigsten Werkstoffen gefertigt. Die Erfüllung der technologischen Forderungen, die Verfügbarkeit (Zuverlässigkeit) und die Lebensdauer eines Apparates hängen in bedeutendem Maße von der richtigen Werkstoffauswahl ab. Bei der Wahl der Werkstoffe läßt man sich von folgenden Regeln leiten:

---

[1] Unter Nutzung der empfohlenen deutschsprachigen Literatur überarbeitet

a) Das Material muß für die gegebenen Arbeitsbedingungen (Temperatur, Druck, mechanische Beanspruchungen, Aggressivität der mit ihm in Berührung kommenden Verarbeitungsgüter und Hilfsstoffe ...) eine hinreichende mechanische Festigkeit haben und außerdem in die notwendige Form gebracht werden können.

b) Die Werkstoffe und die sie verbindenden Schweißnähte müssen eine genügende Widerstandsfähigkeit gegen den Angriff des Verarbeitungsgutes und anderer Medien haben, d. h. korrosionsbeständig sein und den sanitärhygienischen Forderungen entsprechen.

c) Die Werkstoffe sollen die speziellen technologischen Forderungen gut erfüllen, z. B. hohe Wärmeleitfähigkeit, hohe Verschleißfestigkeit, minimalen Reibungswiderstand und geringe Neigung zum Festfressen haben, gut zu reinigen und zu sterilisieren sein.

d) Nach Möglichkeit sollen keine Werkstoffe ausgewählt werden, die nur in begrenztem Umfang zur Verfügung stehen und hohe Materialkosten verursachen.

e) Vom hygienischen Standpunkt muß die Wechselwirkung von Verarbeitungsgut und Werkstoff im Hinblick auf die Erzeugnisqualität des Produktes berücksichtigt werden.

2.3.2.1. Chemische Beständigkeit der Werkstoffe

Korrosion nennt man den Zerstörungsprozeß der Metalle infolge chemischer oder elektrochemischer Wechselwirkung mit dem sie umgebenden Medium. Bei elektrochemischer Korrosion wird die Zerstörung des Metalles durch das Vorhandensein örtlicher elektrischer Ströme verursacht (Galvanokorrosion). Diese Art der Korrosion verläuft besonders aktiv, wenn im Apparat ein Kontakt von Metallen mit unterschiedlichem elektrischem Potential besteht. In ähnlicher Weise werden bei Anwesenheit eines Elektrolyten besonders günstige Bedingungen für die Galvanokorrosion geschaffen. Galvanopaare können außerdem infolge struktureller Inhomogenitäten des Metalles oder durch verschiedenartige Bearbeitung einzelner Teile entstehen. Bei der chemischen Korrosion wirken auf Metalle Gase oder Flüssigkeiten, die unfähig sind, elektrischen Strom zu leiten.

Die Bewertung der Intensität des Korrosionsprozesses erfolgt mit Hilfe des Korrosionsgrades, der auf die Dicke oder die Masse des Werkstoffes bezogen wird. Der auf die Werkstoffdicke bezogene Korrosionsgrad π entspricht bei gleichmäßiger Korrosion der Verringerung der Werkstoffdicke in Millimeter je Jahr, d. h. der Korrosionsgeschwindigkeit. Wenn die Korrosion ungleichmäßig ist, verwendet man den auf die Masse bezogenen Korrosionsgrad K_1, der angibt, um wieviel Kilogramm sich die Werkstoffmasse in einer Stunde, bezogen auf einen Quadratmeter Oberfläche, verringert.

$$\pi = \frac{K_1 \cdot 8{,}76 \cdot 10^6}{\varrho} \qquad (2.3/1)$$

ϱ Werkstoffdichte in kg/m³

Mit Hilfe von Tab. (2.3./1) ist eine Klassifikation der metallischen Werkstoffe entsprechend ihrer Korrosionsgeschwindigkeit nach Beständigkeitsgruppen (analog GOST 5272-50) möglich.

Bei der Werkstoffauswahl für den Apparatebau wird empfohlen, nur Werkstoffe der ersten drei Beständigkeitsgruppen zu verwenden. Nur wenn kein Werkstoff dieser Gruppe vorhanden ist, soll auf einen Werkstoff der vierten Gruppe zurück-

Tabelle (2.3./1). Klassifikation der metallischen Werkstoffe nach ihrer Beständigkeit

Beständigkeits-gruppen	Bezeichnung	Korrosions-geschwindigkeit in mm/a	Stufe
I	vollkommen beständig	<0,001	0
II	sehr beständig	0,001···0,005	1
		0,005···0,01	2
III	beständig	0,01···0,05	3
		0,05···0,1	4
IV	bedingt beständig	0,1···0,5	5
		0,5···1,0	6
V	wenig beständig	1,0···5,0	7
		5,0···10,0	8
VI	unbeständig	>10,0	9

gegriffen werden. Dann ist jedoch ein Schutz durch eine korrosionsbeständige Schicht erforderlich. Die Beständigkeit der Werkstoffe ist gegenüber unterschiedlichen Medien verschieden. Deshalb muß für jedes Medium (Verarbeitungsgut) ein geeigneter Werkstoff ausgewählt werden. Dabei ist auch der korrosive Einfluß von Hilfsstoffen, z. B. Desinfektionsmitteln, zu berücksichtigen.
Korrosionsbeständigkeitstabellen können z. T. der Spezialliteratur entnommen werden. Häufig sind jedoch Korrosionsversuche unter praxisnahen Bedingungen erforderlich.

2.3.2.2. Schutz von Metallen gegen Korrosion durch Schutzschichten, Imprägnierung

Legierte Stähle und Buntmetalle sind teure und in der Regel nicht ausreichend vorhandene Werkstoffe. Deshalb hat der Schutz von Baustählen durch metallische und nichtmetallische Schutzschichten eine große praktische Bedeutung.
Für die Realisierung metallischer Schutzschichten existieren verschiedene Möglichkeiten:

galvanische Verfahren,
Zerstäubung oder Metallisierung,
Diffusionsverfahren,
Tauchen in geschmolzenes Metall,
Plattieren.

Für den Korrosionsschutz haben insbesondere die drei letztgenannten Methoden eine große Bedeutung. Die ersten sind weniger von Interesse, da sie poröse Schutzschichten ergeben. Für die Schutzschichten werden Chrom, Nickel, Blei, Aluminium und nichtrostende Stähle verwendet.[1]
Von den nichtmetallischen Schutzschichten sind Emaille, keramische Auskleidungen, Plaste und Lacke hervorzuheben.
Säurebeständige Emaille ist eine glasähnliche Masse, die bei hohen Temperaturen aus

---

[1] Außerdem hat das Verzinnen besonders in der Konservenindustrie eine große Bedeutung

einem Gemisch von Quarzsand, Feld- und Flußspat, Soda, Borax, Salpeter, Ton, Nickeloxid, Kobaltoxid, Pyrolusit u. a. erschmolzen wird. Die Emaillierung erfolgt durch Auftragen der Masse auf die gereinigte Oberfläche und dem Brennen bei hohen Temperaturen in Öfen. Dadurch ergeben sich Schwierigkeiten bei der Emaillierung und Reparatur großer Apparate. In der Lebensmittelindustrie werden emaillierte Rührwerke, Behälter und Rektifikationsapparate verwendet. Die Arbeitstemperatur eines emaillierten Apparates kann bis zu 300 °C, der Arbeitsdruck bis 0,25 MPa betragen.[1]

Keramische und gläserne Auskleidungen werden sowohl für metallische als auch für Betonbehälter eingesetzt. Für die Auskleidung verwendet man Fliesen oder hartgebrannte Ziegel. Sie können ebenfalls nur verwendet werden, wenn sich die Temperatur nicht schroff verändert. Mit säurebeständigen Fliesen werden auch Kesselwagen für den Transport von Säuren oder Betonbehälter zur Aufbewahrung von Fruchtsäften ausgekleidet.

In den letzten Jahren erhielten Plaste und Lacke eine große Bedeutung. Man nutzt sie sowohl zur Imprägnierung als auch für Schutzschichten. Die Imprägnierung, insbesondere mit Bakelit, wird in der Holzverarbeitung angewendet, um dem Holz eine hohe Beständigkeit gegenüber der Einwirkung von Chemikalien zu geben. Dabei bildet sich ein durchgehend chemisch beständiger, plastischer Stoff. Das Holz wird dazu mit Phenol-Formaldehyd-Harz getränkt und thermisch in einem Trockner bei 125···130 °C verarbeitet. Durch die Imprägnierung verliert das Holz die Fähigkeit, Lösungen aufzusaugen und zu quellen. Die Festigkeit erhöht sich ungefähr um das Zweifache. Außerdem vergrößert sich die chemische Beständigkeit. Praktisch ist mit Bakelit imprägniertes Holz gegen alle aggressiven Medien beständig, mit Ausnahme von Laugen, Oxydationsmitteln und einigen organischen Lösungsmitteln. Neben Phenol-Formaldehyd werden einige hochmolekulare PVC-Harze zur Imprägnierung von Holz eingesetzt. Auf der Grundlage von Harzen gewonnene Lacke zum Oberflächenschutz sind Lösungen des Harzes (Bakelit, PVC) in einem Lösungsmittel. Die aufgetragenen Lacke ergeben nach dem Trocknen einen durchgehenden dichten Film.

2.3.2.3. Elektrochemischer Schutz der Metalle

Zu den elektrochemischen Methoden gehören der Einsatz von Protektoren und der kathodische Schutz. Der Schutz durch Protektoren besteht im Anschluß eines Metalles an die zu schützende metallische Oberfläche mit einem im Vergleich zu dieser Oberfläche negativeren Potential. Das Metall mit dem negativeren Potential wird gelöst und bewahrt dadurch die zu schützende Oberfläche vor der Zerstörung. Eine solche Methode ist besonders bei Lokalkorrosion einzelner Konstruktionselemente effektiv, z. B. der Schweißnähte. Als Protektor verwendet man meist kleine Zinkplatten oder Legierungen von Aluminium und Zink (5···10 % Zn). Die Oberfläche des Protektors beträgt je nach den Bedingungen 20···200 cm^2, die Dicke 4···12 mm. Das Verhältnis der Protektoroberfläche zu der zu schützenden Oberfläche beträgt 1:200···1:1000.

Der kathodische Schutz besteht aus dem Anschluß der zu schützenden Konstruktion an den negativen Pol einer Gleichstromquelle. An den positiven Pol wird eine Platte aus einem beliebigen Metall oder aus Graphit angeschlossen, die dabei langsam zerstört wird.

---

[1] Emaille ist gegen Temperaturschocks und mechanische Stöße sehr empfindlich. Aggressive Medien führen schon bei minimalen Abplatzstellen zur Korrosion

Zu empfehlende Literatur

Abdeëva, A. V.: Korrosion in der Lebensmittelproduktion und Schutzverfahren. Moskau: Verlag Pistschewaja promyschlennost 1972

Deščebnov, A. D.: Konstruktion und Berechnung chemischer Apparate. Moskau: Verlag Mašgiz 1961

Kartavov, S. A.: Grundlagen der rationellen Projektierung von Maschinen. Kiew: Verlag Gostechizdat 1954

Loscinskij, A. A.; Tolčinskij, A. R.: Grundlagen der Konstruktion und Berechnung chemischer Apparate (Handbuch). Moskau: Verlag Masgis 1963

Toptunenko, E. T.: Grundlagen der Konstruktion und Berechnung chemischer Apparate und Maschinen. Charkow: Verlag der Charkower Universität 1968

Taschenbuch Maschinenbau Bd. 1/II, 4. Aufl. Berlin: VEB Verlag Technik 1975, S. 265 bis 382, Abschnitt 3: Werkstoffkunde und Werkstoffprüfung

Loncin, M.: Die Grundlagen der Verfahrenstechnik in der Lebensmittelindustrie. Aarau: Verlag Sauerländer 1969 S. 838 bis 852

3. Mechanische und hydraulische Prozesse

3.1. Zerkleinerung

Als *Zerkleinerung* bezeichnet man das Zerlegen fester Stoffe in Teile unter der Einwirkung mechanischer Kräfte oder von Wärme. In diesem Abschnitt wird nur die mechanische Zerkleinerung betrachtet. Der Zerkleinerungsprozeß findet breite Anwendung in der getreideverarbeitenden Industrie, in Brennereien, Stärkefabriken, Zuckerfabriken und anderen Produktionsbereichen.
Wenn die Verringerung der Stückgröße ohne eine bestimmte Formgebung gefordert wird, bezeichnet man den Zerkleinerungsprozeß als *Brechen* oder *Mahlen*; wenn aber gleichzeitig mit der Verringerung der Stückgröße eine bestimmte Form gegeben wird, bezeichnet man das Zerkleinern als *Schneiden*. In der Lebensmittelindustrie finden das Brechen und Mahlen eine breitere Anwendung, deshalb werden sie hier ausführlicher betrachtet werden.

3.1.1. Klassifizierung der Zerkleinerungsverfahren

Nach dem Charakter der angewandten Beanspruchung kann man die Zerkleinerungsverfahren klassifizieren als Zerkleinerung unter Anwendung von Schlag, Prall, Druck, Keilkräften, Scherkräften, Bruch durch Biegung. In der Praxis werden häufig verschiedene Einwirkungen kombiniert, z. B. Druck und Schlag, Schlag und Scherung usw.
Die Auswahl des Verfahrens richtet sich nach den Abmessungen der Stücke und den mechanischen Eigenschaften des zu zerkleinernden Materials. Große Bedeutung hat auch der Zerkleinerungsgrad ε – das Verhältnis der mittleren Abmessungen der Stücke vor (D) und nach (d) der Zerkleinerung;

$$\varepsilon = D/d.$$

Tabelle (3.1./1) Einteilung der Zerkleinerung nach der Stückgröße

Arten der Zerkleinerung	Stückgröße der Materialien in mm	
	vor der Zerkleinerung	nach der Zerkleinerung
Grobe	1000···200	250···40
Mittlere	250···25	40···10
Feine	50···25	10···1
Feinste	25···3	1···0,4
Kolloide Vermahlung	0,2···0,1	0,01

Man unterscheidet die Zerkleinerung in grobe, mittlere, feine und feinste und sogar die kolloide Vermahlung (Tab. 3.1./1). Eine solche Einteilung, obgleich sie relativ ist, hilft dennoch, die Maschinen und Apparate für die Zerkleinerung zu klassifizieren.

3.1.2. Zerkleinerungstheorie

Für die Zerstörung eines Materials durch äußere Kräfte müssen die gegenseitigen Anziehungskräfte der Materialteilchen überwunden werden. Dabei wird Arbeit verausgabt, deren Größebestimmung eines der Hauptprobleme in der Zerkleinerungstheorie darstellt. Die Arbeit, die zur Zerkleinerung verausgabt wird, besteht aus einigen Größen:

- Arbeit für die Volumendeformation des zu zerkleinernden Materialstückes,
- Arbeit zur Schaffung neuer Oberfläche, die bei der Verringerung der Stückgröße gebildet wird,
- Arbeit zur Erzeugung von Wärme, die bei der Arbeit der Zerkleinerungsmaschine entsteht und nutzlos an die Umgebung abgegeben wird.

Die zwei zuerst dargelegten sind nützlich verausgabte Arbeit für die Zerkleinerung. Man bezeichnet die nützliche Arbeit der äußeren Zerkleinerungskräfte mit A. *P. A. Rebinder* drückte den Wert A durch folgende Gleichung aus:

$$A = A_1 + A_2 = \Delta V H_M + \Delta S H_S \tag{3.1./1}$$

A_1 Arbeit, die zur Deformation des zu zerkleinernden Stückes verausgabt wird
A_2 Arbeit, die zur Bildung neuer Oberfläche verausgabt wird
ΔV Verringerung des Volumens des Materialstückes infolge seiner Deformation vor der Zerstörung
H_M Materialkonstante, die die strukturmechanischen und physiko-chemischen Eigenschaften charakterisiert
ΔS Zuwachs der Oberfläche
H_S Materialkonstante, die proportional der freien Oberflächenenergie des Festkörpers ist

Ausgehend vom *Hooke*schen Gesetz kann man die Deformationsarbeit durch folgende Gleichung ausdrücken:

$$A_1 = \frac{\sigma^2 \Delta V}{2E} \tag{3.1./2}$$

σ Spannung in Pa
E Elastizitätsmodul in Pa

Wenn man unterstellt, daß Gl. (3.1./2) bis zur Zerstörung des Materials gültig ist, so ist $H_M = \sigma^2/2E$, und Gl. (3.1./2) kann für die Bestimmung der Zerstörungsarbeit verwendet werden. Dann kann Gl. (3.1./1) in der Form

$$A = \sigma^2 \Delta V/2E + H_S \Delta S \tag{3.1./3}$$

geschrieben werden.

Aus Gl. (3.1./3) geht hervor, daß die Größe der Arbeit, die zur Zerstörung des Materials verausgabt wird, von der Größe σ abhängt, d. h. von der Bruchspannung und dem Elastizitätsmodul E des Materials.

Bei der Grobzerkleinerung, bei der die Größe der neugebildeten Oberfläche klein ist, stellt das zweite Glied der Gleichung (3.1./1) keine bedeutende Größe dar. Deshalb kann man schreiben

$$A = A_1 = \Delta V H_M \tag{3.1./4}$$

Diese Gleichung trägt die Bezeichnung *Kirpitschew-Kiik-Gleichung*. Sie drückt aus, daß die Zerkleinerungsarbeit proportional dem Volumen bzw. der Masse des zerkleinerten Materials ist.

Im Falle der Feinzerkleinerung kann man in Gl. (3.1./1) das Glied A_1 vernachlässigen, und man erhält die Gleichung in der Art

$$A = A_2 = \Delta S H_S \tag{3.1./5}$$

Diese Gleichung wird als *Rittingersche Gleichung* bezeichnet.

Gleichung (3.1./1) beschreibt den Zerkleinerungsprozeß als einheitliches Ganzes am vollständigsten und gibt eine Vorstellung über den Energieverbrauch bei der Durchführung dieses Prozesses.

Wie Untersuchungen von *P. A. Rebinder* und Mitarbeitern zeigten, spielen beim Zerkleinerungsprozeß die physiko-chemischen Faktoren eine bedeutende Rolle.

Die Zerstörung eines Festkörpers ist unabdingbar mit der Bildung eines neuen Oberflächenabschnittes mit dem umgebenden Milieu verbunden. Dadurch wächst die freie Oberflächenenergie des zerstörten Körpers. Die Menge der freigesetzten Oberflächenenergie bestimmt die Menge der Arbeit, die zur Zerkleinerung des Körpers verausgabt wird. Faktoren, die die Größe der freien Oberflächenenergie bedingen, haben auch Einfluß auf die Verausgabung an Arbeit. Zu diesen Faktoren gehört die Adsorption oberflächenaktiver Stoffe an der Oberfläche des zu zerkleinernden Körpers. Diese Idee über den Einfluß oberflächenaktiver Zusätze auf den Energieverbrauch bei der Zerkleinerung wurde experimentell im Laboratorium und in der Produktion bestätigt. Besonders große Anwendung fanden diese Zusätze beim Bohren harten Gesteins.

Durch Untersuchungen von *P. A. Rebinder* und Mitarbeitern wurde der Mechanismus der Wirkung oberflächenaktiver Substanzen aufgeklärt. Bei der Deformation fester Körper gibt es eine Zone der Vorzerstörung, die sich schon in der Periode entwickelt, in der die Deformation elastisch oder plastisch ist. In der Zone der Vorzerstörung entwickeln sich Mikrorisse. Flüssigkeiten, die oberflächenaktive Stoffe enthalten, dringen in diese Risse ein, und die oberflächenaktiven Stoffe bedecken die innere Oberfläche der Risse mit einer monomolekularen Schicht. Diese Schicht erzeugt Druck auf die Wände der Mikrorisse und bewirkt ihre Verbreiterung (Bild 3.1./1). Zusammen

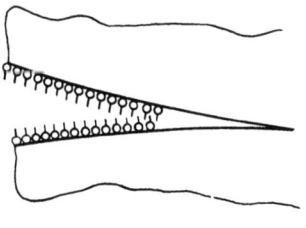

Bild (3.1./1). Schema der Rißbildung bei der Zerkleinerung

damit bildet die vorhandene Zwischenschicht aus Flüssigkeit einen Schirm für die molekularen Kohäsionskräfte und verhindert die „Selbstheilung", d. h. das Verschließen der Risse – einen spezifischen Prozeß der Wiederherstellung der Festigkeit des Körpers bei Wegnahme der Deformationsbeanspruchung. Wenn die Schicht der oberflächenaktiven Stoffe nicht wäre, würde die Flüssigkeit aus den Mikrorissen leichter verdrängt werden. Die Existenz dieser Schichten erschwert die Verdrängung der Flüssigkeiten und den Prozeß der „Selbstheilung". Durch das Ausbleiben der „Selbstheilung" verringert sich die Bruchfestigkeit. Die beschriebene Erscheinung erhielt die Bezeichnung *Rebinder-Effekt*.

3.1.3. Allgemeine Anforderungen an die Zerkleinerung

Die Materialien, die in der Lebensmittelproduktion der Zerkleinerung unterworfen werden, sind sehr verschieden. Genauso unterschiedlich sind auch die Typen der Zerkleinerungsmaschinen, die für die Zerkleinerung dieser Materialien angepaßt wurden. Trotzdem können einige allgemeine Forderungen formuliert werden, denen eine beliebige Zerkleinerungsmaschine genügen soll:

- Die Konstruktion der Maschine soll einen schnellen und leichten Wechsel aller Verschleißteile, besonders der Zerkleinerungselemente, gestatten.
- Das Zerkleinerungsprodukt soll aus Stücken gleichgroßer Abmessungen bestehen, und die Konstruktion der Zerkleinerungsmaschine soll möglichst eine schnelle und leichte Veränderung des Zerkleinerungsgrades zulassen.
- Bei der Zerkleinerung trockener Materialien soll nur eine minimale Staubentwicklung zugelassen werden.
- Das im erforderlichen Grad zerkleinerte Material soll schnell aus der Zerkleinerungsmaschine entfernt werden, um eine zusätzliche Zerkleinerung zu vermeiden, die mit einem zusätzlichen Energieverbrauch verbunden ist.
- Die Zerkleinerungsmaschine soll möglichst eine geringe Eigenmasse haben.
- Die Zerkleinerungsmaschine muß mit Sicherheitskonstruktionselementen ausgestattet sein, die durch ihren Bruch oder ihre Deformation einer Havarie der gesamten Konstruktion vorbeugen.

3.1.4. Aufbau und Arbeitsweise der Haupttypen von Zerkleinerungsmaschinen

Zerkleinerungsmaschinen können in folgende Hauptgruppen unterteilt werden:

Backenbrecher (Bild 3.1./2a) zerdrücken Materialstücke zwischen der unbeweglichen Backe (1) und der beweglichen Backe (3), die an der Achse (2) angelenkt ist. Diese Zerkleinerungsmaschine verwendet man für grobe und mittlere Zerkleinerung, z. B. für die Zerkleinerung von Kalkstein und Baumaterialien.

Kegelbrecher (Bild 3.1./2b) zerdrücken das Material zwischen zwei Kegelflächen. Der äußere Kegel (1) ist unbeweglich, der innere (2) dreht sich so, daß seine Achse eine Kegelfläche (3) beschreibt. Dadurch verändert sich der Abstand zwischen den Kegeln, und das Material, das zwischen ihnen hineinfällt, wird zerdrückt. Kegelbrecher verwendet man für grobe Zerkleinerung. In der Lebensmittelindustrie fand er jedoch keine Verbreitung und soll hier nicht weiter betrachtet werden.

Walzenzerkleinerungsmaschinen (Bild 3.1./2c) arbeiten mit ständigem Druck und Reibung, sind die Walzen geriffelt, wird das Material durch Keilwirkung zerkleinert. Diese Zerkleinerungsmaschinen verwendet man für mittlere, feine und feinste Zerkleinerung.

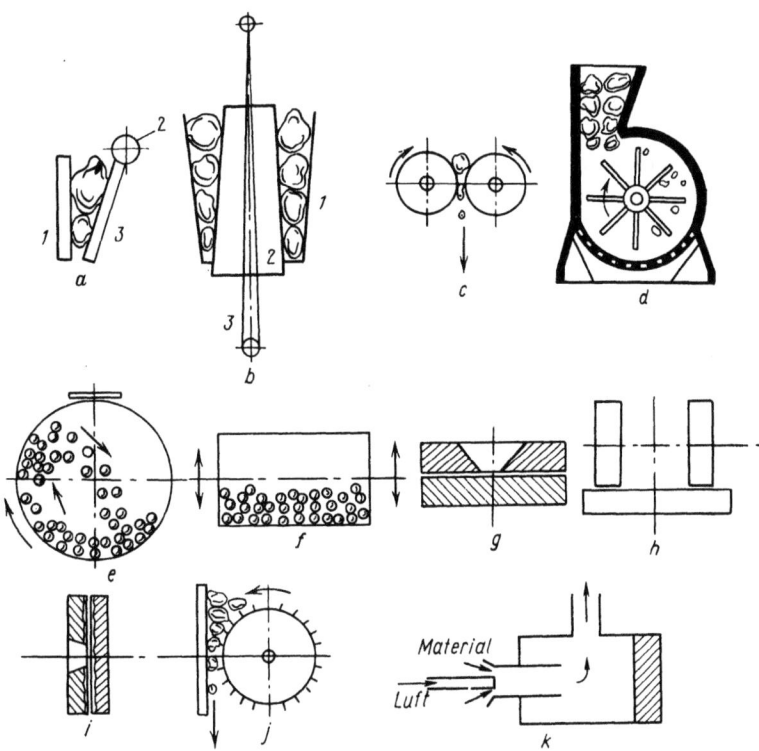

Bild (3.1./2). Prinzipschemata von Zerkleinerungsmaschinen
a) Backenbrecher b) Kegelbrecher c) Walzenzerkleinerungsmaschine d) Schlagmühle e) Kugelmühle f) Kugelvibrationsmühle g) Mahlgang h) Kollergang i) Scheibenmühle j) Reibmühle k) Strahlmühle

Schlagmühlen (Bild 3.1./2d) arbeiten nach dem Schlagprinzip, das durch bewegte Teile verwirklicht wird. Sie werden für mittlere, feine und feinste Zerkleinerung grober, aber nicht zu harter Materialien angewendet.

Kugelmühlen arbeiten nach dem Prinzip des Schlages und der Reibung zwischen den fallenden oder bewegten Kugeln (Bild 3.1./2e) und werden für feine und feinste Vermahlung angewandt.

Vibrationsmühlen (Bild 3.1./2f) bewirken eine Zerkleinerung durch kreisförmige Schwingungen eines Mahlkörpers. Hierbei wirken die Kugeln, die sich in der Mühle befinden, mehrfach auf das Material ein und zerkleinern es. Diese Mühlen sind für feinste und superfeinste Vermahlung vorgesehen.

Mühlen mit rotierenden Teilen, in denen das Material kontinuierlich zerrieben und teilweise zerdrückt wird. Bilder (3.1./2g, h, i, j) zeigen verschiedene Typen dieser Mühlen:
Mahlgang, Kollergang, Scheibenmühle, Reibmaschine. Alle diese Mühlen verwendet man für feine und feinste Zerkleinerung.

Strahlmühlen (Bild 3.1./2k) verwenden für die Zerkleinerung die Energie eines Gasstromes. Sie dienen für Feinzerkleinerung.

Kolloidmühlen verschiedenster Konstruktionen und Wirkprinzipe verwendet man für superfeine Zerkleinerung.

3.1.4.1. Backenbrecher

Bild (3.1./3) zeigt in Schnittdarstellung einen Backenbrecher. Diese Maschine arbeitet folgendermaßen: Bei Drehung der Welle (7) bewegt sich der Pleuel nach oben und unten und setzt die Distanzscheiben (9) in eine Taumelbewegung; letztere übertragen die Taumelbewegung auf die bewegliche Backe (5) des Brechers, die auf der Achse (4) Schaukelbewegungen ausführt. Zur Regulierung des Ausschlages der beweglichen Backe dienen die Keilfläche (10) und der Zugbolzen (11). Zugstange (12) und Feder (13) dienen dem Zusammenspannen der beweglichen Teile des Brechers und dem Abzug der beweglichen Backe.

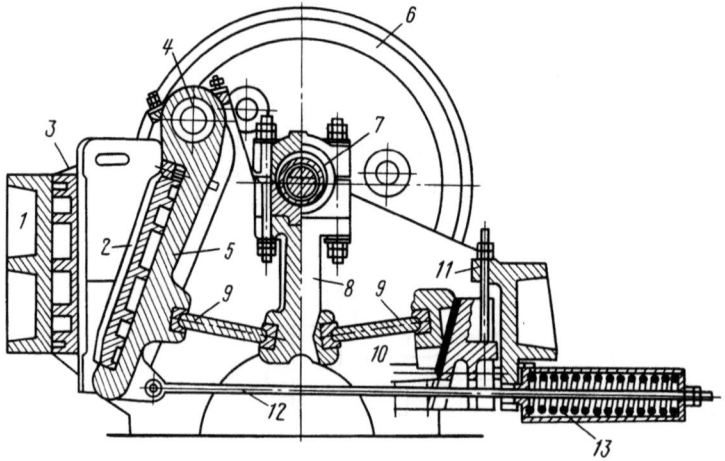

Bild (3.1./3). Backenbrecher
(1) Rahmen (2) Schwingenbrechbacke (3) Gehäusebrechbacke (4) Schwingenwelle (5) Schwingenkörper (6) Schwungrad (7) Brecherwelle (8) Pleuel (9) Druckplatten (10) Keilregulierer (11) Zugbolzen (12) Zugstange (13) Rückholfeder

Beim Brecher, der im Bild 3.1./3 dargestellt ist, entspricht eine Umdrehung der Welle einer vollständigen Schaukelbewegung der beweglichen Backe. Den Ort, in dem das Material in den Brecher aufgegeben wird, bezeichnet man als Rachen und die Stelle, an der das Material austritt, als Spalt. Der maximale Ausschlag s der beweglichen Backe (Bild 3.1./4) erfolgt im Spalt. Die Breite der Austrittsöffnung wird durch die Vorrichtung (10) geregelt, die aus zwei Keilen besteht. Beim Anziehen des rechten Keiles durch den Zugbolzen (11) bewegt sich der linke Keil nach links; zusammen mit ihm verlagern sich Distanzscheiben, das Unterteil des Pleuels und das untere Ende des Schwingkörpers. Dies bewirkt eine Verringerung der Breite der Ausgangsöffnung. Beim Absenken des rechten Keiles mittels Bolzen (11) erfolgt das Gegenteil, d. h., die Spaltbreite vergrößert sich. Am stärksten unterliegen die Teile des Brechers dem Verschleiß, die mit den zu zerkleinernden Materialien in Berührung kommen, d. h. die Backen. Deshalb bestehen die austauschbaren Backen aus besonders festem Material, Gußeisen oder Manganstahl. Die Druckplatten (9) werden geringer überdimensioniert bezüglich der Festigkeit als die anderen Teile des Brechers; sie dienen als Sicherheitselement für eventuell zwischen die Backen hineingeratene metallische Gegenstände.

Backenbrecher sind einfach und zuverlässig im Einsatz, jedoch die in ihnen unausgeglichenen Schwungmassen führen zur Zerrüttung von Baukonstruktionen. Deshalb ist es erforderlich, Backenbrecher auf soliden Fundamenten aufzubauen und sie

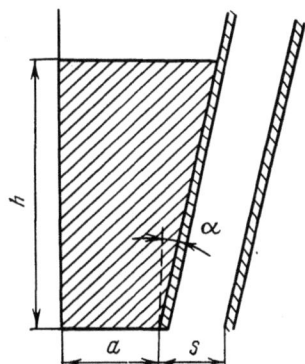

Bild (3.1./4). Zur Ableitung der Formel für die Durchsatzbestimmung des Backenbrechers

mit einem Schwungrad auszurüsten. Die Arbeit des Backenbrechers ist mit starker Staubentwicklung und Lärm verbunden. Die Zerkleinerungsprodukte sind nicht hinreichend gleichmäßig. Der Durchsatz des Backenbrechers kann auf folgende Weise bestimmt werden:
Bei einer vollständigen Umdrehung der Brecherwelle fällt eine bestimmte Materialmenge aus der Austrittsöffnung; das Volumen ist gleich dem Volumen des trapezförmigen Prismas, dessen Länge gleich der Backenbreite l ist. Bild (3.1./4) zeigt die Schnittdarstellung durch ein trapezförmiges Prisma für den Fall, daß die bewegliche Backe in der äußeren rechten Lage parallel zu ihrer Ausgangslage bleibt. Die Trapezfläche beträgt:

$$F = \frac{(a+s)+a}{2} h = \frac{(2a+s)}{2} h$$

Das Volumen des Prismas beträgt $V = F l$ und $h = s/\tan\alpha$
Hieraus erhält man

$$V = \frac{(2a+s)}{2} \frac{s}{\tan\alpha} l$$

Wenn die Brecherwelle n Umdrehungen je Minute macht und der Koeffizient des Lockerungszustandes des Materials, der die nichtkompakte Beschickung berücksichtigt, gleich φ ist, dann beträgt das Volumen des Materials in m³, das aus dem Brecher je Stunde austritt

$$V_h = \frac{(2a+s)}{2} \frac{s}{\tan\alpha} \varphi \, 60 \, l \, n$$

Hierbei werden alle Längeneinheiten in m ausgedrückt. Multiplikation von V_h mit der Dichte ϱ ergibt die stündlich zerkleinerte Materialmasse in kg/h

$$m_h = \frac{60(2a+s)}{2} \frac{s}{\tan\alpha} \varphi \varrho \, l \, n \qquad (3.1./6)$$

Der Koeffizient des Lockerungszustandes liegt zwischen 0,3 und 0,7. Den kleinsten Wert nimmt der Koeffizient φ bei großen Brechern an, die Stücke mit großen Abmessungen zerkleinern. Bei Brechern mittlerer Größe, die gewöhnlich in der Lebensmittelproduktion angewendet werden, nimmt der Koeffizient Werte von 0,5 bis 0,7 an.
Die Antriebsleistung an der Welle des Backenbrechers läßt sich nicht theoretisch bestimmen. Als grobe Orientierung für die Bestimmung der Antriebsleistung kann

man die normativen Angaben über den Energieverbrauch für die Zerkleinerung von 1 t Material verwenden. Für große Zerkleinerungsmaschinen beträgt der Energieverbrauch 1,1 kW h/t, für mittlere 1,3 kW h/t und für kleine 2,2 kW h/t.

3.1.4.2. Walzenzerkleinerungsmaschinen

Walzenzerkleinerungsmaschinen werden in der Lebensmittelindustrie für Zerkleinerung und Vermahlung von Getreide, Malz, Kakaokernbruch, Nüssen, Mandeln, Kaffee, Preßkuchen und anderem im breiten Umfang angewandt. Als Arbeitsorgane der Walzenzerkleinerungsmaschinen dienen horizontale Walzen. Die Anzahl der Walzen kann verschieden sein. Die einfachste Bauart hat nur eine Walze, die sich um eine horizontale Achse dreht, parallel zu einer unbeweglichen Arbeitsbacke. In diesem Falle erfolgt die Zerkleinerung zwischen der unbeweglichen Backe und der rotierenden Walze. Häufiger haben jedoch die Walzenmaschinen ein oder mehrere Walzenpaare. Paarweise angeordnete Walzen drehen sich gegenläufig, und die Zerkleinerung erfolgt zwischen den Walzen. Die Oberflächengestaltung der Walzen kann glatt, geriffelt oder gezahnt sein.

In Bild (3.1./5) ist ein Schema eines Walzenbrechers dargestellt. Die Lager der Walze (2) sind starr, die der Walze (1) beweglich angeordnet und werden durch Federn (3) gehalten, wodurch die Walze (1) sich verschieben kann, wenn zufällig ein harter fremder Körper zwischen die Walzen gerät. Die maximale Teilchengröße des Produktes wird durch die Breite des Spaltes zwischen den Walzen bestimmt. Die Speisung der Walzen erfolgt unmittelbar aus einem Bunker oder durch Speisewalzen.

Durch die Rotation der Walzen sollen die Zerkleinerungsprodukte erfaßt und zerkleinert werden. Damit das körnige Material erfaßt werden kann, sollte zwischen dem Durchmesser der Walzen und den Teilchenabmessungen ein bestimmtes Verhältnis herrschen. Betrachtet man den Fall, daß die Walzen eine glatte Oberfläche und die gleiche Drehfrequenz aufweisen (Bild 3.1./6), so wirkt auf die Walzen seitens des Stückes A die Kraft P, die durch die Schwerkraft bedingt ist. Seitens der Walzen wirkt entsprechend die gleiche Kraft P auf das Stück ein. Die vertikale Komponente dieser Kraft $P \sin \alpha$ drückt das Stück nach oben. Die gleiche Kraft wirkt auch von seiten der anderen Walze; folglich betragen die Druckkräfte $2P \sin \alpha$. Die Reibungskraft beträgt $2fP$ und ihre vertikale Projektion $2fP \cos \alpha$, wobei f der Reibungskoeffizient ist. Diese Kraft ist nach unten gerichtet, zieht das Stück in den Spalt zwischen den Walzen. Damit das Teilchen durch die Walzen eingezogen wird, muß die Bedingung

$$2P \sin \alpha < 2f \cos \alpha \text{ oder } \tan \alpha < f \tag{3.1./7}$$

beachtet werden.

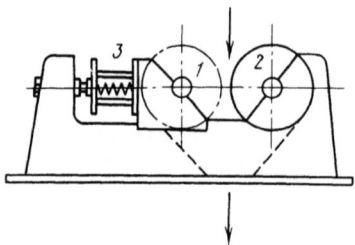

Bild (3.1./5). Walzenzerkleinerungsmaschine
(1) (2) Walzen (3) Feder

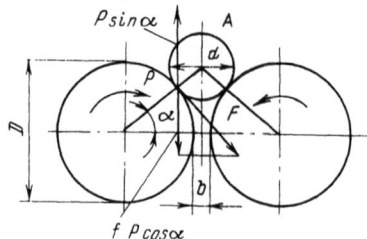

Bild (3.1./6). Funktionsschema der Walzenmühle

Da jedoch der Reibungskoeffizient f gleich dem Tangens des Reibungswinkels ist, so gilt $\tan \alpha < \tan \varphi$, wobei φ der Reibungswinkel des zu zerkleinernden Produktes bezüglich des Walzenmaterials ist. Der Reibungswinkel φ für Produkte wie Getreide beträgt für glattpoliertes Gußeisen 12···21° und der entsprechende Reibungskoeffizient demnach 0,213 bis 0,384.

Aus Bild (3.1./6) geht hervor, daß die Größe α vom Durchmesser der Walze D, den Abmessungen des Teilchens d und der Spaltbreite b abhängt. Mit für praktische Zwecke hinreichender Genauigkeit kann man formulieren:

$$D_{min} = \frac{d - b}{s - \cos \varphi} \qquad (3.1./8)$$

In der Praxis haben Glattwalzen zur Zerkleinerung von Getreide einen Durchmesser von 250···350 mm. Wenn die Rotationsgeschwindigkeit des Walzenpaares gleich groß ist, wird das Material nur plattgedrückt und zerquetscht. Damit gleichzeitig auch Reibung wirksam ist, muß die Drehfrequenz der Walzen verschieden sein im Verhältnis von 1/1,3 bis 1/2,5. Die Umfangsgeschwindigkeit der rotierenden Walzen bei der Zerkleinerung von Getreide beträgt 2,5···5 m/s.

Für die Vermahlung von Getreide verwendet man Walzen mit geriffelter Oberfläche (Bild 3.1./7), die durch Fräsen der Walzen auf speziellen Maschinen erzeugt werden. Die Riffel bilden einige Winkel mit der Walze. Solche Walzen zerquetschen nicht nur, sondern zerschneiden auch das Material. Sie haben einen anderen Einzugswinkel als Glattwalzen. Für glatte Walzen beträgt das mittlere Verhältnis $D/d = 20$ bis 25, für geriffelte 10 bis 12.

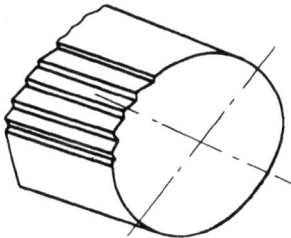

Bild (3.1./7). Riffelwalze

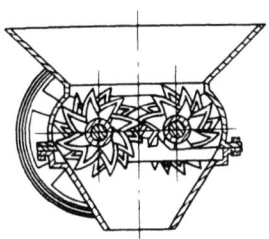

Bild (3.1./8). Walzenmühle mit gezahnten Walzen

Außer geriffelten verwendet man zur Zerkleinerung auch gezahnte Walzen. In Bild (3.1./8) ist eine Walzenzerkleinerungsmaschine mit gezahnten Walzen dargestellt. Für solche Bauarten beträgt das Verhältnis $D/d = 2$ bis 5. Der Durchsatz von Walzenzerkleinerungsmaschinen kann überschläglich auf folgende Weise berechnet werden: Das Materialvolumen, das je Stunde den Walzenspalt passiert, beträgt in m³/h

$$V = b\, l\, \pi\, D\, n\, 60 \qquad (3.1./9)$$

l Länge des Walzenspaltes in m
D Walzendurchmesser in m
n Drehfrequenz in s⁻¹

Der stündliche Durchsatz der Walzenmaschine in kg/h beträgt

$$m_h = b\, l\, \pi\, D\, n\, 60\, \varrho \varphi \qquad (3.1./10)$$

ϱ Dichte des Materials in kg/m³
φ Korrekturkoeffizient, der die Ungleichmäßigkeit der Speisung berücksichtigt (für Getreide 0,5 bis 0,7).

Es gelingt nicht, die Antriebsleistung der Walzen theoretisch zu bestimmen; sie wird nach Erfahrungswerten für jedes Material und jeden Zerkleinerungsgrad ermittelt.

3.1.4.3. Hammermühlen

Hammermühlen verwendet man in der Lebensmittelproduktion zur Zerkleinerung von Getreide, Kartoffeln, Malz, Preßkuchen und anderen Materialien. In diesen Mühlen zerkleinern die Schlagleisten (Hämmerchen), die sich mit hoher Geschwindigkeit im Gehäuse drehen, durch Prall das Material. Am Auslauf ist das Gehäuse mit einem Sieb versehen.

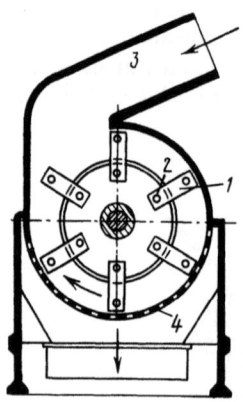

Bild (3.1./9). Hammermühle
(1) Schlagleisten [Hämmerchen] (2) Stifte
(3) Einspeiseöffnung (4) Sieb

Auf Bild (3.1./9) ist das Schema einer Hammermühle dargestellt. Als Arbeitsorgane dieser Mühle dienen die Schlagleisten (1), die frei an den Stiften (2) sitzen. Bei der Rotation der Welle nehmen die Schlagleisten eine radiale Lage ein und schlagen gegen die Materialstücke, die durch die Einspeiseöffnung (3) zugeführt werden. Das Material wird durch das Sieb (4) ausgetragen, dessen Öffnung die Teilchengröße des Produktes regelt.

Die Umfangsgeschwindigkeit an den Enden der Schlagleisten der Mühle soll ausreichend groß sein, damit das Material durch den Prall zerkleinert wird. Die Größe dieser Geschwindigkeit kann aus dem Verhältnis, das durch das Gesetz der Geschwindigkeitsdifferenz bestimmt wird, gefunden werden:

$$m(v_2 - v_1) = P\, t \qquad (3.1./11)$$

m Masse des zu zerkleinernden Stückes in kg
v_1 Teilchengeschwindigkeit nach dem Schlag in m/s
v_2 Teilchengeschwindigkeit vor dem Schlag in m/s
P Schlagstärke, die für die primäre Zerstörung des Teilchens erforderlich ist in N
t Schlagdauer, die etwa mit $1 \cdot 10^{-5}$ s angenommen werden kann

Da $v_1 \ll v_2$, kann man schreiben

$$m v_2 = P t$$

Offensichtlich ist v_2 gleich der Umfangsgeschwindigkeit der Schlagleisten, deshalb gilt

$$v_2 = \frac{P t}{m} \qquad (3.1./12)$$

Für Weizenkörner mit einer Masse von $2{,}94 \cdot 10^{-5}$ kg und für die Schlagstärke $P = 118$ N, die für die Teilchenzerstörung erforderlich ist, beträgt die Umfangsgeschwindigkeit

$$v_2 = \frac{118 \cdot 10^{-5}}{2{,}94 \cdot 10^{-5}} = 40 \, \text{m/s}$$

Praktisch verwendet man eine etwas größere Geschwindigkeit $70 \cdots 90$ m/s, weil beim Prall nicht nur eine primäre Zerstörung erfolgen soll, sondern auch eine weitere Zerkleinerung des Kornes.
Den Durchsatz einer Hammermühle und die erforderliche Antriebsleistung bestimmt man auf der Basis praktischer Daten.

3.1.4.4. Scheibenmühlen

Scheibenmühlen (Bild 3.1./10) verwendet man für die Feinzerkleinerung von Körnern, Malz, Zwieback, Preßkuchen, Kakaokernbruch und anderen Materialien. In diese Mühle fallen die Materialteilchen zwischen zwei Riffelscheiben. Eine der Scheiben (1) ist unbeweglich, die andere Scheibe (2) rotiert auf einer horizontalen Welle (3). Die rotierende Scheibe (2) kann mit Hilfe einer Reguliereinrichtung (auf dem Bild nicht gezeigt) in horizontaler Richtung verschoben werden, wodurch der Zerkleinerungsgrad geregelt wird. Die Umfangsgeschwindigkeit der Scheibe bei der Getreidezerkleinerung beträgt $7 \cdots 8$ m/s.

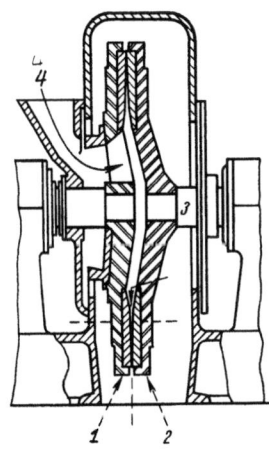

Bild (3.1./10). Scheibenmühle
(1) (2) Scheiben (3) horizontale Welle (4) Material

3.1.4.5. Kugelmühlen

Kugel- und Mahlkörpermühlen verwendet man zur Feinstzerkleinerung, die durch Stoß und Reibung des Materials zwischen den Kugeln bzw. Mahlkörpern erfolgt, mit denen der Mühlenkorpus angefüllt ist. Auf Bild (3.1./2e) ist ein Schema dargestellt, das das Funktionsprinzip der Kugelmühle zeigt. Bei Rotation des Mühlenkorpus werden die Kugeln auf eine bestimmte Höhe angehoben und durch Zentrifugalkraft an die Korpuswand angedrückt. Beim Fall der Kugeln wird das Material, das sich zwischen den Kugeln befindet, zerkleinert. Damit sich die Kugel von der Wand des Korpus löst und nicht mitrotiert, muß seine Schwerkraft bzw. sein Gewicht die Zentrifugalkraft P überwinden, die auf die Kugel wirkt, d. h., es muß die folgende Beziehung beachtet werden:

$$P < G$$

Die Kraft beträgt

$$P = m \omega^2 r$$

m Masse der Kugel in kg
ω Winkelgeschwindigkeit der sich drehenden Trommel der Mühle in rad/s
r Rotationsradius der Kugel in m

Bei einer Drehfrequenz n in min^{-1} ist

$$\omega = \pi n/30$$

Hierbei beträgt die Zentrifugalkraft

$$P = m (\pi n/30)^2 r$$

Da $P < G$ sein soll, so gilt

$$m (\pi n/30)^2 r < G$$

D Trommeldurchmesser der Mühle

Hieraus ergibt sich, wenn man annimmt, daß $r = D/2$ ist,

$$m (\pi n/30)^2 D/2 < G,$$

verwendet man für $G/m = 9{,}81$, erhält man

$$n < \frac{42{,}4}{\sqrt{D}} \tag{3.1./13}$$

Damit also die Kugel mit der Wand der Trommel nicht mitrotiert – durch Haftung infolge ihrer Zentrifugalkraft – darf die Drehzahl n nicht größer als $42{,}4/\sqrt{D}$ in min^{-1} betragen.
In der Praxis verwendet man:

$$n \approx 32/\sqrt{D} \text{ in min}^{-1} \tag{3.1./14}$$

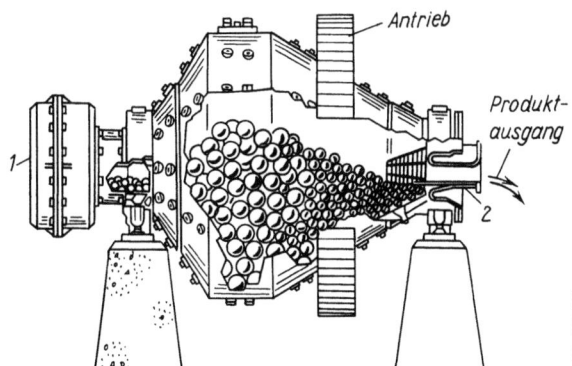

Bild (3.1./11). Kugelmühle
(1) Produkteintritt (2) Produktaustritt

Die für die Zerkleinerung verwendeten Kugeln stellt man aus Stahl, Diabas, Porzellan und anderen Materialien, die sich durch ihre Härte unterscheiden, her. Die Kugelgröße hängt von der Größe des zu zerkleinernden Materials ab. Stahlkugeln haben einen Durchmesser von 35···175 mm. Der Mühlenkorpus ist zu 30···35% seines Volumens mit Kugeln gefüllt.

Neben Kugeln verwendet man auch zylindrische Stifte. Man ordnet sie im Korpus so an, daß ihre Achsen parallel zur Achse des Korpus liegen. Das Material, das in Kugelmühlen eingegeben wird, sollte mindestens auf Stücke von 50···60 mm vorzerkleinert werden. Bild (3.1./11) zeigt eine Kugelmühle.

Der Durchsatz von Kugelmühlen wird experimentell, der Energieverbrauch auf der Basis empirischer Formeln bestimmt.

3.1.4.6. Strahlmühlen

Strahlmühlen verwendet man für Fein- und Feinstvermahlung. Die Zerkleinerungsarbeit erfolgt in ihr durch die Strömungsenergie von Luft, überhitzten Dampf oder Inertgas, die durch eine Düse mit hoher Geschwindigkeit eintreten und die Materialteilchen mitreißen. Die Teilchen werden gemahlen durch den Aufprall auf radial angeordnete Platten und durch den Zusammenprall der Teilchen in der Mahlkammer. Gegenwärtig sind eine bedeutende Anzahl von Typen dieser Mühlenart bekannt.

Auf Bild (3.1./12) ist eine Strahlmühle mit einer flachen Mahlkammer dargestellt. Der Energieträger tritt durch das Rohr (5) in den Ringverteilungskollektor (1) ein. Am Kollektor sind Düsen (13) angeordnet, durch die der Gas- oder Dampfstrahl mit Schallgeschwindigkeit in die Vermahlungs- und Verteilungskammer (2) einströmt. Die Achsen der Düsen sind unter einem bestimmten Winkel α zum Radius der Kammer angeordnet. Die aus den Düsen austretenden Strahlen überschneiden sich auf einer vertikalen Achse der Kammer. Das zu zerkleinernde Material tritt in die Mahlkammer mittels Injektors durch das Rohr (4) ein.

Die in die Mahlkammer eintretenden Teilchen unterliegen der energetischen Einwirkung der Strahlen, prallen aufeinander und werden dadurch zerkleinert. Das vermahlene Produkt gelangt in den Zyklon (7), der im unteren Ende mit dem Aufnahmebehälter (8) für das fertige Produkt verbunden ist. Das entspannte Gas wird durch das Rohr (6) abgeleitet. Im Aufnahmebehälter (8) sammeln sich etwa 80% des zerkleinerten Materials an. Die restlichen 20% werden aus dem Zyklon ausgetragen und müssen in anderen Staubabscheidern, Zyklonen oder Filtern abgeschieden werden.

Strahlmühlen haben folgende Vorteile:

hohe Zerkleinerungseffektivität,
keine rotierenden Teile,
Möglichkeit der Kombination des Zerkleinerungsprozesses mit anderen gleichzeitig ablaufenden Prozessen, wie Trocknung, Klassifizierung, Extraktion.

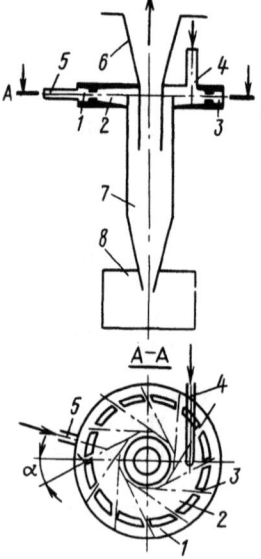

Bild (3.1./12). Funktionsschema einer Strahlmühle
(1) Verteilungskollektor (2) Mahl- und Trennkammer (3) Düse (4) (5) Rohre für den Eintritt des zu zerkleinernden Materials und den entsprechenden Energieträger (6) Rohre für die Ableitung des entsprechenden Gases (7) Zyklon (8) Aufnahmebehälter

Strahlzerkleinerung zeichnet sich jedoch durch einen hohen Energieverbrauch aus und erfordert die Sicherung eines aerodynamisch stabilen Arbeitsregimes.
In der Lebensmittelindustrie wurden Versuche mit Strahlmühlen zur Zerkleinerung von Materialien durchgeführt, die ätherische Öle enthalten, wobei gleichzeitig die flüchtigen Komponenten herausgezogen wurden.

3.1.4.7. Kolloidmühlen

Ähnlich wie die Strahl- und Vibrationskugelmühlen verwendet man Kolloidmühlen für die Feinstzerkleinerung. Die Teilchengrößen, die man bei der Zerkleinerung in Kolloidmühlen erhält, nähern sich der Größe kolloider Teilchen und betragen Bruchteile von Mikrometern. Zur Vermeidung der Zusammenballung der zerkleinerten Teilchen erfolgt die Zerkleinerung an einem dispergierenden Medium in Form von Flüssigkeit oder (seltener) Gas.
Für die Durchführung der kolloiden Vermahlung sind eine große Anzahl von Mühlen entwickelt worden. Auf Bild (3.1./13) ist das Funktionsschema einer *Kegelkolloidmühle* dargestellt. Hauptteile dieser Maschine sind der Stator (5) und der Kegelrotor (2), die im Gehäuse (3) untergebracht sind. Rotor und Stator sind an der Mantelfläche mit schräg angeordneten Rillen (6) versehen. Die Rillen des Rotors und die des Stators sind in entgegengesetzter Richtung angeordnet. Der Stator ist am Gehäuse mittels Spannmutter (4) befestigt. Das zu zerkleinernde Material tritt in die Mühle durch den Trichter (7) im Deckel (8) ein. Es gelangt in den Spalt zwischen Stator und Rotor, wird zerkleinert und tritt durch den Stutzen (9) aus. Der Spalt zwischen

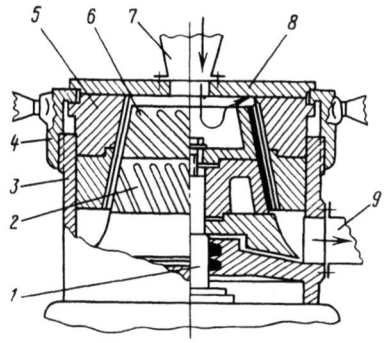

Bild (3.1./13). Kegelkolloidmühle
(1) Welle (2) Rotor (3) Gehäuse (4) Spannmutter
(5) Stator (6) Rillen (7) Einlaßtrichter (8) Deckel
(9) Auslaßstutzen

Rotor und Stator kann durch die Spannmutter verändert werden. Die Spaltbreite ist äußerst klein, d. h. bis 0,05 mm. Der Rotor dreht sich mit einer Umfangsgeschwindigkeit bis zu 105 m/s.

3.1.5. Schneiden

Schneiden wird zur Zerkleinerung eines Materials dann angewendet, wenn es erforderlich ist, dem Material eine bestimmte Form zu geben. So ist dies zum Beispiel der Fall in Zuckerfabriken, in denen man durch Schneiden der Zuckerrüben Schnitzel mit geriefter oder plättchenartiger Form herstellt. In der Konservenindustrie werden Mohrrüben, rote Rüben, Kartoffeln und andere Produkte ebenfalls in bestimmte Formen geschnitten.
Die Schneidwirkung basiert auf einer Relativbewegung der Schneidvorrichtung, d. h. des Messers und des Materials. Diese Relativbewegung kann durch verschiedene Verfahren erzeugt werden.
Haupttypen sind *Kreisscheiben-* und *Zentrifugalschneidmaschinen*. Eine Kreisscheibenschneidmaschine ist auf Bild (3.1./14) dargestellt. Sie besteht aus einer ho-

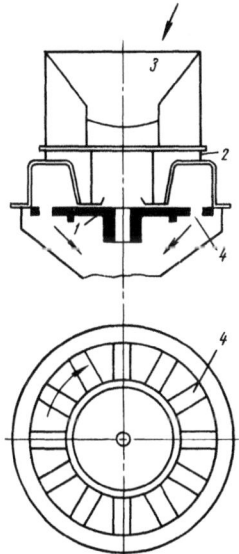

Bild (3.1./14). Schema eines Kreisscheibenschneiders
(1) Kreisscheibe (2) unbewegliche Trommel (3) Trichter
(4) Messerrahmen

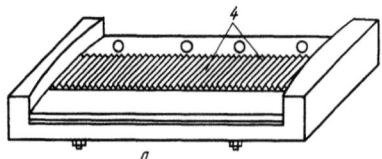

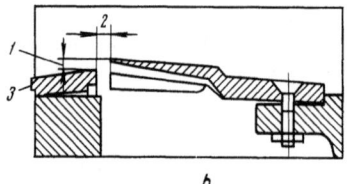

Bild (3.1./15). Rahmen mit Messer
a) Messerrahmen b) Anordnungsschema des Messers im Rahmen (1) Messerhub (2) Messerspiel (3) Planke (4) Messer

rizontal rotierenden Kreisscheibe mit Ausschnitten und einer darüber fest angeordneten Trommel. In den Ausschnitten der Scheibe sind Rahmen mit Messern angeordnet (Bild 3.1./15). Die Kreisscheibe rotiert – auf einer vertikalen Welle befestigt – mit einer Drehzahl von 70 min^{-1}. Die mittlere lineare Geschwindigkeit der Messer beträgt etwa 8 m/s.

Die Trommel wird mit Rüben gefüllt, die zerschnitten werden sollen. Bei der Rotation der Kreisscheibe wird die Rübe, die unter der Schwerkraft auf die Messer gedrückt wird, in Schnitzel zerschnitten, deren Form von der Form der Messer abhängt.

Außer den Kreisscheibenschneidmaschinen verwendet man auch Zentrifugalschneidmaschinen. In diesen Schneidmaschinen sind Messer in den Wandausschnitten des unbeweglichen vertikalen Zylinders befestigt. Das zu zerschneidende Material wird durch eine Schnecke, die im Innern des Zylinders rotiert, in Bewegung gesetzt. Die Zentrifugalkraft drückt das Material an die Messer, die es zerschneiden.

Die Produktivität des Schneidens wird auf empirischem Wege bestimmt. Der Energieverbrauch für das Zerschneiden von Rüben kann überschlagsmäßig theoretisch errechnet werden. Die Kraft, die auf ein Messer der Länge 1 m zum Zerschneiden des Materials übertragen werden muß, soll mit P in N/m und die zum Zerschneiden des Materials der Fläche $l \cdot l$ m^2 verausgabte Arbeit mit A in J angegeben werden.

$$A = (Pl)\,l = Pl^2$$

Bezieht man die Arbeit auf 1 m^2, erhält man die spezifische Schneidarbeit in J/m^2

$$S_{spez} = \frac{Pl^2}{l^2}$$

In Tab. (3.1./2) sind einige Angaben über die Größen P und S_{spez} für verschiedene Materialien angeführt.

Tabelle (3.1./2). Werte für P und $S_{spez.}$ für verschiedene Materialien

Material	P in N/m	$S_{spez.}$ in J/m^2
Möhren	1380⋯1570	1380⋯1570
Rüben	885⋯1580	885⋯1580
Kartoffeln	590⋯685	590⋯685

Die Antriebsleistung der Schneidwelle beträgt in kW

$$N = \frac{S_{\text{spez}} \cdot mf}{\eta \cdot 3600 \cdot 1000} \qquad (3.1./15)$$

S_{spez} spezifische Schneidarbeit in J/m²
m stündlicher Durchsatz in kg
f spezifische Schneidoberfläche in m²/kg
η Wirkungsgrad des Schneidens, der mit etwa 0,35···0,4 angenommen werden kann

Zu empfehlende Literatur

Gorjunow, Ju. W.; Perzow, N. W.; Summ, B. D.: Der Rebinder-Effekt. Moskau: Nauka 1966, 125 S.

Sudenko, P. M.: Zerkleinerung in der chemischen Industrie. Moskau: Chimija 1968, 382 S.

Sokolow, A. Ja.: Maschinen für die Getreideverarbeitung. Moskau: Maschgis 1963, 475 S.

Chodakow, G. S.: Physik der Zerkleinerung. Moskau: Nauka 1972, 307 S.

Autorenkollektiv: Lehrbuch der chemischen Verfahrenstechnik. Leipzig: VEB Deutscher Verlag für Grundstoffindustrie 1969

Autorenkollektiv: Maschinen und Apparate in der chemischen Industrie. Leipzig: VEB Deutscher Verlag für Grundstoffindustrie 1966

Rumpf: Europäisches Symposium „Zerkleinern" in Nürnberg 15. bis 17. September 1975: Verlag Chemie Weinheim/Bergstraße

Rumpf, Schönert: 3. Europäisches Symposium „Zerkleinern" in Cannes 5.–8. 10. 1971: Verlag Chemie Weinheim/Bergstraße 1972

Kassatkin, A. G.: Chemische Verfahrenstechnik, Bd. II, Berlin: VEB Verlag Technik 1959

Autorenkollektiv: Probleme der Zerkleinerung und Siebklassierung 20. Berg- und Hüttenmännischer Tag 1969 in Freiberg: VEB Deutscher Verlag für Grundstoffindustrie Leipzig 1970

Korn, M.: Die Vorgänge beim Zerkleinern von Körnerkollektiven in einer Kugelmühle (Dissertation), Berlin 1970 aus „Aufbereitungstechnik" Jg. 11, 1970, Juni/Okt.

Autorenkollektiv: Neue Forschungsergebnisse auf dem Gebiet der Zerkleinerung. Leipzig: VEB Deutscher Verlag für Grundstoffindustrie 1976

Tschiersch, R.: Zerkleinerung von Kristallzucker mit dem Zweiwalzenstuhl. „Die Lebensmittel-Industrie" 24 (1977) 9

Vauck/Müller: Grundoperationen chemischer Verfahrenstechnik, 5. Auflage. Dresden: Verlag Theodor Steinkopff 1978

Loncin, M.: Die Grundlagen der Verfahrenstechnik in der Lebensmittelforschung. Aarau u. Frankfurt a. M.: Verlag Sauerländer 1969

Autorenkollektiv: Probleme der Zerkleinerung und Siebklassierung, XX. Berg- und Hüttenmännischer Tag 1969 in Freiberg: VEB Deutscher Verlag für Grundstoffindustrie Leipzig 1970 (Freiberger Forschungsheft A 480)

Autorenkollektiv: Beiträge zur Zerkleinerung und Korngrößenverteilung (Freiberger Forschungsheft A 512): VEB Deutscher Verlag für Grundstoffindustrie 1973

Autorenkollektiv: Neue Forschungsergebnisse auf dem Gebiet der Zerkleinerung (Freiberger Forschungsheft A 553): VEB Deutscher Verlag für Grundstoffindustrie Leipzig 1976

Adolphi/Adolphi: Grundzüge der Verfahrenstechnik für Chemiker, Ökonomen, Ingenieure der chemischen Industrie. Leipzig: VEB Deutscher Verlag für Grundstoffindustrie 1970

Schubert: Aufbereitung fester mineralischer Rohstoffe, Bd. I, Leipzig: VEB Deutscher Verlag für Grundstoffindustrie 1975

3.2. Sortierung (Klassifizierung)

Bei der Bearbeitung von Schüttgütern der Lebensmittelproduktion besteht häufig die Notwendigkeit, das Schüttgutgemisch in Fraktionen zu zerlegen, die sich durch diese oder jene Eigenschaften unterscheiden, z. B.:

Form und Abmessungen der Teilchen,
Absetzgeschwindigkeit in Flüssigkeiten oder Gasen,
elektrische oder magnetische Eigenschaften.

So wird z. B. in Brauerei- und Brennereibetrieben das zu verarbeitende Getreide vorher von Beimengungen gereinigt. In der Mühlenindustrie trennt man das Getreide nach der Zerkleinerung in Schalenteile und Mehl. In einigen Fällen ist es erforderlich, aus Schüttgutgemischen Metallbeimischungen zu entfernen.
Der Trennprozeß eines Schüttgutes in einzelne Fraktionen heißt Sortierung (oder Klassifizierung, Separierung) der Schüttgüter.
Auf Grund der Eigenschaften der zu trennenden Fraktionen untersucht man folgende Methoden der Schüttgutsortierung:

- Trennung nach Abmessungen und Form der Teilchen durch Verwendung von Sieben und Trieuren,
- Trennung nach der Absetzgeschwindigkeit in Flüssigkeiten oder Gasen,
- Trennung nach magnetischen Eigenschaften unter Verwendung von Separatoren mit Permanentmagneten,
- Sonstige Trennmethoden (elektrostatische, Flotation usw.).

3.2.1. Trennung der Teilchen nach Größe und Form (Sieben)

Beim Sieben gelangt das zu behandelnde Gemisch auf ein Sieb, durch dessen Öffnungen ein Teil des Gemisches hindurchgeht (Siebdurchlauf) und der andere Teil auf dem Sieb verbleibt (Sieböberlauf). Somit stellt das Sieb den Hauptteil der Siebanlage dar.

3.2.1.1. Siebe

Die in der Lebensmittelindustrie verwendeten Siebe unterscheidet man nach dem Material und dem Herstellungsverfahren. Breite Anwendung erhielten Siebe folgender Art:

- Lochsiebe aus dünnem Stahlblech mit gestanzten Öffnungen,
- Flechtsiebe aus rundem Metalldraht,
- Gewebesiebe aus Seidenfäden, Kapron, Neylon, Perlon, Dederon.

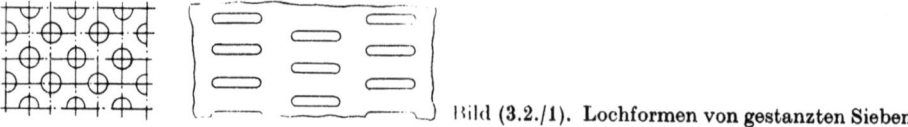

Bild (3.2./1). Lochformen von gestanzten Sieben

Geflochtene Drahtsiebe haben Öffnungen von quadratischer oder rechteckiger Form. Die Öffnungsform von Lochsieben kann in Abhängigkeit von ihrer Verwendung unterschiedlicher Art sein. Für die Reinigung des Getreides von Beimischungen verwendet man hauptsächlich Siebe mit runden und länglichen Öffnungen (Bild 3.2./1). Die Durchlaßfähigkeit eines Siebes wird charakterisiert durch seine offene Siebfläche. Die offene Siebfläche von Lochsieben

$$\varphi = F_0/F \cdot 100$$

beträgt meist nicht mehr als 50%.

F_0 Fläche der Sieböffnungen
F Gesamtfläche des Siebes

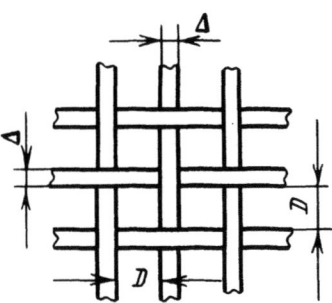

Bild (3.2./2). Gewebesiebe

Die offene Siebfläche von Drahtsieben erreicht 70%.
Drahtsiebe (Bild 3.2./2) stellt man aus Stahl, Messing oder Phosphorbronze her.
Die Öffnungsweiten von Drahtsieben sind standardisiert.[1] In Abhängigkeit von der Öffnungsweite unterscheidet man nach GOST die Siebe durch Nummern. Ein Sieb mit quadratischen Öffnungen hat eine Nummer, die der Anzahl der Millimeter der Seitenöffnung entspricht. Zum Beispiel hat das Sieb Nr. 4 eine lichte Weite von 4 mm und das Sieb Nr. 0,4 eine lichte Weite von 0,4 mm. Die offene Siebfläche eines Drahtsiebes mit quadratischen Öffnungen beträgt:

$$\varphi = \frac{D^2}{(D+\Delta)^2} \cdot 100$$

D Seitenabmessung der Öffnung in mm
Δ Drahtdicke in mm

Der GOST-Standard für Drahtsiebe sieht die Vergrößerung der Öffnungsweite der Siebe jeder nachfolgenden Nummer um das 1,059fache vor. Diese Größe heißt *Siebmodul*.
Gewebesiebe werden in zwei Arten, d. h. als leichte und schwere, hergestellt. Leichte Siebe unterscheidet man durch die Anzahl der Öffnungen je 1 cm und schwere Siebe nach der Anzahl der Öffnungen je 1 dm. Die Anzahl der Öffnungen stimmt mit der Nummer des Siebes überein.
Manchmal charakterisiert man Siebe mit kleinen Öffnungen (unter 1 mm²) durch die *Mesch*-Zahl, d. h. Anzahl der Öffnungen je Zoll. Seidensiebe werden einer Behand-

---

[1] TGL 0-4188, 0-4189, 48-56118 (die Red.)

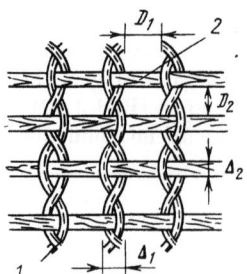

Bild (3.2./3). Seidensieb
(1) Schuß (2) Kette

lung unterworfen, die ihnen Härte, Glanz sowie verringerte Hydrophilität verleiht. Der Koeffizient der freien Öffnung des Seidensiebes (Bild 3.2./3) beträgt:

$$\varphi = \frac{D_1 \cdot D_2}{(D_1 + \Delta_1)(D_2 + \Delta_2)} \cdot 100 \tag{3.2./1}$$

D_1 Abstand zwischen den Fäden an der Basis
Δ_1 Dicke der Fäden an der Basis
D_2 Abstand zwischen den Fäden (lichte Weite)
Δ_2 Dicke der Fäden

Für die Festlegung der Siebnummer bestimmt man die Anzahl der Fäden je Längeneinheit mittels Lupe mit Längenskala.

3.2.1.2. Siebanalyse

Zur Charakterisierung der Dispersität des Schüttgutgemisches verwendet man die sogenannte Siebanalyse. Eine bestimmte Menge der zu untersuchenden Mischung wird durch eine Reihe von Sieben gegeben, deren Öffnungsweiten allmählich verringert werden, wobei man die Menge des Produktes, die auf jedem Sieb verbleibt, bestimmt und daraus die Charakteristik des Gemisches nach der Korngröße zusammenstellt.

Man trägt auf der horizontalen Achse (Bild 3.2./4) die Öffnungsweiten der Siebe auf und auf der linken vertikalen Achse die Masse der Fraktion, die auf dem Sieb verbleibt (in Prozenten zur Ausgangsmenge). Auf der rechten vertikalen Achse trägt man den summarischen Siebdurchlauf (auch in Prozenten zur Ausgangsmenge) auf. Verbindet man die erhaltenen Punkte, erhält man eine Kurve, die die Dispersität der zu untersuchenden Mischung charakterisiert.

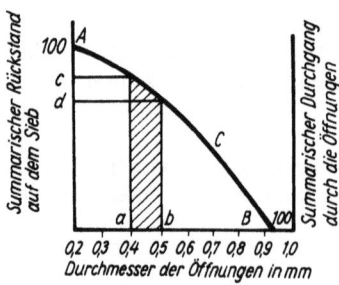

Bild (3.2./4). Ergebnis der Siebanalyse

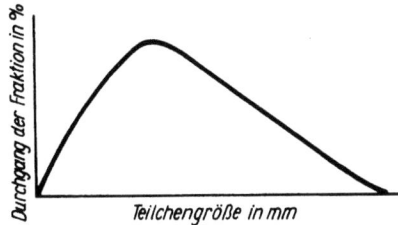
Bild (3.2./5). Charakteristik eines Gemisches nach der Teilchengröße

Im Abschnitt A—B ist zu sehen, daß die Teilchen, deren Abmessungen größer 0,4 mm und kleiner 0,5 mm sind, n Prozent der Ausgangsmenge betragen. Wenn man den zu betrachtenden Größenbereich verringert, kann man eine Vorstellung über die Teilchenmasse bestimmter Abmessungen erhalten (oder richtiger, über die Masse der Teilchen, deren Abmessungen sich in irgendeinem engen Intervall befinden). Das schafft die Möglichkeit, eine Differentialkurve zu zeichnen, die die Ausbeute einzelner Größenfraktionen zeigt (Bild 3.2./5).

3.2.1.3. Wirkungsgrad eines Siebes

Kennzeichnet man die Ausgangsmasse des Gemisches mit m_0 in kg und nimmt an, daß in diesem Gemisch die Masse der Teilchen, deren Abmessungen kleiner als die Sieböffnungen D sind, a beträgt, in %, dann ist die maximal mögliche Menge des Siebdurchlaufes $m_0 a/100$ in kg. In Wirklichkeit ist die Durchlaufmenge geringer, weil ein Teil im Siebüberlauf verbleibt. Wenn die wirkliche Durchlaufmenge m_1 in kg beträgt, dann beträgt der Siebwirkungsgrad in %:

$$K = \frac{m_1 \cdot 100}{m_0 \cdot \dfrac{a}{100}} \qquad (3.2./2)$$

Der Wirkungsgrad eines Siebes hängt ab von:

der Form der Öffnungen und der Teilchen,
der Feuchtigkeit,
der Bewegungsgeschwindigkeit und
der Schichtdicke des Materials.

Er beträgt meist $K < 90\%$.
Siebe charakterisiert man auch durch die Materialmenge, die durch eine Einheit der Siebfläche in einer Zeiteinheit geht. Diese Größe bezeichnet man als *Siebleistung*.

3.2.1.4. Klassifizierung der Siebmaschinen

Damit das Schüttgut durchgesiebt werden kann, muß es auf der Oberfläche des Siebes bewegt werden. Aus diesem Grunde ist es erforderlich, das Sieb in Bewegung zu setzen.
Nach der Siebanordnung teilt man die Siebmaschinen in zwei Gruppen:

- mit ebenen Sieben
- mit zylindrischen (oder prismatischen) Sieben

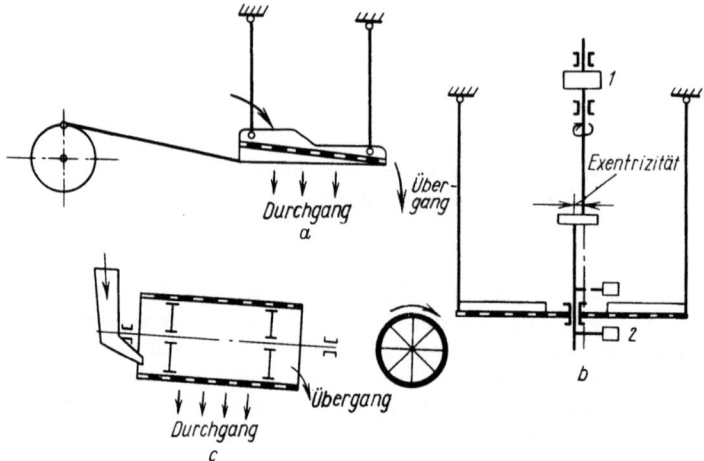

Bild (3.2./6). Schemata von Siebmaschinen
a) mit linearer Schwingbewegung
b) mit kreisförmiger Drehbewegung
(1) Antriebsscheibe (2) Ausgleichsmassen
c) Rotationsmaschine

Um die Masse des Schüttgutes in Bewegung zu setzen, führen erstere eine lineare oder kreisförmige Schwingbewegung und die zweiten eine Rotationsbewegung um eine Achse aus. Auf Bild (3.2./6) sind Prinzipschemata der Haupttypen der Siebmaschinen dargestellt.

3.2.1.5. Trieure

Mit Siebmaschinen kann man kein Gemisch von Teilchen gleichen Querschnittes, aber unterschiedlicher Länge trennen. So gelingt es zum Beispiel nicht, von vollwertigen Körnern halbe Körner oder kugelförmige Samen der Wicken und anderer Pflanzen abzutrennen. Zur Reinigung des Getreides von diesen Beimengungen verwendet man Maschinen, die als Trieure bezeichnet werden. Das Wirkprinzip eines Trieurs wird auf Bild (3.2./7) gezeigt. Als Arbeitsorgan des Trieurs dienen Metallzylinder oder -scheiben, in denen Taschen eingestanzt oder ausgefräst sind. Das Getreide, das bearbeitet werden soll, wird in das Innere des Zylinders gegeben. Bei der Drehung füllen sich die Taschen mit Körnern. Hierbei fallen lange (ganze) Körner eher aus den Taschen als kurze Körner. Bruchkörner und auch runde Samen von Unkräutern fallen später bei einem größeren Umdrehungswinkel des Zylinders aus den Taschen. Um diese aufzufangen, sind im Innern des Zylinders eine Auffang- und Förderrinne angeordnet.

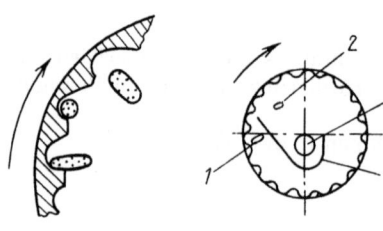

Bild (3.2./7). Wirkungsprinzip eines Trieurs
(1) lange Körner (2) kurze Körner (3) Schnecke
(4) Förderrinne

Die Drehzahl des Trieurs darf nicht so groß sein, daß die Zentrifugalkraft den Wert überschreitet, bei dem das Korn mit dem Zylinder rotiert, ohne herauszufallen. Die Drehzahl, bei der die Teilchen zusammen mit dem Zylinder zu rotieren beginnen, heißt *kritische Drehzahl* und beträgt:

$$\frac{30}{\sqrt{R}}$$

R Radius des Zylinders in m

Langsamlaufende Trieure haben eine kritische Drehzahl von $n_{kr} = 0{,}2 \cdots 0{,}3$ min^{-1}, d. h.

$$n_{kr} \approx \frac{6}{\sqrt{R}} \cdots \frac{9}{\sqrt{R}} \qquad (3.2./3)$$

Langsamlaufende Trieure stellt man unter einem Winkel von 5 bis 10° zur Horizontalen, schnellaufende Trieure horizontal auf. Die Drehzahl dieser Trieure beträgt

$$n = \frac{23}{\sqrt{R}} \qquad (3.2./4)$$

Nach dem gleichen Prinzip wie die zylindrischen Trieure werden auch die *Scheibentrieure* gebaut. Als Arbeitsoberfläche dient die Scheibenoberfläche.

3.2.2. Trennung nach der Sinkgeschwindigkeit der Teilchen

Wenn ein Gemisch von Teilchen, die sich durch Größe, Form oder Dichte unterscheiden, in einen flüssigen oder gasförmigen Strom gegeben wird, dann erfolgt ihre Auftrennung in Fraktionen. Teilchen, die sich durch eine größere Sinkgeschwindigkeit unterscheiden, fallen früher aus und bilden die erste Fraktion. Teilchen, die eine geringere Sinkgeschwindigkeit haben, fallen später aus. Auf dieser Erscheinung basieren die Verfahren zur *hydraulischen Klassifikation* (Stromklassieren) und zur *Luftseparation* (Windsichten) von Schüttgutteilchen.

3.2.3. Magnetseparatoren

In Schüttgutmaterialien, die in Lebensmittelbetrieben verarbeitet werden, können metallische Beimengungen enthalten sein. Gelangen sie in die Maschinen, so führt das zu einem vorzeitigen Verschleiß oder gar zu ernsthaften Havarien. Wenn ein Metallteilchen einen Funken beim Aufprall erzeugt, so kann der Funke, wenn in der Maschine feindisperser Staub vorhanden ist, eine Staubexplosion hervorrufen.
Zur Abscheidung solcher nicht zulässigen Beimengungen verwendet man Magnetseparatoren. Das Wirkungsprinzip besteht darin, daß ferromagnetisches Material, das in unmittelbarer Nähe eines starken Magneten vorbeiläuft, aus der Mischung gezogen wird. Anschließend werden diese Beimischungen auf diesem oder jenem Wege mit dem Magnet herausgenommen und entfernt.
Magnetseparatoren trennen aus Schüttgütern nur Beimengungen, die ferromagnetische Eigenschaften haben, d. h. hauptsächlich Stahl und Gußeisen, die die Hauptmasse an metallischen Beimischungen darstellen.

Magnetseparatoren, die in der Lebensmittelindustrie angewendet werden, sind äußerst unterschiedlich in ihrer Konstruktion. Man kann sie in zwei Hauptgruppen einteilen:

- Permanentmagneten
- Elektromagneten.

3.2.3.1. Separatoren mit Permanentmagneten

Die Hubkraft in N eines Permanentmagneten kann man überschläglich durch folgende Gleichung bestimmen:

$$P = B^2 \cdot F \cdot 3{,}98 \cdot 10^5$$

B magnetische Induktion in T
F Querschnittsfläche des Magneten in m²

In Separatoren mit Permanentmagneten verwendet man hufeisenförmige Magneten, deshalb muß die Größe F verdoppelt werden. Permanentmagnete stellt man aus Metallen mit großer magnetischer Induktion und großem magnetischem Spannungsfeld (das die Koerzitivkraft beibehält) her. Auf Bild (3.2./8) sind Schemata von Magnetseparatoren dargestellt, bei denen eine manuelle Reinigung der Magnetpole vorgesehen ist.

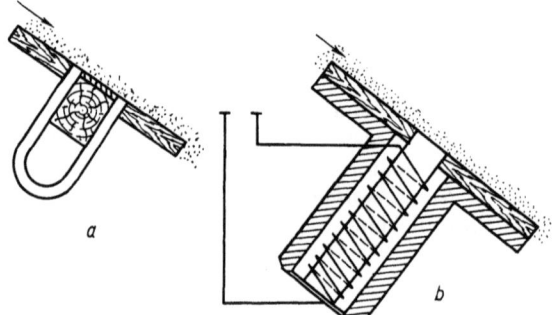

Bild (3.2./8). Schemata von Magnetseparatoren mit manueller Reinigung
a) mit Permanentmagnet
b) mit Elektromagnet

Als Hauptvorteil der Separatoren mit Permanentmagneten ist die einfache Bauweise zu nennen. Die Permanentmagneten haben jedoch wesentliche Nachteile: Ihre Hubkraft ist nicht groß und schwächt sich im Verlaufe der Zeit ab. Diese Nachteile haben Elektromagneten nicht.

3.2.3.2. Separatoren mit Elektromagneten

In diesen Separatoren sind Elektromagneten eingebaut, die mit Gleichstrom gespeist werden. Auf Bild (3.2./8b) ist das Schema eines Elektromagnetseparators mit manueller Reinigung dargestellt. Die Hubkraft der Elektromagneten kann bedeutend größer sein als bei Permanentmagneten, deshalb arbeiten sie zuverlässiger. Von den Elektromagnetseparatoren sind die Apparate mit mechanischer Abtren-

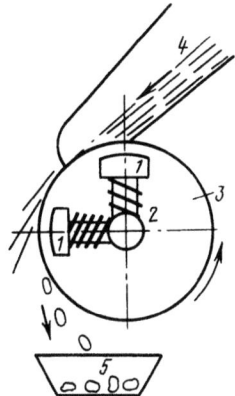

Bild (3.2./9). Elektromagnetischer Separator mit rotierender Trommel
(1) Pol (2) Achse (3) Trommel (4) Rutsche
(5) Sammelbehälter

nung der festgehaltenen Beimengungen (Bild 3.2./9) am vollkommensten. Der Apparat stellt ein stationäres Magnetsystem dar (Pol 1). Um dieses System dreht sich auf der Achse (2) eine Messingtrommel (3). Das Material gelangt über die Rutsche (4) auf die Trommel. Die Zentrifugalkraft schleudert das Material weg; die ferromagnetischen Beimengungen werden vom Magneten auf der Trommeloberfläche gehalten. Bei der Drehung der Trommel gelangt die festgehaltene Beimischung aus dem Wirkungsfeld des Magneten und fällt in den Sammelbehälter (5).

3.2.4. Sonstige Trennmethoden

Einige Trennverfahren für Schüttgüter fanden keine weite Verbreitung in der Lebensmittelindustrie, werden aber in anderen Industriezweigen angewendet. Hierzu gehören die Flotation und die elektrostatische Separation.
Als *Flotation* bezeichnet man einen Trennprozeß, der auf differenziertem Anhaften von Teilchen des zu trennenden Systems an Grenzflächen von Flüssigkeits-Luftbläschen beruht.
Die anhaftenden Teilchen werden mit dem Schaum an die Oberfläche der Flüssigkeit getragen, während die übrigen Teilchen sich auf dem Boden des Gefäßes absetzen. Dieser Prozeß findet breite Anwendung bei der Anreicherung von Buntmetallerzen und auch bei der Hefeproduktion.
Elektrostatische Separation besteht darin, daß Teilchen eines Schüttgutes eine elektrische Ladung erhalten. Die Ladung kann durch unmittelbare Berührung der Teilchen mit den geladenen Elektroden oder bei der Übertragung der Ladung von ionisierten Molekülen der Luft, die bei der Funkenentladung (s. Abschn. 3.6.) entsteht, aufgebracht werden. Die aufgeladenen Teilchen werden aus der Zone der Funkenentladung entfernt und geben dann ihre Ladung an eine sich drehende geerdete Trommel ab. Wenn sich die Teilchen durch die elektrische Leitfähigkeit unterscheiden, dann werden die Teilchen, die eine geringere elektrische Leitfähigkeit haben, an der Oberfläche der Trommel festgehalten und mit einem Schaber entfernt. Teilchen, die jedoch eine große elektrische Leitfähigkeit haben, geben ihre Ladung an die Trommel ab und werden durch die Zentrifugalkraft weggeschleudert. Die elektrostatische Methode zur Trennung wird für die Anreicherung von Erzen verwendet. Es sind Versuche zur Anwendung dieser Methode bei der Trennung von Vermahlungsprodukten des Getreides in der Mühlenindustrie vorgesehen.

Zu empfehlende Literatur

Rogow, J. A; Gorbatow, A. W.: Physikalische Methoden zur Bearbeitung von Lebensmittelprodukten. Moskau: Pistschewaja promyschlennost 1974

Popow, W. J.; Kretow, J. T.; Stabnikow, W. N.; Andrejew, K. P.: Technologische Ausrüstungen von Betrieben der Gärungsindustrie. Moskau: Pistschewaja promyschlennost 1972

Sokolow, A. Ja.: Technologische Ausrüstungen von Betrieben der Lagerung und Verarbeitung von Getreide. Moskau: Kolos 1975

Jegorow, G. A.: Technologie der Getreideverarbeitung. Moskau: Kolos 1977

Schubert, H. u. a.: Mechanische Verfahrenstechnik I. Leipzig: VEB Deutscher Verlag für Grundstoffindustrie 1977

Autorenkollektiv: Lehrbuch der chemischen Verfahrenstechnik. Leipzig: VEB Deutscher Verlag für Grundstoffindustrie 1969

Autorenkollektiv: Maschinen und Apparate in der chemischen Industrie. Leipzig: VEB Deutscher Verlag für Grundstoffindustrie 1966

Wessel, J.: Grundlagen des Siebens und Sichtens, Teil 1 bis 3. Verlag für Aufbereitung Wiesbaden 1967

Schubert, H.: Aufbereitung fester mineralischer Rohstoffe, Bd. 1. Leipzig: VEB Deutscher Verlag für Grundstoffindustrie 1979

Kassatkin, A.G.: Chemische Verfahrenstechnik, Bd. 2., Berlin: VEB Verlag Technik 1959

Vauck/Müller: Grundoperationen chemischer Verfahrenstechnik. Dresden: Verlag Theodor Steinkopff 1974

Loncin, M.: Die Grundlagen der Verfahrenstechnik in der Lebensmittelforschung. Aarau u. Frankfurt a. M.: Verlag Sauerländer 1969

Autorenkollektiv: Probleme der Zerkleinerung und Siebklassierung. Freiberger Forschungsheft A 480, Leipzig 1970

Adolphi/Adolphi: Grundzüge der Verfahrenstechnik für Chemiker, Ökonomen und Ingenieure der chemischen Industrie. Leipzig: VEB Deutscher Verlag für Grundstoffindustrie 1970

3.3. Druckbehandlung von Materialien der Lebensmittelproduktion (Pressen)

Die Druckbehandlung ist einer der mechanischen Prozesse, die breite Anwendung in der Lebensmittelindustrie finden. Das Wesen dieses Prozesses besteht darin, daß das zu bearbeitende Material unter Verwendung spezieller mechanischer Einrichtungen, der Pressen, einem äußeren Druck unterworfen wird.
Dabei können verschiedene Ziele verfolgt werden:

1. Abtrennung von Flüssigkeit aus festen Körpern. Dieser Prozeß ist unlösbar mit der Filtration der ausgepreßten Flüssigkeit durch die Kapillaren des Rückstandes verbunden. Gleichzeitig mit der Abtrennung der Flüssigkeit erfolgt eine Verdichtung und Brikettierung des Rückstandes.
2. Einem plastischen Körper eine bestimmte geometrische Form geben (Formen, Extrudieren und Prägen). Hierbei wird aus dem komplizierten System keine Flüssigkeit abgetrennt, aber die behandelte Masse nimmt die den technologischen Forderungen entsprechende Form an.
3. Verbindung der körnigen Teilchen von Schüttgütern zu größeren Aggregaten bestimmter Form mit Hilfe von flüssigen Bindemitteln und entsprechendem Druck (Tablettieren).

Das Abpressen von Flüssigkeiten unter Druckanwendung wird bei der Weinkelterei für das Abpressen des Saftes aus den Trauben, in der Mosterei für das Abpressen von Säften aus Obst und Beeren verwendet. Unter Druckanwendung preßt man Pflanzenöle aus Samen, Saft aus Zuckerrübenschnitzeln und Fett aus Grieben ab.
Das Formen (Stanzen) von plastischen Materialien wird bei der Konditorei-, Dauerbackwaren-, Süßwaren- und Teigwarenproduktion für die Formgebung des Teiges bzw. der Masse angewandt.
Das Pressen (Brikettieren) fand breite Anwendung bei der Herstellung von Würfelzucker und auch bei der Brikettierung von abgepreßten Zuckerrübenschnitzeln in Zuckerfabriken sowie bei der Herstellung von Lebensmittel- und Futterkonzentraten.

3.3.1. Theoretische Ansätze der Druckbehandlung

3.3.1.1. Abpressen von Flüssigkeiten

Das Abpressen von Flüssigkeiten aus festen Rückständen durch Druck verwendet man in zwei Fällen:

- Wenn die Flüssigkeit wertvoller ist als der Rückstand (Traubensaft, Pflanzenöl).
- Wenn die Flüssigkeit, die im festen Rückstand verbleibt, dessen Wert verringert (Wasser in extrahierten Rübenschnitzeln).

Man muß hierbei beachten, daß Lebensmittelmassen, die der Druckbehandlung unterworfen werden (Samen, Früchte, Beeren, Pflanzenstiele, tierisches Gewebe), eine komplizierte Zellstruktur haben. Zur Verringerung des Widerstandes dieser Strukturen, aus denen die flüssige Phase abgetrennt werden soll, muß man sie vor dem Abpressen mechanisch, hydrothermisch, thermisch oder elektrisch behandeln. Die mechanische Bearbeitung besteht in der Zerkleinerung des Zellgewebes mit dem Ziel, die Protoplasmahüllen zu zerstören, wodurch der Austritt der Flüssigkeit aus den Zellen ermöglicht wird. Bei thermischer, hydrothermischer und elektrischer Behandlung laufen kompliziertere Prozesse ab.
Als interessanteste Frage der Theorie des Abpressens stellt sich die Aufklärung der Hauptfaktoren dar, die die Ausbeute der abgepreßten Flüssigkeit beeinflussen. Folgende Faktoren, die die Ausbeute der Flüssigkeit beim Abpressen beeinflussen, sollen betrachtet werden:

- Druck p, unter dem das Auspressen erfolgt,
- Charakteristik des abzupressenden Materials, d. h. Charakter seiner Zellstruktur und Grad seiner Zerstörung bei der Vorbehandlung. Diese Kennwerte lassen sich durch einige Konstanten c charakterisieren, die sowohl von der Art des Materials als auch vom Verfahren der Vorbehandlung abhängen,
- Gehalt der flüssigen Phase x_0 in der abzupressenden komplizierten Struktur, gemessen in Prozent der Masse,
- Dauer des Preßvorganges und die Reihenfolge der Druckveränderung,
- Thermische Bedingungen, unter denen das Abpressen erfolgt,
- Dicke der abzupressenden Materialschicht.

Die Kompliziertheit der Vorgänge beim Abpressen und die unterschiedlichen Methoden der Vorbehandlung des Ausgangsrohstoffes machen es nicht möglich, eine einheitliche Gleichung für die Berechnung des erforderlichen Druckes zu verwenden. Es gibt jedoch eine Reihe von Versuchen, eine Gleichung für den Abpreßprozeß von Flüssigkeiten aus verschiedenen Materialien aufzustellen. So wurde für das Abpressen von Pflanzenöl eine empirische Gleichung der folgenden Art vorgeschlagen:

$$W = C\, W_0 \frac{\sqrt{p}\,\sqrt[3]{t}}{v^a} \qquad (3.3./1)$$

- W Ausbeute des Öles in %
- C Materialkonstante
- W_0 Ölgehalt im Ausgangsmaterial in %
- p Druck, bei dem das Abpressen des Öles erfolgt, in Pa
- t Dauer des Abpreßvorganges in s
- v kinematische Viskosität des Öles in m²/s
- a Kennwert, der von der Art des Öles abhängt

Aus der Gleichung folgt, daß die Ausbeute an abgepreßter Flüssigkeit von vielen Faktoren abhängt und im besonderen von der Dauer des Abpressens.
Die abgepreßte Flüssigkeit muß einen mehr oder weniger langen Weg in der Masse durch das komplizierte Kapillarsystem zurücklegen, dessen Querschnitt sich während des Abpressens verändert. Deshalb findet beim Abpreßvorgang ein eigenständiger Filtrationsprozeß statt, der durch die *Poiseuillesche Gleichung* für das Fließen von Flüssigkeiten in Kapillaren beschrieben wird:

$$V = \frac{\pi p r^4 n F t}{8 \eta l} \qquad (3.3./2)$$

- V Flüssigkeitsvolumen, das in der Zeit t herausfließt, in m³
- p Druckverlust in den Kapillaren in Pa
- r Radius der Kapillare in m
- n Anzahl der Kapillaren je Flächeneinheit der Materialschicht
- F Querschnittsfläche der Kapillare in m²
- η Viskosität der Flüssigkeit in Pa·s
- l Länge der Kapillare in m

Der Abpreßvorgang ist komplizierter als der Fließvorgang der Flüssigkeiten in Kapillaren, der durch die *Poiseuille*sche Gleichung beschrieben wird. Das ist bereits daraus zu ersehen, daß der Druck in der Gleichung des Abpreßvorganges mit gebrochenem Exponenten eingeht. Wenn man jedoch die Aufmerksamkeit auf die Filtration der Flüssigkeit in den Poren des Materials lenkt, kann man auf der Grundlage der *Poiseuille*schen Gleichung zu praktisch wichtigen Schlußfolgerungen kommen:

- Es ist nicht sinnvoll, die Schichtdicke und folglich auch das Preßvolumen der Masse zu vergrößern.
- Das Produkt sollte zweckmäßigerweise beim Abpressen erwärmt werden, wenn es die Technologie zuläßt. Jedes zum Abpressen entsprechend vorbereitete Produktmuster, das bei bestimmtem t und p durchgeführt wird, wird durch eine gewisse Endfeuchtigkeit charakterisiert, die man als Gleichgewichtsfeuchtigkeit bezeichnet (unter Feuchtigkeit soll hier der Gehalt einer beliebigen Flüssigkeit verstanden werden). Es ist jedoch hierbei zu beachten, daß die Gleichgewichtsfeuchtigkeit auch vom Volumen des gepreßten Materials und von der Reihenfolge des aufgebrachten Druckes abhängt.

3.3.1.2. Formen plastischer Materialien

Zu dieser Art der Bearbeitung gehört in der Süßwaren-, Backwaren- und Teigwarenindustrie die Formgebung von Erzeugnissen aus Teigen oder Massen.
Teig kann bis zu einer bestimmten Grenze elastisch deformiert werden. Danach beginnt er, sich irreversibel zu verformen und fließt wie eine viskose Flüssigkeit. Das Fließen plastisch-viskoser Körper gehorcht nicht dem *Newton*schen Gesetz, das nur für reinviskose Flüssigkeiten gilt. *Bingham* schlug für jene Körper eine Gleichung folgender Art vor:

$$\tau = \eta_{pl}\dot{\gamma} + \tau_0 \tag{3.3./3}$$

τ Schubspannung in Pa
τ_0 Fließgrenze in Pa
$\dot{\gamma}$ Geschwindigkeitsgradient in s^{-1}
η_{pl} Viskositätskoeffizient in Pa·s

Beim Fließen plastisch-elastischer Körper, wie z. B. Teige, können auch Relaxationserscheinungen auftreten. Als *Relaxation* bezeichnet man den Spannungsabfall im Körper bei konstanter, fixierter Deformation.
Es ist bekannt, daß in ideal elastischen Körpern elastische Schubdeformationen unbegrenzte Zeit erhalten bleiben. In Flüssigkeiten verschwinden sie mit einer Geschwindigkeit, die umgekehrt proportional der Viskosität ist. In solchen Flüssigkeiten wie Wasser ist die Relaxationszeit praktisch Null. Für plastisch-elastische Körper wie Teig dauert die Relaxation eine bestimmte Zeit, die die mechanischen Eigenschaften des Körpers charakterisiert. Unter der Relaxationsperiode Θ_1 versteht man die Zeit, in der die Spannung bei konstanter Deformation um das e-fache fällt (e ist hierbei die Basis des natürlichen Logarithmus). Es wurde gefunden, daß für einige Sorten Biskuit-Teig Θ_1 einen Wert von 1,2···6 s hat.
Es konnte auch festgestellt werden, daß beim Formstanzen von Keksteigen die Zeit eines Hubes die Relaxationsperiode der entsprechenden Teigsorte nicht überschreiten darf, weil sonst das durch das Stanzen erzeugte Relief breitfließt.
Verschiedene Teigarten haben verschiedene physiko-chemische Charakteristika. So stellt z. B. Weizenteig ein kolloides System dar, das aus einem schwammartigen Glutengerüst besteht, das mit gequollenen Stärkekörnern gefüllt ist. Er hat große Viskosität, geringe Neigung zum Zusammenkleben und große Elastizität. Diese Eigenschaften machen den Weizenteig für das Stanzen und Ausformen geeignet.
Roggenteig hat kein Glutengerüst, wenig elastische Eigenschaften und eine große Neigung zum Verkleben. Infolge dieser Eigenschaften ist das Formen von Roggenteig nur auf das Rund- oder Langformen begrenzt.
Das Studium der physiko-mechanischen Eigenschaften des Teiges ermöglicht, die Spannung zu bestimmen, die durch den Stanzmechanismus aufgebracht werden muß. So fand *O. G. Lunin*, daß die Spannung σ in Pa, die für das Stanzen des Materials erforderlich ist, aus der nachfolgenden Gleichung gefunden werden kann:

$$\sigma = \frac{\varepsilon_{irr}}{t} \cdot \eta \qquad \begin{array}{l} t \quad \text{Stanzzeit in s} \\ \eta \quad \text{Materialkonstante in Pa·s} \\ \varepsilon_{irr} \quad \text{irreversible Deformation} \end{array} \tag{3.3./4}$$

$$\varepsilon_{irr} = \frac{\delta}{H} \qquad \begin{array}{l} \delta \quad \text{Tiefe des einzustanzenden Reliefs} \\ H \quad \text{Höhe des Erzeugnisses} \end{array}$$

Der Wert η wird experimentell bestimmt; für verschiedene Arten von Keksteigen liegt die Größe η im Bereich von 1,26 bis 9,9 Pa·s.

3.3.1.3. Pressen (Brikettieren)

Das Pressen findet besonders große Anwendung bei der Würfelzuckerherstellung. Zum Pressen wird ein feuchtes Raffinadegemisch verwendet, das aus Kristallen unterschiedlicher Größe besteht. Die Grenzflächen dieser Kristalle sind mit einem dünnen Film einer Zuckerlösung benetzt.

Das Pressen erfolgt in speziellen Formen (Matrizen) mit Stempeln (Bild 3.3./1), die das Gemisch zusammendrücken. Bild (3.3./1) zeigt das Schema des Verpressens des Zuckergemisches in einer Presse mit horizontalem Drehtisch. Der Drehtisch (1) trägt vier Matrizen. Die Matrizen (2) sind längs mit Zwischenwänden so unterteilt, daß die erhaltenen Raffinadepreßlinge die Form von Blöcken haben. Jede Matrize hat ihren Preßstempel (3), der als Boden dient und in der Matrize Auf- und Abbewegungen ausführt. Im Verlauf einer vollständigen Umdrehung des Tisches mit den Matrizen sind vier kurzzeitige Stillstandszeiten vorgesehen. Hierbei halten sich jede Matrize und der entsprechende Stempel für $1 \cdots 1{,}5$ s nacheinander in den Lagen a, b, c, d auf. In der Lage a senkt sich der Stempel auf die Tiefe h_1. In der Lage b wird die Matrize mit Gemisch gefüllt, so daß die Schichthöhe h_1 beträgt. In der Lage c komprimiert der Stempel das Gemisch. In dieser Lage wird über der Matrize die Platte (4) angeordnet. Die Schichthöhe des Gemisches verringert sich bis auf h_2. In der Lage d stößt schließlich der Stempel das verpreßte Raffinadestück aus der Matrize aus. Durch eine besondere Vorrichtung werden die Preßlinge auf eine Transporteinrichtung gebracht. Der Durchsatz der Presse ergibt sich aus der Drehzahl des Tisches und der Anzahl der Matrizen.

Beim Pressen des Raffinadegemisches erfolgt eine wechselseitige Verlagerung der Kristalle und eine Verringerung des Porenvolumens. Ein Teil der Kristalle wird hierbei zerstört, und die Bruchstücke füllen die Poren.

Die mechanische Festigkeit des Preßlings wird durch die wechselseitige Kohäsion der Kristalle und ihrer Bruchstücke sowie durch die Wirkung von Kapillarkräften,

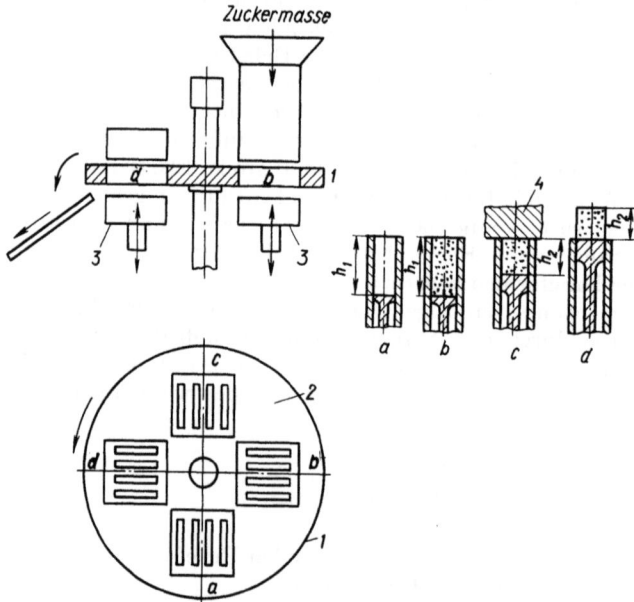

Bild (3.3./1). a) bis d) Schema einer Presse mit auf- und abgehender Stempelbewegung
(1) Drehtisch (2) Matrize (3) Preßstempel (4) Platte

die infolge der Verdichtung der Kristalle im Preßling entstehen, bedingt. Die Verdichtung der Masse wird durch folgenden Verdichtungskoeffizienten berechnet:

$$\beta = \frac{V_1 - V_2}{V_1} \cdot 100 \qquad (3.3./5)$$

V_1 Volumen der Masse vor dem Pressen
V_2 Volumen der Masse nach dem Pressen

Experimentell wurde festgestellt, daß der größte Wert β erzielt werden kann, wenn der Preßling eine Zeitlang unter Druck bleibt und die Belastung wiederholt wird. Bei der Erhöhung der Anzahl wiederholter Belastung nähert sich die Dichte des Preßlings der maximalen kritischen Größe.
Der Verdichtungsgrad der Masse hängt vom angewendeten Druck, von den Eigenschaften der Masse, von den konstruktiven Besonderheiten der Presse und vom Preßregime ab. Wesentlichen Einfluß auf den Preßvorgang hat die Konstruktion der Presse.
Im Bild (3.3./1) wird der Preßvorgang bei einseitiger Zusammendrückung gezeigt. *D. S. Nowikow* legte dar, daß bei zweiseitiger Zusammendrückung der erforderliche Druck verringert werden kann, dabei erhält der Preßling eine gleichmäßigere Dichte und größere Festigkeit.
Von Interesse ist die Frage des Zusammenhanges zwischen Preßdruck und Größe der Verdichtung. *D. S. Nowikow* führte zur Betrachtung dieser Frage den Begriff „ideale Pressung" ein. Er vernachlässigt hierbei den Druckverlust durch Reibung der Masse an den Wänden der Matrize beim Pressen und setzt voraus, daß die zu verpressende Masse nur aus festen Phasen besteht und daß konstruktive Faktoren keinen Einfluß auf den Prozeß ausüben. Für solche Bedingungen empfiehlt *D. S. Nowikow* folgende Formel:

$$\beta' = \beta \delta - \psi \ln p/p_0 \qquad (3.3./6)$$

β' Verdichtungskoeffizient als Verhältnis des Volumens des Briketts zum Volumen der festen Phase des Briketts beim Preßdruck p
$\beta \delta$ Verdichtungskoeffizient im Ausgangsprodukt beim Druck p_0
ψ Preßmodul, der innerhalb eines bestimmten Druckbereiches konstant ist und von den strukturmechanischen Eigenschaften des zu verpressenden Materials abhängt

D. S. Nowikow fand, daß Gleichung (3.3./6) für eine Überschlagsrechnung von feuchtem Raffinadegemisch verwendet werden kann. Er ermittelte den Preßmodul für feuchtes Gemisch mit durchschnittlich 0,135 und für trockenen Puderzucker mit 0,13. Gleichung (3.3./6) berücksichtigt keine Reibungskräfte zwischen der Preßmasse und der Matrize, deshalb ist die wirkliche Verdichtung etwas geringer, als sie nach Gleichung (3.3./6) errechnet wird.
Die Preßarbeit für einen Stempelhub in J beträgt:

$$A = \int_{h_0}^{h_E} F p^{dh} \qquad (3.3./7)$$

F Querschnittsfläche der Matrize in m²
h_0 Ausgangshöhe des Preßlings in m
h_E Endhöhe des Preßlings in m
p Preßdruck in Pa

Das Brikettieren wird auch in der Mischfutterindustrie im breiten Umfang dort angewandt, wo grobe Futtermischungen mit Bindemitteln verpreßt werden. Für letztere wird häufig Melasse aus der Zuckerindustrie verwendet.

3.3.2. Maschinen für Druckbehandlung

Bild (3.3./2) zeigt ein Klassifikationsschema für Maschinen zur Druckbehandlung von Lebensmittelprodukten.

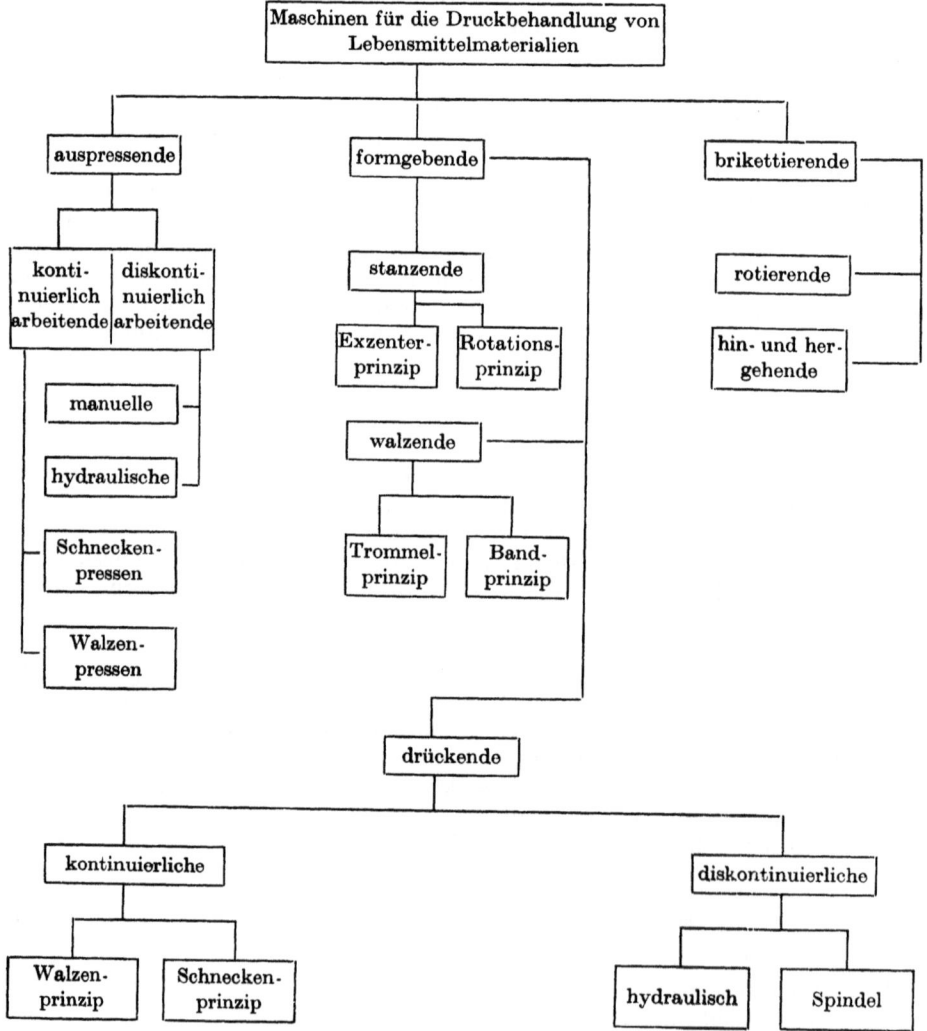

Bild (3.3./2). Einteilung von Maschinen zur Druckbehandlung

3.3.2.1. Pressen zum Abtrennen von Flüssigkeiten und hydraulische Pressen

Die breiteste Anwendung fanden hydraulische Pressen. Hydraulische Pressen arbeiten periodisch und werden mittels Flüssigkeit, die durch eine Pumpe auf hohen Druck gebracht wird, bewegt. Bild (3.3./3) zeigt das prinzipielle Schema einer hydraulischen Presse. Sie besteht aus einem Arbeitszylinder (1), in den unter Druck Flüssigkeit (Öl, Wasser) eintritt. Er setzt den Kolben (2) in Bewegung. Letzterer ist mit der beweglichen Preßplatte (3), der Traverse, verbunden. Der Zylinder ist starr an der Platte (4) befestigt, die durch die Säulen (5) mit der oberen unbeweglichen Platte (6) verbunden ist. Die auszupressende Masse wird in eine flache Packung aus festem Gewebe gefüllt. Diese Packungen legt man auf die bewegliche Platte. Zwischen den Packungen ordnet man Stahlplatten oder Bleche an. Pressen dieser Art nennt man offene. Sie sind die einfachsten Pressenarten, die für die Gewinnung von Pflanzenöl verwendet werden.

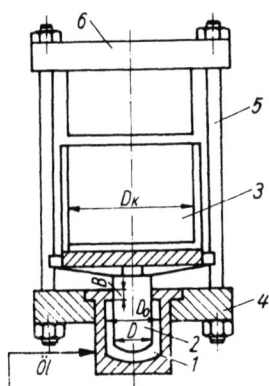

Bild (3.3./3). Schema einer hydraulischen Presse
(1) Arbeitszylinder (2) Kolben (3) Preßplatte (4) Platte
(5) Säulen (6) unbewegliche Platte

Beim Eintritt der Arbeitsflüssigkeit in den Hydraulikzylinder der Presse hebt sich die untere bewegliche Platte und drückt den Stapel der auszupressenden Packungen gegen die obere unbewegliche Platte. Die Flüssigkeit wird ausgepreßt, fließt durch die Poren der Masse in der Packung und das Gewebe und sammelt sich in einem Gefäß, das an der unteren beweglichen Platte angeordnet ist.

Der Arbeitszyklus einer solchen Presse besteht aus folgenden Vorgängen: manuelles Beschicken der Presse mit Packungen, Heben der unteren Platte mit den Packungen bis zur Berührung der oberen Platte, Abpressen der Hauptmenge der Flüssigkeit bei verhältnismäßig geringem Druck (für Pflanzenöl bis 5 MPa), Erhöhung des Druckes (für Öl bis 80 MPa), Halten des Druckes für eine bestimmte Zeit, Absenken der beweglichen Platte, Abräumen der Packungen. Ein vollständiger Zyklus dauert etwa 20···25 min.

Wenn der Arbeitsdruck im Hydraulikzylinder p beträgt, so beträgt die Kraft, die auf die bewegliche Platte wirkt,

$$F = 0{,}9 \, p \, S_1 \qquad (3.3./8)$$

S_1 Querschnittsfläche des Kolbens in m²
0,9 Wirkungsgrad der hydraulischen Kraftübertragung

Wenn F bekannt ist, kann der Preßdruck F/S_2 bestimmt werden.

Außer dieser beschriebenen offenen Pressenbauart verwendet man halbgeschlossene und geschlossene oder Topfpressen. In den oben beschriebenen offenen Pressen fließt die Flüssigkeit frei durch den Rand der Platte ab. In den halbgeschlossenen Pressen wird das Öl durch die Öffnungen in den Platten spezieller Konstruktion abgetrennt. In den geschlossenen oder Korbpressen werden die Packungen in die Körbe gelegt. Die abgepreßte Flüssigkeit fließt durch die Öffnungen in den Wänden des Korbes. Zu den Pressen dieser Bauart gehören die Korbpressen für das Abpressen (Keltern) des Traubensaftes. In einigen Zweigen der Lebensmittelindustrie (in der Wein- und Fruchtsaftindustrie) verwendet man in Kleinbetrieben auch periodisch arbeitende Pressen mit mechanischem Antrieb oder Handpressen.

Schneckenpressen. Gegenwärtig werden in vielen Zweigen der Lebensmittelindustrie die periodisch arbeitenden Pressen durch kontinuierlich arbeitende abgelöst. Zu dieser Gruppe gehören Schneckenpressen. In Bild (3.3./4) ist eine Schneckenpresse dargestellt, die für das Abpressen von Pflanzenöl verwendet wird. Als Arbeitsorgan dient in dieser Presse die Schneckenspindel (1). Sie wird durch einen Elektromotor (3) über ein Reduziergetriebe (2) angetrieben. Die Schnecke befindet sich im Innern eines Gehäuses (4). Das Gehäuse besteht aus Stahlplatten, die zur Bildung eines Zylinders dienen, wobei zwischen den Platten ein kleiner Spalt gelassen wird. Die Platten werden mit kräftigen Stahljochen zusammengefaßt.

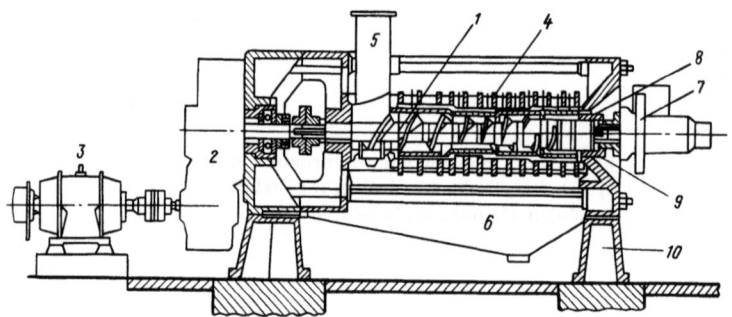

Bild (3.3./4). Schneckenpresse
(1) Schneckenspindel (2) Reduziergetriebe (3) Elektromotor (4) Gehäuse
(5) Einlaßöffnung (6) Auffangbecken (7) Stellrad (8) Regulierbuchse
(9) Ringspalt (10) Gestell

Zur Beschickung der Schnecke dient die Einlaßöffnung (5). Sie leitet die Masse in das Trommelgehäuse. Die Schnecke bewegt die zu pressende Masse im Trommelgehäuse, wobei die Durchgangsfläche zwischen Schnecke und Trommel im Verlaufe der Vorwärtsbewegung der abzupressenden Masse sich verengt. Gleichzeitig verringert sich die Steigung der Schraubenschnecke. Infolgedessen erfolgt eine Pressung der Masse. Die abgepreßte Flüssigkeit tritt durch die Öffnungen des Gehäuses und sammelt sich im Auffangbecken (6).
Das Stellrad (7) reguliert die Öffnungsgröße für den Austritt der abgepreßten Masse durch Lageveränderung der Regulierbuchse (8). Hierbei verändert sich die Größe des Ringspaltes (9). Das Gestell (10) wird an den Füßen am Fundament befestigt. Der Druck, der durch die Presse erzeugt wird, verändert sich mit der Vorwärtsbewegung des Materials bis zur Austrittsöffnung. Den höchsten Wert erreicht er an der Austrittsöffnung.
Die Drehzahl der Schnecke ist gering: $5 \cdots 20$ min^{-1}. Der Druck im Innern des Gehäuses der Schneckenpresse kann äußerst hoch sein und erreicht $4 \cdot 10^6$ Pa und mehr.

Der Durchsatz der Schneckenpresse, bezogen auf die Ausgangsmasse, beträgt in kg/s:

$$m = \frac{\pi D^2}{4} \cdot \frac{Sn}{60} \cdot \varrho \varphi \tag{3.3./9}$$

- D Durchmesser des Gehäuses an der Eintrittsstelle der Masse in m
- S Steigung der Schnecke in diesem Punkt in m
- n Drehzahl der Schneckenwelle in min^{-1}
- ϱ Dichte der eintretenden Masse in kg/m^3
- φ Koeffizient des Füllungsgrades des Gehäuses, der die Füllung des Arbeitsraumes berücksichtigt

Die Antriebsleistung für die Schneckenpresse hängt von den konstruktiven Besonderheiten, vom Durchsatz und dem erzeugten Druck ab.
Kontinuierlich arbeitende Pressen haben wesentliche Vorzüge gegenüber diskontinuierlich arbeitenden. Bei gleichem Durchsatz benötigen sie weniger Platz, sind in der Konstruktion einfacher und erfordern keine physische Arbeit bei der Bedienung. Die Masse der Presse ist bedeutend geringer.
Bei der Anwendung hydraulischer und handgetriebener Pressen mit periodischer Arbeitsweise wird ein wesentlicher Teil der Arbeitszeit (15···25%) für Hilfsoperationen benötigt. In Schneckenpressen erfolgt das Abpressen kontinuierlich. Der Preßrückstand von Schneckenpressen enthält weniger abpreßbare Flüssigkeit als von hydraulischen.
Für die Bedienung von Schneckenpressen werden weniger Arbeitskräfte benötigt, und die Arbeit dient nur der Wartung der Anlage. Es entfällt auch die Verwendung von Preßtüchern. Alle diese Vorzüge machen die Schneckenpresse zu einer progressiven Bauart der Anlagen. Sie werden im breiten Maßstab in der Ölindustrie, der Fruchtsaftindustrie, der Weinkelterei und in anderen Zweigen der Lebensmittelindustrie eingesetzt.
Die Walzenpresse ist eine weitere Bauart zum mechanischen Abpressen (Bild 3.3./5). Sie findet eine besonders breite Anwendung in der Zuckerindustrie zum Abpressen des Saftes aus Zuckerrohr.

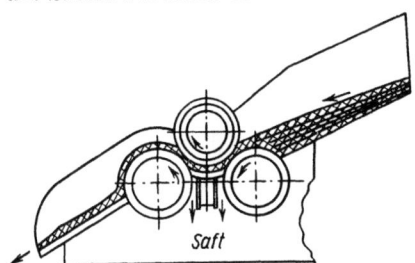

Bild (3.3./5). Funktionsschema einer Walzenabpreßanlage

3.3.2.2. Pressen zum Formen plastischer Massen

Diese Pressen verwendet man hauptsächlich in jenen Zweigen der Lebensmittelindustrie, in denen die Verarbeitung plastischer Massen erfolgt: in der Süßwaren-, Teigwaren- und Backwarenindustrie. Sie werden für die Formgebung der zu verarbeitenden Masse ohne spürbare Veränderung der Dichte angewendet.
Maschinen, die für diese Zielstellungen verwendet werden, sind äußerst verschiedenartig, genauso verschiedenartig wie die physikalischen Eigenschaften der zu bearbeitenden Materialien. Sie können in drei Hauptgruppen eingeteilt werden: extrudierende, walzende und stanzende Maschinen.

Extrudierende Formpressen. Diese Maschinen finden große Verbreitung in der Teigwarenindustrie für die Formgebung des Teiges, aus dem Makkaroni, Nudeln und andere Teigwarenerzeugnisse hergestellt werden. Extrusionspressen bestehen aus einer Preßeinrichtung und einer Formeinrichtung, der Matrize.

Nach der Art der Preßeinrichtung teilt man in hydraulische und Spindelpressen (diskontinuierliche Arbeitsweise) sowie in Schnecken- und Walzenpressen (kontinuierliche Arbeitsweise) ein. Der Druckteil dieser Pressen ist nicht spezifisch für Extrusionspressen, weil die gleiche Konstruktion auch bei Pressen zur Flüssigkeitsabtrennung Anwendung findet.

Der Hauptteil der Extrusionspressen ist die Matrize. Sie stellt eine ebene metallische Scheibe mit Öffnungen dar, durch die die gepreßte Masse hindurchgedrückt wird (z. B. Makkaroniteig). Die Form der Matrizenöffnungen bestimmt die Art des Erzeugnisses. Auf Bild (3.3./6) sind zwei Haupttypen von Öffnungen dargestellt.

Matrizen und Einsätze werden aus Messing, Bronze oder nichtrostendem Stahl hergestellt.

Beim Durchpressen durch die Öffnungen der Matrizen nimmt der Teig die bestimmte Form an. Das Fließen des Teiges durch die Öffnungen der Matrize ist dem Fließen einer hochviskosen Flüssigkeit ähnlich.[1] Der Druck, der durch die Preßeinrichtung erzeugt werden muß, wird verausgabt für die Überwindung des hydraulischen Widerstandes in den Öffnungen der Matrize. Der Widerstand hängt von der Konsistenz des Teiges und der Form, Größe und Länge der Öffnungen ab.

Die Preßeinrichtung einer diskontinuierlichen Presse ist wie eine hydraulische oder mechanische Spindelpresse konstruiert. Auf Bild (3.3./7) ist das Schema einer Spindelpresse und einer hydraulischen Preßeinrichtung dargestellt. Ähnlichen Aufbau haben die Preßzylinder (1), von denen die eine Stirnfläche die Matrize (2) mit den Öffnungen bestimmter Form darstellt. Der Kolben (3), der hydraulisch oder durch die Spindeleinrichtung in Bewegung gesetzt wird, dringt im Zylinder vor und preßt den vorher eingebrachten Teig heraus.

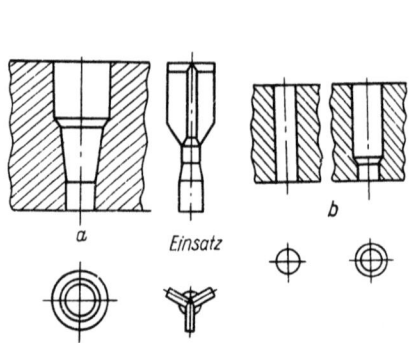
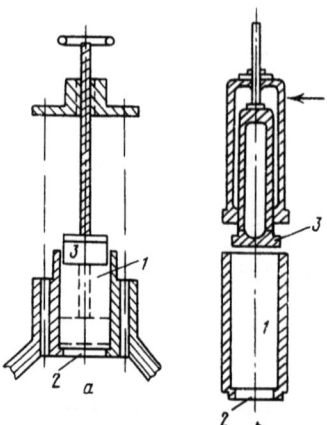

Bild (3.3./6). Formen von Matrizenöffnungen
a) für die Erzeugung rohrartiger hohler Erzeugnisse (mit Einsatz)
b) für die Erzeugung kompakter fadenförmiger Erzeugnisse (ohne Einsatz)

Bild (3.3./7). Preßeinrichtung von formgebenden Pressen diskontinuierlicher Arbeitsweise
(1) Preßzylinder (2) Matrize (3) Kolben
a) Spindelpresse b) hydraulische Presse

---

[1] Es tritt Pfropfenströmung auf (die Red.)

In Pressen mit kontinuierlicher Arbeitsweise wird die Masse mit Schnecken oder Walzen gepreßt. Auf Bild (3.3./8) sind Schemata von Schnecken- und Walzenpressen dargestellt. Die Schnecken- oder Walzenpressen erzeugen einen Druck in der Preßkammer vor dem Mundstück in der Größenordnung von 0,6···0,9 MPa. Die Austrittsgeschwindigkeit der Erzeugnisse aus den Öffnungen der Matrize beträgt 1···2 cm/s.

Walzenmaschinen. Walzenmaschinen verwendet man in der Backwarenindustrie für das Formen runder oder zylindrischer Erzeugnisse aus Weizen- oder Roggenteig. Die für diese Prozesse verwendeten Maschinen nennt man Rund- bzw. Langwirkmaschinen. Der Druck, der mit diesen Maschinen erzeugt wird, ist bedeutend geringer als bei Extrusionspressen. In Weizenteigbearbeitungsmaschinen überschreitet der Druck 0,1 MPa nicht, in Roggenteigbearbeitungsmaschinen ist er noch bedeutend kleiner.

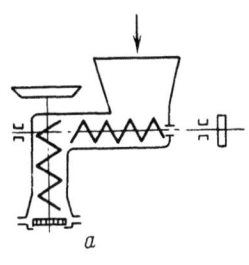

Bild (3.3./8). Formende Pressen kontinuierlicher Arbeitsweise
a) Schneckenpresse b) Walzenpresse

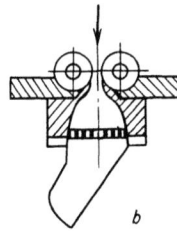
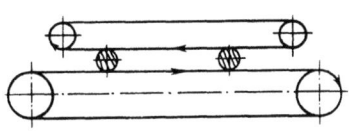

Bild (3.3./9). Schema einer Langwirkmaschine für Teig

Auf Bild (3.3./9) ist das prinzipielle Schema einer Bänderlangrollmaschine für Teige dargestellt. Die Maschine zur Formung zylindrischer Teigstücke hat zwei Wirkbänder, wobei das untere sich mit einer größeren Geschwindigkeit bewegt als das obere. Das erfaßte Teigstück erhält eine rotierende Bewegung und eine Längsbewegung, wodurch es zylindrisch geformt wird.

Stanzende Maschinen. Stanzende (prägende) Maschinen verwendet man für das Ausstanzen (Ausprägen) von Erzeugnissen aus einem kontinuierlich sich bewegenden Band elasto-plastischen Materials. Sehr häufig wird hierbei auf der Oberfläche ein Reliefbild geprägt. Solche Maschinen werden in der Süß- und Dauerbackwarenindustrie für die Herstellung von Keks verwendet.

In ähnlichen Maschinen werden aus einem kontinuierlichen Band eines plastischen Materials, das auf Walzen ausgerollt wurde und über ein Transportsystem zugeführt wird, durch einen Stanzmechanismus Stücke bestimmter Form herausgestanzt. In Abhängigkeit von der Konstruktion der Maschine wird das Band kontinuierlich oder diskontinuierlich weitertransportiert. Bei Stanzmaschinen periodischer Arbeitsweise wird das Teigband im Moment des Stanzvorganges angehalten. In Maschinen mit kontinuierlicher Arbeitsweise begleitet der Stanzteil den Teig und stanzt während des Laufes. Es werden darüber hinaus auch rotierende Gebäckformmaschinen kontinuierlicher Arbeitsweise angewendet. Die Formen sind bei diesen Maschinen in eine massive Walze eingraviert, auf die das Teigband durch eine Weichgummiwalze aufgepreßt wird.

3.3.2.3. Pressende (brikettierende) Maschinen

Pressende Maschinen für die Druckbearbeitung fanden besonders breite Anwendung bei der Würfelzuckerproduktion. Die Preßmethode zur Herstellung von Würfelzucker ist gegenwärtig die verbreitetste und progressivste. Für die Verpressung des Raffinadezuckers fanden besonders Maschinen mit hin- und hergehender Stempelbewegung bei gleichzeitiger Beschickung der Matrize mit Zuckermasse beim Pressen Anwendung.

Das Prinzipschema einer Karussellpresse ist in Bild (3.3./1) dargestellt. Das Bild zeigt schematisch die vertikale und die horizontale Projektion der Presse.

Pressen, die sich im Prinzip von der beschriebenen nicht unterscheiden, verwendet man auch zum Pressen anderer Produkte, z. B. von Mischfutter. Für letzteres verwendet man Stangen- und Karussellpressen. In Stangenpressen wird das Brikett in einem langen Formkanal gepreßt, der nach beiden Seiten offen ist. Die Preßstange führt durch einen Kurbeltrieb hin- und hergehende Bewegungen aus.

Die Schneckenpressen sind in ihrer Konstruktion ähnlich den Schneckenpressen, die im Abschnitt 3.3.2.1. beschrieben wurden.

Zu empfehlende Literatur

Beloborodow, W. W.: Grundprozesse der Herstellung von Pflanzenöl. Moskau: Pistschewaja promyschlennost 1966

Demtschinsky, F. A.: Theorie und Praxis des Verpressens von Zuckerfüllmasse. Moskau: Pistschewaja promyschlennost 1968

Lunin, O. G.: Zur Frage der Berechnung von Stanzmechanismen für die Formung von Keksen. Arbeiten WNJJ der Konditoreiindustrie, Ausgabe IX, 1953

Nasarow, N. J.: Technologie der Teigwarenherstellung. Moskau: Pistschewaja promyschlennost 1969

Autorenkollektiv: Maschinen und Apparate in der chemischen Industrie. Leipzig: VEB Deutscher Verlag für Grundstoffindustrie 1966

Sokolov: Pressen in der Lebensmittel- und Futterproduktion (russ.) Moskau: Verlag Maschinostrojenie 1973

Fichmann: Programm- und ferngesteuerte hydraulische Pressen. Moskau: Verlag Maschinostrojenie 1967

Harmann, Judson, Harper: Modeling and Forming Foods Extruder. Journal of Food Science, Vol. 39, 1974

Extrusionsverfahren für geschäumte Süßwaren. Confectionary Prod., Nr. 1, 1976

Cleven, Fr.: Japanisch Extrudieren: Möglichkeiten auf dem Backwarensektor. Brotindustrie, H. 5, 1976

Vauck/Müller: Grundoperationen der chemischen Verfahrenstechnik, 4. Aufl. Dresden: Verlag Theodor Steinkopff 1974

Heidenreich, E.: Verarbeitungstechnik (Reihe Verfahrenstechnik). Leipzig: VEB Deutscher Verlag für Grundstoffindustrie 1978

Reichenauer, Steinert: Fachkunde der Plastverarbeitung „Extrudieren und Hohlkörper-Blasverfahren". Leipzig: VEB Deutscher Verlag für Grundstoffindustrie 1970

Ebeling: Extrudieren von Kunststoffen kurz und bündig (Leichtverständliche Einführung in die Extrusions- und Hohlkörperblastechnik). Verlag Vogel Würzburg, 1974

Mink, W.: Grundzüge der Extrudertechnik. Verlag Zechner & Hüthig, Speyer a. Rhein 1973

Continous dough extrusion machine. Baking Ind. J., 1972

Miller, R.; Rossen, J.: Food extrusion. Food technology, 1973

Roth, H.: Extruder for the production of Ring Shaped, Jelly-Filled Doughnuts (Pfannkuchen). The Bakers Digest, Dec. 1975

Matschichin, Ju. A.; Surabischwili, G. G.: Tablettieren von Lebensmittelstoffen. Moskau: Pistschewaja promyschlennost 1978

3.4. Mischen

Unter Mischen versteht man den Prozeß, zwei oder mehrere Phasen, die sich durch Aggregatzustand, Konzentration, chemische Zusammensetzung oder Energiegehalt unterscheiden, miteinander zu vermischen, um eine gleichmäßige Verteilung der Komponenten oder eine möglichst große Grenzfläche zwischen den Komponenten auszubilden, wodurch chemische Reaktionen, Wärme- und Stoffaustauschprozesse intensiviert oder Strukturbildungen und Emulsionsvorgänge ermöglicht werden.
Die verschiedenartigen Anwendungsfälle des Mischens können in folgender Weise klassifiziert werden:

- Mischen im flüssigen Medium,
- Mischen von Schüttgütern,
- Mischen von plastischen Massen.

Da Stoff- und Wärmeaustausch, chemische und biochemische Prozesse sowie Strukturbildungsvorgänge eine große Rolle in der Lebensmittelindustrie spielen, findet das Mischen breite Anwendung in der Lebensmittelproduktion.

3.4.1. Mischen im flüssigen Medium

Mischen im flüssigen Medium kann durch eines von drei Verfahren erfolgen:

mechanisches Mischen,
Strömungsmischen,
pneumatisches Mischen.

Mechanisches Mischen erfolgt durch Rührwerke; Strömungsmischen erfolgt durch Vermischen von Flüssigkeitsströmen in speziellen Mischapparaten; pneumatisches Mischen erfolgt durch die Energie von Gas- oder Dampfstrahlen, die in die flüssige Masse eintreten.

3.4.1.1. Mechanisches Mischen

Die in der Lebensmittelproduktion angewandten Rührer kann man in drei Hauptgruppen einteilen:
Blatt-, Propeller- und Turbinenrührer.

Außer diesen Hauptgruppen gibt es noch einige Konstruktionen, die nicht dieser Klassifikation entsprechen.
Blattrührer. Blattrührer (Bild 3.4./1) sind im Vergleich mit anderen Konstruktionen die einfachsten. Die Einrichtung für das Mischen stellt bei diesen Apparaten flache Blätter dar, die rechtwinklig oder unter einer Neigung zur Bewegungsrichtung (Bild 3.4./1a) angeordnet sind.
Die Blätter sind vertikal oder horizontal an der sich drehenden Welle befestigt. In einer Ebene können sich ein bis vier Blätter befinden (Bild 3.4./1b). Die Anzahl der Blattreihen übereinander ist auch verschieden. Sie beträgt gewöhnlich 1 bis 5. Die Formen der Blätter können sehr verschieden sein, angefangen von einfachen rechteckigen Balken bis zu äußerst komplizierten Konstruktionen. Man verwendet gitterförmige, ankerförmige und andere Blätter. Die Auswahl des Blattyps wird durch die Eigenschaften des zu mischenden Mediums bestimmt. So verwendet man Ankerrührer (Bild 3.4./2) für das Mischen von Systemen, aus denen sich Bestandteile absetzen.

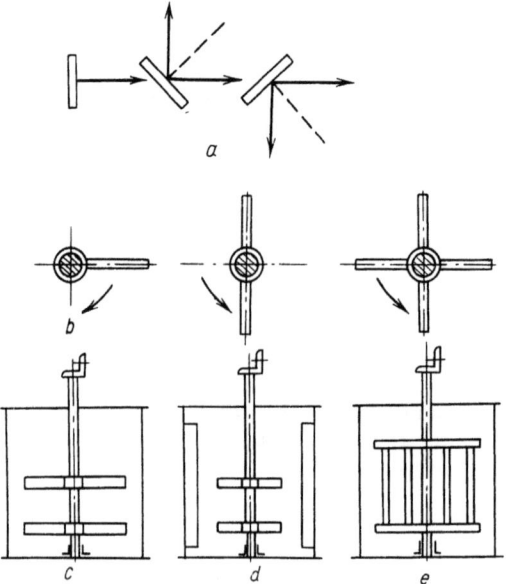
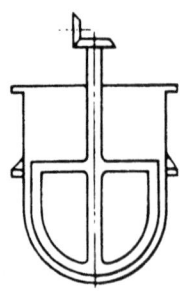

Bild (3.4./1). Blattrührer
a) verschiedene Schaufelneigung
b) Anordnung der Schaufeln
c) paarweise Schaufeln
d) mit Schikanen
e) Gitterrührer

Bild (3.4./2). Ankerrührer

Zur Vermeidung einer Rotationsbewegung der Flüssigkeiten zusammen mit den Blättern (besonders beim Mischen viskoser Flüssigkeiten) ordnet man Schikanen an (Bild 3.4./1 d).
Bei der Rotation des Rührers nimmt die Flüssigkeitsoberfläche die Form eines Paraboloids an, dessen Tiefe mit der Zunahme der Drehzahl anwächst. Blattrührer erreichen nicht mehr als 400 Umdrehungen je Minute. Gewöhnlich liegt die Drehzahl bei $20 \cdots 80$ min^{-1}. Vorteil der Blattrührer ist ihr einfacher Aufbau. Sie ermöglichen jedoch keine gute Mischung in Richtungen, die senkrecht zur Blattebene liegen. Wenn die Blätter senkrecht zur Bewegungsrichtung angeordnet sind, dann sind sie nicht in der Lage, Teilchen einer Suspension im Schwebezustand zu halten, insbesondere, wenn die Dichte der Teilchen groß und die Viskosität der Flüssigkeit gering sind.
Einfache Blattrührer (Bild 3.4./1 c) sind am geeignetsten zur Vermischung niedrigviskoser Flüssigkeiten (bis 0,1 Pa·s). Für die Mischung von Flüssigkeiten höherer Viskosität empfiehlt es sich, Rahmen-Rührer oder Rührer in Gefäßen mit Schikanengittern zu verwenden.
Eine effektive Mischung bewirkt ein Blatt-Planetenrührer (Bild 3.4./3), der jedoch eine komplizierte Konstruktion erfordert.
Propellerrührer. Propellerrührer (Bild 3.4./4) haben als Arbeitsorgane eine Schraube (Propeller), die auf einer vertikalen oder horizontalen Welle sitzt. Der Durchmesser der Schraube beträgt gewöhnlich $1/2$ bis $1/4$ des Gefäßdurchmessers. Man verwendet zwei- oder dreiblättrige Schrauben. Durch den veränderlichen Neigungswinkel der Blätter in ihrer Länge werden die Flüssigkeitsteilchen von der Schraube in vielen Richtungen weggeschleudert. Dadurch entsteht eine Gegenströmung der Flüssigkeit,

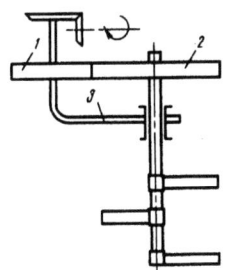

Bild (3.4./3). Planetenrührer
(1) feststehendes Zahnrad (2) bewegliches Zahnrad (3) Führung

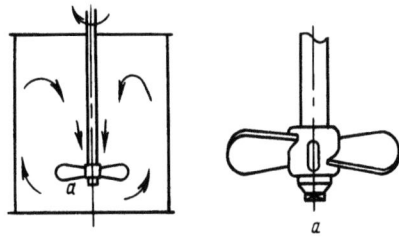

Bild (3.4./4). Propellerrührer

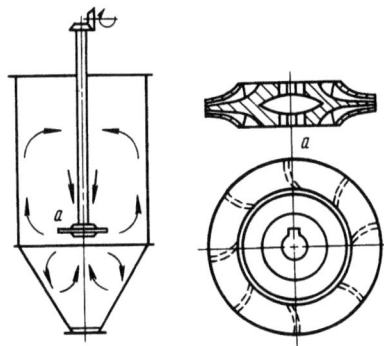

Bild (3.4./5). Schema eines Turbinenrührers

wodurch eine gute Mischung bewirkt wird. Zur Erzeugung einer Flüssigkeitsströmung in axialer Richtung durch den Propeller ordnet man letzteren manchmal in kurzen Zylindern mit Trichter und zur besseren Mischung zwei Schrauben auf einer Welle an, die eine Gegenströmung erzeugen. Die Drehzahl von Propellerrührern beträgt $150 \cdots 1000$ min^{-1}.

Propellerrührer verwendet man zweckmäßigerweise zum Mischen dünnflüssiger, mäßig viskoser Flüssigkeiten (bis 6 Pa·s). Für höher viskose Flüssigkeiten sind sie weniger geeignet.

Im Vergleich mit Blattrührern sind die Propellerrührer effektiver, jedoch benötigen sie mehr Energie. Durch die Strömungsrichtung eines Teiles der Flüssigkeit zum Boden des Gefäßes hin werden abgesetzte Teilchen mit einem Teilchendurchmesser bis zu 0,15 mm aufgewirbelt. Die Effektivität von Propellerrührern wird durch eine Neigung der Schraubenwelle erhöht.

Turbinenrührer. Als Arbeitsorgan der Turbinenrührer dient ein Turbinenrad, das sich mit einer vertikalen Welle dreht. Das Rad macht zwischen 200 bis 2000 Umdrehungen je Minute. Die Arbeitsweise ist analog der des Rades einer Zentrifugalpumpe. Auf Bild (3.4./5) sind die Strömungsrichtungen der Flüssigkeit beim Turbinenrührer dargestellt. Die Flüssigkeit tritt in das Rad axial durch zentrale Öffnungen ein und erhält eine Beschleunigung durch die Schaufeln, die sie aus dem Rad mit radialer Richtung herausschleudern. Das rotierende Rad ordnet man nicht selten in ein feststehendes Richtungsrad mit Schaufeln an. Die Bedeutung dieses Rades besteht darin, daß die Strömungsrichtung der Flüssigkeit gleichmäßig verändert und die hydraulischen Verluste verringert werden. Für eine bessere Vermischung ordnet man auf der Rührerwelle zwei Turbinenräder an.

Turbinenrührer sind äußerst effektive Apparate. Sie eignen sich sowohl für das Mischen von Flüssigkeiten von geringer als auch von hoher Viskosität (bis 500 Pa·s). Diese Rührer kann man zum Aufwirbeln von Bodensatz in Flüssigkeiten einsetzen, die bis zu 60% feste Phase enthalten. Turbinenrührer kann man auch für das Mischen von Flüssigkeiten mit Schüttgütern verwenden, deren Teilchenabmessungen bis 25 mm betragen.

Energieverbrauch beim mechanischen Mischen

Zur Bestimmung des Energieverbrauches beim mechanischen Mischen nutzt man die Methode der Dimensionsanalyse. Bei experimentellen Untersuchungen des Mischprozesses wurde festgestellt, daß die für die Rührerarbeit erforderliche Leistung N von der Viskosität der Flüssigkeit η, von der Dichte der Flüssigkeit ϱ, von der Drehzahl des Rührers n und vom Durchmesser des Rührers d abhängig ist. Zur Suche der allgemeinen Kriterien des Zusammenhanges geht man von den folgenden funktionellen Ausgangsformen aus:

$$N = \varphi\,(\eta, \varrho, n, d)$$
$$N = C\,\eta^x\,\varrho^y\,n^z\,d^\nu \qquad (3.4./1)$$

wobei C, x, y, z, ν einen Zahlenkoeffizienten und Potenzwerte darstellen.
Es liegen hierbei fünf Veränderliche vor. Folglich beträgt in Übereinstimmung mit dem π-Theorem die Zahl der Kriterien $5 - 3 = 2$.
Es werden die Dimensionen der einzelnen Größen, die in die Gleichung (3.4./1) eingehen, aufgeschrieben:

$$[N] = W = \frac{N\,m}{s} = \frac{kg\,m}{s^2} \cdot \frac{m}{s} = \frac{kg\,m^2}{s^3}$$

$$[\eta] = \frac{N\,s}{m^2} = \frac{kg\,m}{s^2} \cdot \frac{s}{m^2} = \frac{kg}{s\,m}$$

$$[\varrho] = \frac{kg}{m^3};\quad [n] = \frac{1}{s};\quad [d] = m$$

Die Dimensionsgleichung lautet dann:

$$\frac{kg\,m^2}{s^3} = \left(\frac{kg}{s\,m}\right)^x \left(\frac{kg}{m^3}\right)^y \left(\frac{1}{s}\right)^z (m)$$

Diese Gleichung kann in folgender Weise geschrieben werden:

$$kg\,m^2\,s^{-3} = kg^{x+y}\,s^{-x-z}\,m^{-x-3y+\nu}$$

Daraus stellt man das Gleichungssystem für die Grundeinheiten auf:

$$\begin{array}{c|l} kg & 1 = x + y \\ m & 2 = -x - 3y + \nu \\ s & -3 = -x - z \end{array}$$

Drückt man die Größen, die in diese Gleichungen eingehen, durch x aus, so erhält man

$$y = 1 - x;\quad \nu = 5 - 2x;\quad z = 3 - x$$

Schreibt man Gleichung (3.4./1) in der folgenden Form um

$$N = C\, \eta^x\, \varrho^{1-x}\, n^{3-x}\, d^{5-2x}$$

und stellt man die Komplexe zusammen, erhält man

$$N = C \varrho n^3 d^5 \left(\frac{\eta}{\varrho n d^2}\right)^x$$

oder

$$\frac{N}{\varrho n^3 d^5} = C \left(\frac{\varrho n d^2}{\eta}\right)^{-x} \tag{3.4./2}$$

Der dimensionslose Komplex $N/\varrho n^3 d^5$ heißt das *Eulersche Kriterium* für das Mischen

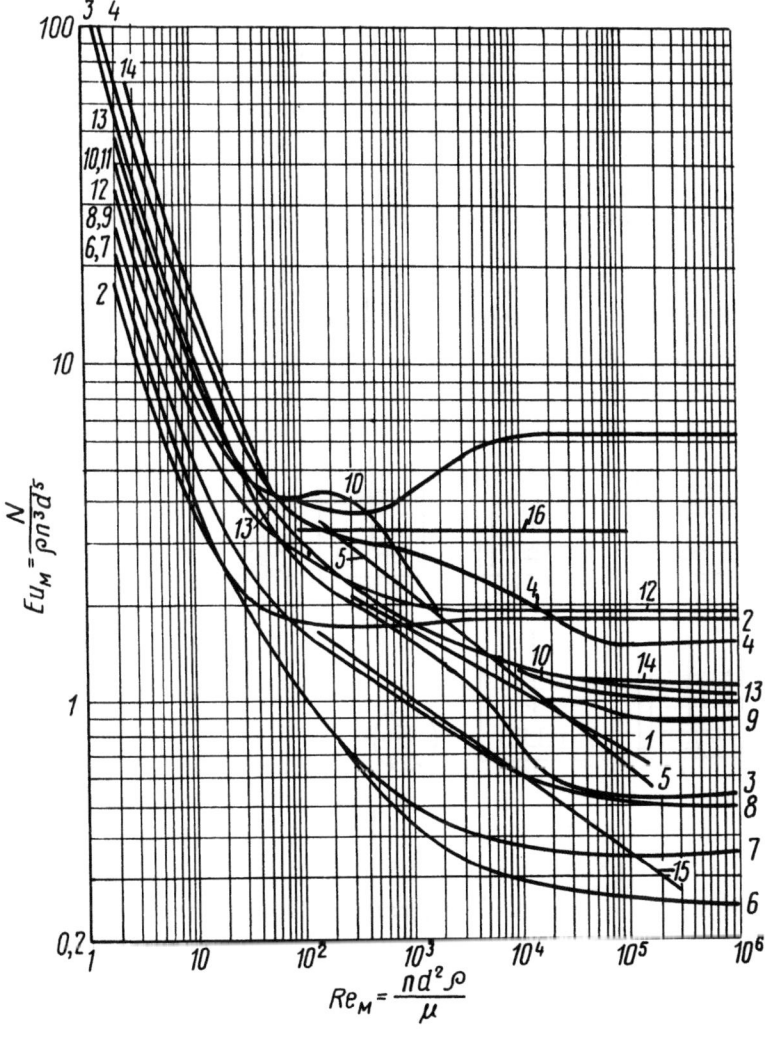

Bild (3.4./6). Abhängigkeit Eu_M von Re_M für verschiedene Rührerbauarten

und wird mit Eu_M bezeichnet. Das Kriterium $\varrho n d^2/\eta$ ist eine Variante des *Reynolds*schen Kriteriums und wird mit Re_M bezeichnet.

$$Eu_M = C\, Re_M^k \tag{3.4./3}$$

Gleichung (3.4./3) stellt die allgemeine Form des Kriterienzusammenhanges für den Energieverbrauch beim Mischen dar. Der Koeffizient C und der Potenzwert k werden experimentell bestimmt.

Auf Bild (3.4./6) ist der Zusammenhang zwischen Eu_M und Re_M graphisch dargestellt auf der Basis experimenteller Daten verschiedener Forscher. Der Kurvenverlauf ist vom Rührertyp abhängig. Die Charakteristiken der untersuchten Rührer sind in Tabelle (3.4./1) dargestellt.

Auf Bild (3.4./7) sind die gleichen Rührer dargestellt wie in der Tabelle (3.4./1) mit dem numerierten Schema der Rührer.

Wenn ein Rührer, für den die Leistung ermittelt werden soll, mit einem Rührer in Tabelle (3.4./1) und im Bild (3.4./7) ähnlich ist, so kann man die entsprechende Kurve im Bild (3.4./6) nutzen. Kennt man dann Re_M, findet man Eu_M. Kennt man die Größe von Eu_M, findet man N. Es muß hierbei beachtet werden, daß die auf diese Weise bestimmte Leistung die Arbeitsleistung darstellt, d. h. die Leistung, die erforderlich ist, wenn sich das Arbeitsregime eingestellt hat.

Bei der Bestimmung der Leistung des Elektromotors für den Antrieb des Rührers ist es unbedingt erforderlich, auch das Anfangsdrehmoment des Rührers zu berücksichtigen. Für die Bestimmung des Anfangsdrehmomentes eines Schaufelrührers betrachtet man die Kräfte, die auf die Schaufeln im Anfangsmoment wirken.

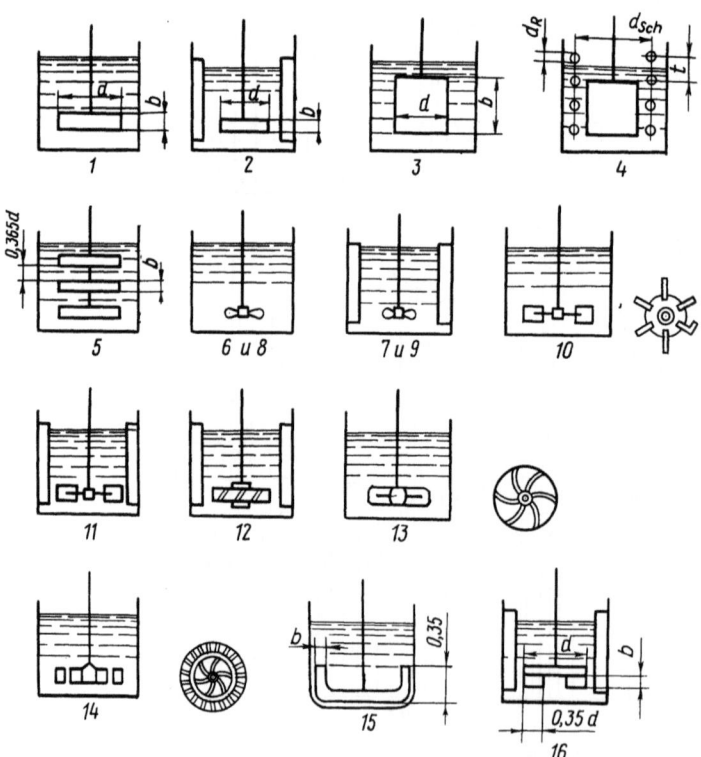

Bild (3.4./7). Rührer und Apparate, für die in Bild (3.4./6) die Abhängigkeitskurven angegeben sind (Erläuterungen s. Tabelle 3.4./1)

Tabelle (3.4./1). Charakteristische Merkmale verschiedener Rührer

Nr. der Kurve in Bild (3.4./6)	Rührerbauart	Grundabmessungen der Rührer D/d	h/D	b/d	s/d	Gefäßcharakteristik
1	2armig	3	1	0,25	—	ohne Schikanen
2	2armig	3	1	0,167	—	mit 4 Schikanen der Breite 0,1 D
3	2armig	2	1	0,885	—	ohne Schikanen
4	2armig	2	1	0,885	—	mit Schlange $d_{sch} = 1,9\,d$ $d_R = 0,066\,d$ $t = 0,12\,d$
5	6armig	1,11	1	0,660	—	ohne Schikanen
6	Propeller	3	1	—	1	ohne Schikanen
7	Propeller	3	1	—	1	mit 4 Schikanen der Breite 0,1 D
8	Propeller	3	1	—	2	ohne Schikanen
9	Propeller	3	1	—	2	mit 4 Schikanen der Breite 0,1 D
10	offenes Turbinenrad mit 6 Schaufeln	3 $l/d = 0,25$	1	0,2	—	ohne Schikanen
11	offenes Turbinenrad mit 6 Schaufeln	3	1	0,2	—	mit 4 Schikanen der Breite 0,1 D
12	offenes Turbinenrad mit 8 flachen geneigten Schaufeln	3	1	0,125	—	mit 4 Schikanen der Breite 0,1 D
13	geschlossenes Turbinenrad mit 6 Schaufeln	3	1	—	—	ohne Schikanen
14	geschlossenes Turbinenrad mit 6 Schaufeln und Leiteinrichtung mit 20 Schaufeln					ohne Schikanen
15	Ankerrührer	1,11	1	0,660	—	ohne Schikanen
16	Scheibenrührer mit 6 Schaufeln	2,5	1	0,1	—	mit 4 Schikanen der Breite 0,1 D

Es bedeuten: D Durchmesser des Gefäßes
             d Durchmesser des Rührers
             h Höhe der Flüssigkeitsschicht
             b Breite der Rührblätter
             s Steigung der Schraube
             l Länge der Blätter

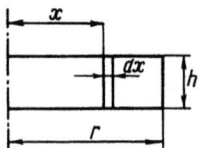

Bild (3.4./8). Zur Bestimmung der Trägheitskraft

Betrachtet man die unendlich kleine Fläche dF auf dem Rührerblatt (Bild 3.4./8)

$$dF = h\,dx,$$

so wird bei der Drehung diese Fläche vor sich ein entsprechendes Flüssigkeitsvolumen verschieben (in m³/s)

$$dV = dF\,\omega,$$

wobei ω die Drehgeschwindigkeit darstellt (in m/s).
Es gilt

$$\omega = 2\,\pi\,x\,n,$$

wobei n die Drehzahl ist (in s⁻¹).
Die Masse der bewegten Flüssigkeit beträgt in kg

$$dm = dF\,\omega\,\varrho.$$

Die Leistung, die erforderlich ist, um diese Masse in Bewegung zu setzen, beträgt

$$dN_i = \frac{dm\,\omega^2}{2} = \frac{dF\,\omega\,\varrho\,\omega^2}{2} = \frac{dF\,\varrho}{2}(2\pi)^3 x^3 n^3$$

Setzt man für $dF = h\,dx$, erhält man

$$dN_i = \frac{(2\pi)^3 \varrho\,n^3 h x^3\,dx}{2}$$

Integriert man diesen Ausdruck in den Grenzen von $x = 0$ bis $x = r$, erhält man

$$N_i = \int_0^r \frac{(2\pi)^3 \varrho n^3 h\,x^3\,dx}{2} = \frac{(2\pi)^3 \varrho n^3 h r^4}{8}$$

Setzt man für $2\,r = d$, erhält man

$$N_i = 1{,}9\,h\,d^4\,n^3\,\varrho \qquad (3.4./4)$$

Im Anfangsmoment beträgt die Leistung an der Rührerwelle

$$N_{ges} = N + N_i$$

Zu Beginn überschreitet der Bewegungswiderstand der Schaufelrührer wesentlich die Arbeitsleistung. Deshalb ist es zweckmäßig, bei Schaufelrührern einen Elektromotor zu installieren, der ein größeres Anfangsmoment hat. In diesem Falle wählt

man einen Elektromotor aus, dessen Leistung die berechnete etwa um 50% übersteigt. Für Propeller- und Turbinenrührer soll die Leistung des Elektromotors um 10···15% höher als die berechnete Arbeitsleistung liegen.
Die Kurven, die im Bild (3.4./6) dargestellt sind, liefern nur dann hinreichend genaue Ergebnisse, wenn die Berechnung für Rührer erfolgt, die geometrisch den Rührern ähnlich sind, die im Bild (3.4./7) dargestellt sind. Wenn eine Abweichung von der geometrischen Ähnlichkeit vorhanden ist, müssen Korrekturfaktoren eingeführt werden.
Korrekturfaktoren müssen auch eingeführt werden bei sehr rauhen Gefäßwänden, beim Einbau von Schikanen, Temperierschlangen usw.

3.4.1.2. Strömungsmischen

Mechanische Mischer arbeiten in der Regel periodisch, Strömungsmischer dagegen kontinuierlich. In diesen Mischern wird eine innige Berührung von zwei oder mehr Flüssigkeitsströmen erzeugt. Dazu verwendet man Mischer, die mit Einbauten oder Ejektoren ausgerüstet sind.
In Bild (3.4./9) ist ein Strömungsmischer dargestellt, wie er in der Spirituosenindustrie zum Mischen von Sirup und Wasser verwendet wird. Bild (3.4./10) zeigt einen Ejektormischer zum Mischen von Wasser und Hefesuspensionen.

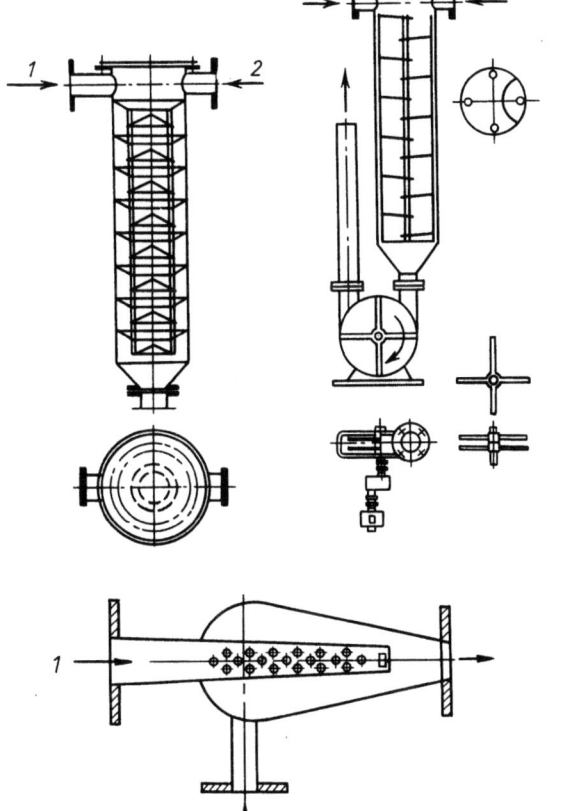

Bild (3.4./9). Strömungsmischer
(1) Sirup (2) Wasser

Bild (3.4./10). Ejektormischer
(1) Eintritt der zweiten Flüssigkeit
(2) Eintritt der ersten Flüssigkeit

3.4.1.3. Pneumatisches Mischen

Pneumatische Mischer verwendet man für Flüssigkeiten, deren Viskosität nicht sehr hoch ist (etwa bis 200 Pa·s) sowie für Getreide bei der Befeuchtung im Wasser (bei der Malzherstellung). In speziellen Fällen erfolgt das Mischen mittels Dampfs, wobei die zu mischende Flüssigkeit gleichzeitig erwärmt wird. Beim pneumatischen Mischen tritt das Gas oder der Dampf durch die Öffnungen einer Trommel in die Flüssigkeit. Dabei zerfällt der Gas- bzw. Dampfstrom in Blasen, die in der Flüssigkeit aufsteigen (Bild 3.4./11). In diesem Falle erfolgt das Mischen dadurch, daß die aufsteigenden Blasen einen Teil der Flüssigkeit mitreißen und eine Gegenströmung in den nicht durchblasenen Flüssigkeitsschichten auftritt.

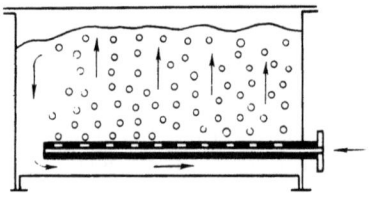

Bild (3.4./11). Pneumatische Mischer

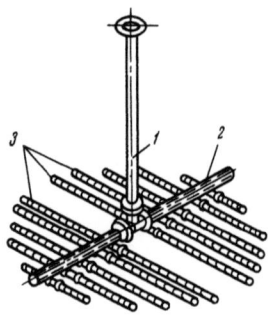

Bild (3.4./12). Barboter für Luft
(1) vertikale Luftleitung (2) horizontale Luftleitung (3) Luftverteilungsrohre

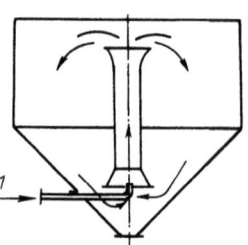

Bild (3.4./13) Schema eines Mischapparates unter Verwendung eines Aerlifters
(1) Gas

Barbotere (Pneumo-Rührer), die zum Mischen verwendet werden, sind äußerst vielgestaltig. Wenn es beim Mischen gleichzeitig erforderlich ist, eine enge Berührung zwischen Gas und Flüssigkeit herbeizuführen, dann gestaltet man den Barboter mit verzweigter Gasverteilung (Bild 3.4./12) und kleinen Löchern. Ausführlicher wird der Mechanismus der Barbotere im Abschn. 3.8. betrachtet. Zur Mischung von Schüttgütern (Getreide) auf pneumatischem Wege verwendet man das Wirkungsprinzip der Gasstrahlpumpen (Bild 3.4./13). Luft gelangt vom Kompressor in das Zentralrohr. Dabei bildet sich im Rohr ein Gemisch aus Gas, Flüssigkeit und Getreide, dessen Dichte geringer ist als das Gemisch, das sich im übrigen Raum des Gefäßes befindet. Auf Grund der Dichtedifferenz zwischen dem Gemisch im Zentralrohr und im übrigen Gefäß entsteht eine zirkulierende Bewegung der gesamten Masse.
Der Luftbedarf beim pneumatischen Mischen schwankt in Abhängigkeit von der Mischungsintensität von $0{,}4\cdots 1$ m³/min je m² freier Flüssigkeitsoberfläche.

Das Mischen leichtflüchtiger Flüssigkeiten auf pneumatischem Wege ist nicht zu empfehlen, weil sie hierbei mit dem Mischgas mitgerissen werden.
Der Energieverbrauch beim pneumatischen Mischen hängt von der Menge und dem Druck des Gases ab. Der Druck, der durch den Luftverdichter zu erzeugen ist, setzt sich aus zwei Größen zusammen:

1. Druck p, der zur Überwindung des Druckes der Flüssigkeitssäule im Gefäß dient, und
2. Druckverlust Δp, der beim Durchgang des Gases durch das Rohrleitungssystem verlorengeht.

Die Größe Δp bestimmt man nach den Formeln der Hydraulik. Infolge des verhältnismäßig geringen Druckes, der vom Verdichter zu erzeugen ist, kann die Leistung durch die folgende Gleichung bestimmt werden:

$$N = \frac{V(p + \Delta p)}{10,2\, \mu} \tag{3.4./5}$$

V Luftverbrauch in m³/s
$p + \Delta p$ Druck in Pa
μ Wirkungsgrad des Verdichters

3.4.1.4. Bewertung der Effektivität des Mischens

Die Effektivität des Mischens, das für die Erzeugung eines homogenen Systems angewandt wird, bestimmt man durch den Grad der Homogenität im ungemischten Volumen nach einer gewissen Mischzeit. Beim Mischen eines Schüttgutes mit einer Flüssigkeit, die das Schüttgut nicht löst, ist die entstehende Mischung um so besser, je eher eine gleichmäßige Konzentration der festen Phase im gesamten Volumen der zu vermischenden Flüssigkeit erreicht ist. Im Bild (3.4./14) sind das Schema eines Rührers und gekennzeichnete Punkte dargestellt, wo gleichzeitig Proben entnommen werden. Die mittlere Konzentration der festen Phase bei idealer Verteilung im gesamten Volumen wird durch C_0 gekennzeichnet. Praktisch wird die Konzentration in verschiedenen Punkten betragen

$$C_1, C_2, C_3, C_4, \ldots, C_m.$$

In Übereinstimmung mit den einzelnen Punkten beträgt die Abweichung von der mittleren Konzentration

$$(C_1 - C_0), (C_2 - C_0), (C_3 - C_0), (C_4 - C_0), \ldots, (C_m - C_0)$$

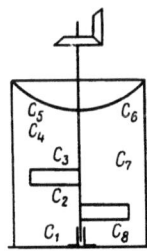

Bild (3.4./14). Schema zur Bestimmung des Mischeffektes

Wenn die absoluten Größen dieser Abweichungen addiert und durch m dividiert werden, dann erhält man die mittlere Abweichung C_m, die man in Prozent, bezogen auf C_0, ausdrückt.

Die Größe

$$\beta = \frac{\Delta C}{C_0} \cdot 100 \qquad (3.4./6)$$

charakterisiert die Homogenität der Verteilung der festen Phase beim Vermischen. Je kleiner β ist, um so effektiver ist der Mischprozeß. Beim idealen Mischen beträgt $\beta = 0$.

Die Effektivität des Mischens mittels Blattrührers hängt von der Drehzahl ab, und für einen gegebenen Mischertyp und eine bestimmte Flüssigkeit erhöht sie sich mit der Erhöhung der Drehzahl bis zu einem bestimmten Wert. Bei weiterer Erhöhung der Drehzahl verändert sich die Effektivität wenig.

Bei der Wärmeübertragung wird die Effektivität des Mischens durch den Koeffizienten der Wärmeabgabe von den Wänden zur Flüssigkeit oder durch die Gleichmäßigkeit der Temperatur in Flüssigkeitsvolumen gekennzeichnet. Beim Stofftransport bewertet man die Effektivität des Mischens durch die Größe des Koeffizienten des Stofftransportes. So intensiviert man zum Beispiel die Lösung von Kristallen in Flüssigkeiten durch Mischen. Hierbei bewertet man die Effektivität des Mischens durch die Stoffmenge, die in einer bestimmten Zeit gelöst wird.

3.4.2. Mischen von Schüttgütern

Apparate, die man für das Mischen von Schüttgütern anwendet, sind sehr verschiedenartig. Die Klassifizierung ihrer Haupttypen ist in Bild (3.4./15) dargestellt.

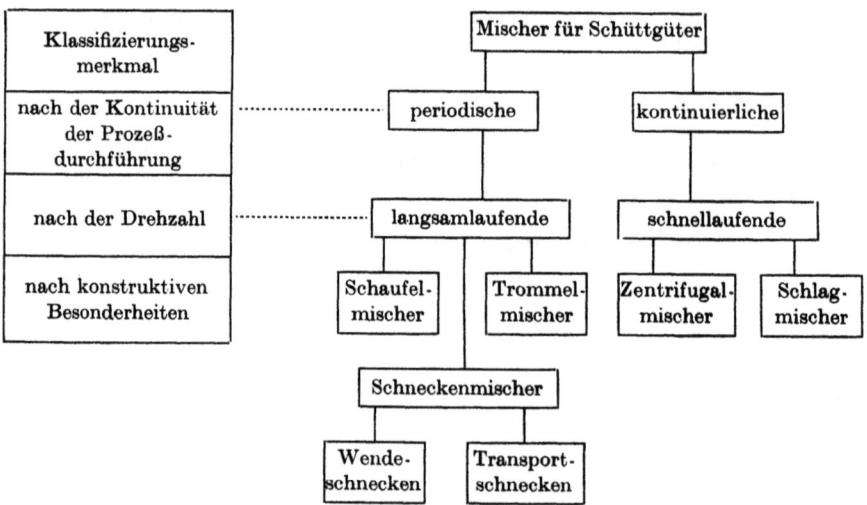

Bild (3.4./15). Klassifizierungsschema für Schüttgutmischer

Wie aus dem Schema zu ersehen ist, können die Mischer in langsam- und schnelllaufende unterteilt werden. Zur ersten Gruppe gehören Mischer, für die das dimensionslose Kriterium von *Froude* gilt,

$$Fr = \frac{\omega^2}{Rg} < 30 \qquad (3.4./7)$$

- ω Umfangsgeschwindigkeit
- R Drehradius
- g Erdbeschleunigung

Für Trommelmischer bezieht man sich für ω und R auf die Innenoberfläche der Trommel, bei Schneckenmischern ist R der Radius der Schnecke und ω die diesem Radius entsprechende Umfangsgeschwindigkeit.

Auf Bild (3.4./16) sind die Hauptmischertypen schematisch dargestellt. Am progressivsten sind Mischer mit kontinuierlicher Arbeitsweise, in denen das Material gleichzeitig einem Misch- und Transportprozeß unterworfen wird. Schaufelmischer (1) haben zwei Z-förmige Mischschaufeln a und b, die sich in gegenläufiger Richtung drehen. Das Material, das in den Mischer gelangt, wird hierbei einer kräftigen Schaufeleinwirkung unterworfen. Schneckenmischer (2) ermöglichen gleichzeitiges Mischen und Transportieren des Materials.

In der Lebensmittelproduktion fanden Schneckenmischer mit beweglicher Achse breite Anwendung. Diese Mischer (Wender) werden bei der Malzproduktion eingesetzt. Sie haben eine Anzahl vertikaler Schnecken, die an einem beweglichen Rahmen befestigt sind. Den Rahmen mit den rotierenden Schnecken bewegt man in der zu mischenden Masse.

In Trommelmischern (4) erfolgt das Mischen durch Rotation der Trommeln, die mit Schaufeleinbauten versehen sind. Dadurch erfolgt ein Umschütten des Materials.

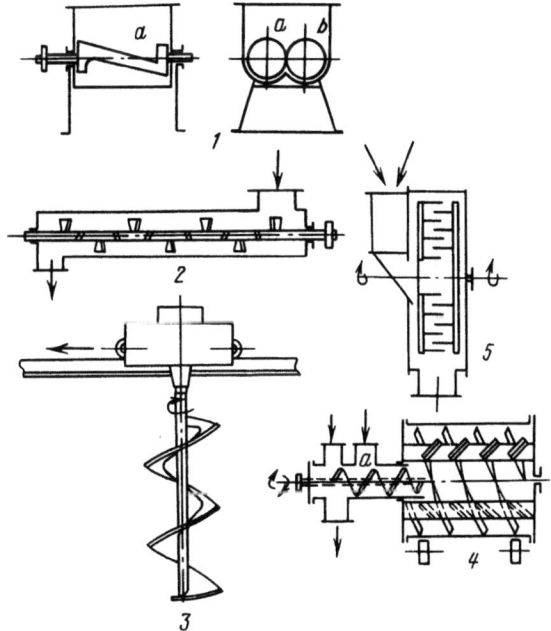

Bild (3.4./16). Haupttypen von Mischern für Schüttgüter (1) Schaufelmischer (2) Schneckenmischer (3) Schneckenmischer mit beweglicher Achse (4) Trommelmischer (5) Schlagmischer

Das Material gelangt in die Trommel durch die Schnecke a, die auch zum Entleeren der Trommel dient.

In Schlagmischern des Typs (5) erfolgt eine intensive Vermischung durch Stifte, die auf Scheiben sitzen und gegenläufig rotieren.

3.4.3. Mischen von plastischen Massen

In vielen Zweigen der Lebensmittelindustrie (Backwarenindustrie, Süßwarenindustrie, Teigwarenindustrie) werden in Mischern plastische Massen bearbeitet. Diese Maschinen dienen nicht nur zur Herstellung einer homogenen Mischung aus einer Reihe von Komponenten (Wasser, Mehl, Hefe, Zucker, Salz, Fett u. a.), sondern auch zum Durchkneten der Masse, zur Luftanreicherung und zur Erzeugung bestimmter strukturmechanischer Eigenschaften. Maschinen, die für die Bearbeitung plastischer Massen dienen, können in zwei Hauptgruppen unterteilt werden: periodisch arbeitende und kontinuierlich arbeitende.

Schaufelmischer der ersten Hauptgruppe bestehen aus einem Gefäß (feststehend oder um eine vertikale Achse drehbar) und einem Mischorgan. Einige Mischer haben Mischorgane mit horizontal angeordneter Achse, andere mit vertikaler Achse. Es gibt ferner Mischer, deren Mischorgan komplizierte räumliche Bewegungen ausführt.

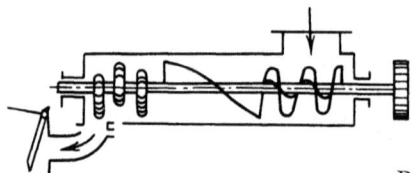

Bild (3.4./17). Schaufelschnecke

Mischer der zweiten Hauptgruppe haben einfache oder paarweise angeordnete Schaufelschnecken (Bild 3.4./17). Diese Mischer transportieren gleichzeitig die Masse durch den Behälter. Die Auswahl des Maschinentyps richtet sich nach dem Charakter des zu bearbeitenden Materials. Plastische Massen (Roggenteige) können in Mischern mit rotierendem Mischorgan gemischt werden. Für elasto-plastische Massen (z. B. Weizenteig) werden häufig Mischer mit komplizierter Trajektorenbewegung angewendet. In bestimmten Fällen verwendet man für solche Teige Kneter mit zwei Mischorganen, die sich um eine horizontale Achse gegenläufig mit unterschiedlicher Geschwindigkeit drehen.

Zu empfehlende Literatur

Perri, J.: Handbuch des Chemieingenieurs. Moskau: Chimija, Teil 1 und 2, 1969

Romankow, P. G.; Kurotschkina, M. J.: Hydromechanische Prozesse der chemischen Technologie. Moskau: Chimija, 1974

Schterbatschek, S.; Tausk, P.: Mischen in der chemischen Industrie. Übersetzung aus dem Tschechischen L. Goschimisdat, 1963

3.5. Trennen inhomogener Systeme

In der Natur und in einer Reihe technologischer Prozesse wird man mit inhomogenen (dispersen) Systemen konfrontiert. Die einen entstehen auf natürlichem Wege, z. B. Staub und Nebel, andere durch diese oder jene Produktionsprozesse, z. B. Rauch beim Verbrennen von Kohle.

3.5.1. Prozesse, bei denen sich disperse Systeme bilden

3.5.1.1. Mechanische Prozesse

Bei der Zerkleinerung von Raffinadezucker in Raffinerien, der Vermahlung von Getreide in Mühlen oder bei der Rohstoffaufbereitung in Brennereien oder Brauereien bildet sich zum Beispiel Zucker- oder Mehlstaub. Staub entsteht auch beim Sieben von Getreide, Mehl, Kristallzucker und bei vielen anderen Produkten. Beim Mischen von Schüttgütern mit Flüssigkeiten bilden sich Gemische, die als Suspensionen bezeichnet werden. Solche Mischungen sind zum Beispiel Stärkemilch, die man in Stärkefabriken erhält und aus Wasser und Stärkekörnern besteht, Maischen in Brauereien, d. h. einem Gemisch aus Wasser und Getreideschrot.
Beim Waschen von Wurzelgemüse (Rüben, Kartoffeln, Möhren usw.) bildet sich eine schmutzige Suspension, ein Gemisch von Wasser mit Tonteilchen, Sand und anderen Bodenbestandteilen.
In Milchverarbeitungsbetrieben entsteht beim Zerstäuben von Milch ein disperses Gemisch aus Luft und Milchtröpfchen, aus denen bei der weiteren Trocknung das Wasser abgetrennt wird.
Allgemein sind Trocknungsprozesse von Schüttgütern in den meisten Fällen mit der Staubbildung begleitet, da für die Intensivierung solcher Prozesse ein ständiges Mischen des zu trocknenden Materials erforderlich ist. So bildet sich zum Beispiel ein disperses Gassystem beim Trocknen von extrahierten Rübenschnitzeln, Kristallzucker, Malz usw.
Beim Abpressen von Obst in den Verarbeitungsbetrieben entsteht Fruchtsaft, der Trubstoffteilchen unterschiedlicher Größe und Form enthält.

3.5.1.2. Wärmeprozesse

Für natürliche Bedingungen soll als Beispiel der Bildung disperser Systeme Nebel dienen, der bei der Kondensation von Wasserdampf durch kalte Luft entsteht. Er stellt schwebende Wassertröpfchen in Luft dar. Beim intensiven Verdampfen verschiedener Lösungen steigt der Dampf des Lösungsmittels mit großer Geschwindigkeit auf und reißt kleine Flüssigkeitsteilchen mit, wodurch sich ein System bildet, das dem Nebel analog ist. Solche Prozesse finden in Verdampfungsapparaten, die dem Verdampfen von Zuckerlösungen, Treber und Milch dienen, und auch in Destillationsapparaten von Brennereien statt.

3.5.1.3. Chemische Prozesse

In Zuckerfabriken verwendet man zur Reinigung des Diffusionssaftes Kalkmilch und anschließend Kohlendioxidgas. Hierbei entsteht eine Suspension, der Saturationssaft, der aus Zuckerlösung und Feststoffteilchen des Kalziumcarbonats $CaCO_3$ besteht, das sich bei der chemischen Wechselwirkung von CaO und CO_2 bildet.

3.5.1.4. Diffusionsprozesse

Zur Herstellung von Kristallzucker in Zuckerfabriken oder kristalliner Glukose bei der Stärkesirupherstellung unterwirft man konzentrierte Zucker- oder Glukoselösungen einer weiteren Verdampfung bis zur Übersättigung. Hierbei erfolgt eine Kristallisation, wodurch sich ein Gemisch aus Saccharose- bzw. Glukosekristallen mit zwischenkristalliner trüber Lösung, der Melasse, bildet.

3.5.1.5. Biologische Prozesse

Zu den dispersen Systemen, die durch biologische Prozesse gebildet werden, gehört zum Beispiel solch ein weitverbreitetes Produkt wie Milch. Es stellt eine Emulsion dar, die aus Wasser und $3\cdots 4\%$ Fettkügelchen mit einem Durchmesser von $1\cdots 10$ μm besteht. Die durch Hefevermehrung entstehende Suspension enthält Hefezellen mit einer mittleren Abmessung von etwa 7 μm. Das Gemisch von Hefe mit Bierwürze stellt ebenfalls ein disperses System dar. Die Mehrzahl der dispersen Systeme entsteht nicht durch irgendeinen bestimmten Prozeß, sondern im Verlaufe mehrerer Prozesse oder technologischer Operationen.

3.5.2. Klassifizierung der dispersen Systeme

Über einige Grundeigenschaften disperser Systeme gibt ihre Klassifikation nach dem Aggregatzustand und der Teilchengröße eine Vorstellung. Deshalb sollen vor der Betrachtung der Klassifikation die Untersuchungsmethoden der Klassifikation des dispersen Systems nach zwei Grundmerkmalen beleuchtet werden.
Jedes disperse System besteht aus mindestens zwei Phasen, dem Dispersionsmittel (äußere, kontinuierliche Phase) und den dispersen Teilchen (innere, feinverteilte Phase). Zwischen diesen Phasen existiert eine Grenzfläche, wodurch sich disperse Systeme, wie Mischungen, von Lösungen unterscheiden, die keine Grenzflächen zwischen den Komponenten haben. Mischungen, deren Dispersionsmittel eine Flüssigkeit darstellt, bezeichnet man als flüssige disperse Systeme, und Mischungen mit gasförmigem Dispersionsmittel bezeichnet man als gasförmiges disperses System. Beide Klassen der dispersen Systeme unterteilt man nach dem Aggregatzustand der dispersen Phase. Flüssige disperse Systeme, deren disperse Phasen Festkörperteilchen sind, Flüssigkeiten oder Gase darstellen, bezeichnet man entsprechend als Suspensionen, Emulsionen oder Schäume. Gasförmige disperse Systeme mit fester disperser Phase bezeichnet man als Stäube oder Rauch und solche mit flüssiger disperser Phase als Nebel. Nachstehend ist in Bild (3.5./1) die Klassifikation der dispersen Systeme nach dem Aggregatzustand angeführt.
Eine vollständige Klassifizierung aller dispersen Systeme nach dem Teilchendurchmesser gibt es nicht, man klassifiziert nur Suspensionen. Grobe Suspensionen bestehen aus Teilchen, deren Größe mehr als 100 μm beträgt; feine Suspensionen enthalten Teilchen mit Abmessungen von 0,5 bis 100 μm, Trubstoffe von $0,5\cdots 0,1$ μm; kolloide Lösungen schließlich enthalten Teilchen, deren Abmessungen kleiner als 100 nm sind.
Es sollte hierbei beachtet werden, daß jegliche Klassifizierung nach den Teilchenabmessungen sehr bedingt ist. Das erklärt sich dadurch, daß in einem dispersen System die disperse Phase aus Teilchen unterschiedlicher Abmessungen und verschiedener Form besteht. Deshalb kann man nur von irgendeinem zu bestimmenden, bedingt akzeptablen Durchmesser sprechen. So verwendet man zum Beispiel beim Zentrifugalprozeß als einen solchen zu bestimmenden Teilchendurchmesser den

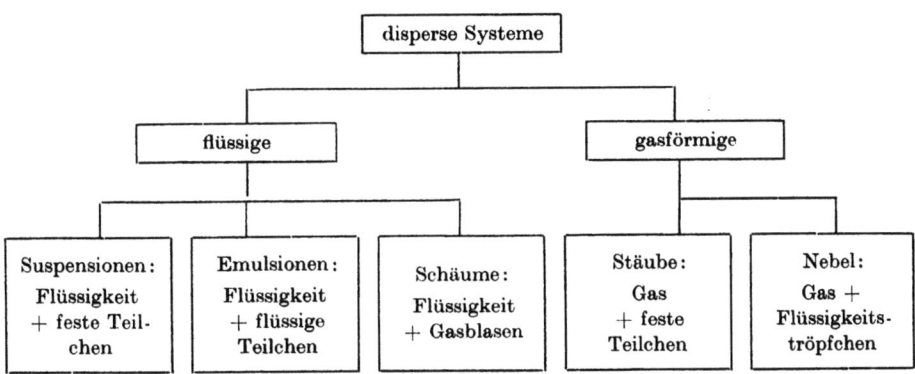

Bild (3.5./1): Klassifizierung disperser Systeme nach dem Aggregatzustand der Phasen

effektiven Durchmesser. Da die Teilchen verschiedene Form haben können, so ist selbst der Begriff „Durchmesser" nur bedingt.
Als volumenäquivalenten Durchmesser eines Teilchens gegebener Form d_V versteht man den Durchmesser einer Kugel, deren Volumen gleich dem Teilchenvolumen V_T ist und die aus dem gleichen Material besteht.

$$d_V = \sqrt[3]{\frac{6V_T}{\pi}} = 1{,}24 \sqrt[3]{V_T} \qquad (3.5./1)$$

3.5.3. Methoden zur Trennung disperser Systeme

In der Praxis ist es häufig erforderlich, disperse Systeme in ihre Bestandteile zu zerlegen. So trennt man bei der Zuckerherstellung die Suspension, die sich im Saturationsapparat bildet, um den Saft frei von Feststoffbestandteilen zu erhalten; Zuckerfüllmasse unterwirft man einer Trennung, um den Kristallzucker zu erhalten; Biermaische trennt man zur Gewinnung der Würze von den Trebern. Rahm trennt man von der Milch zur Erhöhung der Fettkonzentration, um nachfolgend daraus Butter herzustellen; aus der Luft oder aus Gasen trennt man nach dem Trocknungsprozeß Feststoffteilchen als Staub ab, um entweder diese Gase zu reinigen (z. B. Rauchgase) oder wertvolle Inhaltsstoffe zu gewinnen (Zucker-, Mehlstaub u. a.).
Die Trennmethode wird unter Berücksichtigung des Charakters der Inhaltsstoffe des Systems und des Aggregatzustandes der Phase (flüssig, fest, gasförmig) ausgewählt. Bei der Auswahl der Trennmethode müssen ferner die physikalischen und chemischen Eigenschaften des kontinuierlichen Mediums (Flüssigkeit oder Gas) berücksichtigt werden. Häufig können für die Trennung eines dispersen Systems mehrere Methoden angewendet werden. So kann man zum Beispiel Gas von Staub durch Filtration (Textilgewebe) oder in Zyklonapparaten reinigen. Hierbei gibt es eine Reihe von Faktoren zu berücksichtigen: minimale Teilchengröße, die abgetrennt werden soll; Temperatur, bei der die Reinigung stattfinden soll; Energieverbrauch bei den verschiedenen Trennverfahren, Anlagenkosten, Betriebskosten und andere.

In Abhängigkeit von der Relativbewegung der einen Phase zur anderen unterscheidet man zwei Hauptmethoden zur Trennung; das *Absetzen* und das *Filtrieren*.
Beim Absetzprozeß bewegen sich die Teilchen relativ zur kontinuierlichen Phase.
Bei der Filtration tritt das Dispersionsmittel durch eine konzentrierte disperse Phase oder durch einen speziellen für die Trennung vorgesehenen porösen Körper.
Trennmethoden, die unter Verwendung von porösen Trennflächen arbeiten, Flüssigkeiten oder Gas durchzulassen, Teilchen der festen Phase aber zurückzuhalten, bezeichnet man als *Filtration*.
Eine relative Verschiebung der Phasen kann durch Einwirkung irgendeines Kraftfeldes bewirkt werden. Zur Trennung eines dispersen Systems verwendet man in der Praxis Gravitations-, Zentrifugal- und elektrische Felder, aber auch Felder der Grenzflächendruckkräfte in Flüssigkeiten und Gasen.
Absetzprozesse werden in mechanischen Kraftfeldern (Gravitations- oder Zentrifugalfelder) sowie in elektrischen Feldern verwirklicht. Unter den Bedingungen des mechanischen Kraftfeldes ist die Dichtedifferenz zwischen den Teilchen ϱ_T und dem fluiden Medium ϱ_{Fl} die Voraussetzung für die Abtrennung. Die Differenz der Dichten bezeichnet man als *effektive Dichte*.

$$\varrho_{eff} = \varrho_T - \varrho_{El} \qquad (3.5./2)$$

Nur in diesem Falle wirkt das Kraftfeld auf Teilchen beider Phasen gleicher Abmessungen mit unterschiedlicher Intensität, wodurch die Verschiebung einer Phase relativ zur anderen möglich wird. Für das Absetzen im elektrischen Feld ist die Dichtedifferenz der Phasen nicht Bedingung, obwohl sie praktisch immer Bedeutung hat (weil mit diesen Methoden hauptsächlich Gase gereinigt werden).
Das Filtrieren kann bei Einwirkung aller aufgezählten Kräfte auf das System verwirklicht werden. In der Praxis verwendet man für diesen Zweck die Schwerkraft, die Zentrifugalkraft und die Druckkraft. In diesem Falle ist im Gegensatz zum Absetzprozeß für den Abtrennvorgang nicht unbedingt eine Dichtedifferenz der Phase erforderlich.

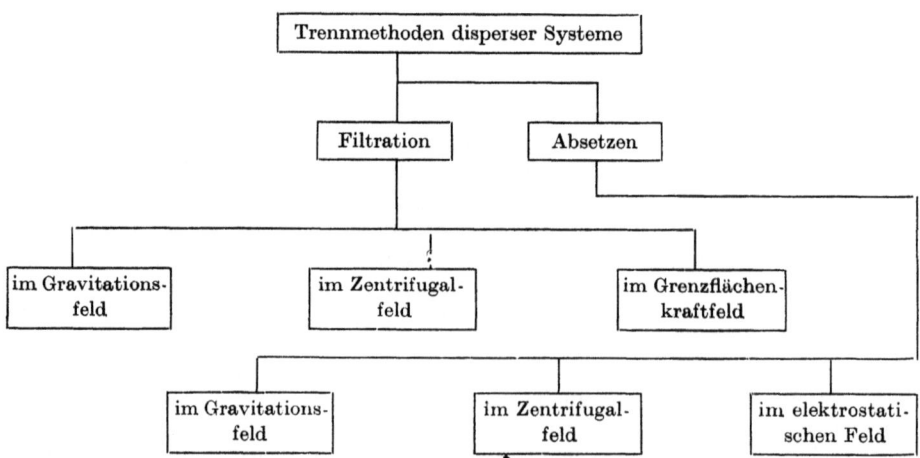

Bild (3.5./2). Klassifizierung der Trennmethoden für disperse Systeme

Die Klassifizierung der Trennmethoden ist in Bild (3.5./2) dargestellt.
Das Absetzen von Emulsionen und Suspensionen und die Filtrierung von Suspensionen werden häufig mit Hilfe einer Zentrifuge verwirklicht. Diesen Vorgang bezeichnet man deshalb als Zentrifugieren.

3.5.4. Abscheidegrad

Der Trennprozeß dient der Verringerung der Konzentration einer der Komponenten eines dispersen Systems, ihrem Herausziehen bis zu einem Minimum oder bis Null in Abhängigkeit von den technologischen Forderungen des gegebenen Produktionsprozesses oder umgekehrt zur Erhöhung der Konzentration des anderen Produktes. Zum Beispiel strebt man bei der Reinigung des Transport- und Waschwassers in Zuckerfabriken und Brennereien, bei Saturationssäften in Zuckerfabriken, bei der Bierwürze in Brauereien eine Verringerung oder vollständige Entfernung der dispersen Bestandteile an, und in der Milchindustrie und in der Hefefabrik besteht das Ziel des Trennprozesses in der Konzentrationserhöhung im Vergleich zur Ausgangszusammensetzung des Produktes, das zu verarbeiten ist.
Qualitativ kann der Trennprozeß durch quantitative Faktoren, d. h. durch den *Abscheidegrad*, charakterisiert werden. Unter dem Abscheidegrad versteht man das Verhältnis der Menge der gegebenen Komponente, die aus der dispersen Phase abgetrennt wurde, zur Menge, die anfangs im Gemisch enthalten war. Der Abscheidegrad vermittelt eine Vorstellung darüber, welcher Teil aus der in den Apparat eintretenden Komponente, die in der dispersen Phase enthalten ist, in diesem Apparat abgeschieden wird. Folglich charakterisiert der Abscheidegrad das Maß der technischen Vollkommenheit des entsprechenden Apparates.
In verschiedenen Industriezweigen wird der allgemeine Begriff Abscheidegrad durch verschiedene Termini gekennzeichnet. So bezeichnet man ihn bei der Reinigung von Schmutzwasser in Zuckerfabriken als Reinigungseffekt; zur Charakterisierung der Arbeit eines Zyklons bezeichnet man ihn als Wirkungsgrad des Zyklons, in der Milchindustrie als Grad der Milchentrahmung usw.
Der Abscheidegrad wird berechnet mit

$$\mu_T = \frac{K_{Tab}}{K_{TG}} \qquad (3.5./3)$$

K_{TG} Gesamtteilchenmenge der dispersen Phase im inhomogenen System
K_{Tab} abgetrennte Teilchenmenge

Abtrennprozesse für disperse Systeme haben große Bedeutung für den Umweltschutz, d. h. zur Verhütung der Verschmutzung der Biosphäre.

Zu empfehlende Literatur

Kassatkin, A. G.: Grundprozesse und Apparate der chemischen Industrie. Moskau: Chimija, 9. Aufl. (russ.), 1973

Romankow, P. G.; Kurotschkina, M. J.: Hydromechanische Prozesse der chemischen Technologie. Leningrad: Chimija 1974

Autorenkollektiv (Redaktion: *E. Heidenreich):* Verarbeitungstechnik. Leipzig: VEB Deutscher Verlag für Grundstoffindustrie 1973

Autorenkollektiv: Maschinen und Apparate in der chemischen Industrie. Leipzig: VEB Deutscher Verlag für Grundstoffindustrie 1966

Kantorowitsch: Chemiemaschinen. Berlin: VEB Verlag Technik 1970

Kassatkin, A. G.: Chemische Verfahrenstechnik, Bd. 1. Berlin: VEB Verlag Technik 1958

Uhl, Gray: Mixing. Academic Press, New York/London, 1967

Vauck/Müller: Grundoperationen chemischer Verfahrenstechnik, 4. Aufl. Dresden: Verlag Theodor Steinkopff 1974

Liepe, Schlaf, Kantorowitsch: Chemiemaschinen, Rührmaschinen und Rührwerk. Berlin: VEB Verlag Technik 1970

Loncin, M.: Die Grundlagen der Verfahrenstechnik in der Lebensmittelforschung. Aarau/Frankfurt a. M: Verlag Sauerländer 1969

3.6. Absetzen (unter dem Einfluß von Kraftfeldern)

3.6.1. Absetzen im Gravitationsfeld (Sedimentieren)

3.6.1.1. Ableitung der Grundgleichungen

Das Sedimentieren ist ein in der Lebensmittelindustrie zur Trennung von Suspensionen, Emulsionen, Nebeln und Stäuben häufig verwendeter Prozeß. Die Absetzgeschwindigkeit ist jedoch im Gravitationsfeld gering, deshalb ist der Prozeß wenig effektiv und gewährleistet die Abtrennung von Teilchen hoher Dispersität nicht. In Bild (3.6./1) sind schematisch die Kräfte dargestellt, die auf ein kugelförmiges fallendes Teilchen einwirken.

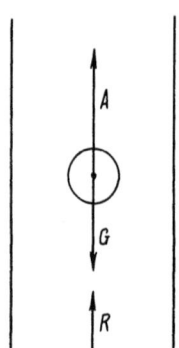

Bild (3.6./1). System der Kräfte, die auf ein sich absetzendes Teilchen wirken

Für Teilchen mit dem Durchmesser d und einer Dichte ϱ_T ist die vertikal nach unten gerichtete Schwerkraft:

$$F_G = \frac{\pi d^3}{6} \varrho_T g \qquad (3.6./1)$$

g Erdbeschleunigung

Gemäß dem Gesetz von *Archimedes* ist die Auftriebskraft

$$F_A = \frac{\pi d^3}{6} \varrho_M g \qquad (3.6./2)$$

und die Kraft, die das Teilchen zum Fallen zwingt

$$F_G - F_A = \frac{\pi d^3}{6} (\varrho_T - \varrho_M) g. \qquad (3.6./3)$$

Das Medium, in dem das Teilchen fällt, bringt den Widerstand R auf, der von der Viskosität η, der Dichte ϱ_M, der Teilchenquerschnittsfläche A normal zur Fallrichtung und der Teilchenform abhängt.
Die Größe der Widerstandskraft berechnet sich nach dem *Newton*schen Gesetz aus der Gleichung

$$F = \frac{\xi A \varrho_M w_{OT}}{2} \qquad (3.6./4)$$

ξ Widerstandskoeffizient des Mediums, der von der Teilchenbewegung abhängt
w_{OT} Geschwindigkeit der Teilchenbewegung

Bei visueller Beobachtung der Bewegung von Körpern in Flüssigkeiten bzw. dem Fotografieren dieses Prozesses wird das Folgende festgestellt. Bei geringen Relativgeschwindigkeiten zwischen Körper und den angrenzenden Flüssigkeitsschichten teilt sich die Flüssigkeit, die gleichmäßig auf den Körper trifft, vor ihm (an der Stirnseite) und fließt hinter ihm (an der Rückseite) wieder zusammen (Bild 3.6./2, 1). Die Flüssigkeitsschichten vermischen sich dabei nicht. Es ergibt sich ein Bild, das analog der laminaren Strömung in gleichmäßig gekrümmten Rohren ist. Da die Flüssigkeitsteilchen, die unmittelbar an der Körperoberfläche vorbeifließen, einen größeren Weg zurückzulegen haben als die weiter entfernten, ist die Fließgeschwindigkeit in der Nähe des Körpers größer als entfernt von ihm. Demzufolge verschieben sich die Flüssigkeitsschichten mit unterschiedlichen Geschwindigkeiten gegeneinander, und es wirken gemäß dem *Newton*schen Gesetz Kräfte der inneren viskosen Reibung.

Bild (3.6./2). Umströmung eines festen Teilchens durch Flüssigkeit a) laminare Strömung b) Übergangsströmung c) turbulente Strömung

Die Widerstandskraft hängt folglich von der Viskosität η des Mediums ab. Bei einer Erhöhung der Geschwindigkeit des Körpers (oder des Mediums relativ zu ihm) wird die Gleichmäßigkeit der Umströmung gestört (Bild 3.6./2, 2), die Stromfäden zerreißen, es bilden sich Wirbel. Auf den Prozeß der Wirbelbildung hat die Geschwindigkeit der Umströmung Einfluß, ebenso die Form des Körpers, und je rauher seine Oberfläche ist, umso intensiver ist die Wirbelbildung. Die hinter dem Körper entstehenden Wirbel breiten sich entlang der Körperoberfläche bis in seinen vorderen Teil aus (Bild 3.6./2, 3).

Die entstehenden Wirbel werden vom Gesamtstrom weggetragen und verlöschen im bestimmten Abstand von dem Körper, gefolgt von neuen Wirbeln usw. Durch das Entstehen von Wirbeln und das Abreißen der Strombahnen hinter dem Körper entsteht dort ein Gebiet mit einem niedrigeren Druck als vor dem Körper. Dieser Druckunterschied stellt den Widerstand gegen die Bewegung des Körpers unter den gegebenen Umständen dar. Die Größe des Widerstands hängt von der Energie ab, die zur Wirbelbildung verbraucht wird, hierbei spielen die Trägheitskräfte, die bei der Wirbelbildung entstehen, eine Rolle. Deshalb heißt der durch diese Trägheitskräfte hervorgerufene Widerstand Trägheitswiderstand oder dynamischer Widerstand. Die Trägheitskräfte werden durch die Masse und die Bewegungsgeschwindigkeit, bezogen auf den betrachteten Körper, bestimmt. Die Masse wird durch die Dichte des Mediums ϱ_M charakterisiert.

Der Gesamtwiderstand setzt sich aus dem Widerstand durch Reibung und dem Widerstand durch Wirbelbildung zusammen. Beide wirken gleichzeitig, aber der Grad ihres Einflusses hängt von den Bedingungen der Umströmung ab. Im allgemeinen Fall, wie ihn die physikalische Erscheinung der Umströmung darstellt, hängt der Widerstand R von einer Reihe von Größen ab, deren wichtigste sind:

Umströmungsgeschwindigkeit w_{OM},
Dichte ϱ_M,
Viskosität η,
die linearen Abmessungen des Körpers und seine Form.

Als charakteristische lineare Abmessung l des Körpers kann man ein beliebiges Maß wählen, das bequem zu messen ist, für eine Kugel z. B. den Durchmesser.

Im Anfang seiner Bahn bewegt sich das absetzende Teilchen beschleunigt, aber dieser Anteil am Gesamtverlauf ist nur gering. Wenn die Kraft $(G - A)$ der Widerstandskraft R gleich wird, dann beginnt sich das Teilchen mit der Geschwindigkeit w_{OM} gleichmäßig zu bewegen. Diese Größe kann aus der Beziehung $(G - A) = R$ gefunden werden, oder:

$$\frac{\pi d^3}{6} g(\varrho_T - \varrho_M) = \xi \frac{\pi d^2}{4} \varrho_M \frac{w_{OM}^2}{2} \qquad (3.6./5)$$

Löst man die Beziehung nach w_{OM} auf, erhält man

$$w_{OM} = \frac{4gd(\varrho_T - \varrho_M)}{3\varrho_M} \qquad (3.6./6)$$

In dieser Gleichung hängt der Widerstandskoeffizient des Mediums vom Charakter der Teilchenbewegung ab, wie weiter oben bereits dargestellt worden war.

Das Bewegungsregime der Teilchen wird durch die Re-Zahl bestimmt, die für ein fallendes Teilchen aus folgender Beziehung hervorgeht:

$$Re = \frac{w_{OM} d \varrho_M}{\eta} \qquad (3.6./7)$$

Tabelle (3.6./1). Widerstandskoeffizienten und Reynoldszahlen für fallende Teilchen

Wert von Re	Gleichung zur Bestimmung von ξ	Strömungscharakteristik
$Re \leq 2$	$\xi = 24/Re$	laminar
$500 > Re > 2$	$\xi = 18{,}5/0{,}6\,Re$	Übergang
$Re > 500$	$\xi = 0{,}44$	turbulent

Werte des Koeffizienten ξ in Abhängigkeit von Re befinden sich in Tabelle (3.6./1).
Setzt man in Gleichung (3.6./6) $\xi = 24/Re$ für den laminaren Bereich, erhält man

$$w_{OM} = \frac{d^2 g (\varrho_T - \varrho_M)}{18\eta} \qquad (3.6./8)$$

Diese Gleichung bezeichnet man als das *Stokessche Gesetz*.
Für die turbulente Strömung erhält man folgende Gleichung:

$$w_{OM} = 5.45 \sqrt{d \frac{(\varrho_T - \varrho_M)}{\varrho_M}} \qquad (3.6./9)$$

Die Anwendung des *Stokes*schen Gesetzes zur Bestimmung von w_{OM} ist nur über Näherungsmethoden möglich. Anfangs ist die Strömungscharakteristik zu bestimmen, danach w_{OM}, dann ist zu prüfen, ob die Annahme über die Strömungscharakteristik richtig war.
Die Methode von *P. W. Djastschenko* vermeidet diesen unbequemen Weg. Löst man Gleichung (3.6./6) nach ξ auf, erhält man

$$\xi = \frac{4gd(\varrho_T - \varrho_M)}{3\varrho_M w_{OM}^2}, \qquad (3.6./10)$$

multipliziert man beide Seiten mit

$$Re^2 = \frac{w_{OM}^2 d_T^2 \varrho_M^2}{\eta^2}, \qquad (3.6./11)$$

erhält man nach Umformung

$$Re^2 \xi = 4d^3 \frac{(\varrho_T - \varrho_M)\varrho_M g}{3\eta^2} = \frac{4}{3}\left(\frac{d^3 \varrho_M g}{\eta^2} \cdot \frac{\varrho_T - \varrho_M}{\varrho_M}\right) \qquad (3.6./12)$$

Der rechte Teil der Gleichung (3.6./12) stellt offensichtlich die *Archimedeszahl* dar, deshalb kann man auch schreiben

$$Re^2 \xi = \frac{4}{3} Ar \qquad (3.6./13)$$

Die *Archimedeszahl* enthält die Geschwindigkeit w_{OM} nicht, deshalb kann man nach der Bestimmung ihres Wertes aus dem Ausdruck (3.6./13) ξRe^2 und folglich auch Re berechnen. Kennt man Re, läßt sich w_{OM} ermitteln. Vorher muß man jedoch die Grenzwerte der *Archimedeszahl* für verschiedene Strömungsarten festlegen. So sind z. B. für den laminaren Bereich die Grenzen $Re \leq 2$, $\xi = 24/Re$. Übernimmt man diese Grenzwerte in Gl. (3.6./13), findet man, daß $Re = Ar/18$, und bei einem Grenzwert von $Re = 2$ ist $Ar = 36$, das laminare Gebiet wird folglich durch $Ar \leq 36$ begrenzt.
Analog findet man, daß die Übergangsströmung durch die Werte $36 < Ar < 8{,}3 \cdot 10^4$ begrenzt wird. Die turbulente Strömung liegt folglich bei $Ar > 8{,}3 \cdot 10^4$. Die Berechnung vereinfacht sich, wenn man das Diagramm von *Djastschenko* verwendet, das

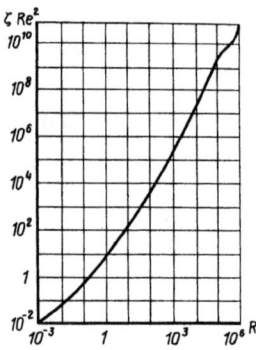

Bild (3.6./3). Diagramm $\xi \cdot Re^2 - Re$ nach *Djastschenko*

in Bild (3.6./3) dargestellt ist. Auf der Ordinate findet man die Zahlenwerte von $\xi \cdot Re^2$, auf der Abszisse die entsprechende Re-Zahl. Nach der Bestimmung von Re findet man

$$w_{OM} = \frac{Re\, r_M}{d_T} \qquad (3.6./14)$$

3.6.1.2. Der Einfluß der Teilchenform und der Konzentration der Suspension

Wie bei der Ableitung der Formel für die Widerstandskraft bereits dargestellt wurde, hat die Form eines Teilchens auf seine Bewegung im flüssigen Medium einen Einfluß. Für Absetzprozesse wird das durch den Formkoeffizienten berücksichtigt. Dabei wurde für die Kugel $\varphi = 1$ festgelegt, für Teilchen anderer Formen muß φ in der Regel kleiner sein. Die folgenden Daten zeigen das:

Teilchenform	Formkoeffizient φ
abgerundet	0,77
eckig	0,66
länglich	0,58
scheibenförmig	0,43

Da es sehr häufig ist, daß die Teilchen nicht kugelförmig sind, berechnet man die theoretische Geschwindigkeit nach einer der oben angegebenen Formeln entsprechend der Strömungsart, das dabei bestimmende Maß des Teilchens ist der äquivalente Durchmesser (s. Gl. 3.5./1), danach wird entsprechend der wirklichen Form des Teilchens die Geschwindigkeit mit dem Formfaktor φ multipliziert.
Bei einer solchen Berechnung erhält man die Absetzgeschwindigkeit eines einzelnen Teilchens bestimmter Form im unbegrenzten Raum zu

$$w'_0 = w\, \varphi \qquad (3.6./15)$$

Bei der Ableitung der dargestellten Formeln wurde ungehindertes Absetzen der Teilchen im unbegrenzten Raum vorausgesetzt.
Das trifft dann zu, wenn die Konzentration eines dispersen Systems sehr klein ist und die Teilchen sich nicht gegenseitig berühren (z. B. in Gasen und verdünnten flüssigen dispersen Gemischen). Wenn Systeme konzentriert sind, dann berühren sich die Teilchen beim Absetzen gegenseitig, wobei die größeren Teilchen die kleineren an-

stoßen. Einen solchen Absetzvorgang nennt man behindert oder kollektiv. Bei Teilchenzusammenstößen geht teilweise Bewegungsenergie verloren, d. h., der Widerstandskoeffizient erhöht sich, die Absetzgeschwindigkeit verringert sich.
Je höher die Konzentration eines Systems, desto größer ist der Einfluß auf die Absetzgeschwindigkeit durch die Behinderung. Deshalb wird die theoretische Geschwindigkeit mit einem Korrekturkoeffizienten multipliziert, der die Volumenkonzentration C_v berücksichtigt. Der Korrekturfaktor kann nach verschiedenen Gleichungen und Diagrammen bestimmt werden, die auf experimentellem Wege gewonnen wurden.
Angeführt sei eine von *Anders* vorgeschlagene Formel:

$$\lambda = \frac{(1 - C_v)^2}{1 + 2{,}5\,C_v + 7{,}35\,C_v^2} \tag{3.6./16}$$

Die Absetzgeschwindigkeit ist die grundlegende Berechnungsgröße bei der Bestimmung der Abmessungen und der Produktivität von Ausrüstungen zur Trennung disperser Systeme mittels Sedimentation.
In den meisten Zweigen der Lebensmittelproduktion wird der Trennprozeß bis zum Abscheiden der Teilchen mit einer Größe unter 100 µm durchgeführt. Dabei ist für Suspensionen (z. B. Saturationssäfte der Zuckerherstellung) und Emulsionen (Milch) das Umströmungsregime gewöhnlich laminar. Man kann deshalb die Absetzgeschwindigkeit unmittelbar nach der Gl. (3.6./8) bestimmen und danach die Annahme über die Strömungsart mit Hilfe der *Re*-Zahl überprüfen.
Nach Bestimmung der theoretischen Geschwindigkeit der Teilchenbewegung wählt man den entsprechenden Formkoeffizienten φ und berechnet den Koeffizienten λ, der die Konzentration der Suspension berücksichtigt. Die rechnerische Absetzgeschwindigkeit ergibt sich dann zu

$$w_O = \lambda\,\varphi\,w_{OM} \tag{3.6./17}$$

3.6.1.3. Periodisch arbeitende Absetzer

In periodisch wirkenden Apparaten bleibt die Gesamtmasse des dispersen Systems praktisch in Ruhe, sowohl der Zulauf als auch der Auslauf der Trennprodukte geschehen periodisch.
Ein Absetzbehälter stellt z. B. ein zylindrisches Gefäß mit konischem Boden dar (Bild 3.6./4). Das zu trennende Gemisch wird eingebracht und dem Absetzvorgang überlassen. Wenn $\varrho_T > \varrho_M$ (z. B. beim Abtrennen von Hefe), dann setzen sich die

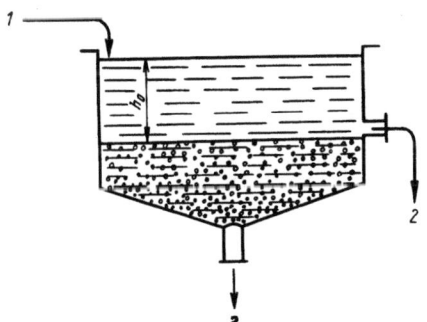

Bild (3.6./4). Periodisch arbeitender Absetzer
(1) Suspension (2) Dekantat (3) Rückstand

Teilchen ganz oder teilweise am unteren Teil des Apparates ab und bilden hier eine konzentrierte Bodenschicht, im oberen Teil bildet sich eine geklärte Schicht der Höhe h_0. Wenn $\varrho_T < \varrho_M$ (z. B. beim Aufrahmen von Milch), bewegen sich die Teilchen der dispersen Phase nach oben, bilden ein konzentriertes Produkt an der Oberfläche der geklärten Flüssigkeit. Im ersten Fall fließt durch ein Überlaufrohr oder einen seitlichen Stutzen das geklärte Produkt (Dekantat) ab, dann wird der Rückstand ausgebracht. Im zweiten Fall wird zuerst das konzentrierte Produkt entfernt, dann die geklärte Flüssigkeit abgelassen. Danach wird der Apparat gereinigt, mit einer neuen Charge gefüllt, und der Prozeß beginnt von vorn.

Die Berechnung eines Absetzers führt zur Bestimmung der Absetzfläche F_0 und des Absetzervolumens. Nach der je Zeiteinheit t_0 zu verarbeitenden Menge und nach den Konzentrationen kann man das Volumen V der geklärten Flüssigkeit berechnen. So ergibt sich der Ausstoß eines Absetzers in m³/s zu

$$V_M = \frac{V}{t_0} = \frac{h_0 F_0}{t_0}. \tag{3.6./18}$$

Weil $\quad \dfrac{h_0}{t_0} = w_{OM}$

ist $\quad V_M = w_{OM} F_0 \tag{3.6./19}$

Aus dieser Formel ist ersichtlich, daß der Ausstoß eines Absetzers gleich dem Produkt aus Absetzgeschwindigkeit und Absetzfläche ist und nicht von der Höhe des Apparates abhängt.

Man berechnet das Volumen der Bodenschicht, ihre Höhe und daraus die Gesamthöhe als Summe der Höhen von Bodenschicht und geklärter Flüssigkeit. Der Ausstoß eines periodischen Absetzers hängt also von der Absetzfläche ab. Ihre Gesamthöhe wird im wesentlichen von der Höhe der Bodenschicht bestimmt, das führt zu großen Aufwendungen hinsichtlich der Ausrüstung.

3.6.1.4. Halbkontinuierlich arbeitende Absetzer

In halbkontinuierliche Absetzer wird das zu trennende Gemisch eine bestimmte Zeit lang kontinuierlich eingebracht, bewegt sich durch den Absetzer, wird getrennt, das geklärte Produkt wird ebenfalls kontinuierlich abgeführt, nur der Rückstand muß periodisch entfernt werden. In den meisten Fällen werden diese Absetzer als Rinnen oder Kanäle mit rechteckigem Querschnitt gebaut (Bild 3.6./5).

So wird z. B. in der Zuckerindustrie zur Reinigung das nach Transport und Waschen der Rüben verschmutzte Wasser in Absetzer weitergeleitet, die bis zu 200 m lang,

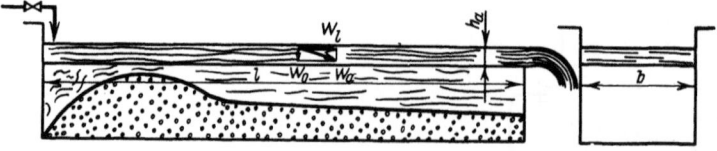

Bild (3.6./5). Schema eines Rinnenabsetzers
w_0 Absetzgeschwindigkeit der Teilchen
w_1 Fließgeschwindigkeit der Flüssigkeit
w_a Geschwindigkeitsvektor der Teilchenbewegung
h_a hydraulische Druckhöhe

50 m breit und 2 m tief sind. Diese Becken sind in den Boden eingelassen, z. T. mit Ziegeln im Zementmörtelbett ausgelegt oder betoniert. Die wäßrige Suspension bewegt sich langsam in diesen Becken, wobei die Feststoffteilchen zu Boden sinken. Den Rückstand (Schlamm) nimmt man nach dem Saisonende aus den Becken.

In der Stärkeindustrie wird aus der Stärkemilch die Stärke in hölzernen Rinnen mit einer Länge von 30 m, einer Breite von etwa 0,5 m und einer Tiefe bis zu 0,4 m abgetrennt: Die Stärkemilch läuft in den Rinnen entlang, und die Stärkekörner sinken dabei zu Boden. Die sich am Boden ansammelnde Stärke wird periodisch entnommen. Nach dem gleichen Prinzip arbeiten Gaskanäle zur Entfernung von Asche aus Rauchgasen. Die Kanäle sind dabei abgedeckt.

Die Geschwindigkeiten, mit denen disperse Systeme in Absetzern bewegt werden, werden nach experimentellen Ergebnissen gewählt. Die Geschwindigkeit darf dabei einen kritischen Wert nicht überschreiten, bei der der Strom Teilchen einer vorgegebenen Größe mit sich fortführt. Diese Geschwindigkeit kann man durch folgende Überlegungen bestimmen. Die Kraft der Reibung eines abgesetzten Teilchens an der Oberfläche der Bodenschicht ist

$$F_R = \frac{d^3 \pi}{6} (\varrho_T - \varrho_M) g f \qquad (3.6./20)$$

f Reibungskoeffizient zwischen Teilchen und Bodenschicht

Diese Kraft muß größer sein als die dem Strom entgegengerichtete Widerstandskraft, die sich aus dem *Newton*schen Gesetz errechnet. Vergleicht man Gl. (3.6./4) und Gl. (3.6./20), findet man die kritische Geschwindigkeit zu

$$w_{kr} = \sqrt{\frac{4}{3} \frac{d}{\xi} f \frac{\varrho_T - \varrho_M}{\varrho_M} g} \qquad (3.6./21)$$

Außerdem muß die Geschwindigkeit so sein, daß die Strömung laminar bleibt. Bei turbulenter Strömung, d. h., wenn im Strom Vermischungen vor sich gehen, wird der Absetzprozeß erschwert, und der Trenneffekt verringert sich.

In den beschriebenen Absetzern vollführen die Teilchen der dispersen Phase eine komplizierte zusammengesetzte Bewegung. Sie bewegen sich mit dem Strom längs des Apparates mit der Geschwindigkeit w_1 und setzen sich gleichzeitig mit der Geschwindigkeit w_0 ab. Die Trajektorie der Teilchen ist offensichtlich der Hodograph des Vektors der absoluten Geschwindigkeit w_a als geometrische Summe der Vektoren w_1 und w_0. Bei der Konstruktion von Absetzern ist unbedingt ein solches Verhältnis zwischen der Höhe der geklärten Schicht h_0 und der Länge l des Apparates einzuhalten, das gewährleistet, daß bei gegebener Absetzgeschwindigkeit w_0 und angenommener Strömungsgeschwindigkeit w_1 die Absetzzeit der Zeit der Bewegung der Flüssigkeit durch den Absetzer gleich ist, d. h.

$$t_0 = h_0/w_0 = l/w_1 \qquad (3.6./22)$$

Vergleicht man beide Formeln, erhält man die Strömungsgeschwindigkeit

$$w_1 = w_0 \, l/h_0 \qquad (3.6./23)$$

Die je Zeiteinheit durch den Absetzerquerschnitt fließende Menge an flüssiger Phase ist dem Produkt aus der Kanalbreite b und der Höhe der geklärten Schicht gleich, d. h.

$$V_M = w_1 \, b \, h_0 \qquad (3.6./24)$$

Setzt man in diese Gleichung den Wert der Strömungsgeschwindigkeit aus der Beziehung Gl. (3.6./23) ein, kommt man zur Gleichung (3.6./19). In dieser bedeutet

$$A_0 = b\,l \qquad (3.6./25)$$

A_0 Absetzfläche.

Bei der Bestimmung der Höhe des Schlammteils von Absetzern muß beachtet werden, daß sich der Rückstand längs des Apparates ungleichmäßig verteilt, d. h. mit ungleichmäßiger Höhe. Am Eingang des Kanals, wo sich die Flüssigkeit meist verwirbelt, ist die Sedimentation schwach, mit sich beruhigendem Strom intensiviert sie sich, es werden die groben Teilchen ausgeschieden, die kleineren im weiteren Verlauf des Kanals. Das bedeutet, daß die Teilchen um so später im Verlauf des Prozesses abgeschieden werden, je kleiner sie sind. Da das Volumen der groben Teilchen in der Suspension größer ist als das der kleineren, ist die Oberflächenlinie des Rückstands so beschaffen, wie sie in Bild (3.6./5) dargestellt ist. Man kann sie konstruieren, wenn man die Verteilung der Größenfraktionen der dispersen Phase eines Systems, für das ein Absetzer zu berechnen ist, aus einer sedimentographischen oder anderen Analyse kennt.

3.6.1.5. Kontinuierlich arbeitende Absetzer

Kontinuierliche Absetzer wurden geschaffen, um Absetzprozesse zu intensivieren, die Arbeitsaufwendungen zu verringern und die Austragezeit für den Rückstand zu verkürzen. In diesen Absetzern werden die Einspeisung des dispersen Systems und die Entfernung der Trennungsprodukte gleichzeitig und kontinuierlich durchgeführt. Meist sind diese Absetzer als niedrige Zylinder mit konischem Boden gebaut.

Mehretagige Absetzer mit Schabern

In den Industriezweigen, die große Absetzflächen benötigen, werden aus ökonomischen Gründen mehretagige Absetzer eingebaut. Ein fünfetagiger Absetzer, wie er in der Zuckerindustrie für die Eindickung von Saturationssäften eingesetzt wird, ist in Bild (3.6./6) dargestellt. Er besteht aus einem geschlossenen zylindrischen Vorratsbehälter (1) mit einem Durchmesser und einer Höhe von etwa 6 m und mit konischem Boden (2). Konische Bodeneinbauten unterteilen den Absetzer der Höhe nach in Etagen. In der Längsachse des Apparats läuft eine sich langsam drehende Welle (13) [0,2 min^{-1}] mit daran befestigten Kratzarmen (16). Sie sind für die Bewegung der konzentrierten Masse zum Zentrum hin vorgesehen. Die Welle, die als Doppelrohr ausgeführt ist, hat Öffnungen (wie in Bild 3.6./6 dargestellt), von denen ein Teil (a) die oberen Etagen mit dem inneren Rohr verbindet, während ein anderer Teil (b) der Öffnungen die unteren Etagen mit dem Ringraum der Welle verbindet.
Die Suspension gelangt über das Rohr (12) in die obere Etage A, wo ein teilweises Absetzen vor sich geht. Die teilweise geklärte Suspension gelangt durch eine Öffnung in den zentralen Teil der Welle und fließt von dort durch gleichartige Öffnungen parallel auf die drei folgenden Etagen B. Hier erfolgt die weitere Eindickung. Die eingedickte Suspension gelangt aus allen vier Etagen durch Öffnungen in den Ringraum der Welle und fließt auf die untere Etage C, wo sie auf den geforderten Endwert eingedickt wird. Die eingedickte Masse wird durch das Rohr (20) in den Auffangbehälter (19) abgeführt, wo eine Membranpumpe für ihren weiteren Transport sorgt. Das geklärte Produkt (außer dem der oberen Etage A) gelangt durch die Rohrleitungen (8) in den Auffangbehälter (11) und danach über die Rohrleitung (9) ent-

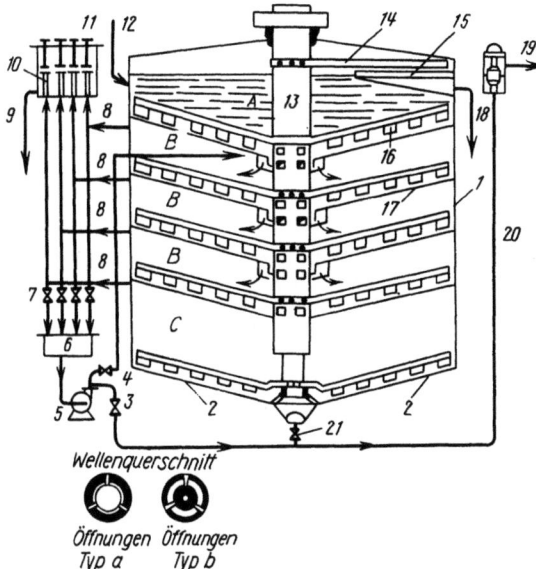

Bild (3.6./6). Schema eines mehretagigen Absetzers mit Schabern
(1) Vorratsbehälter (2) konischer Boden (3) (4) (7) und (21) Ventile
(5) Pumpe (6) Auffangkasten (8) (18) (20) Rohrleitungen (9) Ablauf für geklärte Flüssigkeit (10) Ventile (11) Annahmegefäß (12) Rohrleitung zur Suspensionsaufgabe (13) Welle (14) Schaufel (15) Rinne (16) Kratzarme (17) konische Bodeneinbauten (18) Ablaufrohr (19) Auffangbehälter für die eingedickte Masse

sprechend der Abforderung aus dem Apparat. Im Auffangbehälter befinden sich an den Enden der Rohrleitungen Ventile (10), ebenso an den vertikalen Rohren (7). Wenn aus irgendeiner Etage unvollständig geklärtes Dekantat austritt, wird ihm durch das Ventil (10) der Zufluß zu dem Aufnahmebehälter (11) verwehrt, das Ventil (7) öffnet sich, wodurch das Produkt in den Auffangkasten (6) gelangt. Von hier kann das Produkt mit Hilfe der Pumpe (5) [bei entsprechend geschlossenen Ventilen 3 und 4] erneut auf die zweite Etage des Absetzers bzw. in den Auffangbehälter für die eingedickte Suspension gelangen. In der oberen Etage sorgt eine auf die Welle aufgesetzte Schaufel (14) für die Abnahme des Schaums von der Oberfläche der Suspension in die Rinne (15), von hier fließt er durch die Rohrleitung (18) aus dem Absetzer.

Die Absetzfläche von vier Etagen (aus der oberen Etage wird kein Dekantat abgezogen) wird nach Gl. (3.6./19) bestimmt. Die Gesamtabsetzfläche beträgt etwa $5/4$ der berechneten. Man muß diese Fläche außerdem mit dem Faktor 1,33 multiplizieren, da experimentelle Erfahrungen zeigen, daß die Ungleichmäßigkeit der Verteilung der Flüssigkeitsströme innerhalb des Apparates und andere Faktoren in den theoretischen Formeln nicht von vornherein berücksichtigt sind.

Konische, mehretagige Absetzer

Ein Nachteil des beschriebenen Absetzers ist die gewaltige rotierende Einrichtung, die aus Welle und Schabern besteht. Mehretagige konische Absetzer (Bild 3.6./7), wie sie ebenfalls zur Eindickung von Saturationssäften verwendet werden, haben diesen Nachteil nicht. Sie bestehen aus einem Zylinder (1) mit einem Durchmesser und einer Höhe von ungefähr 5 m, einem konischen Boden (2) sowie einem oberen zylindrischen Teil (3) mit einer Höhe von etwa 2 m und einem Durchmesser von 3 m. Innen ist der Apparat durch vier konische Flächen in Etagen unterteilt. Die Suspension gelangt durch die Rohrleitung (5) in den Zylinder (3). In diesem Zylinder befinden sich Einbauten (6), die den Strom der Suspension richten. Die Flüssigkeit gelangt in den unteren Teil des Apparates und steigt dann langsam zwischen den konischen Flächen nach oben. Dabei setzt sich die feste Phase auf den äußeren Konus-

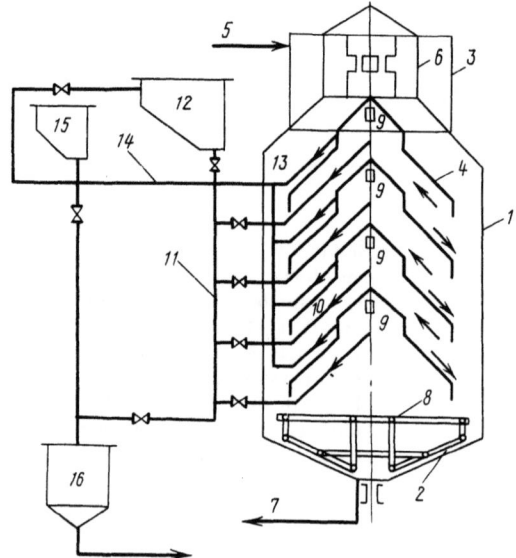

Bild (3.6./7). Schema eines konischen mehretagigen Absetzers
(1) zylindrisches Gehäuse (2) Boden (3) oberer Teil (4) konische Fläche (5) Rohr für Suspensionszufuhr (6) Stromrichtereinbauten (7) Rohr zur Ableitung der eingedickten Masse (8) Welle mit Schabern (9) Trichteröffnungen (10) Ableitrohr (11) Rohrleitung (12) Sammelbehälter (13) (14) Rohrleitung zur Abführung der geklärten Flüssigkeit (15) Kontrollbehälter (16) Sammelbehälter

flächen ab und gleitet nach unten zum Boden. Über den konischen Boden bewegt sich der Feststoff zur Austragöffnung und gelangt durch eine Rohrleitung aus dem Absetzer. Zur Bewegung der eingedickten Masse dient eine Welle mit Schabern (8).
Das Dekantat tritt an den Konusspitzen durch Öffnungen (9) und wird durch Ableitrohre (10) und dann durch ein Sammelrohr (11) in den Sammelbehälter (12) geführt. Da der Sammelbehälter etwas niedriger liegt als das obere Suspensionsniveau im Apparat, tritt das Dekantat selbsttätig dorthin über. Aus der Mitte jeder Etage werden Rohre (13) herausgeführt, durch sie und durch eine Sammelleitung (14) kann geklärte Flüssigkeit zur Kontrolle in den Behälter (15) gebracht werden. Wenn die Absetzqualität nicht ausreicht, kann die Flüssigkeit in den Sammelbehälter (16) und von dort zurück in den Apparat gepumpt werden.
Nachfolgend wird der Absetzprozeß der festen Teilchen auf einem konischen Teller des Absetzers betrachtet und sein Durchsatz bestimmt. In dem Zwischentellerraum bewegt sich das Teilchen gemeinsam mit dem Strom mit der Geschwindigkeit w_1 und setzt sich mit der Geschwindigkeit w_0 ab (s. Bild 3.6./7). Wenn der Durchsatz V_M des Absetzers konstant ist, dann kann man die Strömungsgeschwindigkeit in einem beliebigen Querschnitt des Zwischentellerraumes im Abstand R vom Zentrum darstellen als

$$w_1 = \frac{V_M}{2R\,b\,z} \qquad (3.6./26)$$

z Zahl der Teller

Bei einer Kanalhöhe h_0 ist die Breite des Spalts zwischen den Tellern

$$b = h_0 \cos \alpha \qquad (3.6./27)$$

Wie aus Gl. (3.6./26) ersichtlich ist, vergrößert sich die Strömungsgeschwindigkeit von der Peripherie zum Zentrum in dem Maße, wie sich der Querschnitt mit abnehmendem R verkleinert.

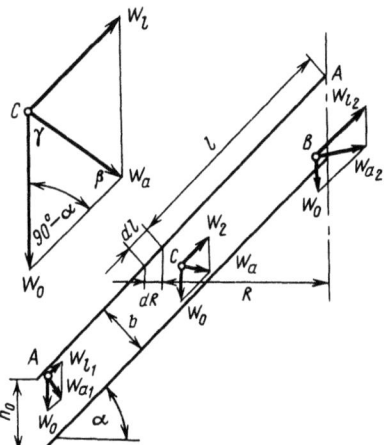

Bild (3.6./8). Vektorparallelogramme der Teilchengeschwindigkeit zwischen den Stromrichtereinbauten

In dem betrachteten Absetzer werden gewöhnlich niedrigkonzentrierte Suspensionen getrennt, das Umströmungsregime ist in der Regel laminar und die Absetzgeschwindigkeit, die aus Gl. (3.6./8) zu bestimmen ist, konstant. Im Zusammenhang damit verändert sich die absolute Geschwindigkeit der Teilchenbewegung als geometrische Summe der Strömungsgeschwindigkeit und der Absetzgeschwindigkeit nach Größe und Richtung nur infolge veränderter Strömungsgeschwindigkeit.
In Bild (3.6./8) sind drei Vektorparallelogramme für drei Situationen der Teilchen im Strom dargestellt. Daraus geht hervor, daß die absolute Teilchengeschwindigkeit w_a nach Größe und Richtung veränderlich ist. Folglich ist die Trajektorie der Teilchenbewegung eine zusammengesetzte Kurve. Aus Bild (3.6./8) kann man unter Nutzung des Sinussatzes folgende Beziehung aufstellen:

$$\frac{\sin \beta}{\sin \gamma} = \frac{w_0}{w_1} \tag{3.6./28}$$

Da $w_0 = $ const. und w_1 zum Zentrum hin anwächst, verringert sich der Winkel β bei konstantem Neigungswinkel α, wobei sich γ vergrößert. Der Vektor der Geschwindigkeitsresultierenden richtet sich gleichsam mit seinem Ende nach der Stromgeschwindigkeit aus. Folglich herrschen die besten Trennbedingungen an der Peripherie des Apparates, die schlechteren zum Zentrum hin. Der Weg, den das Teilchen gemeinsam mit dem Strom in einem unendlich kleinen Zeitabschnitt zurücklegt, ist

$$dl = w_1 \, dt \tag{3.6./29}$$

Dieser Wegabschnitt ist, wie Bild (3.6./8) zeigt

$$dl = dR/\cos \alpha \tag{3.6./30}$$

Setzt man in Gl. (3.6./8) den Wert von w_1 aus Gl. (3.6./27) ein und drückt man dl durch dR gemäß Gl. (3.6./30) aus, erhält man

$$dl = \frac{V_M \, dt}{2\pi R b z} \tag{3.6./31}$$

Integriert man diese Gleichung in den Grenzen von $R = 0$ bis $R = R$, dann ist

$$t = \frac{\pi R^2 h_0 z}{V_M} \tag{3.6./32}$$

$h_0 = w_0 t_0$ und $t = t_0$, es folgt
$$V_M = \pi R^2 z w_0 \tag{3.6./33}$$

Die Absetzfläche ist

$$F_0 = \pi R^2 z \tag{3.6./34}$$

d. h. F_0 ist die Projektion der Konusflächen auf die senkrecht zur Absetzrichtung stehende Ebene. Daraus folgt, daß Gl. (3.6./33) der Gl. (3.6./19) völlig analog ist. Der Neigungswinkel α wird so angenommen, daß die eingedickte Masse frei nach unten gleitet. Die für den Absetzprozeß verbrauchte Energie beschränkt sich auf die für die Umwälzung der Flüssigkeiten benötigte Antriebsenergie.

3.6.2. Absetzen im Zentrifugalfeld

Zur Trennung flüssiger disperser Systeme im Zentrifugalfeld verwendet man Maschinen, die Zentrifugen genannt werden, der Prozeß heißt Zentrifugieren.
Das hauptsächliche Arbeitsorgan der Zentrifuge ist die rotierende Trommel. Die Trommeln von Absetzzentrifugen müssen geschlossen sein, um auf ihrer Fläche die Teilchen der dispersen Phase zurückhalten zu können. Die Intensität des Zentrifugierens wird durch den Trennfaktor charakterisiert. Die Zentrifugen unterteilt man nach der Größe des Trennfaktors in normale Zentrifugen (mit einem Trennfaktor $Fr < 3000$) und Ultrazentrifugen, bei denen $Fr > 3000$. Entsprechend dem Charakter des Trennprozesses sind die Absetzzentrifugen den Absetzern völlig analog. Wenn in einer Zentrifuge eine niedrigkonzentrierte Suspension verarbeitet wird und das Ziel steht, die Teilchen der dispersen Phase vollständig zu entfernen, die Flüssigkeit zu klären (wie das z. B. bei der Reinigung von Maschinenölen von feinen Feststoffen der Fall ist), nennt man den Prozeß *Zentrifugalklärung*. Zu den Absetzzentrifugen gehören auch die weiter unten dargestellten Tellerseparatoren, mit deren Hilfe die Zentrifugaltrennung von Emulsionen und die Klärung niedrigkonzentrierter Suspensionen durchgeführt wird.

3.6.2.1. Grundlegende Gesetzmäßigkeiten des Absetzens im Zentrifugalfeld

Die Trennung disperser Systeme mit Hilfe von Absetzern im Zentrifugalfeld heißt *Zentrifugalsedimentation*. Die wirksame Beschleunigung ist hier die Zentrifugalbeschleunigung, d. h.

$$a = \omega^2 r, \tag{3.6./35}$$

ω Winkelgeschwindigkeit der Teilchenrotation
r Radius der Teilchenrotation

Deshalb ist für das Zentrifugalfeld der Trennfaktor

$$Fr = \omega^2 r / g \tag{3.6./36}$$

Die Formeln für die Absetzgeschwindigkeit bei laminarer Strömung sind dann

$$w_0 = \frac{d^2}{18} (\varrho_T - \varrho_M) \omega^2 r, \tag{3.6./37}$$

wenn man die Dichte ϱ durch das spezifische Gewicht γ ersetzt, ist

$$w_0 = \frac{d^2}{18} (\gamma_T - \gamma_M) (\omega^2 r/g) \tag{3.6./38}$$

Entsprechend dieser Formel ist bei laminarer Strömung die Absetzgeschwindigkeit im Zentrifugalfeld um soviel höher als die im Schwerefeld der Erde, wie die Zentrifugalbeschleunigung höher als die Erdbeschleunigung ist.
Für die Übergangsströmung und die turbulente Strömung ist die Absetzgeschwindigkeit

$$w_0 = \sqrt{\frac{4}{3} d \frac{\varrho_T - \varrho_M}{\varrho_M}} \; \omega^2 r \tag{3.6./39}$$

Wie aus den angeführten Formeln sichtbar wird, ändern sich im Prozeß der Zentrifugalsedimentation der Trennfaktor und die Absetzgeschwindigkeit, da sie vom veränderlichen Abstand r vom Zentrum abhängen, in dem sich das Teilchen befindet. Im allgemeinsten Fall kann das Teilchen in der Absetzzentrifuge allen drei Strömungsarten unterworfen sein, d. h. es setzt sich nacheinander gemäß drei verschiedenen Gesetzmäßigkeiten ab, in anderen Fällen gehorcht es zwei oder nur einem dieser Gesetze. Deshalb wird die Absetzzeit auch auf verschiedene Weise bestimmt. Da die Geschwindigkeit veränderlich ist, wird die Zeit nach folgender Beziehung bestimmt:

$$t = \int_r^0 \frac{dr}{w_0} \tag{3.6./40}$$

Hier sind die Geschwindigkeitswerte einzusetzen, die aus dem der jeweiligen Strömungsart entsprechenden Gesetz gefunden werden.
Es wird vorausgesetzt, daß ein zylindrisches Gefäß einen Innenradius R und eine Höhe H hat (Bild 3.6./9) und bis zur Höhe h_0 mit einer beliebigen Flüssigkeit gefüllt ist. Wenn man diesen Zylinder in Drehung versetzt, dann beginnt die Flüssigkeit unter Wirkung der Reibung zwischen Flüssigkeit und Zylinderwand sich auch mit dem Zylinder zu drehen, wobei sie sich an den Wänden nach oben und im Zentrum nach unten verschiebt.
Es werden die Höhe H, das Anfangsniveau h_0 der Flüssigkeit und die Endwinkelgeschwindigkeit so gewählt, daß die Flüssigkeit den oberen Zylinderrand erreicht und dabei das Zentrum des Bodens gerade freigibt. Wenn die Rotationsgeschwindigkeit konstant bleibt, dann befindet sich die Flüssigkeit in einem relativen Gleichgewicht, deshalb kann man zur Aufstellung der Gesetzmäßigkeit dieses Zustands die *Eulersche Differentialgleichung der Hydrostatik* benutzen:

$$dp = \varrho \, (X \, dx + Y \, dy + Z \, dz) \tag{3.6./41}$$

p Druck in einem beliebigen Punkt der Flüssigkeit
ϱ Dichte der Flüssigkeit
X, Y, Z Projektion der Beschleunigungen auf die Koordinatenachsen

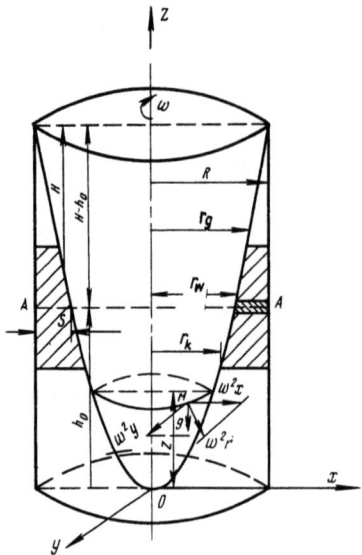

Bild (3.6./9). Rotationsparaboloid

Im vorliegenden Fall wirkt auf ein beliebig ausgewähltes Flüssigkeitsteilchen M die Zentrifugalkraft, die Projektion auf die Koordinatenachsen von deren Beschleunigung ist:

$$X = \omega^2 x \qquad (3.6./42)$$

$$Y = \omega^2 y \qquad (3.6./43)$$

Außerdem wirkt auf die Teilchen die Schwerkraft in Richtung der Z-Achse (in Bild 3.6./9):

$$Z = -g \qquad (3.6./44)$$

Setzt man diese Beschleunigungswerte in Gl. (3.6./42) ein und integriert sie, erhält man

$$p = \varrho \frac{\omega^2(x^2 + y^2)}{2} - \varrho g z t + C \qquad (3.6./45)$$

Die Integrationskonstante findet man aus der Bedingung, daß bei $x = y = z = 0$ der Überdruck an der Flüssigkeitsoberfläche 0 ist, folglich ist auch $C = 0$.
Ersetzt man die Dichte ϱ durch das spezifische Gewicht γ und die laufenden Koordinaten x und y durch den veränderlichen Radius r, kommt man über

$$x^2 + y^2 = r^2 \qquad (3.6./46)$$

zur Beziehung

$$Z = \frac{\omega^2 r^2}{2g} \qquad (3.6./47)$$

Aus dieser Beziehung ersieht man, daß die Flüssigkeitsoberfläche ein Paraboloid bildet, dessen Höhe den Quadraten der Winkelgeschwindigkeit und der Radien

proportional ist und nicht von den physikalischen Parametern, z. B. der Art der Flüssigkeit, abhängt.
Die maximale Höhe wird offensichtlich beim maximalen Radius, d. h. $r = R$ erreicht.

$$H_{max} = \frac{\omega^2 R^2}{2g} \qquad (3.6./48)$$

Diese Höhe kann schon bei verhältnismäßig geringen Rotationsfrequenzen bedeutende Größen erreichen.
So ist in einem Zylinder mit dem Durchmesser $D = 1$ m bei einer Rotationsfrequenz $n = 1\,000$ min^{-1}, d. h. bei einer Winkelgeschwindigkeit

$$\omega = \frac{\pi n}{30} = \frac{3{,}14 \cdot 1\,000}{30} = 105 \text{ s}^{-1}$$

die Höhe der Flüssigkeit an der Wand

$$H_{max} = \frac{105^2 \cdot 0{,}5^2}{2 \cdot 9{,}81} = 140 \text{ m}$$

Die Zentrifugentrommeln sind am oberen Teil deshalb mit einem Begrenzungsring ausgestattet, der verhindert, daß Flüssigkeit über den Trommelrand austritt.
Die Rotationsfläche der Flüssigkeit in einer Zentrifuge ist folglich ein Teil eines Rotationsparaboloids, das von zwei horizontalen Flächen geschnitten wird, so daß zwei unterschiedliche innere Grenzradien entstehen, oben unter dem Begrenzungsring der Trommel ein größerer r_g und am Boden ein kleinerer r_k. Man kann zeigen, daß der Unterschied zwischen ihnen praktisch sehr klein ist.
Das Flüssigkeitsvolumen im Zylinder vor dem Beginn der Rotation läßt sich darstellen zu

$$V = \pi R^2 h_0 \qquad (3.6./49)$$

Das Volumen des Rotationsparaboloids findet man nach der Beziehung

$$V = \pi \int_0^R r^2 \, dz \qquad (3.6./50)$$

Nach Differentiation der Gl. 3.6./47 setzt man den Wert in Gl. 3.6./49 ein und integriert:

$$V_n = \frac{\pi \omega^2 R^4}{4g} \qquad (3.6./51)$$

Das Volumen der Flüssigkeit im Zylinder ist unveränderlich, deshalb muß das Volumen V_z des gesamten Zylinders

$$V_z = \pi R^2 H \qquad (3.6./52)$$

der Summe der Flüssigkeit und des Hohlparaboloids gleich sein, d. h.,

$$V_z = V_0 + V_n \qquad (3.6./53)$$

Auf der Basis dieser Gleichheit der Volumina erhält man

$$\pi R^2 H = \pi R^2 h_0 + \frac{\pi \omega^2 R^4}{4g} \qquad (3.6./54)$$

Das Kürzen beider Seiten dieser Gleichung mit πR^2 und das Ersetzen von H durch seinen Wert aus Gl. (3.6./48) ergibt

$$h_0 = \frac{\omega^2 R^2}{4g} \qquad (3.6./55)$$

Vergleicht man die Ausdrücke Gl. (3.6./38) und Gl. (3.6./55), findet man, daß

$$h_0 = 1/2\, H, \qquad (3.6./56)$$

d. h., daß die horizontale Ebene der Flüssigkeitsoberfläche im Ruhezustand das Paraboloid im rotierenden Zylinder der Höhe nach in zwei gleiche Teile teilt. Daraus folgt, daß sich bei gegebenem Volumen und gegebener Geschwindigkeit die Flüssigkeit um gleiche Beträge von dieser Ebene aus nach oben und nach unten verschiebt. Ist die Höhe der Trommel h, dann erhält man bezugnehmend auf das Dargelegte und auf Gl. (3.6./47)

$$r_g = \sqrt{\frac{2g(h_0 + h/2)}{\omega}} \qquad (3.6./57)$$

und

$$r_k = \sqrt{\frac{2g(h_0 - h/2)}{\omega}} \qquad (3.6./58)$$

Setzt man die Trommelhöhe mit 600 mm an und benutzt man die Größen des o. a. Beispiels, bei dem $h_0 = 1/2\, H = 70$ m und $\omega = 105$ s^{-1}, findet man, daß der Unterschied

$$r_g - r_k = \frac{1}{105}\left(\sqrt{2 \cdot 9{,}81\,(70+0{,}3)} - \sqrt{2 \cdot 9{,}81\,(70-0{,}3)}\right)$$

$$= 0{,}0019 \text{ m ist, d. h. im vorliegenden Fall weniger als 2 mm.}$$

Bei großen Drehzahlen ist dieser Unterschied vernachlässigbar klein. Deshalb sieht man die innere Fläche des Rotationsparaboloids praktisch als Zylinder mit dem mittleren Durchmesser

$$r_M = \frac{r_g + r_k}{2} \qquad (3.6./59)$$

an.
In diesem Fall ist die Flüssigkeitsschichthöhe δ in der Trommel

$$\delta = R - r_0 \qquad (3.6./60)$$

Der Druck p in der mittleren Ebene $A - A$ des Paraboloids (s. Bild 3.6./9) bedingt die Verschiedenheit der Höhen der Flüssigkeitssäulen $H - h_0$. Multipliziert man die rechten Seiten der Gl. (3.6./48) und Gl. (3.6./47) mit dem spezifischen Gewicht γ und ordnet um, erhält man

$$p = \frac{\omega^2 \varrho (R^2 - r_0^2)}{2} \qquad (3.6./61)$$

Dabei wurde hier angenommen, daß $r = r_0$ und $h = h_0$. In der Zentrifugentrommel ist gemäß Gl. (3.6./61) der Druck am Boden um $1/2\, h \cdot \gamma$ größer, und am oben liegenden Begrenzungsring um eben diesen Betrag kleiner als in der Mittelebene. Zerlegt man die Differenz der Radiusquadrate (s. Gl. 3.6./61) in Summe und Differenz und zieht man weiter in Betracht, daß die Summe

$$\frac{R + r_0}{2} = r_{ml} \qquad (3.6./62)$$

der mittlere Radius des ringförmigen Querschnitts der Flüssigkeitsschicht ist und die Differenz in Übereinstimmung mit Gl. 3.6./60 die Dicke dieses Ringes S, kann man Gl. 3.6./61 in der Form

$$p = \gamma S \frac{\omega^2 r_{ml}}{g} \qquad (3.6./63)$$

schreiben.
Da aber die Größe $\omega^2 r_{ml}/g$ der Trennfaktor für den mittleren Radius ist, kann man schreiben

$$p = p_h = Tr \qquad (3.6./64)$$

Der hydrostatische Druck der Flüssigkeitssäule mit einer Höhe, die der der Flüssigkeitsschicht über der filtrierten Schicht entspricht,

$$p_h = \gamma S \qquad (3.6./65)$$

ist der hydrostatische Druck derjenigen Flüssigkeitssäule, die der Dicke der Schicht S in der Zentrifugentrommel gleicht. Folglich erhöht sich beim Zentrifugieren der Druck im Vergleich mit dem hydrostatischen Druck im Gravitationsfeld proportional um den Trennfaktor.

3.6.2.2. Absetzzentrifugen

Ebenso wie die Absetzapparate kann man die Absetzzentrifugen in drei Gruppen unterteilen:

- Periodisch arbeitende Zentrifugen, die Suspension wird periodisch zugeführt und die Trennprodukte werden periodisch abgeführt, sie sind heute selten geworden.
- Halbkontinuierlich arbeitende Zentrifugen, bei denen eine bestimmte Zeit lang kontinuierlich das disperse System zugeführt wird, in dieser Zeit auch das Dekantat kontinuierlich abgeführt wird, aber der Rückstand periodisch abgeführt werden muß; zu diesem gehören die gewöhnlichen Absetzzentrifugen und Ultrazentrifugen zur Klärung von Trüben.
- Kontinuierlich arbeitende Zentrifugen, bei denen Zufuhr des zu trennenden Gemischs und Ableitung der Trennprodukte kontinuierlich verlaufen, nach diesem Prinzip arbeiten die sogenannten Separatoren und Ultrazentrifugen für die Trennung von Emulsionen, aber auch Schnecken- oder Schubzentrifugen (Dekanter).

Das Wirkprinzip einer periodisch arbeitenden Absetzzentrifuge ist in Bild (3.6./10) dargestellt. Sie besteht aus einer Trommel (1), in die ein Rohr (2) die Suspension führt, und einem Mantel (3). Durch Öffnungen (4) und (5) werden Flüssigkeit und Feststoffrückstand abgeführt. Der volle Arbeitszyklus t_Z einer solchen Zentrifuge besteht aus folgenden Zeiten:

- t_A Anlaßzeit der Trommel, in der sie die Arbeitsdrehzahl erreicht und mit Suspension gefüllt wird,
- t_0 Absetzzeit,
- t_B Bremszeit,
- t_E Entleerungszeit.

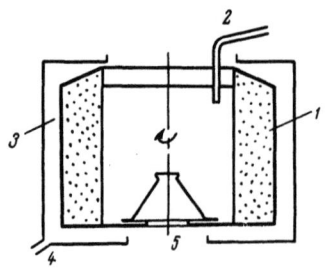

Bild (3.6./10). Prinzip einer periodisch arbeitenden Absetzzentrifuge
(1) Trommel (2) Zuleitungsrohr (3) Mantel (4) Flüssigkeitsaustrag (5) Feststoffaustrag

So ist

$$t_Z = t_A + t_0 + t_B + t_E \qquad (3.6./66)$$

Das Verhältnis der Nutzzeit t_0 zur Gesamtzeit des Zyklus heißt Nutzkoeffizient φ der Zentrifuge.

$$\varphi = \frac{t_0}{t_Z} \qquad (3.6./67)$$

Offensichtlich sind Nutzkoeffizient und Durchsatz einer Zentrifuge umso höher, je geringer die Hilfszeiten sind. Die Hilfszeiten werden nach praktischen Erfahrungen festgelegt. Kontinuierlich arbeitende, horizontale Schneckenzentrifugen (Dekanter) werden hauptsächlich in der Stärkeindustrie zur Gewinnung einer konzentrierten Stärke, aber auch zur Entfernung von Grieben aus geschmolzenen Schlachtfetten und zur Konzentrierung von Eiweißfällungsprodukten verwendet.
Die kontinuierliche Schneckenzentrifuge (Bild 3.6./11) besteht aus zwei Trommeln, der Arbeitstrommel (1) und der Schneckentrommel (10), die mit verschiedenen Drehzahlen rotieren. Die Suspension tritt durch das Rohr (8) ein, durch die Hohlwelle wird sie in das Innere der Schneckentrommel gelenkt und tritt durch die Eintragfenster (4) unter Wirkung der Zentrifugalkraft auf die Innenfläche der Arbeitstrommel. Danach bewegt sich die Suspension zum weiteren Ende der Trommel hin und wird dabei geklärt. Die Flüssigkeit wird durch die Abflußfenster (S) in der Frontabdeckung abgeleitet, der Rückstand durch die Schnecke in entgegengesetzter Richtung zu den Austragfenstern (2) bewegt, durch die er unter Wirkung der Zentrifugalkraft ausgeworfen wird.
Wie bei jeder Absetzzentrifuge, verläuft der Vorgang auch hier in zwei Phasen: Absetzen (im vorliegenden Fall im rechten Teil der Trommel) und Verdichten des Rückstands (im linken Teil). Wir unterscheiden in der Zentrifuge eine Absetzzone (rechts von den Eintragfenstern) und eine Verdichtungszone (links davon).

3.6.2.3. Tellerseparatoren

Tellerseparatoren dienen der Trennung von Emulsionen und der Klärung niedrigkonzentrierter Suspensionen. Durch im Rotor angebrachte konische Teller wird der Flüssigkeitsstrom in eine große Zahl dünner Schichten unterteilt, dadurch wird eine laminare Strömung gewährleistet, und der Absetzweg der Teilchen verringert sich.

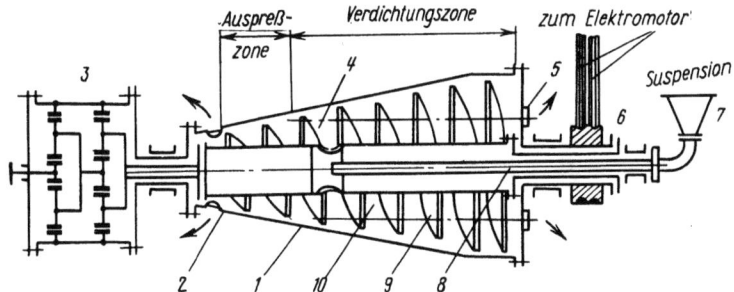

Bild (3.6./11). Prinzip einer kontinuierlichen, horizontalen Schneckenzentrifuge
(1) konische Arbeitstrommel (2) Austragfenster (3) Getriebe (4) Eintragfenster (5) Abflußfenster
(6) Antrieb (7) Zulauf (8) Speiserohr (9) Schnecke (10) Schneckentrommel

Der Tellerseparator (Bild 3.6./12) besteht aus folgenden Hauptteilen: einem stählernen Gehäuse (12) und Boden (13), einem kegeligen Gehäusedeckel (2), der durch den Ring (1) am Gehäuse befestigt ist, dem Zentralrohr (18), das unterhalb des Tellerträgers (16) endet, einem Paket konischer Teller, Sammelkammern (3) und (4) für die Trennprodukte, Produktablaufkanäle (9) und (10), Aufnahmebehälter (5) für das Ausgangsgemisch mit einem Rohr (6) und schließlich einem Gestell mit Antrieb (im Bild nicht dargestellt). Das Gehäuse ist mit Hilfe eines dickwandigen Rohres (14) gelagert, das einen Mitnehmer trägt, ausgeführt als horizontaler Bolzen. Diese Einrichtung gewährleistet die Rotation des Gehäuses mit der Welle.
Das disperse System läuft in den Aufnahmebehälter (5), über das feststehende Rohr (6) gelangt die Flüssigkeit in das gemeinsam mit der Trommel rotierende Zentralrohr (18) und fließt nach unten. Im unteren Teil wird die Flüssigkeit unter Wirkung der Zentrifugalkraft zur Peripherie verdrängt. Ihr weiterer Weg hängt von der Konstruktion der Teller ab.
Es sind Separatoren bekannt, z. B. solche zur Trennung von Milch, in deren Tellern jeweils um 120° versetzt sich drei Öffnungen befinden. In den Tellern eines anderen Typs, z. B. zur Konzentrierung von Hefe, sind keine Öffnungen. Beschrieben werden soll der Prozeß anhand der Teller mit Öffnungen.
Die Teller sind so zu einem Paket zusammengefaßt, daß alle ihre Öffnungen übereinander liegen, es entstehen praktisch drei vertikale durchgehende Kanäle, sie führen bis zum oberen, dem sogenannten Trennteller, der keine Öffnungen hat. Auf den inneren Flächen der Teller befinden sich, ebenfalls um 120° versetzt, drei Distanzblättchen mit einer Höhe von 0,3···0,4 mm (für Milch) oder von 0,8···1,0 mm (für Hefe). Durch diese Distanzblättchen sitzt jeder Teller auf dem darunterliegenden auf, zwischen ihnen existiert folglich ein Spalt, der der Höhe dieser Distanzblättchen entspricht.
Das Gemisch steigt durch die vertikalen Kanäle, die durch die Öffnungen in den Tellern gebildet werden, und verteilt sich gleichzeitig unter Wirkung der Zentrifugalkraft in den Spalträumen zwischen den Tellern. In dem Zwischentellerraum strebt die schwerere Komponente unter Wirkung der Zentrifugalkraft zur Peripherie, die leichtere zum Zentrum. Folglich bilden sich in den Spalträumen zwei entgegengerichtete Ströme:

- Der Strom des leichteren Produkts an der äußeren Fläche des unteren Tellers, er ist zur Rotationsachse gerichtet.
- Der Strom des schwereren Produkts an der inneren Tellerseite, er ist zur Peripherie gerichtet.

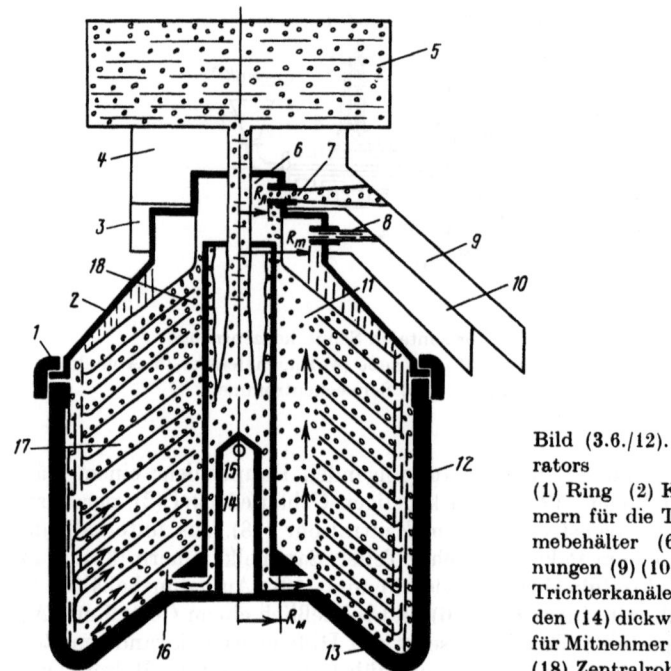

Bild (3.6./12). Schema eines Tellerseparators
(1) Ring (2) Konus (3) (4) Sammelkammern für die Trennprodukte (5) Aufnahmebehälter (6) Rohr (7) (8) Auslaßöffnungen (9) (10) Produktablaufkanäle (11) Trichterkanäle (12) Stahlgehäuse (13) Boden (14) dickwandiges Rohr (15) Bohrung für Mitnehmer (16) Tellerhalter (17) Teller (18) Zentralrohr

Bei der Bewegung des Produkts längs der Mantellinie der konischen Teller gehen die Teilchen der dispersen Phase aus einer Schicht in die andere über, deshalb sind Konzentration und Dicke der Schichten veränderlich. Im Bereich des Zentralrohrs (18) tritt die leichte Komponente aus den Spalträumen aus und gelangt unter den Trennteller. Sie wird dann über den Ringraum zwischen Zentralrohr (18) und dem zylindrischen Ende des Trenntellers durch die Öffnung (7) in den feststehenden ringförmigen Sammler (4) herausgeschleudert und fließt über den Ablaufkanal (9) nach außen ab. Das schwerere Produkt, das in Richtung der Gehäusewandung geschleudert wird, steigt und gelangt in den Raum zwischen der Außenfläche des Trenntellers und des kegelförmigen Deckels (2), danach wird es durch die Auslaßöffnung (8) in die Sammelkammer (3) geschleudert, von hier fließt es durch den Produktablaufkanal (10) ab.

Im Vergleich mit Apparaten, in denen die Sedimentation im Gravitationsfeld abläuft, haben die betrachteten Separatoren folgende Vorzüge:

1. Die Separatordrehzahl liegt im Mittel bei $5000 \cdots 6000$ min^{-1}, die Trommeldurchmesser bei $250 \cdots 300$ mm, deshalb ist die Zentrifugalbeschleunigung tausendfach größer als die Erdbeschleunigung. Daraus folgt, daß auch die Absetzgeschwindigkeit tausendfach größer ist. So ist in einem Milchseparator mit den Rotorradien $R_1 = 64$ mm und $R_2 = 150$ mm bei $n = 6000$ min^{-1} die mittlere Absetzgeschwindigkeit 4000 mal so groß wie im Schwerefeld der Erde bei sonst gleichen Bedingungen.
2. Die Absetzfläche ist in Separatoren verhältnismäßig groß, was durch die hohe Tellerzahl (einige Dutzend) bedingt ist und den geringen Abstand zwischen ihnen. Eine solche große Fläche sichert einen hohen Durchsatz der Separatoren im Vergleich zu Absetzern. Die Produktionsfläche, die von Separatoren eingenommen wird, ist tausendfach kleiner als die von Absetzern gleichen Durchsatzes.

Außerdem haben Separatoren den wichtigen Vorteil vor Absetzern, daß man in ihnen Gemische sehr schnell und, wenn notwendig, steril trennen kann, was für Lebensmittelprodukte wesentlich ist.

3.6.3. Zyklone

3.6.3.1. Wirkungsweise

Der Zyklon, Bild (3.6./13), hat ein Gehäuse, das aus einem zylindrischen 1. Teil und einem konischen 2. Teil besteht. Tangential zum Gehäuse ist die Zuführungsleitung (3) angebracht. Das Gehäuse hat ein Überlaufrohr (4) und ein Austragrohr (5). Das disperse System gelangt über die Zuführungsleitung tangential in das Gehäuse und führt dort eine kreisförmige Bewegung zwischen der Gehäuseinnenwand und dem Überlaufrohr aus. Der Gas- bzw. Flüssigkeitsstrom setzt diese Bewegung fort und bewegt sich schrauben- bzw. im konischen Teil spiralförmig nach unten. Er bleibt weiter in drehender Bewegung, steigt dann aber im Inneren nach oben und gelangt in das Überlaufrohr, über das er den Apparat verläßt.

Die Feststoffteilchen, die vom Strom getragen werden und in den Zyklon gelangen, führen ebenfalls diese zusammengesetzte drehende Bewegung – um die Zyklonachse und eine geradlinige parallel zu ihr – aus. Bei unterschiedlicher Dichte der Phasen ($\varrho_T - \varrho_M > 0$) wirkt auf die Feststoffteilchen die Zentrifugalkraft stärker als auf das Volumen des Mediums, das diese Teile trägt. Die Teilchen bewegen sich demzufolge radial von der Achse zum Zyklonmantel. Wenn man voraussetzt, daß der Zyklon unter Idealbedingungen arbeitet (laminare Dreh- und Längsbewegung des Stroms im Apparat und laminare Bewegung der Teilchen in diesem Strom), dann setzt sich die Teilchenbewegung theoretisch aus der radialen (austragenden) und der drehenden (übertragenden) gemeinsam mit dem Gesamtstrom zusammen. In diesem Fall stellt die Trajektorie der absoluten Bewegung in der horizontalen Ebene eine Spirale dar (Bild 3.6./13,2). Dabei ist die absolute Bewegungsgeschwindigkeit der Teilchen in der horizontalen Ebene die geometrische Summe der übertragenden Geschwindigkeit des Mediums $w_ü$ und der austragenden Geschwindigkeit w_0. Außerdem fällt das Teilchen, der Schwerkraft folgend, nach unten, infolgedessen

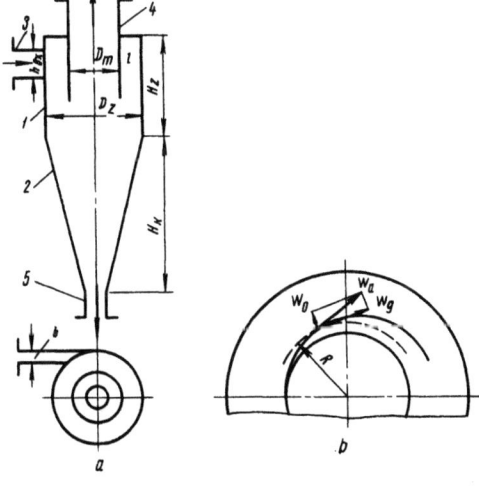

Bild (3.6./13). a) Schema eines Zyklons
b) Trajektorie der Bewegung der Feststoffteilchen im Zyklon
(1) zylindrisches Gehäuse (2) unterer konischer Teil (3) Zuleitungsrohr (4) Überlauf (5) Austrag

wird seine absolute Geschwindigkeit im Raum durch die Geschwindigkeitsvektoren der übertragenden, der austragenden und der vertikalen Richtung bestimmt.

Nach Erreichen der Gehäusewandung stoßen die Teilchen mit ihr zusammen, verlieren dabei kinetische Energie und fallen nach unten, d. h. in den Austrag, der mit einem Auffangbehälter für das konzentrierte Gemisch verbunden ist. Das wirkliche Bild der Bewegung der Strömung und der Teilchen ist weitaus komplizierter. Visuelle Beobachtungen am durchsichtigen Modell, aber auch unmittelbare Geschwindigkeitsmessungen zeigen, daß sich das Dispersionsmittel (Flüssigkeit, Gas) im zylindrischen Teil nicht laminar bewegt, sondern mit Wirbeln. Im unteren konischen Teil verlagert sich die Strömung schraubenförmig nach oben in eine Richtung, die der des Mediums entgegengesetzt ist. Diese Ströme, die sich am Rand des Überlaufrohrs mit dem Hauptstrom treffen und sich mit ihm mischen, ergeben ein überaus kompliziertes Geschwindigkeitsprofil.

Auf das im Zyklon befindliche Teilchen wirken drei Kräfte:

- die Zentrifugalkraft, die infolge der Drehbewegung der Teilchen mit dem Strom entsteht,
- die Trägheitskraft und
- die Auftriebskraft.

Im Vergleich zur erstgenannten sind die beiden letzten unbedeutend klein. Für gasförmige disperse Systeme kann man die *Archimedes*kraft vernachlässigen, weil die Dichte des Mediums um das hundertfache kleiner ist als die der Feststoffteilchen und man annehmen kann, daß $(\varrho_T - \varrho_M) = \varrho_E \approx \varrho_T$.

Setzt man in Gl. 3.6./6 anstelle g die Zentrifugalbeschleunigung ein

$$a = \frac{w_r^2}{R},$$

erhält man einen allgemeinen Ausdruck für die Sedimentation im Zyklon (ohne Berücksichtigung der Teilchenform und der Konzentration der dispersen Phase) zu

$$w = w_r \sqrt{\frac{4}{3} \cdot \frac{d}{\xi} \cdot \frac{\varrho_f}{\varrho_M} \cdot \frac{1}{R}}, \qquad (3.6./68)$$

w_r Geschwindigkeit der Drehbewegung des Mediums,
R Rotationsradius der Teilchen.

Aus dieser Beziehung wird ersichtlich, daß sich die Absetzgeschwindigkeit der Teilchen verändert, da sich ihre Position im Raum verändert, und daß sie umgekehrt proportional dem Rotationsradius der Teilchen ist.

Die Umströmungsbedingungen des Teilchens ändern sich kontinuierlich, das kann zur Veränderung der Strömungsart führen, aber auch zur Veränderung des Widerstandskoeffizienten. Die allgemeinen Gesetzmäßigkeiten der Trennung von gasförmigen und flüssigen dispersen Systemen in Zyklonen verschiedener Typen sind die gleichen, aber nach Konstruktion und Wirkungsweise unterscheiden sich Aero- und Hydrozyklone wesentlich.

3.6.3.2. Aerozyklone

Aerozyklone sind für die Trennung gasförmiger disperser Systeme vorgesehen. In Bild (3.6./14) sind die Profile der tangentialen und axialen Geschwindigkeit dargestellt. Aus Bild (3.6./14,1) ist sichtbar, daß der Maximalwert der tangentialen Geschwindigkeit nahe an der Zyklonachse liegt. Dabei verlagert sich die maximale Tangentialgeschwindigkeit um so näher an die Achse, je weiter der Gasstrom nach unten gelangt. Das entspricht der allgemeinen Gesetzmäßigkeit, die in Gl. (3.6./68) ausgedrückt ist. Gleichzeitig ist aber aus Bild (3.6./14,2) ersichtlich, daß im Zentrum des Zyklons auch die maximalen Radialgeschwindigkeiten herrschen, was den Grad der Staubabtrennung verringert, denn die Teilchen werden in den Gesamtstrom gerissen und mit ihm in den Überlauf, was den Trenneffekt reduziert. Infolge des komplizierten Zusammenwirkens der Ströme ist der Trenneffekt in den verschiedenen Zonen des Apparats nicht einheitlich (s. Bild 3.6./14,3).

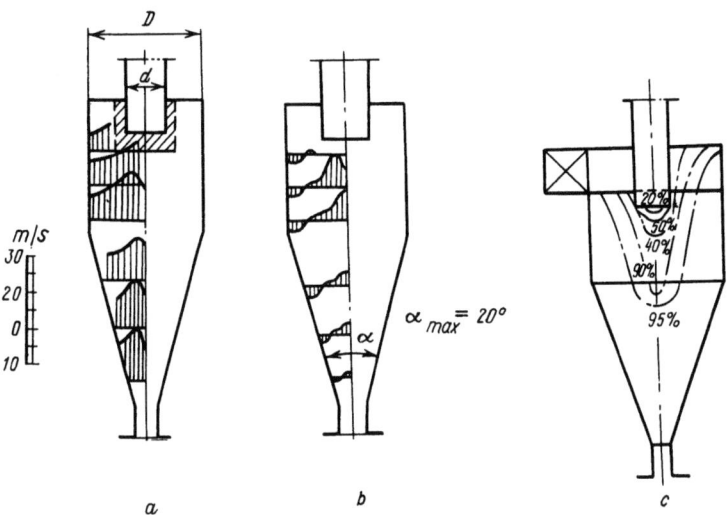

Bild (3.6./14). Geschwindigkeitsprofile im Aerozyklon
a) Tangentialgeschwindigkeit b) Axialgeschwindigkeit
c) Trenneffektivität in verschiedenen Zonen des Zyklons

Im ganzen hängt der Trenneffekt von folgenden Faktoren ab:

- Physikalische Eigenschaften des gasförmigen Systems (Dichte des Gases und der Teilchen ϱ_M und ϱ_T, ihre Größe d, Viskosität des Mediums η,
- Geometrische Abmessungen des Zyklons L (Zyklondurchmesser bzw. auch ein Maß des Zuführkanals, z. B. seine Breite),
- Geschwindigkeit w_M des Gases, die von der bestimmenden Abmessung, z. B. dem Zulaufquerschnitt, abhängt.

Diese Faktoren werden in dimensionslosen Kriterien zusammengefaßt. Bei laminarer Strömung sind solche Kriterien das von *Stokes*

$$Stk = \frac{\varrho_M \cdot d^2 w_M}{\eta \cdot L} \qquad (3.6./69)$$

und das von *Froude*

$$Fr = \frac{w_M^2}{g \cdot L} \qquad (3.6./70)$$

Im betrachteten Fall ist die *Froude*sche Zahl das Trennkriterium. P. G. *Romankow* zeigte, daß der Trenneffekt von diesen Kriterien abhängt, d. h.

$$\mu = f(Fr, Stk). \tag{3.6./71}$$

Der Wirkungsgrad von Zyklonen beträgt nach Ergebnissen von P. A. *Konsow* im Mittel 70···80%. Einen großen Einfluß auf den Wirkungsgrad von Zyklonen hat das Verhältnis ihrer geometrischen Abmessungen. Deshalb muß zur Vervollkommnung dieser Apparate eine Auswahl der optimalen Verhältnisse zwischen den Abmessungen und den im Inneren herrschenden Geschwindigkeiten getroffen werden. Eine moderne Aerozyklonkonstruktion und das Verhältnis ihrer Abmessungen ist in Bild (3.6./15) dargestellt. Der obere Teil dieses Zyklons ist als Schraubenfläche ausgeführt, so daß bereits das eintretende Gas eine rotierende Bewegung rund um den Überlauf und nach unten gerichtet ausführt.

Den Trenneffekt eines Zyklons kann man durch Vergrößerung der Absetzgeschwindigkeit erhöhen. Bei gegebenen physikalischen Parametern eines dispersen Systems und gegebenem Durchsatz kann das, wie Gl. (3.6./69) zeigt, erreicht werden, indem die Rotationsgeschwindigkeit w_M des Gases erhöht oder der Radius R des Apparates verringert wird, oder durch Verwirklichung beider Maßnahmen. Die Erhöhung der Gasstromgeschwindigkeit führt jedoch zu einer entscheidenden Erhöhung des Strömungswiderstandes des Zyklons, weil der Druckverlust Δp dem Quadrat der Geschwindigkeit w_M proportional ist, d. h.

$$\Delta p = \frac{1}{2} \cdot \xi \cdot \varrho_M \cdot w_M^2. \tag{3.6./72}$$

ξ Koeffizient des Strömungswiderstandes
ϱ_M Gasdichte

Man verringert deshalb zur Erhöhung der Effektivität des Zyklons seinen Durchmesser. Damit verringert sich natürlich seine Durchlaßfähigkeit (bei unveränderter Geschwindigkeit des Gasstroms in optimalen Grenzen). Um den vorgegebenen Durchsatz zu erreichen, läßt man den Gasstrom parallel viele Zyklone passieren, die in einer gemeinsamen Kammer angeordnet sind. Diese Aggregate nennt man *Batteriezyklone* oder Multizyklone.

Ein Multizyklon (Bild 3.6./16a und b) besteht aus mehreren kleinen Zyklonen geringen Durchmessers (150···250 mm), sogenannten Elementen (Bild 3.6./16,a). Diese Elemente können aus Gußeisen hergestellt sein und für Gase mit relativ hohen Temperaturen (bis 400 °C) angewendet werden. Sie sind beständig gegen die abrasive Wirkung von Staub-Gas-Gemischen. Im oberen Teil befinden sich schraubenförmige Leitbleche an der Außenfläche des Überlaufrohrs oder ein Element mit geschlossener schraubenförmiger Fläche.

Mehrere Elemente (3) sind in einem Gehäuse vereinigt, einem Korb (1) auf zwei Gittern (2). Das Gas, das über die Rohrleitung (4) in das Gehäuse gelangt, verteilt sich gleichzeitig auf alle Elemente, durchströmt sie, wird dabei gereinigt und gelangt durch die Überlaufrohre in eine gemeinsame Kammer, von dort wird es durch den gemeinsamen Überlauf geführt. Der Staub aus allen Elementen wird im unteren pyramidenförmigen Teil gesammelt und von dort ausgetragen.

Aerozyklone fanden breite Verwendung in der Lebensmittelproduktion. Mit ihrer Hilfe werden Teilchen von Zucker, Treber, Trockenschnitzeln u. a. nach der Trocknung aus der Luft abgetrennt und andere Gase von Beimengungen befreit.

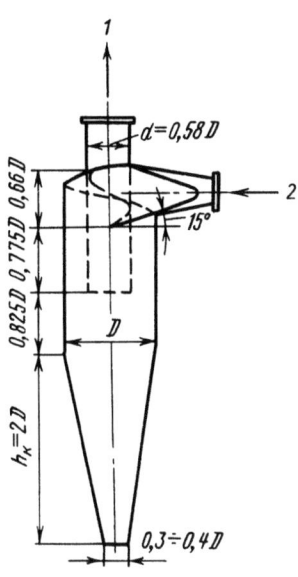
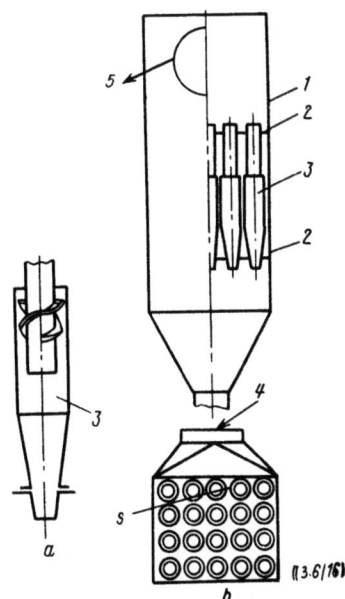

Bild (3.6./15). Aerozyklon der Konstruktion NIOGas
(1) gereinigtes Gas (2) staubbeladenes Gas

Bild (3.6./16). Schema eines Multizyklons
a) Kleinzyklon b) Multizyklon
(1) Gehäuse (2) Gitter (3) Element
(4) Eintritt des verschmutzten Gases
(5) gereinigtes Gas

3.6.3.3. Hydrozyklone

Hydrozyklone sind Apparate zur Trennung flüssiger disperser Systeme. Sie sind noch nicht lange bekannt, haben sich aber in der Lebensmittelproduktion schnell eingeführt und dabei andere Apparate, vor allem Absetzer verdrängt.
Besonders erfolgte der Einsatz von Hydrozyklonen im letzten Jahrzehnt in der Stärkeindustrie. Dort dienen sie zur Eindickung der Stärkemilch und zur Entfernung der Weizen- oder Maiskeime, zum Auswaschen der Stärke statt in Waschbottichen, zur Abtrennung von Sand aus der Stärkesuspension, zur Abtrennung von Stärke aus der Stärkemilch statt in Zentrifugen usw. In den letzten Jahren durchgeführte Versuche zur Reinigung von Kalkmilch und von Sand mit Hilfe von Hydrozyklonen ergaben ebenfalls positive Resultate. Möglich ist die Anwendung von Zyklonen auch für die Reinigung von Transport- und Waschwässern in allen Zweigen der Lebensmittelproduktion, wo solche Wässer vorkommen (Zucker-, Spiritus-, Stärkeindustrie und andere).
Vorteile dieser Apparate im Vergleich zu anderen sind:

- Einfachheit des Aufbaus (sie können in Werkstätten der Lebensmittelindustrie selbst hergestellt werden),
- geringe Kosten,
- Fehlen bewegter Teile,
- leichte Bedienbarkeit,
- Kompaktheit (im Vergleich zu Absetzern, die große Produktionsflächen benötigen).

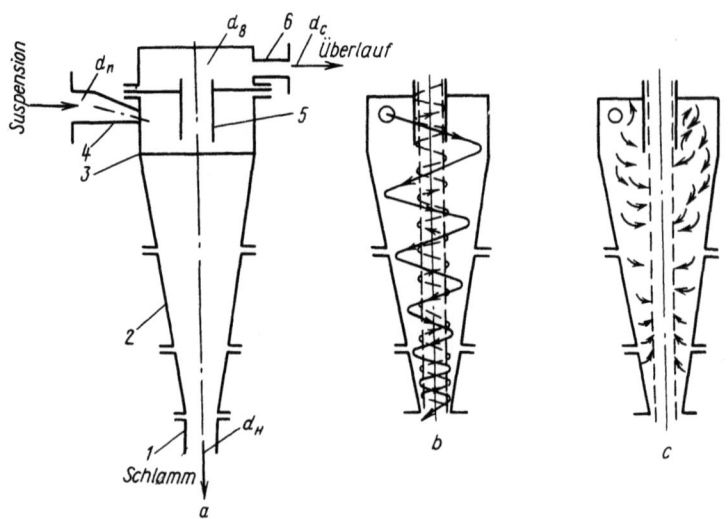

Bild (3.6./17). a) bis c) Prinzipschemata von Hydrozyklonen
(1) Schlammaustrag (2) konischer Teil (3) zylindrischer Gehäuseteil (4) Zuführleitung (Einlauf) (5) Überlauf (6) Ausfluß

Das Wirkprinzip der Hydrozyklone ist das gleiche wie das der Aerozyklone. In Bild (3.6./17, a) sind Prinzipschemata von Hydrozyklonen dargestellt. Die Suspension tritt unter einem Druck von 0,2···0,3 MPa und mehr durch den Einlauf (4), der tangential am zylindrischen Teil (3) des Gehäuses angeschlossen ist, ein und bewegt sich schraubenförmig bzw. spiralförmig nach unten (Bild 3.6./17, b). Gemeinsam mit diesem Flüssigkeitsstrom bewegen sich auch die Feststoffteilchen nach unten und werden unter Wirkung der Zentrifugalkraft an die Wandung des konischen Zyklonteils (2) geschleudert. Das eingedickte Produkt gelangt durch den Schlammaustrag aus dem Apparat. In der Höhe der Zyklonachse entsteht infolge der schraubenförmigen Bewegung des peripheren Stroms ein nach oben gerichteter Rückstrom der geklärten Flüssigkeit (Bild 3.6./17, b). Die Sekundärschraube der geklärten Flüssigkeit ist in Bild (3.6./17, b) punktiert dargestellt. Sie führt die Flüssigkeit durch Überlauf (5) und Ausfluß (6) aus dem Zyklon.

Die im Zyklon ablaufenden hydrodynamischen Prozesse sind ebenso wie im Aerozyklon sehr kompliziert. Eine gewisse Vorstellung darüber gibt die Verteilung der Strömungsrichtungen an verschiedenen Stellen des Apparats, wie sie aus visuellen Beobachtungen an durchsichtigen Modellen gewonnen wurde (Bild 3.6./17, c). Wie aus der Zeichnung sichtbar ist, weist die Strömung an der Wand nach unten, aber in Achsennähe nach oben. Die radialen Ströme vergrößern sich von der Peripherie zum Zentrum, wie Messungen zeigten. Wenn die Flüssigkeit unter großem Druck in den Zyklon eintritt, wird sie infolge der großen Umfangsgeschwindigkeit stärker zur Peripherie geschleudert, und im Zentrum bildet sich ein flüssigkeitsfreier Kanal. Da Zyklone in einem geschlossenen System arbeiten, bildet sich im Inneren ein Vakuum. Der erwähnte Kanal füllt sich mit aus der Flüssigkeit abgeschiedenen, vordem gelösten Gasen.

Die Berechnung von Hydrozyklonen führt wie die von Aerozyklonen zur Bestimmung von Durchsatz, Abmessungen der abgeschiedenen Teilchen und Energieverbrauch.

Der Durchsatz an Suspension mit der Dichte ϱ, durch einen Einlauf mit dem Durchmesser d_E und bei einem Druckverlust Δp im Zyklon wird nach folgender Beziehung bestimmt:

$$V_S = \mu_0 \cdot \frac{\pi d_E^2}{4} \sqrt{2\frac{\Delta p}{\varrho}} \qquad (3.6./73)$$

μ_0 Durchsatzkoeffizient

Führt man auf der rechten Seite den Zyklonendurchmesser D und den des Austragrohres d_A ein, erhält man

$$V_S = C_0(Dd_A)\sqrt{\frac{\Delta p}{\varrho}} \qquad (3.6./74)$$

Die Zahl

$$C_0 = h_0 \frac{\pi\sqrt{2}}{4} \cdot \frac{d_E}{Dd_A} \qquad (3.6./75)$$

ist für geometrisch ähnliche Zyklone gleich.
Führt man in (Gl. 3.6./74) den Koeffizienten

$$K = \frac{C_0}{\sqrt{\varrho}} \qquad (3.6./76)$$

ein, erhält man die Berechnungsformel für den Suspensionsdurchsatz

$$V_S = K D d_A \sqrt{\Delta p} \qquad (3.6./77)$$

Nach experimentellen Ergebnissen ist für Zyklone mit einem Durchmesser $D = 125$ bis 600 mm und einem Kegelwinkel von 38° der Koeffizient $K = 2{,}8 \cdot 10^{-4}$.
Die maximale Größe der Teilchen, die mit in den Überlauf gehen, wird mit empirischen Formeln bestimmt, die in der speziellen Literatur dargestellt sind.
Die für den Betrieb von Hydrozyklonen notwendige Leistungsaufnahme ist die Pumpenleistung, die den gegebenen Flüssigkeitsdurchsatz V_S mit dem entsprechenden Druck gewährleistet.
Ungeachtet dessen, daß Hydrozyklone erst seit relativ kurzer Zeit existieren, gibt es viele konstruktive Typen. Das erklärt sich daraus, daß die Suche nach optimalen Abmessungen und Proportionen ständig fortgesetzt wird.
Den Haupteinfluß auf den Absetzeffekt hat das Verhältnis der Durchmesser d_A des Austrags und $d_ü$ des Überlaufs (für die geklärte Flüssigkeit), das mit etwa 0,37 bis 0,4 angenommen wird. Der Durchmesser des Einlaufs d_E wird angenommen mit $0{,}14\,D \cdots 0{,}3\,D$, der des Überlaufs mit $d_ü = 0{,}2\,D \cdots 0{,}167\,D$. Der Konuswinkel beträgt für Klassierzyklone 20°, in den Zyklonen zum Eindicken und Klären von Suspensionen $10 \cdots 15°$.
Die Zyklonendurchmesser schwanken in einem weiten Bereich. Wie bei den Aerozyklonen ist die Trennwirkung umso größer, je kleiner der Durchmesser ist. Deshalb haben die Zyklone in Abhängigkeit vom zu realisierenden Prozeß folgende Durchmesser:

- Klassieren $D = 300 \cdots 350$ mm
- Eindicken von Suspensionen $D = 100$ mm
- Klären (wobei starke Zentrifugalfelder gebraucht werden) $D = 10 \cdots 15$ mm

Im letzten Fall werden deshalb Multizyklone verwendet. Ein solcher Multizyklon

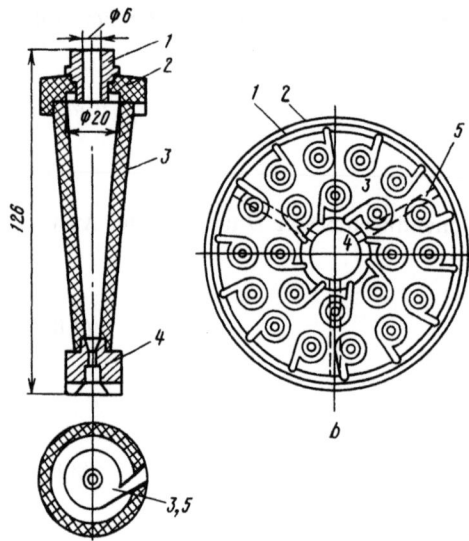

Bild (3.6./18). Multihydrozyklone
a) einzelnes Zyklonelement
(1) Überlauf (2) Deckel (3) Gehäuse (4) Austrag
b) Schema eines Multizyklons
(1) Hartgummiblock (2) Metallgehäuse (3) Einzelzyklone (4) Zentralrohr für den Zulauf (5) Radialkanäle

ist in Bild (3.6./18, a) dargestellt. Das Gehäuse (3) und die Deckel (2) sind aus Ebonit hergestellt, Überlauf (1) und Austrag (4) aus Gußeisen.
Wie bei den Batterieaerozyklonen werden die Multihydrozyklone in parallel arbeitende Gruppen zusammengefaßt. In Bild (3.6./18, b) ist die Anordnung dargestellt; ein Hartgummiblock (1) ist von einem Metallgehäuse (2) umschlossen. Im Deckel sind 24 Hydrozyklone (3) eingearbeitet. Die Suspension wird durch ein Zentralrohr (4) herangeführt, das durch drei radiale Kanäle (5) mit dem Block (1) verbunden ist. Aus dem Zuleitungsrohr und dem Block (1) gelangt die Suspension gleichzeitig in die Zyklone. Ebenfalls parallel werden aus allen Zyklonen die Trennprodukte abgeführt.
Vorgeschlagen wurden auch sogenannte „Zentriklone". Im zylindrischen Teil eines solchen Apparats befindet sich ein Flügelrotor, der durch einen Elektromotor in Rotation versetzt wird. Dieser Rotor erzeugt ein kräftiges Zentrifugalfeld, das die tangentiale Einspeisung der Suspension durch eine Pumpe ersetzt.

3.6.4. Elektrosedimentation

3.6.4.1. Allgemeine Voraussetzungen

Feststoffteilchen, die in Gasen verteilt sind, können durch Elektroabscheider abgetrennt werden, häufig werden sie Elektrofilter genannt. Das zu reinigende Gas strömt durch die Absetzkammer des Elektrofilters; der Durchgangsteil ist als Bündel von parallelen Rohren ausgeführt oder als Paket vertikaler Scheiben. Durch die Achsen der Rohre mit einem Durchmesser von 150···300 mm werden 2 mm dicke Drähte geführt, solche Drähte sind auch zwischen den o. a. Scheiben gespannt (Bild 3.6./19). An die Drähte und Rohre wird eine hohe Gleichspannung bis 90000 V angelegt, die durch Umformung der Spannung von Wechselstrom mit 220···500 V mit Hilfe von Transformatoren und Gleichrichtern (mechanischen oder elektronischen) gewonnen wird. In Bild (3.6./19) sind zwei Typen von Elektrofiltern schematisch dargestellt, die durch mechanische Hochspannungsgleichrichter gespeist werden. Die Gleichrichtung erfolgt durch Synchronschaltung der entsprechenden Kon-

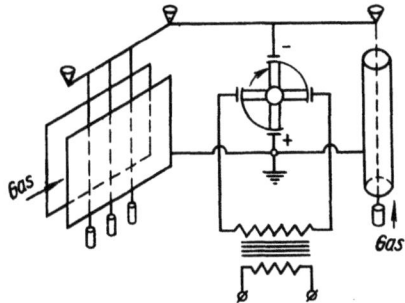

Bild (3.6./19). Prinzipschema von Elektrofiltern

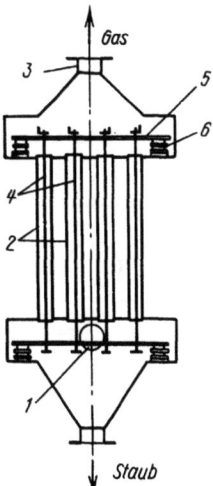

Bild (3.6./20). Schema des Aufbaus eines Elektroröhrenfilters

takte der Sekundärseite des Transformators. Auf einer Trommel, die durch einen Synchronmotor angetrieben wird, befinden sich die beweglichen Kontakte. Rund um die mit dem negativen Pol verbundenen Drähte bildet sich eine Zone ionisierten Gases, d. h. dessen Moleküle in positiv und negativ geladene Ionen gespalten sind. Die negativen Ionen bewegen sich zu den Wandungen der Rohre bzw. zu den Scheiben und füllen dabei das ganze Volumen des Elektrolyts aus. Auf ihrem Wege setzen sie sich an die im Gas schwebenden Feststoffteilchen und nehmen sie auf ihrem Weg zu den Rohrwandungen bzw. Scheiben mit. Hier verlieren die Teilchen ihre Ladung und rieseln entlang der Elektrodenfläche nach unten.
Die ionisierte Schicht in der Nähe der Drähte leuchtet und gibt einen zischenden Ton ab. Diese Schicht heißt *Korona* und der Draht koronierende Elektrode (Sprühelektrode). Scheiben und Rohre, an denen sich die Hauptmasse des Staubes absetzt, heißen Absetzelektroden.
In Bild (3.6./20) ist das Schema eines Elektroröhrenfilters dargestellt. Das zu reinigende Gas gelangt durch die Leitung (1) in die untere Kammer des Elektrofilters, durchströmt das Rohr (2) von unten nach oben und verläßt den Apparat durch die Rohrleitung (3). Die koronierenden Elektroden (4) sind im Rahmen (5) aufgehängt, der sich auf den Isolatoren (6) abstützt, die zur Vermeidung von Verschmutzung aus dem Gasstrom herausgenommen und in seitlichen Abteilen untergebracht sind.
Eine geringe Verschmutzung der Isolatoren gewährleistet auch einen niedrigen Anteil an verschmutztem Gas. Die Elektroden werden mit Hilfe von Klopfeinrichtungen freigehalten (Hämmer), der Staub fällt von den Elektroden ab und gelangt in den konischen Boden des Elektrofilters. Im beschriebenen Filter geht auch eine Ionisierung des Gases in der Nähe des koronierenden Drahtes vor sich ebenso wie eine Verlagerung der geladenen Staub- oder Nebelteilchen zur Absetzelektrode. Die Operationen können getrennt werden (Bild 3.6./21). Das Gas durchströmt zuerst den Ionisator, der aus einer Anzahl aufeinanderfolgender dicker Stäbe und dünner koronierender Leitungen besteht, dann gelangt das Gas mit den aufgeladenen Staubteilchen in das Scheibenpaket mit einem verstärkten planparallelen elektrischen Feld, das eine beschleunigte Sedimentation sichert.
In Bild (3.6./21) ist eine Variante eines derartigen Filters dargestellt, die mit Hilfe eines elektronischen Gleichrichters (Kenotron) mit zwei Spannungen von 6 kV und 7 kV gespeist wird, es sind zwei Kondensatoren C_1 und C_2 eingefügt, die demzufolge mit 13 kV durch den Ionisator aufgeladen sind. Der Absetzer wird mit einer Spannung von 6 kV gespeist.

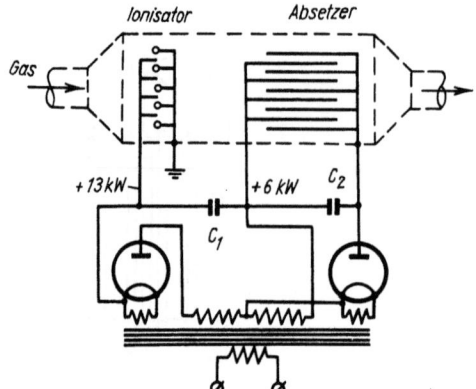

Bild (3.6./21). Prinzip der Sedimentation mit Trennionisierung

3.6.4.2. Physikalische Grundlagen der Elektrosedimentation

Ein Gas kann man in dem Raum zwischen zwei Elektroden mit einem inhomogenen elektrischen Feld unveränderlicher Spannung ionisieren.

Ein *homogenes elektrisches Feld* wird in dem Luftspalt zwischen parallelen Flächenelektroden (Bild 3.6./22, a) beobachtet, hier erfüllen die Kraftlinien das Volumen des Zwischenraums gleichmäßig und verlaufen parallel. Ein *inhomogenes* Feld entsteht in dem Fall, wenn die Oberfläche einer Elektrode bedeutend kleiner ist, wie das im Röhren- oder Plattenfilter (Bild 3.6./22) der Fall ist, da eine Verdichtung der Feldlinien an der Elektrode eine erhebliche Vergrößerung der Feldspannung nach sich zieht. So ist die Feldspannung E_x in W/cm im Rohr maximal bei minimalem $x = r$, was auch aus der theoretischen Beziehung

$$E_x = \frac{v}{x \ln R/r} \qquad (3.6./78)$$

folgt.

- v Potentialunterschied zwischen den Elektroden in V
- x Abstand von der Achse der inneren Elektrode in cm (s. Bild 3.6./22)
- R innerer Rohrradius in cm
- r Radius der inneren Elektrode in cm

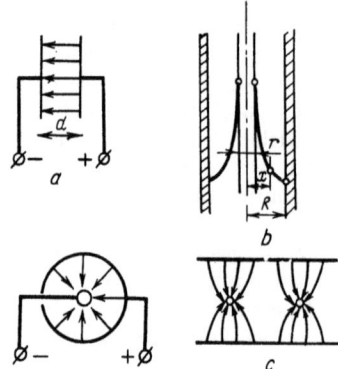

Bild (3.6./22). a) bis c) Kraftfeld zwischen den Elektroden

Die Feldspannung an einem beliebigen Punkt zwischen parallelen Platten in W/cm ist

$$E = \frac{v}{D}. \qquad (3.6./79)$$

Bei Erhöhung von E bis zum kritischen Wert E_{kr} wird der Luftspalt d zwischen parallelen Platten infolge „lawinenartiger" Neubildung von Ionen durch eine Stoßionisation „übersät". Im Raum zwischen den Platten bildet sich eine Funkenentladung, der Strom steigt infolge des Kurzschlusses der Elektroden kräftig an. Ein solcher Prozeß ist für die Sedimentation von Staubteilchen nicht anwendbar.

Im inhomogenen Feld beginnt die Stoßionisation beim Erreichen von E_{kr} an der Leiteroberfläche und breitet sich nicht auf den ganzen Zwischenraum aus; in diesem Fall geht eine Koronaentladung mit gleichmäßiger Ionenbildung und Entsendung von negativen Ionen zu den Absetzelektroden vor sich. Der kritischen Feldspannung entspricht der kritische Potentialunterschied v_{kr}. Mit der Vergrößerung von v bis zum Funkenpotential v_{kr} erhöht sich die Stromstärke nach einem quadratischen Gesetz (der Stromfluß in Gasen gehorcht nicht dem *Ohm*schen Gesetz), und bei $v > v_F$ (v_F - Funkenüberschlagspannung) erfolgt ebenfalls ein Funkenüberschlag.

Bei einer negativen koronierenden Elektrode sind v_{kr} und v_F höher, außerdem ist die Beweglichkeit der negativen Ionen größer; deshalb wird meist die negative Korona genutzt. Es ist leicht einzusehen, daß mit Erhöhung von v und E auf die Ionen, die sich im Kraftfeld befinden, große Kräfte wirken, die die Ionenbewegung und die Sedimentation der geladenen Teilchen beschleunigen. Die Größe des angelegten Potentialunterschieds muß niedriger als v_F sein, da bei einem Funkenüberschlag die Spannung in den Leitungen erheblich abfällt und die Korona und damit die Teilchenabtrennung stark verschlechtert werden.

3.6.4.3. Arbeitsweise eines Elektrofilters

Staub- oder Nebelteilchen, die mit dem Gasstrom in das Elektrofilter gelangen, werden aufgeladen und erhalten eine gerichtete Bewegung zu den Absetzelektroden hin aufgeprägt. Ein geringer Anteil des Staubs, der in der Gegend der Korona ausfällt, setzt sich zum Teil auf der koronierenden Elektrode ab. Beim Kontakt mit der Absetzelektrode geben die Staubteilchen ihre Ladung an diese ab. Wenn ein Teilchen gut stromleitend ist, dann gibt es die Ladung sofort ab, das Teilchen erhält die Ladung der Elektrode und kann in den Gasstrom zurückgeschleudert werden. Flüssige Teilchen bleiben an der Elektrode haften. Bei völlig nichtleitenden Teilchen fließen die Ladungen nicht von den Teilchen ab, wenn sie die Elektrode berühren, die Teilchen werden durch die Feldstärke zur Elektrode hin gezwungen und bilden auf ihr eine dichte, poröse Schicht.

Eine solche geladene Schicht wirkt dem Grundfeld entgegen und bremst die Elektrosedimentation. Außerdem findet in den Poren dieser Schicht eine Konzentrierung der Feldlinien statt, die Feldspannung erreicht ihren kritischen Wert, und Luft beginnt in den Poren zu koronieren. Es erscheint eine gegenläufige „positive" Korona, die den negativ geladenen Teilchen positive Ladungen entgegenschickt. Folge ist eine Entladung der Teilchen und Verringerung des Abtrenneffekts. Die Stromstärke steigt, und die Spannung zwischen den Elektroden sinkt.

Bei normalem Betrieb des Filters wirkt eine Erhöhung der Stromstärke günstig, da sie die Gasreinigung verbessert. Bei einer Gegenkorona hat die Erhöhung der Stromstärke einen schädlichen Einfluß auf den technologischen Effekt. Zur Verringerung des schädlichen Einflusses einer geladenen Staubschicht werden die Elektroden abgeklopft, und man verändert die Leitfähigkeit der Schicht durch Anfeuchten des Gases.

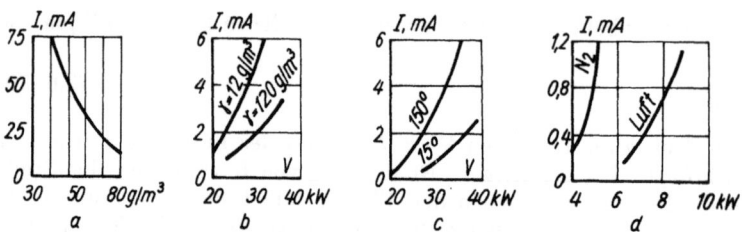

Bild (3.6./23). a) bis d) Einfluß verschiedener Faktoren auf die Wirkung von Elektrofiltern

Um die Unterschiede zwischen den Arbeitsweisen der verschiedenen Filter meßtechnisch zu erfassen, ist es unerläßlich, die Wirkung der Einflußfaktoren zu kennen.
Die Staubsedimentation in Staubfiltern hängt vielfach von den Eigenschaften der Teilchen ab, ihren Abmessungen, der Dielektrizitätskonstante, der Leitfähigkeit, der Form, den Oberflächeneigenschaften u. a. Bei der Abtrennung gemischten Staubes kann man Anreicherungen von Teilchen des Staubes entlang dem Gasstrom an bestimmten Komponenten beobachten. In diesem Fall verwandelt sich das Elektrofilter in einen Separator, der Staub nach seinen physikalischen Eigenschaften klassiert.
Bei sehr hoher Staub- oder Nebelkonzentration setzt sich ein großer Teil der Ionen an den Partikeln ab. Da die Geschwindigkeit der geladenen Staubteilchen geringer ist als die der Ionen, wird die Geschwindigkeit der Ionenübertragung erheblich reduziert, die Stromstärke fällt und die Abtrennung verringert sich. Diese Erscheinung heißt „Verschluß" der Korona. Der Charakter des Abfalls der Stromstärke ist in Bild (3.6./23a) dargestellt. Als wesentlich erweist sich der Einfluß der Temperatur (Bild 3.6./23c), des Staubanteils (Bild 3.6./23b) und der Zusammensetzung des Gases (Bild 3.6./23d).
Die Effektivität der Arbeit von Elektrofiltern wird durch den Abscheidegrad oder den Wirkungsgrad des Filters ausgedrückt:

$$h_0 = \frac{C_E - C_A}{C_E} = 1 - \frac{C_A}{C_E} = 1 - e^{\frac{2w_0}{Rw} \cdot L} \tag{3.6./80}$$

C_E Staubkonzentration im Gas beim Eintritt in den Elektrofilter
C_A Staubkonzentration am Austrag des Gases
w_0 Absetzgeschwindigkeit der Teilchen (Geschwindigkeit bezüglich der Rohroberflächen in m/s)
w Gasgeschwindigkeit im Rohr in m/s
R und L Rohrlänge und -radius in m

Die letzte Beziehung ist theoretisch unter der Voraussetzung hergeleitet worden, daß der Staub monodispers ist (d. h. mit gleichgroßen Teilchen). Die Beziehung zeigt, daß sich der Reinigungsgrad über die Länge des Elektrofilters asymptotisch der 1 nähert. Das geschieht umso schneller, je größer w_0 und je kleiner R und w sind. Man wählt eine solche Gasgeschwindigkeit, daß alle Staubteilchen die Absetzelektrode des Elektrofilters erreichen können, aber die abgesetzten Teilchen nicht vom Luftstrom wieder davongetragen werden.
Der praktische Wert von μ_0 beträgt 90···99%. Die Erhöhung dieser Werte führt zur Notwendigkeit der Vergrößerung von L, der Verringerung von w und der Erhöhung des Apparatevolumens. Die vollständige Reinigung von Gas erzielt man durch getrennte Ionisierung nach dem in Bild (3.6./21) dargestellten Schema, z. B. in der Film- und Arzneimittelindustrie u. a.

Die Röhrenelektrofilter arbeiten wegen ihrer großen elektrischen Feldspannung besser, sie sind jedoch hinsichtlich Montage und Betrieb komplizierter.
Die summierten Energieaufwendungen sind für die Elektrosedimentation nicht groß, da der hydraulische Widerstand der Filter 30···15 Pa nicht überschreitet und der Energieverbrauch für die Sedimentation unter 0,8 kW je 1000 m³ Gas beträgt.

3.6.4.4. Berechnung von Elektrofiltern

Elektrofilter sind dem Aufbau nach sehr einfach, die in ihnen ablaufenden Prozesse sind jedoch überaus kompliziert und vielgestaltig. Da sich diese Erscheinungen überdecken, treten so starke Abweichungen von den idealen Voraussetzungen auf, daß der Prozeß in allgemeiner Form bis jetzt nicht berechenbar ist. Deshalb benutzt man für die Auslegung experimentelle Daten und Näherungsformeln. So nimmt man die Stromstärke in den Grenzen von 0,3···0,5 mA/m für Röhrenfilter und 0,1···0,3 mA je m für Plattenfilter an. Die Feldspannung ist gewöhnlich 300···450 kV/m oder über 800 kV/m, die Arbeitsspannung 35···70 kV. Bei einer Länge des elektrischen Feldes von 3···4 m beträgt die zulässige Gasgeschwindigkeit 0,8···1,5 m/s für Röhrenfilter und 0,5···1,0 m/s für Plattenfilter. Die Verweilzeit t_0 des Gases im Röhrenfilter korreliert mit der Absetzgeschwindigkeit w_0 unter Nutzung der Beziehung

$$t_0 = R/w_0, \qquad (3.6./81)$$

wobei w_0 nach dem *Stokes*schen Gesetz (Gl. 3.6./8) bestimmt wird unter Nutzung des Ausdrucks für die elektrische Feldstärke. Die Berechnung von Elektrofiltern ist in der Spezialliteratur dargestellt. Der Wirkungsgrad von Elektrofiltern erreicht 90 bis 99%, sie sind deshalb sehr effektive Staubabscheider und werden zur Behandlung großer Mengen stark verschmutzter Gase eingesetzt.

Zu empfehlende Literatur

Lukjaneko, W. M.; Taranjez, A. W.: Industriezentrifugen (russ.). Moskau: Verlag Chimija 1974, 375 S.

Malinowskaja, T. A.: Die Trennung von Suspensionen in der industriellen organischen Synthese (russ.) Moskau: Verlag Chimija 1971, 320 S.

Rogow, I. A.; Gorbatow, A. W.: Physikalische Methoden der Bearbeitung von Lebensmitteln (russ.). Moskau: Verlag „Pistschepromisdat" 1974, 583 S.

Romankow, P. G.; Kurotschkina, M. I.: Hydromechanische Prozesse der chemischen Technologie (russ.). Leningrad: Verlag Chimija 1974, 288 S.

Ushow, W. I.: Reinigung von Industriegasen mit Elektrofiltern (russ.). Moskau: Verlag Chimija 1967, 344 S.

Autorenkollektiv: Mechanische Verfahrenstechnik I (Band des Lehrwerks Verfahrenstechnik). Leipzig: VEB Deutscher Verlag für Grundstoffindustrie 1977

Autorenkollektiv: Mechanische Verfahrenstechnik II (Band des Lehrwerks Verfahrenstechnik). Leipzig: VEB Deutscher Verlag für Grundstoffindustrie 1979

3.7. Filtration

Unter Filtration versteht man die Trennung heterogener Systeme mit einer dispersen Feststoffphase, wobei die Feststoffteilchen durch poröse, für das Dispersionsmittel durchlässige Trennwände zurückgehalten werden. Entsprechend der Art des Dispersionsmittels wird in Flüssigkeits- und Gasfiltration unterschieden.
In der Lebensmittelindustrie haben diese Prozesse eine weite Verbreitung gefunden. So wird z. B. in der Zuckerindustrie die Filtration zur Abtrennung der ausgefällten Bestandteile aus den Saturationssäften und zur Reinigung eingedickter Säfte angewendet. Bei der Bierherstellung findet die Filtration für die Abtrennung der Treber von der Würze und für die Klärung des fertigen Produktes, dem Bier, Anwendung. Auch bei der Herstellung von Säften, Wein und Spirituosen spielt die Flüssigkeitsfiltration eine große Rolle.
Die Entstaubung der Luft mittels Filtration wird ebenfalls in vielen Lebensmittelbetrieben durchgeführt: in Bäckereien, Mühlenbetrieben, Spirituosenfabriken u. a.

3.7.1. Einteilung der Filtrationsprozesse

Die Prozesse der industriellen Filtration können in zwei Gruppen eingeteilt werden, die sich in ihrem Wirkungsmechanismus unterscheiden. Zur ersten Gruppe gehören die Filtrationsprozesse, bei denen sich ein Filterkuchen ausbildet. Hierunter versteht man die Filtration niedrigviskoser Flüssigkeiten, die eine hohe Feststoffkonzentration aufweisen. Gewöhnlich ist der Querschnitt der Kapillaren der Filterschicht größer als die Abmessungen der zu filtrierenden Teilchen, aber nur in der Anfangsphase gelangen Teilchen durch die Filterschicht und werden nicht zurückgehalten. Im weiteren kommt es über den Poreneingängen zur Ausbildung von Brücken und Gewölben, die die Kapillaren vor einer Verstopfung schützen. Es entsteht ein Filterkuchen, dessen Dicke im Verlaufe der Filtration zunimmt. Nunmehr spielt die Filterkuchenschicht die Hauptrolle beim Zurückhalten der Teilchen. Die Abmessungen der Teilchen sind dabei größer als die Querschnitte der Kapillaren des Filterkuchens.
In dem Maße, wie die Dicke des Filterkuchens wächst, erhöht sich der Durchflußwiderstand, und die Filtrationsgeschwindigkeit verringert sich.
Beispiele hierfür sind die Filtration des Saturationssaftes I in der Zuckerindustrie, der Maische in den Brauereien, der Hefemasse in den Hefefabriken.
Die zweite Art der Filtration ist die Verstopfungsfiltration. Dieser Prozeß findet in der Regel dann statt, wenn die Teilchenabmessungen klein und die Feststoffkonzentration gering sind, sowie bei der Filtration hochviskoser Suspensionen. Es bilden sich hierbei keine Gewölbe über den Porenöffnungen. Die Feststoffteilchen dringen in das Kapillarsystem ein, und ein Teil von ihnen wird dort infolge Wandhaftens und Verklemmens festgehalten. Dies führt zu Verstopfungen von Filterporen. In dem Maße, wie sich die Anzahl der zugesetzten Poren erhöht, verringert sich der effektive Filterquerschnitt und der Durchtritts-Widerstand wächst. Diesem Filtrationstyp entspricht z. B. die Bierfiltration in den Brauereien.
Außer den beiden beschriebenen Filtrationsarten gibt es einen Zwischentyp, bei dem sowohl Ablagerungen in den Kapillaren als auch die Bildung von Gewölben über den Kapillaröffnungen anzutreffen sind.
Wie aus dem Dargelegten ersichtlich ist, wird die Filtrationsart von den Eigenschaften der Suspension, der Filterschicht und dem Filtrationsdruck bestimmt. Deshalb kann ein- und dieselbe Suspension unter verschiedenen Bedingungen filtriert werden. Praktisch jedoch werden für bestimmte technologische Bedingungen jeweils entsprechende Prozeßvarianten angewandt.

3.7.2. Theorie der Filtration mit Filterkuchenbildung

Das Hauptziel der theoretischen Betrachtungen ist die Bestimmung der Filtrationsgeschwindigkeit in Abhängigkeit von verschiedenen einwirkenden Faktoren. Die Filtrationsgeschwindigkeit v (in m/s) ist als Filtratvolumenstrom (in m³/s), bezogen auf die Filteroberfläche, definiert.
Daraus ergibt sich

$$v = \frac{V}{A \cdot t} \tag{3.7./1}$$

V Filtratvolumen in m³
A Filteroberfläche in m²
t Filtrationszeit in s

Die Filtrationsgeschwindigkeit ist von mehreren Faktoren abhängig. Die wichtigsten von ihnen sind folgende:

Struktur des Filterkuchens,
Dicke des Filterkuchens,
Beschaffenheit der Filterschicht,
Viskosität der Flüssigkeit,
Triebkraft des Prozesses.

Die *Triebkraft* des Filtrationsprozesses Δp (in Pa) ist die Differenz zwischen dem Druck der Flüssigkeit über der Filterschicht und dem Druck dieser Flüssigkeit bei ihrem Austritt aus der Schicht (Bild 3.7./1).

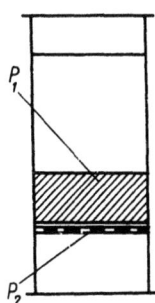

Bild (3.7./1). Schema der Kuchen-Filtration

$$\Delta p = p_1 - p_2 \tag{3.7./2}$$

Die Druckdifferenz Δp kann durch eine Erhöhung des Druckes über der Filterschicht oder durch ein Vakuum unter ihr hervorgerufen werden. In Abhängigkeit von der Art der Erzeugung der Druckdifferenz Δp werden Druckfilter und Vakuumfilter unterschieden.
Die Filtrationstheorie ist auf der Voraussetzung aufgebaut, daß die Bewegung der Flüssigkeit in den Kapillaren des Filterkuchens laminaren Charakter trägt. Der Durchmesser der Poren des Filterkuchens ist sehr klein und deshalb die *Reynolds*-Zahl

$$Re = \frac{wd}{\nu}$$

kleiner als die kritische *Reynolds*-Zahl.

Daraus ergibt sich, daß die Bewegung der Flüssigkeit der *Poiseuille-Gleichung* folgt:

$$w = \frac{\Delta p d^2}{32 \eta l} \qquad (3.7./3)$$

w Strömungsgeschwindigkeit der Flüssigkeit in den Poren in m/s
p Druck in Pa
d Durchmesser der Kapillaren in m
l Länge der Kapillaren in m
η Viskosität in Pa s

Der Volumenstrom der Flüssigkeit durch eine Kapillare (q in m³/s) errechnet sich zu

$$q = \frac{\pi d^2}{4} w$$

oder

$$q = \frac{\pi d^2}{4} \cdot \frac{\Delta p d^2}{32 \eta l} = \frac{\Delta p d^4 \alpha}{32 \eta l}, \qquad (3.7./4)$$

$\alpha = \pi/4$, von der Kapillarenform abhängige Größe.

Wenn die Filterfläche A und die Anzahl der Poren pro Flächeneinheit z ist, fließt in der Zeit t das Flüssigkeitsvolumen Q in m³

$$Q = qtAz = \frac{\Delta p d^4 \alpha}{32 \eta l} tAz. \qquad (3.7./5)$$

Die Länge der Kapillaren l kann durch die Dicke der Filterschicht s ausgedrückt werden:

$$l = \beta s, \qquad (3.7./6)$$

wobei $\beta > 1$ ein Koeffizient ist, der die Nichtgeradlinigkeit der Kapillaren charakterisiert.

Die Anzahl der Kapillaren auf einer Flächeneinheit hängt von den Teilchenabmessungen des Filterkuchens ab. Es kann angenommen werden, daß einer Oberflächeneinheit z Kapillaren zugeordnet werden können:

$$z = \frac{\bar{\varepsilon}}{D^2}, \qquad (3.7./7)$$

D Teilchendurchmesser in m
$\bar{\varepsilon}$ Proportionalitätskoeffizient

Zur Größe D kann weiterhin der Kapillarendurchmesser in Beziehung gesetzt werden:

$$d = \delta D, \qquad (3.7./8)$$

wobei δ ein Koeffizient ist, der von der Anordnung der Filterkuchenteilchen abhängt. Aus Gl. (3.7./5) erhält man unter Verwendung von Gl. (3.7./1), (3.7./7) und (3.7./8)

$$v = \frac{V}{At} = qz = \frac{\Delta p \delta^4 D^4 \alpha \bar{\varepsilon}}{32 D^2 \eta \beta s} = \frac{\Delta p}{\dfrac{32 D^2 \beta s \eta}{\delta^4 D^4 \alpha \bar{\varepsilon}}} = \frac{\Delta p}{\dfrac{32 \beta}{\alpha \bar{\varepsilon} \delta^4} \cdot \dfrac{1}{D^2} \eta s} \qquad (3.7./9)$$

Der dimensionslose Komplex $32\,\beta/\alpha\bar{\varepsilon}\delta^4$ wird mit φ bezeichnet.

$$\varphi = \frac{32\beta}{\alpha\bar{\varepsilon}\delta^4} \qquad (3.7./10)$$

Der Koeffizient φ charakterisiert die Struktur des Filterkuchens.
Die Größe φ/D^2 wird mit σ bezeichnet und Strukturwiderstand genannt (1/m²).

$$\frac{\varphi}{D^2} = \sigma \qquad (3.7./11)$$

Daß diese Größe einen Filtrationswiderstand darstellt, geht aus ihrer Position im Nenner der Gleichung hervor. Dieser Widerstand hängt von der Struktur des Filterkuchens ab, wie das aus den Gln. (3.7./10) und (3.7./11) ersichtlich ist. Gl. (3.7./9) kann deshalb wie folgt geschrieben werden:

$$v = \frac{\Delta p}{\varphi\dfrac{1}{D^2}\eta s} = \frac{\Delta p}{\sigma\eta s} = \frac{\Delta p}{rs} \qquad (3.7./12)$$

$r = \sigma\eta$ spezifischer Widerstand in kg s/m⁴.

In Gl. (3.7./12) ist der Widerstand, der durch die Filterschicht selbst entsteht, nicht berücksichtigt. Dieser Widerstand soll mit R bezeichnet werden. Somit nimmt die Gleichung für die Filtrationsgeschwindigkeit folgende Form an:

$$v = \frac{\Delta p}{\sigma\eta s + R} \qquad (3.7./13)$$

Die Maßeinheit für R muß gleich der Maßeinheit für $\sigma\,\eta\,s$ sein (kg s/m³).
Gl. (3.7./13) wurde unter der Bedingung hergeleitet, daß alle Größen, die die Struktur des Filterkuchens charakterisieren, konstant sind. Folglich ist sie für inkompressible Filterkuchen anwendbar, wo σ eine mit der Druckveränderung unveränderliche Größe darstellt. Außerdem wurde bei der Ableitung dieser Gleichung angenommen, daß die Packungsdichte der Filterkuchenteilchen in der gesamten Filterkuchenschicht einheitlich ist.
Dies entspricht jedoch nicht der Realität. In der Regel haben sich die Feststoffteilchen in der oberen Schicht des Filterkuchens weniger dicht angeordnet. In den unteren Schichten hingegen ist die Packung dichter, folglich sind die Kapillaren dünner. Im weiteren werden diese Ungleichmäßigkeiten in der Packungsdichte vernachlässigt und der Filterkuchen als einheitlich in seiner gesamten Tiefe angesehen. Das führt zu einem gewissen Fehler, der aber unter technischen Bedingungen zulässig ist. Nicht unberücksichtigt darf jedoch die Kompressibilität des Filterkuchens bleiben. Deshalb muß die Formel (3.7./13) entsprechend umgeformt werden.
Hierzu wird der Begriff „*Normalfilterkuchen*" eingeführt. Darunter versteht man den bei einem bestimmten Druck gebildeten Filterkuchen. Zum Beispiel kann ein Druck angenommen werden, der dem Druck von 1 m Suspensionssäule entspricht.
Der Strukturwiderstand eines solchen Filterkuchens wird mit σ_0 bezeichnet, die Filterkuchenhöhe mit s_0 und der Teilchendurchmesser mit D_0. Damit kann für Gl. (3.7./13) geschrieben werden:

$$v_0 = \frac{\Delta p_0}{\sigma_0\eta s_0 + R} \qquad (3.7./14)$$

Bei Drücken über dem Normaldruck findet eine Deformation der Filterkuchenteilchen statt, wodurch sich ihr Durchmesser verändert. Unter diesen Bedingungen kann die Gleichung für die Filtrationsgeschwindigkeit wie folgt geschrieben werden:

$$v = \frac{\Delta p}{\sigma \eta s + R} \qquad (3.7./15)$$

Der neue Teilchendurchmesser wird mit D bezeichnet:

$$D = D_0 - \Delta D \qquad (3.7./16)$$

$$\Delta D = D_0 \cdot \frac{\Delta p}{G} \qquad (3.7./17)$$

G Kompressibilitätsmodul in Pa

Daraus folgt:

$$D = D_0 \left(1 - \frac{\Delta p}{G}\right) \qquad (3.7./18)$$

Gleichzeitig findet eine Deformation des gesamten Filterkuchens statt:

$$s = s_0 - \Delta s \qquad (3.7./19)$$

$$\Delta s = s_0 \frac{\Delta p}{G} \qquad (3.7./20)$$

und

$$s = s_0 \left(1 - \frac{\Delta p}{G}\right), \qquad (3.7./21)$$

wobei s_0 die Schichtdicke bei normalem Druck und s die Dicke der gleichen Schicht beim Druck Δp ist.

Gl. (3.7./15) wird umgeformt und folgendermaßen geschrieben:

$$v = \frac{\Delta p}{\dfrac{\varphi}{D^2} s \eta + R} \qquad (3.7./22)$$

In dieser Gleichung wurde der Strukturwiderstand σ durch φ/D^2 ersetzt.
Unter der Annahme, daß der Koeffizient φ bei beliebigem Druck konstant bleibt, kann für Gl. (3.7./22) geschrieben werden:

$$v = \frac{\Delta p}{\dfrac{\varphi}{D_0^2 \left(1-\dfrac{\Delta p}{G}\right)^2} s_0 \left(1-\dfrac{\Delta p}{G}\right)\eta + R} = \frac{\Delta p}{\dfrac{\varphi s_0 \eta}{D_0^2 \left(1-\dfrac{\Delta p}{G}\right)} + R} \qquad (3.7./23)$$

oder

$$v = \frac{\Delta p \left(1 - \dfrac{\Delta p}{G}\right)}{\sigma_0 s_0 \eta + R\left(1 - \dfrac{\Delta p}{G}\right)} \qquad (3.7./24)$$

(Näherungsgleichung nach *Snamenski*)

Vernachlässigt man den Widerstand der Filterschicht, nimmt die Gl. (3.7./24) folgende Form an:

$$v = \frac{\Delta p \left(1 - \frac{\Delta p}{G}\right)}{\sigma_0 s_0 \eta} \qquad (3.7./25)$$

Aus Gl. (3.7./25) läßt sich schlußfolgern, daß die Filtrationsgeschwindigkeit

- bei kompressiblem Filterkuchen dem Druck nicht proportional ist;
- sich umgekehrt proportional zur Filterkuchenhöhe verhält;
- sich mit Zunahme der Viskosität verringert.

Deshalb ist es vorteilhaft, Flüssigkeiten bei erhöhter Temperatur zu filtrieren.
Für eine praktische Anwendung der Gl. (3.7./24) und (3.7./25) müssen folgende Werte bekannt sein:

Viskosität des Filtrates η,
Kompressibilitätsmodul des Filterkuchens G,
Koeffizient des Strukturwiderstandes σ_0 bei Normaldruck.

Alle diese Werte sind auf experimentellem Wege zu ermitteln. Für Saturationssäfte in der Zuckerindustrie wurden sie von *Snamenski* und Mitarbeitern bestimmt. Es ist zu beachten, daß sich die Größe G für ein- und denselben Filterkuchen in Abhängigkeit vom Druck in relativ großen Grenzen ändert.

3.7.3. Filtrationsregime

In dem Maße, wie die durchgesetzte Filtratmenge zunimmt, wächst die auf der Filteroberfläche befindliche Schicht und damit der Strömungswiderstand. Wenn Δp dabei konstant bleibt, so verringert sich, wie aus Gl. (3.7./25) ersichtlich ist, die Filtrationsgeschwindigkeit. Dieses Regime wird als Filtration bei konstantem Druck bezeichnet.
Die andere Möglichkeit ist durch eine konstante Filtrationsgeschwindigkeit gekennzeichnet. Wie aus Gl. (3.7./25) hervorgeht, ist für diesen Prozeßablauf eine ständige Druckerhöhung notwendig.

3.7.3.1. Filtration bei konstantem Druck

Mit ε soll das Filterkuchenvolumen (in m³) bezeichnet werden, das sich nach Durchlauf von 1 m³ Filtrat durch die Filterquerschnittsfläche bei Normaldruck abgelagert hat.

$$s_0 = \frac{V\varepsilon}{A}, \qquad (3.7./26)$$

V ist dabei das Filtratvolumen, das die Fläche A in der Zeit t passiert hat.
In einem differentiell kleinen Zeitintervall dt durchläuft den Filter der Filtratvolumenanteil

$$dV = v A \, dt.$$

Für kompressible Filterkuchen erhält man entsprechend Gl. (3.7./25)

$$\mathrm{d}V = v A \mathrm{d}t = \frac{\Delta p\left(1-\frac{\Delta p}{G}\right) A \mathrm{d}t}{v_0 s_0 \eta}$$

oder entsprechend Gl. (3.7./26)

$$\mathrm{d}V = \frac{\Delta p\left(1-\frac{\Delta p}{G}\right) A^2 \mathrm{d}t}{\sigma_0 \eta V \varepsilon} \tag{3.7./27}$$

Hieraus folgt

$$V \mathrm{d}V = \frac{\Delta p\left(1-\frac{\Delta p}{G}\right) A^2 \mathrm{d}t}{\sigma_0 \eta \varepsilon}$$

Wird diese Gleichung in den Grenzen von 0 bis V und von 0 bis t integriert, erhält man

$$\frac{V^2}{2} = \frac{\Delta p\left(1-\frac{\Delta p}{G}\right) A^2 t}{\sigma_0 \eta \varepsilon} \tag{3.7./28}$$

woraus folgt

$$V = A \sqrt{\frac{2\Delta p\left(1-\frac{\Delta p}{G}\right) t}{\sigma_0 \eta \varepsilon}} \tag{3.7./29}$$

Mit Hilfe dieser Gleichung kann die Produktivität eines Filters bestimmt werden, wenn seine Oberfläche A, die Prozeßzeit t, der Druck $\Delta p =$ const. sowie die charakteristischen Größen des Filterkuchens und des Filtrates σ_0, η, ε und G bekannt sind.

Die Filterkuchenhöhe s_0 zum Zeitpunkt t wird mit Gl. (3.7./26) bestimmt. In diese Gleichung wird für V Gl. (3.7./29) eingesetzt:

$$s_0 = A \sqrt{\frac{2\Delta p\left(1-\frac{\Delta p}{G}\right) t}{\sigma_0 \eta \varepsilon}} \cdot \frac{\varepsilon}{A}$$

oder

$$s_0 = \sqrt{\frac{2\Delta p\left(1-\frac{\Delta p}{G}\right) t \varepsilon}{\sigma_0 \eta}} \tag{3.7./30}$$

Die Filterkuchenhöhe bei dem Druck Δp ist

$$s = s_0\left(1-\frac{\Delta p}{G}\right).$$

Daraus folgt

$$s = \sqrt{\frac{2\Delta p\left(1-\frac{\Delta p}{G}\right)t\varepsilon}{\sigma_0 \eta}\left(1-\frac{\Delta p}{G}\right)}$$

oder

$$s = \sqrt{\frac{2\Delta p\left(1-\frac{\Delta p}{G}\right)^3 t\varepsilon}{\sigma_0 \eta}} \tag{3.7./31}$$

Gl. (3.7./31) kann für die Bestimmung der Filterkuchenhöhe angewendet werden, wenn der Filtrationsdruck p, die Zeit t und die Eigenschaften des Filterkuchens (G, σ_0, ε) und des Filtrates (η) bekannt sind.

3.7.3.2. Filtration mit konstanter Filtrationsgeschwindigkeit

Aus Gl. (3.7./25) erhält man

$$\sigma_0 \eta s_0 = \frac{\Delta p\left(1-\frac{\Delta p}{G}\right)}{v} \tag{3.7./32}$$

In dieser Gleichung sind s_0 und Δp veränderlich. Wird Gl. (3.7./32) differenziert, erhält man

$$\sigma_0 \eta \, \mathrm{d}s_0 = \frac{\mathrm{d}(\Delta p) - \frac{2\Delta p \,\mathrm{d}(\Delta p)}{G}}{v} \tag{3.7./33}$$

Daraus ergibt sich

$$\mathrm{d}s_0 = \frac{\mathrm{d}(\Delta p) - \frac{2\Delta p \,\mathrm{d}(\Delta p)}{G}}{\sigma_0 \eta v} \tag{3.7./34}$$

Die differentielle Zunahme der Filterkuchenhöhe $\mathrm{d}s_0$ kann auch auf folgende Weise ausgedrückt werden:
Die rechte Seite von Gl. (3.7./26)

$$s_0 = \frac{V\varepsilon}{A}$$

wird mit t erweitert:

$$s_0 = \frac{V\varepsilon t}{At} = \varepsilon t v, \tag{3.7./35}$$

weil

$$v = \frac{At}{V}.$$

Durch Differentation von Gl. (3.7./35) ergibt sich

$$ds_0 = \varepsilon\, v\, dt, \qquad (3.7./36)$$

da $v = $ const.
Aus den Gl. (3.7./36) und (3.7./34) erhält man

$$dt = \frac{ds_0}{\varepsilon v} = \frac{d(\Delta p) - \dfrac{2\Delta p\, d(\Delta p)}{G}}{\sigma_0 v^2 \eta \varepsilon}.$$

Nach Integration dieser Gleichung in den Grenzen von 0 bis t und Δp_1 bis Δp_2 erhält man

$$t = \frac{(\Delta p_2 - \Delta p_1) - \left(\dfrac{\Delta p_2^2 - \Delta p_1^2}{G}\right)}{v^2 \sigma_0 \eta \varepsilon} \qquad (3.7./37)$$

Daraus folgt

$$v = \sqrt{\frac{(\Delta p_2 - \Delta p_1) - \left(\dfrac{\Delta p_2^2 - \Delta p_1^2}{G}\right)}{\sigma_0 \eta \varepsilon t}} \qquad (3.7./38)$$

Die Produktivität des Filters ist demzufolge

$$V = Atv = A \sqrt{\frac{\left[(\Delta p_2 - \Delta p_1) - \left(\dfrac{\Delta p_2^2 - \Delta p_1^2}{G}\right)\right] t}{\sigma_0 \eta \varepsilon}} \qquad (3.7./39)$$

Die Filterkuchenhöhe wird aus Gleichung (3.7./26) bestimmt

$$s_0 = \frac{V\varepsilon}{A}.$$

In diese Formel wird für V die Gleichung (3.7./39) eingesetzt:

$$s_0 = \sqrt{\frac{\left[(\Delta p_2 - \Delta p_1) - \left(\dfrac{\Delta p_2^2 - \Delta p_1^2}{G}\right)\right] t\varepsilon}{\sigma_0 \eta}} \qquad (3.7./40)$$

Da aber

$$s = s_0 \left(1 - \frac{\Delta p}{G}\right),$$

ist

$$s = \left(1 - \frac{\Delta p}{G}\right) \sqrt{\frac{\left[(\Delta p_2 - \Delta p_1) - \left(\dfrac{\Delta p_2^2 - \Delta p_1^2}{G}\right)\right] t\varepsilon}{\sigma_0 \eta}} \qquad (3.7./41)$$

In den Gleichungen, die für eine Filtration bei konstanter Geschwindigkeit hergeleitet worden sind, ist der Kompressibilitätsmodul G keine Konstante, da er sich bei kompressiblem Filterkuchen mit dem Druck verändert. Deshalb muß bei der Lösung dieser Gleichungen für G ein mittlerer Druck $(\Delta p_1 + \Delta p_2)/2$ zugrunde gelegt werden.

Häufig trifft man in der industriellen Filtrationspraxis auch kombinierte Regime an. In der ersten Phase verläuft die Filtration bei konstanter Geschwindigkeit und im weiteren bei konstantem Druck.

3.7.4. Grundlagen der Filtration ohne Filterkuchenbildung (Verstopfungsfiltration)

Hierzu wird die Annahme getroffen, daß die Filterschicht geradlinig verlaufende parallele Kapillaren von gleicher Länge und von gleichem Durchmesser hat (Bild 3.7./2).

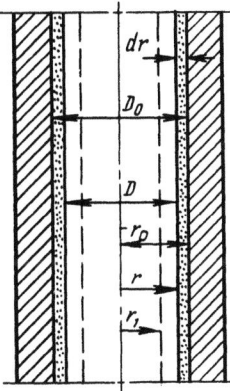

Bild (3.7./2). Schema der Verstopfungsfiltration

Im Verlauf der Filtration verringert sich der Querschnitt der Kapillaren durch das Haftenbleiben von Feststoffteilchen an den Innenwänden. Die Größe der freien Kapillarquerschnittsfläche ist demzufolge eine Funktion der Zeit.

Man bezeichnet — wie schon vorher — mit ε das Volumen des Filterrückstandes, das je Volumeneinheit Filtrat anfällt. Z sei die Anzahl der Kapillaren je Oberflächeneinheit des Filters, r_0 der Ausgangsradius der Kapillaren, r der sich ändernde Radius der Kapillaren. Wenn durch das Filter die Menge dV an das Filtrat geht, so lagert sich an den Wänden einer Kapillare die Menge $\varepsilon dV/z$ an Rückstand ab. Dadurch verringert sich der Kapillarradius um die Größe dr. Ist l die Länge der Kapillare (s. Bild 3.7./2), so gilt:

$$\frac{\varepsilon dV}{z} = 2\pi r l\, dr.$$

Durch Integration der Gleichung in den Grenzen von 0 bis V_1 und von r_1 bis r_0 erhält man:

$$\frac{\varepsilon V_1}{z} = \pi l (r_0^2 - r_1^2),$$

woraus sich

$$V_1 = \frac{\pi l z}{\varepsilon}(r_0^2 - r_1^2) \text{ ergibt.} \tag{3.7./42}$$

Hierbei ist V_1 das Filtratvolumen, das das Filter in der Zeit durchlaufen hat, in der der Kapillarendurchmesser gleich r_1 geworden ist.
Entsprechend der *Poiseuille*-Gleichung (3.7./3) ist

$$w = \frac{\Delta p d^2}{32 \eta l} = \frac{\Delta p 4 r^2}{32 \eta l} = \frac{\Delta p r^2}{8 \eta l}.$$

Sind Δp, η und l konstante Größen, so gilt für den Beginn der Filtration

$$w_0 = \frac{\Delta p r_0^2}{8 \eta l} \tag{3.7./43}$$

und für den Moment, in dem $r = r_1$ ist,

$$w_1 = \frac{\Delta p r_1^2}{8 \eta l} \tag{3.7./44}$$

Aus den Gl. (3.7./43) und (3.7./44) folgt, daß

$$r_0^2 = \frac{w_0 8 \eta l}{\Delta p} \quad \text{und} \quad r_1^2 = \frac{w_1 8 \eta l}{\Delta p}.$$

Durch Einsetzen der gefundenen Größen in Gl. (3.7./42) erhält man

$$V_1 = \frac{\pi l z}{\varepsilon} \cdot \frac{8 \eta l}{\Delta p}(w_0 - w_1). \tag{3.7./45}$$

Setzt man die Filtration bis zur vollständigen Verstopfung fort, d. h., $r_1 = 0$ und $w_1 = 0$, dann gilt:

$$V = \frac{\pi l^2 z 8 \eta}{\varepsilon \Delta p} w_0. \tag{3.7./46}$$

Indem man den Wert w_0 aus (3.7./43) in diese Gleichung einsetzt, erhält man

$$V = \frac{\pi l z}{\varepsilon} r_0^2 = \frac{f l z}{\varepsilon}. \tag{3.7./47}$$

Aus Gl. (3.7./47) folgt, daß die bis zum Verstopfen aller Kapillaren filtrierte Flüssigkeitsmenge proportional dem Ausgangsvolumen der Kapillaren f, l, z ist und umgekehrt proportional dem Gehalt an Feststoff in der Flüssigkeit. Es sei bemerkt, daß die Größe V nicht von der Viskosität des Filtrates abhängt.

3.7.5. Filterapparate

Filterapparate können folgendermaßen klassifiziert werden:

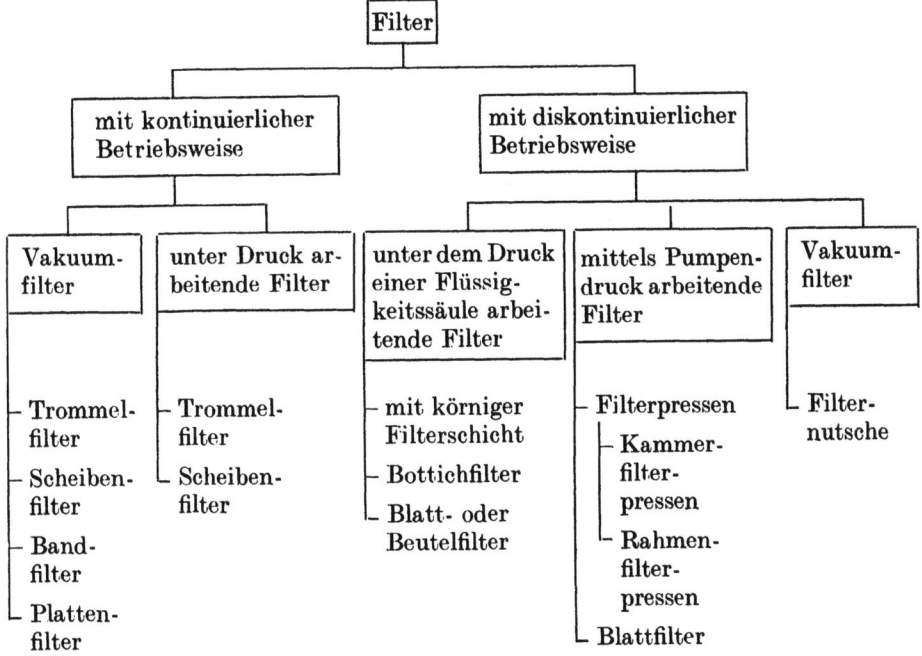

3.7.5.1. Filterapparate mit diskontinuierlicher Betriebsweise

Sandfilter

Sandfilter haben körnige Filterschichten und finden Anwendung, wenn der Anteil der festen Phase in der Flüssigkeit verhältnismäßig gering ist. In der Lebensmittelindustrie werden sie vorwiegend zum Klären von Wasser eingesetzt. Auf Bild (3.7./3) ist das Schema eines Sandfilters von einer Aufbereitungsanlage dargestellt. In dem zylindrischen Gehäuse befinden sich zwei Siebböden, die den Filter in Zulaufteil, Filtrierteil und Sammelteil aufgliedern. Die Filterschicht aus Sand befindet sich im mittleren Teil des Filters zwischen den Siebböden. Der Sand wird auf den unteren Boden, der zuvor mit einem Filtergewebe bedeckt wird, aufgebracht. Die Schüttung besteht aus groben und feinen Sanden, die durch eine Gewebeschicht voneinander getrennt sind. Die zu filtrierende Flüssigkeit tritt unter geringem Druck (0,02···0,03 MPa) von oben ein, das Filtrat wird unten abgeleitet. Zu Beginn der Filtration ist das Filtrat gewöhnlich noch trüb. Es muß deshalb nochmals zurückgeführt werden. Dieser Vorgang dauert 15···30 min, danach läuft ein klares Filtrat ab. Die Filtrationsgeschwindigkeit beträgt 250···750 l/m² h. Sie ändert sich in Abhängigkeit vom Druck, der Einsatzdauer des Filters und den Eigenschaften der zu filtrierenden Flüssigkeit. Verringert sich die Filtrationsgeschwindigkeit erheblich, muß der Apparat von neuem hergerichtet werden. Dazu werden nach dem Ablassen der gesamten Flüssigkeit die Filtergewebe und der Sand entfernt, sorgfältig gereinigt und danach die Anlage wieder gefüllt.

Vorteilhaft ist die einfache Konstruktion des Apparates. Dabei wird eine sehr gute Filterwirkung erzielt.

Auf Grund der geringen Filtrationsgeschwindigkeit und der begrenzten Filterfläche je Volumeneinheit hat er nur eine relativ niedrige Produktivität. Außerdem ist schwere körperliche Arbeit für die Neubeschickung notwendig. Zunehmend arbeiten Sandfilter auch ohne Gewebeeinlage mit Rückspülung, so daß der manuelle Aufwand entfällt.

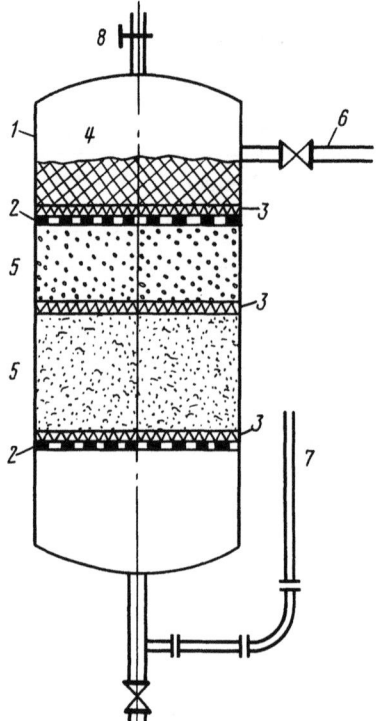

Bild (3.7./3). Sandfilter
(1) Gehäuse (2) Siebboden (3) Filtergewebe (4) Watte (5) Sand (6) Zuleitung der Suspension (7) Filtratableitung (8) Entlüftungsventil

Bottichfilter (Läuterbottich)

Im Bottichfilter dient ein Sieb oder Gewebe als Filtermittelträger, auf dem sich die Festphase ablagert. In Bild (3.7./4) ist das Schema eines Bottichfilters gezeigt. Er stellt ein zylindrisches Stahlgefäß dar. In einem Abstand von 8···12 mm vom Boden des Gefäßes ist der Siebboden (3) eingebracht, welcher die Unterlage für die Filterkuchenschicht bildet. Der Bottich ist mit einem Rührwerk zur Auflockerung der oberen Schichten des Filterkuchens ausgerüstet. Das Filtrat wird aus dem Apparat durch Rohre (4) abgeführt, die gleichmäßig verteilt am Boden des Bottichs angeordnet sind. Der Filterkuchenaustrag erfolgt nach Abschluß des Arbeitszyklus durch Öffnungen im Siebboden in das Rohr (5). Bottichfilter sind einfach in ihrem Aufbau, die Filtrationsgeschwindigkeit ist jedoch gering.
Zur Steigerung der Leistungsfähigkeit dieser Apparate ist es vom Prinzip her möglich, die Druckdifferenz zwischen beiden Seiten der Filterschicht zu erhöhen. Dazu wird der Filterbottich hermetisch abgedichtet und Druckluft eingeleitet.
Die Druckdifferenz kann durch Anlegen eines Vakuums auf der Filtratseite ebenfalls erhöht werden. In Bild (3.7./5) ist das Schema einer solchen Einrichtung, auch als Nutsch-Filter bezeichnet, gezeigt.

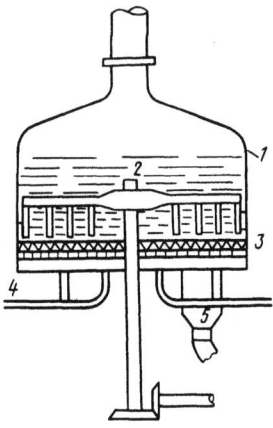
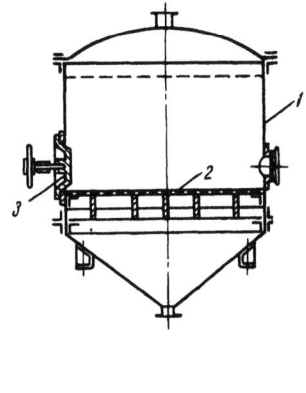

Bild (3.7./4). Schema eines Bottichfilters
(1) zylindrisches Gefäß (2) Rührer (3) Siebboden (4) Filtratablaufrohr (5) Feststoffaustrageinrichtung

Bild (3.7./5). Geschlossene Filternutsche
(1) Gehäuse (2) Siebboden (3) Luke

Rahmen- und Kammerfilterpressen

Filterpressen sind Apparate, die unter einem Betriebsdruck von 0,3···0,4 MPa arbeiten, der von einer Pumpe erzeugt wird. Sie haben wesentliche Vorzüge gegenüber den oben beschriebenen Apparaten, da sowohl die Filtrationsgeschwindigkeit als auch die Filteroberfläche je Volumeneinheit größer ist. Als Filtermittel dient in diesen Apparaten Gewebe. Die Art des Gewebes wird in Abhängigkeit von den Eigenschaften der zu filtrierenden Flüssigkeit und des zu erwartenden Filterkuchens ausgewählt. So werden beim Filtrieren von Säuren Gewebe aus Asbestfasern verwendet. Bei der Filtration neutraler, schwach saurer und schwach basischer Lösungen gelangen Baumwoll-Zellulose-Gewebe zum Einsatz.

Breite Anwendung in der Lebensmittelindustrie fanden die Rahmenfilterpressen deshalb, weil sie sich durch einfachen Aufbau, Zuverlässigkeit in der Arbeit und raumsparende Anordnung der Filterflächen auszeichnen. Die Hauptelemente einer Rahmenfilterpresse sind in Bild (3.7./6) dargestellt. Die Rahmen (Bild 3.7./6a) und Platten (Bild 3.7./6b) werden abwechselnd auf die Filterpressenholme aufgelegt, zwischen ihnen befindet sich jeweils ein Filtertuch. Die Zahl der Rahmen in einer Filterpresse beträgt 10 bis 60. Jeder Rahmen und jede Platte hat einen Zufluß (3) mit einer durchgehenden Bohrung. Sind Rahmen und Platten montiert und aneinandergepreßt, bilden diese Bohrungen einen Kanal, durch den die zu filtrierende Suspension in die Filterpresse eintritt. Von hier aus gelangt die Suspension unter Druck durch Öffnungen (2) ins Innere der Rahmen. Der Feststoff wird vom Gewebe zurückgehalten, während das Filtrat hindurchgeht und in den Rillen der geriffelten

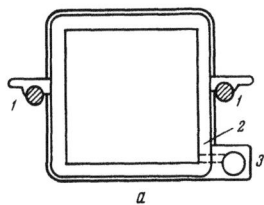
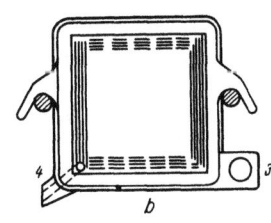

Bild (3.7./6) Filterelemente
a) Rahmen b) Platte
(1) Lagerbock (2) Zwischenraum (3) Eingang (4) Austrittsöffnung

Oberfläche der Platte abfließt. Danach gelangt das Filtrat durch die Bohrung (4) in den Sammelbehälter.

In dem Maße, wie sich der von dem Rahmen eingeschlossene Innenraum mit Feststoff füllt, sinkt die Filtrationsgeschwindigkeit. Will man diese auf gleicher Höhe halten, muß entsprechend der Druck erhöht werden. Wenn der Druck einen bestimmten Grenzwert für die betreffende Filterpresse erreicht hat, bleibt er konstant, und die Filtration verläuft mit sich verringernder Geschwindigkeit. Am Schluß der Filtration wird der Filterrückstand durchspült. Häufig benutzt man dazu Wasser. Es nimmt den gleichen Weg wie die Suspension, durchströmt den Filterkuchen und wäscht darin enthaltene Extraktstoffe heraus.

In Bild (3.7./7) ist die Gesamtansicht einer Filterpresse gezeigt. Das Aneinanderpressen von Rahmen und Platten erfolgt mit Hilfe der Druckplatte (8). Die Kräfte, die für das Zusammenpressen notwendig sind, werden manuell, mechanisch oder hydraulisch erzeugt.

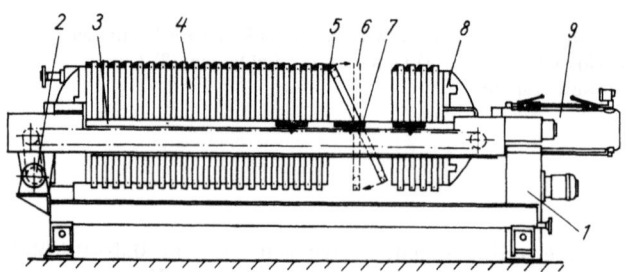

Bild (3.7./7). Rahmenfilterpresse
(1) Gestell (2) Getriebemotor (3) Rollenkette mit Gleitschiene (4) Filterplatte (5) Sperrklinke (6) Filterrahmen ausgeklinkt (7) Mitnehmerhebel (8) Druckplatte (9) elektro-hydraulischer Pressenverschluß

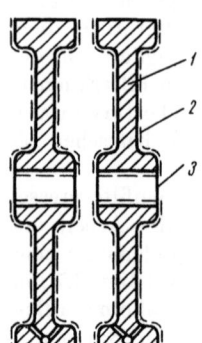

Bild (3.7./8). Schema einer Kammerfilterpresse
(1) Platten (2) Filtergewebe (3) Kanal für den Zulauf der Suspension

Der Arbeitszyklus einer Filterpresse besteht aus folgenden Operationen: Vorbereiten, Filtration, Auswaschen des Feststoffes und Austragen des Feststoffrückstandes. Die letzte Operation verläuft wie folgt: Die Druckplatte wird gelockert und in die äußerste Stellung gebracht, die Platten und Rahmen danach von Hand oder mittels einer mechanischen Einrichtung (Bild 3.7./7) auseinandergezogen. Der Filterrückstand fällt in einen Trog, der sich unter der Filterpresse befindet. Die Hilfsoperationen nehmen im Arbeitszyklus der Filterpresse 10···30% der Gesamtzeit ein. Die Filtrierzeit beträgt in Abhängigkeit von den Eigenschaften der Suspension und vom Druck zwischen 60 min und 300 min.

Das Schema der Kammerfilterpresse ist in Bild (3.7./8) gezeigt. Diese Filterpresse hat gleichartige Plattenelemente. Sie wird für die Filtration solcher Flüssigkeiten verwendet, die die engen Kanäle von Rahmenfilterpressen zusetzen. Ein großer Nachteil der Kammerfilterpressen ist das aufwendige Einbringen des Filtergewebes.

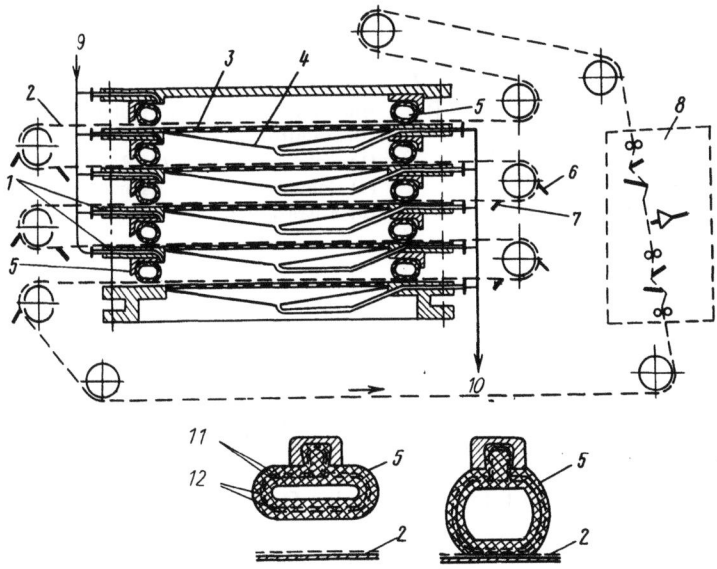

Bild (3.7./9). Automatische Kammerfilterpresse
(1) Platten (2) Filtergewebe (3) Spaltsieb (4) konischer Boden
(5) Gummischlauch (6) und (7) Schaber (8) Regenerationskammer
(9) Suspension (10) Filtrat (11) Gummi (12) Gewebeeinlagen

Um die Nachteile der Kammer- und Rahmenfilterpressen zu umgehen, wurde eine automatische Kammerfilterpresse (FPAK) entwickelt (Bild 3.7./9).
Die Platten (1) dieses Filters sind horizontal übereinander angeordnet. Jede Platte ist mit einem Spaltsieb (3) versehen. Darüber befindet sich das Filtergewebe (2). Dieses Gewebe stellt ein endloses Band dar, das sich durch ein Rollensystem bewegt. Unter jeder Filtereinheit befindet sich ein konischer Boden mit einem Rohr für die Ableitung des Filtrates. Zwischen den Platten sind Gummischläuche (5) angeordnet. In die Schläuche wird Wasser unter einem Druck von $0{,}7 \cdots 1{,}0$ MPa eingeleitet. Dabei weitet sich der Schlauch auf und drückt das Filtergewebe gegen die Platte. Zwischen zwei benachbarten Platten bildet sich somit eine Filterzelle, in die unter Druck die Suspension gelangt. Wenn die Filtration beendet ist, wird der Druck in den Schläuchen zurückgenommen. Der Schlauch verkleinert sich, und zwischen den Platten entsteht ein Zwischenraum. Dadurch kann das Filtergewebe bewegt und der darauf befindliche Filterrückstand ausgetragen werden. Der Feststoff auf dem Gewebe wird beim Austritt aus dem Filter von den Schabern (6) und (7) entfernt. Danach tritt das Gewebe in die Regenerationskammer (8) ein, wo es gewaschen und mit Schabern gereinigt wird. Dieser Filtertyp arbeitet vollkommen automatisch. Filtration und Reinigung werden unter einem Druck von $0{,}6$ MPa durchgeführt. Die Höhe des Filterkuchens beträgt $5 \cdots 20$ mm. Filteranlagen dieser Bauart werden mit einer Filteroberfläche von $5 \cdots 30$ m^2 hergestellt. Für den Austrag des Feststoffrückstandes wird etwa 1 min benötigt.

Blattfilter

Diese Apparate zeichnen sich durch eine Vielfalt von Konstruktionen aus, das Gemeinsame sind flache, rahmenartige Filterelemente, die mit textilem Filtergewebe überzogen sind. Blattfilter werden deshalb auch Beutelfilter genannt. In Bild (3.7./10b) ist das Schema eines Blattfilters dargestellt. Es handelt sich um ein

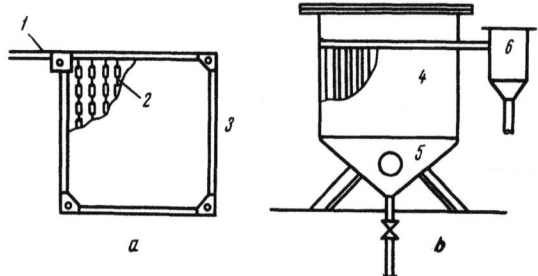

Bild (3.7./10). a) und b) Blattfilter (Beutelfilter)
(1) Rohr (2) Ketten (3) Rahmen (4) Gehäuse (5) Suspensionszulauf (6) Filtratablauf

hermetisch abgeschlossenes Gehäuse mit rechteckigem Querschnitt, in das die Filterelemente (bis 40 Stück) eingehangen sind (Bild 3.7./10a). Die Suspension wird unter Druck in den Apparat eingeleitet. Der Feststoff lagert sich auf der Oberfläche des Filterelementes ab, während das Filtrat durch das Gewebe fließt und über die Rinnen der geriffelten Oberfläche in ein Sammelrohr eintritt. Der Filterkuchen wird auf hydraulischem Wege periodisch von der Oberfläche der Filterelemente entfernt. Der Arbeitszyklus eines Blattfilters besteht aus folgenden Operationen:

Vorbereiten,
Filtrieren,
Auswaschen,
Austrag des Feststoffrückstandes.

Die Dauer des gesamten Zyklus schwankt zwischen 7 h und 24 h, wobei die Hilfsoperationen 15···30% der Gesamtzeit des Zyklus in Anspruch nehmen. Der Vorteil eines solchen Apparates liegt in seiner raumsparenden und kompakten Bauweise.
Als wesentlicher Nachteil ist die körperlich schwere und schmutzige Arbeit beim Wechseln der Filterbeutel anzusehen.

Apparate mit fester Filterschicht

In der Lebensmittelindustrie finden auch Filter mit einer festen, porösen Filterschicht Anwendung (Spirituosen- und Weinherstellung). Sie dienen zur Filtration von Suspensionen, die eine geringe Menge an feindisperser Festphase enthalten. Bild (3.7./11) zeigt einen Filter mit porösem Keramikmaterial als Filtermittel.

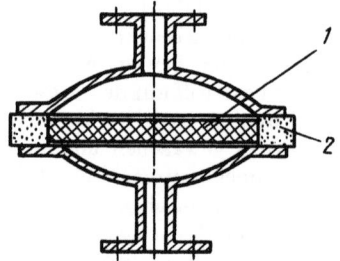

Bild (3.7./11). Filter mit fester Filterschicht
(1) Filterschicht (2) Dichtungsring

3.7.5.2. Kontinuierlich arbeitende Filterapparate

Vakuumtrommelfilter

Die Bedienung diskontinuierlich arbeitender Filterapparate ist mit schwerer physischer Arbeit verbunden. Außerdem ist für die Hilfsoperationen ein erheblicher Zeitaufwand nötig. Diese Nachteile treten bei kontinuierlich arbeitenden Filter-

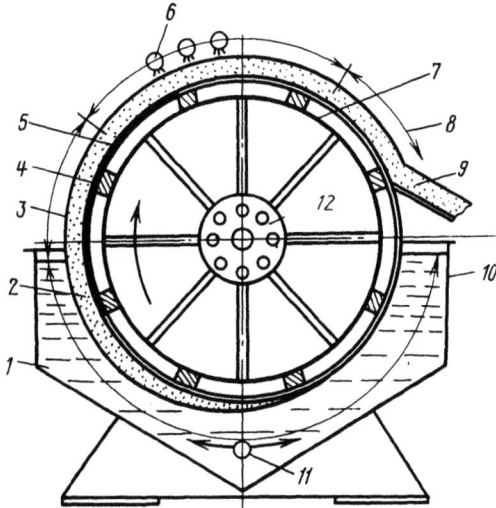

Bild (3.7./12). Schema eines Vakuumtrommelfilters
(1) Filtrationszone (2) Filterkuchen
(3) Trocknungszone (4) Siebmantel
(5) Gewebe (6) Waschzone (7) Trommel
(8) Lockerungszone (9) Abnahme des Filterkuchens (10) Trog (11) Rührer
(12) beweglicher Teil des Steuerkopfes

apparaten nicht auf. In der Lebensmittelindustrie haben ganz besonders die Vakuumdrehfilter eine große Verbreitung gefunden. In Bild (3.7./12) ist das Prinzipschema einer derartigen Anlage dargestellt. Die Filteroberfläche wird durch ein Gewebe gebildet, mit dem der Siebtrommelmantel bespannt ist. Diese Filterfläche ist in Zonen aufgeteilt, wobei jede über ein Rohr mit dem entsprechenden Anschluß am Steuerkopf verbunden ist. Die Trommel taucht in einen Trog mit der zu filtrierenden Suspension ein. Damit sich die Feststoffteilchen nicht am Boden des Troges absetzen, ist unterhalb der Trommel ein Schwingrührer eingebaut.
Der Steuerkopf mit dem Vakuumanschluß arbeitet so, daß in den jeweils in die Suspension eintauchenden Trommelsektoren ein Unterdruck entsteht. Infolge des äußeren Atmosphärendruckes wird die Flüssigkeit durch das Gewebe gesaugt und über die Vakuumleitung abgeführt, während sich der Filterkuchen auf der Trommeloberfläche absetzt. Bei langsamer Drehung der Trommel wird somit auf ihrer Oberfläche ständig Filterkuchen gebildet. Er durchläuft anschließend jeweils eine Trocknungs-, Wasch- und Lockerungszone. Alle diese aufeinanderfolgenden Arbeitsphasen sind in Bild (3.7./12) dargestellt.
Die Wirkungsweise des Steuerkopfes ist aus Bild (3.7./13) erkennbar. Der bewegliche Teil (Bild 3.7./13a) liegt dicht an dem feststehenden Teil an (Bild 3.7./13b).

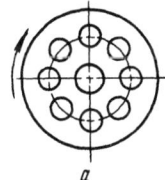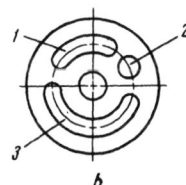

Bild (3.7./13). Schema des Steuerkopfes des Filters
a) beweglicher Teil b) unbeweglicher Teil
(1) Verbindungsöffnung für die Waschflüssigkeit
(2) Verbindungsöffnung für Druckluft
(3) Verbindungsöffnung für das Filtrat

Sie haben Öffnungen und Ausschnitte, die einerseits mit den Filtersektoren, zum anderen mit der Filtrat-, Waschflüssigkeits- und Druckluftleitung verbunden sind.
Bei der Drehung der Trommel werden im Steuerkopf die entsprechenden Ausschnitte jeweils bei bestimmten Trommelstellungen freigegeben, so daß in den einzelnen Sektoren die Filtration, das Waschen und Trockensaugen sowie das Auflockern vonstatten geht. In Bild (3.7./14) ist das Gesamtschema einer Vakuumfiltrations-

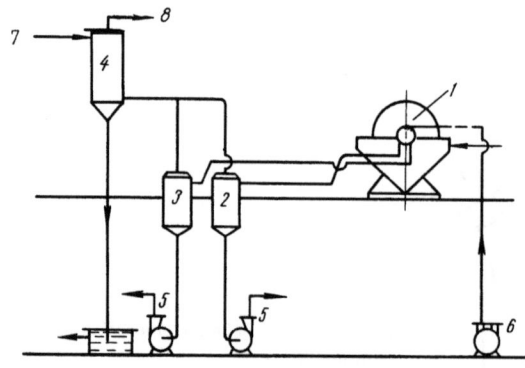

Bild (3.7./14). Schema einer Vakuumfiltrationsanlage
(1) Steuerkopf des Vakuumfilters
(2) Filtratbehälter (3) Behälter für die Waschflüssigkeit (4) Kondensator
(5) Pumpen (6) Kompressor (7) Kaltwasser (8) zur Vakuumpumpe

anlage gezeigt. Man erkennt, daß der unbewegliche Teil des Steuerkopfes (1) mit den Sammelgefäßen für das Filtrat (2) und für die Waschflüssigkeit (3) verbunden ist. Gefäß zwei und drei stehen unter Vakuum, da sie über einen Kondensator (4) mit der Vakuumpumpe verbunden sind. Die Zwischenschaltung eines Kondensators ist notwendig, da die zu filtrierende Flüssigkeit häufig eine hohe Temperatur aufweist und der sich bildende Dampf niedergeschlagen werden muß. Die Pumpen (5) pumpen das Filtrat und die Waschflüssigkeit aus den Sammelbehältern ab. Der Kompressor (6) liefert die notwendige Druckluft für die Auflockerung des Filterkuchens. Vakuumdrehfilter haben eine Filterfläche zwischen 5 m² und 40 m². Der Unterdruck in der Filtrationszone beträgt 0,053···0,060 MPa. Der treibende Druckunterschied Δp ist bei Vakuumfiltern entschieden kleiner als bei Filterpressen. Deshalb ist die Filterkuchendicke hierbei relativ gering, sie beträgt gewöhnlich 10···12 mm, maximal 40 mm. Die in den Vakuumfilter eintretende Suspension muß eine genügend hohe Konzentration an unlöslicher Trockensubstanz haben. Das ist erforderlich, damit sich der Filterkuchen schnell bildet und während des Eintauchens der Trommel in die Suspension eine Filterkuchenschicht von bestimmter Dicke entsteht. Eine nicht ausreichend konzentrierte Suspension muß deshalb eingedickt werden. Die Konzentration an Festphase in der zu filtrierenden Flüssigkeit ist dabei von der Struktur des sich bildenden Filterkuchens abhängig. Bei den in der Zuckerindustrie zu filtrierenden Säften muß der Trockensubstanzgehalt annähernd 20% betragen.

Vakuumtrommelfilter arbeiten mit einer Drehzahl von 6···12 h⁻¹. Der Antrieb der Trommel ist mit einem Geschwindigkeitsvariator zur Drehzahländerung ausgestattet. Die für die Rotation der Trommel und der Rührer erforderliche Leistung wird nach einer empirischen Formel bestimmt:

$$P = 0{,}13\,A - 0{,}59 \text{ kW}$$

A Filteroberfläche in m²

Vakuumscheibenfilter

Außer den Vakuumtrommelfiltern werden in der Industrie auch Vakuumscheibenfilter verwendet (Bild 3.7./15). Filterelemente sind hierbei mit Filtergewebe umspannte Segmente. Diese Filter sind kompakter gebaut und haben eine auf die Volumeneinheit des gesamten Apparates bezogen verhältnismäßig große Filterfläche. Scheibenfilter werden mit einer Filterfläche bis zu 100 m² gebaut. Funktionsprinzip und Aufbau dieser Filter unterscheiden sich nicht wesentlich von denen der Trommelfilter, jedoch ist ihre Konstruktion um einiges komplizierter. Ein Vorteil der Scheibenfilter ist ihr verhältnismäßig geringer Gewebeverschleiß. Ihr größter Nachteil ist die ungleichmäßige Ablagerung des Feststoffes (Filterschlamm) auf der Oberfläche und der dadurch bedingte schlechte Auswascheffekt.

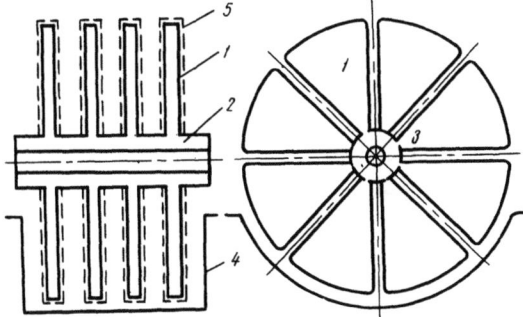

Bild (3.7./15). Schema eines Scheibenfilters (1) Scheibensegmente (2) Hohlwelle (3) Verteilereinrichtung (4) Trog (5) Gewebe

Vakuumbandfilter

Eine weitere Art der Vakuumfilter repräsentiert der Vakuumbandfilter, dessen Funktionsschema in Bild (3.7./16) dargestellt ist. Die Filterfläche wird hierbei von einem endlosen Gewebeband gebildet, das über die Rollen (8) und die Trommeln (2) gespannt ist. Das Gewebeband liegt in der Filterzone auf der Oberfläche eines perforierten Gummibandes (1) auf. Die Vakuumkammern (3) dienen zur Aufnahme des Filtrates und der Waschflüssigkeit. Am Umlenkpunkt (6) wird der Feststoff vom Gewebeband entfernt.

Vakuumbandfilter zeichnen sich durch einfachen Aufbau aus, die Filterfläche kann konstruktionsbedingt jedoch nur teilweise ausgenutzt werden.

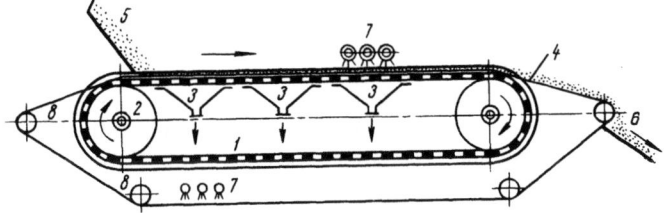

Bild (3.7./16). Schema eines Vakuumbandfilters
(1) perforiertes Gummiband (2) Trommeln (3) Vakuumkammern (4) Filtergewebe (5) Aufgabe der Suspension
(6) Abnahme der Filterkuchen (7) Waschzone (8) Rollen

Unter Druck arbeitende Trommelfilter

Ein Nachteil aller Vakuumfilter ist die niedrige Druckdifferenz, die 0,1 MPa nicht überschreiten kann. Diesen Mangel weisen kontinuierliche, unter Druck arbeitende Trommelfilter nicht auf. Bild (3.7./17) zeigt das Schema einer solchen Anlage. Die Suspension gelangt in das hermetisch abgeschlossene Gehäuse (2). Der Druck wird mit Hilfe von Druckluft aufgebaut, die durch den Stutzen (4) eintritt. Als Filterfläche dient die mit Filtergewebe umspannte Trommeloberfläche (1). Der Filterkuchen wird mit Hilfe von Umlenkrollen (7) abgenommen und mit einer Schnecke (8) aus dem Filter ausgetragen. Die Trommel wird ebenso wie beim Vakuumtrommelfilter angetrieben, auch der Verteilerkopf (5) arbeitet nach dem gleichen Prinzip. Bei Trommelfiltern dieser Art wendet man einen Druck von 0,3···0,5 MPa an, wodurch eine hohe Produktivität des Filters gewährleistet ist. Problematisch sind

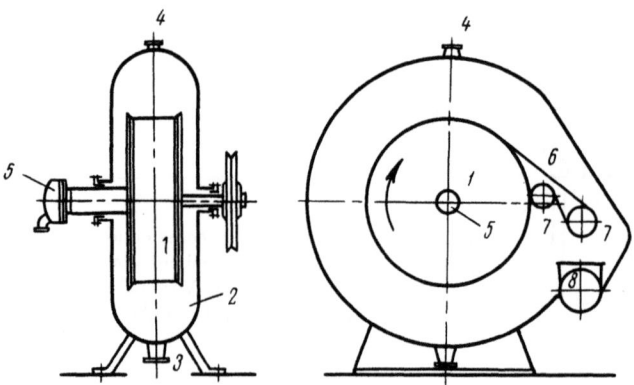

Bild (3.7./17). Schema eines unter Druck arbeitenden kontinuierlichen Druckfilters
(1) Trommel (2) geschlossenes Gehäuse (3) Suspensionszulauf (4) Druckluftstutzen
(5) Verteilerkopf (6) Filtergewebe (7) Umlenkrollen (8) Schneckenaustrag

jedoch das Abnehmen und der Austrag des Filterkuchens; hierzu sind komplizierte technische Lösungen notwendig. Deshalb haben unter Druck arbeitende Trommelfilter in der Lebensmittelindustrie keine Verbreitung gefunden.

3.7.6. Berechnung von Filtern

Die Abmessungen eines Filtrationsapparates können auf der Grundlage theoretischer Ansätze ermittelt werden oder nach Normativen, die sich in der Filterpraxis bewährt haben. In Anbetracht der noch nicht vollständig ausgearbeiteten Filtrationstheorie und des Fehlens der jeweils notwendigen Filtrationskonstanten wird gegenwärtig der zweite Weg beschritten. Das Hauptziel der Berechnung ist die Bestimmung der Filterfläche. Die Berechnung erfolgt für Filter mit kontinuierlicher und mit diskontinuierlicher Betriebsweise unterschiedlich. Im ersten Fall wird die Filtrationsgeschwindigkeit bestimmt und danach die für einen bestimmten Filtratvolumenstrom erforderliche Filterfläche. Der zweite Fall erfordert die Berechnung der Zeit bis zur höchstzulässigen Beladung des Filters mit Feststoff, d. h. die Dauer einer Arbeitsperiode.

3.7.7. Zentrifugalfiltration

3.7.7.1. Mechanismus der Zentrifugalfiltration

Die Zentrifugalfiltration ist ein eigenständiger Prozeß, der sich von den oben beschriebenen Filtrationsvorgängen wesentlich unterscheidet. Er wird in Zentrifugen mit dem Ziel ausgeführt, einen Filterrückstand mit möglichst geringem Anteil an flüssiger Phase zu erhalten. Die Zentrifugalfiltration umfaßt drei Phasen:

Bildung des Filterkuchens,
Verdichtung und
mechanische Entwässerung des Filterkuchens.

Im Verlauf der ersten Phase, der eigentlichen Filtration, erfolgt die intensivste Flüssigkeitsabtrennung, die beiden nachfolgenden tragen spezifischen Charakter.

Es soll zunächst die Triebkraft der Zentrifugalfiltration während der ersten Phase betrachtet werden.
Bei den oben beschriebenen Filtrationsmethoden war die Erdanziehungskraft oder ein mechanischer Druck die Triebkraft des Prozesses, bei der Zentrifugalfiltration wirkt die Zentrifugalkraft als treibende Kraft. Die im Wirkungsfeld der Zentrifugalkraft befindliche Suspension wird dabei in ihre disperse und flüssige Phase zerlegt. Die Zentrifugentrommel (s. Bild 3.7./18), in der diese Trennung vor sich geht, hat dazu eine perforierte Mantelfläche.
Zusätzlich ist die Trommelmantelfläche innen mit einem Filtersieb oder -gewebe überzogen, um den Feststoff zurückzuhalten. Unter der Wirkung der Zentrifugalkraft wird die Suspension an die Filterfläche der Trommel gepreßt, so daß sich ein Filterkuchen ausbildet. Zugleich dringt die Flüssigkeitsphase durch die Poren dieses Filterkuchens und die Öffnungen der Trommelwand und wird in einem Sammelgefäß als Filtrat aufgefangen.
Triebkraft der Zentrifugalfiltration ist der Druck, der durch die Zentrifugalkraft entsteht.
Er kann mit den Gleichungen (3.6./61) und (3.6./64) ermittelt werden. Entsprechend Gleichung (3.6./61) ist

$$p = \frac{\omega^2 \varrho (R^2 - r_0^2)}{2} \qquad (3.7./48)$$

Gemäß Gleichung (3.6./64) ist

$$p = p_h \cdot Tr$$

p_h hydrostatischer Druck einer Flüssigkeitssäule, deren Höhe der der Flüssigkeitsschicht über der Filterschicht entspricht
Tr Trennfaktor

Somit ist

$$\frac{p}{p_h} = Tr$$

d. h., der Druck bei der Zentrifugalfiltration ist in jedem Fall höher als der hydrostatische Druck

$$Tr = \frac{\omega^2 r_{ml}}{g} \qquad (3.7./49)$$

ω Winkelgeschwindigkeit in s^{-1}
r_{ml} mittlerer Radius der Flüssigkeitsschicht in m

Der Druck bei der Zentrifugalfiltration hängt also vom Quadrat der Winkelgeschwindigkeit der Trommel und vom mittleren Radius des Kreisringes, den die Flüssigkeitsschicht in der Trommel bildet, ab.
Im weiteren sind die bereits hergeleiteten Filtrationsgleichungen anwendbar.
Die beiden anderen Phasen tragen spezifischen Charakter, der Mechanismus der Abtrennung der flüssigen Phase unterscheidet sich dabei von dem der normalen Filtration.
Im Verlauf des ersten Filtrationsabschnittes wächst die Filterkuchenschicht kontinuierlich an. Wenn sich die gesamte in der Suspension enthaltene Festphase auf

der Filterfläche abgesetzt hat und die Flüssigkeit nur noch in den Poren des Filterkuchens enthalten ist, beginnt die zweite Phase.
Hierbei wird der Filterkuchen verdichtet, indem die in den Poren des Filterkuchens enthaltene Flüssigkeit durch die Wirkung der Zentrifugalkraft herausgepreßt wird. Dabei verändern die Teilchen des Filterkuchens ihre Lage, sie rücken enger aneinander. Insgesamt bleibt das Stoffsystem jedoch noch zweiphasig.
Der dritte Abschnitt beginnt dann, wenn aus dem Zwei- ein Dreiphasensystem wird, d. h. in die filtratfreien Poren Luft einzudringen beginnt. In dieser Periode haftet die Flüssigkeit durch kapillare und molekulare Kräfte an den Feststoffteilchen. Unter der Einwirkung der Zentrifugalkraft verlagert sie sich allmählich in Richtung der Filterwand. Die Gesetzmäßigkeiten der zweiten und dritten Phase sind gegenwärtig noch nicht hinreichend erforscht.
Die Zentrifugalfiltration wird vorrangig bei der Herstellung von Weißzucker und Raffinade angewendet, wo mit Hilfe dieses Prozesses der Kristallzucker von der Mutterlösung (Ablauf) getrennt wird. Auch bei der Laktoseherstellung findet die Zentrifugalfiltration Anwendung. Weiterhin werden Versuche durchgeführt, diese Methode auch zur Filtration von Maische bei der Bierherstellung einzusetzen.

3.7.7.2. Filterzentrifugen mit periodischer und kontinuierlicher Betriebsweise

In der Lebensmittelindustrie werden Filterzentrifugen mit periodischer, halbkontinuierlicher und kontinuierlicher Arbeitsweise verwendet.
Bild (3.7./18) zeigt das Schema einer periodisch arbeitenden Vertikalzentrifuge. Die Zentrifugentrommel (1) ist durch eine Buchse (4) mit der Antriebswelle (3) verschraubt, deren unteres Ende nicht gelagert ist (Hängezentrifuge). Oberseitig ist die Zentrifugenwelle über eine Zentrifugenkupplung mit dem Antriebsmotor (7) verbunden, der die Trommel in Drehung versetzt. Der Zulauf an zu filtrierendem Gut erfolgt periodisch über eine Schurre oder über Rohre von oben in die Trommel. Beim Entleeren wird der Bodenverschluß angehoben, und der Feststoff fällt in den Austragtrichter (9). Das Filtrat gelangt in das Gehäuse (2) und wird durch das Rohr (10) abgeleitet.
Zum Waschen und Bedampfen des Filterkuchens (Aufbringen einer Wasser- oder Dampfdecke) ist die Zentrifuge mit einem auf dem Schema nicht dargestellten Rohrsystem für das Einleiten von Wasser und Dampf ausgerüstet.
Der Arbeitszyklus der Zentrifuge besteht aus folgenden Operationen: Anlauf der Trommel, Füllen der Trommel mit der Suspension, Zentrifugieren, Waschen und Bedampfen, Trockenschleudern des Filterkuchens, Bremsen, Entleeren. Die Hilfsoperationen nehmen etwa 20···40% der Gesamtprozeßzeit in Anspruch. Besonders langwierig und schwer ist das Entleeren der Trommel, das manuell ausgeführt wird. Vielfach wird dieser Vorgang auch durch ein pneumatisch betätigtes Austragschar durchgeführt.
Bei den sogenannten selbstaustragenden Zentrifugen (halbkontinuierliche Betriebsweise) erfolgt die Entladung des Feststoffes mechanisch. In Bild (3.7./19) ist das Schema einer solchen Zentrifuge dargestellt. Die Besonderheit besteht darin, daß der untere Teil der Trommel eine konische Form hat, wobei der Neigungswinkel der Konuswand größer ist als der Haftreibungswinkel. Demzufolge rutscht der Filterkuchen nach dem Anhalten der Trommel nach unten. Zusätzlich ist bei dieser Zentrifuge eine Verteilerscheibe angebracht, auf die die Suspension beim Einfüllen aufgegeben wird. Ein Verschlußkonus verhindert, daß Teilchen in die Austragsöffnung fallen. Beim Entleeren wird der Konus angehoben. Infolge ihres Aufbaus ist die Bedienung der selbstaustragenden Zentrifugen ungefährlicher und die Arbeit damit leichter. Hängende Zentrifugen werden mit Durchmessern von 900···1200 mm ge-

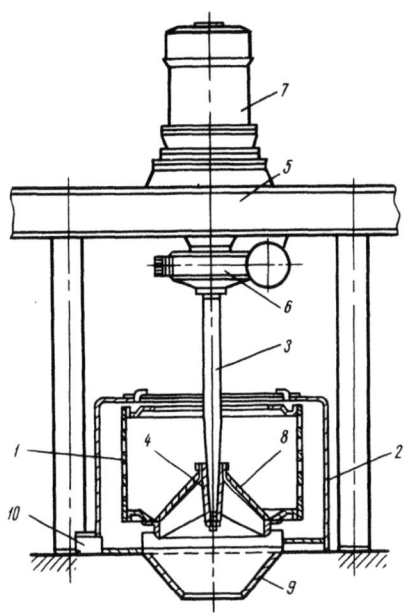
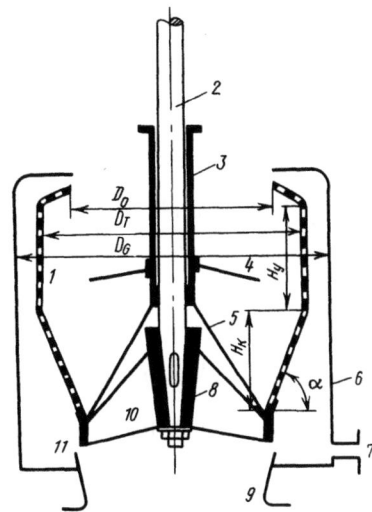

Bild (3.7./18). Schema einer hängenden Filterzentrifuge
(1) Trommel (2) Gehäuse (3) Welle (4) Buchse (5) Gestell (6) Bremse (7) Elektromotor (8) Bodenverschluß (9) Feststoffaustragtrichter (10) Filtratableitung

Bild (3.7./19). Schema einer selbstaustragenden Hängezentrifuge
(1) Trommel (2) Welle (3) Rohr (4) Verteilerscheibe (5) Konus (6) Gehäuse (7) Stutzen für die Filtratableitung (8) Nabe (9) Austragöffnung (10) Speichen (11) Spannring

baut. Die Drehzahl beträgt dementsprechend $1100\cdots 900\ \text{min}^{-1}$. Die Umfangsgeschwindigkeit der Trommel von Zentrifugen einfacher Bauart beträgt $50\cdots 60\ \text{m/s}$, in den neueren schnellaufenden Zentrifugen erreicht sie $100\ \text{m/s}$.

3.7.7.3. Bestimmung der Antriebsleistung von Filterzentrifugen

Die für den Antrieb der Trommel einer periodisch arbeitenden Zentrifuge erforderliche Leistung ändert sich im Laufe des Arbeitszyklus in Abhängigkeit vom Arbeitsgang. Die maximale Leistung wird in der Anlaufphase benötigt, wenn die Trägheit der rotierenden Teile der Zentrifuge und der Füllmasse zu überwinden ist. Nach dem Anlauf der Zentrifuge verringert sich der Energiebedarf.
Es soll die Arbeit W_T bestimmt werden, die aufgewendet werden muß, um der Trommel die Umfangsgeschwindigkeit v zu verleihen (Bild 3.7./20).

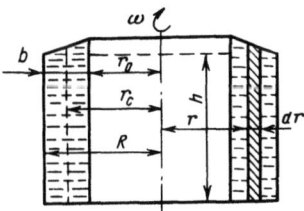

Bild (3.7./20). Zur Bestimmung der Antriebsleistung der Zentrifuge

Die Arbeit, die notwendig ist, um einen beliebigen Massepunkt im Volumen der Trommel mit der Masse dm und der Winkelgeschwindigkeit ω in Bewegung zu versetzen, ist

$$\mathrm{d}W = \mathrm{d}m \frac{\omega^2 r^2}{2} \qquad (3.7./50)$$

r Abstand zwischen diesem Punkt und der Drehachse

Die Arbeit für die Bewegung der ganzen Trommel ist dementsprechend

$$W = \int \mathrm{d}m \frac{\omega^2 r^2}{2} = \frac{\omega^2}{2} \int r^2 \mathrm{d}m \qquad (3.7./51)$$

oder

$$W = \frac{\omega^2}{2} I$$

I äquatoriales Trägheitsmoment der Trommel

Unter der Annahme, daß die gesamte Masse der Trommel im Abstand R von der Drehachse konzentriert ist, erhält man

$$I = m_\mathrm{T} R^2$$

m_T Masse der Trommel in kg
R Innenradius der Trommel in m

Daraus folgt

$$W_\mathrm{T} = \frac{m_\mathrm{T} R^2 \omega^2}{2}$$

$$P_\mathrm{T} = \frac{W_\mathrm{T}}{1\,000\,t} \text{ (in kW)} \qquad (3.7./52)$$

t Anlaufzeit in s

Um den Energiebedarf zu bestimmen, der notwendig ist, die in die Trommel eingefüllte Masse in Bewegung zu versetzen, wird ein analoger Ansatz aufgestellt. Für einen Massering der Dicke dr im Abstand r von der Drehachse (s. Bild 3.7./20) muß folgende Arbeit aufgewendet werden:

$$\mathrm{d}W_\mathrm{M} = (h\,\mathrm{d}\varrho\,2\pi r) \frac{\omega^2 r^2}{2}$$

Um den Energieaufwand für die Rotation der gesamten Füllmasse zu erhalten, wird die letzte Gleichung in den Grenzen von R bis r_0 integriert (s. Bild 3.7./20).

$$W_\mathrm{M} = \int_{r_0}^{R} \pi \omega^2 h \varrho\, r^3 \mathrm{d}r = \pi \omega^2 h \varrho \int_{r_0}^{R} r^3 \mathrm{d}r = \frac{\pi \omega^2 h \varrho}{4} (R^4 - r_0^4)$$

Durch Umformen dieses Ausdruckes ergibt sich

$$W_\mathrm{M} = \frac{\pi (R^2 + r_0^2)}{4} h \varrho\, (R^2 - r_0^2) \omega^2 \qquad (3.7./53)$$

$\pi (R^2 - r_0^2) h \varrho$ Masse des Füllgutringes in der Trommel

Damit kann geschrieben werden:

$$W_M = \frac{m_M(R^2 + r_0^2)}{4}\omega^2$$

Die entsprechende Leistung (in kW) beträgt dann

$$P_M = \frac{W_M}{1000 t \cdot \mu_0} \qquad (3.7./54)$$

t Anlaufzeit in s
μ_0 Koeffizient, der den durch die Massenverschiebung in der Trommel auftretenden zusätzlichen Energieaufwand berücksichtigt. Für Füllmassen der Zuckerproduktion wird er mit 0,8 angenommen.

Die Leistung, die für die Überwindung der Lagerreibung erforderlich ist, beträgt (in kW)

$$P_R = \frac{\mu m v}{1000} \qquad (3.7./55)$$

m Gesamtmasse der rotierenden Zentrifuge und Suspension in kg
v Umfangsgeschwindigkeit der Punkte auf der Oberfläche des Lagerzapfens der Zentrifugenwelle in m/s
μ Reibungskoeffizient, der mit 0,3 angenommen werden kann

Die Leistung, die für die Überwindung der Luftreibung der Trommel benötigt wird, ist (in kW)

$$P_L = 1{,}32 \cdot 10^{-9} \, H D^4 \, n^3 \qquad (3.7./56)$$

H Höhe der Trommel in m
D Durchmesser der Trommel in m
n Drehzahl in min^{-1}

Die maximale theoretische Antriebsleistung der Zentrifuge beträgt demzufolge

$$P = P_T + P_M + P_R + P_L \qquad (3.7./57)$$

Die notwendige Leistung des Elektromotors wird mit einer Reserve von 10···20% zugrunde gelegt.
Nach erfolgter Trommelbeschleunigung ist der Energieverbrauch wesentlich geringer:

$$P_A \approx \frac{1}{4} P_M + P_L + \frac{2}{3} P_R \qquad (3.7./58)$$

Kontinuierlich arbeitende Filterzentrifugen

Bei Filterzentrifugen mit kontinuierlicher Betriebsweise wird die Suspension stetig zugeführt, ebenso kontinuierlich werden Filtrat und Filterkuchen abgeschieden.
Nach der Art des Filterkuchenaustrags werden sie unterteilt in Zentrifugen mit Zentrifugal-, Schnecken- und Schubkolbenaustrag.
Bild (3.7./21) zeigt das Schema einer Zentrifuge mit Zentrifugalaustrag, System *Schtscheniowski*, die zum Abschleudern von Füllmassen in Zuckerfabriken einge-

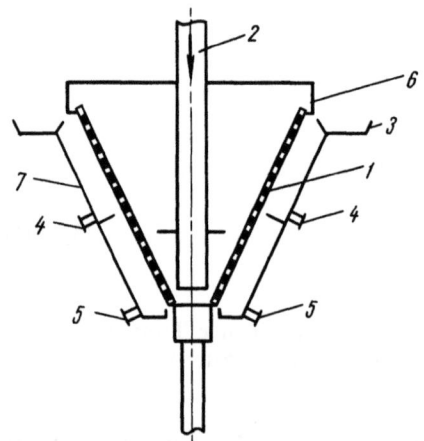
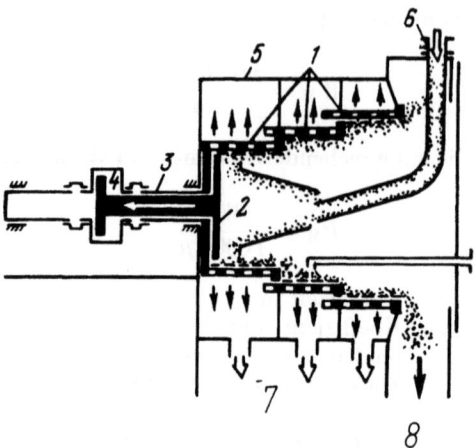

Bild (3.7./21). Schema einer Zentrifuge mit Zentrifugalaustrag
(1) Trommel (2) Suspensionszuleitung (3) Rinne für die Aufnahme des Feststoffes (4) (5) Filtratableitung (6) Austragregulierung (7) Gehäuse

Bild (3.7./22). Schema einer Schubkolben-Zentrifuge
(1) mehrteilige Trommel (Ringe) (2) Scheibe (3) Hohlwelle (4) Kolben (5) Gehäuse (6) Füllmassezufuhr (7) Ablauf (8) Weißzucker

setzt wird. Sie hat eine konische Trommel, die von einer Vertikalwelle angetrieben wird. Die Suspension (in den Zuckerfabriken Füllmasse) tritt durch das Rohr (2) ein, wird infolge der wirkenden Zentrifugalkraft an die konische Wand geschleudert und steigt an ihr nach oben. Eine Filterkuchenschicht-Dickenregulierung erfolgt mittels der zylindrischen Austrageinrichtung (6), die gehoben oder gesenkt werden kann. Der Feststoff wird in die ringförmige Rinne (3) ausgetragen, das Filtrat über die Rohre (4) und (5) abgeleitet. Eine Zwischenwand ermöglicht die Gewinnung von zwei Filtratfraktionen.

In Schneckenzentrifugen wird der Filterkuchen mit einer Schnecke ausgetragen. Dieses Prinzip ist in Abschn. 3.6. am Beispiel der Klärzentrifugation beschrieben.

Das Wirkungsprinzip einer Zentrifuge mit Schubkolbenaustrag ist in Bild (3.7./22) gezeigt. Die Zentrifugentrommel besteht hierbei aus mehreren Ringen (in der Zeichnung ist eine Ausführung mit drei Ringen dargestellt). Ring eins und drei sind starr mit der Welle (3) verbunden und führen eine gemeinsame Rotationsbewegung aus. Der mittlere Ring und die Scheibe (2) bilden mit dem Kolben (4) eine Einheit. Dieser Kolben führt eine hin- und hergehende Bewegung aus und dreht sich mit der Scheibe und dem mittleren Ring. Die Anzahl der Pulsationen beträgt 12 bis 16 in der Minute.

Das Gut, das in die Zentrifuge eintritt, fließt kontinuierlich durch das Rohr (6) und verteilt sich auf der Siebfläche des ersten Ringes. Infolge der Pulsation des Kolbens (4), der Scheibe (2) und des mittleren Ringes bewegt sich der Filterkuchen in axialer Richtung und wird am letzten Ring ausgetragen. Während einer Kolbenbewegung verschiebt sich der Filterkuchen um 40···50 mm.

Der Energiebedarf für kontinuierlich arbeitende Zentrifugen wird ebenso wie für periodisch arbeitende bestimmt. Energie wird benötigt,

1. um die in die Zentrifuge eintretende Suspension zu beschleunigen,
2. zur Überwindung der Lagerreibung,
3. zur Überwindung der Luftreibung der Trommel,
4. für den Austrag des Feststoffes aus der Zentrifuge.

Reibungsverluste (Lagerreibung und Luftreibung) werden mit denselben Gleichungen wie für die periodisch arbeitenden Zentrifugen errechnet. Der Leistungsanteil, der benötigt wird, um die Suspension in Rotation zu versetzen, beträgt

$$P_1 = \frac{\dot{m}(\omega r)^2}{2 \cdot 102} \qquad (3.7./59)$$

$\dot{m}$ Massenstrom der eintretenden Suspension in kg/s

Die zum Austrag des Feststoffes benötigte Leistung ist in Abhängigkeit von der Art des Austrages zu bestimmen. Bei einer Schubzentrifuge mit einer Kolbenhublänge L kann die Leistung N_2 auf folgende Art ermittelt werden: Die Kraft, mit der die Feststoffschicht an die Trommelwand gedrückt wird, beträgt bei einer Feststoffmasse m_F

$$F = m_F \omega^2 r$$

Die Kraft, die zur Axialbewegung des Feststoffes benötigt wird, ist demzufolge

$$F_1 = m_F \omega^2 r f$$

f Reibungskoeffizient für kristalline Stoffe $f = 0{,}3 \cdots 0{,}55$

Die Energie für einen Kolbenhub L ergibt sich zu

$$W = m_F \omega^2 r f L$$

Ist die Pulsationszahl in der Minute n, errechnet sich die Austragsleistung insgesamt zu

$$P_2 = m_F \frac{\omega^2 r f L n}{60 \cdot 102} \qquad (3.7./60)$$

Zu empfehlende Literatur

Grebenjuk, S. M.: Technologische Ausrüstung der Zuckerfabriken. Moskau: Pistschewaja promyschlennost 1969, S. 528

Snamenski, G. M.: Technologische Ausrüstung der Zuckerfabriken. Moskau: Pistschepromisdat 1957, S. 420

Autorenkollektiv: Lehrbuch der chemischen Verfahrenstechnik. Leipzig: VEB Deutscher Verlag für Grundstoffindustrie 1969

Shushikow, W. A.: Filtration. Moskau: Chimija 1971, S. 419

Lukjanenko, W. M.; Taropez, A. W.: Industriezentrifugen. Moskau: Chimija 1974, S. 373

Romankow, P. G.; Kurotschkina, M. J.: Hydromechanische Prozesse der chemischen Technologie. Leningrad: Chimija 1974, S. 288

Zentrifugenkatalog. Moskau: Masgis 1963, S. 101

3.8. Fragen der angewandten Strömungstechnik

Bei der Betrachtung verschiedener Typen von Apparaten, die zu den Strömungs-, Wärme- und Diffusionsprozessen gehören, entstehen allgemeine Fragen, die sich auf die betrachteten Systeme beziehen. Dazu gehören:

- Strömungsstruktur in Apparaten der Lebensmittelindustrie,
- Wechselwirkung von Gas (oder Dampf) mit der Flüssigkeit,
- Filmströmung von Flüssigkeiten,
- Versprühen von Flüssigkeiten und
- Bildung von Wirbelschichten.

3.8.1. Strömungsstruktur in kontinuierlichen Apparaten

Abhängig vom Strömungscharakter und von den Parameterveränderungen, die die in den Apparat eintretenden Stoffe durchmachen, kann man alle Apparate in drei Gruppen teilen:

- Apparate mit vollständiger Vermischung,
- Apparate mit vollständiger Verdrängung,
- Apparate des Zwischentyps.

Die Parameter, die den Zustand der Stoffe im Apparat bestimmen, nennt man die für den Prozeß charakteristischen Größen oder Zustandsgrößen, z. B. Temperatur, Druck, Konzentration usw.

Am günstigsten lassen sich die Besonderheiten der Strömung am Beispiel von kontinuierlichen Wärmeaustauschern verschiedener Konstruktion demonstrieren. In Bild (3.8./1) ist ein Wärmeaustauscher dargestellt, der nach dem Prinzip der vollständigen Verdrängung arbeitet. Als Beispiel wird angenommen, daß in diesem Apparat eine Kolbenströmung (Pfropfenströmung) ohne Vermischung abläuft. Das Bild zeigt auch die Veränderung der Temperatur, wobei die Temperatur des Wärmeträgers als konstant angenommen wird (kondensierender Dampf).

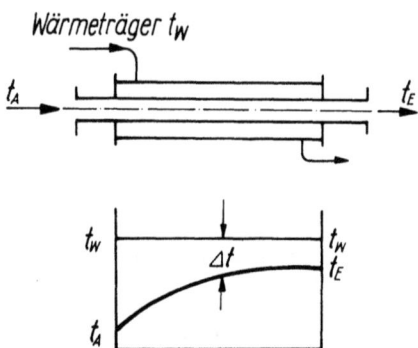

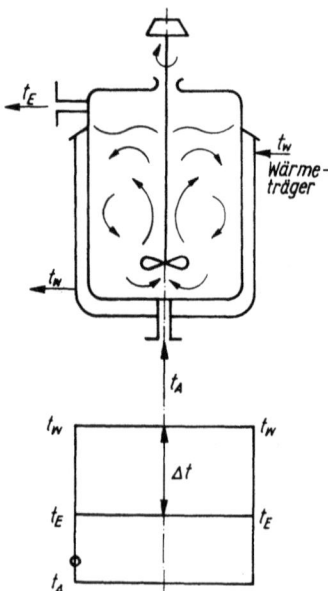

Bild (3.8./1). Schema eines Apparates mit vollständiger Verdrängung
t_W Temperatur des Wärmeträgers
t_A Anfangstemperatur des Mediums
t_E Endtemperatur des Mediums

Bild (3.8./2). Schema eines Apparates mit vollständiger Durchmischung

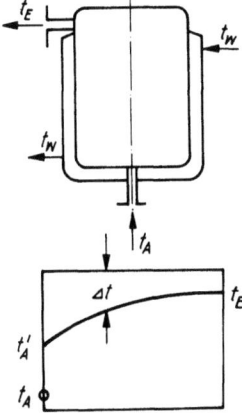

Bild (3.8./3). Schema eines Apparates des Zwischentyps

Ein Apparat mit vollständiger Vermischung ist in Bild (3.8./2) gezeigt. Das Temperaturdiagramm stellt hierbei eine horizontale Linie dar, die auf dem Niveau t_E verläuft.
Der Fall des Zwischentyps ist in Bild (3.8./3) dargestellt.
Der Unterschied im Prozeßverlauf in jedem dieser Apparatetypen wird dann besonders deutlich, wenn man betrachtet, wie sich die Triebkraft des Prozesses Δt in jedem von ihnen verändert. Aus der Betrachtung der Temperaturdiagramme wird sichtbar, daß die maximale Triebkraft in den Apparaten mit vollständiger Verdrängung vorherrscht, und daß sie in den Apparaten mit vollständiger Vermischung minimal ist. Eine Zwischenstellung nimmt der Apparat des Zwischentyps ein.
Man muß hinzufügen, daß das Strömungsbild in den kontinuierlichen Apparaten weder einer idealen Vermischung entspricht noch dem der vollständigen Verdrängung. Man ordnet sie vorteilhafterweise dem Zwischentyp zu.

3.8.2. Hydrodynamik der Wechselwirkungen zwischen Gas (Dampf) und Flüssigkeit

Bei der Durchführung zahlreicher technologischer Prozesse muß ein enger Kontakt zwischen Gas (Dampf) und Flüssigkeit hergestellt werden. Zur Erreichung dieses Ziels werden verschiedene Anordnungen verwendet, die die Schaffung einer großen Wechselwirkungsfläche zwischen beiden gewährleisten.
Folgendes Prinzip fand breite Verwendung: Die Flüssigkeit verteilt sich in dünner Schicht auf der Oberfläche von Körpern, die den Apparat füllen (sog. Füllkörper), das Gas oder der Dampf bewegt sich von unten nach oben zwischen den Elementen der Füllkörperschüttung hindurch. In anderen Fällen zwingt man die Flüssigkeit zur Erreichung einer großen Kontaktoberfläche zum Ablaufen, in dessen Ergebnis sich Schleier oder dünne Strahlen und kleine Tropfen bilden.
Ebenso werden Apparate verwendet, in denen man Gas (oder Dampf) durch die Flüssigkeit hindurchtreten läßt, wobei Strahlen, Blasen, Schaum und Spritzer gebildet werden.
Da die Kontaktbildung für die richtige Konstruktion und die Wahl einer zweckmäßigen Betriebsweise von Apparaten entscheidende Bedeutung hat, ist es unerläßlich, die Hydrodynamik der Prozesse zu kennen, die in solchen Apparaten ablaufen.

3.8.2.1. Fließen von Flüssigkeitsfilmen (Prozeßmechanismus)

Beim Fließen von dünnen Flüssigkeitsfilmen über vertikale oder geneigte Flächen unterscheidet man folgende Fälle:

- der Film fließt ab und berührt das nicht bewegte Gas,
- der Film fließt gegen den Gasstrom ab und berührt ihn dabei.

Im zweiten Fall kann der Fließmechanismus des Films in Abhängigkeit von der Geschwindigkeit des Gases verschieden sein. Bei geringen Geschwindigkeiten von Gas oder Dampf (z. B. bis 3,5 m/s) zeigt das Gas keinen wesentlichen Einfluß auf die Strömung des Flüssigkeitsfilms. Bei höheren Geschwindigkeiten zeigt der Gasstrom erheblichen Einfluß auf den Flüssigkeitsfilm, und ab einer kritischen Geschwindigkeit kann er eine gegenläufige Bewegung der Flüssigkeit in Richtung des Gasstromes hervorrufen.

Beim Fließen eines Flüssigkeitsfilms über eine ebene Fläche sind verschiedene Bewegungsarten festgestellt worden, die durch die Re-Zahl und die Geschwindigkeit des entgegengerichteten Gasstroms bestimmt werden. Unter der Re-Zahl eines sich bewegenden dünnen Flüssigkeitsfilms versteht man folgenden Ausdruck:

$$Re_{Fl} = \frac{w_m \cdot d_{äqu}}{\nu_{Fl}} \qquad (3.8./1)$$

w_m mittlere Fließgeschwindigkeit der Flüssigkeit
$d_{äqu}$ äquivalenter Stromdurchmesser
ν_{Fl} kinematische Zähigkeit der Flüssigkeit

$$d_{äqu} = \frac{4A}{U} \qquad (3.8./2)$$

A Querschnittsfläche des Stroms
U benetzter Umfang

Offensichtlich ist

$$A = l \cdot y_m \quad \text{und} \quad U = l$$

l Breite des Films und
y_m mittlere Dicke des Films

Der äquivalente Durchmesser des Stroms beträgt dann

$$d_{äqu} = \frac{4 l y_m}{l} = 4 y_m = 4R$$

R hydraulischer Radius der Strömung

Die mittlere Fließgeschwindigkeit ist

$$w_m = \frac{m}{\varrho y_m}, \qquad (3.8./3)$$

m Masse der Flüssigkeit, die je Sekunde auf einem Meter Filmbreite abläuft in kg m^{-1} s^{-1}
ϱ Dichte der Flüssigkeit in kg m^{-3}

Setzt man in Gl. (3.8./1) die erhaltenen Werte für w_m und $d_{äqu}$ ein, erhält man die Formel für die *Reynolds*-Zahl zu

$$Re_{Fl} = \frac{4m \cdot y_m}{\varrho \cdot y_m \cdot \nu_{Fl}} = \frac{4m}{\varrho \cdot \nu_{Fl}} \tag{3.8./4}$$

Wenn man die Masse der abfließenden Flüssigkeit kennt, findet man den Zahlenwert von Re.

Es wurde festgestellt, daß eine reine laminare Strömung sich nur bei $Re < 30$ ausbildet. In diesem Fall fließt die Flüssigkeit über die Wandung in einem durchsichtigen Film ab. Bei einer Erhöhung der Re-Zahl (d. h. bei Erhöhung der Rieselintensität) ändert sich selbst bei unbewegtem Gas der Bewegungscharakter, es treten charakteristische Wellenerscheinungen auf. Das Auftreten dieser Wellenerscheinungen erklärt sich aus der Wirkung von Kapillarkräften, die für dünne Flüssigkeitsschichten in der gleichen Größenordnung liegen wie die Zähigkeitskräfte. Bei weiterer Erhöhung der Re-Zahl (über 1500) wird turbulente Strömung beobachtet. Dazu muß bemerkt werden, daß ein geschlossener Film nur bei einer bestimmten minimalen Dicke existieren kann. So zerreißt ein Film von einer Dicke unter 50 µm bei unbewegtem Gas unter Wirkung der Oberflächenspannung in einzelne Strahlen.

Die Gegenströmung des Gases beeinflußt den Flüssigkeitsstrom, wie bereits erwähnt, nur bei höheren Gasgeschwindigkeiten über 3,5 m s^{-1}. Bei einer Gasgeschwindigkeit der Größenordnung 7 m s^{-1} wird ein Zerreißen der Flüssigkeit und Spritzeraustrag beobachtet. Bei weiterer Erhöhung der Gasgeschwindigkeit entsteht eine gleichgerichtete Strömung von Gas und Flüssigkeit mit ausgeprägt turbulentem Charakter. Die Fließgeschwindigkeit ändert sich im Flüssigkeitsfilm, wie in Bild (3.8./4) dargestellt, nach einem parabolischen Gesetz. Die Minimalgeschwindigkeit herrscht an der Wandung, die maximale an der freien Flüssigkeitsoberfläche. Wie aus dem parabolischen Geschwindigkeitsverteilungsgesetz hervorgeht, ist

$$w_{max}/w_m = 3/2 \tag{3.8./5}$$

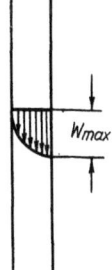

Bild (3.8./4). Geschwindigkeitsverteilung im Flüssigkeitsfilm

3.8.2.2. Fließen von Flüssigkeit und Gas durch Füllkörperschüttungen

Typen und Charakteristika der Füllung (Bild 3.8./6 und Tabelle 3.8./1).

Zur Herstellung des Kontaktes zwischen Gas (Dampf) und Flüssigkeit werden in breitem Maße Füllkörperapparate benutzt. Der prinzipielle Aufbau eines solchen Apparats ist in Bild (3.8./5) gezeigt. Hier soll nicht das Wesen des darin ablaufenden Prozesses dargelegt werden, sondern nur die hydrodynamische Seite. Die Füllkörperschicht stützt sich auf ein Gitter ab, dessen Öffnungen so bemessen sind, daß die einzelnen Füllkörper nicht hindurchfallen können. Gas oder Dampf treten von unten durch das Gitter und durchströmen die Füllkörperschicht. Die Flüssigkeit wird mittels Zerteilungsvorrichtung von oben aufgegeben, fließt durch die Füllkörperschicht und berührt sich mit dem aufsteigenden Gas. Für eine effektive Arbeit der Säule ist es erforderlich, die Flüssigkeit gleichmäßig über den Querschnitt zu verteilen.

Tabelle (3.8./1). Kennwerte von Füllkörpern

Füllkörperart	Abmessungen des Füllkörpers (Höhe × Durchmesser × Wandstärke) in mm	Spezifische Oberfläche σ in $m^2 \cdot m^{-3}$	Freies Volumen V in $m^3 \cdot m^{-3}$	Masse M eines m^3 Füllung in kg	Zahl N der Füllkörper auf 1 m^3 Füllung
Keramische Ringe (lose Schüttung)	15 × 15 × 2	300	0,70	690	250 000
	25 × 25 × 3	204	0,74	532	53 000
	35 × 35 × 4	140	0,78	505	20 200
	50 × 50 × 5	87,5	0,785	530	6 000
Stahlringe	35 × 35 × 2,5	147	0,83	—	19 000
	50 × 50 × 1	110	0,95	430	6 000
Porzellanringe	8 × 8 × 1,5	570	0,64	600	1 465 000
Stückiger Koks	42,6	77	0,56	455	14 000
	24,4	120	0,532	500	64 000
Hölzerne Füllkörper (Stabgitter) (erste Zahl – Dicke der Stäbe, zweite – Höhe, dritte – Abstand zwischen den Stäben)	10 × 100 × 10	100	0,55	210	—
	10 × 100 × 20	65	0,68	145	—
	10 × 100 × 30	48	0,77	110	—

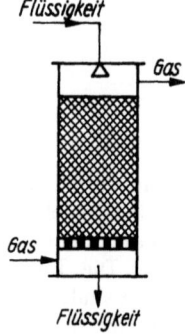

Bild (3.8./5). Schema einer Füllkörpersäule

Bild (3.8./6). Füllkörpertypen

Die Füllung wird aus Körpern mit großer Oberfläche gebildet, sie wird durch folgende Kennwerte charakterisiert:

- spezifische Oberfläche σ in $m^2 \cdot m^{-3}$, die Größe gibt an, welche Oberfläche 1 m^3 Füllung hat,
- freies Volumen V in $m^3 \cdot m^{-3}$; diese Größe gibt an, welches Volumen auf 1 m^3 Füllkörperschicht frei bleibt,
- Masse M von 1 m^3 Füllung in kg,
- Zahl N der Elemente auf 1 m^3.

Bei gegenläufiger Bewegung von Gas (Dampf) und Flüssigkeit werden in Füllkörpersäulen vier Bewegungsarten beobachtet, die sich in Abhängigkeit von der Menge der rieselnden Flüssigkeit, die auf eine Flächeneinheit des Säulenquerschnitts kommt, und von der Geschwindigkeit des Gases ausbilden.

Das *laminare Regime* (Filmströmung) wird bei geringer Rieseldichte und kleinen Gasgeschwindigkeiten beobachtet. Bei diesem Regime bewegt sich die rieselnde Flüssigkeit in Form von Tropfen und Filmen von einem Element zum anderen. Der Kontakt zwischen Gas und Flüssigkeit vollzieht sich an den benetzten Füllkörperflächen. Das Gas bewegt sich bei diesem Regime im kontinuierlichen, geschlossenen Strom und füllt die freien Volumina der Schüttung aus. Die disperse Phase ist hierbei also die Flüssigkeit, die geschlossene das Gas.

Das *Übergangsregime* entsteht bei Erhöhung der Gasgeschwindigkeit beim Übergang zum turbulenten Regime. Beim Übergangsregime beginnt sich die bremsende Wirkung der Flüssigkeit auf den Gasstrom schon zu zeigen. In diesem Fall bedeckt die Flüssigkeit die Füllung und fließt von ihr in Form von Filmen und Strahlen ab, die den Gasstrom bremsen und ihn zur Wirbelbildung zwingen. Die Wechselwirkung der Phasen geschieht an den Film- und Strahloberflächen. Die geschlossene Phase ist dabei die Gasphase. Bei weiterer Entwicklung dieses Regimes entsteht Turbulenz.

Das *turbulente Regime* wird dadurch charakterisiert, daß die Flüssigkeitsbewegung noch in Filmen und Strahlen erfolgt, die Flüssigkeit jedoch verwirbelt ist. Dieses Regime entsteht bei bedeutenden Gasgeschwindigkeiten und ruft ein Zurückhalten der Flüssigkeit in der Schüttung hervor. Die Wechselwirkung zwischen den Phasen vollzieht sich an der Oberfläche der verwirbelten Filme der flüssigen Phase.

Das sogenannte „emulgative" Regime entsteht bei weiter vergrößerter Rieseldichte und Gasgeschwindigkeit. Das turbulente Regime geht in das effektivste, das der sogenannten „Emulgierung" über. Im turbulenten Regime bleibt die Gasphase noch geschlossen. Im Emulgierregime ist nicht mehr bestimmbar, welche Phase die disperse und welche die geschlossene ist. Die Phasen invertieren ständig, wechseln die Rollen. Es geht eine überaus intensive Vermischung der Phasen vor sich. In beiden Phasen entstehen bei diesem Regime zahlreiche Wirbel.

Bei weiterer Erhöhung der Geschwindigkeit des Gases hört in einem bestimmten Moment die Abwärtsbewegung der Flüssigkeit auf. Sie wird mit dem Gasstrom nach oben getragen. Man nennt das „Verschlucken". Die Flüssigkeit steigt über das Niveau der Füllkörperschicht und wird aus dem Apparat herausgeschleudert.

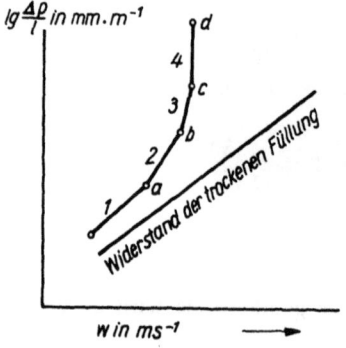

Bild (3.8./7). Strömungsarten in Füllkörpersäulen
(1) Filmströmung (2) Übergangsströmung (3) turbulente Strömung
a) Bremspunkt b) Zurückhaltepunkt c) Phaseninversionspunkt d) Verschluckpunkt

Der graphische Ausdruck der oben beschriebenen Regime ist in Bild (3.8./7) dargestellt. Die horizontale Achse zeigt die Gasgeschwindigkeit in der Säule (berechnet auf den freien Querschnitt), die vertikale Achse den Druckabfall je Längeneinheit der Höhe der Füllung. Darunter ist der Druckabfall der trockenen Säule dargestellt. Auf der Grundlage des in der Literatur vorhandenen experimentellen Materials schlug *Kafarow* eine Gleichung zur Bestimmung der Geschwindigkeit w_0 vor, bei der die Inversion beginnt. Diese Gleichung hat folgendes Aussehen:

$$\lg\left(w_0^2 \frac{\sigma}{g \cdot V_f} \frac{\varrho_G}{\varrho_{Fl}} \eta_{Fl}^{0,16}\right) = A - 1{,}75 \left(\frac{L}{m}\right)^{1/4} \left(\frac{\partial_G}{\varrho_{Fl}}\right)^{1/8} \qquad (3.8./6)$$

w_0 gesuchte Gasgeschwindigkeit in m s^{-1}
σ spezifische Oberfläche der Füllung in m^2 m^{-3}
g Erdbeschleunigung in m s^{-2}
V_f freies Volumen in m^3 m^{-3}
ϱ_G Dichte des Gases (Dampfes) in kg m^{-3}
ϱ_{Fl} Dichte der Flüssigkeit in kg m^{-3}
η_{Fl} Viskosität der Flüssigkeit in Pa s
A experimenteller Koeffizient
L Massenstrom der flüssigen Phase in kg m^{-2} h^{-1}
m Massenstrom des Gases (Dampf) in kg m^{-2} h^{-1}

Benutzt man diese Gleichung, kann man die Bedingungen bestimmen, bei denen ein bestimmtes Regime herrscht bzw. wo der Übergang erfolgt. Aus folgenden Verhältnissen kann man sie bei bekannter Gas-(Dampf-)Geschwindigkeit w erhalten:

turbulentes Regime $w/w_0 = 1\cdots 0{,}85$,
Zurückhaltepunkt $w/w_0 = 0{,}85$,
Übergangsregime $w/w_0 = 0{,}85\cdots 0{,}45$,
Bremspunkt $w/w_0 = 0{,}45$,
laminares (Film-)regime $w/w_0 = 0{,}45$.

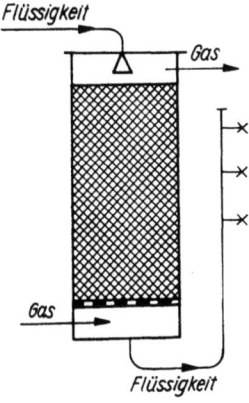

Bild (3.8./8). Schema einer Füllkörpersäule mit erzwungener Emulgierung

Wenn man w_0 berechnet hat und w kennt, ist also das Strömungsregime leicht zu bestimmen, unter dem eine Füllkörpersäule arbeitet.

Das Emulgierregime ist für Füllkörpersäulen das effektivste. Abgeleitet davon wurde ein Verfahren erarbeitet, das es ermöglicht, das Emulgierregime über die ganze Höhe der Schüttung für beliebige Gasgeschwindigkeiten aufrechtzuerhalten.

In Bild (3.8./8) ist das Schema eines Apparats mit erzwungener Emulgierung dargestellt. Damit die „Gas-Wasser-Emulsion" auf der gegebenen Höhe gehalten wird, ist ein Überlaufrohr in U-Form angebracht. Im unteren Teil ist dieses Rohr mit hydraulischem Verschluß versehen.

3.8.2.3. Hydraulischer Widerstand von Füllkörperschichten

Die Bewegung des Gases in einer Füllkörpersäule ist mit einem Druckverlust verbunden, der vom Charakter der Schicht, der Gasgeschwindigkeit und der Rieselintensität der Flüssigkeit durch die Schüttung abhängt.

Der Widerstand, den die trockene Schüttung dem Gas entgegensetzt, setzt sich aus Reibungsverlusten und örtlichen Geschwindigkeitsverlusten zusammen, die entstehen, wenn der Gasstrom auf komplizierten Wegen die den Apparat füllenden Körper umströmt.

In durchrieselten Schüttungen vergrößert sich der Verlust sowohl durch die Verringerung des freien Querschnitts als auch wegen der Wechselwirkung zwischen Gas und Flüssigkeit. In Bild (3.8./9) ist ein Diagramm dargestellt, das Veränderung der Druckverluste in der durchrieselten Schicht bei variierter Gasgeschwindigkeit zeigt.

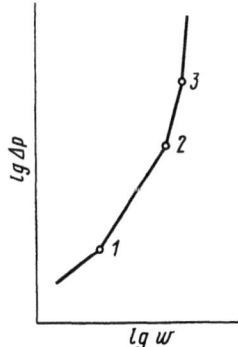

Bild (3.8./9). Diagramm zur Bestimmung des Druckverlusts

Der Abschnitt bis Punkt 1 entspricht dem laminaren Regime, längs des Abschnitts 1—2 wächst der Widerstand infolge sich verstärkender Turbulenz der Strömung. Im Punkt 2 beginnt das „Emulgierregime". Folglich entspricht dieser Punkt der Inversion der Phasen. Schließlich tritt im Punkt 3 „Verschlucken" ein. Nach dem Punkt 3 verläuft die Gerade fast parallel zur Ordinatenachse.

3.8.2.4. Versprühen von Flüssigkeiten

Bei der Durchführung vieler Produktionsprozesse ist es notwendig, eine Flüssigkeit im gasförmigen Medium zu dispergieren, z. B. beim Trocknen flüssiger Materialien im Sprühtrockner, bei Befeuchten der Luft in Sprühkammern und bei einer Reihe anderer technologischer Prozesse. Die für diese Zwecke angewendeten Apparate können in drei Hauptgruppen geteilt werden:

- mechanische Sprühdüsen,
- pneumatische Sprühdüsen (mit Gas oder Dampf arbeitend),
- Zentrifugalversprüher (Sprühteller).

Beim *mechanischen Versprühen* gelangt die Flüssigkeit unter erheblichem Druck in die Düse. Die Aufgabe der Düse besteht darin, die Flüssigkeit in sehr kleine Tropfen zu zerteilen. Das erreicht man, wenn man einen Strahl der Flüssigkeit durch eine Öffnung geringen Durchmessers hindurchtreten läßt. Außerdem versetzt man den Strahl in eine drehende Bewegung, die die Versprühung unterstützt.
Bekanntlich zerfällt ein sich schnell bewegender Flüssigkeitsstrahl in ruhendem Gas unter Wirkung der Trägheitskräfte, der Oberflächenspannung und der Viskosität in einzelne Tropfen, die sich nach Form und Abmessungen unterscheiden. Die Tröpfchengröße hängt von vielen Faktoren ab, vom Flüssigkeitsdruck, vom Durchmesser der Austrittsöffnung und von ihrer Konstruktion, von den physikalischen Daten der Flüssigkeit, besonders ihrer Viskosität.
In Bild (3.8./10) ist eine Düse mit schraubenförmigem Einsatz dargestellt, die zum Versprühen von Wasser breite Anwendung findet. Das Wasser wird darin in eine drehende Bewegung versetzt und bildet nach dem Austritt aus der Düsenöffnung einen weiten Kegel eines Wassernebels. Mechanische Sprühdüsen ergeben eine feine Versprühung mit Teilchen von $50 \cdots 150$ nm. Sie sind jedoch für viskosere Flüssigkeiten und Suspensionen wenig geeignet. Der Wasserdurchsatz von mechanischen Sprühdüsen ist (in kg h^{-1})

$$m = K \cdot d \cdot p^n \qquad (3.8./7)$$

K Koeffizient, der von der Düsenkonstruktion abhängt und von 30 bis 50 schwankt
d Durchmesser der Austrittsöffnung in mm
p Wasserdruck in Pa
n Exponent vom Düsentyp abhängig

Für die in Bild (3.8./10) gezeigte Düse ist $n = 0{,}53$.
Die *pneumatische Versprühung* geschieht mit Hilfe von Druckluft oder Dampf. Der Druck des zu versprühenden Mediums beträgt $1{,}5 \cdots 5 \cdot 10^5$ Pa. Die mit Druckluft arbeitende Düse ist in Bild (3.8./11) dargestellt. Das Gas, das in den ringförmigen Durchgang (2) der Düse gelangt, reißt die Flüssigkeit mit, die durch das Zentralrohr (1) eintritt. Dabei wird die Flüssigkeit versprüht. Der Verbrauch an Druckluft wird durch die physikalischen Eigenschaften der Flüssigkeit und die Düsenkonstruktion bestimmt. Im Mittel schwankt sie zwischen $0{,}3 \cdots 0{,}6$ m^3 (bei 0 °C und

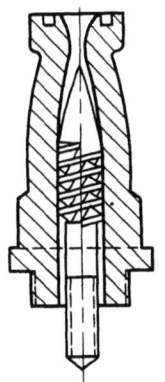
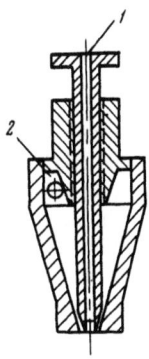

Bild (3.8./10). Düse mit Draht

Bild (3.8./11). Sprühdüse mit Druckluft
(1) Zentralrohr (2) ringförmiger Durchgang

$1 \cdot 10^5$ Pa) je 1 kg Flüssigkeit. Mit Hilfe der pneumatischen Methode gelingt es, viskose Flüssigkeiten und Suspensionen zu versprühen. Zur Berechnung des maximalen Teilchendurchmessers, der bei beiden Düsentypen entsteht, empfiehlt sich die Formel

$$D = \frac{8K \cdot \sigma}{\varrho \cdot V^2} \tag{3.8./8}$$

D maximaler Teilchendurchmesser in m
σ Oberflächenspannung in $N \cdot m^{-1}$
ϱ Dichte des Gases, in dem das Versprühen vor sich geht in $kg \cdot m^{-3}$
V Austrittsgeschwindigkeit des Strahls in $m \cdot s^{-1}$
K Koeffizient, dessen Größe von den Eigenschaften der Flüssigkeit abhängt (für Wasser $K = 116$, für Äthylalkohol $K = 274$, für Glyzerin $K = 392$)

Zur Versprühung von Flüssigkeiten auf Zentrifugalversprühern gelangt die Flüssigkeit auf eine sich schnell drehende Scheibe. Die Zentrifugalkraft dispergiert die Flüssigkeit.
In Bild (3.8./12) sind einige dieser Scheiben dargestellt, sie können in folgende Gruppen unterteilt werden:

- geschlossene (für grobe Suspensionen),
- mit Rillen und Schaufeln (für niedrigkonzentrierte Suspensionen und homogene Flüssigkeiten).

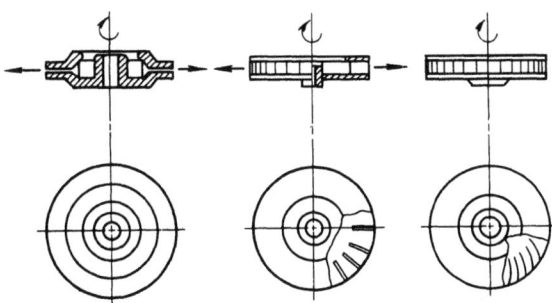

Bild (3.8./12). Sprühscheiben

Die Aufgabe der Rillen und Schaufeln ist es, ein Gleiten der Flüssigkeit zu vermeiden. Die Abmessungen der Scheiben sind gering – 150···500 mm im Durchmesser, meist jedoch nur 150···200 mm.

Der Mechanismus der Tropfenbildung bei der *Zentrifugalversprühung* hängt von der Strömungsintensität der Flüssigkeit ab. Bei geringer Zufuhr bildet die Flüssigkeit, die vom Zentrum zur Peripherie fließt, einen hängenden Zylinder, der unter Wirkung der Zentrifugalkraft zerreißt und Tröpfchen bildet. Bei großer Flüssigkeitszufuhr bilden sich einzelne Strahlen, die in bestimmter Entfernung von der Scheibe zerfallen. Bei noch größerer Flüssigkeitszufuhr werden einzelne Strahlen von der Scheibe abgeschleudert, fließen zusammen und bilden einen geschlossenen Film. Dieser Film zerfällt ebenfalls in einiger Entfernung vom Rand der Scheibe in Tropfen.

Bei geringen Umfangsgeschwindigkeiten der Scheibe wird die Versprühung ungleichmäßig. Deshalb soll die minimale Umfangsgeschwindigkeit $v = 60 \text{ m} \cdot \text{s}^{-1}$ betragen, die Drehzahl etwa 4000···20000 min^{-1}.

Beim Zentrifugalversprühen wird Energie in Form der kinetischen Energie N_1 der zu versprühenden Flüssigkeit verbraucht, weiterhin Energie zur Überwindung der Reibung der Scheibe an der Luft N_2 und für die Luftzirkulation innerhalb der Scheibe N_3.

In Bild (3.8./13) ist ein Diagramm dargestellt, mit dessen Hilfe man orientierend den Energieverbrauch des Zentrifugalversprühens bestimmen kann. Auf der vertikalen Achse ist der spezifische Energieverbrauch aufgetragen (bezogen auf 1 kg zu versprühende Flüssigkeit), auf der horizontalen das Produkt $(D \cdot n)^2$, wobei

D Scheibendurchmesser in m und

n Rotationsfrequenz der Scheibe in s^{-1}.

Im Vergleich zu den vorher erwähnten hat das Zentrifugalversprühen einen großen Vorteil. Mit Hilfe der Scheiben können nicht nur viskose Flüssigkeiten, sondern auch brei- und pastenartige Massen versprüht werden. So werden z. B. Scheibenversprüher in den Brennereibetrieben zum Versprühen von zerkleinertem Getreide und Wasser eingesetzt.

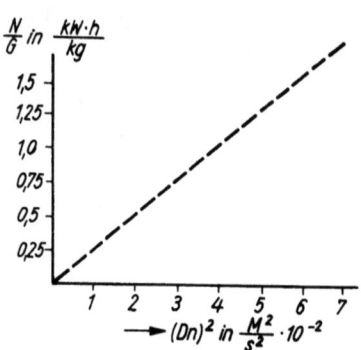

Bild (3.8./13). Diagramm zur Bestimmung des spezifischen Energieverbrauchs zum Versprühen

3.8.2.5. Pneumatisches Rühren

Prozeßmechanismus

Pneumatisches Rühren heißt der Durchgang von Gas oder Dampf durch die Flüssigkeit unabhängig vom technologischen Ziel dieser Operation. Der Anwendungsbereich dafür ist überaus weit, in vielen Apparaten, in denen Kontakt zwischen Gas und Flüssigkeit zu realisieren ist, trifft man es an.

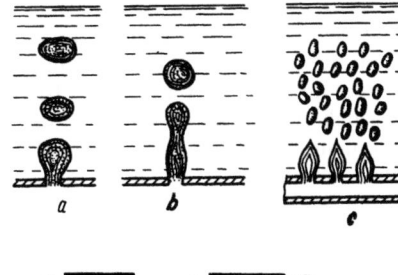

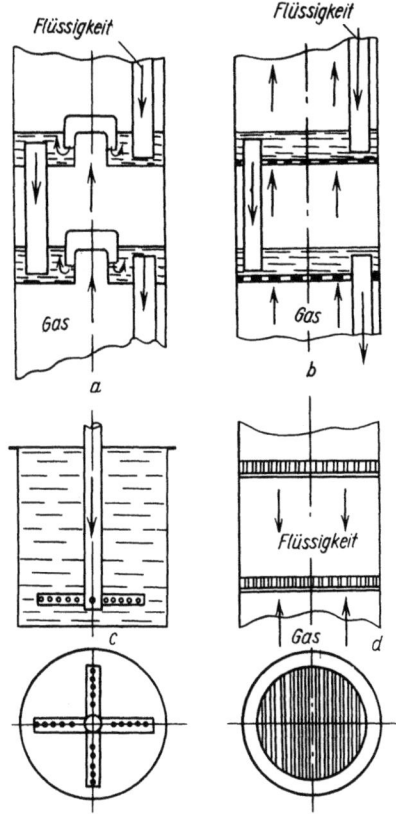

Bild (3.8./14). a) bis d) Pneumatische Rührapparate

Bild (3.8./15). Prinzipschema des pneumatischen Rührprozesses
a) Austritt von Gasblasen aus einer Einzelöffnung bei geringer Geschwindigkeit
b) dasselbe bei großer Geschwindigkeit
c) Gasaustritt aus einer anliegenden Lochreihe in einem Röhrenapparat
d) Gasaustritt aus einem pneumatischen Rührer mit Haubenboden bei geringer Geschwindigkeit
e) dasselbe bei großer Geschwindigkeit

In Bild (3.8./14) sind schematisch einige Typen von pneumatischen Rührapparaten dargestellt, die in der Lebensmittelindustrie verwendet werden. In Bild (3.8./15a bis e) ist der Gasdurchgang für verschiedene Typen gezeigt.
Wie in Bild (3.8./15d und e) sichtbar ist, werden bei zunehmenden Gasgeschwindigkeiten die Durchbrüche völlig frei.
Beim pneumatischen Rühren unterscheidet man zwei Grundregime – das Blasenrühren und das Strahlrühren (s. Bild 3.8./15).
Das *Blasenrühren* tritt bei niedrigem Gas- bzw. Dampfdurchsatz auf. Das Gas wird in der Flüssigkeit in Form einzelner Blasen zerteilt, deren Abmessungen von der Konstruktion des Apparats, den Eigenschaften der Flüssigkeit und des Gases abhängen.
Bei Erhöhung der Gasgeschwindigkeit entsteht ein Gasstrahlregime, bei dem der Gasstrom, der aus den Öffnungen des Apparats heraustritt, eine nach Form und Abmessungen beständige „Fackel" bestimmter Größe bildet (Bild 3.8./15b). Die Gasgeschwindigkeit, bei der die Fackelbildung eintritt, ist verschieden und hängt von Apparatekonstruktion und Flüssigkeitsart ab. Die Fackelgröße ist gering, für technische Zwecke überschreitet sie 30···40 mm nicht.
Bei niedrigem Flüssigkeitsstand über den Gasausströmöffnungen bricht die Fackel zur Phasengrenzfläche durch. Bei höherem Flüssigkeitsstand bildet die Fackel einzelne Blasen, deren Größe von den Eigenschaften der Flüssigkeit und der Aus-

trittsgeschwindigkeit des Gases abhängig ist. Bei horizontalem Strahlaustritt neigt sich der Strahl unmittelbar am Austritt zur Vertikalen hin.
Bei einem intensiven Strahlregime sind drei Zonen zu unterscheiden:
Gasrühren, Schaum und Spritzer (Bild 3.8./16). Bei geringem Volumendurchsatz befindet sich ein großer Teil des Volumens im dispersen Zustand. Bei Vergrößerung des Volumendurchsatzes wächst die Flüssigkeitsmenge in den beiden oberen Zonen. Bei einer bestimmten Gasgeschwindigkeit kann die Gesamtmasse der Flüssigkeit in Schaum und Spritzer übergehen. Bei weiterer Erhöhung der Gasgeschwindigkeit wird die Schaumstruktur beweglich. Strahlen und Blasen dringen in diese bewegliche Schicht ein, die dabei eine dynamische Beständigkeit hat. Eine solche Betriebsweise nennt man Schaumregime. Das Schaumregime herrscht dann, wenn die Gasgeschwindigkeit im freien Querschnitt $1 \cdots 3 \text{ m} \cdot \text{s}^{-1}$ beträgt. Der dynamisch beständige, bewegliche Schaum bedingt dabei einen engen Kontakt von Gas und Flüssigkeit, was die Effektivität dieser Apparate erhöht.

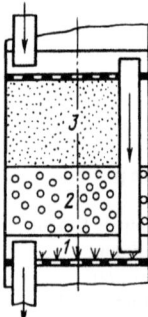

Bild (3.8./16). Zonen des Tellerzwischenraums
(1) Rührzone (2) Schaumzone (3) Tröpfchenzone

Spritzeraustrag in pneumatischen Rührapparaten

Beim pneumatischen Rühren wird ein bestimmter Flüssigkeitsanteil vom Gas mitgerissen. Ein solcher Spritzeraustrag entsteht durch zwei Ursachen, durch direktes Mitreißen im Gasstrahl (Injektion) oder Mitreißen von Flüssigkeitsteilchen bei der Schaumzerstörung. Außerdem ist es auch möglich, daß beim Vorhandensein eines stabilen Schaums das Gas Teile aus der Schaumstruktur mit sich reißt (Schaumaustrag). Das Mitreißen von Flüssigkeit durch das Gas oder den Dampf ist umso intensiver, je größer die Gas- oder Dampfgeschwindigkeit und je kleiner der Abstand zwischen den Böden des Apparats ist (s. Bild 3.8./16). Weiterhin beeinflussen die Eigenschaften des gasförmigen Mediums den Tröpfchenaustrag.
Der Tröpfchenaustrag erhöht sich mit der Gasdichte. Den Mechanismus der Gasabtrennung im Bodenzwischenraum kann man sich folgendermaßen vorstellen. Die Flüssigkeitstropfen, die durch Injektionswirkung vom Gasstrom aus der Flüssigkeitsoberfläche herausgerissen werden, haben die Geschwindigkeit v in der vertikalen Richtung. Diese Geschwindigkeit verringert sich, da jedes Tröpfchen bei der Bewegung den Widerstand des umgebenden Mediums erfährt. Gleichzeitig übt jedoch der Gasstrom auf die Flüssigkeitsteilchen einen Druck in Richtung der Anfangsbewegung aus. Wenn die Widerstandskraft des Mediums und die Schwerkraft größer sind als der Druck des strömenden Gases auf das Teilchen, dann verringert sich die Fluggeschwindigkeit allmählich, und bei einer bestimmten Abstandshöhe zwischen den Böden werden die Tröpfchen abgeschieden. Wenn der Druck der Strömung größer ist, tritt keine Abscheidung ein.
Bei niedrigeren Gasgeschwindigkeiten, bei denen das Schaumregime schon beobachtet wird, schützt der Schaum vor einem Tröpfchenaustrag. Der einfachste Typ ist

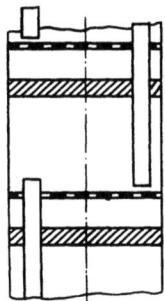

Bild (3.8./17). Jalousie-Tröpfchenabscheider

ein Jalousie-Abscheider, wie er in Bild (3.8./17) dargestellt ist. Beim Durchgang von Tröpfchen treffen diese auf die Jalousie, fließen zusammen, verlieren ihre Geschwindigkeit und fallen aus.

3.8.2.6. Fließen zweiphasiger Systeme in Kanälen

In den vorangegangenen Teilen wurde die Blasenströmung in Gasen oder Dämpfen behandelt, wie sie in Stoffaustauschapparaten zu beobachten ist. Beim Fließen zweiphasiger Systeme in Kanälen, z. B. in Verdampferrohren, werden auch andere Strömungsformen beobachtet, die *Strahl-, Ring- und Dispersionsströmung*.
Die Strahlströmung wird durch den Durchgang einzelner langer Dampf- oder Gasstrahlen durch das Rohr charakterisiert. Diese Strahlen nehmen fast den ganzen Querschnitt des Kanals ein. Das Aufsteigen der Strahlen im dichteren Medium geschieht unter Wirkung der Dichtedifferenz ($\varrho_{Fl} - \varrho_D$), d. h. nach dem Gesetz des Auftriebs. Neben dieser Kraft wirken die Viskosität der Flüssigkeit, die Trägheitskräfte in der Flüssigkeit und die Grenzflächenspannungen. In Bild (3.8./18) ist ein geschoßförmiger Strahl dargestellt, der im vertikalen Rohr aufsteigt.
Das Strahlregime entsteht aus dem Blasenregime, das immer dazu tendiert, durch Blasenagglomeration zum Strahlregime überzugehen. Bei Erhöhung des Dampf- oder Gasanteils geht dieser Übergang im zweiphasigen System vor sich.
Bei weiterer Erhöhung des Dampf- oder Gasanteils entsteht das Regime der Ringströmung, bei der sich über die Rohrwandung verteilt ein Flüssigkeitsfilm bewegt. Der innere Teil des Rohrs ist von Gas (bzw. Dampf) erfüllt, das den Kern der Strömung bildet (Bild 3.8./19). Wenn sich in diesem Strömungskern eine bedeutende

Bild (3.8./18). Geschoßähnliche Blase in einem vertikalen, mit Glyzerin gefüllten Rohr

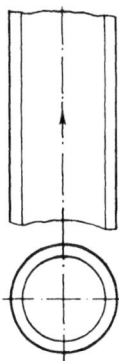

Bild (3.8./19). Ringströmung

Zahl von Flüssigkeitströpfchen befindet, dann erhält ein solches Regime die Bezeichnung Ring-Dispersions-Strömung. Das kann man als Übergang zum Dispersionsregime betrachten. Dieses wird dadurch gekennzeichnet, daß die gesamte Flüssigkeit in Form feiner Tröpfchen im Gasstrom verteilt ist.

3.8.3. Wirbelschicht

Die Wirbelschicht ist ein Zweistoffgemisch aus einer festen und einer fluiden Phase. Bei geringen Geschwindigkeiten des Gases, das durch die Schicht tritt, bleibt diese unbewegt, ihr Volumen verändert sich nicht. Das Gas tritt durch die Schicht hindurch. Bei Erreichen einer kritischen Größe des Gasdrucks steht diese im Gleichgewicht mit dem Gewicht der Schicht, die Schicht erweitert ihr Volumen. Der Begriff „kritische Geschwindigkeit" ist in bestimmtem Maße analog zum Begriff „Schmelzpunkt".

Mit weiterer Erhöhung der Gasdurchtrittsgeschwindigkeit geht eine Fluidisierung (Pseudoverflüssigung) vor sich. Die Materialkörner werden beweglich, die Schicht erinnert an eine niedrigviskose Flüssigkeit. Die Teilchen wechseln die Plätze innerhalb der Schicht wie beim Sieden. Dabei bleibt das Volumen fast konstant, und die Phasengrenze ist scharf markiert.

Bei höheren Gasgeschwindigkeiten wird ab einem gewissen Punkt ein Brodeln und Herausschleudern von Feststoffteilchen in die Gasphase beobachtet. Wenn sich das Gas mit einer Geschwindigkeit bewegt, die über der zweiten kritischen liegt, dann geht die ganze Schicht in die Gasphase über, d. h. in den Schwebezustand.

Es werden also zwei kritische Punkte beobachtet: 1. der Beginn der Fluidisierung und 2. der Beginn des Übergangs in den Schwebezustand.

In der fluidisierten Schicht sind überaus komplizierte Teilchenbewegungen zu beobachten, translatorische wie rotatorische. Dabei verläuft ein Aufstrom an Teilchen im Zentrum des Apparats und ein Absinken an den Wandungen. Vorstellungen über die Teilchenbewegung vermittelt Bild (3.8./20).

Zur Bestimmung der entsprechenden ersten kritischen Geschwindigkeit wird eine Reihe von Gleichungen vorgeschlagen:

$$Re = A \cdot Fe^n$$

A und n konstante, experimentell bestimmte Größen, für Kohle und Getreide sind $A = 0{,}19$ und $n = 1{,}56$ in den Grenzen der *Fedorow*-Zahl Fe von 40 bis 200

Re *Reynolds*-Zahl am ersten kritischen Punkt

$$Re = \frac{w \cdot d_{\text{äqu}}}{\nu}$$

w gesuchte Geschwindigkeit
ν kinematische Zähigkeit des Gases

Der erwähnte Teilchendurchmesser

$$d_{\text{äqu}} = \sqrt[3]{\frac{6m}{\pi N \varrho}} \qquad (3.8./9)$$

m Masse der Teilchen in der Schicht in kg
N Zahl der Teilchen
ϱ Dichte der Teilchen in kg m^{-3}

Bild (3.8./20). Bewegung der Teilchen in der Wirbelschicht

Die *Fedorow*-Zahl ist

$$Fe = d_{\text{äqu}} \sqrt{\frac{4g}{3\nu}\left(\frac{\varrho}{\varrho G} - 1\right)} \qquad (3.8./10)$$

Der hydraulische Widerstand der Wirbelschicht beträgt in Apparaten mit vertikalen Wänden (in Pa)

$$p = \frac{G}{A_{\text{Rost}}}$$

A Rostfläche in m²
G Gewicht der Teilchen, die sich in der Schicht befinden, in N
         $G = h(1 - \varepsilon)\varrho g$
h Höhe der Schicht auf dem Rost ohne Durchströmung in m
ε Porosität der Schicht, d. h. anteiliges Porenvolumen
ϱ Dichte der Feststoffteilchen in kg·m⁻³
g Erdbeschleunigung in m s⁻²

Intensives Durchmischen in der fluidisierten Schicht bedingt eine hohe Intensität von Stoff- und Wärmeaustauschvorgängen. In der modernen Stoffwirtschaft finden Wirbelschichtapparate deshalb zunehmende Verbreitung, am ausgeprägtesten in der Trocknungstechnik (s. a. Abschn. 5.3.).

Zu empfehlende Literatur

Autorenkollektiv: Technische Strömungsmechanik I. (Lehrwerk Verfahrenstechnik). Leipzig: VEB Deutscher Verlag für Grundstoffindustrie 1975

Autorenkollektiv: Technische Strömungsmechanik II. (Lehrwerk Verfahrenstechnik). Leipzig: VEB Deutscher Verlag für Grundstoffindustrie 1978

Kafarow, W. W.: Grundlagen der Stoffübertragung (russ). Moskau: Verlag Wysschaja Schkola 1972

Romankow, P. G.; Kurotschkina, M. I.: Hydromechanische Prozesse der Verfahrenstechnik (russ). Leningrad: Verlag Chimija 1974

Stabnikow, W. N.: Berechnung und Konstruktion der Kontakteinrichtungen von Rektifikations- und Adsorptionsapparaten (russ). Kiew: Verlag Technika 1970

Wallis, G.: Eindimensionale Zweiphasenströmungen (russ). Moskau: Verlag Mir 1972

4. Wärmeübertragungsprozesse

4.1. Grundlagen der Wärmeübertragung in Lebensmittelapparaten

4.1.1. Allgemeines

Als *Wärmeübertragung* wird der spontane irreversible Wärmetransportprozeß im Raum mit uneinheitlichem Temperaturfeld bezeichnet. Als *Temperaturfeld* wird die Gesamtheit der Temperaturwerte in allen Punkten des räumlichen Bereiches zum betrachteten Zeitpunkt bezeichnet. Die Wärmeübertragung verläuft stets in Richtung abnehmender Temperatur.
Bekannt sind drei Arten der Wärmeübertragung:

- Wärmeleitung in festen Körpern bzw. unbewegten Flüssigkeiten,
- Wärmeübergang durch Konvektion in bewegten Fluiden,
- Wärmeübertragung durch Strahlung zwischen zwei Körpern durch elektromagnetische Schwingungen.

Gewöhnlich tritt der Wärmetransport in komplexer Form unter Einschluß verschiedener Arten (Konvektion-Leitung, Konvektion-Strahlung usw.) auf.
Die komplexe Wärmeübertragung zwischen zwei fluiden Medien, die durch eine Heizfläche in Form einer festen Wand oder durch eine Phasenkontaktfläche getrennt sind, wird als *Wärmedurchgang* bezeichnet. Der Wärmedurchgang ist also der summarische Effekt der verschiedenen Arten der Wärmeübertragung, die am Transport des Wärmestromes im betrachteten System beteiligt sind. Der konvektive Wärmetransport von der Heiz- bzw. der Phasengrenzfläche an das fluide Medium bzw. umgekehrt wird dabei als *Wärmeübergang* bezeichnet.
Für die Wärmeübertragung werden verschiedene fluide Medien, wie tropfbare Flüssigkeiten, Gase und auch Schüttgüter, eingesetzt. Das Medium mit der höheren Temperatur, welches Wärme abgibt, wird Heizmedium genannt. Das Medium mit der niedrigeren Temperatur soll hier als wärmeaufnehmendes Medium bzw. Kühlmedium[1] bezeichnet werden.
Unterschieden wird zwischen ein- und mehrphasigen Medien, die wiederum eine oder mehrere Komponenten enthalten können. Die Stoffeigenschaften, wie die Dichte, einphasiger Medien ändern sich monoton im Raum. Mehrphasige Medien, wie siedende Flüssigkeiten und Dampfblasen oder kristallhaltige Sirupe, unterliegen an den Phasengrenzen sprunghaften Änderungen der Eigenschaften.[2]

---

[1] Im Original wird diese als heizender bzw. erwärmter Wärmeträger bezeichnet (die Red.)
[2] Gewöhnlich werden hier für wärmetechnische Berechnung mittlere oder effektive Stoffwerte des Mehrphasensystems gebildet (die Red.)

In der Lebensmittelproduktion hat die Wärmeübertragung oftmals komplexe Zielstellungen.
In den Apparaten laufen die Wärmeübertragungsprozesse zwischen den Medien gleichzeitig mit wichtigen anderen technologischen Prozessen ab. In vielen Fällen sind das Stofftransportprozesse, d. h. Stoffübertragungen. Dabei ist die thermische Einwirkung auf ein Lebensmittelprodukt oftmals notwendige Bedingung für den lebensmitteltechnischen Prozeß. Der Wärmetransport ermöglicht oder begleitet verschiedenartige physiko-chemische Prozesse oder Phasenänderungen von Stoffen.
Wärmetransportvorgänge laufen dabei in Medien verschiedenster spezifischer Eigenschaften ab. Beispiele dafür sind Teig von Backwaren, Gelee, Bonbonmasse oder Zuckerlösungen. Im Verlauf des technologischen Prozesses sind die beteiligten Stoffe zeitlichen und qualitativen Umwandlungen ausgesetzt. Damit verbunden sind entsprechende Änderungen der Wärmedurchgangsbedingungen. Deshalb laufen viele Wärmetransportprozesse in Lebensmittelmedien unter sich verändernden Bedingungen ab.
Die technologischen Aufgabenstellungen bei der thermischen Behandlung von Lebensmittelprodukten sind vielfältig. Zu ihrer Lösung dienen u. a. Wärmetransportprozesse wie:

a) Erwärmen oder Kühlen ein- oder mehrphasiger Medien (u. a. konzentrierte Lösungen, Flüssigkeiten oder binäre Gemische, Suspensionen oder Emulsionen),

b) Kondensieren von Dämpfen bzw. Dampfgemischen (u. a. Alkohol-Wasser),

c) Kondensieren von Wasserdampf aus Dampf-Luft-Gemischen (u. a. bei der Entfeuchtung von Luft),

d) Verdunsten von Wasser (u. a. bei der Trocknung, beim Backen von Brot oder bei der Luftbefeuchtung),

e) Verdampfen von Flüssigkeiten (z. B. von Wasser, konzentrierten Lösungen oder anderen Stoffsystemen).

Wärmeübertragungsprozesse werden oftmals in folgenden Wärmeträgerkombinationen durchgeführt:

a) Abkühlen einer „heißen" Flüssigkeit unter Erwärmung einer „kalten" Flüssigkeit,

b) Erwärmen einer Flüssigkeit durch Kondensation von Heizdampf (Nutzung der Kondensationswärme),

c) Verdampfen einer Flüssigkeit unter Abkühlung einer „heißen" Flüssigkeit,

d) Verdampfen einer Flüssigkeit durch Kondensation von Heizdampf.

Eine rationelle Wärmenutzung in der Lebensmittelproduktion ist vor allem dann gegeben, wenn flüssige Lebensmittel, sekundäre Dämpfe (Brüden) und Kondensate als Heizmedien eingesetzt werden. Meistens ist ein direkter Kontakt zwischen Lebensmittel und anderen Wärmeträgern nicht zulässig. Daher werden Wärmeübertrager mit festen Heizflächen, die die Medien voneinander trennen, eingesetzt. Solche Wärmeübertrager nennt man Oberflächen-Wärmeübertrager oder Rekuperatoren. Die Heizfläche kann aus Rohren, Platten oder Doppelmänteln gestaltet sein.
Bei der Berechnung von Rekuperatoren bzw. ihrer Auswahl besteht eine wesentliche Aufgabe in der Bestimmung von Heizflächengröße und -geometrie.
Im folgenden werden grundlegende Gleichungen zur Berechnung von Oberflächenwärmeübertragern vorgestellt.

4.1.2. Grundlegende Gleichungen für die Wärmeübertragung

Wärmestrom und Wärmebilanzen

Der Wärmestrom ist eine grundlegende Größe der Wärmeübertragung. Der Wärmestrom $\dot{Q}$ ist die Wärmemenge, die je Zeiteinheit durch eine bestimmte Fläche „strömt". Bezogen auf die Flächeneinheit einer isothermen Fläche wird der Wärmestrom als Flächendichte des Wärmestromes[1,2] bezeichnet.

$$\dot{q} = \frac{\dot{Q}}{A} \qquad (4.1./1)$$

$\dot{q}$ Wärmestromdichte in W/m²
$\dot{Q}$ Wärmestrom in W
A Größe der isothermen Fläche in m²

Die Wärmeübertragungsfläche (Heizfläche) eines Wärmeübertragers kann damit zu

$$A = \frac{\dot{Q}}{\dot{q}} \qquad (4.1./2)$$

berechnet werden, wenn Wärmestrom und Wärmestromdichte bekannt sind.
Zunächst zum Wärmestrom. Bilanziert man die auftretenden Wärmemengen, wird folgendes unter Vernachlässigung von Wärmeverlusten deutlich. Die vom Heizmedium 1 je Zeiteinheit abgegebene Wärmemenge ist gleich dem durch die Heizfläche übertragenen Wärmestrom. Diese je Zeiteinheit übertragene Wärmemenge ist wiederum gleich der vom wärmeaufnehmenden Medium 2 aufgenommenen.
Wärmebilanzen liefern die je Zeiteinheit abgegebene bzw. aufgenommene Wärmemenge zu

$$\dot{Q} = \dot{M}_1 (h_{1a} - h_{1e}) = \dot{M}_2 (h_{2e} - h_{2a}) \qquad (4.1./3)$$

$\dot{M}_1$ und $\dot{M}_2$ Massendurchsätze an Heizmedium 1 und Kühlmedium 2 in kg/s
$h_{1a} - h_{1e} = \Delta h_1$ Enthalpieabnahme des Heizmediums in J/kg
$h_{2e} - h_{2a} = \Delta h_2$ Enthalpiezunahme des wärmeaufnehmenden Mediums
Indices a   Anfangswert
Indices e   Endwert

Für konkrete Fälle der Wärmeübertragung können die Enthalpiedifferenzen folgende prinzipielle Form annehmen:
Für das Kühlen eines Mediums 1 ohne Phasenänderung läßt sich die Enthalpiedifferenz folgendermaßen ausdrücken:

$$h_{1a} - h_{1e} = \bar{c}_1 (t_{1a} - t_{1e}) \qquad (4.1./4)$$

$\bar{c}_1$ mittlere[3] spezifische Wärmekapazität für den Temperaturbereich t_{1a} bis t_{1e} in J/kg·K

---

[1] Im folgenden einfach als Wärmestromdichte bezeichnet (die Red.)
[2] Für den Wärmetransport durch eine wegabhängige veränderliche Fläche (z. B. Mantelfläche eines Rohres) wird auch die lineare Wärmestromdichte, bezogen auf den laufenden Meter Rohr, als $q_l = \dot{Q}/l$ definiert
[3] Waagerechter Strich als Mittelwertsymbol

Für Phasenumwandlungen werden die Enthalpiedifferenzen durch die entsprechenden latenten Phasenumwandlungswärmen ausgedrückt. Für Kondensieren bzw. Verdampfen bedeutet das:

$$h_{1a} - h_{1e} = r_K$$
$$h_{2e} - h_{2a} = r_V \quad (4.1./5)$$

r_K, r_V Kondensations- bzw. Verdampfungswärme in J/kg

Sind die Heizfläche und die Heizflächenbelastung bekannt, ist auch der Wärmestrom festgelegt.

$$\dot{Q} = \dot{q} \cdot A \quad (4.1./6)$$

Wärmetransport durch die Heizfläche (Wärmestromdichte)

Die Flächendichte des durch die Heizfläche übertragenen Wärmestroms basiert auf physikalischen Transportgesetzen.
Wärmeleitung durch einen festen Körper (z. B. die eigentliche Heizfläche): Die Wärmestromdichte ist nach dem Wärmeleitgesetz von *Fourier* proportional dem Temperaturgradienten in Richtung der Normalen zur isothermen Fläche.

$$\dot{q} = -\lambda \cdot \nabla t \quad (4.1./7)$$

λ Wärmeleitkoeffizient des Stoffes in W/m·K
$\nabla t = dt/d\delta$ Temperaturgradient in K/m

Wärmeübergang von einer Wandfläche an ein bewegtes fluides Medium, das mit ihr in Kontakt steht: Nach dem Wärmeübergangsgesetz von *Newton* ist hierfür die Wärmestromdichte proportional der Temperaturdifferenz zwischen Wandoberfläche und dem bewegten Medium.

$$\dot{q} = \alpha \cdot \Delta t \quad (4.1./8)$$

α Wärmeübergangskoeffizient in W/m² K
Δt Differenz zwischen Wandoberflächentemperatur
$= |t_W - t|$ t_W und Medientemperatur t in K

Die beschriebene Temperaturdifferenz soll im folgenden als treibende Temperaturdifferenz[1] bezeichnet werden, da sie als treibende Kraft für den Wärmetransportvorgang angesehen werden muß. Die Wärme wird dabei stets vom Ort hoher Temperatur zum Ort niedriger Temperatur transportiert. Für das Kühlen eines Mediums ist folglich zu schreiben:

$$\dot{q} = \alpha_1 (t_1 - t_{W1})$$

und für das Erwärmen

$$\dot{q} = \alpha_2 (t_{W2} - t_2)$$

t_1 und t_2 Temperaturen von Heiz- bzw. Kühlmedium in der Kernströmung in °C
t_{W1} und t_{W2} Temperaturen der entsprechenden Wandoberflächen in °C

Analog wird der *Wärmedurchgang* (Transport von Medium 1 durch Heizfläche an das

---

[1] Im Original wird der Ausdruck Temperaturdruck verwendet (die Red.)

Medium 2) beschrieben. Die Wärmestromdichte ist proportional der Temperaturdifferenz zwischen beiden Medien.

$$\dot{q} = k\,(t_1 - t_2) \qquad (4.1./9)$$

k Wärmedurchgangskoeffizient in W/m² K
$t_1 - t_2$ Gesamt-Temperaturdifferenz in K

Wärmedurchgangs- und Wärmeübergangskoeffizienten haben zwar die gleiche Dimension, unterscheiden sich jedoch in ihrer physikalischen Bedeutung.
Beim Wärmedurchgang nehmen zwei Wärmeübergangskoeffizienten α_1 und α_2 Einfluß. Der Wärmeübergangskoeffizient charakterisiert die Intensität des Wärmeüberganges. Er ist gleich der Wärmestromdichte bezogen auf die treibende Temperaturdifferenz.
Man unterscheidet zwischen örtlichem (lokalem) und mittlerem Wärmeübergangskoeffizient. Der lokale Koeffizient ist durch das Verhältnis von örtlicher Wärmestromdichte zu örtlicher, treibender Temperaturdifferenz gegeben.

$$\alpha_1 = \frac{\dot{q}_1}{\Delta t_1}$$

$$\alpha_2 = \frac{\dot{q}_2}{\Delta t_2} \qquad (4.1./10)$$

Der mittlere Wärmeübergangskoeffizient ist in gleicher Weise mit den entsprechenden mittleren Werten verknüpft.

$$\bar{\alpha}_1 = \frac{\overline{\dot{q}}_1}{\Delta \bar{t}_1} \quad \text{bzw.} \quad \bar{\alpha}_2 = \frac{\overline{\dot{q}}_2}{\Delta \bar{t}_2} \qquad (4.1./11)$$

Der Wärmedurchgangskoeffizient charakterisiert dagegen die Intensität des Wärmedurchgangs. Er stellt die Wärmestromdichte bezogen auf die Temperaturdifferenz zwischen beiden fluiden Medien dar. Auch hier wird zwischen lokalem und mittlerem Koeffizienten unterschieden.
Aus Gleichung (4.1./9) folgt für den lokalen Wert

$$k = \frac{\dot{q}}{\Delta t} \qquad (4.1./12)$$

bzw. für den mittleren Wert

$$k = \frac{\overline{\dot{q}}}{\Delta \bar{t}} \qquad (4.1./13)$$

$\Delta \bar{t} = \bar{t}_1 - \bar{t}_2$ mittlere Temperaturdifferenz[1] zwischen den Medien in K

Der lokale Wärmedurchgangskoeffizient verändert sich entlang der Wärmeübertragungsfläche abhängig von den Bedingungen des Prozesses (Erwärmen, Sieden ...). Im folgenden soll nun der Wärmedurchgangskoeffizient untersucht werden.

Wärmedurchgangskoeffizient und thermischer Widerstand

Der Wärmedurchgangskoeffizient erfaßt summarisch den aufeinanderfolgenden Wärmetransport vom Heizmedium zur Wand, durch die Wand und von dort an das Kühlmedium (Bild 4.1./1).

---

[1] Häufiger wird die mittlere treibende Temperaturdifferenz als Mittelwert örtlicher Temperaturdifferenzen gebildet (vgl. Gl. 4.1./33, die Red.)

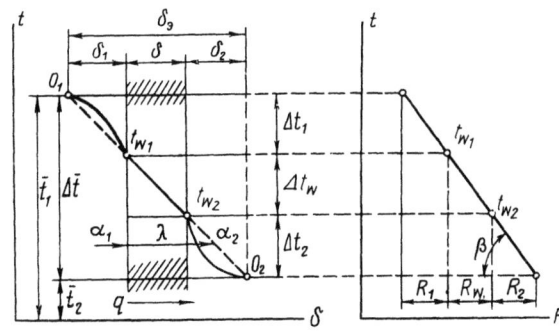

Bild (4.1./1). Verteilung der treibenden Temperaturdifferenz

Betrachtet wird der stationäre Wärmedurchgang durch eine ebene Wand (s. Bild 4.1./1). Die Wärmestromdichte im Bereich des Wärmetransportes vom Heizmedium an die Wand folgt aus Gleichung (4.1./8) zu

$$\dot{q} = \alpha_1 \Delta t_1 \qquad (4.1./14)$$

Für die anschließende Wärmeleitung durch die Wand folgt die Wärmestromdichte Gleichung (4.1./7) zu

$$\dot{q} = -\lambda \nabla t = -\lambda \frac{dt}{d\delta} = \frac{\lambda}{\delta}(t_{w1} - t_{w2}) \qquad (4.1./15)$$

$t_{w1} - t_{w2}$ treibende Temperaturdifferenz in der Wand in K
δ Dicke der ebenen Wand in m

Die Wärmestromdichte ist bei stationärer Leitung durch eine ebene Fläche konstant, so daß der Temperaturgradient in Gl. (4.1./15) durch die Endwerte ausgedrückt werden kann.

Die Wärmestromdichte im dritten Bereich des Wärmetransportes zwischen der Wandfläche und dem wärmeaufnehmenden Medium beträgt nach dem Wärmeübergangsgesetz von *Newton*

$$\dot{q} = \alpha_2 \Delta t_2 \qquad (4.1./16)$$

Für einen solchen stationären Prozeß des „Wärmeaustausches" erhält man, ohne auf Mittelwertzeichen zu achten,

$$\dot{q} = \alpha_1 \Delta t_1 = \frac{\lambda}{\delta} \Delta t_w = \alpha_2 \Delta t_2 = k \Delta t \qquad (4.1./17)$$

Umgeformt folgt

$$\Delta t_1 = \dot{q}\frac{1}{\alpha_1} \; ; \; \Delta t_w = \dot{q}\frac{\delta}{\lambda} \; ; \; \Delta t_2 = \dot{q}\frac{1}{\alpha_2}$$

und damit auch

$$\Delta t_1 + \Delta t_w + \Delta t_2 = \dot{q}\left(\frac{1}{\alpha_1} + \frac{\delta}{\lambda} + \frac{1}{\alpha_2}\right)$$

Die linke Seite ergibt

$$\Delta t = \Delta t_1 + \Delta t_W + \Delta t_2$$

Aus der letzten Gl. (4.1./17) $\Delta t = \dot{q}/k$ folgt schließlich für den Wärmedurchgangskoeffizienten

$$\frac{1}{k} = \frac{1}{\alpha_1} + \frac{\delta}{\lambda} + \frac{1}{\alpha_2} \qquad (4.1./18)$$

bzw.

$$k = \left(\frac{1}{\alpha_1} + \frac{\delta}{\lambda} + \frac{1}{\alpha_2}\right)^{-1} \qquad (4.1./19)$$

In Gl. (4.1./18) können die Summanden auch als thermische Widerstände bezeichnet werden.
Der gesamte thermische Widerstand stellt so den reziproken Wärmedurchgangskoeffizienten dar und ist wertmäßig der Summe der äußeren und inneren thermischen Widerstände gleich.

$$R = R_1 + R_W + R_2 \qquad (4.1./20)$$

$R = 1/k$ gesamter thermischer Widerstand in $(m^2 \cdot K)/W$
$R_1 = 1/\alpha_1$; $R_2 = 1/\alpha_2$ „äußere" thermische Widerstände in $(m^2 \cdot K)/W$
$R = \delta/\lambda$ „innerer" thermischer Widerstand in $(m^2 \cdot K)/W$

Besteht die ebene Wand aus n Schichten, so gilt für ihren „inneren" thermischen Widerstand

$$R_W = \sum_{i=1}^{i=n} R_{W_i} \qquad (4.1./21)$$

Daraus folgen für mehrschichtige ebene Wände:

für den Wärmedurchgangskoeffizienten

$$k = \left(\frac{1}{\alpha_1} + \sum_{i=1}^{i=n} \frac{\delta_i}{\lambda_i} + \frac{1}{\alpha_2}\right)^{-1} \qquad (4.1./22)$$

und für den gesamten thermischen Widerstand

$$R = R_1 + \sum_{i=1}^{i=n} R_{W_i} + R_2 \qquad (4.1./23)$$

Selbstverständlich müssen für eine Berechnung des gesamten thermischen Widerstandes Werte der einzelnen thermischen Widerstände (äußere und innere) vorliegen.

4.1.3. Verteilung des gesamten thermischen Widerstandes

Der Wärmetransport wird in jedem Teilbereich des Wärmedurchganges durch die zugehörige treibende Temperaturdifferenz Δt_1, Δt_W oder Δt_2 angetrieben. Der summarische Wärmedurchgangsprozeß unterliegt analog dazu der gesamten treibenden Temperaturdifferenz Δt. Sie stellt die Summe dieser einzelnen treibenden Temperaturdifferenzen dar. Wie verteilt sich nun die gesamte Temperaturdifferenz auf die Teilbereiche des Wärmedurchganges?

Das Verteilungsschema der Temperaturdifferenz ist in Bild (4.1./1) dargestellt. Im ersten Bereich (in Richtung des Wärmestromes) sinkt die Temperatur des Heizmediums t_1 in einer angenommenen, „fiktiven" Schicht der Dicke δ_1 um $\Delta t_1 = t_1 - t_{W_1}$. Im zweiten Bereich erfolgt der Transport des Wärmestromes durch die feste ebene Wand bei linearer Änderung der Wandtemperatur um $\Delta t_W = t_{W_1} - t_{W_2}$.
Der Wärmeübergang von der Wand zum kalten Medium in der fiktiven Schicht der Dicke δ_2 ist durch eine Temperaturänderung von t_{W_2} auf t_2, also um $\Delta t_2 = t_{W_2} - t_2$ gekennzeichnet.

Die Wärmestromdichte kann nun durch folgende Gleichungen dargestellt werden:

$$\dot{q} = \alpha_1 \Delta t_1 = \Delta t_1 / R_1$$

$$\dot{q} = \frac{\lambda}{\delta} \Delta t_W = \Delta t_W / R_W \tag{4.1./24}$$

$$\dot{q} = \alpha_2 \Delta t_2 = \Delta t_2 / R_2$$

$$\dot{q} = k \Delta t = \frac{\Delta t_1 + \Delta t_W + \Delta t_2}{R_1 + R_W + R_2} \tag{4.1./25}$$

Es wird deutlich, daß die treibende Temperaturdifferenz in den Teilbereichen des Wärmedurchganges den zugehörigen thermischen Widerständen direkt proportional ist. Der größte Anteil der Temperaturdifferenz entfällt auf den Bereich mit dem größten thermischen Widerstand.

Die Dicken δ_1 und δ_2 der fiktiven Schichten werden durch die Lage der sogenannten „Führungspunkte" O_1 und O_2 bestimmt (s. Bild 4.1./1). Die Führungspunkte liegen einerseits auf den Niveaus der mittleren Temperaturen der Medien t_1 und t_2. Andererseits werden sie durch Tangenten an den Temperaturverlauf in der Wand speziell an deren Oberflächen festgelegt.

Im vorliegenden Fall ist der Temperaturverlauf in der Wand linear, so daß die Tangenten mit dem gesamten Verlauf übereinstimmen.

Nach dieser Methode wird der Wärmeübergang durch gedachte, äquivalente Wärmeleitung in der gedachten Schicht mit den Wärmeleitkoeffizienten des Wandmaterials ersetzt.[1] Die so festgelegte Schicht hat den gleichen thermischen Widerstand wie der betrachtete Wärmeübergangsprozeß.

Auf diese Weise läßt sich der gesamte thermische Widerstand durch den thermischen Widerstand einer äquivalenten Wand der Dicke $\delta_ä = \delta_1 + \delta + \delta_2$ ausdrücken.

$$R = R_1 + R_W + R_2 = \frac{1}{\alpha_1} + \frac{\delta}{\lambda} + \frac{1}{\alpha_2} = \frac{\delta_1}{\lambda} + \frac{\delta}{\lambda} + \frac{\delta_2}{\lambda} \tag{4.1./26}$$[2]

$$R = \delta_ä / \lambda$$

---

[1] Andere Methoden führen zuweilen äquivalente fiktive Schichten mit den Wärmeleitkoeffizienten des jeweiligen fluiden Mediums ein. Hierfür ändert sich die Lage der Führungspunkte, so daß eine analytische Berechnung der Schichtdicken vorzuziehen ist (die Red.)

[2] Die Gleichungen (4.1./26 bzw. /22) beschreiben den Wärmedurchgang durch die ebene Wand. In anderen Fällen modifiziert sich die Gleichung. Dazu sollte spezielle Literatur konsultiert werden (die Red.)

Die fiktiven Schichtdicken δ_1 und δ_2 lassen sich in einfacher Weise auch folgendermaßen ausdrücken:

$$\dot{q} = \alpha_1 \cdot \Delta t_1 = \frac{\lambda}{\delta} \cdot \Delta t_W$$

$$\frac{\Delta t_W}{\Delta t_1} = \frac{\alpha_1 \delta}{\lambda} = \frac{\delta}{\delta_1}$$

$$\delta_1 = \frac{\lambda}{\alpha_1} \qquad (4.1./27)$$

Sie ergeben auf diese Weise auch

$$\delta_2 = \frac{\lambda}{\alpha_2} \qquad (4.1./28)$$

Die dimensionslosen Ausdrücke $\alpha_1 \delta/\lambda = Bi_1$ bzw. $\alpha_2 \delta/\lambda = Bi_2$ sind auch als sogenannte *Biot*-Kennzahlen bekannt. Die *Biot*-Zahl charakterisiert das Verhältnis der Intensitäten von Wärmeübergang α zu Leitung in der Wand λ/δ. Analog dieser thermischen Kennzahl ist eine *Biot*-Zahl Bi' für Diffusionsvorgänge definiert. Beide werden verbreitet zur Lösung vieler Aufgaben, z. B. zum Backprozeß oder zur Zuckerdiffusion, herangezogen.

Die Verteilung der gesamten treibenden Temperaturdifferenz, entsprechend den einzelnen thermischen Widerständen gemäß Gl. (4.1./24 und 25) kann schließlich auch grafisch (Bild 4.1./1b) dargestellt werden.

$$q = \frac{\Delta t}{R} = \tan \beta \qquad (4.1./29)$$

In den gewählten Koordinaten Δt über R entsteht ein rechtwinkliges Dreieck Dessen Hypotenuse spiegelt die Zuordnung von Δt und R wider. Bei bekannten thermischen Widerständen können die treibenden Temperaturdifferenzen Δt_1, Δt_W und Δt_2 sowie die entsprechenden Oberflächentemperaturen der Wand t_{W_1} und t_{W_2} grafisch ermittelt werden.

Analytisch können die Wandoberflächentemperaturen durch Kombination der Gleichungen (4.1./24 und 25) bestimmt werden.

$$\dot{q} = k \cdot \Delta t = \alpha_1 \cdot \Delta t_1$$

$$t_{W_1} = t_1 - \frac{k}{\alpha_1} \cdot \Delta t = t_1 - \dot{q} R_1 \qquad (4.1./30)$$

bzw.

$$\dot{q} = k \cdot \Delta t = \alpha_2 \cdot \Delta t_2$$

$$t_{W_2} = t_2 + \frac{k}{\alpha_2} \cdot \Delta t = t_2 + \dot{q} R_2 \qquad (4.1./31)$$

Die Gleichungen zeigen, daß die Temperaturen von Wandoberfläche und Medium auf der Seite des größeren Wärmeübergangskoeffizienten am weitesten beieinander liegen.

4.1.4. Berechnung der Wärmeträgertemperaturen und der mittleren treibenden Temperaturdifferenz

Die Wärmeübertragung hat eine Erwärmung bzw. Abkühlung von fluiden Medien bzw. eine Phasenänderung zum Ziel. Mit Erwärmung bzw. Abkühlung ändern sich die Temperaturen entlang der Heizfläche auf Grund einer vorhandenen treibenden

Temperaturdifferenz zwischen den Medien und unter den gegebenen Strömungsbedingungen. Für die speziellen Fälle Kondensation bzw. Verdampfen kann entsprechend der Siedelinie konstante Temperatur bei konstantem Druck angenommen werden.

Vereinfacht werden dazu in Bild (4.1./2) Temperaturverläufe der Medien entlang der Heizfläche A für verschiedene Fälle der Wärmeübertragung bzw. der Stromführung der Medien dargestellt. Bei einfacher Erwärmung bzw. Abkühlung eines Mediums ohne Phasenänderung verändert sich seine Temperatur entlang der Heizfläche nach einem exponentiellen Verlauf (Fälle a und b in Bild 4.1./2).

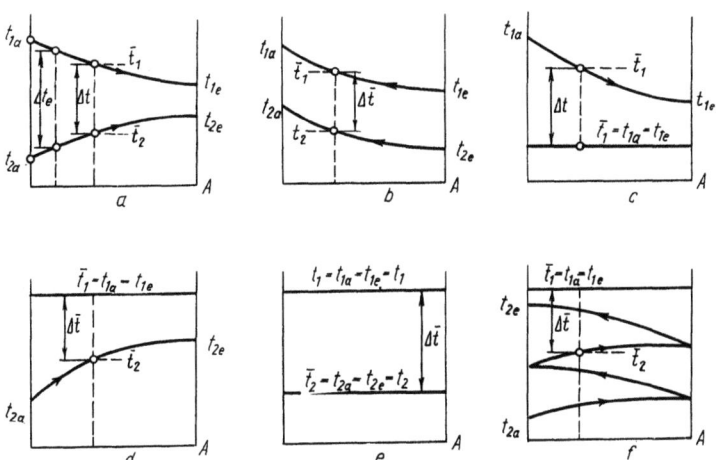

Bild (4.1./2). Temperaturverläufe der Medien entlang der Heizfläche für verschiedene Stromführungen der Medien
a) Gleichstrom b) Gegenstrom c) durch Flüssigkeit beheizter Verdampfer d) dampfbeheizter Wärmeübertrager e) dampfbeheizter Verdampfer f) mehrgängiger dampfbeheizter Wärmeübertrager

Bewegen sich zwei fluide Medien im Gleichstrom entlang der Heizfläche (Fall a), dann verringert sich die treibende Temperaturdifferenz von ihrem Maximalwert am Anfang $\Delta t_a = t_{1,a} - t_{2,a}$ monoton in Strömungsrichtung auf ihren kleinsten Wert $\Delta t_e = t_{1,e} - t_{2,e}$ am Ende der Heizfläche. Der laufende Wert dieser Temperaturdifferenz Δt_x wird maßgeblich durch die Intensität des Wärmedurchganges und die Wärmekapazitäten der Medien beeinflußt:

$$(t_1 - t_2)_x = (t_1 - t_2)_a \cdot \exp(-mkA_x) \qquad (4.1./32)$$

$m = (1/\dot{M}_1 c_1 \pm 1/\dot{M}_2 c_2)$ berechneter Parameter in K/W (+ für Gleichstrom, − für Gegenstrom)
$\dot{M}_1$ und $\dot{M}_2$ Massendurchsätze der Medien in kg/s
c_1 und c_2 deren mittlere spezifische Wärmekapazitäten in den Temperaturbereichen $t_{1,a}$ bis $t_{1,e}$ und $t_{2,a}$ bis $t_{2,e}$
A_x Größe der Heizfläche vom Einlauf bis zum betrachteten Querschnitt des Wärmeübertragers in m²

Der integrale Mittelwert dieser Temperaturdifferenz folgt daraus als mittlere logarithmische Temperaturdifferenz:

$$\overline{\Delta t} = \frac{\Delta t_a - \Delta t_e}{\ln \frac{\Delta t_a}{\Delta t_e}} \tag{4.1./33}$$

Diese Beziehung erfaßt alle Fälle a bis f in Bild (4.1./2)[1]. Der letzte Fall entspricht dem Durchströmen des Apparates entlang der Heizfläche in mehreren Passagen. Bei Dampfbeheizung fluider Medien im mehrgängigen Wärmeübertrager hat die Anzahl der Passagen keinen weiterführenden Einfluß auf die Berechnung von $\overline{\Delta t}$.
In komplizierteren Fällen der Stromführung der Wärmeträger (Kreuzstromführung, ungleiche Anzahl der Passagen für zwei fluide Medien usw.) muß in Beziehung (4.1./33) eine Korrekturfunktion eingeführt werden, die der weiterführenden Literatur zu entnehmen ist.
Für den Sonderfall e vereinfacht sich die Beziehung zu $\overline{\Delta t} = t_1 - t_2$.
Beim Verdampfen von Lösungen ist bezüglich t_2 zu beachten, daß die Siedetemperaturen von Lösungen um die Siedetemperaturerhöhungen Δ_s höher als die Siedetemperaturen der reiner Lösungsmittel bei vorgegebenem Druck liegen. Diese Siedepunktserhöhung Δ_s wird von der jeweils aufgelösten, selbst nicht verdampfenden Substanz hervorgerufen. Sie ist vom Druck (des sekundären Dampfes) und der Lösungskonzentration abhängig. Sie kann der Fachliteratur entnommen werden.
Oftmals sind weitere hydrodynamische Druck- und damit Temperaturerhöhungen Δ_h entsprechend der apparativen Bedingungen zu beachten. Die hydrodynamische Erhöhung der Siedetemperatur Δ_h resultiert aus dem Druck der siedenden Flüssigkeitssäule und ist vor allem von der Dichte und der Säulenhöhe der siedenden Lösung und vom Dampfgehalt dieser Säule abhängig. Sie wird vorläufig nach Betriebswerten bestimmt.
Nach der Bestimmung dieser Erhöhungen Δ können nun die Temperatur der siedenden Schicht $t_2 = t_{s2} + \Delta$ (t_{s2} ist die Sättigungstemperatur des entstehenden Brüdens) und $\overline{\Delta t} = t_1 - t_2$ ermittelt werden. Für die Berechnung von Übergangskoeffizienten werden die Stoffwerte der Medien für deren mittlere Temperaturen $\overline{t_1}, \overline{t_2}$ verwendet. Diese Mittelwerte werden über der Heizfläche und dem Strömungsquerschnitt gebildet.

4.1.5. Bestimmung von Wärmeübergangskoeffizienten

Die wichtigsten Arten des Wärmeüberganges

Für jeden charakteristischen Fall des Wärmeüberganges sind in der Fachliteratur Kriterien-Gleichungen angeführt, mit deren Hilfe die Wärmeübergangskoeffizienten α_1 und α_2 berechenbar sind.
In lebensmitteltechnischen Prozessen treten häufig folgende Fälle des Wärmeübergangs auf:

a) Konvektiver Wärmetransport im einphasigen Medium:
Wärmeübergang bei freier Bewegung von Flüssigkeit im großen Volumen;
Wärmeübergang bei erzwungener Strömung von Flüssigkeiten in Rohren;
Wärmeübergang am quer angeströmten Rohrbündel;

---

[1] Die örtlichen treibenden Temperaturdifferenzen sind stets für den Anfang Δt_a und das Ende der Heizfläche Δt_e zu bilden. Für Gegenstrom 2a und 2e zu Gl. (4.1./3) vertauscht definiert (die Red.)

b) Wärmetransport bei Phasenänderung:
Wärmeübergang bei Kondensation reiner Dämpfe an vertikalen Flächen bzw. auf der Außenseite von Rohren;
Wärmeübergang beim Sieden von Flüssigkeiten im großen Volumen bzw. in Rohren.

In diesen verschiedenen Arten des Wärmeübergangs haben verschiedene Faktoren Einfluß. Die physikalischen Einflußgrößen sind miteinander unterschiedlich verknüpft und bilden ein für jeden Fall charakteristisches System von Analogie-Kennzahlen. Die Definition der Kennzahlen ist in den nachfolgenden Kennzahlengleichungen gegeben ($Pe = Re \cdot Pr$).

Wärmeübergang ohne Phasenänderung

Für den konvektiven Wärmetransport ohne Änderung des Aggregatzustandes sind die wichtigsten limitierenden Kennzahlen die *Reynolds*-, die *Grashof*- und die *Prandtl*-Zahl. Deshalb wird die *Nusselt*-Zahl als Funktion von diesen (s. dazu Abschn. 2.2.) dargestellt:

$$Nu = f(Re, Gr, Pr) \qquad (4.1./34)$$

In diesem System von Kennzahlen sind Einflüsse folgender Faktoren berücksichtigt:

a) Die Art der erzwungenen Strömung des Mediums durch Re,

b) Freie Konvektion, die die erzwungene Strömung überlagert, durch Gr,

c) Physikalische Eigenschaften des Mediums u. a. durch Pr,

d) Vorhandene Gültigkeitsgrenzen,

e) Einfluß der Temperatur auf die Stoffeigenschaften (über die in den Kennzahlen enthaltenen spezifischen Parameter).

Als ergänzende Kennzahlen können in Gl. (4.1./34) geometrische Ähnlichkeitskenngrößen, wie l/d und s/d, die den Einfluß der Systemgeometrie erfassen, sowie einige andere Kennzahlen (s. Gl. 4.1./39), auftreten. Das Gewicht der Kennzahlen ist bei verschiedenen Strömungsbedingungen ebenfalls verschieden. In besonderen Fällen hören die einzelnen Kennzahlen auf, den Prozeß zu beeinflussen. Zum Beispiel zeigt sich bei entwickelter Turbulenz praktisch kaum ein Einfluß der freien Konvektion. Deshalb hört die *Grashof*sche Zahl auf, bestimmend zu sein, und fällt aus der Gleichung heraus.

$$Nu = f(Re, Pr) \qquad (4.1./35)$$

Für den Wärmeübergang bei freier Konvektion dagegen verschwindet der Einfluß der *Reynolds*-Zahl. Es folgt aus Gleichung (4.1./34)

$$Nu = f(Gr, Pr). \qquad (4.1./36)$$

Im Bereich laminarer Strömung verändern sich die Wärmeübergangskoeffizienten entlang dem Rohr spürbar und unterliegen auch dem Einfluß der freien Konvektion (sogenanntes visko-gravitatives Strömen). Für diesen Fall enthält die Analogie-Gleichung folgende Kennzahlen:

$$Nu = f(Re, Gr, Pr, l/d) \qquad (4.1./37)$$

Dieses System kann auch folgendermaßen ausgedrückt werden:

$$Nu = f(Pe, d/l, Gr) \qquad (4.1./38)$$

Bei kleinen treibenden Temperaturdifferenzen gewinnen die Viskositätsbedingungen an Bedeutung, und die *Grashof*-Zahl kann aus Gl. (4.1./38) entfallen.
Folglich gibt es keine allgemeine Analogie-Gleichung, die in allen Fällen für die Berechnung von Wärmeübergangskoeffizienten einsetzbar wäre, da in jedem dieser Fälle verschiedene Faktoren mit verschiedenem Gewicht wirken.
In der Praxis begegnet man oft dem Wärmeübergang bei turbulenter Strömung einer homogenen Flüssigkeit im geraden, glatten Rohr. Untersucht wird nun für diesen speziellen Fall eine Analogie-Gleichung von *M. A. Micheev*:

$$Nu = 0{,}021\, Re^{0,8} Pr^{0,43} \varepsilon_q \cdot \varepsilon_l \qquad (4.1./39)$$

für $Re > 10\,000$
$Pr = 0{,}7$ bis 2500

Nu	Mittelwert der *Nusselt*-Zahl über der Rohrlänge
$\varepsilon_q = (Pr/Pr_W)^{0,25}$	Korrekturfunktion, die die Richtung des Wärmestromes berücksichtigt (Heizen oder Kühlen)
Pr_W	*Prandtl*-Zahl für den flüssigen, tropfbaren Wärmeträger; für die Temperatur an der inneren Rohroberfläche
Pr	*Prandtl*-Zahl bei mittlerer Temperatur des Flüssigkeitsstromes
$\varepsilon_l = f(Re, l/d)$	Korrekturfunktion, die bei $l/d < 50$ (kurze Rohre) eingeführt wird. Sie ist Tabellen zu entnehmen.
l	Rohrlänge
d	charakteristische Länge (hier Innendurchmesser des Rohres)

Der rechte Teil dieser Gl. (4.1./39) ohne Korrekturen wird als Kern der Gleichung bezeichnet.
Gewöhnlich werden zunächst vorläufige Berechnungen mit dem Kern der Gleichung durchgeführt und die Korrekturglieder erst nach Vorklärung der wichtigsten Größen einbezogen. Dazu wird der Kern der Gleichung

$$Nu = 0{,}021\, Re^{0,8} Pr^{0,43} \qquad (4.1./40)$$

in eine dimensionsbehaftete Beziehung umgestellt, in die alle physikalischen Größen gemäß Definition der Kennzahlen eingesetzt werden.

$$\frac{\alpha \cdot d}{\lambda} = 0{,}021 \left(\frac{w \cdot d}{\nu}\right)^{0,8} \cdot \left(\frac{\nu \cdot \varrho \cdot c}{\lambda}\right)^{0,43} \qquad \alpha = \frac{w^{0,8}}{d^{0,2}} \cdot B \qquad (4.1./41)$$

$B = 0{,}02\,\nu^{-0,37}\,\lambda^{0,57}\,(c\,\varrho)^{0,43}$	Ausdruck der physikalischen Stoffwerte der betrachteten Flüssigkeit. Er ist abhängig von der Temperatur und der Konzentration C bei Lösungen. Der Zahlenwert B muß dem gewählten Maßeinheitensystem der physikalischen Stoffwerte entsprechen.[1]
$w^{0,8}$	Funktion der Regimefaktoren (hier Strömungsgeschwindigkeit w)
$d^{0,2}$	Funktion der geometrischen Faktoren (hier Rohrdurchmesser d)

---

[1] Die Maßeinheiten sind so zu wählen, daß die Dimensionslosigkeit der Kennzahlen gewahrt bleibt

Aus Gl. (4.1./41) wird sichtbar, daß der Wärmeübergangskoeffizient α in diesem Falle von den physikalischen Eigenschaften der Flüssigkeit, der Strömungsgeschwindigkeit der Flüssigkeit und dem Rohrdurchmesser abhängt. Mit Temperaturanstieg der Flüssigkeit steigt der Wärmeübergangskoeffizient hauptsächlich infolge von Viskositätssenkung und Erhöhung der Wärmeleitfähigkeit. Mit Steigerung der Lösungskonzentration sinkt α infolge Viskositätsanstiegs. Gl. (4.1./39) gilt in den Grenzen $Re < 10000$ und $0{,}7 \leq Pr \leq 2500$. Analog können Berechnungsgleichungen für andere Fälle des Wärmeübergangs ausgewählt und analysiert werden.

Neben der eben dargestellten Beziehung werden häufig folgende für den konvektiven Wärmetransport im einphasigen Medium verwendet:

a) Bei erzwungener Strömung einer Flüssigkeit im Rohr unter laminaren, visko-gravitativen Bedingungen ($Re < 2000$) nach *Micheev*

$$Nu = 0{,}15\ Re^{0,33}\ Pr^{0,43}\ Gr^{0,1}\ \varepsilon_q\ \varepsilon_l \qquad (4.1./42)$$

b) Bei erzwungener Strömung einer Flüssigkeit im Rohr für $2000 \leq Re \leq 10000$ nach *Micheev*

$$Nu = f(Re)\ Pr^{0,43}\ \varepsilon_q \qquad (4.1./43)$$

$f(Re)$ ist der Fachliteratur zu entnehmen

c) Bei erzwungenem Queranströmen von Rohren ($200 < Re < 200\cdot 10^3$) nach *V. P. Isačenko*

$$Nu = C\ Re^n\ Pr^{0,33}\ \varepsilon_q\ \varepsilon_s\ \varepsilon_l \qquad (4.1./44)$$

ε_s und ε_l Korrekturfunktionen, die die Anordnung der Rohre im Rohrbündel ausdrücken (schachbrett- oder korridorartig)[1]
$C = 0{,}41;\ n = 0{,}6$ für versetzt angeordnete Rohre
$C = 0{,}26;\ n = 0{,}65$ für fluchtend angeordnete Rohre

d) Freie Konvektion an Körpern verschiedener Gestalt bei Bewegung in dünner Schicht ($Gr\cdot Pr < 0{,}001$)

$$Nu = 0{,}5 \qquad (4.1./45)$$

bei laminarer Strömung ($0{,}001 < Gr\cdot Pr < 500$)

$$Nu = 1{,}18\ (Gr\cdot Pr)^{1/8} \qquad (4.1./46)$$

im Übergangsgebiet ($500 \leq Gr\cdot Pr \leq 2\cdot 10^7$)

$$Nu = 0{,}54\ (Gr\cdot Pr)^{1/4} \qquad (4.1./47)$$

bei turbulenter Strömung ($2\cdot 10^7 \leq Gr\cdot Pr \leq 10^{13}$)

$$Nu = 0{,}135\ (Gr\cdot Pr)^{1/3} \qquad (4.1./48)$$

Für die Auswahl der zutreffenden Gleichung ist zunächst die Größenordnung der Kennzahlen für erzwungene bzw. freie Strömung (Re bzw. $Gr\cdot Pr$) zu bestimmen.
Weitere mögliche Fälle des Wärmetransportes im einphasigen Medium sind in der Speziallliteratur angegeben.

---

[1] versetzt oder fluchtend

Wärmeübergang bei Phasenänderung

Der Wärmeübergang bei Phasenänderung wird durch verschiedene, die Phasenänderung charakterisierende Kennzahlen beschrieben. Zu ihnen gehören die *Reynolds*-Zahl bei Kondensation

$$Re_k = \frac{\dot{q} \cdot l}{r_k \cdot \varrho' \cdot \nu},$$

die *Peclet*-Zahl beim Sieden

$$Pe_s = \frac{\dot{q} \cdot d_0}{r_v \cdot \varrho'' \cdot a},$$

die Kennzahl nach *Jacob-Tolubinski*

$$K_f = \frac{\dot{q}}{r_v \cdot \varrho'' \cdot d_0 \cdot f} \quad \text{und andere.}$$

Die charakteristischen Längen für Kondensations- und Siedeprozesse sind verschieden. Bei der Kondensation kann die Ausdehnung der Heizfläche l entlang des Kondensatabflußweges als charakteristische Länge genommen werden (z. B. die Höhe H einer vertikalen Fläche oder der Außendurchmesser eines horizontalen Rohres d_R). Beim Sieden sind dies entweder der kritische Radius des gebildeten Dampfbläschens R_k oder sein Durchmesser d_0 zum Zeitpunkt des Abreißens von der Oberfläche.

Bei Kondensation von Dämpfen bilden sich entweder einzelne Tröpfchen oder ein durchgehender Kondensatfilm an sehr unterschiedlich angeordneten Heizflächen, wie an der Innen- und Außenseite von vertikalen, geneigten oder horizontalen Rohren, auf vertikalen, horizontalen, ebenen oder anderen Flächen. Abhängig von solchen geometrischen und weiteren Regimebedingungen fließt der gebildete Kondensatfilm unter Wirkung unterschiedlicher hydrodynamischer Bedingungen ab. Die Strömung kann dabei u. a. turbulent, laminar oder alternierend sein. Der Film bildet den Hauptwiderstand für den Wärmestrom. Deshalb hängt die Wärmeübergangsintensität spürbar von der Dicke des Films und seinen Strömungsbedingungen ab. Grundlegende Zusammenhänge für den Wärmeübergang bei Kondensation auf laminarem Kondensatfilm wurden von *Nusselt* aufgestellt. Sie lassen sich durch folgende Analogie-Gleichung darstellen:

$$Nu = C(Pr\ Ga\ Ku)^{0,25} \tag{4.1./49}$$

$C = 0{,}943$ für vertikale Flächen, d. h. $l = H$
$C = 0{,}728$ bei Kondensation auf der Außenfläche horizontaler Rohre $(l = d_R)$;
$Ku = r_k/c\ \Delta t_1$ Kennzahl nach *Kutateladse* für die Phasenänderung

Die Gültigkeitsgrenze dieser Beziehung ist mit $Re_k < 100$ gegeben. Werden alle physikalischen Größen in Gleichung (4.1./49) gemäß Definition der Kennzahlen eingesetzt, lassen sich dimensionsbehaftete Gleichungen für den Wärmeübergangskoeffizienten schreiben:

für vertikale Flächen

$$\alpha_1 = A_{1V}/\sqrt[4]{H \cdot \Delta t_1} \tag{4.1./50}$$

für horizontale Rohre

$$\alpha_1 = A_{1h}/\sqrt[4]{d \cdot \Delta t_1} \qquad (4.1./51)$$

A_{1v} und A_{1h} temperaturabhängige Funktionen der Stoffwerte des Kondensats
H Höhe der vertikalen Fläche
d Rohrdurchmesser

Wird in Gl. (4.1./50) $\Delta t_1 = \dot{q}/\alpha_1$ eingesetzt, läßt sich schreiben:

$$\alpha_1 = A'_1/\sqrt[3]{H \cdot \dot{q}} \qquad (4.1./52)$$

$A'_1 = f(t_k)$ weitere Funktion der physikalischen Stoffwerte des Kondensats und seiner Temperatur.

Zur Berechnung von α_1 müssen Δt_1 oder $\dot{q}$ bekannt sein.
Aufbauend auf Gleichung (4.1./49) haben verschiedene Autoren (*S. S. Kutaladse*, *G. N. Kostenko*, *D. A. Labuncov* und andere) weiterentwickelte und präzisierte Gleichungen, die breite Anwendung in der Berechnungspraxis finden, vorgeschlagen. Auch für turbulenten Film ($Re_k > 100$) sind einzelne Analogie-Gleichungen bekannt.
Der Wärmeübergang beim Sieden wurde zumeist bei freier Dampfbildung im sogenannten „großen Volumen" ohne gezielte Zirkulation sowie bei erzwungener Bewegung der siedenden Flüssigkeit auf der Heizfläche untersucht. Die erzwungene Bewegung wird durch den hydrostatischen Druck der Flüssigkeit (z. B. in vertikalen Rohren), durch Zirkulationspumpen oder Mischerschaufeln angetrieben.
Die Wärmeübergangsintensitäten dieser zwei Fälle sind im allgemeinen unterschiedlich groß, da das Aufbringen einer Zwangsbewegung den freien Dampfbildungsprozeß beeinflußt und zu einem vorzeitigen Abreißen der Dampfbläschen von der Heizfläche führt. Für den Fall jedoch, daß die gesamte Heizfläche für die Dampfbildung genutzt wird, was u. a. bei optimalem Flüssigkeitsniveau in Rohren der Fall ist, stimmen die Gesetzmäßigkeiten für das Sieden im „großen Volumen" mit denen in Rohren überein. Bei großen „überkritischen" Wärmestromdichten ($\dot{q} > \dot{q}_{kr}$) fließen die einzelnen Dampfbläschen zusammen und bilden einen Dampffilm, der die siedende Flüssigkeit von der Wand isoliert. Das Blasensieden geht in ein Filmsieden über, welches sich durch niedrigere Intensität auszeichnet. Angestrebt wird gewöhnlich ein Sieden im **unterkritischen** Bereich und bei optimalem Flüssigkeitsniveau. Die Berechnungsgleichungen beziehen sich auf diese Siedebedingungen. Ausgewählt wurden hier häufig verwendete Kriteriengleichungen, die den Verdampfungsbedingungen für flüssige Lebensmittel oder Halbfabrikate Rechnung tragen.
Die Beziehung nach *M. A. Kičigin* und *N. J. Tobilevič* wird für einen Anwendungsbereich von $Pe_s = 50$ bis $5 \cdot 10^3$ empfohlen:

$$Nu = 3{,}25 \cdot 10^{-4} \, Pe_s^{0,6} \, K_p^{0,7} \, Ga^{0,125} \qquad (4.1./53)$$

$K_p = pd_0/\sigma$ Druckkennzahl; hier kennzeichnet p den Druck über der siedenden Lösung in Pa

$d_0 = \sqrt{\dfrac{\sigma}{g(\varrho' - \varrho'')}}$ Abreiß-Durchmesser des Dampfbläschens (als charakteristische Länge) in m

σ Koeffizient der Oberflächenspannung an der Phasengrenze Lösung/Dampf in N/m

ϱ' und ϱ'' Dichte der siedenden Flüssigkeit ϱ' bzw. des gebildeten Dampfes ϱ'' in kg/m³

g Erdbeschleunigung in m/s²

Die charakteristische Länge d_0 geht außerdem in *Nusselt-*, *Peclet-* und *Galilei-*Zahl ein.

Durch Einsetzen der physikalischen Größen in Gl. (4.1./53) und Umstellen entsteht die dimensionsbehaftete Beziehung für den Wärmeübergangskoeffizienten α_2:

$$\alpha_2 = A_2 \, \dot{q}^{0,6} = A'_2 (\Delta t_2)^{3/2} \qquad (4.1./54)$$

A_2 und A'_2 zusammengefaßter Term gemäß Gl. (4.1./53)

Die Ausdrücke A_2 und A'_2 erfassen die Eigenschaften der jeweiligen Flüssigkeit. Sie können vorausberechnet und in Abhängigkeit von der Siedetemperatur und der Konzentration des gelösten Gutes zusammengestellt werden.

Eine weitere Beziehung wurde von *V. I. Tolubinski* in ihrer ursprünglichen Form für $Pr \leq 150$ vorgeschlagen:

$$Nu = 75 \, K_t^{0,7} \, Pr^{-0,2} \qquad (4.1./55)$$

$$K_t = \frac{q}{r_v d_0 f} = \frac{w_v}{w_p}$$

*Jacob-Tolubinski-*Zahl, die das Verhältnis der Verdampfungsgeschwindigkeit w_v zur Wachstumsgeschwindigkeit der Dampfbläschen $w_p = d_0 f$ ausdrückt.

f statistisch gemittelte Abreißfrequenz der Dampfbläschen von der Heizfläche in Hz.

Mehrere Autoren (*V. D. Popov, I. I. Sagan, E. A. Neduzko*) haben Gl. (4.1./55) durch veränderte Konstanten auf hochviskose Lebensmittelmedien mit Pr-Zahlen bis 1500 übertragen. *Popov* ergänzte die Gleichung um einen Faktor, der die Anwesenheit von Zuckerkristallen in einer siedenden Lösung berücksichtigt. Diese und weitere Sonderfälle werden in speziellen Veröffentlichungen vorgestellt.

4.1.6. Berechnung von Wärmedurchgangskoeffizienten

Der Wärmedurchgangskoeffizient kann berechnet werden, falls die einzelnen thermischen Widerstände bekannt sind. Gewöhnlich werden die Wärmedurchgangskoeffizienten sowohl für die unverschmutzte Heizfläche (zu Beginn des Betriebes) als auch für die verschmutzte Heizfläche (unter Berücksichtigung von gebildeten Ansätzen, Oxiden u. a.) bestimmt. Dazu kann der gesamte thermische Widerstand R gemäß Gl. (4.1./20) aus dem thermischen Widerstand bei sauberer Heizfläche R_0 und dem thermischen Widerstand der Verschmutzung R_V selbst gebildet werden.

$$R = R_1 + R_W + R_2 + R_V = R_0 + R_V \qquad (4.1./56)$$

Mit: $\quad R_0 = \dfrac{1}{\alpha_1} + \dfrac{\delta}{\lambda} + \dfrac{1}{\alpha_2}$

Praktisch konstanter Teil des gesamten thermischen Widerstandes, der sich während des Betriebes des Wärmeübertragers wenig ändert.

$$R_V = f(\tau)$$

Veränderlicher Teil des gesamten thermischen Widerstandes, der abhängig vom Verschmutzungsgrad der Heizfläche des Wärmeübertragers mit der Zeit wächst.

Der thermische Widerstand der Schmutzschichten kann auf unterschiedliche Weise erfaßt bzw. bestimmt werden:

a) Durch die Definitionsbeziehung $R_V = \delta_V/\lambda_V$ aus der Schichtdicke δ_V und der Wärmeleitfähigkeit λ_V des Ansatzes (alle Verschmutzungen als Ansatz auf einer Seite der Heizfläche gedacht);

b) Durch experimentelle Ermittlung und Bildung eines Mittelwertes R_V über der Betriebszeit;

c) Mittels eines fiktiven, experimentell zu bestimmenden Auslastungskoeffizienten der Heizfläche, der als Verhältnis der Wärmedurchgangskoeffizienten k bei verschmutzter Heizfläche zu k_0 bei sauberer Heizfläche definiert ist.

$$\varphi = \frac{k}{k_0} = \frac{R_0}{R} = \frac{R_1 + R_W + R_2}{R_1 + R_W + R_2 + R_V} \qquad (4.1./57)$$

Dieser Koeffizient φ und der thermische Widerstand der Verschmutzung sind dann folgendermaßen verknüpft:

$$R_V = \frac{1-\varphi}{\varphi} R_0 \qquad (4.1./58)$$

d) Mit Hilfe anderer Koeffizienten, die den Anstieg der Verschmutzung im Betriebsprozeß widerspiegeln (z. B. nach *G. N. Kostenko*).

Wärmeübergangskoeffizienten bzw. thermischer Widerstand und zugehörige treibende Temperaturdifferenz sind bisweilen direkt verknüpft. Zum Beispiel setzt die Berechnung des Wärmeübergangskoeffizienten für die Kondensation von Dampf α_1 oder für das Sieden einer Flüssigkeit α_2 nach Gl. (4.1./50) bzw. (4.1./54) die Kenntnis der treibenden Temperaturdifferenz Δt_1 bzw. Δt_2 voraus. Gleichzeitig können diese Temperaturdifferenzen aber erst bei bekannten Übergangskoeffizienten α_1 und α_2 berechnet werden. Folglich müssen die Temperaturdifferenzen Δt_1 und Δt_2 zunächst geschätzt und nach Bestimmung des gesamten thermischen Widerstandes überprüft werden. Diese schrittweise Berechnung ist arbeitsaufwendig. Erleichtert werden solche Berechnungen unter Verwendung von Belastungskurven. Unter Belastungskurve eines Wärmeübertragers soll die Funktion $\Delta t = f(\dot{q})$ verstanden werden. Sie spiegelt den Zusammenhang zwischen den Wärmedurchgangsbedingungen und der Wärmestromdichte wider. Sie verbindet die Wärmestromdichte mit der oft vorgegebenen Temperaturdifferenz Δt und den gesuchten thermischen Widerständen. Zu Belastungskurven greift man gegebenenfalls, wenn wenigstens einer der thermischen Widerstände von der Wärmestromdichte abhängig ist. Sie werden punktweise berechnet.

Untersucht wird der Aufbau einer Belastungskurve für einen dampfbeheizten Verdampfer mit vertikalen Verdampferrohren. Für diesen Fall läßt sich bei sauberer Heizfläche schreiben:

$$\Delta t = \dot{q} R_0 = \dot{q}(R_1 + R_W + R_2) \qquad (4.1./59)$$

$$R_1 = \frac{1}{\alpha_1}; \quad \alpha_1 = \frac{A_1'}{\sqrt[3]{H\dot{q}}}$$

$$R_W = \delta/\lambda;$$

$$R_2 = 1/\alpha_2; \quad \alpha_2 = A_2 \dot{q}^{0,6}$$

daraus folgt:

$$\Delta t = \dot{q}\left(\sqrt[3]{\frac{H\dot{q}}{A_1'}} + \frac{\delta}{\lambda} + \frac{1}{A_2 \dot{q}^{0,6}}\right) \tag{4.1./60}$$

mit den Ausgangskonstanten:

- H Höhe eines Verdampferrohres in m
- δ Wanddicke des Rohres in m
- λ Wärmeleitfähigkeit des Rohrwerkstoffes in W/(m·K)
- $A_1' = f(t_k)$ Funktion der physikalischen Eigenschaften des Kondensats, bei seiner mittleren Temperatur, die mit $t_k \approx t_{s1} - (2 \cdots 5)$ in °C angenähert werden soll.
- t_{s1} Sättigungstemperatur des Heizdampfes
- $A_2 = f(t_L)$ Funktion der physikalischen Eigenschaften der siedenden Lösung bei ihrer Siedetemperatur $t_L = t_{s2} + \Delta$;
- t_{s2} Temperatur des Sekundärdampfes (Brüden)
- Δ stoffspezifische und hydrodynamische Siedepunkterhöhung.

Die Belastungskurven lassen sich aus Wertpaaren $\dot{q}$ und Δt aufstellen. Leicht kann nun die Wärmestromdichte $\dot{q}$, die der jeweiligen gesamten Temperaturdifferenz $\overline{\Delta t} = t_{s1} - t_L$ entspricht, abgelesen werden. Der Wärmedurchgangskoeffizient folgt dann gemäß Definition aus

$$k = \dot{q}/\Delta t \tag{4.1./61}$$

Analog wird die Belastungskurve eines Verdampfers mit verschmutzter Heizfläche aufgebaut. Angenommen, der Auslastungskoeffizient φ sei bekannt, dann ist der thermische Widerstand R_V der Verschmutzung mit Gl. (4.1./58) gegeben, und die Gleichung für die Belastungskurve lautet:

$$\Delta t_\tau = \dot{q}\left[\sqrt[3]{\frac{H\dot{q}}{A_1'}} + \frac{\delta}{\lambda} + \frac{1-\varphi}{\varphi}\left(\sqrt[3]{\frac{H\dot{q}}{A_1'}} + \frac{\delta}{\lambda} + \frac{1}{A_2 \dot{q}^{0,6}}\right) + \frac{1}{A_2 \dot{q}^{0,6}}\right] \tag{4.1./62}$$

Die so bestimmte gesamte treibende Temperaturdifferenz setzt sich, wie bereits gesagt, aus den einzelnen treibenden Temperaturdifferenzen für die saubere Heizfläche und der Temperaturdifferenz für die Überwindung des thermischen Widerstandes der Verschmutzung bei der betrachteten Wärmestromdichte zusammen. Bild (4.1./3) zeigt, daß bei gleicher gesamter Temperaturdifferenz $\overline{\Delta t}$ die Wärmestromdichte bei verschmutzter Heizfläche $\dot{q}_\tau$ niedriger liegt als bei sauberer Heizfläche $\dot{q}$.

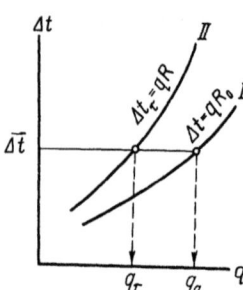

Bild (4.1./3). Belastungskurven eines Wärmeübertragers
I saubere Heizfläche II verschmutzte Heizfläche

Auf diese Weise wird die Größe des Wärmedurchgangskoeffizienten unter realen Betriebsbedingungen des Wärmeübertragers für konkrete Arbeitsmedien abgeschätzt. Das Ergebnis ist spezifisch für die Art des Wärmeübergangs.

Aus den allgemeinen Grundlagen und den Kriterien-Gleichungen für den Wärmeübergang lassen sich dennoch Wege zur Intensivierung der Wärmeübertragung ableiten:

1. Jede Maßnahme zur Intensivierung der Wärmeübertragung muß auf einer Analyse der thermischen Widerstände aufbauen. Zuerst sind die größten partiellen thermischen Widerstände zu reduzieren.

2. Bei konvektivem Wärmetransport wird eine Intensivierung des Wärmeübergangs durch Einwirkung auf die Grenzschicht an der Apparatewand, d. h. durch die Erhöhung der Strömungsgeschwindigkeit, der Turbulenz, erzielt.

3. Bei Phasenänderung (Kondensation, Verdampfung) ist eine Intensivierung durch Erhöhung der treibenden Temperaturdifferenz und des Druckes möglich.

4. Bei Verschmutzung der Heizfläche sollten betriebliche, chemische und mechanische Maßnahmen sowie Veränderungen der Betriebsbedingungen zur Verringerung bzw. Beseitigung von Ansatzbildung und Oxydation eingeleitet werden.

Zu empfehlende Literatur

Voroncov, E. G.; Tananajko, J. M.: Teploobmen v zidkostnych plenkach; Wärmeaustausch in Flüssigkeitsfilmen. Kiew: Technika 1972, 196 S.

Isacenko, V. P.; Osipova, V. A.; Sukomel, A. S.: Teploperedača; Wärmeübertragung. Moskau: Energija 1975, 487 Seiten.

Kasatkin, A. G.: Owsnovnye processy i apparaty chimičeskoj technologii; Wichtigste Prozesse und Apparate der chemischen Technologie. Moskau: Chimija 1973, 752 S.

Krasnoscenkov, E. A.; Sukomel, A. S.: Zadačnik po teploperedace; Aufgabensammlung zur Wärmeübertragung. Moskau: Energija 1975, 270 S.

Kutateladze, S. S.; Borisanskij, V. M.: Spravočnik po teploperedace, Handbuch der Wärmeübertragung. Moskau, Leningrad: Gosenergoizdat 1959, 414 S.

Micheev, M. A., Micheeva, I. M.: Osnovy teploperedaci, Grundlagen der Wärmeübertragung. Moskau: Energija 1973, 320 S.

Popov, V. D.: Osnovy teorii teplo- i massobmena pri kristallizacii sacharozy; Grundlagen der Theorie des Wärme- und Stoffaustausches bei der Kristallisation von Saccharose. Moskau: Pistschewaja promyschlennost 1973, 320 S.

Fedotkin, I. M.; Lipsman, V. S.: Intensifikacija teploobmena v apparatach piščevych proizvodstv; Intensivierung des Wärmeaustausches in Apparaten der Lebensmittelproduktion. Moskau: Pistschewaja promyschlennost 1972, 240 S.

Autorenkollektiv: Thermische Verfahrenstechnik I und II. Leipzig: VEB Deutscher Verlag für Grundstoffindustrie 1978

Michejew, M. A.: Grundlagen der Wärmeübertragung, 3. Aufl. Berlin: Verlag Technik 1968, 376 S.

Gregorig, R.: Wärmeaustausch und Wärmeaustauscher, 2., stark erw. Auflage. Aarau, Frankfurt/M: Verlag Sauerländer 1973

VDI-Wärmeatlas, 3. Aufl. Düsseldorf: VDI-Verlag 1977

4.2. Vorwärmer und Kühler in der Lebensmittelindustrie

4.2.1. Beschreibung und Einsatz der Apparate

Wärmeübertrager sind Apparate, in denen ein Wärmetransport zwischen den „Arbeitsmedien" abläuft. Sie können unterschiedliche wärmetechnische bzw. technologische Zielstellungen haben (Vorwärmer, Verdampfer, Kondensatoren, Pasteurisatoren u. a.). Die Wärmeübertragung kann dabei sowohl Hauptprozeß als auch Hilfsprozeß sein.
Eine Klassifikation von Wärmeübertragern ist nach verschiedenen Gesichtspunkten möglich und üblich.
Einmal unterscheidet man Direkt-Kontakt- oder Misch-Wärmeübertrager, in denen die Arbeitsmedien direkte Berührung haben, von Flächenwärmeübertragern[1], in denen die Wärme durch eine Heizfläche, die die Medien voneinander trennt, übertragen wird.
Nach dem Prozeßziel wird u. a. zwischen Vorwärmer, Verdampfer, Kühler oder Kondensator unterschieden.
Nach dem Prozeßregime unterscheidet man periodisch arbeitende Wärmeübertrager, in denen ein instationärer Wärmetransportprozeß abläuft, und kontinuierlich arbeitende Wärmeübertrager mit zeitlich konstantem Wärmetransportprozeß.
In periodisch, d. h. diskontinuierlich arbeitenden Wärmeübertragern wird eine vorgelegte Produktmenge (Charge) einer thermischen Behandlung unterworfen. Dabei verändern sich die Prozeßparameter, die Eigenschaften des Produktes und ggf. seine Menge mit laufender Prozeßzeit.
Beim kontinuierlichen Prozeß verändern sich die Prozeßparameter entlang der Heizfläche. Sie bleiben jedoch zeitlich an jeder Stelle des Apparates konstant. Der kontinuierliche, d. h. stationäre Prozeß ist also durch konstante thermische Bedingungen und konstanten Durchsatz bzw. Verbrauch an „Arbeitsmedien" gekennzeichnet. Als Heizmedium wird häufig Sattdampf oder leicht überhitzter Wasserdampf verwendet. In *Misch-Wärmeübertragern* wird der Dampf gewöhnlich direkt in die Flüssigkeit (unter dem Flüssigkeitsspiegel) eingeblasen. Dabei bildet sich ein nicht immer erwünschtes Gemisch aus Dampfkondensat und Produkt.
In *Flächenwärmeübertragern* dagegen kondensiert der Dampf an der Heizfläche, und das Kondensat wird getrennt vom Produkt über Kondensatstauer abgeleitet. Wasserdampf hat als Wärmeträger vorteilhafte Eigenschaften, wie hohe Wärmeübergangsintensität, einfache Temperaturregelung und unproblematischen Transport in Rohrleitungen. Dampf bietet als Wärmeträger die wirtschaftlich günstige Möglichkeit der Mehrfachnutzung, indem das aus dem Produkt verdampfte Wasser erneut als Heizdampf für weitere Verdampfer oder Vorwärmer eingesetzt wird.
Die Beheizung mittels Heißwassers oder heißer Flüssigkeiten findet ebenfalls breite Anwendung. Sie bietet sich an zur Sekundär-Wärmenutzung von Kondensaten bzw. zur Wärmerückgewinnung von Flüssigkeiten (Produkten), die im technologischen Prozeß auf eine ausreichend hohe Temperatur erwärmt wurden. Im Vergleich zum Dampf ist der Wärmeübergang bei Flüssigkeiten weniger intensiv und außerdem durch Temperaturabnahme des Wärmeträgers gekennzeichnet. Prozeßregelung und Flüssigkeitstransport sind gleichermaßen unproblematisch wie bei Dampfheizung.
Ein Mangel von Dampf- und Heißwasserheizung besteht im rasch zunehmenden Druck für höhere Prozeßtemperaturen. Technologische und apparative Bedingungen der Lebensmittelproduktion begrenzen Dampf- und Heißwasserheizung auf maximale Temperaturen von etwa 150···160 °C bzw. Drücke von 5···7·10^5 Pa.[2]

---

[1] Die Apparate werden auch als Oberflächen-Wärmeübertrager bezeichnet (die Red.)
[2] Eine Alternative stellt der Einsatz spezieller flüssiger Wärmeträger dar (die Red.)

Breite Anwendung finden auch die Heißgas- bzw. Heißluftheizung (bis 300···1000°C) in Öfen und Trocknern. Die Gasheizung weist allerdings eine Reihe von Nachteilen auf. Neben Fragen der Regelung und des Transportes des Wärmeträgers bestehen sie in einer geringeren Intensität der Wärmeübertragung und Verschmutzung der Heizfläche bei Anwendung von Heizgasen.

In einer Reihe von Fällen haben gasförmige Wärmeträger jedoch keine Alternative, wie beispielsweise in der Luft- oder Konvektionstrocknung.

Die Wahl von Wärmeträgern und Kühlmitteln, die Führung von Wärme- und Stoffübertragungsprozessen, die Optimierung der Wärmeübertragung sind den Bedingungen eines rationellen technologischen Prozeßablaufes untergeordnet und haben solche zum Ziel.

Für das Erwärmen und Kühlen flüssiger Medien wurden Wärmeübertrager unterschiedlichster Konstruktion entwickelt. Nachfolgend werden einige Konstruktionen, die in der Lebensmittelindustrie eingesetzt werden, diskutiert.

Mantelbeheizte oder -gekühlte Apparate

Unterschiedlichste Apparate können mit doppelten Wänden – sogenannten Doppelmänteln – für die Beschickung mit einem Heiz- oder Kühlmedium ausgerüstet sein.

Die untersuchten Wärmeübertrager dieser Art arbeiten bei Verwendung flüssiger Medien mit niedrigen Wärmedurchgangskoeffizienten infolge kleiner Geschwindigkeit des flüssigen Mediums im Mantelquerschnitt oder infolge kleiner Wärmeübergangskoeffizienten auf der Produktseite. Zweckmäßiger ist die Dampfbeheizung, da hier der Wärmeübergangskoeffizient α_1 sehr groß ist (bis 10^4 W/m^{2}K) und nicht von der Geschwindigkeit des Dampfes im Mantelquerschnitt abhängt. Gewöhnlich werden darüber hinaus mantelbeheizte oder -gekühlte Rührmaschinen verwendet, um den Wärmeübergang auf der Produktseite zu verbessern.

Rohrbündel-Wärmeübertrager

Rohrbündel-Wärmeübertrager bestehen aus einem Bündel von Rohren, das in einer zylindrischen Kammer (Mantel) so angeordnet ist, daß ein Medium durch den Rohrzwischenraum strömt und das andere Medium durch die Rohre selbst. Die Rohre sind eingewalzt in Rohrböden, die die Kammer an beiden Seiten begrenzen (Bild 4.2./1). Auf die Rohrböden sind Verteilerhauben aufgesetzt. Sie sind mit Stutzen für die Flüssigkeit F_1, die die Rohre durchströmt, ausgerüstet. Die Kammer ist ebenfalls mit Zu- und Abführstutzen für das zweite Medium F_2 ausgerüstet. Letztere sind in Bild (4.2./1) für flüssige Medien in vollen Linien und für dampfförmiges Heizmedium gepunktet gezeichnet (Dampf D, Kondensat K, nicht kondensierbare Gase G). Rohrwerkstoffe sind Messing, Kupfer oder Stahl. Die Durchmesser liegen bei 10 mm und mehr. Große Rohrdurchmesser werden bei viskosen oder verschmutzten Flüssigkeiten verwendet. Große Wärmeübertragungsfläche im Mantel und hoher Wärmeübergangskoeffizient sind allerdings einfacher mit Rohren kleineren Durchmessers zu realisieren.

Häufig wird gegenüber dem Dampfeintrittsstutzen ein perforierter Schutzring gegen Vibration der Rohre angeordnet. Rohrboden und Mantel werden dicht verschweißt oder genietet, wobei ein Rohrboden gegenüber dem Mantel unverbunden bleiben kann. In diesem Falle wird das Abdichten von einem Dichtring zwischen Gehäuse und Rohrboden übernommen. Eine solche Befestigung läßt eine freie thermische Ausdehnung der Rohre zu und schützt die Rohrbefestigung im Rohrboden vor Zerstörung. Der meist zylindrische Mantel des Wärmeübertragers ist gewöhnlich aus Stahl gefertigt. Manchmal wird der Mantel im Interesse der freien thermischen Ausdehnung von Mantel und Rohren mit einem Dehnungskompensator versehen. Die

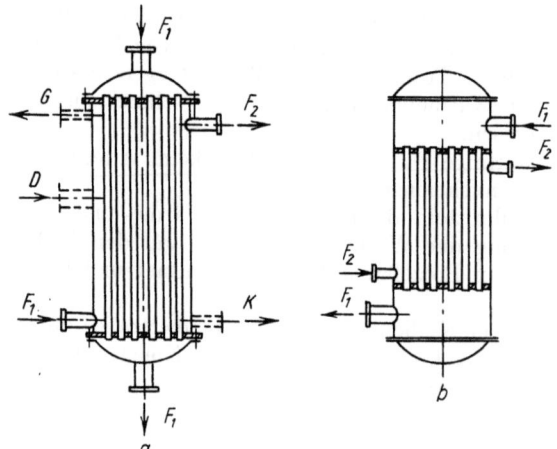

Bild (4.2./1). a) und b) Eingängiger Rohrbündel-Wärmeübertrager

Verteilerhauben sind verschieden ausgebildet. Einmal wird die Verteilerhaube in Form eines gewölbten Bodens mit Stutzen ausgeführt und der Boden mit den Bodengittern z. B. durch Bolzen befestigt (s. Bild 4.2./1a). Diese Konstruktion hat den Nachteil, daß bei Reinigung der Rohre die Rohrleitung, die mit dem Deckel verbunden ist, demontiert werden muß.

Deshalb ist es besser, Verteilerkästen mit einfach abnehmbarem Deckel einzusetzen. Dazu wird der Mantel über dem Rohrgitter verlängert und darauf Ein- und Austrittsstutzen für die Flüssigkeit angeordnet (s. Bild 4.2./1b).

Ein großer Mangel solcher eingängiger Wärmeübertrager kann bei Einsatz als Vorwärmer oder Kühler in der Diskrepanz zwischen Durchlaßfähigkeit des Rohrbündels und Wärmeübertragungsfläche liegen. So weist ein Rohr mit einem Durchmesser von 22 mm einen Flüssigkeitsdurchsatz von etwa 1 m³/h auf, wenn die Strömungsgeschwindigkeit etwa 1 m/s beträgt. Die Rohroberfläche beträgt bei einer üblichen Rohrlänge von 3,5 m etwa 0,2 m². Eine solche Fläche reicht für ein wirkliches Erwärmen einer so großen Flüssigkeitsmenge nicht aus. Deshalb wäre man gezwungen, den Flüssigkeitsdurchsatz durch die Rohre zu senken, was mit zwangsläufig kleinerer Strömungsgeschwindigkeit zur Senkung des Wärmeübergangskoeffizienten führt.

Eine diesbezügliche Verbesserung des Rohrbündelwärmeübertragers wird vor allem durch Gruppierung von Rohren zu mehreren einzelnen Bündeln (Gängen) erreicht. Dazu werden in den Verteilerkammern Trennwände eingebaut (Bild 4.2./2). Eine solche Ausführung bezeichnet man als mehrgängigen Wärmeübertrager. Die „Arbeitsflüssigkeit" durchströmt über die so gebildeten Passagen nacheinander die einzelnen Rohrbündel. Mit dieser Ausführung wird ein günstigeres Verhältnis von Rohroberfläche zu Strömungsfläche geschaffen. In Bild (4.2./2) und weiter ist die Heizflüssigkeit mit F_2 und die zu erwärmende mit F_1 bezeichnet.

Die Trennwände werden bei nur zwei bis drei Passagen als Chorden, bei mehreren Passagen radial oder konzentrisch angeordnet. Soll der Rohrzwischenraum mit einer Flüssigkeit beaufschlagt werden, können hier auch Trennwände (Schikanen) zur Geschwindigkeitssteigerung eingebaut werden (Bild 4.2./3).

Zweigängige Wärmeübertrager werden oft mit U-förmigen Rohren ausgeführt, deren Enden in einen Rohrboden eingewalzt sind. Ein solches Rohrbündel kann unkompliziert aus dem Gehäuse herausgezogen werden (Bild 4.2./4).

Analog ist die Konstruktion von Wärmeübertragern mit Schwimmkopf. Diese werden für verschmutzte Flüssigkeiten eingesetzt und ermöglichen freie thermische Ausdehnung von Rohren und Gehäuse. Es gibt stehende und liegende Apparate.

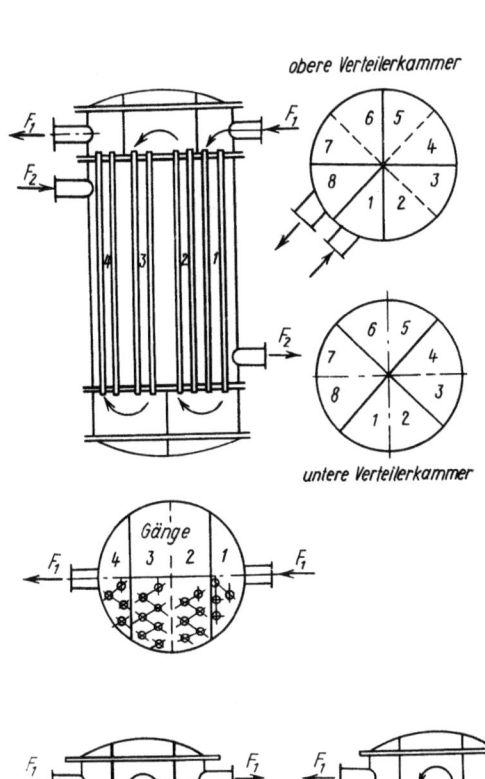

Bild (4.2./2). Mehrgängiger Rohrbündel-Wärmeübertrager

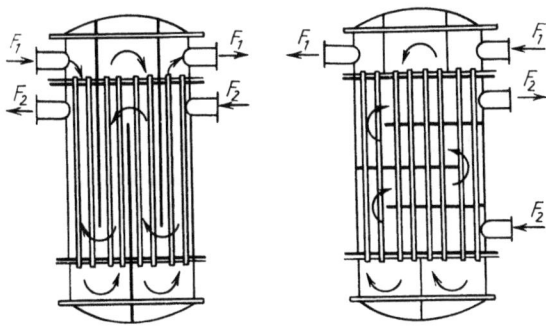

Bild (4.2./3). Mehrgängiger Rohrbündel-Wärmeübertrager mit Trennwänden (Schikanen) im Rohrzwischenraum

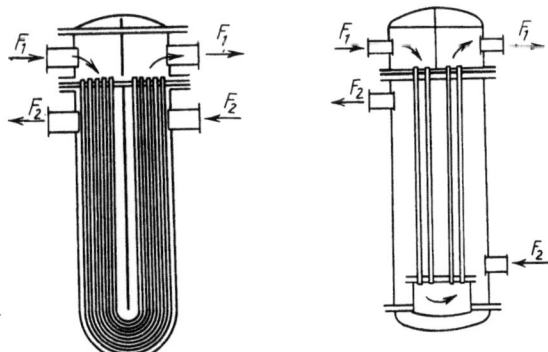

Bild (4.2./4). Rohrbündel-Wärmeübertrager in U-Form und Schwimmkopfausführung

Bei der Aufstellung von Wärmeübertragern sollte auf die Strömungsrichtung der Arbeitsmedien geachtet werden. Das heiße (zu kühlende) Medium sollte von oben nach unten fließen und das sich erwärmende steigen. Auf diese Weise stimmt die Zwangsbewegung mit der natürlichen Bewegung infolge Dichteänderung überein.

Ein eingängiger Wärmeübertrager wird besser vertikal angeordnet, ein mehrgängiger mit Längsgängen horizontal, da hier nur in einigen Gängen freie Bewegung und Zwangsbewegung übereinstimmen.

Weitere Kriterien sind die Einbindung in die Gesamtanlage sowie der Reinigungsaufwand.

Mantelrohr-Wärmeübertrager (bzw. Doppelrohr-Wärmeübertrager)

Bei geringem Durchsatz des Arbeitsmediums könnte sich die Rohranzahl je Gang bis auf ein Rohr verringern. In diesem Falle ist es üblich, den sogenannten Mantelrohr-Wärmeübertrager einzusetzen (Bild 4.2./5). Jedes Mantelrohrelement besteht aus zwei konzentrisch angeordneten Rohren unterschiedlichen Durchmessers. Die einzelnen Elemente werden zu einer Batterie kombiniert.

Die Geschwindigkeiten der Medien und damit auch die Wärmedurchgangskoeffizienten k hängen stark vom Durchmesser des Innen- bzw. Außenrohres ab. Mit der Auswahl entsprechender Durchmesser können die Geschwindigkeiten in Grenzen gewählt und damit hohe Wärmedurchgangskoeffizienten realisiert werden. Ein Vorteil dieser Wärmeübertrager besteht in der definierten Stromführung, z. B. im Gegenstrom, und infolgedessen weitestgehender Nutzung des Wärmeträgers.

Abgesehen vom sperrigen Äußeren und dem hohen Metallaufwand finden diese Wärmeübertrager breite Anwendung, insbesondere bei hohen Drücken und teuren Wärmeträgern (z. B. in der Kühltechnik).

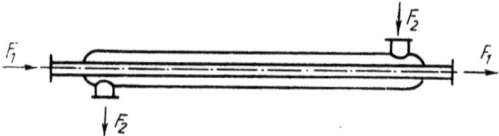

Bild (4.2./5). Mantel- oder Doppelrohr-Wärmeübertrager

Tauchrohr-Wärmeübertrager

Der Tauchrohr-Wärmeübertrager besteht gewöhnlich aus einer Rohrschlange, die in eine Flüssigkeit taucht (Bild 4.2./6a).

Der Wärmedurchgangskoeffizient in Rohrschlangen-Wärmeübertragern ist oftmals klein, insbesondere wenn sich das umgebende Medium mit geringer Geschwindigkeit oder überhaupt nicht bewegt.

Eine Intensivierung des Wärmeübertragungsprozesses wird durch Rühren des äußeren Mediums oder andere Maßnahmen, die ein intensiveres Umströmen der Rohr-

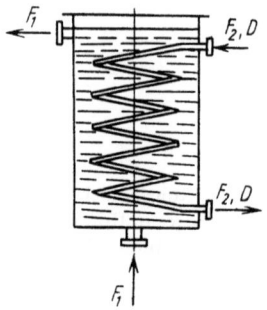

Bild (4.2./6). Rohrschlangen-Wärmeübertrager

schlange gewährleisten, erreicht. Bei der Konstruktion der Rohrschlange sind Befestigungen der Windungen durch Längsrippen vorzusehen, um eine Deformation zu verhindern.

Rohrschlangen-Wärmeübertrager werden jedoch durch andere, modernere Wärmeübertrager verdrängt. Sie wurden dort beibehalten, wo keine große Heizfläche benötigt wird, als zusätzliche Heizfläche oder bei hohen Drücken in den Rohren.

Riesel-Wärmeübertrager

Der Riesel-Wärmeübertrager ist in seiner einfachen Bauart in Bild (4.2./7) dargestellt.

Das gewundene Rohr wird außen von Flüssigkeit umspült. Die Flüssigkeit fließt aus einem regelbaren Schlitz auf die obere Windung des Rohres und rieselt über die unteren Windungen ab. Der Wärmeübergangskoeffizient an der äußeren Rohrfläche hängt stark von der rieselnden Flüssigkeitsmenge ab. Diese Menge ist in weiten Grenzen regelbar. Ist sie zu klein gewählt, wird nicht die gesamte Rohrfläche berieselt. Bei großen Flüssigkeitsmengen dagegen fließt ein Teil neben den Rohren ab und nimmt nur geringen Anteil an der Wärmeübertragung. Kondensiert Dampf in den Rohren, stellt sich hier ein hoher Wärmeübergangskoeffizient ein, so daß der gesamte Wärmedurchgangswiderstand durch die Verhältnisse an der äußeren Rohroberfläche bestimmt wird.

Riesel-Wärmeübertrager sind sperrig und werden deshalb in der Regel im Freien aufgestellt. Sie finden Anwendung in der Kühltechnik als Kondensatoren bei hohen Drücken des Kühlmittels. Sie werden verwendet u. a. zum Kühlen von Bier, Milch und anderen Flüssigkeiten.[1]

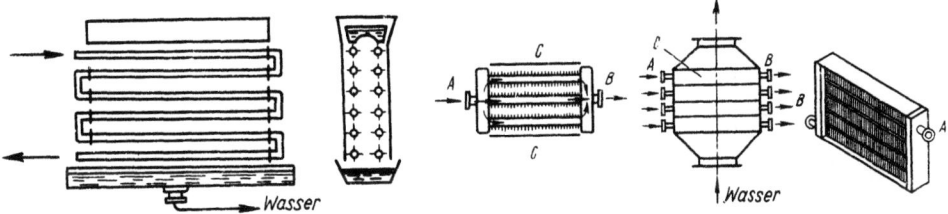

Bild (4.2./7). Riesel-Wärmeübertrager

Bild (4.2./8). Beispiele für Rippenrohr-Wärmeübertrager

Rippen-Wärmeübertrager

Eine Berippung der Heizfläche ist sinnvoll, wenn sich die Größen der beiden Wärmeübergangskoeffizienten spürbar unterscheiden. Die Ausbildung einer großen, berippten Kontaktfläche zum Arbeitsmedium auf der Seite des kleinen Wärmeübergangskoeffizienten verbessert die Intensität des Wärmedurchgangs.

Rippen-Wärmeübertrager werden häufig für das Erwärmen oder Kühlen gasförmiger Medien verwendet. Solche Wärmeübertrager werden auch als *Kalorifere* bezeichnet. Einige Ausführungsformen sind in Bild (4.2./8) dargestellt. Die Rohre werden gewöhnlich mit Flüssigkeit oder Dampf beaufschlagt (Eintritt A, Austritt B). Das gasförmige Medium umströmt auf seinem Weg durch den Apparat die Rippenrohre. Rippenrohr-Wärmeübertrager sind vielgestaltig in Anzahl, Länge sowie Anordnung der Rohre.

---

[1] Man ist auch hier bestrebt, zu kompakteren Apparaten höherer Intensität überzugehen (die Red.)

Die Gasgeschwindigkeit im Zwischenrohrraum wird von dessen freiem Strömungsquerschnitt und dem geforderten Gasdurchsatz bestimmt. Die Wärmeübergangskoeffizienten und hydraulische Widerstände werden zweckmäßigerweise speziellen Katalogen entnommen.

Platten-Wärmeübertrager

Platten-Wärmeübertrager werden ähnlich wie Filterpressen als Pakete gestanzter Stahlplatten montiert. Die Platten sind so gestaltet, daß sie ein System von Kanälen bilden. Ihre konstruktiven Formen sind vielgestaltig. Die in Bild (4.2./9) gezeigte Platte „Phönix" besteht aus zwei gestanzten Blechen, die durch Kontaktschweißen entlang den Kanälen verbunden sind. Die Anordnung dieser Platten im Paket ist in der Querschnittsdarstellung gezeigt.

Auf der einen Seite der Platte verläuft ein gewundener Kanal zwischen zwei diagonal in den Plattenecken angeordneten Öffnungen. Die anderen beiden Öffnungen sind auf dieser Seite durch Ringdichtungen isoliert. Sie gehören zu einem Kanal auf der anderen Plattenseite.

Ein solcher Wärmeübertrager kann mit Flüssigkeit oder Dampf beheizt werden. Er muß sorgfältig gefertigt sein und montiert werden, sonst treten Undichtheiten und damit unkontrollierte Bewegungen der Medien entsprechend den Druckverhältnissen im Apparat auf.

Plattenapparate zeichnen sich durch geringen Materialeinsatz und intensive Prozeßführung[1] aus. Es wird intensiv an ihrer optimalen Ausführung gearbeitet. Sie haben eine gute Perspektive.

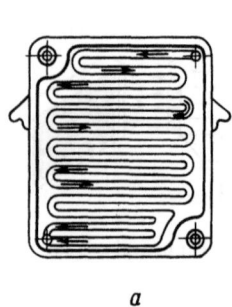
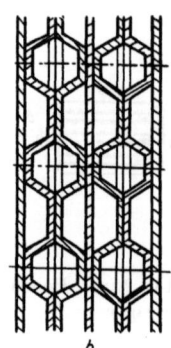

Bild (4.2./9). Elemente eines Platten-Wärmeübertragers
a) Platte Phönix b) Querschnitt durch ein Plattenpaket

4.2.2. Auswahl der Ausführungsform von Wärmeübertragern

Eine konkrete Aufgabe der Erwärmung oder Kühlung eines Produktes kann mit verschiedenen Wärmeübertragern gelöst werden. Die Auswahl des Wärmeübertragers sollte von folgenden an den Wärmeübertrager zu stellenden Forderungen ausgehen.

Die wichtigste Forderung nach Eignung des Apparates für das technologische Verfahren und das Stoffsystem umfaßt u. a. die Aspekte:

– sichere Gewährleistung der geforderten Prozeßbedingungen, insbesondere der Temperaturen,

---

[1] und einfache Demontierbarkeit (die Red)

- einfache Regelbarkeit der Temperaturen,
- Übereinstimmung von stoffspezifisch zulässiger Verweilzeit und Strömungsgeschwindigkeit des Produktes,
- Apparatewerkstoff nach Maßgabe der produktspezifischen Bedingungen sowie
- ausreichend druckfeste Ausführung des Apparates.

Eine zweite Forderung ist die nach hoher Leistungsfähigkeit bzw. Wirtschaftlichkeit und folglich nach zweckmäßiger Stromführung, hoher Wärmeübertragungs-Intensität bei gleichzeitig optimalen hydraulischen Widerständen.
Diese Forderungen werden gewöhnlich unter folgenden Voraussetzungen erfüllt:

- Ausreichende Geschwindigkeit der einphasigen Medien für die Ausbildung turbulenter Strömungen sowie zweckmäßige Stromführung der Medien (gewöhnlich ist Gegenstromführung von Vorteil).
- Sicherung optimaler Bedingungen für die Kondensatabführung und die Entfernung nichtkondensierender Gase im Fall der Dampfheizung.
- Herstellung günstiger thermischer Widerstände auf beiden Seiten der Heizfläche, Verhinderung von Verschmutzung und einfache Reinigung der Heizfläche, mikrobiologische Reinheit usw.

Von Bedeutung sind auch Forderungen nach Kompaktheit, geringer Masse, einfacher Konstruktion, einfacher Montage und Instandhaltung. Diesbezüglich sind von Interesse:
Konfiguration der Heizfläche,
Art der Anordnung und Befestigung von Rohren unter anderem in Rohrböden,
Art und Anordnung von Trennwänden,
konstruktive Ausbildung von Abdichtungen, Kammern, Hauben, Böden usw.

Zuverlässigkeit und einfacher Betrieb werden auch durch Konstruktionsmerkmale bestimmt wie: Kompensation der thermischen Dehnung, präzise Ausführung und Dichtheit, einfacher Zugang für Überwachung und Reinigung, bequeme Betriebskontrolle, einfache Einbindung des Apparates in die Anlage.
Folgende Beispiele sollten Orientierungshilfe für die Auswahl von Wärmeübertragern sein:
Für die Flüssigkeits-Vorwärmung bei Kondensation von Dampf werden Rohrbündel-Wärmeübertrager in rohrseitig mehrgängiger Ausführung als rationellste Lösung betrachtet. Gewöhnlich wird die starre Bodenbefestigung gewählt, während auf den beweglichen Rohrboden im speziellen Fall zurückgegriffen wird.
Dieser Apparat wird auch erfolgreich als flüssigbeheizter Vorwärmer eingesetzt, wenn ausreichend große Flüssigkeits- oder Gasdurchsätze im Rohrzwischenraum bei geringer Schikanenanzahl vorliegen.
Berippte Apparate werden eingesetzt, wenn sich die Wärmeübergangsbedingungen (Widerstände) auf beiden Seiten der Heizfläche unterscheiden, wie dies bei der Kombination nichtkondensierendes Gas-Flüssigkeit der Fall ist. Eine Berippung auf der Seite des kleineren Wärmeübergangskoeffizienten vergrößert die Intensität des Gesamtprozesses. Eine Steigerung der Wärmeübertragungsintensität in Vorwärmern ist grundsätzlich auf folgenden Wegen möglich:

a) Verringerung der Dicke der hydrodynamischen Grenzschicht u. a. durch Erhöhung der Strömungsgeschwindigkeit des Mediums. Das wird bei vorgegebenem Durchsatz durch Teilung des Rohrbündels in Passagen bzw. Einsatz von Schikanen erreicht.
b) Verbesserte Abführung nichtkondensierender Gase sowie des Kondensats bei Dampfheizung.
c) Schaffung günstiger Bedingungen für das Umströmen der gesamten Heizflächen.

Die beste Methode zur Erlangung einer hohen Wärmeübertragungsintensität im gewählten Apparat besteht darin, die thermischen Widerstände für die speziellen Prozeß- und Stoffbedingungen zu analysieren. So sind Schikanen (Trennwände) nicht immer notwendig. Bei Dampfheizung z. B. wird der Rohrzwischenraum mit Dampf beaufschlagt. Quertrennwände in einem vertikalen Rohrbündel würden hier das Abfließen des Kondensats stören.[1] Bei Wärmeübertragung von Flüssigkeit an Flüssigkeit kann die Menge der im Rohrzwischenraum strömenden Flüssigkeit so groß sein, daß ihre Geschwindigkeit der im Rohrinneren gleich ist. In diesem Fall können Schikanen ihren Sinn verlieren. Schikanen sind auch dann sinnlos, wenn Flüssigkeiten so stark verschmutzt sind, daß die entstehende Schmutzschicht auf den Rohren den entscheidenden Einfluß auf den Wärmedurchgangskoeffizienten k bekommt.

Für Weiterentwicklung und Betrieb von Wärmeübertragern ist die Intensivierung des Wärmetransportprozesses eine der vordringlichsten Aufgaben. In den vergangenen Jahren wurden in zahlreichen Arbeiten, u. a. von *Fedotkin*, derartige Maßnahmen industriell erprobt. Dazu gehörten verbesserte Strömungsführung oder zusätzliche Turbulenzerzeugung durch Pulsation oder Einblasen von Luft. Die einzelnen Maßnahmen sind dabei grundsätzlich in ihrem Zusammenwirken zu beurteilen. In der Entwicklung befinden sich neue Heizflächentypen für kompakte Wärmeübertrager. Ihre Wirksamkeit bezüglich Wärmeübergang und hydrodynamischer Widerstände ist im praktischen Betrieb einzuschätzen.

Erarbeitet wurden bereits Lösungen für den Transport großer Wärmeströme zwischen den Medien mit Hilfe von Wärmerohren, die analog den Heizrohren in Backöfen (Perkinsrohre) arbeiten. Konkrete Anwendungsfälle für neue Typen von Wärmeübertragern sind im Literaturverzeichnis aufgeführt.

4.2.3. Grundlagen für die Berechnung von Oberflächen-Wärmeübertragern

Zu einer umfassenden Berechnung von Oberflächen-Wärmeübertragern gehören Wärmeübertragung, Hydrodynamik, konstruktive Ausbildung und technisch-ökonomische Bewertung. Gewöhnlich werden mehrere Varianten berechnet und bewertet. Zu ihrer Bewertung werden Optimierungskriterien, wie Wirkungsgrad oder technisch-ökonomisches Optimum, herangezogen.

Eine wärmetechnische Berechnung eines Oberflächen-Wärmeübertragers besteht im Grunde genommen in der Lösung der allgemeinen Wärmedurchgangsgleichung $\dot{Q} = \dot{q} \cdot A$ unter Einbeziehung der Wärmebilanz $\dot{Q} = \dot{M}_1 \Delta h_1 = \dot{M}_2 \Delta h_2$ für die konkreten Betriebsbedingungen. Der konkrete Fall wird charakterisiert durch den vorgegebenen Bereich der Temperaturänderungen, die Art der Stromführung der Medien (s. Abschn. 4.1.), deren Durchsätze und Eigenschaften sowie Abmessungen der Heizflächenelemente und Strömungsquerschnitte. Der Lösungsalgorithmus kann dabei in einer Projektierungsrechnung (direkt) auf die Daten der Heizfläche gerichtet sein oder die Betriebsdaten (Austrittstemperaturen) eines bekannten Apparates zum Ziel haben.[2] Auf Grund der Vielzahl von Einflußgrößen und unterschiedlichster Ausgangsdaten gibt es keine allgemeine Lösung, die jeden beliebigen Wärmeübertrager beschreiben würde. Es liegen aber einfache annähernde Berechnungsmethoden vor, die sich manuell und maschinell einfach handhaben lassen. Die geeignetsten Methoden wurden von *Grashof*, *Colburn*, *A. P. Klimenko* und *G. E. Kanevec* (Institut für Gase der Akademie der Wissenschaften der Ukrainischen SSR) vorgeschlagen.

---

[1] Außerdem treten bei der Kondensation sehr große Wärmeübergangskoeffizienten auf, so daß den anderen Widerständen große Aufmerksamkeit zukommt (die Red.)

[2] Im Original wird hierfür der Begriff Überprüfungsrechnung benutzt (die Red.)

Als Beispiel soll das Prinzip der wärmetechnischen und konstruktiven Berechnung des weitverbreiteten *Rohrbündel-Wärmeübertragers* nach *Grashof* erläutert werden. Der Wärmeübertrager sei ein kontinuierlich arbeitender dampfbeheizter Flüssigkeitsvorwärmer. In einer Projektierungsrechnung sollen bestimmt werden:

a) mittlere Temperaturdifferenz und mittlere Temperaturen der Medien,
b) Wärmestrom (-belastung) und Durchsätze von Flüssigkeit und Dampf,
c) Wärmedurchgangskoeffizient,
d) Heizfläche.

Die *Ausgangsdaten* sind: Geforderte Menge der zu erwärmenden Lösung $\dot{M}$ (in kg/s), ihre Konzentration x, Anfangstemperatur t_a und Endtemperatur t_e der Lösung, Dampfdruck des Heizdampfes p, der Vorwärmer sei ein vertikaler Rohrbündelapparat mit mehreren Gängen, Durchmesser der Stahlrohre d_{Ra}/d_{Ri}, Länge der Rohre l, Strömungsgeschwindigkeit der Flüssigkeit w sowie Nutzungskoeffizient der Heizfläche.

a) *Wärmestrom und Dampfverbrauch.* Der zu übertragende Wärmestrom folgt aus der Wärmebilanz um die Flüssigkeit

$$\dot{Q} = \varkappa \dot{M} c \, (t_e - t_a) \tag{4.2./1}$$

$\varkappa$ 1,02 bis 1,05; Koeffizient, der die Wärmeverluste berücksichtigt
$\dot{M}$ Massendurchsatz der Flüssigkeit in kg/s
c mittlere spezifische Wärmekapazität der Lösung in J/kg·K

Dieser Wärmestrom muß vom Dampf abgegeben werden:

$$\dot{D} = \frac{\dot{Q}}{h'' - h'} \tag{4.2./2}$$

h'' und h' Enthalpie des Heizdampfes und seines Kondensats in J/kg
h'' aus Dampftabellen bei jeweiligem Druck p abgelesen
h' das Kondensat wird gewöhnlich als 2···5 K unterkühlt angenommen.

b) *Durch die Heizfläche übertragener Wärmestrom*
Der an die Flüssigkeit gemäß Aufgabenstellung zu übertragende Wärmestrom $\dot{Q}$ muß durch die Heizfläche transportiert werden:

$$\frac{\dot{Q}}{A} = \dot{q} = k \overline{\Delta t} = \frac{1}{R} \overline{\Delta t} \tag{4.2./3}$$

Mittlere treibende Temperaturdifferenz

Aus dem Heizdampfdruck p folgt seine Sättigungstemperatur t_s. Die Temperaturen der Lösung sind vorgegeben. Daraus resultieren die Temperaturdifferenzen an Anfang und Ende der Heizfläche (Bild 4.2./10).

$$\Delta t_a = t_s - t_a \quad \text{und} \quad \Delta t_e = t_s - t_e \tag{4.2./4}$$

Die mittlere Temperaturdifferenz folgt dann nach Gleichung (4.1./33) zu

$$\overline{\Delta t} = \frac{\Delta t_a - \Delta t_e}{2{,}3 \lg \dfrac{\Delta t_a}{\Delta t_e}} \tag{4.2./4a}$$

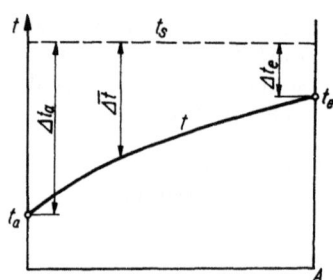

Bild (4.2./10). Zur Berechnung eines Oberflächen-Wärmeübertragers

Wärmedurchgangskoeffizient bzw. gesamter thermischer Widerstand[1]

Der Wärmedurchgangskoeffizient (bzw. der gesamte thermische Widerstand) kann in schrittweiser Näherung oder mittels einer Belastungscharakteristik bestimmt werden. Der Wärmeübergangskoeffizient des kondensierenden Dampfes hängt dabei vom unbekannten Wärmestrom selbst ab.
Der Wärmeübergangskoeffizient α_1 für Kondensation von Dampf an einer senkrechten Wand wird zweckmäßigerweise nach einer Beziehung für den laminaren, welligen Film berechnet:

$$Nu = 1{,}15\,(Pr\,Ga\,Ku)^{1/4} \qquad (4.2./5)$$

Umgestellt folgt daraus für den Wärmeübergangskoeffizienten

$$\alpha_1 = \frac{A_1}{\sqrt[4]{l\,\Delta t_1}} = \frac{A_1'}{\sqrt[3]{l\,\dot{q}}} = f(\dot{q}) \qquad (4.2./6)$$

$\overline{\Delta t_1}$ Treibende Temperaturdifferenz zwischen Dampf und Wandoberfläche in K
$\dot{q}$ Wärmestromdichte in W/m²
$l = H$ Rohrhöhe in m
A_1 und A_1' Stoffwertausdrücke (abhängig von der Kondensattemperatur)

Der Wärmeübergangskoeffizient von der Wand zur Lösung α_2 wird abhängig von den Strömungsbedingungen durch verschiedene Gleichungen beschrieben. Zur Auswahl einer zutreffenden Gleichung wird zunächst der Zahlenwert der *Reynolds*-Zahl bestimmt:

$$Re = \frac{w\,d_{Ri}}{\nu}$$

d_{Ri} Innendurchmesser des Rohres

Angenommen, es gilt $Re > 10 \cdot 10^3$, so kann für den Wärmeübergangskoeffizienten α_2 die Beziehung

$$Nu = 0{,}021\,Re^{0{,}8}\,Pr^{0{,}43}\,\varepsilon_q\,\varepsilon_l \qquad (4.2./7)$$

---

[1] Die benötigten Stoffwerte der Lösung sind für mittlere Temperatur $\bar{t} = t_s - \overline{\Delta t}$ unter Beachtung der Lösungskonzentration der speziellen Literatur zu entnehmen. Erforderlich sind die kinematische Viskosität ν (in m²/s), die Dichte ϱ (in kg/m³), der Wärmeleitkoeffizient λ (in W/m·K) und die spezifische Wärmekapazität c in J/kg K (die Red.)

ausgewählt werden. Umgestellt folgt daraus der Koeffizient

$$\alpha_2 = B \frac{w^{0,8}}{d^{0,2}} \qquad (4.2./8)$$

B Stoffwertausdruck der Flüssigkeit (von Konzentration x und Temperatur l der Lösung abhängig)

ε_q und ε_l Korrekturfunktionen, die zur Erhöhung der Genauigkeit eingeführt wurden

Der Wärmeleitwiderstand der Metallwand folgt aus seiner Definitionsgleichung

$$R_W = \delta/\lambda \approx (d_{Ra} - d_{Ri})/2\lambda \qquad (4.2./9)$$

Aus den einzelnen thermischen Widerständen $R_1 = 1/\alpha_1$, $R_2 = 1/\alpha_2$ und R_W folgt dann der thermische Widerstand für die saubere Heizfläche zu

$$R_0 = R_1 + R_W + R_2\,^1 \qquad (4.2./10)$$

Der thermische Widerstand der Schmutzschicht auf der Fläche beträgt bei bekanntem Ausnutzungskoeffizienten φ

$$R_V = \frac{1-\varphi}{\varphi} R_0 \qquad (4.2./11)$$

Der gesamte thermische Widerstand berechnet sich schließlich zu

$$R = R_0 + R_V = R_0 \frac{1}{\varphi} \qquad (4.2./12)$$

Wie bereits erläutert, setzt die Lösung des Wärmedurchgangs die Kenntnis von R bzw. R_1 und folglich auch der Wärmestromdichte $\dot{q}$ bzw. der treibenden Temperaturdifferenz auf der Dampfseite Δt_1 voraus. Da R_1 selbst von $\dot{q}$ abhängt, sollte eine Belastungskurve gemäß Abschn. 4.1.6. aufgestellt werden (Bild 4.2./11), um daraus

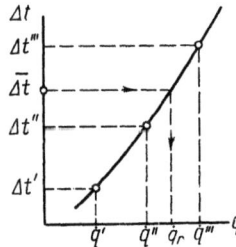

Bild (4.2./11). Belastungskurven eines dampfbeheizten Flüssigkeitsvorwärmers

---

[1] Oftmals ist der thermische Widerstand für die Kondensation vernachlässigbar klein gegenüber den anderen R_i. Die gewählten Ausdrücke für die einzelnen Widerstände gelten für die ebene Wand. Hier wurde für das Rohr eine Näherung eingeführt (die Red.)

die Wärmestromdichte $\dot{q}_r$ für die bereits bestimmte mittlere treibende Temperaturdifferenz $\overline{\Delta t}$ abzugreifen.[1]

$$\overline{\Delta t} = \dot{q} R = r \dot{u} R \qquad (4.2./13)$$

r Kondensationswärme
$\dot{u}$ je Flächeneinheit kondensierender Dampfstrom in kg/m² s

Leicht ist dann zu berechnen

$$k = \frac{\dot{q}_r}{\overline{\Delta t}} \text{ oder } R = \frac{\overline{\Delta t}}{\dot{q}_r}$$

c) *Größe der Heizfläche*
Die Heizfläche des Vorwärmers A wird durch die grundlegende Gleichung für den Wärmedurchgang $\dot{Q} = k \overline{\Delta t} A$ bestimmt:

$$A = \dot{Q}/\dot{q}_r = \dot{Q}/k \overline{\Delta t} \qquad (4.2./14)$$

Diese Heizfläche ist im gewählten Typ des Wärmeübertragers unter Einhaltung der gewählten Rohrdurchmesser und -längen unterzubringen. Die Unterbringung der Heizfläche ist Aufgabe bei der Berechnung konstruktiver Details.[2]

d) *Berechnung konstruktiver Details des Vorwärmers*
Hierzu gehört die Ermittlung der Hauptabmessungen des Wärmeübertragers. Der Algorithmus variiert mit dem Apparatetyp. Für den Rohrbündel-Wärmeübertrager werden ermittelt:

– Abmessungen der Strömungsquerschnitte des Rohrraumes
– Verteilung der Rohre im Rohrboden
– Durchmesser des Apparategehäuses
– Durchmesser der Stutzen

Der Querschnitt des Zwischenrohrraumes ist von Interesse, wenn er von einem flüssigen Wärmeträger durchströmt wird.
Strömungsquerschnitt des Rohrraumes. Aus Flüssigkeitsdurchsatz $\dot{M}$, -dichte ϱ und Strömungsgeschwindigkeit w folgt die Querschnittsfläche der Rohre eines Ganges

$$f_1 = \dot{M}/\varrho\, w \qquad (4.2./15)$$

Die Rohranzahl für einen Gang folgt dann über den Querschnitt des Einzelrohres zu

$$n_1 = \frac{f_1}{\frac{\pi}{4} d_{R1}^2} \qquad (4.2./16)$$

d_{R1} Rohrinnendurchmesser

Mit der notwendigen Rundung von n_1 auf ganze Zahlen müssen w und damit α_2 präzisiert werden.

---

[1] Für Vorabschätzungen kann die Kondensation inertgasfreien Wasserdampfes mit einem Wärmeübergangskoeffizienten von etwa 8000 W/m² K erfaßt werden (die Red.)
[2] Bzw. es ist ein entsprechender Apparat einer Baureihe auszuwählen (die Red.)

Die summierte Rohrlänge über alle Gänge des Bündels folgt nun aus der erforderlichen Heizfläche A zu

$$L_1 = A/\pi\, d\, n_1 \qquad (4.2./17)$$

d genäherter mittlerer Rohrdurchmesser
bei $\alpha_1 \approx \alpha_2$ $d = 0{,}5\,(d_{Ra} + d_{Ri})^1$
bei $\alpha_1 \gg \alpha_2$ $d = d_{Ri}$
bei $\alpha_1 \ll \alpha_2$ $d = d_{Ra}$

Bei bekannter vorgegebener Länge im Apparat l (gewöhnlich nicht über 4 m) wird nun die Anzahl der Gänge im Rohrraum nach

$$z_1 = L_1/l \qquad (4.2./18)$$

berechnet und auf ganze Zahlen abgerundet. Ist eine genaue Berechnung der Gangzahl erforderlich, muß die Apparatelänge l angepaßt werden. Damit verbunden ist eine Umrechnung von α_1 und eine erneute Berechnung der Heizfläche A in zweiter Näherung.[2]

Aus den Gleichungen (4.2./16, 17, 18) erhält man schließlich für die Rohrlänge l

$$l = \frac{1}{4}\frac{A d}{z_1 f_1} \qquad (4.2./19)$$

Die Gesamtanzahl der Rohre, die im Rohrboden anzuordnen sind, beträgt

$$n = z_1\, n_1 \qquad (4.2./20)$$

Soll ein Apparat aus einer Baureihe ausgewählt werden, kann ähnlich gearbeitet werden. Es ist zu beachten, daß die konstruktiven Größen für den einzelnen Apparat vorgegeben sind. Heizfläche, Strömungsquerschnitt, Gangzahl u. a. können in Stufen gewählt werden. Nach einer Vorabschätzung der Heizflächengröße unter Wahl einer Strömungsgeschwindigkeit der Flüssigkeit können ein oder mehrere Apparate u. a. nach Heizfläche, Strömungsquerschnitt vorausgewählt werden. Mit der sich wirklich im konkreten Apparat einstellenden Strömungsgeschwindigkeit der Lösung und den Rohrlängen ist die Heizfläche erneut zu berechnen und mit den Gegebenheiten des Apparates in Übereinstimmung zu bringen.

Verteilung der Rohre im Rohrboden. Die Anordnung der Rohre im Rohrboden (Bild 4.2./12) wird

– in Form von Sechsecken (a),
– Quadraten (b) bzw.
– konzentrischen Kreisen (c) vorgenommen.

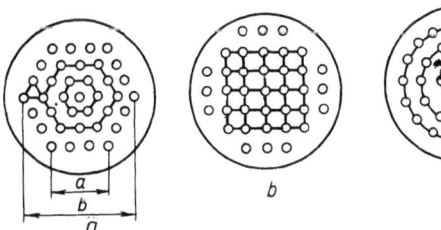
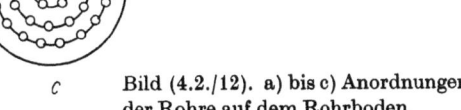

Bild (4.2./12). a) bis c) Anordnungen der Rohre auf dem Rohrboden

---

[1] Näherungsansatz
[2] Die Strömungsgeschwindigkeit w aus Gl. (4.2./15) geht gleichermaßen in α_2 und über die Wärmedurchgangszahl in die Heizfläche ein (die Red.)

Von Vorteil ist die erste Variante. Die Rohranzahl für diese Anordnung folgt der geometrischen Beziehung

$$n_0 = 3a(a-1) + 1 = {}^3/_4(b^2 - 1) + 1 \qquad (4.2./21)$$

n_0 Gesamtanzahl der Rohre im Rohrboden
a Rohranzahl auf der Seite des größten Sechseckes
$b = 2a - 1$ Anzahl der Rohre auf der Diagonalen des größten Sechseckes

Für $a > 8$ bleibt ein Teil des Rohrbodens ungenutzt. Auf dieser Fläche können zusätzlich m Rohre untergebracht werden, so daß die gesamte Rohranzahl dann auf

$$n = n_0 + m \qquad (4.2./22)$$

steigt. Gewöhnlich beträgt die zusätzliche Rohranzahl $m \approx (0{,}1 \text{ bis } 0{,}18) \, n$ abhängig von der Gesamtzahl n. Für jeden Gang sollte die gleiche Anzahl von Rohren gewählt werden.

Innendurchmesser des Apparatekörpers. Die Fläche des Rohrbodens im Apparategehäuse setzt sich aus der Nutzfläche f_N, die von den Rohren eingenommen, und der Freifläche f_f, die nicht von Rohren eingenommen wird, zusammen:

$$f = f_N + f_f = \frac{f_N}{\psi} \qquad (4.2./23)$$

ψ Nutzungskoeffizient des Rohrbodens. Bei Rohranordnung nach Sechsecken beträgt $\psi \approx 0{,}6$ für mehrgängige und $\psi \approx 0{,}9$ für eingängige Apparate

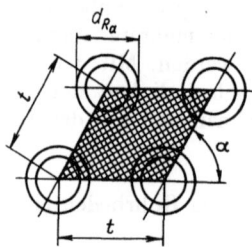

Bild (4.2./13). Nutzfläche des Rohrbodens je Rohr

Die Nutzfläche, die auf je ein Rohr entfällt, beträgt $t^2 \sin \alpha$. Teilung t und Winkel α ($\alpha = 60°$) sind in Bild (4.2./13) definiert. Die Gesamtfläche folgt daraus für alle Rohre zu

$$f = \frac{n t^2 \sin \alpha}{\psi} \qquad (4.2./24)$$

Über die Definition der Kreisfläche

$$f = \frac{\pi}{4} D_0^2$$

folgt weiter der Innendurchmesser des Gehäuses

$$D_0 = \sqrt{\frac{4f}{\pi}} = 1{,}13 \, t \sqrt{\frac{n}{\psi} \sin \alpha} \qquad (4.2./25)$$

In diese Beziehung läßt sich die Heizfläche

$$A = \pi \cdot dnl \qquad (4.2./25a)$$

einfügen:

$$D_0 = 0{,}635 \frac{t}{d_{Ra}} \sqrt{\frac{A \, d_{Ra} \sin \alpha}{l \cdot \psi}} \qquad (4.2./26)$$

für $d_{Ra} \approx d$.

Die Beziehungen (4.2./19 und 26) geben Hinweise für eine zweckmäßige Rohranordnung:
- Bei Vorgabe der Gangzahl z_1 sowie von Durchsatz und Strömungsgeschwindigkeit, d. h. der Strömungsfläche je Gang, steigt die Rohrlänge l mit dem Rohrdurchmesser.
- Mit Vergrößerung des Ausnutzungskoeffizienten ψ und der Rohrlänge l sowie Verkleinerung des Rohrdurchmessers d_{Ra}, der relativen Teilung t/d_{Ra} und $\sin \alpha$ nimmt der Apparatedurchmesser ab.

Daraus kann geschlußfolgert werden, daß kleine Rohrdurchmesser und Sechseckanordnung (kleinster Wert von $\sin \alpha = 0{,}886$) aus dieser Sicht anzustreben sind.
Durchmesser der Rohrstutzen. Der Stutzendurchmesser D_{St} folgt aus der einfachen Definitionsbeziehung für den Volumendurchsatz des jeweiligen Mediums $\dot{V}$

$$\dot{V} = \frac{\dot{M}}{\varrho} = \frac{\pi D_{St}^2}{4} \cdot w \qquad (4.2./27)$$

bzw. umgestellt:

$$D_{St} = 1{,}13 \sqrt{\frac{\dot{M}}{\varrho \, w}} \qquad (4.2./28)$$

w Strömungsgeschwindigkeit des Mediums (überschläglich für Dampf $w = 20$ bis 40 m/s und für Flüssigkeit 0,5···1,5 m/s)
$\dot{M}$ Massendurchsatz des Mediums in kg/s

e) *Hydrodynamische Berechnung des Vorwärmers*
Ziel ist hier die Ermittlung des hydrodynamischen Widerstandes des Apparates (in diesem Falle des Rohrteiles). Der Druckverlust Δp des Arbeitsmediums bei Durchströmen des Apparates wird durch Reibwiderstände und lokale Widerstände bestimmt.

$$\Delta p = \Delta p_r + \Delta p_{lok} = \left(\lambda' \frac{l}{d} + \sum \xi \right) \varrho \frac{w^2}{2} \qquad (4.2./29)$$

Der Reibungskoeffizient λ' wird durch bekannte hydrodynamische Beziehungen beschrieben. Unter Berücksichtigung nichtisothermer Strömung der Flüssigkeit werden hier Angaben von *M. A. Micheev* verwendet. Danach beträgt λ' für Rohre der Rauheit ε und $Re > 100/\varepsilon$ (d. h. turbulente Strömung)

$$\lambda' = 0{,}1 \cdot \varepsilon^{1/4} \cdot \left(\frac{Pr_w}{Pr} \right)^{1/3} \qquad (4.2./30)$$

Bei laminarer Strömung hat die Rauheit der Rohrwand keinen Einfluß auf die Verluste. In diesem Falle schlägt *Micheev* folgende Form vor:

$$\lambda' = \frac{64}{Re} \left(\frac{Pr_w}{Pr} \right)^{1/3} \left[1 + 0{,}22 \left(\frac{Gr \cdot Pr}{Re} \right)^{0,15} \right] \qquad (4.2./31)$$

Pr_w Prandtl-Zahl für die Flüssigkeit bei Wandtemperatur
Pr Prandtl-Zahl für die Flüssigkeit bei mittlerer Temperatur

Die von *M. A. Micheev* eingeführten Korrekturen berücksichtigen die Richtung des Wärmestromes (Erwärmung der Flüssigkeit $Pr_w < Pr$, Kühlung $Pr_w > Pr$). Örtliche Widerstände werden durch Störstellen, wie Verengungen, Erweiterungen, Krümmungen, Ventile u. a., hervorgerufen. Die Koeffizienten solcher örtlichen Widerstände werden durch Art und Abmessung derartiger Elemente bestimmt. Sie werden der einschlägigen Fachliteratur entnommen und gemäß Gl. (4.2./29) summiert.

Nach Bestimmung des Druckverlustes Δp für den Wärmeübertrager kann die erforderliche Transportleistung N der Pumpe, mit deren Hilfe die Flüssigkeit durch den Apparat transportiert wird, berechnet werden.

$$N = \frac{\dot{M} \cdot \Delta p}{\varrho \cdot \eta} \qquad (4.2./32)$$

$\dot{M}$ Flüssigkeitsdurchsatz in kg/s
ϱ Dichte der Flüssigkeit in kg/m³
η Wirkungsgrad der Pumpe
Δp zu überwindende Druckdifferenz in Pa[1]

Zur Anwendung der angeführten Beziehung ist zu bemerken, daß die Werte λ' und ξ insbesondere für niedrig-viskose Flüssigkeiten sowie Gase bekannt sind. Für höher-viskose Stoffe fehlen häufig spezielle Angaben. Dann ist eine solche Berechnung von Δp höchstens eine Orientierung und erfordert eine Überprüfung.[2]

f) *Wirtschaftlichkeit des Wärmeübertragers*

Die erläuterten Projektierungs- oder Auswahlrechnungen haben die Größe und Anordnung der Heizfläche sowie günstige Strömungsführung zum Ziel. Im Hinblick auf eine Einsatzoptimierung werden mehrere Varianten gerechnet.

Bei Erhöhung der Flüssigkeitsgeschwindigkeit beispielsweise steigen die Wärmeübertragungsintensität, gleichzeitig aber auch der hydrodynamische Widerstand. Auf diese Weise verringert eine höhere Flüssigkeitsgeschwindigkeit die erforderliche Heizfläche und mithin die Kosten für den Apparat (Ausrüstung). Gleichzeitig erhöhen sich die Betriebskosten für den Transport der Flüssigkeit mit höherer Geschwindigkeit durch den Apparat.

Als Auswahlkriterien bildet *Micheev* eine wärmestrom-spezifische Heizfläche $A/\dot{Q}$ bzw. eine spezifische Pumpenleistung $N/\dot{Q}$. Werden zwei Varianten betrachtet und sind z. B. beide durch gleichgroße spezifische Heizfläche charakterisiert, dann ist die Variante mit der kleineren Pumpenleistung vorzuziehen.

Mit Variation der Strömungsgeschwindigkeit des Mediums in einem ausgewählten Apparat läßt sich eine Abhängigkeit $A/\dot{Q} = f(N/\dot{Q})$ aufstellen. Zwei Apparatevarianten werden dann durch zwei derartige Funktionen beschrieben (Bild 4.2./14). Der Schnittpunkt der Kurven legt die spezifische Pumpenleistung $N/\dot{Q}_0$ fest, bei der beide Apparate gleiche spezifische Heizfläche $A/\dot{Q}$ haben. Das Bild zeigt, daß im Betriebsbereich $N/\dot{Q} < N/\dot{Q}_0$ die zweite Variante bzw. für $N/\dot{Q} > N/\dot{Q}_0$ die erste Variante wirtschaftlicher arbeitet.

Für die endgültige Auswahl der Variante reicht eine solche Abschätzung nicht aus. Dazu ist eine technisch-ökonomische Berechnung erforderlich. Das bedeutet, es sind Investkosten K (in Mark) für die Apparateausrüstung und die jährlichen Betriebskosten E (in Mark/Jahr) zu erfassen. Sind zwei Varianten durch $K_1 > K_2$ und

---

[1] Die zu überwindende Druckdifferenz läßt sich umfassender mit Hilfe der *Bernoulli*-Gleichung berechnen, insbesondere wenn die gesamte Anlage zu erfassen ist (die Red.)

[2] Für eine Reihe von Fällen der Strömungsführung sind auch Lösungen für Nicht-*Newton*sche Medien bekannt (die Red.)

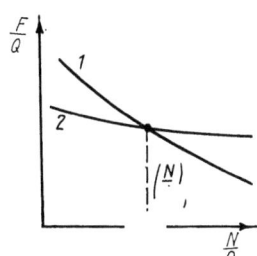

Bild (4.2./14). Variantenauswahl

$E_1 < E_2$ charakterisiert, so kann durchaus der höhere Aufwand für den Apparat 1 infolge günstigerer Betriebskosten in kurzer Rückflußdauer erwirtschaftet werden.

$$\frac{K_1 - K_2}{E_2 - E_1} < L \qquad (4.2./33)$$

L normative Rückflußdauer in Jahren (normative Amortisationsdauer)

Nach dieser Methode ist die erste Variante zweckmäßiger, wenn

$$\frac{K_1}{L} + E_1 < \frac{K_2}{L} + E_2 \qquad (4.2./34)$$

gilt. Das heißt, ökonomisch besser ist die Variante mit dem kleinsten Wert der Optimierungskennziffer

$$P = \frac{K}{L} + E \qquad (4.2./35)$$

Über diese Methode hinaus sind weitere Vergleichskennziffern und Methoden bekannt.[1]

g) *Betriebs- bzw. Eignungsrechnung von Wärmeübertragern* (nach *Kostenko*)
Dieses Berechnungskonzept zielt hauptsächlich darauf, die Eignung eines Wärmeübertragers für die Lösung einer Wärmeübertragungsaufgabe zu prüfen.
Ausgangsdaten sind: Heizfläche A und Konstruktionsmaße eines vorausgewählten Apparates, zu übertragender Wärmestrom $\dot{Q}$, gegebene bzw. geforderte Temperaturen der Medien, ihre Strömungsgeschwindigkeit und Stoffeigenschaften.
Aus gegebenen bzw. geforderten Ein- und Austrittstemperaturen[2] läßt sich unter Vorgabe der Stromführung (Gleich-, Gegenstrom) die mittlere treibende Temperaturdifferenz berechnen. Sie kann als die zur Verfügung stehende (maximal nutzbare) treibende mittlere Temperaturdifferenz bezeichnet werden.

$$\overline{\Delta t}_{\text{vorh}} = \frac{\Delta t_a - \Delta t_e}{\ln \frac{\Delta t_a}{\Delta t_e}} \qquad (4.2./36)$$

---

[1] Eine Kostenrechnung für mehrere Entscheidungsvarianten liefert oftmals das anzustrebende Gesamtkostenminimum (die Red.).
[2] Diese Temperaturen sind durch die Wärmebilanz miteinander verknüpft (vgl. Gl. 4.1./3 bis /5) (die Red.)

Die Gleichung für den übertragenen Wärmestrom liefert unter den vorliegenden Bedingungen nach Berechnung des Wärmedurchgangskoeffizienten k die erforderliche mittlere treibende Temperaturdifferenz, um bei gegebener Heizflächengröße A den geforderten Wärmestrom zu übertragen.

$$\overline{\Delta t} = \frac{\dot{Q}}{kA} = \dot{q}R \qquad (4.2./37)$$

Der geforderte Wärmestrom resultiert gemäß Wärmebilanz aus der gestellten technologischen Aufgabe. Für den speziellen Fall des dampfbeheizten Flüssigkeitsvorwärmers läßt sich Gleichung (4.2./37) konkretisieren

$$\overline{\Delta t} = r\,\dot{u}\,R = r\,\dot{u}\,(R_0 + R_V) \qquad (4.2./38)$$

Als Einschätzungskriterium dient das Verhältnis dieser verschieden berechneten Temperaturdifferenzen

$$X = \frac{\overline{\Delta t}_{\text{vorh}}}{\overline{\Delta t}} \qquad (4.2./39)$$

Es wird als Koeffizient für die Leistungsreserve bezeichnet. Für $X > 1$ löst der Apparat die gestellte Aufgabe.
Der Rechengang enthält folgende Komplexe:

a) Ermittlung der thermischen Widerstände bei den tatsächlichen Wärmeübertragungsbedingungen und des vorgegebenen Wärmestromes (gemäß Bilanzen);
b) Ermittlung der erforderlichen treibenden Temperaturdifferenz Δt;
c) Ermittlung der zur Verfügung stehenden Temperaturdifferenz Δt_{vorh};
d) Ermittlung der Leistungsreserve des Apparates;
e) Abschließend werden Maßnahmen zur Sicherung einer Leistungsreserve $X \geq 1$ ausgewählt. Solche Maßnahmen können sein:

falls $X > 1$: Auswahl eines Wärmeträgers geringeren Potentials (Abdampf von Maschinen, Sekundärdampf von Verdampfern u. a.)
falls $X < 1$: Erhöhung des Wärmedurchgangskoeffizienten, Senkung der Wärmestrombelastung, Erhöhung des Potentials des Wärmeträgers oder im Grenzfall Vergrößerung der Heizfläche.

Solche Rechnungen werden auch in Varianten durchgeführt, um die beste Lösung auswählen zu können.

Zu empfehlende Literatur

Andreev, V. A.: Teploobmennye apparaty dlja vjazkich židkostej; Wärmeaustauschapparate für viskose Flüssigkeiten. Leningrad: Energija 1971, 152 S.

Antufjev, V. M.: Effektivnost' račlicnych form konvektivnych poverchnostej nagreva; Effektivität verschiedener Formen konvektiver Heizflächen. Moskau, Leningrad: Energija 1966, 184 S.

Baranoskij, N. V.: Plastinčatye teploobmenniki piščevoj promyšlennosti; Plattenwärmeaustauscher der Lebensmittelindustrie. Moskau: Masgis 1962, 328 S.

Voronin, G. I.; *Dubrovskij, E. V.*: Effektivnye teploobmenniki, Effektive Wärmeaustauscher. Moskau: Maschinostrojenie 1973, 96 S.

Grigorjev, V. A.; Kalač, T. A.; Sokolovskij, V. S.; Tomkin, R. M.: Kratkij spravočnik po teploobmennym apparatam, Kleines Handbuch über Wärmeaustauschapparate. Moskau, Leningrad: Gosenergoizdat 1962, 256 S.

Kičigin, M. A.; Kostenko, G. N.: Teploobmennye apparaty i vyparnye ustanovki, Wärmeaustauschapparate und Verdampferanlagen. Moskau, Leningrad: Gosenergoizdat 1955, 392 S.

Lunin, O. G.: Teploobmennye apparaty piščevoj promyšlennosti, Wärmeaustauschapparate der Lebensmittelindustrie. Moskau: Pistschewaja promyschlennost 1967, 216 S.

Nikolaev, L. K.; Listovskij, R. R.: Teploobmennye apparaty brodil'noj promyšlennosti; Wärmeaustauschapparate in der Gärungsindustrie. Moskau: Pistschewaja promyschlennost 1973, 168 S.

Tarasov, F. M.: Tonkoslojnye teploobmennye apparaty; Dünnschicht-Wärmeübertrager. Moskau, Leningrad: Maschinostrojenie 1964, 364 S.

Fedotkin, I. M.; Lipsman, V. S.: Intensifikacija teploobmena v apparatach piščevych proizvodstv; Intensivierung des Wärmeaustausches in Apparaten der Lebensmittelproduktion. Moskau: Pistschewaja promyschlennost 1972, 240 S.

Gregorig, R.: Wärmeaustausch und Wärmeaustauscher, 2., stark erw. Auflage. Aarau, Frankfurt/M.: Verlag Sauerländer 1973

4.3. Eindampfen

4.3.1. Eindampfprozeß

Das Eindampfen hat das Konzentrieren (Eindicken) von Lösungen durch Ausdampfen von Lösungsmitteln zum Ziel. Gewöhnlich werden in der Lebensmittelindustrie wäßrige Lösungen, wie Rübensaft, Sirup, Milch oder Schlempe, eingedampft.

Eine Lösung (hier bestehend aus Lösungsmittel und gelösten Stoffen mit verschwindend kleinem Dampfdruck, die Red.) siedet, wenn der Dampfdruck des Lösungsmittels gleich dem Gesamtdruck über dem Lösungsvolumen ist. Für vorgegebenen Druck und konstante Lösungskonzentration ist dabei die Siede- oder Verdampfungstemperatur ebenfalls konstant.

Wird z. B. eine wäßrige Zuckerlösung zum Sieden gebracht, verdampft nur Wasser und wird als Dampf[1] (Brüden) abgeführt, während die gesamte Menge der gelösten Substanz Zucker in Lösung bleibt. Dieser Prozeß des Eindampfens unterscheidet sich demzufolge von der Destillation, bei der gleichzeitig die verschiedenen Lösungskomponenten in unterschiedlichen Mengen in die Dampfphase übergehen. (Dies ist der Fall, wenn die Komponenten der Lösung endliche Dampfdrücke haben, die Red.) Der Phasenübergang von der Flüssigkeit zum Dampf erfolgt in der beschriebenen Weise durch Sieden bzw. Verdampfen. Ein solcher Phasenübergang kann darüber hinaus durch Verdunsten erfolgen, wenn die Lösungstemperatur niedriger als die Siedetemperatur bzw. der Dampfdruck des Lösungsmittels niedriger als der Gesamtdruck sind. Ein Verdunsten erfordert dann, daß der Dampfdruck des Lösungsmittels (bzw. verdunstenden Stoffes) an der Lösungsoberfläche größer als der Partialdruck des betrachteten Dampfes über dem Lösungsvolumen ist. Das Verdunsten erfolgt an der Phasengrenze (Lösungsoberfläche) bei verschiedenen Temperaturen. Ein Beispiel dafür kann die Konvektionstrocknung sein.

Nachfolgend soll das Eindampfen wäßriger Lösungen untersucht werden.

---

[1] Später auch als Sekundärdampf bezeichnet (die Red.)

Veränderung der Stoffeigenschaften

Im Verlauf des Aufkonzentrierens (Eindickens) verändern sich die physikalischen Eigenschaften der Lösung. Damit werden Bedingungen für Berechnung, konstruktive Ausführung und Betrieb von Verdampfern gegeben. Betrachten wir die Eigenschaftsänderungen während der Verdampfungszeit τ bzw. in Abhängigkeit von der steigenden Lösungskonzentration x, wobei der Druck des Dampfes über der siedenden Lösung konstant sein soll (Bild 4.3./1).

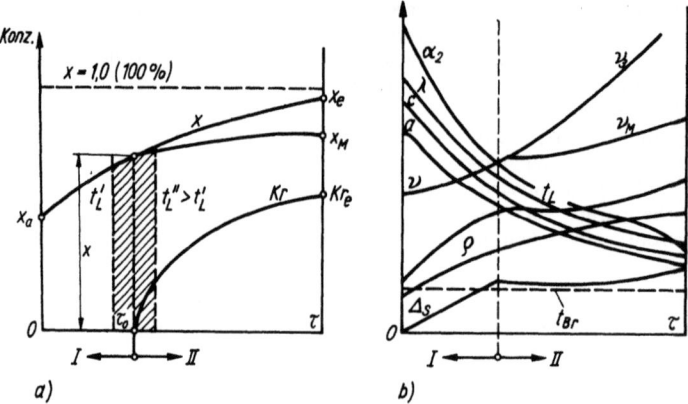

Bild (4.3./1). Veränderung der Stoffeigenschaften der Lösung mit fortschreitender Eindampfung
I untersättigte Lösung II übersättigte, kristallisierende Lösung

λ	Wärmeleitkoeffizient	t_L	effektive Siedetemperatur der Lösung
c	spezifische Wärmekapazität	Δ_s	stoffspezifische Siedepunktserhöhung
a	Temperaturleitkoeffizient	t_{Br}	Kondensationstemperatur des Brüdens
ν	kinetische Viskosität	α_2	Wärmeübergangskoeffizient der siedenden Lösung
ϱ	Dichte		

Im Verlauf des Eindampfungsprozesses steigt die Konzentration[1] der gelösten Substanz x in der Lösung vom Anfangswert x_a auf den Endwert x_e. Die Konzentration ändert sich zu Beginn rasch, im Verlauf des Prozesses zunehmend langsamer, um sich schließlich asymptotisch dem theoretischen Grenzwert $x_e = 1$ zu nähern. Diese theoretische Grenze ist erreicht, wenn das gesamte Lösungsmittel in Dampf umgewandelt ist. Praktisch wird die Endkonzentration aber durch technologische Bedingungen (z. B. ausreichende Fließfähigkeit des Produktes im Interesse eines stabilen Austrages aus dem Apparat) bestimmt. Mit Erhöhung der Konzentration ändern sich u. a. Siedetemperatur, Wärmeleitfähigkeit, Wärmekapazität und Viskosität der Lösung. Infolgedessen ändern sich die Übertragungs- und die Betriebsbedingungen des Verdampfers.

Die Siedetemperatur der Lösung t_l ist für einen vorgegebenen Druck um die Siedepunktserhöhung Δ_s (Einfluß der gelösten Stoffe) höher als die Sattdampf- bzw. Kondensationstemperatur des entstehenden Brüdens.[2] Im Verlauf der Eindampfung steigt bei unverändertem Druck die Siedetemperatur der Lösung infolge steigender Siedepunktserhöhung.

---

[1] Die Konzentration wird in Abschn. 4. als Massenanteile in kg gelöste Substanz bzw. sog. Trockensubstanz je kg Lösung verstanden und verwendet

[2] Der entstehende Brüden ist demzufolge unmittelbar über der Lösung überhitzt (die Red.)

Mit zunehmender Konzentration x und Dichte ϱ nehmen weiter die Wärmeleitfähigkeit λ sowie die Wärmekapazität c_p ab und die Viskosität (insbesondere von Schlempe und Zuckerlösung) zu. Gleichzeitig fällt die Temperaturleitfähigkeit

$$a = \frac{\lambda}{\varrho \cdot c_p},$$

so daß die *Prandtl*-Zahl steigt. Insgesamt wird der Wärmeübergang von der Heizfläche an die siedende Lösung negativ beeinflußt.

Der Koeffizient α_2 für den Wärmeübergang von der Wand zur siedenden Lösung nimmt mit zunehmender Eindickung ab. Ebenso verringert sich in Gl. 4.1./54 $\alpha_2 = A_2 \dot{q}^{0,6}$ der Stoffwertparameter A_2 (s. Abschn. 4.1.5).

Die Aufkonzentrierung der Lösung führt weiterhin zu veränderten Bedingungen für die Ansatzbildung an den Wänden des Verdampfers. Gewöhnlich ruft eine Konzentrationszunahme Ansatzbildung hervor. In einigen Fällen wird umgekehrt der Ansatz gelockert und fällt ab.

Besondere Bedingungen sind beim Eindampfen kristallisierender Lösungen zu beachten.

Hat die Lösung im Laufe der Eindampfung eine Grenzkonzentration $x_{\text{üs}}$ (Zeitpunkt τ_0) im übersättigten Gebiet erreicht, führt eine weitere Eindampfung zum Auskristallisieren. Mit dieser Übersättigungskonzentration $x_{\text{üs}}$ werden untersättigte Lösungen I von übersättigten, kristallisierenden Lösungen II abgegrenzt. Während erstere in gewöhnlichen Verdampfern eingedampft werden, erfolgt die Eindampfung bei Kristallisation oftmals in Vakuumanlagen (bzw. speziellen Kristallisatoren, die Red.). Mit fortschreitender Kristallisation entsteht eine Suspension aus kristallisiertem Feststoff und Lösung mit zunehmendem Kristallgehalt K. Oftmals wird zur Steuerung des Kristallwachstums frische Lösung zugemischt, so daß sich die physikalischen Eigenschaften der siedenden Lösung (Maische) auch abhängig davon einstellen.

Die Grenzkonzentration $x_{\text{üs}}$ variiert abhängig von Temperatur und erforderlichem Übersättigungsgrad (s. Bild 4.3./1, a, schraffierte Fläche). Das Bild zeigt, daß sich die Konzentration mit Senkung der Siedetemperatur von t'_L auf t''_L verringert.

Der Gehalt an gelöster bzw. kristallisierter Substanz (auch Trockensubstanz genannt) ist im Kristallisationsbereich II doppeldeutig. Während die obere Kurve die gesamte „Kochmasse" einschließlich der festen Kristalle charakterisiert, erfaßt die untere Kurve nur die flüssige Mutterlösung x_m. Ähnlich tritt die Viskosität ν (Bild 4.3./1, b) in Erscheinung. Die obere Kurve repräsentiert die effektive Viskosität ν_{eff} der Suspension, die untere die der Mutterlösung ν_m.

Beim Eindicken von Lösungen, die kristallisationshemmende Stoffe enthalten (Bonbonmasse) oder nicht kristallisieren (Sirupschlempe), fehlt der Bereich II, so daß sich Konzentrations- und Viskositätslinie nicht verzweigen. Mit Zunahme der Konzentration gelöster Substanzen sowie der Siedetemperatur zersetzen sich gelöste organische Substanzen verstärkt, und das Endprodukt kann in Geschmack, Geruch und Farbe unangenehme Eigenschaften erhalten.

Zur Erhaltung der Produktqualität werden daher konzentrierte Lösungen oftmals bei niedrigeren Temperaturen im Vakuum eingedampft.

Prozeßführung

Der Verdampfungsprozeß kann in Verdampfern verschiedener Konstruktion durchgeführt werden. Gewöhnlich dient als Wärmeträger gesättigter Wasserdampf. Nachfolgend sollen dampfbeheizte Verdampfer beschrieben werden.

Abhängig von den Verdampfungsbedingungen werden Einzelverdampfer oder mehrstufige Verdampferanlagen bestehend aus mehreren Einzelverdampfern eingesetzt.

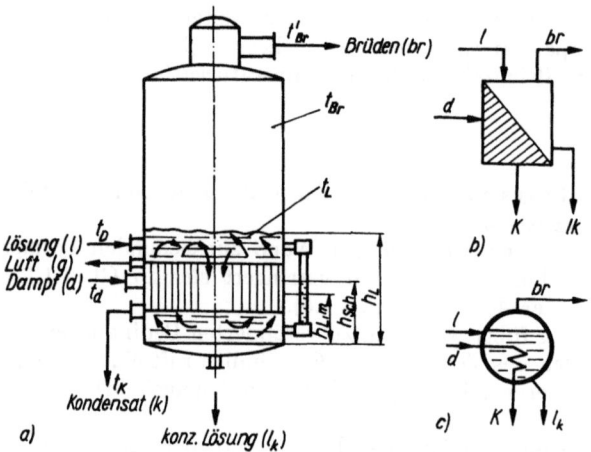

Bild (4.3./2.) a) Apparateschema eines Verdampfers mit innenliegendem Heizregister sowie innenliegendem, zentralem Zirkulationsrohr b) und c) wärmetechnische Symboldarstellungen

t_D Kondensationstemperatur des Heizdampfes
t_L Mittlere Siedetemperatur der Lösung im Siederohr (Gl. 4.3./3)
t_K Austrittstemperatur des Heizdampfkondensats (gewöhnlich 2 bis 3 K kleiner als t_D)
t_{Br} Brüdentemperatur unmittelbar über der Lösung
$t_{Br'}$ Brüdentemperatur am Ende des Brüdenrohres
h_L Flüssigkeitsstandhöhe im Verdampfer
h_{sch} scheinbare Flüssigkeitsstandhöhe (Da die mittlere Dichte des Dampf-Flüssigkeits-Gemisches im Siederohr kleiner als die Dichte der kompakten Lösung im kommunizierenden Standglas ist, wird hier eine scheinbare Standhöhe angezeigt, die Red.)
$h_{L,m}$ mittleres Flüssigkeitsniveau

Nach der Prozeßführung unterscheidet man periodisch und kontinuierlich arbeitende Verdampfer. Bei der periodischen Eindampfung gelangt die Lösung chargenweise in den Apparat und wird bis zur geforderten Konzentration eingedickt. Dabei kann im Verlauf der Eindampfung frische Lösung kontinuierlich oder periodisch nachgespeist werden, bis die eingedickte Masse einen vorgegebenen Füllungsstand erreicht hat. Zu Prozeßende wird der Apparat entleert.

Die kontinuierliche Verdampfung kann in ein- oder mehrstufigen Verdampferanlagen durchgeführt werden. Alle Massenströme werden kontinuierlich zu- bzw. abgeführt.

Weit verbreitet ist ein Verdampfertyp mit vertikalen Siederohren und innerem zentralem Zirkulationsrohr (Bild 4.3./2, a). Die Verdampferrohre sind in zwei Rohrböden eingewalzt. Der Zwischenrohrraum wird durch die zylindrische Apparatewand begrenzt und bildet den Kondensationsraum für den Heizdampf. Aus dem Zwischenrohrraum werden unten das Heizdampfkondensat und oben die nichtkondensierenden Gase, die mit dem Heizdampf eingetragen wurden, abgeführt.

Die Lösung zirkuliert im Apparat. Sie tritt unten in die beheizten Rohre ein, verdampft teilweise und verläßt die Rohre oben als Dampf-Flüssigkeits-Gemisch. Dampf und Flüssigkeit trennen sich. Der Brüdendampf steigt nach oben. Mitgerissene Flüssigkeitstropfen werden durch Abscheider zurückgehalten. Die Lösung strömt durch das Zirkulationsrohr wieder nach unten zum Siederohreinlauf. Während sich im Zirkulationsrohr eine kompakte Flüssigkeitssäule befindet, bildet sich in den Siederohren ein Zweiphasensystem aus Dampfblasen und Flüssigkeit mit wesentlich geringerer effektiver Dichte als im Zirkulationsrohr aus. Diese Dichtedifferenz ruft die beschriebene natürliche Zirkulation hervor.

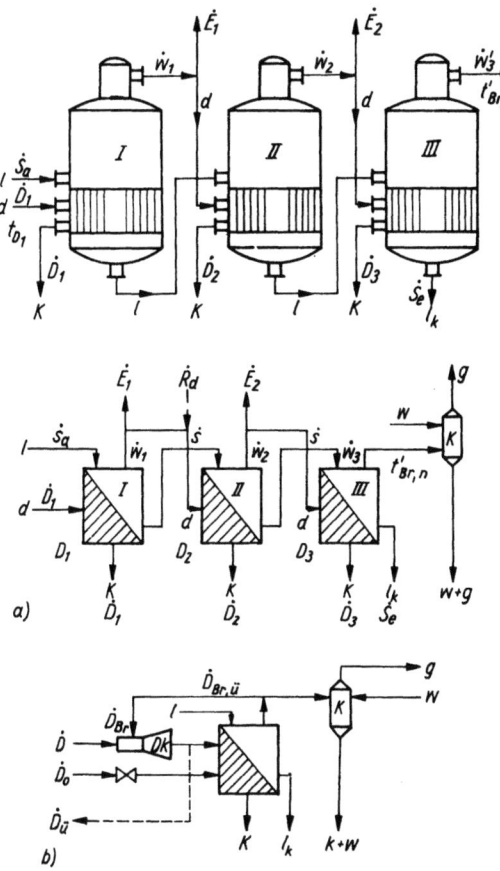

Bild (4.3./3). Schaltungsschemata einer mehrstufigen Verdampferanlage a) mehrstufige Anlage b) Verdampfer mit Dampfstrahl-Brüdenverdichter DK

Die eingezeichneten Mengenströme bedeuten:
$\dot{D}_1$ heizende Dämpfe bzw. ihre Kondensate
$\dot{W}_1$ ausgedampfte Wassermengen (Brüden)
$\dot{E}_1$ abgeführte „Extradampfmengen"
$\dot{R}_d$ zugeführter Rücklaufdampf
$\dot{D}$ Treibdampf für den Verdichter
$\dot{D}_{Br}$ Brüdendampf
$\dot{D}_{Br,ü}$ überschüssiger Brüdendampf
$\dot{D}_0$ Frischdampf
$\dot{D}_ü$ überschüssiger, im Verdichter DK komprimierter Dampf
Weiter bedeutet w Kühlwasser (s. auch Bild 4.3./2)

Die frische Lösung wird über dem oberen oder unter dem unteren Rohrboden zugeführt. Der Austrag der konzentrierten Lösung erfolgt unten.

Beim einfachen einmaligen Verdampfen im Einzelverdampfer beträgt der Heizdampfverbrauch etwa 1 kg/kg verdampften Wassers. Ein so hoher Dampfverbrauch ist ungünstig. Wirtschaftlicher ist der Wiedereinsatz des Brüdens als Heizdampf.

Eine Mehrfachnutzung der Kondensationswärme in mehrstufigen Anlagen senkt den Heizdampfbedarf deutlich. In Bild (4.3./3, a) ist die Prinzipskizze eines mehrstufigen Verdampfers dargestellt.

Die mehrstufige Verdampferanlage besteht aus mehreren Einzelverdampfern, die in Reihe geschaltet sind. Als Heizdampf für den jeweils folgenden Apparat (Stufe) wird der Brüdendampf des vorhergehenden Apparates verwendet. Um den Wärmetransport von Dampf an die Flüssigkeit zu gewährleisten, muß in jedem Verdampfer eine ausreichende Differenz zwischen Kondensationstemperatur des Dampfes und der Siedetemperatur der Lösung bestehen. Dazu wird gewöhnlich der Druck der Lösung von Stufe zu Stufe gesenkt.

Infolgedessen stellen sich gemäß Siedelinie von Stufe zu Stufe niedrigere Siedetemperaturen ein. Hat der Brüden auf diesem Wege eine so niedrige Kondensationstemperatur erreicht, daß er nicht mehr als Heizdampf verwendet werden soll oder kann, wird er dem Kondensator K zugeführt und wird dort durch Kühlwasser kondensiert. Die nicht kondensierbaren Gase des Brüdens werden mittels einer Vakuum-

pumpe aus dem Kondensator abgesaugt. Der Kondensationsvorgang hat gleichzeitig die Aufgabe, in der letzten Stufe den erforderlich niedrigen Druck zu erzeugen.[1]
Bisweilen wird nicht der gesamte Sekundärdampf für die Beheizung der nächsten Stufe verwendet, sondern zum Beheizen anderer Apparate abgezogen. Solcher aus der Anlage abgezogener Sekundärdampf wird als Extradampf bezeichnet. Aus den verschiedenen Stufen können so Extradämpfe mit unterschiedlichen Potentialen abgezogen werden. Menge und Temperatur der Extradämpfe sind vom Bedarf der Verbraucher abhängig. Umgekehrt kann der Anlage von außen u. a. der Abdampf von Turbinen $\dot{R}_d$ zugeführt werden, wenn sein Druck dem im Heizregister der jeweiligen Stufe entspricht.
Auf diese Weise kann die mehrstufige Verdampferanlage über ihr Prozeßziel, die Eindampfung von Lösungen, hinaus dem Betrieb Heizdampf und Heißwasser (Kondensat) zur Verfügung stellen.
Die rationelle Wärmewirtschaft solcher Verdampferanlagen in der Zuckerindustrie soll als Beispiel für viele andere Produktionsstätten gelten.
Lösung und Dampf werden gewöhnlich in Gleich-, Gegen- oder Parallelstromschaltung durch den Apparat geführt.
Bei *Gleichstromschaltung* passieren Lösung und Dampf die Anlage Stufe für Stufe in gleicher Richtung. Von Stufe zu Stufe auf diesem Wege wird die Anlage wie bereits erläutert bei niedrigeren Drücken betrieben. Die Lösung strömt hier ohne weitere Fördermittel in die nächste Stufe. Beim Eintritt in die nächste Stufe verdampft ein Teil der Lösung durch Entspannungsverdampfung und kühlt sich dabei auf die neue Siedetemperatur ab. In der Anlage befindet sich also die konzentrierte Lösung im Bereich der niedrigen Temperaturen. Dies kann für die Qualitätserhaltung einiger Stoffe (z. B. Zuckerlösung) von Bedeutung sein.
Bei *Gegenstromschaltung* wird der Dampfweg beibehalten. Die Lösung wird der letzten Stufe zugeführt und verläßt konzentriert die erste Stufe der Anlage. Für den Lösungstransport von Stufe zu Stufe sind in diesem Falle Pumpen erforderlich, um die geschilderten Drucksprünge von Stufe zu Stufe zu überwinden. Hier tritt keine Selbstverdampfung ein. Diese Schaltung wird für das Verdampfen thermisch stabiler Lösungen angewandt. Die konzentrierte Lösung liegt hier in der ersten Stufe bei der höchsten Temperatur vor. Unter diesen Bedingungen fällt das konzentrierte Produkt mit relativ niedriger Viskosität an.
Bei *Parallelstromschaltung* wird die Lösung allen Apparaten gleichzeitig zugeführt, eingedampft und aus ihnen als fertiges Produkt abgeführt. Bezüglich des Heizdampfes bleibt die Reihenschaltung der Apparate erhalten. Diese Schaltungsart ist zum Ausdampfen geringer Lösungsmittelmengen aus der Lösung geeignet.
Eine Reihe von Produkten sind temperaturempfindlich und werden schon bei kurzzeitiger Einwirkung hoher Temperatur geschädigt. Gute Kondensation des Brüdens bei gleichzeitig niedriger Verdampfungstemperatur läßt sich durch Kompression des Brüdens einstellen. Diese Prozeßführung ist besonders für mehrstufige Schaltungen geeignet. Eine einstufige Schaltung ist in Bild (4.3./3, b) dargestellt.
Der Dampfstrahlkompressor DK wird mit Hochdruckdampf $\dot{D}$ gespeist. Er saugt den Sekundärdampf an, komprimiert ihn und injiziert ihn in das Heizregister des Apparates. Der Überschuß an Brüdendampf $\dot{D}_{Br,ü}$ bzw. an verdichtetem Dampf $\dot{D}_ü$ wird in den Kondensator K oder zur Beheizung anderer Wärmeübertrager abgeleitet. Frischdampf $\dot{D}_0$ wird zu Prozeßbeginn eingesetzt.
Aus wärmewirtschaftlicher Sicht ist es wünschenswert, Sekundärdampf möglichst weitgehend als Heizmedium zu nutzen, d. h. möglichst wenig Dampf im Kondensator zu vernichten.

---

[1] Der Druck hängt dabei über die Siedelinie des Brüdens direkt von der aufgezwungenen Kondensationstemperatur ab (die Red.)

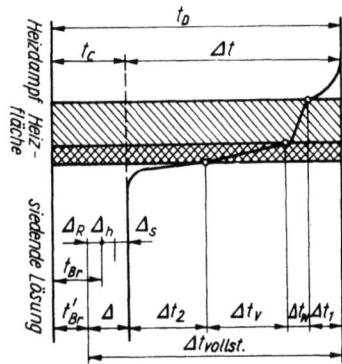

Bild (4.3./4). Nutzbare treibende Temperaturdifferenz

Das Temperaturgefälle, d. h. die Temperaturdifferenz zwischen Heizdampf und siedender Flüssigkeit, ist der wichtigste Faktor für Verdampfungsintensität und Leistung des Verdampfers. Man unterscheidet dazu vollständige und nutzbare Temperaturdifferenz. Erstere ist die Differenz zwischen Sattdampftemperatur und Temperatur des entstandenen Brüdens am Brüdenrohrende der Stufe (Bild 4.3./4 und 4.3./2).

$$\Delta t_{\text{vollst.}} = t_D - t'_{Br} \tag{4.3./1}$$

Nur ein Teil davon ist als nutzbare Temperaturdifferenz Δt für die Wärmeübertragung (vom Heizmedium an die Lösung, die Red.) wirksam

$$\Delta t = \Delta t_{\text{vollst.}} - \Delta \tag{4.3./2}$$

Nicht wirksam sind die sogenannten Temperaturverluste Δ

$$\Delta = \Delta_R + \Delta_h + \Delta_s \tag{4.3./3}$$

$\Delta_R = t_{Br} - t'_{Br}$ Differenz zwischen Brüdentemperatur direkt über der Lösung und Brüdentemperatur am Ende der Brüdenleitung. Sie resultiert aus den Strömungs-Druckverlusten des Brüdens im Apparat und im Brüdenrohr. Sie liegt in der Größenordnung von 1…2 K.

Δ_h Hydrodynamische Siedepunktserhöhung der Lösung. Im Siederohr steigt der Druck von oben nach unten infolge der hydrostatischen Druckerhöhung und des Reibungsdruckverlustes. In Rechnung gestellt wird die mittlere Siedetemperatur in einer mittleren Schicht h_{Lm} (vgl. Bild 4.3./2). Ihr Zahlenwert wird abhängig von der Schichthöhe der Lösung, von deren Dampfgehalt sowie von den Stoffeigenschaften nach Betriebserfahrungen angenommen.

Δ_s Stoffspezifische Siedepunktserhöhung. Sie ist der speziellen Literatur zu entnehmen.

Man spricht von „Temperaturverlusten", weil diese Größen die für den Wärmetransport wirksame Temperaturdifferenz verringern und so einen Potentialverlust darstellen.
Die wirksame, mittlere Siedetemperatur t_L der Lösung z. B. ist um die stoffspezifische und hydrodynamische Siedepunktserhöhung größer als die Sättigungs- bzw. Kondensationstemperatur des entstehenden Dampfes

$$t_L = t_{Br} + \Delta_h + \Delta_s \tag{4.3./4}$$

Die nutzbare Temperaturdifferenz folgt zu

$$\Delta t = t_D - t_L = (t_D - t'_{Br}) - \Delta \qquad (4.3./5)$$

Die Verteilung der nutzbaren Temperaturdifferenz auf die Wärmetransportschritte ist durch die thermischen Widerstände gegeben (vgl. Abschn. 4.1. und Bild 4.4./4)

$$\Delta t = \Delta t_1 + \Delta t_W + \Delta t_V + \Delta t_2$$

Δt_1 Temperaturgefälle zwischen Dampf und Rohroberfläche
Δt_W Temperaturgefälle in der Rohrwand zwischen äußerer und innerer Oberfläche
Δt_V Temperaturgefälle in der Schmutzschicht
Δt_2 Temperaturgefälle zwischen der inneren Rohroberfläche und der siedenden Lösung

Die Übertragung eines Wärmestromes $\dot{Q}$ (in W) vom Heizmedium durch die Heizfläche A (in m²) an die Lösung erfordert eine nutzbare Temperaturdifferenz von

$$\Delta t = \frac{\dot{Q}}{kA} \approx \frac{r\dot{W}}{kA} = r\dot{u}R \qquad (4.3./6)$$

r Verdampfungswärme in J/kg
$\dot{W}$ Massestrom ausgedampften Wassers (auch Verdampfungsleistung)
R gesamter thermischer Widerstand des Verdampfers in m² K/W
k Wärmedurchgangskoeffizient in W/(m²·K)
$\dot{u} = \dot{W}/A$ Massenstrom ausgedampften Wassers je Heizflächeneinheit (auch Brüdenstromdichte, die Red.) in kg/m²·s

Diese Beziehung zeigt, daß bei festliegendem thermischem Widerstand R jedem Temperaturgefälle ein bestimmter Wert der Brüdenstromdichte entspricht. Bei vorgegebener Verdampfungsleistung $\dot{W}$ (in kg/s) bestimmt die Brüdenstromdichte die erforderliche Heizflächengröße des Apparates.

$$A = \frac{\dot{W}}{\dot{u}} \qquad (4.3./7)$$

Der Betrieb von Verdampfern kann auf diese Weise durch das Temperaturgefälle Δt, den thermischen Widerstand R und die heizflächenspezifische Brüdenstromdichte $\dot{u}$ gekennzeichnet werden.
Diese Begriffe sind auf mehrstufige Verdampferanlagen übertragbar.
Für die mehrstufige Verdampferanlage ist die vollständige Temperaturdifferenz als die Differenz zwischen der Heizdampftemperatur der ersten Stufe und der Brüdentemperatur nach der letzten Stufe definiert (vgl. Bild 4.3./3).

$$\Delta T_{\text{vollst.}} = t_{D_I} - t'_{Br_n} \qquad (4.3./8)$$

Die Temperaturverluste aller n Stufen summieren sich zu Gesamtverlust

$$\sum_{i=1}^{n} \Delta_i = \sum_{1}^{n} \Delta_R + \sum_{1}^{n} \Delta_h + \sum_{1}^{n} \Delta_s \qquad (4.3./9)$$

Die nutzbare Gesamttemperaturdifferenz für die gesamte Verdampferanlage ist nun

$$\Delta T = \sum_1^n \Delta t = \Delta T_{\text{vollst.}} - \sum_1^n \Delta \qquad (4.3./10)$$

Die Aufteilung dieses gesamten nutzbaren Temperaturgefälles ΔT auf die einzelnen Stufen ist ein wichtiger Schritt der Verdampferberechnung.

4.3.2. Grundlagen der Prozeßtheorie von Verdampferanlagen

Verdampferanlagen werden in vielen Zweigen der Lebensmittelindustrie und der chemischen Industrie eingesetzt. Dagegen wurden die theoretischen Grundlagen des Verdampfungsprozesses, insbesondere in mehrstufigen Anlagen, vor allem in Arbeiten der Zuckerindustrie entwickelt. So ist auch der hohe Entwicklungsstand der Wärmewirtschaft in modernen Zuckerfabriken zu erklären.
Die Entwicklung der Verdampfung mit mehrfacher Dampfausnutzung ist mit Namen bedeutender Zuckertechniker, wie *R. Claasen, M. D. Zuev, I. A. Tiščenko, M. A. Kičigin, G. N. Kostenko, I. I. Černobylski, M. L. Vajsman, N. J. Tobilevič*, verbunden.
Eine der ersten verallgemeinerten Berechnungsmethoden für mehrstufige Verdampferanlagen entwickelte in den zwanziger Jahren *I. A. Tiščenko*. Seine komplizierte Methode wurde vielfach vereinfacht und in besserer Übereinstimmung mit Versuchsdaten gebracht. Die weiterentwickelte Methode nach *Tiščenko* kann als Grundlage für eine präzisierte Berechnung von Verdampferanlagen gelten.
In den Jahren 1947 bis 1949 entwickelte *Kostenko*[1] aufbauend auf Arbeiten von *Dochlenko*, *Volkov* und *Rosum* eine Berechnungsmethode für mehrstufige Verdampferanlagen bei Ansatzbildung. Experimentelle Untersuchungen unter *Tobilevič* bestätigten die getroffenen Annahmen. Gleichzeitig konnten die Koeffizienten der Ansatzbildung für hochkonzentrierte Zuckerlösung präzisiert werden. Zur Übertragung dieser weitgehend begründeten Methode auf andere Anwendungsfälle wird an der Bestimmung weiterer Koeffizienten gearbeitet.
Der Einsatz von Dampfstrahlpumpen in Verdampferanlagen der Zuckerindustrie und ihre Berechnung wurde von *Vajsman*[2] bearbeitet.
In der Weiterentwicklung der Verdampfungstheorie wird die mehrstufige Anlage als Gegenstand der automatischen Regelung untersucht[3] und über EDV-Anlagen berechnet.
Im folgenden sollen die allgemeingültigen theoretischen Grundlagen erläutert und Grundsätze für Berechnung und Betrieb von Verdampferanlagen abgeleitet werden. Spezielle produkt- oder industriezweigspezifische Bedingungen sind einschlägigen Handbüchern oder Ausrüstungskatalogen zu entnehmen.

Massenbilanz der Verdampfung

Im folgenden wird die Massenbilanzierung am Beispiel einer dreistufigen Verdampferanlage erläutert. Ausgewählt wurde die Methode nach *Claasen*. Sie vereinfacht die Relation zwischen kondensierender Heizdampf- und entstehender Brüdenmenge. Sie geht dabei davon aus, daß in jeder Verdampferstufe je Kilogramm kondensierenden Heizdampfes etwa 1 kg Brüden (Sekundärdampf) entsteht. Damit setzt

---

[1] Technische Hochschule Odessa
[2] Allunions-Forschungsinstitut für die Zuckerindustrie
[3] Arbeiten u. a. von *Ladiev, Liberman, Taubman*

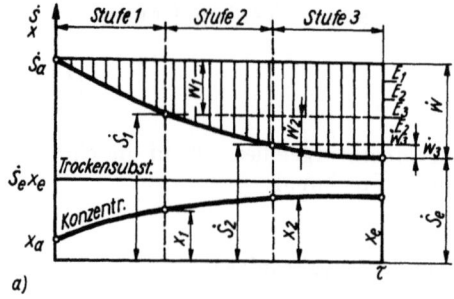

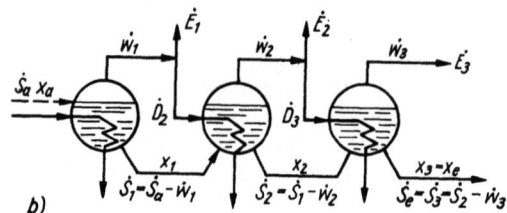

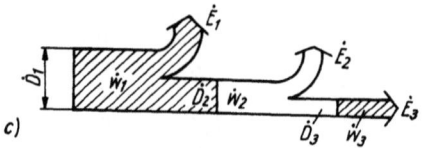

Bild (4.3./5). Massen- und Stoffbilanz der Verdampferanlage
a) Bilanz der Lösung b) Schema der Anlage c) Fließbild ausgedampften Wassers

man voraus, daß die Wassermenge, die infolge von Wärmeverlusten an die Umgebung nicht ausgedampft wird, gerade durch die Menge kompensiert wird, die durch Selbstverdampfung entsteht. Das Ergebnis der Bilanzierung ist in Bild (4.3./5) dargestellt. Zunächst können folgende Bilanzgleichungen, ohne Näherungen einzuführen, abgeleitet werden.

1. *Gesamtmassenbilanz* (um die Gesamtanlage)

$$\dot{S}_a = \dot{S}_e + W \qquad (4.3./11)$$

$\dot{S}_a$ Massenstrom an Lösung, der der ersten Stufe zugeführt wird, in kg/s
$\dot{S}_e$ Massenstrom an eingedickter Lösung, der aus der letzten Stufe der Anlage abgeführt wird, in kg/s
$\sum_{1}^{3} W_i = W$ Massenstrom an Wasser, der in allen drei Stufen verdampft wird (Verdampfungsleistung der Anlage), in kg/s
i Stufenkennzeichnung

2. *Trockensubstanzbilanz.* Die gelöste „Trockensubstanz" geht nicht in Dampf über. Die gesamte „Trockenmasse" verbleibt in Lösung

$$\dot{S}_a x_a = \dot{S}_e x_e \qquad (4.3./12)$$

x_a und x_e Massenanteile Trockensubstanz in der Lösung zu Prozeßanfang bzw. -ende in Masse Trockensubstanz je Masse Lösung in kg Tr. S./kg Lösung

3. Vorgegebene Anfangs- und Endkonzentrationen fordern eine zu verdampfende Wassermenge von

$$W = \dot{S}_a - \dot{S}_e = \dot{S}_a\left(1 - \frac{x_a}{x_e}\right) \qquad (4.3./13)$$

4. Die Endkonzentration der Lösung bei bekannter Verdampfungsleistung W folgt aus Gl. (4.3./13) zu

$$x_e = \frac{\dot{S}_a}{\dot{S}_a - W} \cdot x_a \qquad (4.3./14)$$

5. Massenstrom des gesamten verdampften Wassers

$$W = W_1 + W_2 + W_3 \qquad (4.3./15)$$

$W_1 = \dot{D}_1 = \dot{E}_1 + \dot{D}_2$ Massenstrom des in der 1. Stufe verdampften Wassers in kg/s
$W_2 = \dot{E}_2 + \dot{D}_3$ Massenstrom des in der 2. Stufe verdampften Wassers in kg/s
$W_3 = \dot{E}_3$ Massenstrom des in der 3. Stufe verdampften Wassers in kg/s
$\dot{E}_1, \dot{E}_2, \dot{E}_3$ Aus den Stufen i entnommene Extradampfmengen zur Beheizung anderer Apparate in kg/s
$\dot{D}_1, \dot{D}_2, \dot{D}_3$ Heizdampfmengen für die einzelnen Stufen in kg/s

6. Massenströme Lösung, die aus den einzelnen Stufen i ausgetragen werden:

$$\dot{S}_1 = \dot{S}_a - W_1;\ \dot{S}_2 = \dot{S}_1 - W_2;\ \dot{S}_3 = \dot{S}_2 - W_3 = \dot{S}_e \qquad (4.3./16)$$

7. Lösungskonzentration der aus den Stufen i austretenden Lösungen:

$$x_1 = \frac{\dot{S}_a x_a}{\dot{S}_a - W_1};\quad x_2 = \frac{\dot{S}_a x_a}{\dot{S}_a - W_1 - W_2}$$

$$x_3 = \frac{\dot{S}_a x_a}{\dot{S}_a - W_1 - W_2 - W_3} = x_e \qquad (4.3./17)$$

8. Wassermengen, die in den Stufen i ausgedampft werden:

$$W_1 = \dot{S}_a\left(1 - \frac{x_a}{x_1}\right);\quad W_2 = \dot{S}_1\left(1 - \frac{x_1}{x_2}\right)$$

$$W_3 = \dot{S}_2\left(1 - \frac{x_2}{x_3}\right) = \dot{S}_2 - \dot{S}_3$$

$$W_1 + W_2 = \dot{S}_a\left(1 - \frac{x_a}{x_2}\right);\quad W_1 + W_2 + W_3 = \dot{S}_a\left(1 - \frac{x_a}{x_3}\right) \qquad (4.3./18)$$

Weiter können folgende *genäherte* Bilanzbeziehungen geschrieben werden:

1. Heizdampfverbrauch in den einzelnen Stufen

$$\begin{aligned}\dot{D}_3 &= W_3 = \dot{E}_3\\ \dot{D}_2 &= W_2 = \dot{E}_2 + \dot{D}_3 = \dot{E}_2 + \dot{E}_3\\ \dot{D}_1 &= W_1 = \dot{E}_1 + \dot{D}_2 = \dot{E}_1 + \dot{E}_2 + \dot{E}_3\end{aligned} \qquad (4.3./19)$$

Folglich ist der Heizdampfverbrauch für die erste Stufe die Summe der Dampfverbräuche der Stufen

$$\dot{D}_1 = \sum_1^3 \dot{E}_i \qquad (4.3./20)$$

2. Verdampfungsleistung aus Gl. (4.3./19)

$$W = W_1 + W_2 + W_3 = \dot{E}_1 + 2\dot{E}_2 + 3\dot{E}_3 \tag{4.3./21}$$

3. Lösungsmengen, die aus den einzelnen Stufen austreten

$$\dot{S}_1 = \dot{S}_a - W_1 = \dot{S}_a - (\dot{E}_1 + \dot{D}_2) = \dot{S}_a - \dot{E}_1 - W_2$$
$$\dot{S}_2 = \dot{S}_1 - W_2 = \dot{S}_a - \dot{E}_1 - W_2 - W_2 = \dot{S}_a - \dot{E}_1 - 2(\dot{E}_2 + \dot{D}_3) =$$
$$= \dot{S}_a - \dot{E}_1 - 2(\dot{E}_2 + W_3)$$
$$\dot{S}_3 = \dot{S}_2 - W_3 = \dot{S}_a - \dot{E}_1 - 2\dot{E}_2 - 2W_3 - W_3 =$$
$$= \dot{S}_a - \dot{E}_1 - 2\dot{E}_2 - 3\dot{E}_3 \tag{4.3./22}$$

Die aufgestellten Bilanzverhältnisse werden in Bild (4.3./5) veranschaulicht. Bild (4.3./5,a) zeigt die Veränderung der Relationen zwischen Dampf, Lösung und Trockensubstanz im Verlauf der Verdampfung. Dargestellt ist die Zunahme der Lösungskonzentration (untere Kurve), die Konstanz der Trockensubstanzmasse sowie die zunehmende Menge ausgedampften Wassers bei gleichzeitigem Schwund der Lösungsmasse (obere Kurve). Diese Kurve teilt die Gesamtmasse Lösung und Brüden in die jeweils vorliegenden Mengen an Lösung und Brüden. Während die linke Diagrammbegrenzung den Prozeßanfang darstellt, kennzeichnet die rechte Begrenzung das Prozeßende, d. h. die gesamte ausgedampfte Wassermenge und die verbleibende Lösungsmenge. Das darunter dargestellte Schaltungsschema (Bild 4.3./5,b) verdeutlicht die verwendeten Bezeichnungen. Die ausgedampften Wassermengen und ihre Nutzung als Heiz- bzw. Extradampf sind in Bild (4.3./5c) besonders hervorgehoben. Dieses Flußschaubild basiert auf der erläuterten Näherung $\dot{D}_1 = W_1$.
Die vorgestellten Verhältnisse können einfach auf beliebige Stufenzahl erweitert werden.

Wärmebilanz

Betrachtet wird zunächst ein einstufiger Verdampfer. In der Wärmebilanz werden zugeführte und ausgetragene Wärme erfaßt und gegenübergestellt. Wärme wird durch Rohlösung und Heizdampf zugeführt:

a) Fühlbare Wärme der Rohlösung (a)

$$\dot{Q} = \dot{S}_a c_a t_a$$

c_a Wärmekapazität in J/kg·K
t_a Temperatur dieser Lösung

b) Vom Heizdampf abgegebene Wärme

$$\dot{Q}_D = \dot{D}(h'' - h')$$

$\dot{D}$ Heizdampfverbrauch in kg/s
h'' Enthalpie des Heizdampfes in J/kg
h' Enthalpie des Kondensats in J/kg

Wärme wird aus der Anlage ausgetragen durch:

a) den austretenden Brüden (Sekundärdampf) mit der Enthalpie h_{Br}

$$\dot{Q} = W h_{Br}$$

b) die ausgetragene konzentrierte Lösung (e)

$$\dot{Q} = \dot{S}_e c_e t_e$$

c) Wärmeverluste an die Umgebung $\dot Q_V$.

Werden zugeführte und abgeführte Wärmeströme gegenübergestellt, entsteht die Bilanzgleichung:

$$\dot S_a c_a t_a + \dot Q_D = W h_{Br} + \dot S_e c_e t_e + \dot Q_V \qquad (4.3./23)$$

Stellt man die fühlbare Wärme der eingedampften Lösung als Differenz der fühlbaren Wärmen von Rohlösung und ausgedampftem Wasser bei Endtemperatur t_e dar

$$\dot S_e c_e t_e = \dot S_a c_a t_e - W c_W t_e \qquad (4.3./24)$$

und ersetzt diesen Ausdruck in Gl. (4.3./23), erhält man für die Wärmemenge, die mit dem Heizdampf zuzuführen ist

$$\dot Q_D = W(h_{Br} - c_W t_e) + \dot S_a c_a (t_e - t_a) + \dot Q_V. \qquad (4.3./25)$$

Diese Gleichung zeigt, wofür die vom Heizdampf abgegebene Wärme verbraucht wird:

a) Erwärmung der Lösung von t_a auf Siedetemperatur t_e

$$\dot S_a c_a (t_e - t_a)$$

b) Bildung der Brüdenmenge W (Sekundärdampf) in kg/s

$$W(h_{Br} - c_W t_e)$$

c) Deckung der Wärmeverluste $\dot Q_V$

Der Heizdampfverbrauch

$$\dot D = \frac{\dot Q_D}{h'' - h'} \qquad (4.3./26)$$

folgt über Gl. (4.3./25) zu

$$\dot D = W \frac{h_{Br} - c_W t_e}{h'' - h'} + \dot S_a c_a \frac{t_e - t_a}{h'' - h'} + \frac{\dot Q_V}{h'' - h'} \qquad (4.3./27)$$

Aus dieser Gleichung können zusammenfassend folgende Schlußfolgerungen gezogen werden:

1. Der Heizdampf wird für die Bildung des Sekundärdampfes, für die Erhitzung der Lösung bis auf Siedetemperatur und zur Deckung der Wärmeverluste verbraucht.
2. Zur Verringerung des Dampfverbrauchs sollte dem Verdampfer die Lösung mit Siedetemperatur zugeführt werden, so daß mit $t_a = t_e$ der mittlere Term in Gl. (4.3./27) verschwindet. Eine Vorwärmung der Lösung bis auf Siedetemperatur ist unumgänglich, aber es ist zweckmäßiger, die Vorwärmung nicht im Verdampfer, sondern außerhalb in einem einfacheren und billigeren Wärmeübertrager vorzunehmen.
3. Zur Verringerung des Dampfverbrauches sollten weiter die Außenhaut des Apparates und die Verbindungsleitungen gut isoliert werden. Kann angenommen werden, daß die Rohlösung dem Verdampfer mit Siedetemperatur zugeführt wird und daß keine Wärmeverluste auftreten, liefert Gl. (4.3./27) den theoretischen Heizdampfbedarf für einmaliges Verdampfen

$$\dot D = W \frac{h_{Br} - c_W t_e}{h'' - h'} \qquad (4.3./28)$$

Daraus kann der spezifische Dampfverbrauch als Verhältnis von Heizdampfmenge zur Menge verdampften Wassers definiert werden:

$$m = \frac{\dot{D}}{\dot{W}} = \frac{h_{Br} - c_W t_e}{h'' - h'} \tag{4.3./29}$$

(in kg Dampf/kg verdampftes Wasser)

So definiert nimmt er im Mittel den Wert $m = 1{,}04$ an. Infolge auftretender Wärmeverluste liegt er praktisch bei $m = 1{,}1$ bis $1{,}2$.
Die Wärmebelastung des Apparates (Wärmestrom durch die Heizfläche) kann mit den Gl. (4.3./25) oder (4.3./26) berechnet werden. Ist der Dampfverbrauch bekannt, kann die einfache Beziehung

$$\dot{Q}_D = \dot{D}(h'' - h') \tag{4.3./30}$$

verwendet werden.

Die Wärmebilanzgleichung liefert auch die Wassermenge, die unter den jeweiligen Bedingungen ausgedampft werden kann. Umgestellt folgt aus den Gl. (4.3./25) und (4.3./26)

$$\dot{W} = \dot{D}\frac{h'' - h'}{h_{Br} - c_W t_e} + \dot{S}_a c_a \frac{t_a - t_e}{h_{Br} - c_W t_e} - \frac{\dot{Q}_V}{h_{Br} - c_W t_e} \tag{4.3./31}$$

Die einzelnen Ausdrücke haben folgende Bedeutung:

$\dfrac{h'' - h'}{h_{Br} - c_W t_e} = \dfrac{1}{m} = \alpha^*$ Verdampfungskoeffizient als kg verdampften Wassers je kg kondensierten Heizdampfes

$\dot{D}\alpha^*$ verdampfte Wassermenge, die der abgegebenen Heizdampfwärme entspricht, in kg/s

$\dot{S}_a c_a \dfrac{t_a - t_e}{h_{Br} - c_W t_e}$ $t_a > t_e$ Durch Selbstverdampfung verdampfte Wassermenge, falls die Temperatur der zugeführten Rohlösung t_a über der Siedetemperatur im Apparat liegt.

$t_a < t_e$ Wassermenge, die bei Wegfall der Vorwärmung hätte mehr verdampft werden können.

$\beta^* = \dfrac{t_a - t_e}{h_{Br} - c_W t_e}$ Selbstverdampfungskoeffizient

$\dfrac{\dot{Q}_V}{h_{Br} - c_W t_e}$ Wassermenge, die infolge der Wärmeverluste nicht ausgedampft wird, in kg/s

Gl. (4.3./31) kann allgemein unter Einführung eines Wärmeverlustkoeffizienten geschrieben werden

$$\dot{W} = (\dot{D}\alpha + \dot{S}c\beta)\delta \tag{4.3./32}$$

δ Wärmeverlustkoeffizient, $\delta < 1$

Gl. (4.3./31) und (4.3./32) veranschaulichen die Einflüsse auf die ausgedampfte Wassermenge (u. a. Steigerung durch Überhitzung der Rohlösung, Senkung durch Unterkühlung und durch Wärmeverluste).

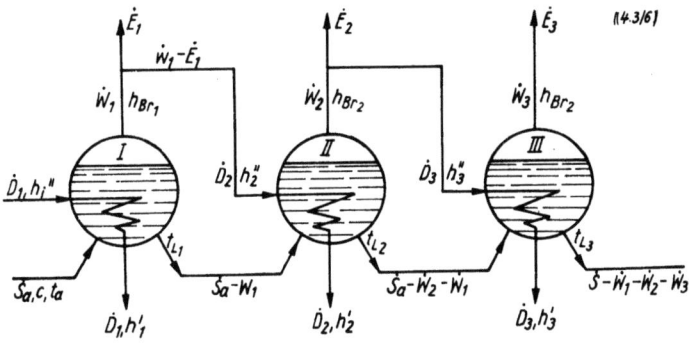

Bild (4.3./6). Zur Wärmebilanz einer Verdampferanlage

Mehrstufige Verdampfung. Betrachtet wird der stationäre Verdampfungsprozeß ohne Wärmeverluste. Folgende Massen[1] bzw. Enthalpieströme sind in einer Bilanz um die erste Stufe zu erfassen (Bild 4.3./6):

Zugeführt werden:

Heizdampfmenge $\dot{D}_1$ mit einer Gesamtenthalpie $\dot{D}_1 h_1''$
Lösungsmenge $\dot{S}_a$, Gesamtenthalpie $\dot{S}_a c t_a$

Abgeführt werden aus der 1. Stufe:

Brüdendampfmenge $\dot{W}_1$, Wärmemenge $\dot{W}_1 h_{Br,1}$
Menge teilweise eingedickter Lösung $(\dot{S}_a - \dot{W}_1)$, Wärmemenge $(\dot{S}_a c - \dot{W}_1 c_W) t_{L_1}$
Kondensatmenge $\dot{D}_1$, Wärmemenge $\dot{D}_1 h_1'$

Die Wärmebilanzgleichung für die 1. Stufe lautet dann:

$$\dot{D}_1 h_1'' + \dot{S}_a c t_a = \dot{W}_1 h_{Br_1} + (\dot{S}_a c - c_W \dot{W}_1) t_{L_1} + \dot{D}_1 h_1' \tag{4.3./33}$$

Die mit der Lösung aus der Stufe 1 ausgetragene Wärmemenge $(\dot{S}_a c - c_W \dot{W}_1) t_{L_1}$ gelangt mit dieser Lösung in Stufe 2. Die dort weiter eingedickte Lösung trägt dann aus Stufe 2 die Wärmemenge $(\dot{S}_a c - c_W \dot{W}_1 - c_W \dot{W}_2) t_{L_2}$ in Stufe 3.
Die Wärmebilanzgleichung für Stufe 2 lautet dann:

$$\dot{D}_2 h_2'' + (\dot{S}_a c - c_W \dot{W}_1) t_{L_1} = \dot{W}_2 h_{Br,2} + (\dot{S}_a c - c_W \dot{W}_1 - c_W \dot{W}_2) t_{L_2} + \dot{D}_2 h_2' \tag{4.3./34}$$

Für Stufe 3 gilt analog:

$$\dot{D}_3 h_3'' + (\dot{S}_a c - c_W \dot{W}_1 - c_W \dot{W}_2) t_{L_2} = \dot{W}_3 h_{Br,3} + (\dot{S}_a c - c_W \dot{W}_1 - c_W \dot{W}_2 - c_W \dot{W}_3) t_{L_3} + \dot{D}_3 h_3' \tag{4.3./35}$$

Die Wärmebilanz für die Stufe i lautet also

$$\dot{D}_i h_i'' + \left(\dot{S}_a c - c_W \sum_1^{i-1} \dot{W}\right) t_{L_{i-1}} = \dot{W}_i h_{Br,i} + \left(\dot{S}_a c - c_W \sum_1^i \dot{W}\right) t_{L_i} + \dot{D}_i h_i'. \tag{4.3./36}$$

---

[1] mitgeführte Wärmeströme (die Red.)

Stellt man die Gleichung nach W_i um, folgt:

$$\dot{W}_i(h_{Br_i} - c_w t_{L_i}) = \dot{D}_i(h_i'' - h_i') + \left(\dot{S}_a c - c_w \sum_1^{i-1} \dot{W}\right)(t_{L_{i-1}} - t_{L_i}) \quad (4.3./37)$$

Es folgt für die in der Stufe i verdampfte Wassermenge:

$$\dot{W}_i = \dot{D}_i \frac{h_i'' - h_i'}{h_{Br,i} - c_w t_{L_i}} + \left(\dot{S}_a c - c_w \sum_1^{i-1} \dot{W}\right) \frac{t_{L_{i-1}} - t_{L_i}}{h_{Br,i} - c_w t_{L_i}} \quad (4.3./38)$$

Die Gleichung enthält die bereits definierten Koeffizienten:

$\alpha_i^* = \dfrac{h_i'' - h_i'}{h_{Br,i} - c_w t_{L_i}}$ Verdampfungskoeffizient für Stufe i (vgl. Gl 4.3./31)

$\beta_i^* = \dfrac{t_{L_{i-1}} - t_{L_i}}{h_{Br,i} - c_w t_{L_i}}$ Selbstverdampfungskoeffizient für Stufe i (vgl. Gl. 4.3./31)

Unter Verwendung von α_i^* und β_i^* läßt sich schreiben:

$$\dot{W}_i = \dot{D}_i \alpha_i^* + \left(\dot{S}_a c - c_w \sum_1^{i-1} \dot{W}\right) \beta_i^* \quad (4.3./39)$$

Diese Gleichung wurde erstmals von *Tiščenko* vorgestellt. Die Bedeutung der Summanden ist analog der Erklärung von Gl. (4.3./31). Berücksichtigt man die Wärmeverluste nach *Kostenko* mit dem Koeffizienten $\delta_i < 1$, nimmt Gl. (4.3./39) die allgemeine Form an:

$$\dot{W}_i = \left[\dot{D}_i \alpha_i^* + \left(\dot{S}_a c - c_w \sum_1^{i-1} \dot{W}\right) \beta_i^*\right] \delta_i \quad (4.3./40)$$

Der Verdampfungskoeffizient α^* liegt nahe 1. Der Selbstverdampfungskoeffizient β^* beträgt etwa 0,01. Er erhöht sich gewöhnlich für die letzten Stufen der Verdampfungsanlage. Der Wärmeverlustkoeffizient δ liegt bei 0,97 bis 0,98 und steigt auch für die letzten Stufen. Für angenäherte Berechnungen kann $\alpha_i^* = 1$, $\beta_i^* = 0$ und $\delta_i = 1$ gesetzt werden. Damit verbunden ist die Annahme, daß die Wärmeverluste durch die Selbstverdampfung gerade kompensiert werden. Dann folgt nach *Claasen* $\dot{W}_i = \dot{D}_i$ und die Berechnung vereinfacht sich sehr Gl. (4.3./19).
Für eine Berechnung nach *Claasen* sind keine exakten Angaben über die Temperaturen der einzelnen Stufen der Verdampferanlage erforderlich. Notwendig sind nur Angaben über die Mengen der abgeführten Extradämpfe. Der Nachteil dieser Methode liegt in der ungenauen Bestimmung der $\dot{W}_i$, insbesondere für die hinteren Stufen. Für die Berechnung von $\dot{W}_i$ nach der *Tiščenko*-Methode müssen die Temperaturbedingungen in den Stufen für die Berechnung der Koeffizienten α_i^* und β_i^* sowie die Mengen der Extradämpfe bekannt sein. Außerdem muß vorläufig nach Grobformeln $\dot{D}_i$ berechnet werden, und erst danach kann mit der Ermittlung folgender Größen begonnen werden:

$$\begin{aligned}
\dot{W}_1 &= \dot{D}_1 \alpha_1^* + \dot{S}_a c \beta_1^* & \dot{D}_2 &= \dot{W}_1 - \dot{E}_1 \\
\dot{W}_2 &= \dot{D}_2 \alpha_2^* + (\dot{S}_a c - c_w \dot{W}_1) \beta_2^* & \dot{D}_3 &= \dot{W}_2 - \dot{E}_2 \\
\dot{W}_3 &= \dot{D}_3 \alpha_3^* + (\dot{S}_a c - c_w \dot{W}_1 - c_w \dot{W}_2) \beta_3^* & &\text{usw.}
\end{aligned} \quad (4.3./41)$$

Zum Schluß der Berechnung muß die Gleichung für die Gesamtanlage aufgehen.

$$\sum_1^n \dot{W}_i = \dot{W} = \dot{S}_\mathrm{a}\left(1 - \frac{x_\mathrm{a}}{x_\mathrm{e}}\right)$$

Auftretende quantitative Differenzen dürfen 0,5% nicht überschreiten.
Nachteile dieser Methode liegen in ihrem Umfang, insbesondere bei Variantenrechnungen, und in der Vernachlässigung der Wärmeverluste, die Ungenauigkeiten in den verdampften Wassermengen $\dot{W}_i$ hervorruft und damit teilweise komplizierte Berechnungen in ihrem Wert mindert. Genauere Methoden sollten allerdings der endgültigen, vorausgewählten Variante vorbehalten bleiben.
Falls Lösungen eine sehr große Lösungswärme haben, ist Gl. (4.3./40) zu modifizieren. Für Lebensmittel können derartige Korrekturen allerdings vernachlässigt werden.

Betrieb von mehrstufigen Verdampfungsanlagen

Im folgenden werden Hinweise für die Betriebsweise abgeleitet. Grundlage dafür sollen zunächst einfache Bilanzgleichungen ($\delta = 1$, $\beta_i^* = 0$, $\alpha_i^* = 1$) sein. Gewählt wird eine fünfstufige Verdampfungsanlage mit Dampfentnahme[1] (Extradampf) in den Stufen 1 bis 4 für die Beheizung anderer Wärmeübertrager (Bild 4.3./7).

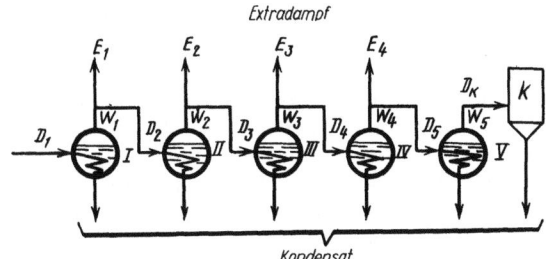

Bild (4.3./7). Dampfverteilungsschema einer fünfstufigen Verdampferanlage

Für die Heizdampfmengen sowie die ausgedampften Wassermengen kann folgendes Gleichungssystem aufgestellt werden:

$$\text{5. Stufe} \quad \dot{W}_5 = \dot{D}_5 = \dot{D}_K \qquad (4.3./42)$$

$$\text{4. Stufe} \quad \dot{W}_4 = \dot{D}_4 = \dot{D}_5 + \dot{E}_4 = \dot{W}_5 + \dot{E}_4 \qquad (4.3./43)$$

$$\text{3. Stufe} \quad \dot{W}_3 = \dot{D}_3 = \dot{D}_4 + \dot{E}_3 = \dot{W}_5 + \dot{E}_4 + \dot{E}_3 \qquad (4.3./44)$$

$$\text{2. Stufe} \quad \dot{W}_2 = \dot{D}_2 = \dot{D}_3 + \dot{E}_2 = \dot{W}_5 + \dot{E}_4 + \dot{E}_3 + \dot{E}_2 \qquad (4.3./45)$$

$$\text{1. Stufe} \quad \dot{W}_1 = \dot{D}_1 = \dot{D}_2 + \dot{E}_1 = \dot{W}_5 + \dot{E}_4 + \dot{E}_3 + \dot{E}_2 + \dot{E}_1 \qquad (4.3./46)$$

$$\text{Gesamtanlage} \quad \dot{W} = 5\dot{W}_5 + 4\dot{E}_4 + 3\dot{E}_3 + 2\dot{E}_2 + \dot{E}_1 = \sum_1^i \dot{W}_i \qquad (4.3./47)$$

---

[1] Zuführung von Rücklaufdampf kann als negative Extradampfmenge betrachtet werden (die Red.)

Daraus lassen sich einfach die verdampfte Wassermenge in Stufe 5, d. h. die dem Kondensator zugeführte Brüdenmenge

$$\dot{W}_5 = \frac{W - 4\dot{E}_4 - 3\dot{E}_3 - 2\dot{E}_2 - \dot{E}_1}{5} \qquad (4.3./48)$$

bzw. die Frischdampfmenge berechnen.

$$\dot{D}_1 = \frac{W + 4\dot{E}_1 + 3\dot{E}_2 + 2\dot{E}_3 + \dot{E}_4}{5} \qquad (4.3./49)$$

Diese Gleichungen lassen folgende Schlüsse zu:

1. Die erforderliche Verdampfungsleistung W der Anlage nimmt mit der entnommenen Dampfmenge zu. Dieser Einfluß steigt von der ersten zur letzten Stufe der Gl. (4.3./47). Werden 100 kg/h mehr Extradampf der ersten Stufe entnommen, steigt die Verdampfungsleistung W ebenfalls um 100 kg/h. Erfolgt diese Entnahmesteigerung in der 3. Stufe, steigt W um 300 kg/h.

2. Ein ähnlicher Mechanismus wirkt auf den Frischdampfbedarf der 1. Stufe. Er steigt mit zunehmender Extradampfmenge, wobei die Wahl der Entnahmestufe von Bedeutung ist (Gl. 4.3./49).

3. Liefert die Berechnung von $\dot{W}_5$ nach Gl. (4.3./47) physikalisch unsinnig negative Werte, kann eine Verlagerung der Dampfentnahme in Richtung vorderer Stufen einen Ausgleich bringen. Aus ökonomischer Sicht ist dagegen die Dampfentnahme aus den hinteren Stufen vorzuziehen, denn damit ist eine Senkung der Frischdampfmenge bzw. eine Erhöhung der Verdampfungsleistung (Gl. 4.3./47) zu verzeichnen. Allerdings hat der Sekundärdampf aus verschiedenen Stufen unterschiedliche Kondensationstemperatur und ist demzufolge als Heizmedium nicht gleichwertig. In der Praxis hat die Verwendung von Extradampfmengen hoher Temperatur für die Beheizung betrieblicher Wärmeübertrager größere Bedeutung, so daß die gezielte Dampfentnahme gewöhnlich in den vorderen Stufen überwiegt.

4. Bei Betrieb ohne Dampfentnahme ist die verdampfte Wassermenge gleichmäßig auf alle Stufen verteilt.

5. Ohne Dampfentnahme ist zwar die benötigte Frischdampfmenge kleiner, aber bei Dampfentnahme arbeitet die Verdampferanlage einschließlich der brüdenbeheizten Wärmeübertrager wirtschaftlicher:
Fall a: Der Frischdampfbedarf eines Verdampfers ohne Dampfentnahme beträgt $\dot{D}_1 = W/n$. Außerdem wird für die Wärmeübertrager anstatt Sekundärdampf Frischdampf in einer Menge von $\sum_{1}^{n} \dot{E}_i$ verbraucht. Der Gesamtverbrauch an Frischdampf beträgt dann:

$$\dot{D} = \dot{D}_1 + \sum_{i=1}^{n-1} \dot{E}_i = \frac{W}{n} + \dot{E}_1 + \dot{E}_2 + \cdots + \dot{E}_{n-1} \qquad (4.3./50)$$

Fall b: Der Frischdampfverbrauch für eine Verdampferanlage mit Dampfentnahme beträgt:

$$\dot{D}' = \dot{D}_1 = \frac{W}{n} + \frac{n-1}{n}\dot{E}_1 + \frac{n-2}{n}\dot{E}_2 + \cdots + \frac{1}{n}\dot{E}_{n-1} \qquad (4.3./51)$$

Die Faktoren i/n weisen niedrigeren Frischdampfverbrauch bei Dampfentnahme aus, wobei als Entnahmeort möglichst hintere Stufen anzustreben sind.

6. Eine Verlagerung der Dampfentnahme auf die vorderen Stufen bewirkt gleichzeitig eine Erhöhung der im Kondensator niederzuschlagenden Dampfmenge ($\dot{D}_K = \dot{W}_n$). Kondensation des Sekundärdampfes im Kondensator anstelle seiner Verwendung für Heizzwecke ist als Wärmeverlust zu betrachten.

7. Für vorgegebene Verdampfungsleistung und konstante Dampfentnahme sinkt der Heizdampfverbrauch mit Zunahme der Stufenzahl der Anlage. Die Steigerung stößt jedoch an Grenzen:

a) Treibende Temperaturdifferenz. Für stabilen Betrieb einer jeden Verdampferstufe ist eine nutzbare treibende Temperaturdifferenz von mindestens 6···7 K erforderlich. Mit steigender Stufenzahl n steigt die Summe der Temperaturverluste, so daß die nutzbare treibende Temperaturdifferenz sinkt. Infolgedessen ist die Stufenzahl begrenzt. Die Größe der gesamten vollständigen Temperaturdifferenz ist ebenfalls begrenzt durch die vorgegebenen bzw. zulässigen Siedetemperaturen in der ersten Stufe und die Kondensationstemperatur des Brüdens der letzten Stufe. Letztere ist gewöhnlich durch die Betriebsbedingungen des Kondensators begrenzt.

b) Anlagenkosten für große Heizflächen bzw. Stufenzahl. Von bestimmten Stufenzahlen aufwärts wird die Zunahme der Anlagekosten durch weitere Stufen nicht mehr durch die Senkung der Heizdampfkosten kompensiert.
Die erhöhten Wärmeverluste einer vielstufigen Anlage führen ebenfalls zur Begrenzung der Mehrfachnutzung des Heizdampfes. Aus diesen Gründen werden gewöhnlich in der Lebensmittelindustrie maximal fünfstufige Verdampferanlagen eingesetzt.

8. Die Wahl von Extradampfmengen und Entnahmestufen unterliegt einer Reihe von Bedingungen. Die Summe der Extradampfmengen ist zunächst durch den Sekundärdampfbedarf der Verbraucher zu $\sum_1^{n-1} \dot{E}_i$ bestimmt. Sie sind so auf die Stufen zu verteilen, daß die Erwärmung der Medien in den Wärmeübertragern sowie die Verdampfungsleistung W der Verdampferanlage gewährleistet sind. Die Wahl der Entnahmestufe wird durch die gewünschte Endtemperatur der Medien in den Wärmeübertragern bestimmt. Die Kondensationstemperatur des Extradampfes muß hier um 6···7 K höher als die gewünschte Endtemperatur des vorzuwärmenden Mediums sein, um stabilen Vorwärmerbetrieb auch bei verschmutzter Heizfläche zu gewährleisten. Abhängig von der Entnahmestufe ist eine Auswahl möglich. Der Einsatz von Extradampf aus den vorderen Stufen senkt infolge seiner relativ hohen Kondensationstemperatur die Kosten für den Wärmeübertrager, weil mit einer Erhöhung der treibenden Temperaturdifferenz zwischen Sekundärdampf und vorzuwärmendem Medium die erforderliche Heizflächengröße sinkt. Die Entnahme von Sekundärdampf aus den letzten Stufen erhöht zwar die Wirtschaftlichkeit der Verdampferanlage selbst, vergrößert aber auch die Heizfläche der Vorwärmer. Die Wahl der Stufe für die Dampfentnahme hat praktisch keinen Einfluß auf die Menge an Extradampf, da für alle Stufen $h'' - h' \approx$ const. gilt.
Für vorgegebene Werte der Verdampfungsleistung $\dot{W}$ und des Frischdampfverbrauchs $\dot{D}_1$ zieht eine Veränderung der Dampfentnahme aus einer Stufe eine Veränderung der Dampfentnahme aus den übrigen Stufen nach sich. Die mögliche Dampfentnahme aus den einzelnen Stufen wird unter diesen Bedingungen (Konstanz von $\dot{W}$ und $\dot{D}_1$) nach *Tiščenko* aus den vereinfachten Gleichungen für die Stufenbelastung berechnet. Für eine dreistufige Verdampferanlage gilt danach

$$\dot{D}_1 = \dot{E}_1 + \dot{E}_2 + \dot{E}_3 \quad \text{für } \dot{W}_3 = \dot{E}_3 \tag{4.3./46a}$$

$$\dot{W} = \dot{E}_1 + 2\dot{E}_2 + 3\dot{E}_3 \tag{4.3./47a}$$

Daraus folgen die Abhängigkeiten von $\dot{E}_2$ bzw. $\dot{E}_3$ von $\dot{E}_1$:

$$\dot{E}_2 = -2\dot{E}_1 + 3\dot{D}_1 - W \qquad (4.3./52)$$

$$\dot{E}_3 = \dot{E}_1 + W - 2\dot{D}_1 \qquad (4.3./53)$$

Eine Steigerung der Dampfentnahme aus der 1. Stufe $\dot{E}_1$ verlangt eine Verringerung der Entnahme aus der 2. Stufe $\dot{E}_2$ und eine Erhöhung der Entnahme aus der 3. Stufe $\dot{E}_3$. Bei maximaler Dampfentnahme aus der 1. Stufe sinkt die Dampfentnahme aus der 2. Stufe auf Null.

Wärmeübertragung in Verdampfern

Der Wärmedurchgang in Verdampfern variiert infolge unterschiedlicher Konstruktion des Apparates und verschiedener Stoffeigenschaften der Lösung. Untersucht wird der Wärmedurchgang in einem Apparat mit vertikalen Rohren (s. Bild 4.3./2). Charakteristisch für den Wärmeübergang auf der Heizdampfseite ist die Bildung eines dünnen Kondensationsfilmes, der laminar auf der vertikalen Fläche bei kleinen und mittleren Wärmestromdichten ($\dot{q} \leq 50000$ W/m²) abfließt. Der Wärmeübergangskoeffizient α_1 ist groß und geht nur in geringem Maße in den gesamten Wärmedurchgangskoeffizienten k ein. Eine Ausnahme tritt dann ein, wenn der Dampf große Mengen Luft oder nichtkondensierender Gase enthält, die Gaspolster bilden und den Dampf von der Heizfläche isolieren.

Für die hinteren Stufen werden Brüdenstromdichten bis zu 6 kg bis 8 kg Sekundärdampf/(m²·h) zugelassen. Das bedeutet schwaches Sieden der eingedickten Lösung und kleinen Wärmeübergangskoeffizienten α_2.

Die Koeffizienten α_2 für den Wärmeübergang an die siedende Lösung werden als Durchschnittswerte für die gesamte Heizfläche berechnet. In Wirklichkeit hängen die lokalen Wärmeübergangskoeffizienten wesentlich vom Heizflächenort ab. Es existiert außerdem ein sogenanntes optimales Flüssigkeitsniveau, bei dem ein Maximum an Heizfläche für die eigentliche Verdampfung wirkt und der mittlere Wärmeübergangskoeffizient ein Maximum erreicht. Die Existenz eines solchen Wärmeübergangsmaximums beim Sieden in Rohren läßt sich physikalisch aus den Prozeßbedingungen erklären (Bild 4.3./8) und mit Versuchswerten belegen.

Wenn ein Siederohr der Länge l nur bis zur Höhe h_u mit Lösung gefüllt ist (unteres Niveau im Standglas des Apparates), so nimmt der lokale Wärmeübergangskoeffizient von unten nach oben deutlich ab (Kurve 1 im Bild 8a), weil der obere Teil des Rohres unzureichend von Lösung umspült wird.

Wird das Siederohr bis zum oberen Niveau h_0 gefüllt, arbeitet der untere Teil des

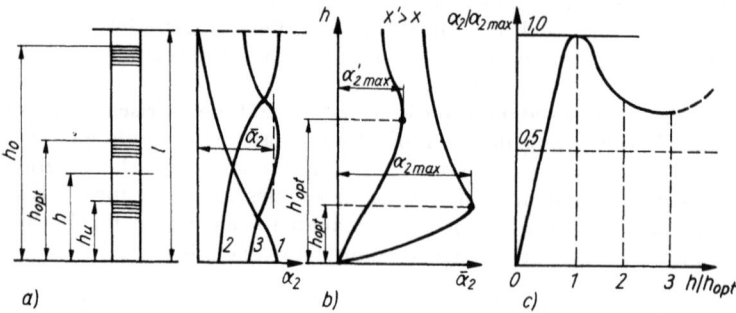

Bild (4.3./8). Einfluß der scheinbaren Flüssigkeitshöhe im Verdampferrohr auf den Wärmeübergang

Rohres als Vorwärmer und bringt die Lösung zunächst zum Sieden. Der Siedevorgang im oberen Teil verläuft dann bei höherer Wärmeübergangsintensität (Kurve 2). Bei optimaler Flüssigkeitshöhe h_{opt} ist die Vorwärmerzone kleiner, und gleichzeitig wird die Heizfläche gut von Lösung umspült. Infolgedessen verändert sich der Wärmeübergangskoeffizient entlang der Rohrhöhe nur wenig, und sein Mittelwert $\bar{\alpha}_2$ für die gesamte Rohrfläche erreicht ein Maximum (Kurve 3).
Die Größe der optimalen Flüssigkeitshöhe[1] h_{opt} bzw. des dimensionslosen Ausdruckes h_{opt}/l hängen von einer Reihe Faktoren ab. Solche Faktoren sind u. a. die Wärmestromdichte und der Trockensubstanzgehalt der Lösung.
Eine hohe Wärmestromdichte ruft eine hohe Brüdenstromdichte ($\dot{q} = \dot{u}r$) und folglich einen hohen Dampfgehalt der Lösung hervor. Deshalb reicht bei größerem Wärmestrom ein kleinerer Füllungsgrad des Rohres mit Lösung für eine gute Heizflächenspülung aus. Entsprechend sinkt die optimale Flüssigkeitshöhe. Bei konstantem Wärmestrom wird das Rohr besser von Lösung umspült, wenn die Viskosität sinkt (z. B. infolge geringerer Konzentration der gelösten Substanz). Deshalb wächst das optimale Niveau mit Zunahme der Konzentration. Bild (4.3./8b) zeigt $h'_{opt} > h_{opt}$ für $x' > x$. Gleichzeitig ist mit einer Zunahme der Lösungskonzentration eine Abnahme sowohl der örtlichen als auch des mittleren Wärmeübergangskoeffizienten gemäß Berechnungsgleichung $\alpha_2 = A_2 \dot{q}^{0,6}$ verbunden (s. Abschn. 4.1.).
Bringt man die einzelnen Kurven für verschiedene Konzentrationen und Wärmeströme in ein entsprechendes Koordinatensystem α/α_{max} über h/h_{opt}, erhält man ein verallgemeinertes Diagramm (s. Bild 4.3./8c).
Mit zunehmendem h/h_{opt} ist eine Steigerung der Zirkulationsgeschwindigkeit (Eintrittsgeschwindigkeit in die Siederohre) verbunden. Die optimale Zirkulationsgeschwindigkeit ist in etwa bei optimalem Flüssigkeitsniveau erreicht. Mit höherem Füllungsgrad des Rohres h/h_{opt} wächst die Zirkulationsgeschwindigkeit. Der Vorwärmbereich dehnt sich aus und kann die gesamte Rohrlänge erfassen. Die Lösung wird im Rohr überhitzt und verdampft im Volumen über der Heizfläche. Dabei werden gewöhnlich nicht die maximalen Wärmeübergangskoeffizienten erreicht.
Der gepunktete rechte Kurvenast in Bild (4.3./8c) ist denkbar u. a. bei erzwungener Zirkulation (durch Pumpen), wenn der konvektive Wärmeübergang intensitätsbestimmend wird. In gängigen Apparaten wird bei der tatsächlich erreichten Zirkulation ein solcher Anstieg nicht beobachtet.
Die bekannten Berechnungsgleichungen für α_2 beziehen sich gewöhnlich auf Wärmeübergangsbedingungen bei optimalem Flüssigkeitsniveau h_{opt}.
Beim Verdampfen von Lösungen mit suspendierten Teilchen oder Kristallen wird der Wärmeübergangskoeffizient durch zusätzliche Faktoren beeinflußt. Unter praktischen Bedingungen wird der Wärmedurchgang dann durch Verschmutzung der Heizfläche insbesondere auf der Lösungsseite kompliziert. In der verfahrenstechnischen *Berechnung der Verdampferanlage* ist dieser Einfluß der Ansatzbildung zu berücksichtigen. Eine solche moderne Berechnungsmethode nach *Kostenko* wird nachfolgend erläutert.
Der gesamte *thermische Widerstand* des Verdampfers setzt sich aus den Widerständen über der sauberen Heizfläche und des gebildeten Ansatzes zusammen (s. Abschn. 4.1.).

$$R = R_0 + R_V \qquad (4.3./54)$$

Der thermische Widerstand steigt mit zunehmender Verschmutzung (Ansatz). Es wird angenommen, daß die Ansatzmenge proportional der Verdampfungszeit

---

[1] Die erläuterten Flüssigkeitshöhen werden auch als scheinbare Flüssigkeitshöhe bezeichnet. Diese scheinbare Spiegelhöhe kennzeichnet z. B. mit h_{opt}/l den optimalen Volumenanteil Lösung am Gesamtvolumen des Rohres (die Red.)

und der verdampften Wassermenge steigt. In diesem Falle beträgt der integrale thermische Widerstand der Schmutzschicht

$$R_V = \int_0^\tau \psi \, \dot{u} \, d\tau \qquad (4.3./55)$$

ψ experimentell bestimmter Koeffizient der Ansatzbildung in m⁴ K/W·kg
$\dot{u}$ Brüdenstromdichte der Heizfläche in kg/m²·s
τ Betriebszeit in s

Für ψ = const folgt daraus für den thermischen Widerstand der jeweiligen Verdampferstufe

$$R = R_0 + \psi \int_0^\tau \dot{u} \, d\tau \qquad (4.3./56)$$

Die Integration dieser Gleichung für stationäres Betriebsregime, d. h. konstante Verdampfungsleistung W = const bzw. $\dot{u}$ = const, liefert

$$R = R_0 + \psi \, \dot{u} \, \tau \qquad (4.3./57)$$

Für die geforderte Verdampfungsleistung ist nun folgende treibende Temperaturdifferenz analog Gl. (4.1./62) erforderlich:

$$\Delta t = \dot{q} R = r \dot{u} (R_0 + \psi \dot{u} \tau) = r \dot{u} R_0 + \psi r \dot{u}^2 \tau = \Delta t_0 + \delta t \, \tau \qquad (4.3./58)$$

$\Delta t_0 = r \dot{u} R_0$ Anfangstemperaturgefälle bei sauberer Heizfläche zu Inbetriebnahme der Anlage, d. h. $\tau = 0$
$\delta t = \psi r \dot{u}^2$ Zunahme des Temperaturgefälles je Zeiteinheit, die den Anstieg des thermischen Widerstandes des Ansatzes kompensiert, in K/s
$r \dot{u} = \dot{q}$ Wärmestromdichte in W/m²
r Verdampfungswärme in J/kg

Es wurde bereits erläutert, daß nun die Arbeit mit Hilfe einer Belastungskurve von Vorteil ist. Sie wird punktweise für vorgegebene $\dot{u}$ nach Gl. (4.3./58) berechnet und als Kurve $\Delta t = f(\dot{u})$ gezeichnet (Bild 4.3./9). Im Bild sind die Kurven für die drei Betriebszeiten $\tau_1 = 0$ (Betriebsbeginn), τ_1 (bekannte bzw. geforderte Betriebszeit) sowie $\tau_1' > \tau_1$ dargestellt. Kurve II für τ_1 liefert die Brüdenstromdichte $\dot{u}_r$[1], die der

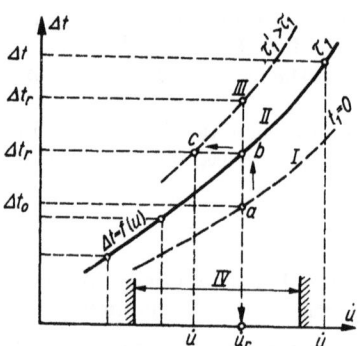

Bild (4.3./9). Belastungskurven eines Verdampfers
IV Optimaler Betriebsbereich

---

[1] Der Index r soll hier und nachfolgend den speziellen Wert der Größe in der jeweiligen Berechnung oder Betrachtung charakterisieren (die Red.)

maximal verfügbaren treibenden Temperaturdifferenz Δt_r entspricht. Kurve I liefert für die gleiche Brüdenstromdichte die Temperaturdifferenz Δt_0 über der sauberen Heizfläche zu Betriebsbeginn. Der Verlauf der Zunahme von Δt_0 auf Δt_r bei konstanter Brüdenstromdichte $\dot{u}_r = $ const. ist durch die Linie a—b gekennzeichnet. Bei fortgesetztem Betrieb $\tau'_1 > \tau_1$ wäre für $\bar{u}_r = $ const. in Verbindung mit dem steigenden thermischen Widerstand des Ansatzes eine größere Temperaturdifferenz $\Delta t'_r > \Delta t_r$ erforderlich. Da die verfügbare Temperaturdifferenz Δt_r bereits bei τ_1 ausgelastet ist, wird bei fortgesetzter Verdampfung die Brüdenstromdichte entlang der Linie b—c abnehmen.

Auf diese Weise kann mit mehreren Varianten für τ_1 eine Auswahl rationeller Werte der Betriebszeit τ_1, der treibenden Temperaturdifferenz Δt_r und der Brüdenstromdichte $\dot{u}_r$ getroffen werden. In jedem Fall sollte $\dot{u}_r$ in einem anzustrebenden optimalen Betriebsbereich IV liegen (vgl. spezielle Fachliteratur).

Die zeitliche Zunahme des thermischen Widerstandes von Verdampfern, entsprechend Gl. (4.3./56), tritt allgemein für jedes Betriebsregime auf. Die Art der Zunahme hängt jedoch vom Betriebsregime ab. Zusammengefaßt können zwei idealisierte Spezialfälle hervorgehoben werden:

Zeitlich konstante Verdampfungsleistung $\dot{W}$ bzw. Brüdenstromdichte $\dot{u}$.
Zeitlich konstante treibende Temperaturdifferenzen Δt_1 in den Stufen. Ein solches Regime ist unerwünscht, da hier steigende thermische Widerstände die Verdampfungsleistung verringern.

1. Prozeßführung bei $\dot{u} = $ const. Gl. (4.3./58) liefert mit $\dot{q} = \dot{u}\, r$

$$\dot{u} = \frac{\Delta t}{r R} \qquad (4.3./59)$$

Die Brüdenstromdichte $\dot{u}$ ist nur konstant zu halten, wenn die Zunahme des thermischen Widerstandes R durch Vergrößerung der treibenden Temperaturdifferenz Δt kompensiert wird (Bild 4.3./10).

Wird das verfügbare Temperaturgefälle Δt_r ausgelastet, ist eine weitere Steigerung von Δt physikalisch nicht möglich, und der stabile Betrieb der Stufe mit $\dot{u} = $ const geht zu Ende. Die Dauer des stabilen Betriebes τ_1 folgt dann mit $\Delta t = \Delta t_r$ aus Gl. (4.3./58) zu

$$\tau_1 = \frac{\Delta t_r - \Delta t_0}{\delta t} \qquad (4.3./60)$$

Für die Gesamtanlage addieren sich die Temperaturgefälle der Stufen

$$\sum_1^n \Delta t_{r_1} = \Delta T_r;\quad \sum_1^n \Delta t_0 = \Delta T_0;\quad \sum_1^n \Delta t_1 = \delta T \qquad (4.3./61)$$

Man erhält analog die stabile Betriebszeit[1] der Gesamtanlage

$$\tau_1 = \frac{\Delta T_r - \Delta T_0}{\delta T} \qquad (4.3./62)$$

Wie man erkennt, ist die Betriebszeit der Verdampferanlage mit konstanter Verdampfungsleistung von einer Reihe von Faktoren abhängig:

a) von der gesamten nutzbaren Temperaturdifferenz und ihrer Verteilung auf die Stufen der Anlage,

---

[1] auch als Reisezeit bezeichnet (die Red.)

b) von den Brüdenstromdichten $\dot{u}_i$ der Stufen, deren Auswahl mit besonderem Augenmerk auf das bestehende Maximum des Wärmedurchgangskoeffizienten $k = f(u, x)$ und den optimalen Bereich von $\dot{u}$ vorzunehmen ist,

c) vom Koeffizienten der Ansatzbildung ψ und den Wärmeübergangskoeffizienten α_2 auf der Lösungsseite.

Die Größe dieser Koeffizienten ist von der Verteilung der Lösungskonzentration auf die Stufen und folglich von der Verteilung der Dampfentnahmen sowie von den Belastungen der Stufen der Verdampferanlage abhängig.

2. Prozeßführung der Verdampferanlage bei $\Delta t = \text{const}$. Gl. (4.3./58) zeigt, daß bei $\Delta t = r \dot{u} R = \text{const}$ die Brüdenstromdichten mit Zunahme von R unweigerlich sinken.

$$\dot{u} = \frac{\Delta t}{rR} = \text{variabel} \qquad (4.3./63)$$

Žura fand experimentell für diese Prozeßführung bei der Verdampfung von Glukoselösungen, daß die Senkung der Brüdenstromdichte angenähert einem expotentiellen Ansatz folgt:

$$\dot{u} = \dot{u}_0 \exp\left(-\frac{\tau}{\Theta}\right) \qquad (4.3./64)$$

$\dot{u}_0$ Anfangswert von $\dot{u}$ zu Betriebsbeginn
Θ Zeitkonstante des Prozesses

Aus den vorgestellten Gleichungen erkennt man, daß für $\Delta t = \text{const}$ die Belastung des Apparates kontinuierlich mit der Zeit sinkt und dies um so stärker, je höher die Brüdenstromdichte $\dot{u}_0$ zu Anfang ist. Bei dieser Prozeßführung ist kein stabiler Betrieb der Anlage möglich, und die Auswahl der Regelungsparameter ist erschwert.

In der Praxis sind verschiedene kombinierte Prozeßführungen von Verdampferanlagen möglich. Innerhalb der stabilen Betriebsperiode τ_1 arbeitet die Anlage mit $\dot{u} = \text{const}$. Dieses Regime ist durch einen kontinuierlichen Anstieg der treibenden Temperaturdifferenz in jeder Stufe zu sichern. Die gesamte treibende Temperaturdifferenz der gesamten Anlage kann erhöht werden durch stufenweise Erhöhung des Heizdampfdruckes der 1. Stufe bzw. durch Senkung des Sekundärdampfdruckes in der letzten Stufe oder durch gleichzeitiges Einwirken auf beide Größen.[1] Ist das verfügbare Temperaturgefälle ausgelastet, beginnt der Verdampfer bei $\Delta t = \text{const}$ zu arbeiten. Diese Prozeßführung ist für eine gewisse Betriebszeit τ_2, solange sich die Endkonzentration der Lösung in einem zulässigen Bereich bewegt, möglich. Danach wird die Heizfläche der Verdampferanlage einer Reinigung unterzogen.

4.3.3. Wärmetechnische Berechnung

Zielstellungen

Verdampfungsprozesse sind von komplizierter Natur. Sie werden von einer Vielzahl von Faktoren beeinflußt.

Man unterscheidet hinsichtlich der Zielstellung Projektierungs- und Betriebsrechnungen. Die Projektierungsrechnung hat für vorgegebene Betriebsbedingungen die Heizflächenabmessungen des Verdampfers zum Ziel. Betriebsrechnungen vorgegebener Anlagen sind auf die Bestimmung der Verdampfungsleistung für bekannte

---

[1] Dieser Fall wird schematisch in Bild (4.3./10) gezeigt, wobei vereinfachend die „Temperaturverluste" nicht dargestellt sind

Betriebsbedingungen oder das optimale Betriebsregime gerichtet. In beiden Fällen werden die gleichen Wärmetransport- und Wärmebilanzgleichungen verwendet. Es unterscheiden sich die Lösungsalgorithmen.

Die wärmetechnische Berechnung liefert die wesentlichen Größen, die den Betrieb sowohl der Gesamtanlage als auch der einzelnen Stufen bestimmen. Hierzu gehören:

a) Zu übertragender Wärmestrom in den einzelnen Verdampfern unter Berücksichtigung der Dampfentnahme bzw. der Veränderung der Verdampfungsbedingungen.

b) Thermische Widerstände der einzelnen Verdampfer (Stufen) unter Berücksichtigung möglicher Ansatzbildung.

c) Treibende Temperaturdifferenzen, die eine Wärmeübertragungsintensität gemäß der vorgegebenen Leistung der Anlage gewährleisten.

d) Heizfläche der einzelnen Verdampfer.

Im folgenden sollen die wesentlichen Prinzipien einer annähernden Berechnung kontinuierlich (stationär) arbeitender Verdampferanlagen untersucht werden.
Zur Beherrschung der Methode sind praktische Erfahrungen, die u. a. in Labor-Praktikumsübungen erarbeitet werden können, erforderlich. Zu Fragen der Hydrodynamik und der Konstruktion sind Literaturhinweise aufgeführt.

Berechnung einzelner Verdampfer

Einstufiges Eindampfen findet man in vielen Lebensmittelbetrieben, u. a. bei der Herstellung von Marmelade, Fruchtsäften, Sirupen sowie Bonbonmasse.
Projektierungsrechnung. Ausgangsdaten für die Berechnung sind Heizdampftemperatur t_D, Druck und Temperatur des Sekundärdampfes p_{Br} u. t_{Br}, Anfangs- und Endkonzentration der Lösung x_a und x_e, Lösungstemperatur bei Eintritt in den Apparat t_{La} sowie Stoffwerte der Lösung und weiter das Apparateschema, die gewünschte stabile Betriebsdauer τ_1 bzw. der Ausnutzungskoeffizient der Heizfläche φ.
Die übliche Berechnung verläuft nach folgendem Programm. Nacheinander werden folgende Größen bestimmt:

1. Verdampfungsleistung der Anlage

$$W = \dot{S}_a \left(1 - \frac{x_a}{x_e}\right)$$

2. Mittlere Lösungskonzentration[1]
a) für Umlaufverdampfer (mit mehrfacher Zirkulation)

$$x_r = x_e$$

b) für Verdampfer ohne Zirkulation

$$x_r = 0{,}5 \, (x_e + x_a)$$

3. Siedetemperatur der Lösung

$$t_L = t_{Br} + (\Delta_h + \Delta_s)$$

4. Nutzbare treibende Temperaturdifferenz

$$\Delta t_r = t_D - t_L$$

5. Belastungscharakteristik

$$\Delta t = r \, \dot{u} \, R = r \, \dot{u} \, (R_0 + R_V)$$

---

[1] Insbesondere für die Bestimmung der Stoffwerte (die Red.)

Mit Hilfe der Belastungscharakteristik wird der Wärmestrom $\dot{q}_r = k\,\Delta t_r$ durch die Heizfläche bestimmt.

6. Heizflächengröße des Apparates nach einer der folgenden Methoden:

a)
$$A = \frac{\dot{Q}}{k\Delta t} = \frac{\varkappa(R_0+R_V)[\dot{S}_a c_a(t_L-t_a)+W(h_{Br}-c_W t)]}{\Delta t} \qquad (4.3./65)$$

$\varkappa = 1{,}03$ bis $1{,}05$ Koeffizient für den Wärmeverlust des Apparates an die Umgebung

b) Als Näherung wird angenommen $t_a = t_L$; $h_{Br} - c_W t = r^1$

$$\dot{q} = k\,\Delta t = \dot{u}\,r$$

$$A = \frac{W(h_{Br}-c_W t)}{\dot{u}\,r} \approx \frac{W}{\dot{u}} \qquad (4.3./66)$$

7. Heizdampfverbrauch $\dot{D}$ in kg/s

$$\dot{D} = \frac{\dot{Q}}{h''-h'} = \frac{\varkappa[\dot{S}_a c_a(t_L-t_a) + W(h_{Br}-c_W t)]}{h''-h'} \approx \dot{u} A \qquad (4.3./67)$$

8. Mit der Anordnung der Heizfläche in einer Apparateskizze und der Berechnung einiger Konstruktionsdetails des Apparates wird die vereinfachte Berechnung abgeschlossen und ein Standardapparat mit einer angenäherten Heizfläche aus einem Apparatekatalog ausgewählt.

Betriebs- bzw. Überprüfungsrechnung (nach *Kostenko*).

Bei der Nachrechnung eines vorhandenen Verdampfers ist zunächst der Apparat einschließlich Größe und Gestalt der Heizfläche bekannt. Weitere Ausgangsdaten sind einerseits mit dem Ist-Zustand des Betriebes (Lösungsdurchsatz, Anfangs- und Endkonzentration der Lösung, Ausnutzungskoeffizient der Heizfläche, sonstige Verdampfungsbedingungen) und andererseits mit der geforderten Verdampfungsleistung (Lösungsdurchsatz, Konzentrationen) gegeben. Zunächst wird der Ist-Zustand berechnet:

1. Verdampfungsleistung (Massenstrom des verdampften Wassers) W_{ist} aus den Ist-Werten des Durchsatzes und der Konzentration

$$W_{ist} = \dot{S}_a\left(1 - \frac{x_e}{x_a}\right) \qquad (4.3./68)$$

2. Brüdenstromdichte $\dot{u}_{ist}$ in kg/(m²·s)

$$\dot{u}_{ist} = \frac{W_{ist}}{A} \qquad (4.3./69)$$

3. Wärmedurchgangskoeffizient k_{ist} in W/(m² K) bzw. gesamter thermischer Widerstand R_{ist} in m²·K/W

$$k_{ist} = \frac{1}{R_{ist}}$$

$$R_{ist} = R_0 + R_V = (R_1 + R_W + R_2) + \frac{1-\varphi}{\varphi}(R_1 + R_W + R_2) = \frac{R_0}{\varphi} \qquad (4.3./70)$$

R_1 und R_2 werden über $\dot{u}_r$ berechnet.

---

[1] Vgl. Abschn. 4.3.2.; $t_a \equiv t_{L_a}$ Anfangs- bzw. Eintrittstemperatur der Lösung (die Red.)

4. Beobachtete Temperaturdifferenz in K

$$\Delta t_{ist} = t_D - t_L \tag{4.3./71}$$

5. Wirkliche Wärmebelastung $\dot{Q}$ in W

$$\dot{Q}_{ist} = k \, \Delta t \, A \tag{4.3./72}$$

Geforderte Betriebsdaten des Verdampfers:

6. Geforderte Verdampfungsleistung $\dot{W}$ in kg/s gemäß vorgegebener Produktmengen sowie Konzentrationen

$$\dot{W} = \dot{S}_a \left(1 - \frac{x_a}{x_e}\right) \tag{4.3./73}$$

7. Erforderlicher Wärmestrom durch die Heizfläche

$$\dot{Q} = [\dot{S}_a c_a (t_L - t_a) + \dot{W} (h_{Br} - c_W t)] \varkappa \tag{4.3./74}$$

8. Koeffizient der Leistungsreserve

$$\chi_1 = \frac{\dot{Q}_{ist}}{\dot{Q}} = \frac{\text{Wärmestrom im Ist-Zustand}}{\text{Benötigter Wärmestrom}} \tag{4.3./75}$$

Ein analoges Ergebnis erhält man durch Gegenüberstellung von beobachtetem und erforderlichem Temperaturgefälle

$$\chi_2 = \frac{\Delta t_{ist}}{\Delta t_{erf.}} \tag{4.3./76}$$

Das erforderliche Gefälle kann über den erforderlichen Wärmestrom berechnet werden:

$$\Delta t_{erf.} = \frac{\dot{Q}}{kA} \tag{4.3./77}$$

In diesem Falle wird k über die erforderliche Brüdenstromdichte $\dot{u} = \dot{W}/A$ berechnet mit

$$\frac{\dot{Q}_{ist}}{\dot{Q}} = \frac{k_{ist} \Delta t_{ist} A}{k \Delta t_{erf.} A}$$

Es folgt schließlich

$$\chi_1 = \chi_2 \frac{k_{ist}}{k} \tag{4.3./78}$$

9. Eine solche Überprüfungsberechnung endet mit der Auswertung der Ergebnisse und Schlußfolgerungen über notwendige Maßnahmen zur Änderung der Betriebsbedingungen. Ziel ist die Annäherung der Betriebsbedingungen an das Optimum.

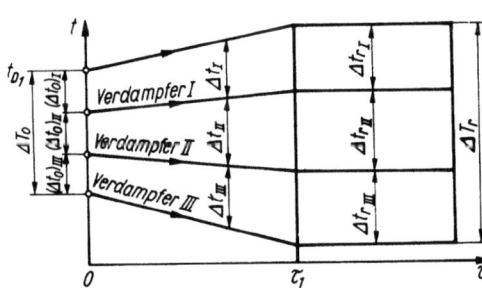

Bild (4.3./10). Beispiel für die Veränderung der treibenden Temperaturdifferenzen mit der Betriebszeit

Die Schlußfolgerung kann auch sein, einen anderen Apparat mit anderer Heizfläche zu wählen. Die Lösung hängt von den Koeffizienten χ ab. Findet man $\chi < 1$, gewährleistet der Apparat nicht die geforderte Leistung. In diesem Falle ist u. a. zu empfehlen, die nutzbare Temperaturdifferenz zu erhöhen. Findet man $\chi > 1$, sollte zweckmäßigerweise Δt_{ist} durch die Senkung des Heizdampfdruckes verkleinert werden. Der Austausch des Apparates sollte nur im Grenzfall zur Debatte stehen, wenn sich die Koeffizienten der Leistungsreserve wesentlich von eins unterscheiden und andere Möglichkeiten zur Verbesserung der Apparateleistung ausgeschöpft sind. Als normal gilt eine Leistungsreserve von 5···10 %. Eine Überprüfungsberechnung wird gewöhnlich an eine Projektierungsrechnung angeschlossen, wenn sich die Heizfläche eines nach Katalog ausgewählten Apparates wesentlich von der anfangs berechneten Größe unterscheidet.

Berechnung mehrstufiger Verdampferanlagen

Die Berechnung einer mehrstufigen Verdampferanlage besteht im wesentlichen darin, die bereits erläuterten Massen- und Wärmebilanzgleichungen zu lösen. Die größere Kompliziertheit im Vergleich zum Einzelapparat resultiert aus der gegenseitigen Beeinflussung der Stufen, die noch vom Einfluß der Dampfentnahme überlagert wird. Teile der Rechnung, wie die Bestimmung der thermischen Widerstände und der Heizfläche, werden Stufe für Stufe wie für den Einzelapparat durchgeführt.
Folgende Komplexe sind zu bearbeiten:
– Bestimmung der ausgedampften Wassermengen bzw. von Wärmestrom- und Brüdenstrombelastung der Heizfläche,
– Bestimmung der thermischen Widerstände,
– Berechnung der Heizfläche (Projektierungsberechnung) bzw. optimaler Temperaturverhältnisse (Überprüfungsberechnung).

Reihenfolge einer Projektierungsrechnung

1. Nach Festlegung des Anlagenschemas (Stufenzahl, Schaltung ...) werden die Ausgangsdaten zusammengestellt. Dazu gehören die Produktmengen, deren geforderte bzw. gegebene Konzentrationen, ihre Temperatur, die Kondensationstemperatur des Heizdampfes.
2. Weiter werden die Sekundärdampfmengen berechnet, die für die externe Beheizung von Wärmeübertragern erforderlich sind. Daraus folgt die Summe der Extradampfmengen $\sum_{1}^{n-1} \dot{E}_i$.
3. Nun ist ein möglichst optimales Schema der Dampfentnahme (Entnahmestufen und -mengen, die Red.) zu erarbeiten. Für bekannte Systeme wird gewöhnlich das Schema beibehalten. Für neue Fälle werden mehrere Varianten der Dampfentnahme unter Verwendung vereinfachter Bilanzgleichungen (für die Stufenbelastung) berechnet.
4. Im Ergebnis dessen werden die je Stufe verdampften Wassermengen W_i ermittelt. Wird die Heizdampfmenge $\dot{D}_1$ aus der vorgegebenen Verdampfungsleistung der Anlage W und der Entnahmedampfmenge berechnet, liefert eine vereinfachte Rechnung nach *Claasen* weiter

$$\begin{aligned}
W_1 &= \dot{D}_1 \\
W_2 &= \dot{D}_1 - \dot{E}_1 = \dot{D}_2 \\
W_3 &= \dot{D}_2 - \dot{E}_2 = \dot{D}_3 \\
W_i &= \dot{D}_{i-1} - \dot{E}_{i-1} = \dot{D}_i \\
W_n &= \dot{D}_{n-1} - \dot{E}_{n-1} = \dot{D}_n
\end{aligned} \qquad (4.3./79)$$

Eine Kontrolle der Rechnung wird mit Hilfe der Beziehung für die Gesamtanlage durchgeführt.

$$\sum_1^n W_i = S_a \left(1 - \frac{x_a}{x_e}\right)$$

Diese Methode ist einfach, gewährleistet jedoch nicht überall die geforderte Genauigkeit, da Wärmeverluste und Selbstverdampfung vernachlässigt werden. Der Fehler in der Ermittlung von W_i und D_i wächst mit steigender Stufenanzahl. Der größte Fehler wird für die letzte Stufe und für kleine Werte W_n beobachtet. Bei einer 5-stufigen Anlage kann z. B. der Fehler von W_5 50% erreichen. Dies erklärt sich dadurch, daß in der letzten Stufe der größte Selbstverdampfungseffekt und die kleinsten Wärmeverluste beobachtet werden. Deshalb ist die tatsächlich ausgedampfte Wassermenge größer als die berechnete Wassermenge. Für zwei- und dreistufige Verdampferanlagen mit Betrieb der letzten Stufe unter Druck liefert diese einfache Methode befriedigende Ergebnisse.

5. Festlegung der gewünschten Temperaturverhältnisse. Dabei sind geforderte stabile Betriebsdauer τ_1 und verfügbares Temperaturgefälle in Übereinstimmung zu bringen. Die Verteilung des nutzbaren Temperaturgefälles (treibende Temperaturdifferenz) auf die Stufen unterliegt einer Reihe von Bedingungen:

a) Von Stufe zu Stufe sinkt der Wärmedurchgangskoeffizient, verschlechtern sich die Bedingungen für die Wärmeübertragung. Man erhöht auf Grund dessen von Stufe zu Stufe die nutzbare Temperaturdifferenz, um zu große Heizflächen in den hinteren Stufen zu vermeiden.

b) Aus ähnlichen Erwägungen werden Verdampferstufen mit hoher Wärmestrombelastung mit einer großen Temperaturdifferenz versehen.[1]

c) Für jede Verdampferstufe muß allerdings mindestens eine minimale nutzbare Temperaturdifferenz von etwa 6···7 K (für Apparate mit künstlicher Zirkulation 4···5 K) gesichert werden.

Insgesamt ist mit der Verteilung des Temperaturgefälles anzustreben:
Gleiche Heizflächengröße aller Einzelverdampfer bei minimaler Gesamtheizfläche der Anlage,
Gleicher Apparatetyp aller Einzelverdampfer.

6. Für jeden Einzelverdampfer i werden Belastungscharakteristiken $\Delta t = f(u)$ aufgestellt und daraus Brüdenstromdichten entsprechend dem nutzbaren Temperaturgefälle Δt_i bestimmt.

7. Abschließend wird die Heizfläche jeder Stufe $A_i = W_i/u_i$ berechnet. Die Berechnung endet mit der Auswahl eines standardisierten Apparates aus dem Katalog. Es wird ein Apparat mit nächstliegender Heizflächengröße gewählt. Diese kann sich wesentlich von der berechneten Fläche unterscheiden, so daß dann eine Umverteilung der Temperaturen (im schlimmsten Falle auch der Stufenbelastungen) erforderlich wird.

8. Als weiterer Schritt ist eine Überprüfungsrechnung für die so gewählte Anlage erforderlich. Ziel ist ein weitgehend optimales Betriebsregime für die geforderte Leistung einschließlich der Dampfentnahme. Bei nun bekannten Heizflächen A_i werden optimale Brüdenstromdichten (heizflächenbezogene verdampfte Wassermenge) über die thermischen Widerstände R_i und die nutzbaren treibenden Temperaturdifferenzen Δt_i berechnet bzw. überprüft. Dabei muß für ein optimales Betriebsregime die Summe der verfügbaren nutzbaren Temperaturdifferenzen größer

---

[1] Dabei ist zu beachten, daß zu große Temperaturdifferenzen zur Bildung eines Dampffilmes an der Heizfläche führen. Damit verbunden ist eine Verschlechterung des Wärmeübergangskoeffizienten (die Red.)

oder gleich der benötigten sein.[1] Das bedeutet, daß zu Ende der vorgegebenen stabilen Betriebsdauer τ_1 für den Leistungsreservekoeffizienten $\chi \geq 1$ gilt. Für Zuckerfabriken werden aus diesem Grund die thermischen Widerstände für einen Betriebszustand nach $\tau_1 = 40$ bis 50 Tagen bestimmt und in die Rechnung eingesetzt.
Die Berechnung von Verdampferanlagen wird bis zur Auswahl einer Variante nach vereinfachten Methoden durchgeführt. Eine präzise Nachrechnung der Größen sollte nur für die angenäherte oder ausgewählte Variante vorgenommen werden. Die größten Veränderungen werden durch Änderung der Dampfentnahme und durch Umverteilung der Temperaturgefälles hervorgerufen.

4.3.4. Apparatetypen und Auswahl von Verdampferanlagen

Apparatetypen

Die Typenvielfalt an Verdampferapparaten ist groß. Bekannt sind etwa 100 dampfbeheizte Apparate unterschiedlicher Art, von denen über 30 serienmäßig vom sowjetischen Maschinenbau hergestellt werden.
Man klassifiziert Verdampfer u. a. nach Lage, Form, Gestalt und Aufbau der Heizfläche, nach der gegenseitigen Lage von Heizdampf und Lösung oder nach der Lösungsführung bzw. den Umlaufbedingungen.
Das Apparateschema eines „klassischen" Verdampfers mit vertikalen Siederohren und zentralem Fallrohr (s. Bild 4.3./2) zeigt die wichtigsten Elemente eines Verdampfers – Heizregister und Brüdenraum. Die Heizfläche des Heizregisters trennt den mit Frischdampf beaufschlagten Heizdampfraum vom Siederaum der siedenden Flüssigkeit. Hilfselemente, wie Stutzen für die Zu- und Abführung der Arbeitsmedien, für Frischdampfkondensat und nichtkondensierende Gase oder Abscheider zur Abtrennung von Schaum und Tröpfchen aus dem Sekundärdampf, komplettieren den Apparat. Die Heizfläche kann auch horizontal oder geneigt angeordnet sein. Man kennt die unterschiedlichsten Heizflächenformen.
Auch bezüglich der Zirkulation sind unterschiedliche Apparate bekannt. Man sieht Apparate mit einmaligem Durchlauf (Umlauf), bei denen die Lösung in einen Auffangbehälter gelangt, und Umlaufverdampfer mit mehrfacher Zirkulation. Man unterscheidet Umlaufverdampfer mit Zwangsumlauf unter Einsatz von Pumpen von solchen mit natürlichem Umlauf. In einem großen Volumen siedender Flüssigkeit ohne vorgegebenes Umlaufsystem ist freie Konvektion zu beobachten. Einen besonderen Platz nehmen Rotationsverdampfer mit rotierender Heizfläche ein.
Besonders für das Eindampfen konzentrierter Lösungen betrachtet man den Charakter der Zirkulation als bestimmendes Merkmal und analysiert dazu kurz die Apparateschemata einiger Verdampfertypen (Bilder 4.3./11, 4.3./12 und 4.3./13). In allen Bildern sind dabei gleiche Bezeichnungen für zu- und abgeführte Arbeitsmedien gewählt (s. Bild 4.3./13).
Bild (4.3./11) zeigt das Schema eines Verdampfers des CINS mit innenliegendem Rohrbündel-Heizregister. Der doppelte, gewalzte Rohrboden und die außen liegenden Fallrohre haben die Aufgabe, die Lösungszirkulation zu verbessern. Das soll insbesondere durch die Lage der Fallrohre außerhalb der Dampfkammer erreicht werden. In Apparaten mit innerem bzw. zentralem Fallrohr, das äußerlich von Dampf beheizt wird, ist das Abwärtsströmen der Flüssigkeit durch das Aufsteigen entstehender Dampfblasen gestört. Wie Erfahrungen von *Tobilevič* und *Fedotkin*

---

[1] Bei vorzunehmenden Variationen z. B. der Temperaturverteilung, ist zu beachten, daß die Brüdenstromdichten weitgehend im optimalen Betriebsbereich liegen sollten. Es ist stets darauf zu achten, daß Heizwärme, übertragene Wärme und damit ausgedampfte Sekundärdampfmenge mit den Bilanzen übereinstimmen (die Red.)

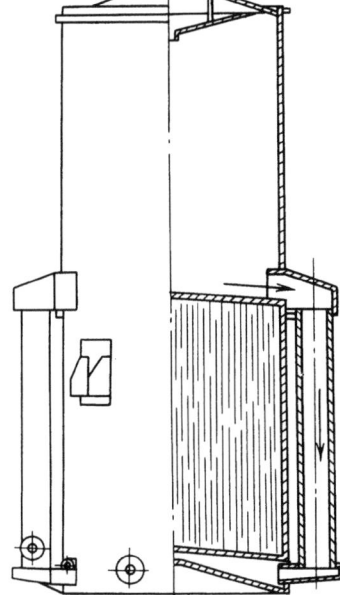

Bild (4.3./11). Vertikaler Verdampfer des CINS mit außenliegenden Zirkulationsrohren

zeigen, stellt sich bei steigendem hydraulischem Widerstand der Zirkulationsrohre von selbst eine Abwärtsbewegung der Lösung in Teilen des Siederohr-Bündels ein. Deshalb hat die Anordnung der Fallrohre bzw. -kanäle außerhalb der Heizzone nur theoretische und experimentelle Bedeutung.

In Bild (4.3./12c) ist ein Apparat mit außenliegendem Heizregister in Form eines Rohrbündels dargestellt. In der speziellen Ausführung wird die Lösung im Heizregister überhitzt und dampft im Brüdenraum (Abscheider) aus. Der Dampf wird über Tropfenabscheider aus dem erweiterten Brüdenraumteil abgeführt. Die Lösung strömt über das Fallrohr zurück zum Heizregister und tritt dort unter dem Druck der Flüssigkeitssäule in die Siederohre ein.

Zur Verbesserung der Zirkulation wird insbesondere beim Eindampfen konzentrierter Lösungen die Strömung mit Hilfe einer Pumpe (s. 4.3./12b) erzwungen bzw. unterstützt. In diesem Falle ist sowohl eine vertikale als auch eine horizontale Lage (s. Bild) der Rohr-Heizfläche möglich. In der Schnittdarstellung des Brüdenraumes ist die Anordnung von Tropfenfängern angedeutet.

Für das Eindampfen kleiner Chargen hochviskoser Pasten (Süßwarenhalbfabrikate, Tomatenmassen usw.) ist der Einsatz einer aus Rohren bestehenden Zirkulationskontur nicht immer zweckmäßig. In diesem Falle werden offene Eindampfkessel oder mantelbeheizte kugelförmige Behälter mit Rührwerk verwendet.

In Bild (4.3./13a) ist ein eingängiger Langrohr-Verdampfer nach dem *Kestner-System* dargestellt. Die Lösung gelangt von unten in die Siederohre (Länge etwa 7 m) und wird aus einer Dünnschicht, die auf der Rohrinnenwand nach oben kriecht, verdampft. Im Raum über der Lösung sind Ablenkbleche angebracht, die die fontänenartig aus den Rohren austretende Lösung ablenken. Weiter ist dort ein Zentrifugalabscheider installiert. Die Besonderheiten des Apparates bestehen in

1. hohem Flüssigkeitsniveau, welches erhöhte Zirkulationsgeschwindigkeit schafft,
2. großer Tauchtiefe des Heizregisters und
3. Anordnung eines Strömungsstabilisators über der Heizfläche, bestehend aus unbeheizten konzentrischen Ringelementen.

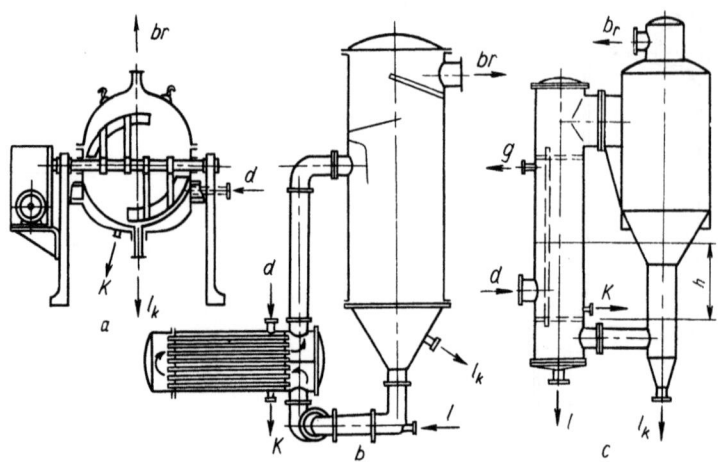

Bild (4.3./12). Bauformen von Verdampfern
a) dampfbeheiztes Rührwerk
b) Umlaufverdampfer mit Zwangsumlauf
c) Umlaufverdampfer mit außenliegendem Heizregister. Symbole s. Bild (4.3./13)

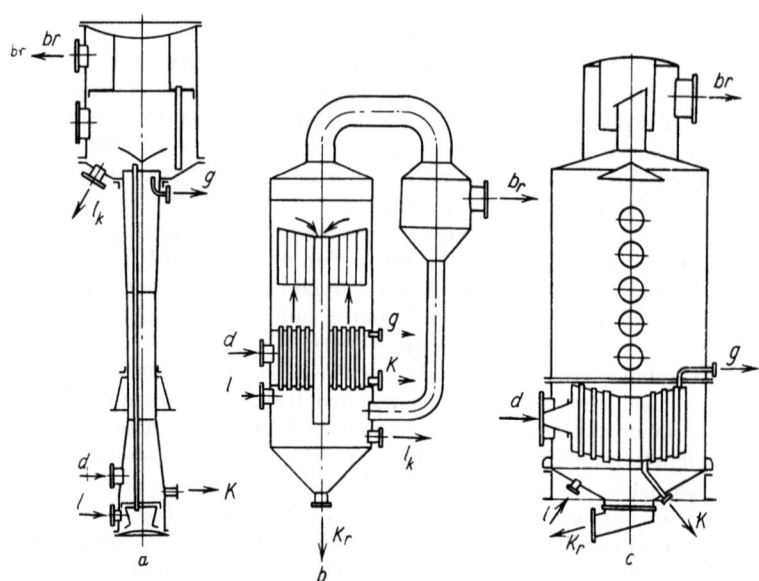

Bild (4.3./13). Bauformen von Verdampfern
a) Langrohr-Kletterfilm-Verdampfer
b) Umlaufverdampfer mit Strömungsstabilisator
c) Vakuumverdampfer für Zuckerlösung
Zeichenerklärung: d Heizdampf, k Kondensat, g nichtkondensierende Gase, l Lösung, l_k eingedickte Lösung, k_r Kristall-Lösungs-Suspension, br Brüden

Der Stabilisator gewährleistet die vorgegebene vertikale Strömung der Lösung und verringert energetische Verluste durch Mischen der Lösung. Damit wird der Druck besser für die Ausbildung der Zirkulationsgeschwindigkeit genutzt.

Für die periodische Eindampfung von kristallisierenden Lösungen speziell für Zuckerabläufe wird neben anderen Bauformen ein Vakuumverdampfer mit eingehangener Heizkammer nach Bild (4.3./13c) eingesetzt. Er zeichnet sich durch großes Volumen über der Heizfläche aus. Hier wird die eingekochte Masse, deren Menge mit der Kochzeit zunimmt, untergebracht. Zur Niveaukontrolle des eingedickten Produktes ist eine Reihe von Schaugläsern übereinander angebracht. Die eingedickte Zuckermasse strömt im zentralen Fallrohr und im Ringraum zwischen der Heizkammer und der Apparatewand abwärts den Siederohren zu. Das erzeugte Produkt ist eine wenig fließfähige Lösung. Sie enthält bis zu 93 % „Trockensubstanz" und etwa 50 Masse-% an Kristallen. Nach Beendigung des Kochzyklus wird sie über einen großen Schieber ausgetragen. Apparate diesen Typs können mit einer zusätzlichen Heizfläche ausgerüstet sein. Diese wird unter dem eingehangenen Rohrbündel-Heizregister angeordnet und in Gestalt horizontaler Schlangenrohre bzw. eines Dampfmantels auf den konischen Apparateboden ausgeführt. Außerdem wird zur Verbesserung der Zirkulation der Zuckermasse in das zentrale Fallrohr eine axiale Propeller- bzw. Schraubenpumpe eingebaut.

Zum Eindampfen von verschiedenen Fruchtsäften (Obstsäften) werden Vakuum-Apparate kombiniert mit Brüdenverdichter eingesetzt (Bild 4.3./14).

Das Bild zeigt den in der UdSSR gefertigten Apparat System *Lurgi*. Sein spezifischer Dampfverbrauch beträgt etwa 0,5 kg Dampf je kg verdampften Wassers. Damit entspricht er in der Wirtschaftlichkeit einer zweistufigen Anlage. Heizdampf mit einem Druck von 0,8···1,0 MPa wird im Injektor entspannt und erreicht eine Geschwindigkeit bis 1000 m/s. Durch den Ansaugeffekt des Injektors saugt er Brüdendampf mit einem Druck von 0,012 MPa (Kondensationstemperatur 52 °C) ab. Sein Druck fällt dabei auf den des entstehenden Dampfgemisches von 0,03 MPa (Kondensationstemperatur 70 °C). Der Injektionskoeffizient als Masse Sekundärdampf je kg Frischdampf erreicht Werte von 0,8 bis 1,0.

Ein Verdampferapparat mit fallendem Film ist in Bild (4.3./15) gezeigt. Dieser Apparat vom Typ Wiegand (BRD) wird verbreitet zum Eindampfen von Säften, Milch, Glukoselösungen u. ä. eingesetzt. Die Flüssigkeit wird mit einer Pumpe über den Vorwärmer dem Apparat zugeführt und gelangt über eine Verteilereinrichtung in den oberen Teil der Siederohre. Das Gemisch aus Lösung und Sekundärdampf wird schnell durch die langen Siederohre des Apparates nach unten transportiert und in den Separator ausgeworfen. Hier erfolgt eine Trennung von Dampf und eingedickter Lösung. Solche Apparate werden zu zwei- bis fünfstufigen Verdampferanlagen zusammengestellt.

Auswahl von Verdampfern

Für die gleiche technologische Aufgabe werden oft verschiedene Apparate eingesetzt. Dies zeugt davon, daß begründete Aussagen bzw. Auffassungen über die entscheidenden Vorzüge der in Frage kommenden Apparate fehlen. Die Anwendung eines bestimmten Typs ist meist durch die Tradition im jeweiligen Industriezweig bedingt. Die Auswahl rationeller Konstruktionen, die Senkung der Zahl verfügbarer Typen und Baugrößen ist eine ernsthafte Aufgabe.

Die vielfältigen Bauformen von Verdampferapparaten und Anwendungsforderungen erschweren die Auswahl eines Apparates für den konkreten Verdampfungsfall. Es fehlen systematisierte Betriebsdaten für sowjetische und ausländische Apparate, so daß kein deutlicher Hinweis auf die entscheidenden Vorteile einzelner Apparate-

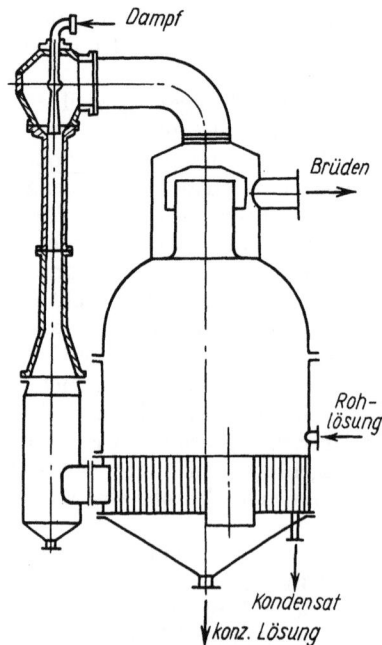

Bild (4.3./14). Bauform eines Verdampfers mit Brüdenverdichter

Bild (4.3./15). Schema eines Fallfilm-Verdampfers

konstruktionen möglich ist. Deshalb muß in jedem Einzelfall von folgenden allgemeinen Anforderungen ausgegangen werden:

1. Der Apparat muß den technologischen Bedingungen für die Verdampfung des jeweiligen Produktes (Milch, Sirup, Zuckermasse, Schlempe usw.) entsprechen. Wird das Produkt bei längerer Verweilzeit bei Prozeßtemperatur geschädigt, sind Apparate mit kleiner Verweilzeit der Lösung (einmaliger Umlauf) oder Vakuumapparate ggf. mit Brüdenkompression einzusetzen. Kristallisiert das Produkt, ist in den meisten Fällen die Schaffung einer zuverlässigen Zirkulation erforderlich, um das Absetzen von Kristallen zu verhindern. Für Flüssigkeiten mit hoher Viskosität werden Rohrapparate mit großem Siederohrdurchmesser gewählt.

2. Der Apparat muß einfach und kompakt im Aufbau und zuverlässig im Betrieb sein. Reparatur und Betrieb einschließlich Reinigung müssen bequem handhabbar sein. Apparate mit vielen kleinen Details, die bald defekt sind und eine Reparatur während des Betriebes erfordern, finden kaum Sympathie.

Bequem zu reinigen sind Apparate mit vertikal angeordneten Kurzrohr-Heizflächen. Reinigung und Reparatur sind am aufwendigsten bei Langrohr-Apparaten.

3. Die Heizfläche soll große Brüdenstromdichten ermöglichen bzw. große Wärmedurchgangskoeffizienten gewährleisten. Der Apparat muß eine zuverlässige Abführung von Kondensat und nichtkondensierenden Gasen ermöglichen und eine gute Brüdenabscheidung gewährleisten. Er sollte auch durch geringe Masse und niedrige Kosten charakterisiert sein.

Nach den vorhandenen Angaben unterscheiden sich die verschiedenen Apparate bei sonst gleichen Bedingungen für den Wärmeübergangskoeffizienten auf der Lösungsseite nur wenig voneinander. Ausnahmen bilden u. a. Apparate mit Rührwerken für sehr zähflüssige Lösungen bzw. mit Zwangsumlauf. Deshalb muß vor komplizierten Heizflächen, die praktisch im Betrieb viele Schwierigkeiten mit sich bringen, gewarnt werden. Es gelingt kaum, durch Komplizierung des Verdampfers über die Heizdampfseite eine Erhöhung des Wärmedurchgangskoeffizienten zu erreichen, da der thermische Widerstand auf der Flüssigkeitsseite gewöhnlich der größere ist. Solche Maßnahmen könnten sich nur lohnen bei deutlicher Erhöhung des Wärmeübergangskoeffizienten auf der Dampfseite der Heizfläche.[1]

Bei der Auswahl des Apparates nach wärmetechnischen Kennziffern wird an erster Stelle auf die Realisierung des technologischen Prozesses orientiert.

Zu empfehlende Literatur

Grebenjuk, S. M.: Technologiceskoe oborudovanie sacharnych zavodov; Technologische Ausrüstung von Zuckerfabriken. Moskau: Pistschewaja promyschlennost 1969, 528 S.

Gurevič, M. S.; Fedorov, P. D.: Teplosilovoe chozjajstvo sacharnych zavodov; Wärmewirtschaft von Zuckerfabriken. Kiew: Gostechizdat 1962, 280 S.

Demčuk, G. S.; Konstantinov, S. M.: Uparjuvannja meljasnoe bardi; Eindicken der Melasseschlempe. Kiew: Technika 1966, 108 S.

Dikis, M. Ja.; Maljskij, A. N.: Oborudovanie konservnych zavodov; Ausrüstung von Konservenfabriken. Moskau: Pistschepromisdat 1962, 540 S.

Žigalov, S. F.: Processy i apparaty sveklosacharnogo proizvodstva; Prozesse und Apparate der Rübenzuckerproduktion. Moskau: Pistschepromisdat 1958, 608 S.

Kičigin, M. A.; Kostenko, G. N.: Teploobmennye apparaty i vyparnye ustanovki; Wärmeübertrager und Verdampferanlagen. Moskau: Gosenergoizdat 1955, 392 S.

Kuk, G. A.: Processy i apparaty moločnoj promyschlennosti; Prozesse und Apparate der Milchindustrie. Moskau: Pistschewaja promyschlennost 1973, 768 S.

Lebedev, P. D.: Teploobmennye, sušil'nye i cholodil'nye ustanovki; Wärmeübertragungs-, Trocknungs- und Kühlanlagen. Moskau: Energija 1972, 320 S.

Senes, E.; Nabadan, P.: Processy vyparivanija v piscevych proizvodstvach; Verdampfungsprozesse in der Lebensmittelproduktion. Übersetzung aus dem Ungarischen. Moskau: Pistschewaja promyschlennost 1969, 312 S.

Strachov, V. V.: Vakuum-vyparnye ustanovki moločnoj promyslennosti i ich ekspluatacija; Vakuumverdampferanlagen der Milchindustrie und ihr Betrieb. Moskau: Pistschewaja promyschlennost 1970, 143 S.

Taubmann, E. I.: Rascet i modelirovanie vyparnych ustanovok; Berechnung und Modellierung von Verdampferanlagen. Moskau: Chimija 1970, 216 S.

Černobyljskij, I. I.: Vyparnye ustanobki; Verdampferanlagen. Kiew: Ausgabe des Kiewer Instituts (Hochschule) 1960. 263 S.

Rant, Z.: Verdampfen in Theorie und Praxis. 2., überarb. und erw. Auflage. Dresden: Verlag Theodor Steinkopff 1977

---

[1] Und gleichzeitig ausreichend großen Wärmeübergangskoeffizienten auf der Lösungsseite (die Red.)

4.4. Kondensation

4.4.1. Allgemeines

Unter Kondensation versteht man den Phasenübergangsprozeß vom Dampf (Gas) zur Flüssigkeit. Der Prozeß wird in der Lebensmitteltechnik weit verbreitet eingesetzt. Beispiele dafür können die Beheizung von Wärmeübertragern unter Nutzung der Kondensationswärme oder die Trennung von Mehrkomponenten-Systemen mit unterschiedlichen Phasenumwandlungstemperaturen (in Kühlanlagen, Trocknern usw.) sein.

Man unterscheidet zwischen Oberflächen- und Mischkondensatoren. *Oberflächenkondensatoren* sind Oberflächen-Wärmeübertrager (Rohr-Wärmeübertrager) mit einigen speziellen Details. Sie werden eingesetzt, wenn das Kondensat in reiner Form erhalten werden soll (z. B. Kühlmittel oder kondensierte Alkoholdämpfe). Als Kühlmedien dienen gewöhnlich Wasser oder Luft. Neben seinem Einsatz in gewöhnlichen Durchflußkühlern wird Kühlwasser auch zur Verdunstungskühlung verwendet.

Mischkondensatoren sind Apparate, bei denen sich Dampf und Kühlwasser mischen. Es entsteht ein Gemisch aus Kondensat und Kühlwasser. Sie können „naß" oder „trocken" arbeiten. Aus „Naßkondensatoren" werden Kühlwasser, Kondensat und nichtkondensierende Gase gemeinsam durch eine Naßluftpumpe abgesaugt. Aus „Trockenkondensatoren" werden die nichtkondensierenden Gase gesondert durch Vakuumpumpen abgesaugt. Dem Kondensator werden Dampf und Kühlmedium zugeführt. Abgeführt werden meist durch gesonderte Pumpen einerseits das Kondensat (bzw. Kondensat gemischt mit Kühlwasser), und andererseits nichtkondensierende Gase, die mit den Arbeitsmedien und über Undichtheiten des Systems eingedrungen sind.

4.4.2. Oberflächenkondensatoren

Apparatetypen von Kondensatoren

Die Apparatetypen von Oberflächenkondensatoren sind vielgestaltig. In Bild (4.4./1) ist ein vertikaler Rohrbündel-Kondensator dargestellt, wie er in der Milchindustrie eingesetzt wird. Der Brüdendampf des Vakuumverdampfers tritt über Stutzen (1) in den Rohrzwischenraum des Kondensators ein und kondensiert dort. Das Kondensat bildet einen dünnen Film auf den Rohren (2) und fließt ab. Es wird mit einer Pumpe über Stutzen (3) abgepumpt. Im Brüden ist gewöhnlich Luft enthalten. Sie wird mit einer Vakuumpumpe bzw. einem Ejektor über Stutzen (4) aus dem Kondensator entfernt. Das Kühlwasser strömt durch das mehrgängige Rohrbündel. Es tritt über die Stutzen (5) ein und aus. Der Apparat gewährleistet reines Kondensat für eine eventuelle weitere Verwendung und geringen Energieverbrauch für das Entfernen von Kondensat und Luft. Nachteile dieses Kondensators bestehen in seiner Masse und in großen Abmessungen.

Das Bild (4.4./2) zeigt einen speziellen Kondensator einer Kühlanlage. In diesem Kondensator werden Ammoniakdämpfe verflüssigt. Solche Kondensatoren ähneln Doppelrohr-Kondensatoren. Sie unterscheiden sich lediglich dadurch, daß im äußeren Rohr nicht ein, sondern mehrere Rohre (etwa 5 bis 7) mit kleinem Durchmesser untergebracht sind. Diese Rohre werden in die Rohrböden eingewalzt. Diese wiederum sind an die Enden des Außenrohres angeschweißt. Die Rohrräume der einzelnen Rohrbündel sind miteinander durch Krümmer verbunden. Die Rohrzwischenräume der einzelnen Elemente werden über angeschweißte Rohrstutzen verbunden. Das zu kondensierende Medium wird oben dem Rohrzwischenraum zugeführt, passiert

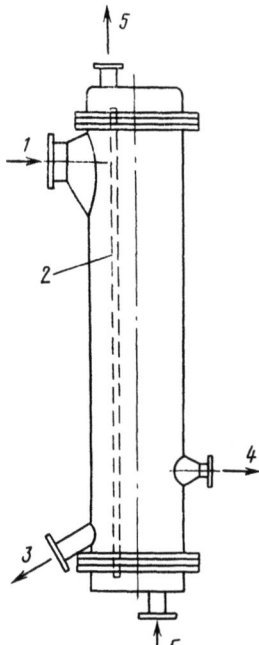

Bild (4.4./1). Vertikaler Rohrbündelkondensator
(1) Stutzen (2) Rohre (3) Abpumpstutzen
(4) Entfernung von Luft (5) Stutzen für Kühlwasser

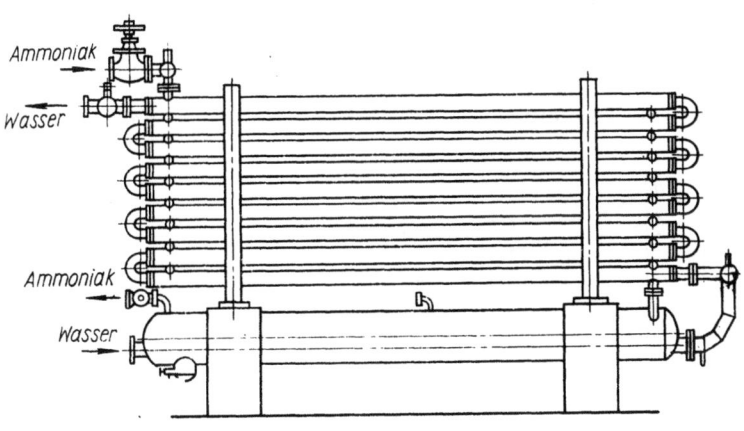

Bild (4.4./2). Doppelrohr-Kondensator für Kühlanlagen

alle Elemente und fließt in den Sammler. Durch den Rohrraum strömt das Kühlwasser. Solche Kondensatoren sind schwer und sperrig. Sie garantieren jedoch zuverlässigen Betrieb bei vergleichsweise hohen Drücken.

In Bild (4.4./3) wird das Prinzip eines Rieselkondensators gezeigt. Er besteht aus Rohrreihen, in denen der Dampf kondensiert. Die freiwerdende Wärme wird vom Kühlwasser, das außen über die Rohre rieselt, und von der um die Rohre zirkulierenden Luft aufgenommen. Das Kühlwasser erwärmt sich und verdunstet dabei teilweise. Es wird im Sammelbecken aufgefangen, der verdunstende Teil ergänzt und erneut der Verteilereinrichtung zugeführt. Durch natürliche oder erzwungene Luftbewegung wird das verdunstete Wasser entfernt. Verdunstungs-Kondensatoren

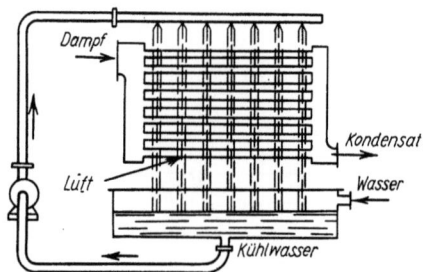

Bild (4.4./3). Rieselkondensator

sind sperrig und haben viele Verbindungselemente. Sie werden gewöhnlich außerhalb von Gebäuden aufgestellt.

Es werden auch luftgekühlte Kondensatoren, sogenannte Luftkondensatoren, eingesetzt.[1]

Oberflächenkondensatoren werden auch häufig als Dephlegmatoren (Teilkondensatoren) bzw. Kühler in Rektifikations- und Destillationsanlagen verwendet.

Der Kondensationsprozeß im Oberflächenkondensator und seine Berechnung

Dampf- sowie Kondensattemperatur sollen mit T (in °C) und Kühlwasser- sowie Wandtemperatur der Heizfläche auf der Dampfseite mit t (in °C) bezeichnet werden. Die Indices sind in Bild (4.4./4) definiert.

Gesättigter Dampf eines Stoffes kondensiert bei konstanter Temperatur T_k und gibt seine latente Verdampfungswärme ab.[2] Die Temperatur des Kondensates liegt gewöhnlich infolge Unterkühlung unter der Kondensationstemperatur T_k. Das Kondensat fließt über die kühle Übertragungsfläche ab und strebt deren Temperatur an. Es steht dabei mit dem Dampf in Kontakt und nimmt Wärme auf. Die Kondensattemperatur liegt zwischen Dampftemperatur und Temperatur der Wandoberfläche. Die Größe der Unterkühlung ($T_k - T_2$) wird dabei u. a. von Faktoren wie:

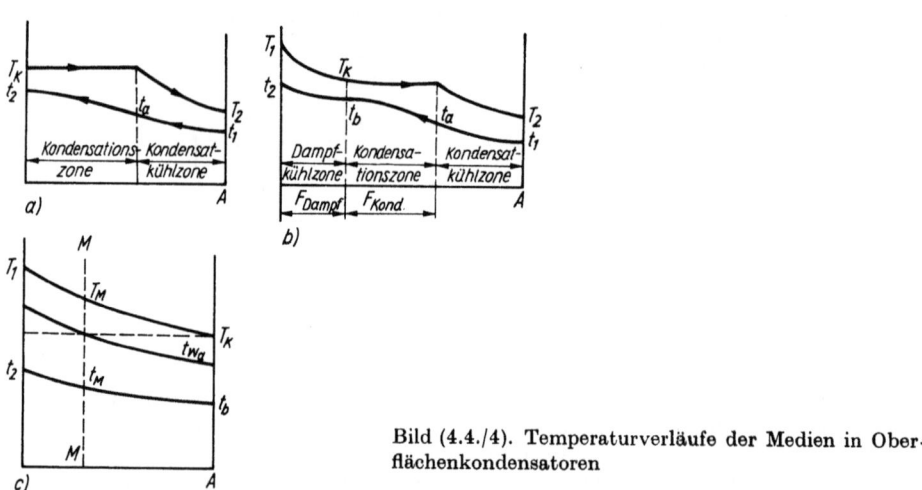

Bild (4.4./4). Temperaturverläufe der Medien in Oberflächenkondensatoren

---

[1] Luftkondensatoren erfahren zunehmende Verbreitung. Anstelle des rieselnden Kühlwassers wird Luft als Kühlmedium durch Rippenrohrbatterien geführt. Lüfter sorgen für ausreichende Strömungsgeschwindigkeit. Oberhalb gewisser Kondensationstemperaturen sind Luftkondensatoren durchaus wirtschaftlicher als „Kühlwasser"-Kondensatoren (die Red.)

[2] Die Kondensationstemperatur hängt in diesem Fall nur vom Druck ab (die Red.)

Wandtemperatur, Anordnung der Heizfläche, Gehalt an Luft bzw. nichtkondensierenden Gasen im Dampf, Druckabfall des Dampfes beim Durchströmen des Apparates bzw. Dampfdurchsatz beeinflußt. Die Abkühlung[1] des Kondensates vergrößert sich durch:

a) Verlängerung des Abflußweges des Kondensates auf der Heizfläche,
b) Verringerung der kondensierenden Dampfmenge,
c) Erhöhung der Druckverluste infolge damit verbundener Senkung der Kondensationstemperatur (z. B. in langen Schlangenrohren),
d) Erhöhung des Gehaltes an Luft und Gasen infolge der damit verbundenen Senkung des Dampfpartialdruckes im Dampf-Gas-Gemisch bei betrachtetem Gesamtdruck.

Bei der Auslegung von Kondensatoren, die nur zur Kondensation bestimmt sind, wird die Unterkühlung gewöhnlich vernachlässigt und man nimmt $T_k = T_2$ an. Bei wesentlicher Unterkühlung des Kondensats wird die Heizfläche in zwei Zonen, die Kondensations- und die Unterkühlungszone, geteilt. Für den Fall der Gegenstromführung zeigt Bild (4.4./4a) die Temperaturverläufe der Medien in diesen Zonen. In jeder Zone ist mit spezifischen Wärmedurchgangskoeffizienten sowie treibenden Temperaturdifferenzen zu rechnen.
Der zu übertragende Wärmestrom $\dot{Q}$ wird getrennt für jede Zone ermittelt:

$$\dot{Q}_{\text{Kond.}} = \dot{D} r = W c (t_2 - t_a) \qquad (4.4./1)$$

$$\dot{Q}_{\text{Kühl.}} = \dot{D} c_1 (T_k - T_2) = W c (t_a - t_1) \qquad (4.4./2)$$

$\dot{D}$ kondensierende Dampfmenge in kg/s
c_1 spezifische Wärmekapazität des Kondensats in J/(kg·K)
W Kühlwassermenge in kg/s
c spezifische Wärmekapazität des Kühlwassers in J/(kg·K)
T_k Kondensationstemperatur in °C
T_2 Temperatur des unterkühlten Kondensates in °C
t_1 und t_2 Anfangs- und Endtemperatur des Kühlwassers in °C
t_a Wassertemperatur an der Zonengrenze zwischen Kondensation und Unterkühlung in °C
r Kondensationswärme in J/kg

Aus den Gleichungen (4.4./1) und (4.4./2) läßt sich ableiten

$$\frac{\dot{Q}_{\text{Kond.}}}{\dot{Q}_{\text{Kühl.}}} = \frac{t_2 - t_a}{t_a - t_1} \qquad (4.4./3)$$

Aus dieser Gleichung wird t_a bestimmt. Damit ist die Möglichkeit gegeben, erforderliches Temperaturgefälle, Wärmedurchgangskoeffizienten und Heizflächen je Zone zu bestimmen.[2]

$$A_{\text{Kond.}} = \frac{\dot{Q}_{\text{Kond.}}}{k_{\text{Kond.}} \overline{\Delta t}_{\text{Kond.}}}$$

$$A_{\text{Kühl.}} = \frac{\dot{Q}_{\text{Kühl.}}}{k_{\text{Kühl.}} \overline{\Delta t}_{\text{Kühl.}}} \qquad (4.4./4)$$

Für den gesamten Kondensator gilt $A = A_{\text{Kond.}} + A_{\text{Kühl.}}$.

---

[1] Meist als Unterkühlung bezeichnet (die Red.)
[2] Ein solcher Weg fußt darauf, daß die Gl. (4.4./1 und 4.4./2) zahlenmäßig einfach lösbar sind. Bei Betriebsnachrechnungen vorgegebener Apparate müssen die Gl. (4.4./1 bis /4) gewöhnlich unter schrittweiser Annäherung gelöst werden (die Red.)

Liegt überhitzter Dampf vor[1], wird der Kondensator (s. Bild 4.4./4b) in drei Zonen eingeteilt. Im gezeigten Gegenstrombeispiel kommt es in der ersten Zone nur zur Abkühlung des Dampfes, solange die dampfseitige Oberflächentemperatur der Heizfläche größer ist als die Kondensationstemperatur des Dampfes. Für diese Zone wird der Wärmeübergangskoeffizient α_D ebenso wie für Gase berechnet. Die Kondensation beginnt im Apparatequerschnitt M-M, wo die Wandtemperatur t_{W1} die Kondensationstemperatur T_k erreicht. Dampf- und Kühlwassertemperaturen in diesem Querschnitt sind durch folgende Gleichungen bestimmt:

$$t_{W_1} = T_k = T_M - \frac{k}{\alpha_D}(T_M - t_M) \qquad (4.4./5)$$

$$\dot{D} c_D (T_1 - T_M) = \dot{W} c (t_2 - t_M) \qquad (4.4./6)$$

c_D mittlere spezifische Wärmekapazität des überhitzten Dampfes in J/(kg·°K)

Der in der ersten Zone zu übertragende Wärmestrom ist dann:

$$\dot{Q}_ü = \dot{D} c_D (T_1 - T_M) \qquad (4.4./7)$$

T_1 Eintrittstemperatur des überhitzten Dampfes
$\dot{Q}_ü$ Teil der Überhitzungswärme des Dampfes in W

Nach der Ermittlung der mittleren treibenden Temperaturdifferenz $\Delta t_ü$ und des Wärmedurchgangskoeffizienten $k_ü$ kann die Heizfläche der ersten Zone (in m²) bestimmt werden zu

$$A_ü = \frac{\dot{Q}_ü}{k_ü \Delta t_ü} \qquad (4.4./8)$$

In der zweiten Zone[2] kondensiert der Dampf bei gleichzeitiger Abkühlung von T_M auf T_k. Die Wärmestrombelastung der Kondensationszone ist demzufolge

$$\dot{Q}_{Kond.} + \dot{Q}'_ü = \dot{D} r + \dot{D} c_D (T_M - T_k) \qquad (4.4./9)$$

$\dot{Q}'_ü$ restliche Überhitzungswärme des Dampfes in W

Es folgt dann die Heizfläche der Kondensationszone zu

$$A_{Kond.} = \frac{\dot{Q}_{Kond.} + \dot{Q}'_ü}{k_{Kond.} \Delta t_{Kond.}} \qquad (4.4./10)$$

Die Berechnung von Dephlegmatoren stellt einen Sonderfall dar, denn die Kondensation von Dampfgemischen verläuft selbst bei konstantem Druck nicht mehr bei konstanter Kondensationstemperatur. Vielmehr ändert sich diese in einem gewissen Temperaturbereich abhängig von der Konzentration spezifisch für ein betrachtetes Gemisch. Im Bedarfsfall sollte dazu die Spezialliteratur konsultiert werden.

---

[1] Und kann diese Überhitzung nicht vernachlässigt werden (die Red.)
[2] Zweite und dritte Zone können in oben beschriebener Weise behandelt werden (die Red.)

4.4.3. Mischkondensatoren

Apparateschema

Mischkondensatoren haben mit der Kondensation von Dampf oftmals gleichzeitig die Aufgabe, den geforderten Unterdruck in Vakuumanlagen (u. a. Verdampfer, Trockner) zu schaffen. In einigen Fällen versorgen solche Kondensatoren die Heißwasserbereitung (z. B. in Zuckerfabriken).

Im Betrieb ist es wichtig, ein möglichst hohes Vakuum (niedrigen Absolutdruck) zu erreichen. Eine Senkung des Absolutdruckes wird hauptsächlich durch Senkung der Kühlwassertemperatur und weitestgehende Entfernung von nichtkondensierenden Gasen aus dem Kondensator erreicht.

Der Gesamtdruck im Kondensator ist gleich der Summe der Partialdrücke des Wasserdampfes und der Luft. Ein kontinuierliches Absaugen der Luft senkt ihren Partialdruck und ermöglicht so ein stabiles Vakuum. Die Ansammlung von Gasen verringert das Vakuum. Das Absaugen der Luft erfolgt gewöhnlich mit Kolben- bzw. Wasserringpumpen.[1] Abgesaugt wird an der Stelle des Kondensators, an der die niedrigste Temperatur herrscht, da auf diese Weise der Massendurchsatz der Pumpe am größten ist.

Mischkondensatoren gewährleisten eine große Kontaktfläche und ausreichende Kontaktzeit zwischen Dampf und Wasser. Das Kondensat wird entweder mittels Flüssigkeits- oder Naßluftpumpen aus dem Kondensator gepumpt oder es strömt aus Kondensatoren mit ausreichend hohen Fallrohren (barometrischer Abschluß) unter Schwerkrafteinfluß aus.

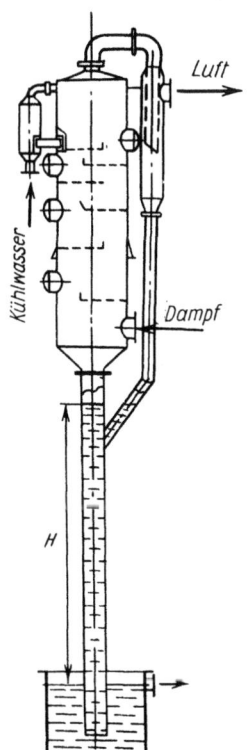

Bild (4.4./5). Mischkondensator mit barometrischem Abschluß

---

[1] Bzw. durch Dampfstrahler (die Red.)

In Bild (4.4./5) ist ein Kaskadenkondensator mit barometrischem Abschluß und mit Gegenstromführung von Wasser und Dampf dargestellt. Das kalte Wasser wird über eine Zuspeiseeinrichtung, die Pulsationen ausgleicht, auf das obere Fach zugeführt und rieselt über die Kaskade von Fach zu Fach. Der Wasserstand auf den Fächern wird durch Wehre geregelt.

Der Dampf wird unten zugeführt und steigt nach oben und kondensiert auf den Wasserschleiern zwischen den Kaskadenfächern.

Der Abstand zwischen den Fächern verringert sich von unten nach oben entsprechend der Verringerung der Dampfmenge. Die nichtkondensierende Luft wird nach oben über Tropfenabscheider gesaugt und abgepumpt.

Das Ablaufrohr ist als barometrischer Abschluß ausgebildet. Die Wassersäule steht so hoch im Rohr, daß ein freies Ausströmen von Kühlwasser und Kondensat ohne Pumpe eintritt. Das barometrische Abflußrohr taucht in ein Gefäß (Wasserkasten) ein, aus dem das Wasser auch unter Schwerkrafteinfluß abfließt oder abhängig von der Höhe der Anlage abgepumpt wird. Das Überlaufrohr des Tropfenabscheiders ist in das barometrische Hauptrohr und damit in den Wasserkasten eingebunden.

Der beschriebene Kondensator bildet flache Wasserschleier. Andere Kaskadenkondensatoren können mit ringförmigen oder runden ggf. gelochten Böden ausgerüstet sein und zylindrische Wasserschleier oder ähnlich einer Brause dünne Wasserstrahlen bilden. Bei ausreichender Wassermenge erfolgt eine vollständige Kondensation in einem Apparat. Zur Gewinnung heißeren Wassers allerdings wird in zwei Stufen (Bild 4.4./6) kondensiert. Im Vorkondensator wird eine kleinere Wassermenge zugeführt, so daß der Dampf nur teilweise kondensiert. Dabei fällt im linken Teil des Sammlers Heißwasser an. Der restliche Dampf geht zur vollständigen Kondensation in den Hauptkondensator über. Die Temperatur des Heißwassers wird durch die Kühlwasserzufuhr geregelt.[1]

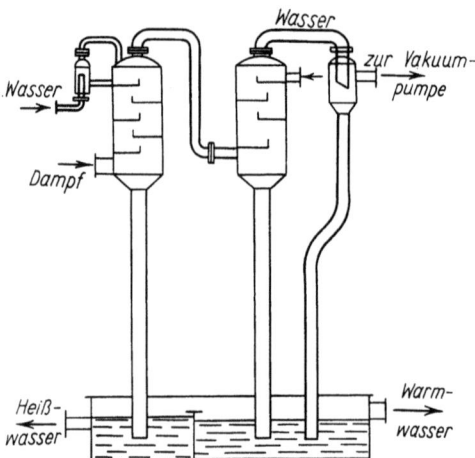

Bild (4.4./6). Schema eines zweistufigen Verdampfers mit barometrischem Abschluß

Andere Typen von Mischkondensatoren werden in den Bildern (4.4./7 und 8) vorgestellt. Im gezeigten Mischkondensator mit Gleichstromführung von Wasser und Dampf wird das Kühlwasser mit einer Pumpe oder unter Wirkung des Unterdruckes im Kondensator über Düsen in den Dampfstrom eingespritzt. In anderen Konstruktionen erfolgt die Wasserverteilung über andere Verteiler (perforierte Böden,

---

[1] Solche Maßnahmen sind u. a. im Hinblick auf ihren Einfluß auf den erreichbaren Unterdruck durch den Kondensator zu sehen (die Red.)

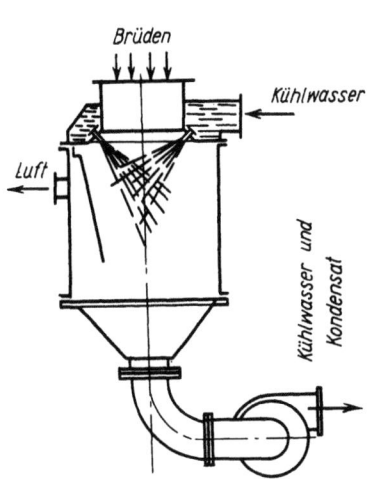 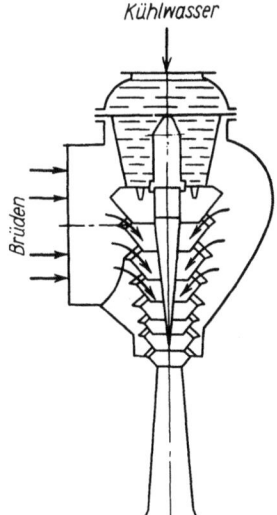

Bild (4.4./7). Mischkondensator mit Gleichstromführung von Wasser und Dampf

Bild (4.4./8). Strahlkondensator

Trennwände u. a.). Bei Strahlkondensatoren (s. Bild 4.4./8) wird das Kühlwasser mit hoher Geschwindigkeit über Düsen in die Mischkammer eingespeist. Die Dampfkondensation erfolgt bei Berührung mit den Kaltwasserstrahlen. Der Wasserstrom schleppt die nichtkondensierende Luft in den Diffusor. Hier wandelt sich kinetische Strömungsenergie in potentielle Energie um. Die Geschwindigkeit des Stromes von Wasser und Luft sinkt und ihr Druck steigt. Die Luft wird im Diffusor auf einen höheren Druck komprimiert und wird zusammen mit dem Wasser nach außen gefördert. Der sonst notwendige Einsatz von Wasser- oder Luftpumpen kann entfallen.

Prozeßablauf in Kaskaden-Mischkondensatoren

Die Bedingungen für Wärme- und Stoffübertragung zwischen Dampf und Kühlwasser sind in verschiedenen Ausführungsformen von Mischkondensatoren infolge unterschiedlicher hydrodynamischer Bedingungen sehr verschieden. Bereits in einem einfach aufgebauten Apparat, wie es jeder Mischkondensator sein kann, läuft ein komplizierter, gekoppelter Wärme- und Stoffübertragungsprozeß ab. Dessen Resultat ist die Phasenänderung Dampf–Flüssigkeit und die Abtrennung nichtkondensierender Gase und des Gemisches von Kühlwasser und Kondensat. Die Kompliziertheit der thermischen sowie hydrodynamischen Prozesse in Mischkondensatoren erschwert eine Berechnung. Deshalb werden diese Berechnungen gewöhnlich näherungsweise durchgeführt. Im folgenden sollen nun das Prozeßschema eines Flachstrahl-Kaskadenapparates betrachtet und die getroffenen Annahmen der Berechnungsmethode verdeutlicht werden.

Bei gegenläufiger Bewegung von Dampf und Wasser füllt der Dampf auch den Raum hinter den Schleiern aus, durchbricht und zerreißt sie teilweise. Dabei geht die laminare Strömung der Schleier in den Durchbruchzonen in turbulente über. Der Dampf kondensiert sowohl auf den äußeren Schleierflächen als auch auf den Durchbruchflächen. Die Kondensationswärme des Dampfes wird teilweise durch Wärmeleitung und teilweise durch Konvektion an das herabfließende Wasser übertragen. Außerdem entstehen beim Aufprall der Schleier auf den Fächern und bei Schleierdurchbruch Tröpfchen. Infolgedessen kann die Bildung von Sprühnebel und damit Kondensation im Volumen beobachtet werden.

Der Kondensationsprozeß von Dampf in Kontakt mit Kaltwasser verläuft sehr intensiv. Die Temperaturdifferenz an der Phasengrenze beträgt etwa 0,01 K. Der Wärmedurchgangskoeffizient Dampf–Wasser erreicht Werte von $2 \cdot 10^5$ W/(m²·K). Auf Grund dessen reichen die spezifischen Massenströme[1] auf der Kondensationsfläche bis zu Werten von 1 600 kg/m²·h.

Mit den Annahmen bzw. Vereinfachungen der Berechnungsmethode für Kaskaden-Mischkondensatoren wird angenommen, daß die Kondensation isotherm und isobar, d. h. ohne nichtkondensierende Gase und ohne Druckabfall über der Kondensatorhöhe verläuft. Tatsächlich aber setzt sich der Anfangsdruck $p_{Anf} = p_D + p_G$ aus den Partialdrücken von Dampf p_D und Gas p_G zusammen (Bild 4.4./9). Der Hauptanteil der Gase wird dabei sofort nach Eintritt in den Kondensator abgeschieden.

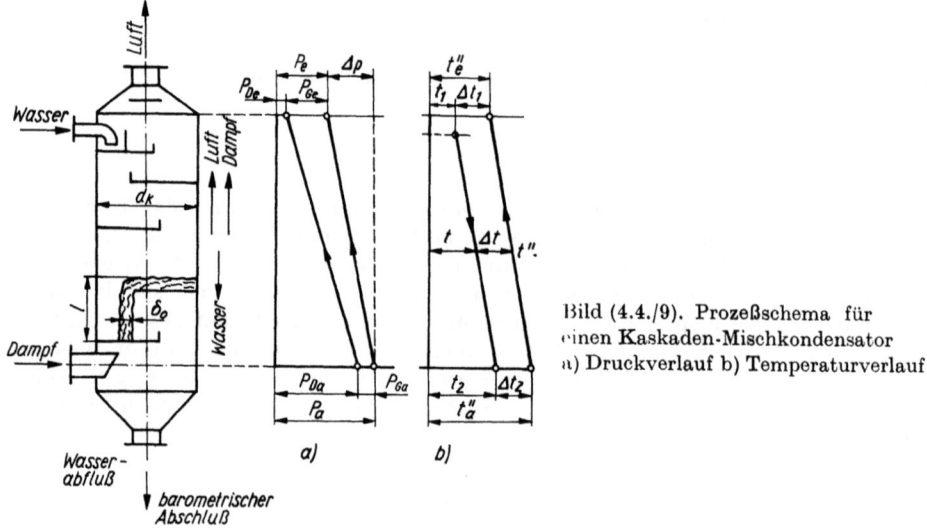

Bild (4.4./9). Prozeßschema für einen Kaskaden-Mischkondensator a) Druckverlauf b) Temperaturverlauf

Große Wasserschleier (Kondensatorhöhe bis 7 m), wirksame Dampfgeschwindigkeiten von etwa 40 m/h und mehrfache Umlenkung des Dampfstromes um 180° führen außerdem infolge der hydrodynamischen Widerstände zu deutlichem Druckabfall über der Kondensatorhöhe. Folglich verändert sich der Gesamtdruck p über der Kondensatorhöhe von p_a auf p_e. Entsprechend ändert sich der Dampfpartialdruck von p_{Da} auf p_{De}. Der Dampfpartialdruck sinkt darüber hinaus, da der Anteil von Luft bzw. anderen Gasen im Dampf-Gas-Gemisch im Verlauf der Kondensation ansteigt. Dem Verlauf des Dampfpartialdruckes entsprechend sinkt die Dampftemperatur im Kondensator von unten nach oben (s. Bild 4.4./9b). Die Temperatur des Kühlwasser-Kondensat-Gemisches steigt von oben nach unten von t_1 auf t_2. Dabei ist der laufende Wert der treibenden Temperaturdifferenz $\Delta t = t'' - t$ über der Kondensatorhöhe nicht konstant. Folglich ändern sich alle Parameter, die den Pro-

---

[1] Massenstrom kondensierenden Dampfes je Einheit der „Heizfläche". Analoge Größe zur Brüdenstromdichte bei der Verdampfung (die Red.)

zeß charakterisieren, über der Kondensatorhöhe. Infolgedessen ändern sich auch die Bedingungen für den Wärmedurchgang, die Kondensationsgeschwindigkeit. Die wichtigsten bestimmenden Parameter für die Kinetik des thermischen Transportprozesses im Kaskadenkondensator sind Fallhöhe l, Schleierdicke δ_0 (s. Bild 4.4./9); für runde Strahlen deren Durchmesser d_0, treibende Temperaturdifferenz (Δt_1 bis Δt_2), Fallgeschwindigkeit des Wassers w_0, Strömungsgeschwindigkeit des Dampfes w_D sowie die Dampfdichte ϱ''.

Bei exakter Berechnung des Kondensators müssen die Werte dieser Größen für jede Kaskade ermittelt werden. In Näherungsberechnungen wird der Kondensationsprozeß isobar und isotherm dargestellt.

Überschlägliche Berechnung des Kondensators

Die Wärmebilanz des Kondensators lautet:

$$\dot{D}(h - c t_2) = \dot{W} c_W (t_2 - t_1) \qquad (4.4./11)$$

$\dot{D}$ Dampfstrom in kg/s
$\dot{W}$ Wasserstrom in kg/s
h Dampfenthalpie in J/kg
c spezifische Wärmekapazität des Kondensats in J/kg·K
t_1 Kühlwassereintrittstemperatur in °C
t_2 Wasseraustrittstemperatur (im barometrischen Fallrohr) in C
c_W spezifische Wärmekapazität des Kühlwassers in J/kg·K

Kühlwassermenge je Dampfmenge kann als spezifischer Kühlwasserverbrauch m definiert werden.

$$\dot{m} = \frac{\dot{W}}{\dot{D}} = \frac{h - c t_2}{c_W (t_2 - t_1)} \qquad (4.4./12)$$

Gewöhnlich nimmt dieser spezifische Verbrauch Werte von 15 bis 60 kg Wasser/kg Dampf an. Bei bekanntem spezifischem Verbrauch kann der Kühlwasserdurchsatz über $\dot{W} = m\dot{D}$ bestimmt werden.

Bei einem zweistufigen Kondensator wird gewöhnlich mit einer unerläßlichen Menge an anfallendem Heißwasser $\dot{W}_h$ (Kühlwasser und Kondensat) gerechnet. Aus ihr können Kühlwassermenge $\dot{W}_1$ und kondensierte Dampfmenge $\dot{D}_1$ für den Vorkondensator über eine Wärmebilanz berechnet werden.

$$(\dot{W}_h - \dot{W}_1)(h - c t_2) = \dot{W}_1 c_W (t_2 - t_1) \qquad (4.4./13)$$

$\dot{D}_1 = \dot{W}_h - \dot{W}_1$ entsprechend einer Massenbilanz

Für die Kühlwassermenge folgt mit $c = c_W$ daraus

$$\dot{W}_1 = \dot{W}_h \frac{h - c t_2}{h - c_W t_1} \qquad (4.4./14)$$

Im Hauptkondensator muß dann folgende Dampfmenge kondensiert werden:

$$\dot{D}_2 = \dot{D} - (\dot{W}_h - \dot{W}_1) \qquad (4.4./15)$$

In allen Fällen muß die Temperatur des abfließenden Wassers t_2 niedriger sein als die Kondensationstemperatur, die dem Druck im Kondensator entspricht. Die Differenz beträgt in Gegenstromkondensatoren 1···3 K, in Gleichstrom-Kondensatoren 5···6 K. Folglich ist der spezifische Wasserverbrauch im Gegenstromkondensator kleiner als im Gleichstromapparat.

Für die Auslegung der Vakuumpumpe ist die Kenntnis der zu entfernenden Luftmenge erforderlich. Diese Luft kann entweder mit dem Dampf oder dem Kühlwasser eingeschleppt werden oder über undichte Stellen eintreten. Als Näherung wird die Luftmenge proportional der kondensierenden Dampfmenge gesetzt. Gleichzeitig sind die Dichte und damit das Volumen der Luft in bekannter Weise von Temperatur und Druck abhängig:

$$\dot{V}_1 = \beta \, D \, \frac{273+t}{p_1} \qquad (4.4./16)$$

t Lufttemperatur in °C (Eintrittszustand vor der Pumpe; gewöhnlich $t \approx 25\,°C$)
p_1 Druck der Luft in Pa (Ansaugzustand)
β Experimentell bestimmter Koeffizient, der den Gasgehalt im Dampf ausdrückt

Kann die Kompression als isothermer Prozeß betrachtet werden, d. h. wird die Pumpe gut mit Wasser gekühlt, beträgt die erforderliche Pumpenleistung:

$$N = \frac{1}{\eta_P} \, p_1 \dot{V}_1 \ln \frac{p_2}{p_1} \qquad (4.4./17)$$

p_1 Anfangsdruck der Luft vor der Pumpe
p_2 Enddruck am Pumpenaustritt
$\dot{V}_1$ Volumenstrom der angesaugten Luft in m³/s
η_P Wirkungsgrad der Pumpe etwa 0,4 bis 0,6

Berechnungsmethoden für die Kondensatorgröße sind noch ungenügend bearbeitet:

1. Die Kondensatorhöhe wird abhängig vom sogenannten Erwärmungsgrad sowie vom notwendigen Kontakt zwischen Wasser und Dampf (s. u.) bestimmt.

2. Der Kondensatordurchmesser (Querschnittsfläche) wird aus Durchsatz und zulässiger Dampfgeschwindigkeit im lichten Querschnitt ermittelt, und

3. Höhe sowie Durchmesser des barometrischen Fallrohres werden über Wasserdurchsatz, Unterdruck im Kondensator nach grundlegenden Beziehungen der Rohrströmung bestimmt.

Die Theorie der instationären Wärmeübertragung liefert eine Beziehung zwischen dem Erwärmungsgrad des Kühlwassers

$\Phi = \dfrac{t_2 - t_1}{t_D - t_1}$, der dimensionslosen Erwärmungszeit in Gestalt der

Fourier-Zahl $Fo = \alpha \tau / l^2$ sowie den Wärmeübertragungsbedingungen zwischen Dampf und Wasser in Gestalt der *Biot*-Zahl $Bi = \alpha l / \lambda$:

$$\Phi = \Phi(Fo, Bi, G) \qquad (4.4./18)$$

G Kennzahl für die geometrische Ähnlichkeit
t_D Dampftemperatur
t_1, t_2 Kühlwassertemperaturen (Eintritt und Austritt)

Explizit wird die Gleichung in einer komplizierten Reihenform dargestellt. Für eine definierte geometrische Form des Kühlwassers (kugelförmiger Tropfen, zylindrischer Strahl, ebener Schleier) vereinfacht sich Gl. (4.4./19) zu

$$\Phi = \Phi(Fo, Bi) \tag{4.4./19}$$

Diese Gleichung liefert für vorgegebene Geometrie u. a. die Abhängigkeit zwischen Erwärmungsgrad und Kontaktzeit zwischen Wasser und Dampf für verschiedene Anfangs- und Randbedingungen. Solche Abhängigkeiten wurden für einfache geometrische Formen berechnet und in der Literatur dargestellt. Auf dieser Grundlage werden Erwärmungsgrad, Abstand zwischen den Fächern (Böden), Anzahl der Böden usw. gewählt. Für einen bekannten Kondensator mit vorgegebenen Abmessungen wird Φ über die Freifall-Verweilzeit des Wassers τ

$$\tau = \sqrt{\frac{2H}{g}} \quad \text{ermittelt.} \tag{4.4./20}$$

H Kondensator- bzw. Freifallhöhe

In der Praxis werden die Abmessungen des Kondensators ausgehend von seinem Durchmesser d_k bestimmt. Der Durchmesser wird so ausgelegt, daß sich eine Dampfgeschwindigkeit von $35\cdots55$ m/s einstellt. Die freie Querschnittsfläche liegt bei etwa $30\cdots37\%$ der gesamten Querschnittsfläche des Kondensators. Gewöhnlich wird der Kondensator mit 5 bis 7 Kaskadenstufen ausgeführt. Der Abstand zwischen den Fächern beträgt zumeist $h_{min} = 0{,}3\,d_k$ zwischen den oberen und $h_{max} = 0{,}6\,d_k$ zwischen den unteren Böden, d. h. im Durchschnitt $h_{mittel} = 0{,}4\,d_k$. Die Rohrstutzen werden für Geschwindigkeiten von $40\cdots50$ m/s für Dampf, von 15 m/s für Luft und etwa 1 m/s für Wasser ausgelegt. Die Wassergeschwindigkeit im barometrischen Fallrohr wird mit etwa 0,3 m/s angenommen. Die theoretische Höhe des Rohres H_R (in m) muß dem Druck p_1 im Kondensator genügen.

$$H_R = 10{,}33\,\frac{p_a - p_1}{p_a} \tag{4.4./21}$$

p_a atmosphärischer Druck in Pa.

Praktisch müssen der Reibungsdruckverlust zusätzlich erfaßt und ein Zuschlag für Niveauschwankungen im Kondensator und im Wasserkasten, in den das Fallrohr etwa 1 m unter den Wasserspiegel eintaucht, gegeben werden. In der Praxis reicht für übliche Kondensatordrücke eine gesamte Fallrohrhöhe von etwa 11 m.
Über diese hinaus werden verschiedene praktische Methoden zur Berechnung von Kondensatoren in der aufgeführten Literatur vorgestellt.

Zu empfehlende Literatur

Znamenskij, G. M.: Technologiceskoe oborudovanie sveklosacharnych i rafinadnych zavodov; Technologische Ausrüstungen in Rübenzucker- und Raffinadewerken. Moskau: Pistschepromisdat 1957, 312 S.

Kuk, G. A.: Processy i aparaty molocnoi promyschlennosti; Prozesse und Apparate der Molkereiindustrie. Moskau: Pistschewaja promyschlennost 1973, 768 S.

Trub, I. A.: Kaskadnye kondensatory smesenia; Kaskaden-Mischkondensatoren. Moskau: Pistschewaja promyschlennost 1969, 120 S.

Cernobulskij, I. I.: Vyparnye ustanovki; Verdampfungsanlagen. Kiew: Izd vo kievskogo universiteta 1960. 262 S.

Cernobulskij, I. I., u. a.: Masiny i aparaty chimiceskich proizvodstv; Maschinen und Apparate der chemischen Produktion. Moskau: Masgis 1961, 494 S.

5. Stoffübergangsprozesse

Stoffübergangsprozesse sind dadurch gekennzeichnet, daß ein Stoff von einer Phase in die andere übergeht. In der Lebensmitteltechnik sind die Stoffübergangsprozesse in der Regel Hauptprozesse; die bereits beschriebenen hydromechanischen, mechanischen und Wärmeübertragungsprozesse dienen dagegen in vielen Fällen der Vorbereitung oder fördern den Ablauf der Stoffübertragungsprozesse.

Am häufigsten werden in der Lebensmittelindustrie folgende Prozesse angewandt: Trocknung, Extraktion, Kristallisation, Adsorption, Absorption, Destillation und Rektifikation.

Die *Trocknung* ist das Entfernen von Flüssigkeit aus feuchten Stoffen durch Verdunsten oder Verdampfen. Die Flüssigkeit geht dabei vom feuchten Stoff in die gasförmige oder dampfförmige Phase über. Es ist schwierig, einen Zweig der Lebensmittelindustrie zu finden, in dem die Trocknung nicht angewendet wird.

Die *Extraktion* ist das selektive Herauslösen einer oder mehrerer Komponenten aus einem festen oder flüssigen Stoffgemisch mit Hilfe eines sekundären Lösungsmittels. Bei diesem Prozeß geht der Stoff aus der festen Phase in die flüssige oder aus der flüssigen Phase in die feste über. Die Extraktion ist ein Grundprozeß bei der Zuckerrübenverarbeitung und in der Öl- und Margarineindustrie. Weiterhin wird die Extraktion bei der Herstellung von Enzymen, Spirituosen, Stärke und Melasse, Konserven, Bier u. a. eingesetzt.

Die *Kristallisation* – genauer: Keimbildung und Kristallwachstum – ist der Übergang eines gelösten Stoffes von der flüssigen (gasförmigen) Phase in die feste Phase. Die Kristallisation spielt eine wesentliche Rolle bei der Herstellung von Zucker, Glykose, Kochsalz u. a.

Die *Adsorption* ist die selektive Bindung von Gasen, Dämpfen oder in Flüssigkeiten gelösten Dämpfen an der Oberfläche eines festen Stoffes. Dieser Vorgang ist mit einem Übergang von Stoff aus der gasförmigen (flüssigen) Phase in die feste Phase verbunden. Die Adsorption wird häufig zur Reinigung von End-, Zwischen- und Nebenprodukten sowie Abfällen der Lebensmittelproduktion angewendet: z. B. beim Entfärben von Wasser-Alkohol-Lösungen, Zuckerlösungen, pflanzlichen Ölen und bei der Wasseraufbereitung für die Spirituosen- und Bierherstellung u. a.

Die *Absorption* ist die selektive Bindung von Gasen oder Dämpfen an flüssige Waschmittel durch den Stoffübergang von der gasförmigen in die flüssige Phase. Dieser Prozeß findet in der Zuckerherstellung (bei der Aufsättigung), der Konservierung (beim Schwefeln), der Weinherstellung sowie in anderen Produktionszweigen der Lebensmittelindustrie Anwendung.

Die *Destillation* ist die einstufige teilweise Verdampfung eines Flüssigkeitsgemisches und anschließende Kondensation des entstandenen Dampfes.

Die *Rektifikation* ist die mehrstufige teilweise Verdampfung eines Flüssigkeitsgemisches und anschließende Kondensation des entstandenen Dampfes, um die im

Flüssigkeitsgemisch enthaltenen Komponenten voneinander zu trennen. Bei diesen Prozessen findet ein Stoffübergang sowohl von der flüssigen Phase in die Dampfphase als auch von der dampfförmigen Phase in die flüssige statt. Destillation und Rektifikation werden zur Herstellung von Spiritus, Spirituosen, ätherischen Ölen, Kognak, Ölen und Fetten u. a. verwendet.

Bei allen hier angeführten Prozessen (unabhängig davon, ob der Stoffübergang zwischen Gas und Flüssigkeit, zwischen zwei Flüssigkeiten oder zwischen Flüssigkeit und Feststoff stattfindet) muß der Stoffstrom, um von einer Phase in die andere überzuwechseln, zuerst aus dem Inneren der einen Phase zur Phasengrenzfläche gelangen, diese durchdringen und von der Phasengrenzfläche weg in das Innere der zweiten Phase gelangen. Mit dem Ausdruck Stoffübertragung werden im allgemeinen alle drei Teilvorgänge des Stoffübergangs zusammengefaßt.

Der Stofftransport im Inneren einer jeden Phase kann auf zweierlei Art erfolgen: durch molekulare Diffusion und durch konvektiven Transport.

Die molekulare Diffusion ist mit einer Wärmebewegung der Elementarteilchen (Atome, Moleküle u. a.) verbunden. Der zweite Vorgang, der konvektive Transport, wird durch die Bewegung „molarer" Massen, d. h. Stoffmengen aus einer Vielzahl von Elementarteilchen, erreicht. In der flüssigen Phase und der gasförmigen Phase treten im allgemeinen beide Arten des Stofftransportes gekoppelt auf.

Jede Phase kann aus einer oder mehreren Komponenten bestehen. Die nicht am Phasenwechsel beteiligten Komponenten bilden das Medium, in dem der Stofftransport stattfindet, und tragen somit zum Stoffübergang bei. Sie werden als *Trägerstoffe* bezeichnet (neutrale Stoffe oder Inerte).

Übereinstimmend mit der allgemeinen Theorie der Triebkraftprozesse der Verfahrenstechnik in der Lebensmittelindustrie ist die Geschwindigkeit der Stoffübertragung direkt proportional der Triebkraft des Prozesses und umgekehrt proportional dem Übergangswiderstand.

Die Bestimmung der Größe der Triebkraft des Prozesses beruht auf den Gesetzen des Phasengleichgewichtes, die die Ermittlung der Gleichgewichtskonzentrationen und des Prozeßverlaufs ermöglichen. Die Ermittlung der Übergangswiderstände (Intensitätskoeffizienten) beruht auf der Bestimmung der partiellen Übergangswiderstände und den Gesetzen ihrer Zusammenfassung.

5.1. Grundlagen der Stoffübertragung

5.1.1. Einteilung der Stoffübergangsprozesse

Hauptziel der Stoffübergangsprozesse ist die vorbereitende Reinigung von Rohstoffen oder die abschließende Abtrennung von Produkten oder Zwischenprodukten, die sich aus dem technologischen Prozeß ergeben. Gewöhnlich liegen die Komponenten, die im Ergebnis des Produktionsprozesses in hochkonzentrierter oder reiner Form gewonnen werden, in den Rohstoffen oder Zwischenprodukten bestimmter Stufen des Produktionsprozesses nur in geringen Mengen und vermischt mit anderen Stoffen vor.

Z. B. enthält die Maische, ein Zwischenprodukt bei der Spritherstellung, $8 \cdots 9\%$ Äthylalkohol und bis zu 40 weitere Komponenten, aus denen der Primasprit abgetrennt werden muß (dessen Konzentration soll $95 \cdots 96\%$ erreichen). Dieser Sprit wird durch einen Stoffübergangsprozeß aus Maische gewonnen. Je größer der Unterschied der Konzentrationen der Komponente zwischen Endprodukt und Ausgangsstoff ist und je größer der Reinheitsgrad des Endproduktes sein muß, um so schwieriger, umfangreicher und teurer wird die Durchführung des jeweiligen Stoffübergangsprozesses zur Herstellung des Produktes.

Die Klassifikation der Stoffübergangsprozesse wird zweckmäßig nach folgenden wesentlichen Gesichtspunkten vorgenommen: dem Aggregatzustand der beteiligten Phasen, der Art und Weise des Kontaktes der Phasen und dem Charakter der gegenseitigen Beeinflussung der Phasen.

Die in der Lebensmitteltechnik vorkommenden Stoffe können in allen drei Aggregatzuständen vorliegen: gasförmig, flüssig und fest. Daraus ergeben sich sechs Varianten für die Kombination der beteiligten Phasen. Es treten aber nicht alle Varianten in der Praxis auf.

Gas – Flüssigkeit

Wenn eine bestimmte Komponente sowohl in der flüssigen als auch in der gasförmigen Phase vorliegt und wenn die Konzentration dieser Komponente bei Gleichgewichtsbedingungen in beiden Phasen unterschiedlich ist, so ist eine Abtrennung dieser Komponente durch Destillation oder Rektifikation möglich. Wird beispielsweise eine Lösung von Äthylalkohol in Wasser teilweise verdampft, so ergibt sich in dem entstandenen Dampfgemisch eine größere Äthylalkoholkonzentration. In der Flüssigkeit dagegen wird die Konzentration des Äthylalkohols kleiner, als die Konzentration in der Ausgangslösung war. Trennt man das entstandene Dampfgemisch von der Flüssigkeit ab und läßt es kondensieren, so liegen schließlich zwei Flüssigkeiten vor. Dabei ist die Alkoholkonzentration in der einen Flüssigkeit größer als in der anderen und auch größer als in dem Ausgangsgemisch. Durch Wiederholung dieser Prozesse wird eine immer bessere Abtrennung der Komponente erzielt.

Falls eine oder mehrere Komponenten in beiden Phasen löslich sind, die Phasen sich ineinander aber wenig oder gar nicht lösen (Trägerstoffe), dann erfolgt der Stoffübergang von der gasförmigen in die flüssige Phase bis zur Einstellung des Gleichgewichts. Es liegt eine *Absorption* vor, beim umgekehrten Vorgang eine *Desorption*. Wenn z. B. ein Ammoniak-Luft-Gemisch mit reinem Wasser in Kontakt kommt, geht ein großer Teil des Ammoniaks in das Wasser über, und die Luft wird weitgehend von Ammoniak gereinigt. Bringt man dagegen Luft mit einer Ammoniak-Wasser-Lösung in Kontakt, so geht ein Teil des Ammoniaks in die Luft über, und es kommt zu einer teilweisen Trennung von Ammoniak und Wasser.

Wenn sich beim Übergang einer Komponente von einer Phase in die andere die Flüssigkeitsmenge in einer Phase verändert, so findet ein *Trocknungs-* oder *Befeuchtungs*prozeß statt, je nachdem, ob die betreffende Komponente aus der Flüssigkeit in den Feststoff oder umgekehrt übergeht. Z. B. bewirkt eine Zerstäubung von Milch in heiße Luft eine Trocknung der Milch.

Gas – Feststoff

Der direkte Übergang vom festen Aggregatzustand zum gasförmigen ohne Flüssigkeitsbildung heißt *Sublimation*. Die Abtrennung von Wasser aus Lebensmitteln durch Sublimation stellt eine sehr moderne Trocknungsmethode dar.

Falls Gas und Feststoff nur Trägerstoffe sind und sich die Flüssigkeit an der Oberfläche und in den Kapillaren des Feststoffs befindet, so nennt man den Übergang der Flüssigkeit in den Dampfzustand durch Zufuhr von Wärme *Trocknung*. Die Trocknung von Gemüse und Obst beruht beispielsweise auf dem Übergang von Feuchte als Flüssigkeit oder Dampf aus dem Inneren des Feststoffs und dem anschließenden Abführen des Dampfes von der Oberfläche des Feststoffes durch Luft. Das ist ein typischer Stoffübergangsprozeß.

Der Übergang einer oder mehrerer Komponenten aus der gasförmigen in die feste Phase stellt einen *Adsorptionsprozeß* dar.

Wenn man ein Wasserdampf-Luft-Gemisch in Kontakt mit Silikagel bringt, geht der Wasserdampf nach und nach in das Silikagel über, welches Wasser bindet. Die Luft wird dadurch entfeuchtet (getrocknet).

Besteht ein Gas aus mehreren Komponenten, die alle in unterschiedlichem Maße vom Feststoff absorbiert werden, so besteht die Möglichkeit, das Gasgemisch schrittweise zu zerlegen. Diese Methode der Gastrennung wird als *fraktionierte Adsorption* bezeichnet.

Flüssigkeit – Flüssigkeit

In diesem System kommt es zu einer Trennung beim Kontakt zweier ineinander unlöslicher Flüssigkeiten, die eine Komponente enthalten, welche sich im Gleichgewichtszustand in unterschiedlichem Verhältnis auf beide Flüssigkeiten verteilt. Wenn z. B. eine Lösung von Isobutanol und Äthylalkohol in Kontakt mit Wasser kommt, so bilden sich bei bestimmten Anteilen dieser Komponenten zwei ineinander unlösliche Flüssigkeiten – zwei Phasen. In einer dieser Phasen ergibt sich ein viel größerer Anteil von Isobutanol im Vergleich zu Äthylalkohol als in der Ausgangslösung. In der zweiten Phase wird der Anteil des Isobutanols viel geringer sein als in der Ausgangslösung. Wenn diese beiden Phasen voneinander getrennt werden und die Lösung, die den relativ kleineren Anteil von Isobutanol enthält, wieder mit Wasser in Kontakt gebracht wird (oder mit einem Wasser-Äthanol-Gemisch mit einem unter der Gleichgewichtskonzentration liegenden Isobutanolgehalt), dann wird Isobutanol in das Wasser diffundieren. Dadurch kommt es zu einer immer vollkommeneren Trennung von Äthylalkohol und Isobutanol. Diese Art der Stofftrennung wird als *Flüssig-Flüssig-Extraktion* bezeichnet.

Flüssigkeit – Feststoff

Falls beide Phasen im wesentlichen aus dem gleichen Stoff bestehen und die kristalline Struktur der gebildeten festen Phase weniger Verunreinigungen enthält als die flüssige Phase, spricht man von *Kristallisation*.
Wenn das Kristall, das schon eine geringere Menge Verunreinigungen enthält als das Ausgangsgemisch, anschließend geschmolzen wird und sich aus dieser Schmelze wieder ein Kristall bildet, das noch weniger Verunreinigungen enthält, so nennt man diese Stofftrennverfahren Zonenschmelzen oder *fraktionierte Kristallisation*. Mit Hilfe dieser Verfahren können hochreine Stoffe hergestellt werden.
Sind beide Phasen jedoch Inerte und die Übergangskomponente (oder Komponenten) geht von der festen Phase in die flüssige über, so heißt dieser Prozeß *Fest-Flüssig-Extraktion*. Ein Beispiel dafür ist der Übergang des Zuckers aus Zuckerrübenschnitzeln in Wasser (den Diffusionssaft). Das ist der eigentliche Beginn der Herstellung von Zucker aus Zuckerrüben – eine typische Fest-Flüssig-Extraktion.
Ein Stoffübergang von der flüssigen in die feste Phase findet auch bei der Adsorption statt. Z. B. kann Wasser für die Herstellung verschiedener Lebensmittel (Bier, alkoholfreie Getränke u. a.) Verunreinigungen enthalten, die den Produkten einen unangenehmen Beigeschmack verleihen würden. Diese Begleitstoffe können entfernt werden, wenn Wasser vorher mit Aktivkohle in Kontakt gebracht wird. Dadurch werden jene Stoffe, die die Qualität des Wassers beeinträchtigen, an die Oberfläche des Feststoffs gebunden.

Gas – Gas und Feststoff – Feststoff

Eine Stofftrennung im System Gas – Gas kann nur bei speziell ausgebildeter Phasengrenzfläche erfolgen, da sich Gase ineinander vollständig lösen und eine gemeinsame Phase bilden. Das System Feststoff – Feststoff kann für industrielle Stoffübergangsprozesse nicht genutzt werden, da es unmöglich ist, einen ausreichend wirksamen Kontakt zwischen den äußeren Oberflächen der Feststoffe herzustellen.
Bezüglich der Art und Weise des Kontaktes zwischen den Phasen lassen sich die Prozesse einteilen in Prozesse, bei denen die Phasen in unmittelbarem Kontakt

stehen, Prozesse, bei denen der Kontakt über Membranen hergestellt wird und Prozesse ohne Phasengrenzfläche. Alle bisher genannten Prozesse gehören zum ersten Typ.

Membranen sind im wesentlichen polymere mikroporöse oder dichte Filme. Die Stofftrennung mittels Membranen gewinnt zunehmend an Bedeutung.

Ihr großer Vorzug besteht in der verbesserten Trennung der Komponenten bei minimalem Energieverbrauch. Der Nachteil liegt bei der Schwierigkeit der Herstellung und Auswahl der entsprechenden Membranen. Erst mit Hilfe von Membranen wird eine Stofftrennung im System Gas – Gas möglich.

Als Beispiel für die Stofftrennung im System Gas – Flüssigkeit mit Hilfe von Membranen kann die Abtrennung von Äthylalkohol aus einer wäßrigen Lösung genannt werden. Durch Verwendung einer nichtporösen Membran, die Alkohol löst und Wasser nicht löst, wird die Diffusion des Äthylalkohols durch die Membran ermöglicht. Verdampft man den Äthylalkohol dann auf der anderen Seite, so erhält man ihn sofort in reiner Form.

Die Reinigung einer Zuckerlösung mit Hilfe poröser Membranen, durch die Zucker und Wasser diffundieren, die aber die Moleküle von Eiweißstoffen und anderen Stoffen zurückhalten, ist ein Beispiel für die Stofftrennung im System Flüssigkeit – Flüssigkeit.

An der industriellen Anwendung von Membranen für Stofftrennprozesse wird gegenwärtig gearbeitet.

Ein Beispiel für die dritte Art des Kontaktes der Phasen, bei der der Stoffübergang in einem System ohne Phasengrenzfläche stattfindet, ist die Thermodiffusion.

Die Art und Weise der gegenseitigen Beeinflussung der Phasen hängt vor allem davon ab, ob der Prozeß diskontinuierlich oder kontinuierlich abläuft. Bei der diskontinuierlichen Stofftrennung ändert sich die Konzentration jeder Phase nur in Abhängigkeit von der Zeit. Beim kontinuierlichen Prozeß kann man die Konzentrationsänderung der Phasen sowohl in Abhängigkeit von der Zeit als auch in Abhängigkeit von der Apparatelänge darstellen. Die kontinuierlichen Stofftrennprozesse teilt man nach der Art der Stromführung in Gleichstrom- und Gegenstromschaltung sowie gemischte und kombinierte Schaltungen ein.

Beim *diskontinuierlichen, geschlossenen* Prozeß verändern sich die mittleren Konzentrationen der einzelnen Phasen über der Zeit entsprechend (Bild 5.1./1). Die Konzentration c_1 der Komponente in der einen Phase verringert sich, und die Konzentration c_2 der anderen Phase wächst. Die Triebkraft des Prozesses $\Delta c = c_1 - c_2$ verringert sich über die Dauer des Prozesses (Bild 5.1./2).

Bei *Gleichstromführung* haben beide Phasenströme die gleiche Richtung. Die Kurven für den Konzentrationsverlauf bei Gleichstrom tragen den gleichen Charakter wie beim diskontinuierlichen geschlossenen Prozeß, nur können sie auch in den Koor-

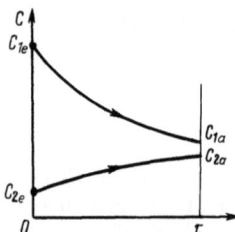

Bild (5.1./1). Verlauf der mittleren Konzentrationen der Übergangskomponente in den Phasen 1 (C_1) und 2 (C_2) bei einem diskontinuierlichen geschlossenen Prozeß

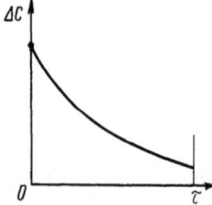

Bild (5.1./2). Verlauf der Triebkraft ΔC bei einem diskontinuierlichen geschlossenen Prozeß

dinaten „Konzentration als Funktion der Apparatelänge" $[c = c\,(L)]$ dargestellt werden.
Der Verlauf der Konzentration und der Triebkraft des Prozesses hängt vom Verhältnis der Massenströme beider Phasen ab:

$$q = \frac{\dot{M}_2}{\dot{M}_1} \qquad (5.1./1)$$

q Verhältnis der Massenströme
$\dot{M}_1$ Massenstrom der ersten Phase, der je Zeiteinheit durch den Apparat strömt, in kg/s
$\dot{M}_2$ Massenstrom der zweiten Phase in kg/s

Bei der Stofftrennung mit *Gegenstromführung* bewegen sich die beiden Phasen in entgegengesetzter Richtung. Der Verlauf der mittleren Konzentration beider Phasen ergibt sich in Abhängigkeit von dem Verhältnis der Massenströme gemäß Bild (5.1./3). Den Triebkraftverlauf für den Gegenstromprozeß zeigt Bild (5.1./4).

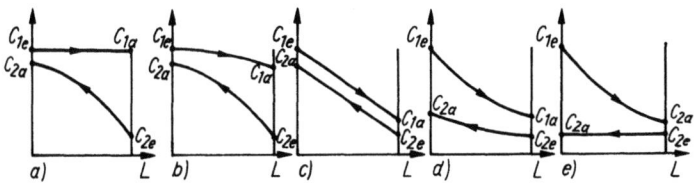

Bild (5.1./3). Konzentrationsverläufe für den Stofftrennprozeß bei Gegenstromführung beider Phasen
a) $q \to 0$ b) $q < 1$ c) $q = 1$ d) $q > 1$ e) $q \to \infty$

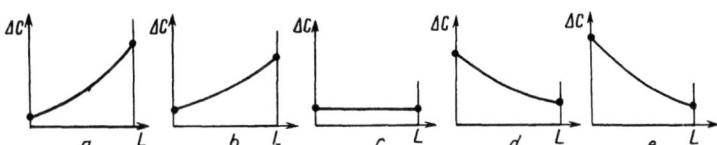

Bild (5.1./4). Triebkraftverlauf für den Stofftrennprozeß bei unterschiedlichen Verhältnissen der Massenströme
a) $q \to 0$ b) $q < 1$ c) $q = 1$ d) $q > 1$ e) $q \to \infty$

Bei $q \to \infty$ und $q \to 0$ verläuft der Prozeß bei konstantem Zustand einer der beiden Phasen. Man spricht dann mitunter von „konstantem äußeren Zustand" oder auch „konstanten äußeren Bedingungen". Hier hat die Richtung der Phasenströme keine Bedeutung: Gleichstrom- und Gegenstromprozeß verlaufen in gleicher Weise.
Gleich- und Gegenstromprozesse können unter Vermischung einer oder beider Phasen in Strömungsrichtung verlaufen. Eine derartige gegenseitige Beeinflussung der Phasen bezeichnet man auch als Prozesse mit Rückvermischung.
Vermischt sich nur eine der beiden Phasen, dann ergibt sich ein Konzentrationsverlauf analog Bild (5.1./5). Dieser Fall tritt z. B. ein, wenn eine Phase gasförmig und die andere fest ist. Der Prozeßverlauf ähnelt dem Prozeß unter „konstanten äußeren Bedingungen". Kommt es zu einer Längsvermischung beider Phasen, so bilden sich bei der Stoffübertragung Konzentrationsverläufe entsprechend Bild (5.1./6) heraus.

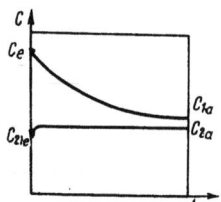
Bild (5.1./5). Konzentrationsverlauf bei Durchmischung einer Phase

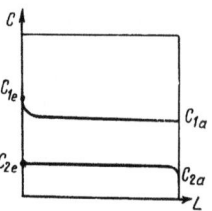
Bild (5.1./6). Konzentrationsverlauf bei Durchmischung beider Phasen

Ein kombinierter Prozeß stellt eine Kopplung verschiedener Prozeßtypen dar. Hat man beispielsweise in den einzelnen Stufen eines Apparates Gleichstromführung, die Kopplung der einzelnen Stufen erfolgt jedoch nach dem Gegenstromprinzip, dann ergibt sich ein kombinierter Prozeß, wie er in Bild (5.1./7) graphisch dargestellt ist. Derartige Schaltungen sind z. B. aus der Spirituosen- und Konservenindustrie bekannt, wo Fruchtsaftkonzentrate in Diffuseurbatterien quasikontinuierlich gewonnen werden.

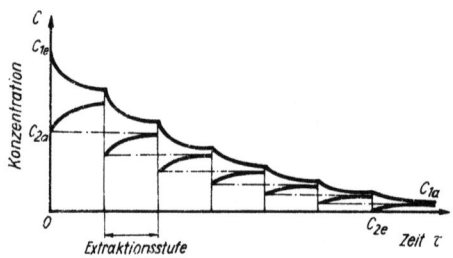
Bild (5.1./7). Kombinierter Stofftrennprozeß mit Gleichstrom in einzelnen Stufen nach dem Gegenstromprinzip

In der Lebensmitteltechnik kann man kombinierte Prozesse finden, die mit Durchmischung im ersten Abschnitt des Apparates, Gegenstrom im zweiten Abschnitt und Gegenstrom mit teilweise Rückführung einer Phase im dritten Abschnitt arbeiten (Bild 5.1./8). Ein solcher Prozeß findet in Extraktoren bei der Zuckerrübenverarbeitung statt.

Die Prozesse können stationär oder instationär verlaufen. Im ersten Fall bleibt die Konzentration an jedem Punkt des Apparates über die Zeit konstant, obwohl sich die Konzentration über die Länge des Apparates nach einem bestimmten Gesetz ändert. Um einen stationären Prozeßverlauf zu erzielen, müssen sowohl der Zustand und die physikalischen Eigenschaften der in den Apparat eintretenden Produkte als auch Temperatur und andere äußere Parameter, die den Ablauf des Prozesses im Apparat gewährleisten, konstant gehalten werden. Der nichtstationäre Prozeß wird durch die Konzentrationsänderung an jedem Punkt des Apparates während des Prozeßablaufs charakterisiert. Alle diskontinuierlichen Prozesse sind gleichzeitig instationär.

Stationäre Prozesse werden mitunter als stabile und instationäre Prozesse als instabile Übergangsprozesse bezeichnet.

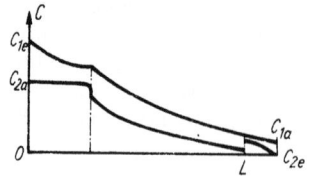
Bild (5.1./8). Kombinierter Prozeß, bestehend aus einem Kreuzstrom- und einem Gegenstromabschnitt mit teilweiser Rückführung einer Phase

5.1.2. Möglichkeiten für die Angabe der Phasenzusammensetzung

Jede an der Stoffübertragung beteiligte Phase besteht in der Regel aus mehreren Komponenten. Von der Zusammensetzung hängen die physikalischen Eigenschaften der Phasen, die Triebkraft und demzufolge Richtung und Geschwindigkeit des Prozesses ab. Die quantitative Phasenzusammensetzung wird meist in Massen-, Mol- oder Volumenanteilen angegeben.

Der *Massenteil* stellt das Verhältnis der Masse einer Komponente zur Masse des gesamten Gemisches dar. Für ein Gemisch mit n Komponenten, die Massen von M_1, $M_2 \cdots M_n$ kg aufweisen, ergibt sich der Massenanteil der Komponente zu

$$c_i = \frac{M_i}{\sum_{j=1}^{n} M_j} \tag{5.1./2}$$

$$\sum_{j=1}^{n} c_j = 1 \tag{5.1./3}$$

Der Massenanteil für ein System ohne feste Phase wird mitunter durch die Buchstaben a oder x für die flüssige Phase und y für die gasförmige Phase gekennzeichnet.[1]

Das Verhältnis der Molzahl einer Komponente in der betrachteten Phase zur Gesamtmolzahl dieser Phase wird als *Molanteil* bezeichnet. Für den Molanteil der i-ten Komponente, deren Molzahl N_i kmol in dieser Phase beträgt, die aus n Komponenten mit jeweils $N_1, N_2 \cdots N_n$ kmol besteht, ergibt sich folglich

$$X_i = \frac{N_i}{\sum_{j=1}^{n} N_j} \tag{5.1./4}$$

$$\sum_{j=1}^{n} X_j = 1 \tag{5.1./5}$$

Die Massenkonzentration wird durch die Masse der gegebenen Komponente in kg je 1 m³ der Phase ausgedrückt.

$$C_i = \frac{M_i}{\sum_{j=1}^{n} V_j}. \tag{5.1./6}$$

$V_1, V_2 \cdots V_n$ sind dabei die Volumina der einzelnen Komponenten.

Die molare Konzentration ergibt sich aus dem Verhältnis der Molzahl der gegebenen Komponente N_i zum Gesamtvolumen des Gemisches.

$$C_i^* = \frac{N_i}{\sum_{j=1}^{n} V_j} \tag{5.1./7}$$

Als *Massenverhältnis* (im Deutschen auch als Beladung bezeichnet) bezeichnet man

---

[1] a ist im Deutschen nicht üblich (die Red.)

das Verhältnis der Masse der Komponente M_i zur Masse des Trägerstoffes M_0, die sich während des Prozeßverlaufs nicht verändert

$$x_i = \frac{M_i}{M_0} \qquad (5.1./8)$$

Das Molverhältnis ergibt sich folglich aus dem Verhältnis der Molanzahlen der entsprechenden Komponenten

$$x_i^* = \frac{N_i}{N_0} \qquad (5.1./9)$$

5.1.3. Phasengleichgewicht

Die Grundbedingung für den Ablauf der Stoffübertragung ist eine Störung des Gleichgewichts zwischen den Phasen, die durch die Änderung einer Temperatur, des Druckes oder der Zusammensetzung auch nur einer Phase hervorgerufen werden kann. Der Prozeß läuft solange ab, bis sich erneut ein Gleichgewichtszustand ausbildet.

Um den Ablauf eines Prozesses zu bewirken, müssen die Phasen miteinander in Kontakt gebracht werden. Je größer die Phasengrenzfläche ist und je stärker die Konzentration von der Gleichgewichtskonzentration abweicht, um so größer ist die Geschwindigkeit des Stoffübergangsprozesses. Mit der Annäherung des Systems an den Gleichgewichtszustand verringert sich die Triebkraft und demzufolge die Prozeßgeschwindigkeit.

Im Gleichgewichtszustand entspricht jede Konzentration einer beliebigen Komponente (außer der des Trägerstoffes) in einer Phase einer ganz bestimmten Konzentration dieser Komponente in der anderen Phase

$$c_1^* = f(c_2) \qquad (5.1./10)$$

c_2 Konzentration der Komponente in der Phase 2
c_1^* Gleichgewichtskonzentration dieser Komponente in der Phase 1

Wenn man die tatsächlichen Konzentrationen der Komponenten und die Gleichgewichtsbedingungen kennt, so kann man damit die Richtung des Prozesses bestimmen. Der Gleichgewichtszustand folgt der *Gibbs*schen Phasenregel, d. h., daß sich die Anzahl der Freiheitsgrade S des thermodynamischen Gleichgewichtssystems, auf das von den extensiven Größen nur Druck und Temperatur einwirken, aus der Zahl der Komponenten K minus der Zahl der Phasen P plus Zwei ergibt:

$$S = K - P + 2 \qquad (5.1./11)$$

Die Anzahl der Freiheitsgrade bezeichnet die Zahl der unabhängigen Variablen – Temperatur, Druck, Konzentration der Komponenten. Bei beliebigen Vorgaben für diese Größen kann man das thermodynamische Gleichgewicht in einem System mit P einheitlichen Phasen und K unterschiedlichen Komponenten ermitteln.

Ein Gleichgewichtssystem mit einer Komponente kann z. B. aus einer, zwei oder drei Phasen bestehen, die sich im Gleichgewicht befinden. In Übereinstimmung mit der Phasenregel ergibt sich für den ersten Fall $S = 1 - 1 + 2 = 2$. Das bedeutet, daß sich in einem System, das nur aus Wasserdampf besteht, Temperatur und Druck erheblich ändern können, ohne daß eine neue Phase Flüssigkeit oder Eis entsteht. Für zwei Phasen folgt aus Gl. (5.1./11), daß $S = 1 - 2 + 2 = 1$. Das bedeutet für ein abgeschlossenes System aus Wasser und Wasserdampf im Gleichgewichtszustand, daß Druck und Temperatur in ganz bestimmter Weise voneinander abhängen, d. h., jede Temperatur entspricht einem ganz bestimmten Druck. Wenn man bei einer gegebenen Temperatur versucht, den Druck zu erhöhen, so führt das zur Verdampfung von Wasser, und solange dieses nicht völlig verdampft ist, ist keine Druckerhöhung möglich. Versucht man dagegen, den Druck zu verringern, so wird der Dampf kondensieren. Solange die Gasphase noch besteht, wird sich bei dem neuen Druck kein Gleichgewichtszustand einstellen. Deshalb läßt sich für ein Einkomponentensystem mit zwei Phasen nur ein Parameter frei wählen: entweder Druck oder Temperatur. Das Dreiphasensystem Eis, Wasser und Wasserdampf schließlich kann nur bei einem bestimmten Wert von Druck und Temperatur existieren ($S = 1 - 3 + 2 = 0$), d. h., dieses System hat keinen Freiheitsgrad.

Auf gleiche Weise erhält man auch die Gleichgewichtsbedingungen für Mehrkomponentensysteme. Hier können sich außer Druck und Temperatur auch die Konzentrationen der Komponenten verändern. Für ein binäres System, das aus zwei Phasen besteht, ergibt sich $S = 2 - 2 + 2 = 2$, d. h., das Gleichgewicht läßt sich durch Veränderung zweier von vier Parametern erreichen.

Im System Äthylalkohol – Wasser, das aus Flüssigkeit und Dampf besteht, können sich folgende Parameterpaare verändern: Temperatur und Konzentration einer Phase (t und c_1), Druck und Konzentration der anderen Phase (p und c_2) oder die Konzentrationen der beiden Phasen (c_1 und c_2).

Von den bekannten Methoden zur Darstellung der Gleichgewichtsbeziehungen – Gleichungen, Tabellen und graphische Darstellungen – sind letztere bequemer, haben aber eine geringere Genauigkeit. Tabellen liefern genauere Daten, nehmen aber viel Platz in Anspruch. Die Darstellung der Gleichgewichtsbeziehungen mittels Gleichungen garantiert nicht immer die geforderte Genauigkeit.

Für das o.g. Beispiel eines Zweikomponentensystems mit zwei Phasen sind jedem Druck p und jeder Konzentration c_2 in einer Phase bestimmte Werte der Konzentration c_1 und der Temperatur t zugeordnet. Graphisch wird eine solche Abhängigkeit im allgemeinen durch eine Kurve dargestellt, wie sie Bild (5.1./9) zeigt. Jedem Wert der Konzentration c_{21} entspricht ein bestimmter Wert der Gleichgewichtskonzentration c_{11}^* dieser Komponente in der Dampfphase, und eine bestimmte Temperatur t_1; c_{22} entspricht c_{12}^* usw.

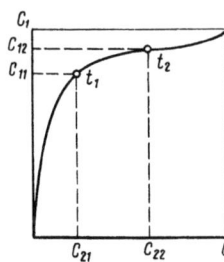

Bild (5.1./9). Gleichgewichtsdiagramm für ein Zweiphasensystem mit zwei Komponenten bei p = konst.

Anmerkung: Wenn der tiefgestellte Index aus zwei Ziffern besteht, so bezeichnet die erste Ziffer die Phase und die zweite Ziffer Ort oder Zeit der gegebenen Größe. Zum Beispiel ist c_{21} die Konzentration in der zweiten Phase im ersten betrachteten Punkt (zum ersten Zeitpunkt).

Das Verhältnis der Gleichgewichtskonzentrationen beider Phasen wird als Verteilungskoeffizient bezeichnet:

$$m = \frac{c_1^*}{c_2^*} \qquad (5.1./12)$$

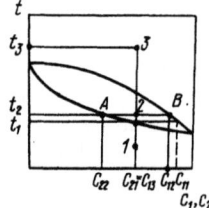

Bild (5.1./10). Gleichgewicht für ein Zweiphasensystem mit zwei Komponenten im t-$\bar{x}$-$\bar{y}$-Diagramm für $p = $ konst.

Eine andere zweckmäßige Möglichkeit zur graphischen Darstellung des Gleichgewichts von Zweistoffsystemen ist das isobare t-c_2-c_1-Diagramm (Bild 5.1./10). Die untere Kurve in dieser Darstellung heißt Siedepunktslinie, die obere Taupunktslinie. Die Isotherme t_1 entspricht einer Konzentration der siedenden Flüssigkeit von c_{21} und einer Konzentration des entstehenden Dampfes (oder des Kondensates) von c_{11}. Der Punkt 1 im Diagramm zeigt eine Flüssigkeit mit der Zusammensetzung c_{21}, die noch nicht die Siedetemperatur erreicht hat. Der Punkt 2 zeigt ein bei der Temperatur t_2 siedendes Zweiphasensystem mit einer flüssigen Phase der Konzentration c_{22} und einer Dampfphase mit der Konzentration c_{12}. Die Dampf- und Flüssigkeitsmenge ist umgekehrt proportional den Abschnitten $\overline{A2}$ bzw. $\overline{2B}$; die mittlere Konzentration des gesamten Systems ist c_{21}. Punkt 3 des Diagramms zeigt überhitzten Dampf mit der Zusammensetzung c_{21} und der Temperatur t_3.

5.1.4. Stoffbilanz für den Stoffübergangsprozeß

Die zweckmäßigste Art der Stromführung für einen Stoffübergangsprozeß ist die Gegenstromschaltung, bei der sich zwei Phasen G und L entgegengesetzt bewegen (Bild 5.1./11). Von oben treten in den Apparat $\dot{M}_{2e}$ kg/s Flüssigkeit[1] mit der Konzentration c_{2e} der Übergangskomponente ein. Unten treten $\dot{M}_{2a}$ kg/s Flüssigkeit mit der Konzentration c_{2a} aus. Am Apparat treten unten $\dot{M}_{1e}$ kg/s Gas mit einer Konzentration der Übergangskomponente c_{1e} ein, und oben treten $\dot{M}_{1a}$ kg/s Gas mit der Konzentration c_{1a} aus.
In den Apparat treten also $(\dot{M}_{2e} + \dot{M}_{1e})$ kg/s ein und $(\dot{M}_{2a} + \dot{M}_{1a})$ kg/s aus. Wenn man geringe Verluste vernachlässigt und davon ausgeht, daß ein kontinuierlicher Prozeß wie ein stationärer Prozeß berechnet werden kann, so erhält man:

$$\dot{M}_{2e} + \dot{M}_{1e} = \dot{M}_{2a} + \dot{M}_{1a}$$

Analog ergibt sich für die Bilanz der Übergangskomponente um den gesamten Apparat

$$\dot{M}_{2e}\,c_{2e} + \dot{M}_{1e}\,c_{1e} = \dot{M}_{2a}\,c_{2a} + \dot{M}_{1a}\,c_{1a} \tag{5.1./12a}$$

Betrachtet man nun den unteren Teil des Apparates bis zum Schnitt 1—1, sieht die Stoffbilanz für die Übergangskomponente in diesem Abschnitt wie folgt aus:

$$\dot{M}_2\,c_2 + \dot{M}_{1e}\,c_{1e} = \dot{M}_{2a}\,c_{2a} + \dot{M}_1\,c_1$$

Da man in der Mehrzahl der Stoffübergangsprozesse mit einem konstanten Massen-

---

[1] Der Index „e" bedeutet Eintritt, der Index „a" Austritt

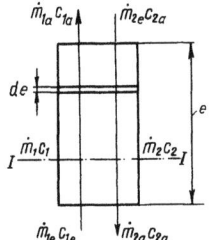

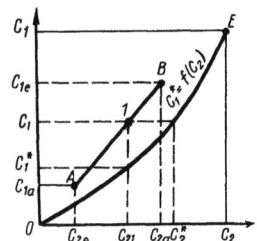

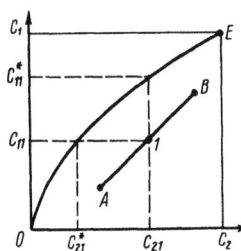

Bild (5.1./11). Stoffübertragung bei Gegenstromführung zweier Phasen

Bild (5.1./12). Darstellung der Arbeitslinie AB und der Gleichgewichtslinie OE für den Übergang einer Komponente aus der gasförmigen in die flüssige Phase

Bild (5.1./13). Darstellung der Arbeitslinie AB und der Gleichgewichtslinie OE für den Übergang einer Komponente von der flüssigen in die gasförmige Phase

strom der Phasen rechnen kann, d. h. $\dot{M}_{2e} = \dot{M}_{2a} = \dot{M}_2$ und $\dot{M}_{1e} = \dot{M}_{1a} = \dot{M}_1$, ergibt sich die Gleichung

$$c_1 = \frac{\dot{M}_2}{\dot{M}_1} c_2 + \frac{\dot{M}_1 c_{1e} + \dot{M}_2 c_{2a}}{\dot{M}_1} \qquad (5.1./13)$$

Die Gleichung (5.1./13) ist die Gleichung der Arbeitslinie für den Prozeß. Sie liefert die Beziehung zwischen den Konzentrationen der Übergangskomponente für jeden beliebigen Abschnitt des Apparates.
Man kann leicht feststellen, daß die Gleichung (5.1./13) eine Geradengleichung ist, da das Verhältnis $\dot{M}_2/\dot{M}_1$ das für einen gegebenen Fall konstante Verhältnis q der Phasenströme darstellt und alle Größen des zweiten Gliedes der Gleichung für einen gegebenen Fall ebenfalls konstant sind. Der Tangens des Neigungswinkels dieser Arbeitslinie entspricht dem Verhältnis der Massenströme beider Phasen.
Bild (5.1./12) zeigt die Arbeitslinie eines Stoffübergangsprozesses (Linie AB). Dem Punkt A entsprechen die Konzentrationen c_{2e} und c_{1a} im oberen Teil des Apparates (s. Bild 5.1./11). Dem Punkt B entsprechen die Konzentrationen c_{2a} und c_{1e} am unteren Ende des Apparates. In Bild (5.1./12) ist außerdem die Gleichgewichtslinie OE eingezeichnet.
Anhand der Lage von Arbeits- und Gleichgewichtslinie kann man feststellen, in welcher Richtung der Stoffübergangsprozeß verläuft. Wenn sich die Arbeitslinie wie in Bild (5.1./12) oberhalb der Gleichgewichtslinie befindet, so liegt für jeden beliebigen Punkt auf der Arbeitslinie (z. B. für Punkt 1) die Konzentration der Übergangskomponenten in der Gasphase über der Gleichgewichtskonzentration $c_1 > c_1^*$ und die Konzentration in der Flüssigkeit unterhalb der Gleichgewichtskonzentration $c_2 < c_2^*$. Das bedeutet, daß die Komponente von der Gasphase in die Flüssigphase übergeht. Befindet sich jedoch die Arbeitslinie unterhalb der Gleichgewichtslinie wie in Bild (5.1./13), so gilt für jeden beliebigen Punkt (z. B. Punkt 1) $c_1 < c_1^*$ und $c_2 > c_2^*$, und demzufolge wird die Übergangskomponente von der flüssigen in die gasförmige Phase übergehen.
Wie später gezeigt wird, ermöglichen die in den Bildern (5.1./12 und 5.1./13) dargestellten Diagramme nicht nur die Bestimmung der Richtung des Stoffüberganges, sondern auch die Ermittlung grundlegender Parameter des Apparates.

5.1.5. Der Mechanismus der Stoffübertragung

Die Mehrzahl der bereits betrachteten Stoffübergangsprozesse läuft zwischen zwei in unmittelbarem Kontakt stehenden Phasen ab. Der Transport des Stoffes von einer Phase in die andere erfolgt dabei in mehreren Stufen: Transport aus dem Inneren einer Phase zur Phasengrenzfläche, Durchgang durch die Phasengrenzfläche und Transport von der Phasengrenzfläche in das Innere der zweiten Phase. Für die Beschreibung sind zwei typische Darstellungen möglich: eine ist charakteristisch für die Systeme Gas–Flüssigkeit und Flüssigkeit–Flüssigkeit, d. h. Systeme ohne feste Phase, und die andere ist charakteristisch für Systeme mit einer festen Phase (Feststoff–Gas, Feststoff–Flüssigkeit).

Für Systeme ohne feste Phase kann die Stoffübertragung vereinfacht wie folgt dargestellt werden: Im Inneren jeder Phase kommt es zur völligen Durchmischung aller Komponenten. Dieses Gebiet wird als Kernströmung bezeichnet. An der Phasengrenzfläche bildet sich eine dünne Flüssigkeits-(bzw. Gas-)Schicht aus, die Grenzschicht, in der der Widerstand für den Stoffaustausch konzentriert ist.

Der Transport des Stoffstromes j in Richtung des Stoffübergangs erfolgt in der Kernströmung im allgemeinen durch Konvektion. Deshalb kann man davon ausgehen, daß in diesem Bereich keine wesentlichen Konzentrationsänderungen auftreten. Im allgemeinen liegt die gesamte Konzentrationsänderung der jeweiligen Phase – von ihrer mittleren Konzentration (z. B. c_1) bis zur Gleichgewichtskonzentration c_{1P} an der Phasengrenze – in der Grenzschicht, in der der Stofftransport durch molekulare Diffusion erfolgt (Bild 5.1./14). Nach diesem Modell der Stoffübertragung konzentriert sich der Diffusionswiderstand in der Grenzschicht.

Die Darstellung des realen Stoffübergangs ist jedoch bedeutend schwieriger. Von *Landau*, *Kišinevkij* und *Higbie* wurde ein Modell entwickelt, nach dem einzelne Flüssigkeitswirbel in die Grenzschicht eindringen, deren Strömung nicht mehr laminar ist. Durch die Reibung der Grenzschichten der sich relativ zueinander bewegenden Phasen kommt es zur Ausbildung einer Zwischenphasenturbulenz. Diese Turbulenz bewirkt nicht nur eine Intensivierung des Transportes in der Grenzschicht, sondern auch eine Vergrößerung der Phasengrenzfläche. Das bedeutet, daß der Stofftransport in jeder einzelnen Phase durch die Überlagerung von turbulenter und molekularer Diffusion entsteht.

Ist eine Phase ein Feststoff, so erfolgt der Stoffübergang entsprechend der schematischen Darstellung in Bild (5.1./15).

Im Feststoff ist ein Stofftransport praktisch nur durch molekulare Diffusion möglich. Das Konzentrationsprofil im Inneren des Feststoffs ist für jeden beliebigen

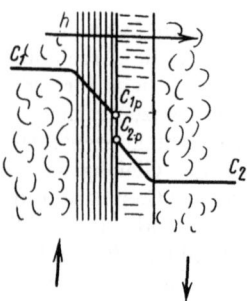

Bild (5.1./14). Schema der Stoffübertragung in Systemen ohne Feststoff (Gas-Flüssigkeit, Flüssigkeit-Flüssigkeit)

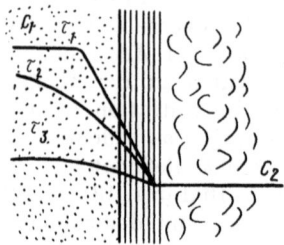

Bild (5.1./15). Schema der Stoffübertragung in Systemen mit fester Phase (t_1, t_2, t_3 – verschiedene Zeitpunkte im Laufe des Prozesses)

Moment durch eine Kurve gekennzeichnet, deren Form sich im Laufe des Prozesses erheblich verändert.

Der Stofftransport in der flüssigen (gasförmigen) Phase, die mit dem Feststoff in Kontakt steht, unterscheidet sich prinzipiell nicht vom Transport innerhalb der Phasen bei dem bereits beschriebenen System ohne Feststoff.

5.1.6. Molekulare Diffusion

Als molekulare Diffusion (oder einfach: Diffusion) bezeichnet man den Stofftransport in Richtung der Konzentrationsabnahme durch die Wirkung der ungeordneten Wärmebewegung der Moleküle. Am schnellsten läuft die Diffusion in Gasen ab. Die Diffusionsgeschwindigkeit in Gasen wird aus der Geschwindigkeit der Wärmebewegung der Moleküle und der freien Weglänge ermittelt. Je größer die Geschwindigkeit und die freie Weglänge sind, um so größer ist die Diffusionsgeschwindigkeit.

Die Diffusion in Flüssigkeiten verläuft viel langsamer als in Gasen. Der Mechanismus besteht darin, daß sich Moleküle stochastisch aus ihrer Umgebung herauslösen und zu anderen Flüssigkeitselementen übergehen.

Der Prozeß der molekularen Diffusion hängt von der Konzentrationsverteilung ab. Die Konzentration in einem beliebigen Punkt des betrachteten Raumes ist eine Funktion der Koordinaten x, y, z und der Zeit τ.

$$c = f(x, y, z, \tau) \qquad (5.1./14)$$

Diese Funktion beschreibt das Konzentrationsfeld. Wenn man alle Punkte des Feldes mit gleicher Konzentration verbindet, so erhält man Linien gleicher Konzentration (Bild 5.1./16). Die Geschwindigkeit der Konzentrationsänderung in

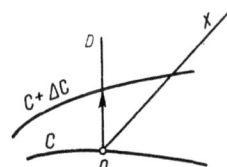

Bild (5.1./16). Bestimmung des Konzentrationsgradienten

irgendeiner Richtung l wird durch das Verhältnis $\Delta c/\Delta \tau$ ausgedrückt, wobei Δc die Konzentrationsänderung im Abschnitt Δl darstellt. Von besonderer Bedeutung ist die Konzentrationsänderung in Richtung der Normalen n. Der Grenzwert dieser Konzentrationsänderung wird als Konzentrationsgradient bezeichnet:

$$\text{grad } c = \lim_{\Delta n \to 0} \frac{\Delta c}{\Delta n} = \frac{dc}{dn}$$

Der Diffusionstheorie liegt das *Ficksche Gesetz* zugrunde. Dieses Gesetz stellt eine Beziehung zwischen der Stoffmenge M, die über die senkrecht zum Diffusionsstrom liegende Fläche A übergeht, der Zeit τ und dem Konzentrationsgradienten dc/dn her:

$$dM = -DA \frac{dc}{dn} d\tau \qquad (5.1./15)$$

Der Proportionalitätsfaktor in dieser Gleichung – der Diffusionskoeffizient – hängt sowohl von der Übergangskomponente als auch vom Trägerstoff ab. Als Maßeinheit ergibt sich für den Diffusionskoeffizienten:

$$D = \frac{dM}{dc/dn \cdot A \cdot d\tau} \quad \text{in} \quad \frac{\text{kg}}{\frac{\text{kg}}{\text{m}^3 \cdot \text{m}} \cdot \text{m}^2 \cdot \text{s}} = \frac{\text{m}^2}{\text{s}}$$

Das negative Vorzeichen auf der rechten Seite der Gl. (5.1./15) zeigt, daß sich die Konzentration in Richtung des Stoffstroms verringert. Durch die Abhängigkeit des Diffusionskoeffizienten vom Material, in dem die Diffusion stattfindet, wird dieser Stoffwert zu einer wichtigen Kenngröße für den Produktionsprozeß. Z. B. erhält man aus der Kenntnis der Veränderung des Diffusionskoeffizienten von Zucker in der Frucht beim Konfitürekochen eine Vorstellung über die Umwandlungen, die dabei im Fruchtfleisch stattfinden.

Der Diffusionskoeffizient hängt auch von Temperatur, Konzentration und Druck (bei Gasen) ab.

Der Koeffizient der molekularen Diffusion in Gasen kann nach folgender Gleichung (in m²/s) ermittelt werden.

$$D = 4{,}44 \cdot 10^{-10} \frac{T^{3/2}}{p(V_A^{1/3} + V_B^{1/3})} \sqrt{\frac{1}{M_A} + \frac{1}{M_B}} \tag{5.1./16}$$

T absolute Temperatur in K
p Druck in Pa
V_A und V_B Molvolumen der Gase in m³/mol
M_A und M_B Molmasse der Gase in kg/mol

Ist der Diffusionskoeffizient D_1 eines gegebenen Dampfes oder Gases bei der Temperatur T_1 und dem Druck p_1 bekannt, so kann der Diffusionskoeffizient D_2 bei der Temperatur T_2 und dem Druck p_2 auf folgender Gleichung berechnet werden:

$$D_2 = D_1 \cdot \frac{p_1}{p_2} \cdot \left(\frac{T_2}{T_1}\right)^{3/2} \tag{5.1./17}$$

Der Diffusionskoeffizient für Flüssigkeiten ist bedeutend weniger erforscht als der für Gase. Da für Flüssigkeiten keine exakte kinetische Theorie existiert, kann für den Diffusionskoeffizienten in Flüssigkeiten keine Gleichung a abgeleitet werden, die der Gl. (5.1./17) für Gase analog wäre.

Nach *Einstein* gilt

$$D = \frac{k \cdot T}{\eta} \tag{5.1./18}$$

k Konstante, die von den Abmessungen der Teilchen abhängt
T absolute Temperatur
η dynamische Zähigkeit des Trägerstoffes bei der entsprechenden Temperatur

Für stark verdünnte Lösungen kann der Diffusionskoeffizient bei einer beliebigen Temperatur aus einem für eine andere Temperatur bekannten Diffusionskoeffizienten berechnet werden

$$D_1 = D \cdot \frac{T_1 \cdot \eta}{T \cdot \eta_1} \tag{5.1./19}$$

Ist der Diffusionskoeffizient für ein Gas, das in der Flüssigkeit gelöst ist, bei 20 °C – D_{20} – bekannt, so kann der Diffusionskoeffizient für eine beliebige Temperatur aus

$$D = D_{20}[1 + b\,(t + 20)] \qquad (5.1./20)$$

berechnet werden, wobei $b = 0{,}2\,\sqrt{\eta}/\sqrt[3]{\varrho}$

η dynamische Zähigkeit der Flüssigkeit bei 20 °C in Pa·s
ϱ Dichte der Flüssigkeit in kg/m³

5.1.7. Stoffübergang

Bei der Betrachtung des Stofftransportes in der flüssigen Phase (gasförmigen Phase) wurde festgestellt, daß der Stoff von der Kernströmung bis zur Grenzschicht durch die Bewegung makromolekularer Teilchen – durch Konvektion – transportiert wird. In der Grenzschicht erfolgt der Transport durch molekulare Diffusion. Der gesamte Stofftransport von der (oder bis zur) Phasengrenzfläche wird als Stoffübergang bezeichnet.
Die Geschwindigkeit des Stofftransportes durch Konvektion hängt von der Konzentration, den Stoffwerten und der Geschwindigkeit (der Art) der Strömung des Trägerstoffes ab. Nach der Art der Strömung unterscheidet man zwischen natürlicher oder freier und erzwungener Konvektion. Bei der freien Konvektion wird die Strömung durch die Dichteunterschiede erzeugt, die durch unterschiedliche Konzentrationen oder Temperaturen an verschiedenen Stellen des flüssigen Mediums entstehen. Die erzwungene Strömung wird durch die Einwirkung äußerer Kräfte (mittels Pumpen, Rührern usw.) hervorgerufen.
Der Stoffübergangsprozeß kann mit einer für praktische Berechnungen ausreichenden Genauigkeit mit folgender Gleichung berechnet werden:

$$dM = \beta\,(c_{2P} - c_2)\,dA\,d\tau. \qquad (5.1./21)$$

Der Proportionalitätsfaktor β in dieser Gleichung wird als Stoffübergangskoeffizient bezeichnet. Die Konzentration an der Phasengrenzfläche ist c_{2P} und die Konzentration in der Kernströmung c_2.
Die Maßeinheit des Stoffübergangskoeffizienten ergibt sich zu

$$\beta \text{ in } \frac{\text{kg}}{\text{m}^2\text{s kg/m}^3} = \frac{\text{m}}{\text{s}}$$

Der Stoffübergangskoeffizient entspricht damit der Stoffmenge in kg, die in einer Sekunde über eine Phasengrenzfläche von 1 m² bei einem Konzentrationsunterschied zwischen Phasengrenzfläche und Kernströmung von 1 kg/m³ übergeht.
Der Stoffübergangskoeffizient ist kein Stoffwert wie der Diffusionskoeffizient. Dieser kinetische Koeffizient hängt wie auch der Wärmeübergangskoeffizient bei der Wärmeübertragung von den Stoffwerten des strömenden Mediums, von den hydrodynamischen Bedingungen der Flüssigkeit (bzw. des Gases) und geometrischen Faktoren (Form und Abmessung der Apparate und ihrer Teile) ab.
Der Stoffübergangskoeffizient in den Diffuseuren der Zuckerindustrie (zwischen Oberfläche der Rübenschnitzel und Extraktionsmittel) liegt beispielsweise in einer Größenordnung von $1{,}5 \cdot 10^{-7} - 8{,}5 \cdot 10^{-6}$ m/s.
Man muß allerdings beachten, daß die Gleichung (5.1./21) nicht die wahren physikalischen Vorgänge beim Stoffübergangsprozeß widerspiegelt. Mit Hilfe dieser

Gleichung werden aber mathematische Schwierigkeiten durch die Bestimmung der Stoffübergangskoeffizienten unter verschiedenen Prozeßbedingungen umgangen. Durch die formale Unkompliziertheit fand diese Gleichung in der Technik breite Anwendung.

Der Stoffübergangskoeffizient hängt von einer Reihe Faktoren ab, von denen der Diffusionskoeffizient D, die Strömungsgeschwindigkeit w, die Dichte ϱ, die dynamische Zähigkeit η und geometrische Abmessungen l die wesentlichsten darstellen.

$$\beta = f(D, w, \varrho, \eta, l_1, l_2 \ldots) \tag{5.1./22}$$

Meist wird für die Berechnung des Stoffübergangskoeffizienten in einer Phase eine Kriteriengleichung der Form eingesetzt:

$$Sh = A\,Re^m\,Sc^n \tag{5.1./23}$$

Die *Sherwood*-Zahl $Sh = \beta \cdot l/D$ stellt eine dimensionslose Form des Stoffübergangskoeffizienten dar.

Die *Schmidt-Zahl* $Sc = \nu/D$ enthält ausschließlich Stoffwerte und ist somit selbst ein Stoffwert. Dieses Verhältnis von molekularer Zähigkeit zu molekularer Diffusion hat eine große physikalische Bedeutung. So wie die Ausbildung des Geschwindigkeitsfeldes Einfluß auf die kinematische Viskosität ausübt, so beeinflußt das Konzentrationsfeld in der Strömung den Koeffizienten für die molekulare Diffusion. Wenn also die Sc-Zahl nahe bei 1 liegt, wie das für Gase zutrifft, so sind Geschwindigkeits- und Konzentrationsprofil der Einphasenströmung ähnlich. Für Flüssigkeiten liegt die Sc-Zahl weit über 1. Das bedeutet, daß sich die Geschwindigkeitsprofile in der Strömung stark von den Konzentrationsprofilen unterscheiden.

Beispiele für Ähnlichkeitsbeziehungen werden bei den jeweiligen Prozessen entsprechend ihren physikalischen und geometrischen Bedingungen angegeben.

Hier seien zwei Ähnlichkeitsbeziehungen als typische Beispiele aufgeführt:
Zur Berechnung des Film-Stoffübergangskoeffizienten in einer Rieselfilmkolonne mit berieselten Wänden wird für eine Re-Zahl zwischen 4 und 80 folgende Gleichung empfohlen:

$$Sh = 0{,}0066\,Re\,Sc^{0{,}5} \tag{5.1./24}$$

Der Stoffübergangskoeffizient zwischen einem Haufwerk von Schnitzeln pflanzlicher Rohstoffe und einer Flüssigkeit kann aus der Gleichung

$$Sh = 3{,}8 \cdot 10^{-4}\,Re^{1{,}38}\,Sc^{0{,}23} \tag{5.1./25}$$

ermittelt werden.

5.1.8. Stoffübertragung in einem System ohne Feststoff

Auf der Grundlage der bereits erläuterten Prinzipien der Stoffübertragung ohne Feststoff kann man hier auf einige Analogien zwischen der Stoffübertragung und der Wärmeübertragung in Rekuperatoren zurückgreifen. Dadurch kann man die Grundgleichung für die Berechnung der Stoffübertragung aus der allgemeinen Grundgleichung der thermischen Triebkraftprozesse herleiten: Die Prozeßgeschwindigkeit ist proportional der Triebkraft und umgekehrt proportional dem Widerstand. Aus der Gleichung für die Prozeßgeschwindigkeit der Stoffübertragung, die bereits angeführt wurde, folgt

$$\dot{M} = k \, \Delta c \, A \qquad (5.1./26)$$

$\dot{M}$ von einer Phase in die andere übertragene Stoffmenge in kg/s
k Stoffdurchgangskoeffizient in kg/m²s (auch gesamter Stoffübergangskoeffizient)
Δc Triebkraft des Prozesses in kg/kg
A Phasengrenzfläche in m²

Die Gleichung (5.1./26) wird als Grundgleichung der Stoffübertragung bezeichnet. Ebenso wie beim Stoffübergang täuscht die Unkompliziertheit über die großen Schwierigkeiten bei der Bestimmung des Stoffdurchgangskoeffizienten und bei der Ermittlung der mittleren Triebkraft des Prozesses hinweg.
Der Stoffdurchgangskoeffizient kann aus dem partiellen Stoffübergangskoeffizienten für den Stofftransport in jeder Phase ermittelt werden. Dem Schema der Stoffübertragung im System ohne Feststoff (s. Bild 5.1./14) entsprechend kann man für beide Phasen schreiben:

$$\mathrm{d}\dot{M} = \beta_1 \, (c_1 - c_{1\mathrm{P}}) \, \mathrm{d}A_1; \qquad (5.1./27)$$

$$\mathrm{d}\dot{M} = \beta_2 \, (c_{2\mathrm{P}} - c_2) \, \mathrm{d}A_2 \qquad (5.1./28)$$

β_1 und β_2 partielle Stoffübergangskoeffizienten der jeweiligen Phase

Zuerst soll der einfachste Fall der Gleichung (5.1./12) betrachtet werden: Die Gleichgewichtslinie ist eine Gerade

$$c_1^* = m \, c_2 \qquad (5.1./29)$$

m Tangens des Neigungswinkels der Gleichgewichtslinie
c_1^* Konzentration der gegebenen Phase, die im Gleichgewicht mit der Konzentration in der Kernströmung der anderen Phase steht

Dementsprechend ergibt sich für die Phasengrenze

$$c_{1\mathrm{P}} = m \, c_{2\mathrm{P}} \qquad (5.1./30)$$

Aus den Gleichungen (5.1./29) und (5.1./30) folgt, daß

$$c_2 = c_1^*/m \quad \text{und} \quad c_{2\mathrm{P}} = c_{1\mathrm{P}}/m$$

Setzt man diese Ausdrücke in Gleichung (5.1./28) ein, erhält man

$$\mathrm{d}\dot{M} = \frac{\beta_2 \cdot \mathrm{d}A}{m} \cdot (c_{1\mathrm{P}} - c_1^*) \qquad (5.1./31)$$

Löst man die Gleichungen (5.1./27) und (5.1./31) nach der jeweiligen Triebkraft auf

$$(c_1 - c_{1\mathrm{P}}) = \frac{\mathrm{d}\dot{M}}{\beta_1 \cdot \mathrm{d}A}; \quad (c_{1\mathrm{P}} - c_1^*) = \frac{m \cdot \mathrm{d}\dot{M}}{\beta_2 \cdot \mathrm{d}A}$$

und addiert jeweils die linken und die rechten Seiten der Gleichungen, so entsteht folgende Gleichung:

$$(c_1 - c_1^*) = \frac{\mathrm{d}\dot{M}}{\mathrm{d}A}\left(\frac{1}{\beta_1} + \frac{m}{\beta_2}\right) \qquad (5.1./32)$$

Die Grundgleichung für den Stoffdurchgang kann in zwei Varianten geschrieben werden, je nachdem, welche Konzentrationsdifferenz als Triebkraft verwendet wird

$$\mathrm{d}\dot{M} = k_1 (c_1 - c_1^*) \, \mathrm{d}A \qquad (5.1./33)$$

oder

$$\mathrm{d}\dot{M} = k_2 (c_2^* - c_2) \, \mathrm{d}A \qquad (5.1./34)$$

Aus dem Vergleich der Gleichungen (5.1./32) und (5.1./33) ergibt sich

$$\frac{1}{k_1} = \frac{1}{\beta_1} + \frac{m}{\beta_2} \qquad (5.1./35)$$

Verwendet man als Triebkraft die Konzentrationen der zweiten Phase, d. h., in Gleichung (5.1./27) werden die Konzentrationen durch die Gleichungen (5.1./29) und (5.1./30) ersetzt, so gilt für k_2

$$\frac{1}{k_2} = \frac{1}{\beta_1 \cdot m} + \frac{1}{\beta_2} \qquad (5.1./36)$$

Multipliziert man beide Seiten der Gleichung (5.1./36) mit der Konstanten m und vergleicht das Ergebnis mit Gleichung (5.1./35), so erhält man $m \, k_1 = k_2$.
Jedes Glied auf der rechten Seite der Gleichung (5.1./36) stellt den Diffusionswiderstand einer Phase dar. Wird der Diffusionswiderstand in einer Phase vernachlässigbar klein im Vergleich zu dem in der anderen Phase $1/\beta_1 m \ll 1/\beta_2$ oder $\beta_1 \to \infty$, kann man $k_2 \approx \beta_2$ setzen, d. h., daß der Diffusionswiderstand der ersten Phase vernachlässigt werden kann. Ist der Diffusionswiderstand der zweiten Phase vernachlässigbar, so wird $k_2 \approx \beta_1 m$.
Wenn die Größe m keine Konstante und die Gleichgewichtslinie somit keine Gerade ist, kann der Prozeß so in verschiedene Intervalle aufgeteilt werden, daß die Gleichgewichtslinie in jedem Intervall als Gerade mit dem Anstieg m_i angenommen werden kann. Der Stoffdurchgangskoeffizient wird sich in diesem Fall über die Länge des Apparates verändern. Für jedes Intervall gilt jedoch die Beziehung $k_2 = m_i \, k_1$.
Werden die partiellen Stoffübergangskoeffizienten β_1 und β_2 aus einem Versuch oder aus entsprechenden Ähnlichkeitsbeziehungen bestimmt, so kann der Stoffdurchgangskoeffizient über die Gleichungen (5.1./35) oder (5.1./36) ermittelt werden. Er stellt eine wesentliche Größe zur Berechnung der Stoffübertragung dar. Für die Anwendung dieser Gleichungen ist jedoch die Kenntnis der Triebkraft des Prozesses Δc_1 bzw. Δc_2 notwendig.
Die Triebkraft des Prozesses ist aus den Bildern (5.1./12) und (5.1./13) zu entnehmen. Im allgemeinen Fall ändert sie sich über die Länge des Apparates. Deshalb muß ein mittlerer Wert berechnet werden.
Es soll ein Abschnitt des Apparates der Höhe $\mathrm{d}H$ (s. Bild 5.1./11) betrachtet werden. Für die Stoffmenge, die in diesem Element von der Phase G übergeht, kann wie folgt geschrieben werden:

$$\mathrm{d}M = -G \, \mathrm{d}c_1 \qquad (5.1./37)$$

Das negative Vorzeichen auf der rechten Seite zeigt, daß sich die Menge der betreffenden Übergangskomponente in der Phase G verringert.
Setzt man die rechten Seiten der Gleichungen (5.1./37) und (5.1./33) gleich, erhält man

$$\frac{k_1}{G} \cdot \mathrm{d}A = -\frac{\mathrm{d}c_1}{c_1 - c_1^*}$$

Die Integration dieser Gleichung in den Grenzen von O bis A bezüglich der Phasengrenzfläche und von c_{1e} bis c_{1a} bezüglich der Konzentrationen

$$\int_O^A \frac{k_1}{G}\,dA = -\int_{c_{1e}}^{c_{1a}} \frac{dc_1}{c_1 - c_1^*}$$

liefert

$$\frac{k_1 \cdot A}{G} = \int_{c_{1e}}^{c_{1a}} \frac{dc_1}{c_1 - c_1^*} \tag{5.1./38}$$

Aus der Stoffbilanz über den gesamten Apparat folgt

$$\dot{M} = G\,(c_{1e} - c_{1a}) \tag{5.1./39}$$

Löst man diese Gleichung nach G auf und ersetzt G in Gleichung (5.1./38), erhält man

$$\frac{k_1 \cdot A \cdot (c_{1e} - c_{1a})}{\dot{M}} = \int_{c_{1e}}^{c_{1a}} \frac{dc_1}{c_1 - c_1^*}$$

oder

$$\dot{M} = k_1 \cdot A \cdot \frac{c_{1e} - c_{1a}}{\displaystyle\int_{c_{1e}}^{c_{1a}} \frac{dc_1}{c_1 - c_1^*}}$$

Aus dem Vergleich der letzten Gleichung mit der Berechnungsgleichung für die Wärmeübertragung (5.1./26) ersieht man, daß die mittlere Triebkraft des Prozesses folgenderweise ist:

$$\Delta c_1 = \frac{c_{1e} - c_{1a}}{\displaystyle\int_{c_{1e}}^{c_{1a}} \frac{dc_1}{c_1 - c_1^*}} \tag{5.1./40}$$

Verwendet man zur Berechnung die Konzentrationen der zweiten Phase, ergibt sich analog

$$\Delta c_2 = \frac{c_{2a} - c_{2e}}{\displaystyle\int_{c_{2e}}^{c_{2a}} \frac{dc_2}{c_2^* - c_2}} \tag{5.1./41}$$

Das in den Gleichungen (5.1./40) und (5.1./41) enthaltene Integral wird als *Anzahl der Übertragungseinheiten* bezeichnet.

$$m_{01} = \int_{c_{1e}}^{c_{1a}} \frac{dc_1}{c_1 - c_1^*}; \quad m_{02} = \int_{c_{2e}}^{c_{2a}} \frac{dc_2}{c_2^* - c_2} \tag{5.1./42}$$

Die Anzahl der Übertragungseinheiten ist umgekehrt proportional der mittleren Triebkraft des Stoffübertragungsprozesses und gibt an, wieviel Einheiten dc_1 oder dc_2 bei einer Größe der Triebkraft $(c_1 - c_1^*)$ oder $(c_2^* - c_2)$ von 1 aus einer Phase in die andere übergehen.

Das Integral in Gleichung (5.1./42) kann nicht analytisch gelöst werden.[1] Deshalb wird die Anzahl der Übertragungseinheiten gewöhnlich graphisch ermittelt. Sehr häufig wird dabei die graphische Integration angewandt.

Zur Anwendung der graphischen Integration werden für einige Werte von c_{2i} zwischen c_{2e} und c_{2a} die entsprechenden Werte c_{1i} und c_{1i}^* aus der Arbeitslinie bzw. Gleichgewichtslinie entnommen (5.1./17). Aus den Werten c_{1i} und c_{1i}^* werden die Ausdrücke $1/(c_{1i} - c_{1i}^*)$ berechnet und in einem Diagramm maßstäblich über c_1 aufgetragen (Bild 5.1./18). Die Fläche unter der Kurve in den Grenzen c_{1e} und c_{1a}, multipliziert mit dem Maßstab des Diagramms, entspricht der Anzahl der Übertragungseinheiten.

Die bisher erläuterte Methode zur Berechnung der Stoffübertragung kann nur dann verwendet werden, wenn die Phasengrenzfläche bekannt ist, wie beispielsweise in

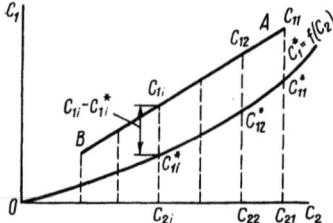
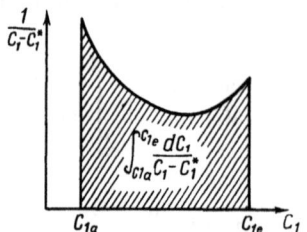

Bild (5.1./17). Zur Bestimmung der Anzahl der Übertragungseinheiten

Bild (5.1./18). Bestimmung der Anzahl der Übertragungseinheiten mittels graphischer Integration

Füllkörperkolonnen. Kann die Phasengrenzfläche nicht bestimmt werden oder bereitet die Bestimmung Schwierigkeiten, berechnet man den Stoffübertragungsprozeß nach folgender Methode.

Für diesen Fall wird die Kinetik des Prozesses durch einen volumenbezogenen Stoffdurchgangskoeffizienten ausgedrückt, der über die Höhe des Apparates als konstant angenommen wird. Werden die Höhe des Apparates mit H in m und die Querschnittsfläche mit S in m² bezeichnet, so kann man Gl. (5.1./26) schreiben als

$$\dot{M} = k_{1V} S H \Delta c \tag{5.1./43}$$

Setzt man die rechten Seiten der Gleichungen (5.1./39) und (5.1./43) gleich, erhält man

$$\dot{M}_1 (c_{1e} - c_{1a}) = k_{1V} S H \Delta c_1$$

Daraus ergibt sich

$$H = \frac{\dot{M}_1}{k_{1V} S} \cdot \frac{c_{1e} - c_{1a}}{\Delta c_1} \tag{5.1./44}$$

---

[1] Eine analytische Lösung in Sonderfällen ist möglich, z. B. wenn die Gleichgewichtslinie eine Gerade ist (die Red.)

Aus dem Vergleich mit Gl. (5.1./40) folgt, daß der zweite Faktor der Gl. (5.1./44) nichts anderes als die Anzahl der Übertragungseinheiten darstellt. Der erste Faktor in dieser Gleichung wird als Höhe einer Übertragungseinheit bezeichnet (HTU) und mit h_{01} gekennzeichnet.

$$h_{01} = \frac{\dot{M}_1}{k_{1V} S} \qquad (5.1./45)$$

Entsprechend seiner physikalischen Bedeutung bezeichnet dieser Ausdruck die Höhe eines Apparates, die einer Übertragungseinheit entspricht. Die Maßeinheit für h_0 ist m.
Wird die Größe h_{01} (HTU) experimentell ermittelt, kann die erforderliche Höhe des Apparates nach der einfachen Gleichung

$$H = h_{01} m_{01} \qquad (5.1./46)$$

oder

$$H = h_{02} m_{02} \qquad (5.1./47)$$

berechnet werden, je nachdem, welche Konzentration für die Berechnung des Prozesses verwendet wird.
Es gibt noch eine dritte Berechnungsmethode, die weniger genau, aber einfacher ist. Diese Methode wird für Näherungsrechnungen angewendet oder wenn die Kinetik des Prozesses (die Stoffdurchgangskoeffizienten) nicht bekannt ist. Mit dieser graphischen Konstruktion wird die Anzahl der theoretischen Stufen (theoretischen Böden) bestimmt und anschließend mit dem aus Versuchen ermittelten Bodenaustauschgrad die effektive Bodenzahl berechnet.
Die graphische Ermittlung der theoretischen Bodenzahl ist in Bild (5.1./19) gezeigt. Entsprechend dieser Zeichnung erfolgt die Stoffübertragung von der Phase 1 in die Phase 2. Am Eintritt des Apparates (Punkt A auf der Arbeitslinie) ist die Konzentration in der Phase 1 c_{1e}.

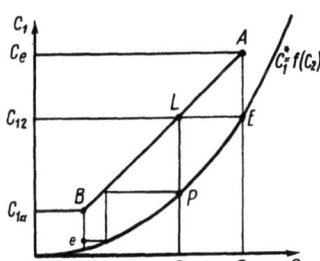

Bild (5.1./19). Graphische Bestimmung der theoretischen Bodenzahl

Nimmt man an, daß sich zwischen der in den Apparat eintretenden Phase 1 und der entgegenströmenden Phase 2 auf der ersten Stufe das Gleichgewicht einstellt, so wird die Konzentration der ersten Phase c_{12}, d. h., daß die Zusammensetzung der ersten Phase dem Punkt E entspricht und der Prozeßverlauf durch die Linie AE charakterisiert wird.
Die Konzentration c_{12} der Phase 1 entspricht auf der Arbeitslinie dem Punkt L und damit der Konzentration der zweiten Phase c_{22} - nach einer Stufe. Die Konzentrationsänderung der zweiten Phase auf dieser Stufe wird durch den Abschnitt EL gekennzeichnet.
Der Stoffübergangsprozeß der ersten Stufe entspricht somit dem Linienzug AEL. In dieser Art und Weise setzt man die Konstruktion der Stufen fort bis zur Ordinate B c_{2e}. Daraus erhält man die Anzahl der theoretischen Stufen (Böden).

Kann die letzte Stufe nicht mehr vollständig eingezeichnet werden, so wird die Anzahl der theoretischen Stufen bis zur vollen Zahl aufgerundet.

Aus der Anzahl der theoretischen Stufen N_T kann man mit Hilfe des Bodenaustauschgrades die effektive Bodenzahl berechnen zu

$$N_\text{eff} = \frac{N_T}{\eta} \qquad (5.1./48)$$

η Bodenaustauschgrad; eine Größe, die für die meisten praktischen Fälle in den Grenzen von 0,2 bis 0,8 liegt.

5.1.9. Stoffübertragung in Systemen mit einer festen Phase

Der Stoffübergang in einem System mit einer festen Phase findet in Trocknungs-, Extraktions-, Adsorptions-, Kristallisations-, Löse- u. a. Prozessen statt. Wegen der festen Phase, in der ein anderer Transportmechanismus für die Übergangskomponente vorliegt als in bewegten Fluiden, können die Berechnungsmethoden für Systeme ohne Feststoff nicht angewendet werden.

Wie man die Stoffübertragung ohne feste Phase gewissermaßen analog dem Wärmeübergang in Rekuperatoren berechnen kann, so ist die Berechnung der Stoffübertragung im System mit fester Phase bis zu einem gewissen Grad analog der Berechnung der Wärmeübertragung bei Erwärmung und Abkühlung fester Körper, d. h. analog der instationären Wärmeübertragung möglich. Die Geschwindigkeit des Stofftransportes in jedem Punkt des festen Körpers verändert sich mit der Zeit und hängt von der Verteilung (dem Feld) der Konzentration im festen Körper ab, die sich während der Stoffübertragung ständig verändert.

Für die Berechnung des Stofftransportes bei diesem Prozeß kann man weder die Grundgleichung für die Stoffübertragung (5.1./26) noch das *Fick*sche Gesetz (5.1./15) mit ausreichender Genauigkeit anwenden, da diese Gleichungen die Verteilung der Konzentration im festen Körper nicht berücksichtigen. Die zeitliche Änderung der Konzentrationen im festen Körper zeigt Bild (5.1./16). Ein Beispiel für die Konzentrationsverteilung in einem rechteckigen Stab zu einem bestimmten Zeitpunkt ist in Bild (5.1./20) dargestellt.

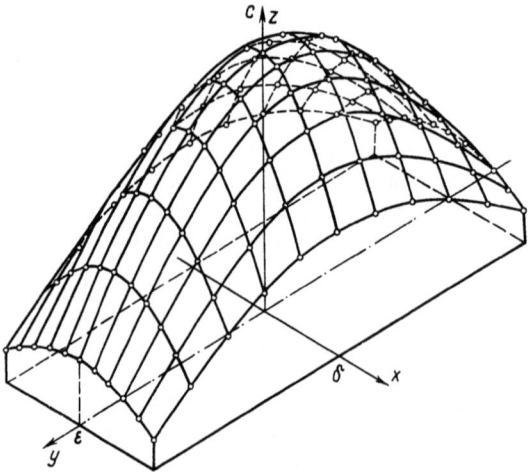

Bild (5.1./20). Konzentrationsverteilung in einem rechteckigen Stab zu einem bestimmten Zeitpunkt des Prozesses

Die Gleichung für den Stofftransport innerhalb eines festen Körpers ist eine partielle Differentialgleichung, die als Differentialgleichung des Stofftransports bezeichnet wird.
Aus dem Grundgesetz von der Erhaltung der Masse und dem *Fick*schen Gesetz erhält man bei konstantem Diffusionskoeffizienten im Falle chemischer Reaktionen, die als Quellglied wirken, folgende Differentialgleichung für den Stofftransport:

$$\frac{\partial c}{\partial \tau} + w_x \frac{\partial c}{\partial x} + w_y \frac{\partial c}{\partial y} + w_z \frac{\partial c}{\partial z} - I_V = D\left(\frac{\partial^2 c}{\partial x^2} + \frac{\partial^2 c}{\partial y^2} + \frac{\partial^2 c}{\partial z^2}\right) \qquad (5.1./49)$$

I_V die Stoffmenge, die in einer Volumeneinheit erzeugt (verbraucht) wird (Quellglied)

Treten keine chemischen Reaktionen auf, lautet Gl. (5.1./49)

$$\frac{\partial c}{\partial \tau} + w_x \frac{\partial c}{\partial x} + w_y \frac{\partial c}{\partial y} + w_z \frac{\partial c}{\partial z} = D\left(\frac{\partial^2 c}{\partial x^2} + \frac{\partial^2 c}{\partial y^2} + \frac{\partial^2 c}{\partial z^2}\right) \qquad (5.1./50)$$

Der linke Teil der Gleichung (5.1./50) enthält die konvektiven Glieder. Er besteht aus einem instationären Teil $\partial c/\partial \tau$ und einem stationären Teil $\left(w_x \frac{\partial c}{\partial x} + w_y \frac{\partial c}{\partial y} + w_z \frac{\partial c}{\partial z}\right)$, wobei w_x, w_y, w_z die linearen Geschwindigkeiten in den entsprechenden Richtungen der Koordinatenachse sind.
Ist der Prozeß instationär, so wird der stationäre Teil der linken Seite von Gleichung (5.1./50) zu Null, und die Gleichung erhält die Form

$$\frac{\partial c}{\partial \tau} = D\left(\frac{\partial^2 c}{\partial x^2} + \frac{\partial^2 c}{\partial y^2} + \frac{\partial^2 c}{\partial z^2}\right) \qquad (5.1./51)$$

Für stationäre Prozesse ($dc/d\tau = 0$) lautet die Grundgleichung für den Stofftransport

$$w_x \frac{\partial c}{\partial x} + w_y \frac{\partial c}{\partial y} + w_z \frac{\partial c}{\partial z} = D\left(\frac{\partial^2 c}{\partial x^2} + \frac{\partial^2 c}{\partial y^2} + \frac{\partial^2 c}{\partial z^2}\right) \qquad (5.1./52)$$

Diese Gleichung wird gewöhnlich als Differentialgleichung der konvektiven Stoffübertragung bezeichnet.
Die Differentialgleichung für den Stofftransport, die die Konzentrationsfelder in einem Gebiet beschreibt, in dem nur molekulare Diffusion auftritt, stellt eine Beziehung zwischen der Konzentrationsänderung und ihrer Verteilung im Raum her. Der linke Teil der Gleichung charakterisiert die Konzentrationsänderung an einem beliebigen Punkt des Raumes mit der Zeit ($\partial c/\partial \tau$) (Gl. 5.1./51) oder mit der örtlichen Verschiebung des Punktes $\left(w_x \frac{\partial c}{\partial x} + w_y \frac{\partial c}{\partial y} + w_z \frac{\partial c}{\partial z}\right)$ (Gl. 5.1./52). Der rechte Teil der Gleichung charakterisiert die räumliche Verteilung der Konzentration in der Nähe dieses Punktes.
Die zweiten Ableitungen auf der rechten Seite der Gleichung bezeichnen den Unterschied zwischen dem einem bestimmten Punkt zuströmenden und abströmenden Stoffstrom. Mit der Differenz wird die Akkumulation an diesem Punkt bestimmt.
Der Diffusionskoeffizient in den Gleichungen (5.1./51) und (5.1./52) hat eine andere physikalische Bedeutung als im *Fick*schen Gesetz. In diesen Gleichungen bezeichnet die Konstante D die Fähigkeit des Stoffes, die Konzentration in einem gegebenen

Punkt in Abhängigkeit von der Konzentrationsverteilung um diesen Punkt zu verändern. Der Koeffizient D in den zwei genannten Gleichungen wäre deshalb exakter als Stoffleitkoeffizient zu bezeichnen.

Um mathematische Formeln zur Berechnung der Stoffübertragung in einem System mit fester Phase zu erhalten, müssen die Differentialgleichungen (5.1./51) und (5.1./52) bei den entsprechenden Randbedingungen integriert werden. Eine der wichtigsten Randbedingungen für die Stoffübertragung ist die Gleichung für den Stoffübergang an der Phasengrenzfläche

$$D \, \partial c/\partial n = \beta \, (c_{1n} - c_2) \tag{5.1./53}$$

c_{1n} Konzentration an der Phasengrenzfläche;
c_2 Konzentration in der Kernströmung der zweiten Phase

Als Anfangsbedingung dient die Konzentrationsverteilung im festen Körper zu Beginn des Prozesses. Ist beispielsweise die Konzentration in allen Punkten des festen Körpers zu Beginn des Prozesses gleich, gilt

$$c_{1e} = \text{const} \tag{5.1./54}$$

Ergab sich aus einem vorhergehenden Prozeß bereits ein Konzentrationsfeld, so liegt eine mathematische Abhängigkeit der Form

$$c_{1e} = f(x, y, z) \tag{5.1./55}$$

vor.

Form und Abmessungen des Körpers müssen bekannt sein. Für die praktische Anwendung der Differentialgleichung des Stofftransports wurden für typische Körperformen brauchbare Lösungen erhalten (Zylinder, Kugel, ebene Platte). Die Mehrzahl aller Körper, die in Stoffübergangsprozessen der Lebensmittelindustrie vorkommen, kann man einer dieser Formen näherungsweise zuordnen.

Ehe die wesentlichsten Lösungen der Gleichung (5.1./51) genannt werden, sollen die wichtigsten Kriterien für die Aufstellung dieser Gleichung und die Randbedingungen (5.1./53) mit Hilfe von Methoden, die bereits angeführt wurden, angegeben werden.

Aus Gl. (5.1./51) erhält man die *Fourier*-Zahl der Stoffübertragung $Fo_D = Dt/l^2$, wobei l eine bestimmte Abmessung des festen Körpers bezeichnet. Dieses Ähnlichkeitskriterium drückt die Intensität der Veränderung während des Einwirkens äußerer Störungen auf die Ausbildung des Konzentrationsfeldes im Körper aus, d. h., daß die dimensionslose Größe die Ähnlichkeit der Geschwindigkeit des Stofftransportes im Inneren des festen Körpers charakterisiert.

Aus Gl. (5.1./53) erhält man die *Biot*-Zahl für den Stofftransport $Bi_D = \beta \, l/D$. Dieses Ähnlichkeitskriterium vergleicht die Konzentrationsverteilung im festen Körper und im umgebenden Medium oder mit anderen Worten: das Verhältnis des Konzentrationsunterschieds im festen Körper zur Konzentrationsdifferenz im Medium zwischen der Kernströmung und der Phasengrenzfläche. Die wesentlichen in die *Biot*-Zahl eingehenden Größen, der Stoffübergangskoeffizient β und der Koeffizient der molekularen Diffusion D, sind ein Maß für die Transportgeschwindigkeit in der entsprechenden Phase. Diese Größen sind folglich umgekehrt proportional den Diffusionswiderständen, welche wiederum proportional den Konzentrationsdifferenzen sind.

Zwei Grenzfälle haben große praktische Bedeutung: eine sehr große *Bi*-Zahl ($Bi_D \gg 1$) und eine sehr kleine *Bi*-Zahl ($Bi_D \ll 1$). Der erste Fall tritt ein, wenn die Konzentrationsdifferenz im äußeren Medium unmeßbar klein wird im Verhältnis zur Konzentrationsdifferenz im festen Körper. Man kann für diesen Fall folglich den äußeren Diffusionswiderstand vernachlässigen, d. h., daß die Konzentration an der Oberfläche des Körpers etwa der Konzentration des umgebenden Mediums entspricht. Dadurch wird die Aufgabe bedeutend einfacher, da die Bi-Zahl entfällt.

Im zweiten Fall kann man den inneren Diffusionswiderstand vernachlässigen und annehmen, daß die Konzentration zu jedem beliebigen Zeitpunkt in allen Punkten des Körpers gleich ist.

Als eine wesentliche dimensionslose Größe kann auch das Verhältnis der Durchsätze der beiden Phasen in die allgemeine Gleichung für die Stoffübertragung eingehen. Die aus der allgemeinen Gleichung zu bestimmenden Größen sind verschiedene Konzentrationssimplexe. Ein Ausdruck, der z. B. das Verhältnis des über das Volumen des Körpers gemittelten Konzentrationsüberschusses (s. Bild 5.1./3) darstellt, lautet

$$Z = \frac{\bar{c}_{1e} - c_{2a}}{\bar{c}_{1a} - c_{2e}} = f(Fo_D, Bi_D, q) \qquad (5.1./56)$$

$\bar{c}_{1e}$ mittlere Konzentration im festen Körper zu Beginn des Prozesses[1]
c_{2a} Konzentration in der Kernströmung der zweiten Phase zum gleichen Zeitpunkt
$\bar{c}_{1a}$ mittlere Konzentration im festen Körper zu einem bestimmten Zeitpunkt[1]
c_{2e} Konzentration in der Kernströmung zu Beginn des Prozesses
q Verhältnis der Durchsätze von Feststoff und Fluid Gl. (5.1./1).

Die Differenz zwischen der mittleren Konzentration im festen Körper und der Konzentration des umgebenden Mediums zu einem bestimmten Zeitpunkt während des Prozeßablaufs wird als mittlerer Konzentrationsüberschuß $\bar{\xi}$ bezeichnet:

$$\bar{\xi}_e = \bar{c}_{1e} - c_{2a}; \quad \bar{\xi}_a = \bar{c}_{1a} - c_{2e} \qquad (5.1./57)$$

Zu empfehlende Literatur

Processy i apparaty piščevych proizvodstvo (Prozesse und Apparate der Lebensmittelindustrie), Izd. 2-e, Kiew: Višča škola 1971, 268 S. (Aufgabensammlung)

Processy i apparaty piščevych proizvodstv (Prozesse und Apparate der Lebensmittelindustrie) (Laborpraktikum) Izd. 2-e. Kiew: Višča škola 1971, 198 S.

Kafarov, V. V.: Osnovy massoperedači (Grundlagen der Stoffübertragung). Moskau: Vysšaja škola 1967, 494 S.

Lykov, A. V.: Teorija teploprovodnosti (Theorie der Wärmeleitung). Moskau: Vysšaja škola 1967, 600 S.

Lysjanskij, W. M.: Process ekstrakcii sachara iz svekly (Prozeß der Extraktion von Zucker aus Zuckerrüben). Moskau: Pistschewaja promyschlennost 1073, 244 S.

Akselrud, G. A.; Lysjanskij, W. M.: Ekstragirovanije (sistema tverdoe telo – židkost') (Extraktion im System Fest – Flüssig). Leningrad: Chimija 1974, 254 S.

---

[1] Hier und auch weiterhin bezeichnet der Querstrich über dem Zeichen für die Konzentration, daß es sich um eine mittlere Konzentration über den gesamten festen Körper handelt

5.2. Trocknung und Befeuchtung von Gasen

Feuchte Gase (Luft, Rauchgas) werden für verschiedene Prozesse eingesetzt: für Trocknung und Befeuchtung fester Stoffe, beim Eindampfen in Tauchbrennern, bei Feuerungen, in pneumatischen Antrieben u. a. Zur Berechnung dieser Prozesse muß man die Eigenschaften und Zustandsgrößen der feuchten Gase kennen. Die aufgeführten Formeln und Diagramme können unter Berücksichtigung der entsprechenden physikalischen Parameter und Konstanten (Gaskonstanten, spezifische Wärmekapazität u. a.) auch auf andere Gase angewendet werden.

An die für ein technologisches Verfahren in einem Lebensmittelbetrieb eingesetzte Luft werden bestimmte Forderungen gestellt. Viele technologische Prozesse (Abkühlung von Fleisch, Reifen von Milchsäureprodukten, Trocknung verschiedener Stoffe, Herstellung von Makkaroni, Süßwarenherstellung, Gärung von Bier u. a.) können nur bei bestimmter Lufttemperatur und -feuchtigkeit erfolgreich durchgeführt werden. Viele dieser Prozesse verlangen auch eine hohe Reinheit der Luft. Das bedeutet, daß die Luft aufbereitet werden muß, um die geforderten Eigenschaften aufzuweisen. Sie ist durch Erwärmen, Abkühlen, Trocknen oder Befeuchten zu konditionieren.

Die Wärmeübertragung zwischen Wasser und Luft wird von einem Stoffaustausch (Feuchtetransport entweder aus der Luft ins Wasser oder aus dem Wasser in die Luft) – d. h. von einer Trocknung oder Befeuchtung der Luft – begleitet. Analoge Vorgänge können zwischen beliebigen Gasen und Flüssigkeiten auftreten.

Auf Veränderungen des Zustandes von Luft und von anderen Gasen trifft man bei der Lösung vieler Aufgaben der Wärme- und Stoffübertragung.

Im vorliegenden Abschnitt werden kurz die wesentlichsten Zustandsgrößen der feuchten Luft, ihre Veränderung sowohl beim gleichzeitigen Wärme- und Stoffaustausch zwischen Wasser und Luft in Rieselkühlern als auch bei bloßer Wärmeübertragung infolge Erwärmung und Abkühlung der Luft in Oberflächenwärmeübertragern behandelt.

5.2.1. Zustandsgrößen feuchter Luft

Als feuchte Luft wird das Gemisch aus trockener Luft und Wasserdampf bezeichnet, oder noch allgemeiner: das Gemisch aus trockener Luft und Wasserdampf, Wassertropfen oder Eiskristallen. In ungesättigter Luft liegt die Feuchte als überhitzter Dampf vor. Der Anteil des Dampfes in der Luft wird als Feuchtegehalt x in kg Wasserdampf/kg trockene Luft angegeben. Als konstante Bezugsgröße verwendet man die Masse trockener Luft (1 kg).

Der Wasserdampfgehalt der Luft hängt vom Gesamtdruck p und vom Verhältnis des Partialdruckes p_D des Dampfes zum Partialdruck p_L der Luft ab. Nach dem *Daltonschen Gesetz* gilt

$$p = p_D + p_L \qquad (5.2./1)$$

Für den Spezialfall, daß sich das Gemisch unter dem atmosphärischen Druck p_a befindet, gilt $p = p_a$. Der Gesamtdruck und der Partialdruck werden in Torr angegeben. Nach dem internationalen Einheitensystem (SI) werden die Drücke in Pa angegeben. Dabei entsprechen 133,32 Pa = 1 Torr.

Setzt man für Gemische mit einem Druck nahe dem atmosphärischen Druck die Gültigkeit der *Clapeyronschen Gleichung* voraus, so kann man für beide Stoffe schreiben:

a) für 1 kg trockene Luft in einem Volumen von V m³ gilt

$$p_L V = 1 \, R_L \, T$$

b) für die in diesem Volumen befindlichen x kg Wasserdampf gilt

$$p_D V = x \, R_D \, T$$

Dividiert man die zweite Gleichung durch die erste, erhält man folgende Form:

$$\frac{p_D}{p_L} = \frac{x \, R_D}{R_L}$$

Werden in diese Gleichung die Zahlenwerte für die Gaskonstanten

$$R_D = 0{,}462 \text{ kJ/kg K}$$

$$R_L = 0{,}287 \text{ kJ/kg K}$$

und für $p_L = p - p_D$ eingesetzt, so erhält man für x den Ausdruck

$$x = 0{,}622 \frac{p_D}{p - p_D} \tag{5.2./2}$$

Die Formel (5.2./2) gilt für Wasserdampf-Luft-Gemische bei beliebigem Gesamtdruck p und beliebigen Maßeinheiten des Druckes. Sind die Komponenten des Gemisches nicht Luft und Wasserdampf, so ist anstelle des Faktors 0,622 in Gleichung (5.2./2) die Größe R_G/R_D einzusetzen, wobei R_G und R_D die Gaskonstanten des trockenen Gases und des darin befindlichen Dampfes sind.
Zur Berechnung des Dampfgehaltes x muß man den Partialdruck des Dampfes kennen. Beim maximalen Grenzwert $p_D = p_S$ ist die Luft mit Wasserdampf gesättigt. Diesem Sättigungsdruck p_S entspricht der maximal mögliche Dampfgehalt x_S beim Gesamtdruck p. In diesem Zustand ist das Gas nicht mehr in der Lage, weitere Feuchte durch Verdunsten aufzunehmen. Ist x größer x_S, so fällt der Feuchteüberschuß als Tau aus (Nebel). Der Grad der Sättigung der Luft mit Wasserdampf wird durch die relative Feuchte φ (ohne Einheit oder in %) angegeben:

$$\varphi = \frac{\varrho_D}{\varrho_S} \approx \frac{p_D}{p_S}; \quad p_D = \varphi \cdot p_S = \frac{p \cdot x}{0{,}622 + x} \tag{5.2./3}$$

ϱ_D und ϱ_S sind die Partialdichten des Dampfes beim Partialdampfdruck p_D bzw. beim Sättigungsdruck p_S.
Zur Bestimmung von p_D verwendet man ein Gerät, das als *Psychrometer* bezeichnet wird. Es besteht aus zwei getrennten Thermometern, von denen eins (das trockene) die Lufttemperatur t_{tr} mißt und das andere (das feuchte Thermometer, dessen Fühler mit befeuchtetem Stoff umwickelt ist) die Verdunstungstemperatur des Wassers t_F anzeigt, die dem Partialdruck p_F bei Sättigung und dem Sättigungsfeuchtegehalt x_S der Luft entspricht. Das Psychrometer wird in den Strom der feuchten Luft gebracht. Die psychrometrische Differenz $t_{tr} - t_F$ ist der Dampfdruckdifferenz $p_F - p_D$ proportional. Daraus kann p_D ermittelt werden, da p_F aus thermodynamischen Tabellen als Funktion der Sättigungstemperatur t_F (in der Grenzschicht des verdampfenden Wassers befindet sich keine Luft) zu entnehmen ist. Die Berechnung von p_D erfolgt über folgende Beziehungen:

Die Masse des Wassers, die je m² Wasseroberfläche und Zeiteinheit verdunstet, Stoffstromdichte j^1 ergibt sich nach dem *Dalton*schen Gesetz zu

$$j = \sigma_p (p_S - p_D) \qquad (5.2./4)$$

σ_p Verdunstungskoeffizient (auf eine Druckdifferenz als Triebkraft bezogen) in kg Wasser/m² s Pa
p_S Dampfdruck der verdunstenden Flüssigkeit an der Phasengrenze; entspricht dem Sättigungsdruck bei der Temperatur des feuchten Thermometers

Zur Verdunstung des Wassers gibt die Luft folgende Wärmemenge je m² Oberfläche des Fühlers des feuchten Thermometers ab (spezifischer Wärmestrom $\dot{q}$ in W/m²):

$$\dot{q} = j\,r = \sigma_p (p_F - p_D)\,r = \alpha\,(t_{tr} - t_F) \qquad (5.2./5)$$

r Verdampfungsenthalpie in J/kg
α Wärmeübergangskoeffizient von der Luft zur Oberfläche des Thermometerfühlers in W/m² K

Der Wärmeübergangskoeffizient wird aus Ähnlichkeitsbeziehungen der Art $Nu = C\,Re^m\,Pr^n$ ermittelt. Aus Gl. (5.2./5) folgt für den Partialdampfdruck p_D

$$p_D = p_F - \frac{\alpha\,(t_{tr} - t_F)}{\sigma_p \cdot r} = p_F - A\,p_a (t_{tr} - t_F) \qquad (5.2./6)$$

Der psychrometrische Koeffizient $A = \alpha/\sigma_p r = f(w)$ ist ein komplexer Ausdruck, der im wesentlichen von der Gasgeschwindigkeit w an der Fühleroberfläche des feuchten Thermometers abhängt. Bei $w \geq 5$ m/s verändert sich A nur geringfügig und kann nach der empirischen Beziehung

$$A \approx 0{,}5\,(1 + 0{,}1\,w) \qquad (5.2./7)$$

berechnet werden.
Um diese Geschwindigkeit zu garantieren, wird die Luft mit Hilfe eines Ventilators durch das Psychrometer geblasen. Die Berechnung von Gl. (5.2./6) erfolgt unter Verwendung von Tabellen. Arbeitet man mit Gleichung (5.2./3) und ersetzt p_D durch Gl. (5.2./6), erhält man für φ

$$\varphi = \frac{p_D}{p_S} = \frac{p_F}{p_S} - A\,p_a\,\frac{t_{tr} - t_F}{p_S} \qquad (5.2./8)$$

Aus dieser Gleichung ist ersichtlich, daß bei $t_{tr} = t_F$ das zweite Glied auf der rechten Seite der Gleichung verschwindet. Das bedeutet vollständige Sättigung der Luft mit Wasserdampf, die sich bei den Bedingungen $p_D = p_S = p_F$ und $\varphi = 1$ ergibt. Ist $t_{tr} > t_F$, so ist $p_D < p_S$ und $\varphi < 1$. Je größer die psychrometrische Differenz $(t_{tr} - t_F)$ ist, um so weiter ist die Luft von der Sättigung entfernt, um so kleiner ist φ und um so mehr Feuchte kann Luft dieses Zustands aufnehmen. Bei $\varphi = 0$ und $p_D = 0$ ist die Luft absolut trocken und hat das bei gegebener Temperatur größte Trocknungspotential.
Aus Gl. (5.2./2) und Gl. (5.2./3) folgt

$$x = 0{,}622\,\frac{\varphi \cdot p_S}{p - \varphi p_S} \qquad (5.2./9)$$

---

[1] Aus Gründen der Lesbarkeit wird für $\dot{j}$ nur j geschrieben. (d. Red.)

Aus dieser Gleichung erkennt man, daß sich bei gegebenem Feuchtegehalt x der Luft und konstantem Gesamtdruck p eine Vergrößerung des Trocknungspotentials der Luft (eine Verringerung von φ) durch die Erhöhung der Temperatur, die zur Erhöhung von p_S bei konstantem $p_D = \varphi\, p_S$ führt, erzielen läßt. Bei einem bestimmten Gesamtdruck p wird der Luftzustand deshalb durch folgende Parameter bestimmt: die Temperatur t (die den Sättigungspartialdruck p_S bestimmt), den Feuchtegehalt x und die relative Feuchte φ. Von den kalorischen Zustandsgrößen der feuchten Luft hat die Enthalpie die größte praktische Bedeutung. Sie wird mittels der spezifischen Wärmekapazität des feuchten Gases bei konstantem Druck c_p gefunden. Die spezifische Wärmekapazität des Gemisches, das aus 1 kg trockener Luft und x kg Wasserdampf besteht, kann man aus der Summe

$$c_p = c_L + x\, c_D \qquad (5.2./10)$$

ermitteln.

$c_L = a + b\, t$ spezifische Wärmekapazität der trockenen Luft, die näherungsweise als linear abhängig von der Temperatur t mit den empirischen Konstanten a und b zu betrachten ist, bei $t \leq 200\,°C$: $c_L \approx 1{,}0$ kJ/kg K;

$c_D = f(t, p)$ spezifische Wärmekapazität des Dampfes, abhängig von Temperatur und Druck

Für einen Druck nahe dem atmosphärischen gilt

$$c_D \approx 1{,}93 \text{ kJ/kg K}$$

Für die spezifische Wärmekapazität der feuchten Luft folgt daraus

$$c_p = 1{,}00 + 1{,}93\, x \text{ [kJ/kg K]} \qquad (5.2./11)$$

Als Bezugspunkt für die Enthalpie h der feuchten Luft dient die Temperatur $t = 0\,°C$ und als Bezugsmasse 1 kg trockene Luft. Die Enthalpie der feuchten Luft wird additiv aus den Enthalpien der trockenen Luft und der Feuchtigkeit (des Wasserdampfes) berechnet.

$$h = c_L\, t + x\,(r + c_D\, t) \qquad (5.2./12)$$

r (spezifische) Verdampfungsenthalpie bei $t = 0\,°C$.

Setzt man die entsprechenden Größen in Gleichung (5.2./12) ein, erhält man die Enthalpie h in kJ/kg trockene Luft:

$$h = t + (2500 + 1{,}93\, t)\, x \qquad (5.2./13)$$

Für übersättigte Luft, die Wassertröpfchen (Nebel) und kleine Eiskristalle enthält, kann die Enthalpie nicht nach dieser Gleichung berechnet werden. Aber auch in diesem Fall wird die Gesamtenthalpie aus den Enthalpien der einzelnen Komponenten berechnet:

Enthalpie der trockenen Luft

$$h_{trL} = \int_0^t c_L\, dt = c_L\, t = 1{,}00 \cdot t \text{ [kJ/kg tr.L.]} \qquad (5.2./14)$$

Enthalpie des Dampfes

$$h_D = r + c_D\, t = 2500 + 1{,}93\, t \text{ [kJ/kg Dampf]}$$

Enthalpie der flüssigen Wassertröpfchen

$$h_{fl} = c_{fl}\, t = 4{,}19\, t, \; [\text{kJ/kg Wasser}]$$

Enthalpie des Eises

$$h_{\text{Eis}} = -\,(r_{\text{Eis}} - c_{\text{Eis}}\, t) = -\,(335 - 2{,}09\, t)\; [\text{kJ/kg Eis}] \tag{5.2./15}$$

r_{Eis} Schmelzwärme des Eises in kJ/kg;
c_{Eis} spezifische Wärmekapazität des Eises in kJ/kg K.

Die gesamte Enthalpie des Gemisches aus feuchter Luft, Wassertröpfchen und Eis in kJ/kg trockener Luft berechnet sich aus:

$$h = t + (2500 + 1{,}93\, t)\, x + 4{,}19\, x_{fl} + h_{\text{Eis}}\, x_{\text{Eis}} \tag{5.2./16}$$

x_{fl} und x_{Eis} Feuchteanteile in flüssigem bzw. gefrorenem Zustand in kg Wasser je kg trockene Luft.

Die Zustandsgrößen der feuchten Luft sind also t, p_D, φ, x und h bei einem bestimmten Gesamtdruck p.
Die wesentlichsten voneinander unabhängig veränderlichen Größen sind Temperatur t und Feuchtegehalt x. Die anderen Parameter sind davon abgeleitet. Die hier angegebenen Gleichungen ermöglichen die Lösung einer ganzen Reihe von Aufgaben, die sich aus der Änderung des Luftzustandes ergeben. Die unmittelbare Anwendung dieser Gleichungen bringt jedoch einige Schwierigkeiten bei der Auswahl der Rechengrößen, umfangreiche Rechnungen und notwendigerweise auch Näherungen (Iterationen) mit sich. Wegen dieser gegenseitigen Abhängigkeiten werden die Zustandsgrößen der Luft in Diagrammen dargestellt, mit deren Hilfe man grapho-analytische Berechnungen anstellen kann, die die Lösung der angegebenen Aufgaben vereinfachen.
Die Änderungen der Zustandsgrößen feuchter Luft werden anschaulich im h, x-Diagramm dargestellt, das zuerst von L. K. Ramzin 1918 für einen konstanten Druck von $p_h = 745$ Torr ($\approx 0{,}1$ MPa) und mit einigen vereinfachenden Annahmen konstruiert wurde. Ein verbessertes universelles Zustandsdiagramm für feuchte Luft wurde von Prof. D. M. Levin (1958) vorgeschlagen.

5.2.2. Zustandsdiagramm für feuchte Luft nach L. K. Ramzin

Das Zustandsdiagramm nach L. K. Ramzin (Bild 5.2./1) ist mit den Koordinaten h, x nach den Gleichungen (5.2./3), (5.2./9) und (5.2./13) bei konstantem barometrischem Luftdruck $p \approx 0{,}1$ MPa (745 Torr), den man als Jahresmittel des Druckes im zentralen Teil der UdSSR betrachten kann, aufgebaut.
In diesem Diagramm beträgt der Winkel zwischen den beiden Hauptachsen 135°. Das schiefwinklige Koordinatensystem ermöglicht eine bessere Ausnutzung der Diagrammfläche.
Der Wasserdampfgehalt x wird auf einer Hilfsachse der Abszisse, die im rechten Winkel zur Achse der Enthalpie h liegt, abgelesen. Die tatsächliche Hauptachse x wird meist weggelassen. Bei diesem Diagrammaufbau stellen die Linien $x = $ const senkrechte Gerade und die Linien $h = $ const geneigte Geraden dar, die parallel zur Hauptachse der Abszisse verlaufen.
Außer den bisher genannten Linien enthält das Diagramm Isothermen der feuchten Luft, Nebelisothermen ($t_F = $ const), Linien konstanter relativer Feuchtigkeit, Linien für den Wasserdampfpartialdruck und andere Hilfslinien.

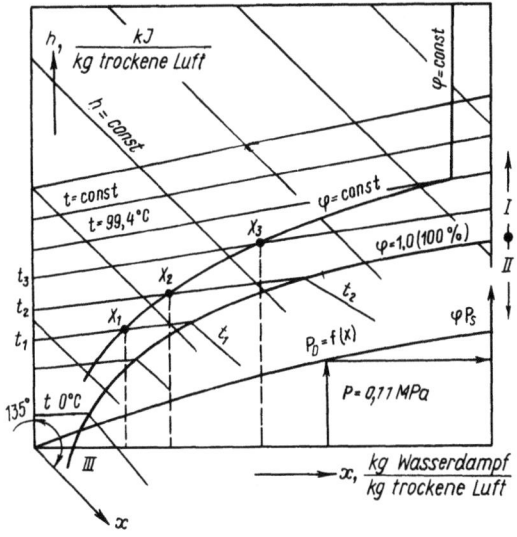

Bild (5.2./1). h, x-Diagramm nach
L. K. Ramzin (schematisch)
I Gebiet ungesättigter Luft, II Nebelgebiet, III Eisnebelgebiet

Die Isothermen $t = $ const wurden nach Gl. (5.2./13) und Gleichung (5.2./16) konstruiert. Sie bilden eine Kurvenschar, deren Neigung mit wachsender Temperatur im Gebiet $\varphi < 100\%$ größer wird.
Die Linien $\varphi = $ const wurden nach Gl. (5.2./9) berechnet. Für einen bestimmten φ-Wert werden bei verschiedenen Temperaturen t ($t_1, t_2, t_3, \ldots$) die Feuchtegehalte x ($x_1, x_2, x_3, \ldots$) bestimmt. Die Schnittpunkte der jeweiligen Linien $t = $ const und $x = $ const ergeben einzelne Punkte, deren Verbindung die Kurve $\varphi = $ const liefert.
Die Kurvenschar $\varphi = $ const beginnt in einem bestimmten Punkt der Ordinatenachse ($x = 0; t = -273\,°C$). Bei einer Temperatur von $99{,}4\,°C$ (Sättigungstemperatur bei einem Druck von $p \approx 0{,}1\,MPa = 745$ Torr) haben die $\varphi = $ const-Linien einen plötzlichen Knick und verlaufen bei weiterer Temperaturerhöhung fast senkrecht nach oben, d. h. parallel zu den Linien $x = $ const. Das ist damit zu erklären, daß bei dieser Temperatur der Sättigungsdruck p_S dem Gesamtdruck p entspricht, für den das Diagramm gilt.

$$x = 0{,}622 \frac{\varphi p}{p - \varphi p} = 0{,}622 \frac{\varphi}{1 - \varphi}; \quad \varphi = \frac{p_D}{p} = \frac{0{,}622 + x}{x}$$

Das heißt, daß die relative Feuchtigkeit nicht mehr von der Temperatur abhängt und allein aus dem Feuchtegehalt bestimmt werden kann. Jedem Wert φ entspricht bei einem bestimmten Gesamtdruck p ein bestimmter x-Wert, bei dem die Kurve $\varphi = $ const diesen Knickpunkt aufweist.
Die Linie $\varphi = 1$ ($\varphi = 100\%$) charakterisiert den maximalen Feuchtegehalt und teilt das Diagramm in zwei Bereiche. Der oberhalb dieser Linie liegende Bereich ist das Gebiet ungesättigter Luft, in dem die Feuchte als Dampf auftritt. Die Lage der Linie $\varphi = 1$ im Diagramm gilt nur bei einem bestimmten Gesamtdruck.
Unterhalb der Linie $\varphi = 1$ befindet sich das Gebiet übersättigter Luft, in dem die Feuchte in Form kleiner Wassertropfen – als Nebel – und bei einer Temperatur unter $0\,°C$ als Eisnebel vorliegt.
Die Isothermen ändern beim Übergang ins Nebelgebiet ihre Richtung und nähern sich den Geraden $h = $ const. Eine Erhöhung des Feuchtegehaltes gesättigter Luft kann man nur durch Zugabe von Feuchte im flüssigen Zustand erreichen. Dabei

wird die spezifische Enthalpie der Luft nur um den geringen Wert von $x_{fl} t$ (s. Gl. 5.2./16) erhöht. Wasser im dampfförmigen Zustand dagegen erhöht die Enthalpie der Luft um den bedeutend größeren Wert von $x\,(2500 + 1{,}93\,t)$.

Bei Temperaturen unter 0 °C fallen die Isothermen für das System Luft-Wasser nicht mit den Isothermen für Luft-Eis zusammen. Auch die Linien für $\varphi = $ const beider Systeme fallen nicht zusammen.

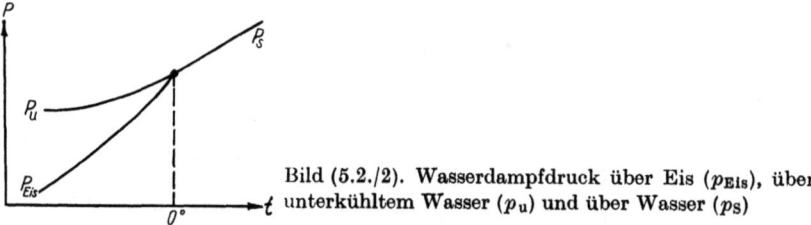

Bild (5.2./2). Wasserdampfdruck über Eis (p_{Eis}), über unterkühltem Wasser (p_u) und über Wasser (p_S)

Diese Diskrepanz ist aus dem unterschiedlichen Sättigungsdampfdruck von Eis (p_{Eis}) und von unterkühltem Wasser (p_u) gleicher Temperatur zu erklären (s. Bild 5.1./2). Der Wasserdampfdruck für unterkühltes Wasser ist größer als der von Eis:

$$p_D/p_{Eis} > p_D/p_u;\ \varphi_{Eis} > \varphi_u$$

Das bedeutet, daß für das System Luft-Eis die Kurven $\varphi_{Eis} = $ const über den Kurven $\varphi_u = $ const des Systems Luft-Wasser liegen.

Unterhalb der Kurve $\varphi = 1$ verhalten sich die Isothermen gerade entgegengesetzt: Die Isothermen für das System Luft-Wasser liegen höher, da durch die Schmelzwärme des Eises die Enthalpie des Systems Luft-Eis entsprechend Gleichung (5.2./16) niedriger ist.

Die Lage der Isothermen und der Linien $\varphi = $ const im Gebiet $t < 0\,°C$ zeigt Bild (5.2./3).

Die Hilfslinien für den Partialdampfdruck (s. Bild 5.2./1) $p_D = \varphi\,p_S = f(x)$ werden nach Gleichung (5.2./3) berechnet.

Für den Parameter p_D ist an der rechten Seite des Diagramms eine Skala angegeben. Auch hier gelten alle genannten Konstruktionsvorschriften für einen bestimmten Gesamtdruck $p = $ const.

Einige Diagramme enthalten auch Linien konstanter Feuchtkugeltemperatur und einen kreisförmigen (oder Rand-) Maßstab für $\varepsilon = \Delta h/\Delta x$ u. a.

Für die Berechnungen sollte man ein Diagramm mit möglichst großem Maßstab (Bild 5.2./4) verwenden. Aus dem Diagramm erkennt man, daß die Linien $\varphi = $ const im Bereich höherer Temperaturen und geringerer relativer Feuchten fächerförmig auseinanderlaufen und daß deren Abstände für gleiche Werte von $\Delta \varphi$ mit kleinerem φ größer werden. Gleichzeitig verlaufen die $\varphi = $ const-Linien mit fallenden φ-Werten (vergleiche $\varphi = 10\%$; $\varphi = 5\%$ u. a.) im Diagramm immer steiler und nähern sich der Enthalpieachse. Dieser Umstand erschwert infolge der Ungenauigkeiten bei der Interpolation die Bestimmung des Zustandes und der Parameter der Luft bei einem gegebenen φ-Wert. Deshalb sollte man davon absehen, in diesem Teil des Diagramms φ als bestimmenden Parameter zu verwenden. Es ist weitaus zuverlässiger, die Temperatur zusammen mit einem anderen Parameter – h oder x – anzugeben.

Ein für hohe Temperaturen konstruiertes Diagramm wird zur Zustandsbestimmung von Rauchgas und von Rauchgas-Luft-Gemischen bei der Berechnung des Trocknungsprozesses eingesetzt. Zur Berechnung von Kühlprozessen werden Diagramme für das System Luft-Eis angewandt.

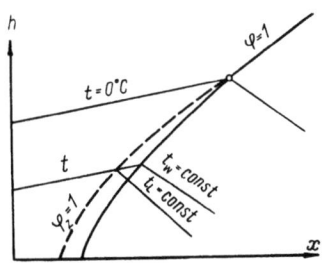

Bild (5.2./3). Die Lage der Isothermen und der Linien konstanter relativer Feuchte für die Systeme Luft-Wasser und Luft-Eis

Bild (5.2./4). Siehe Seite 465

5.2.3. Darstellung einfacher Zustandsänderungen feuchter Luft

Allgemeines

Unter äußeren Einflüssen kann sich der Luftzustand ändern. Das führt zur Änderung einiger oder aller Zustandsgrößen der Luft. Es gibt verschiedene Prozesse, bei denen sich der Luftzustand verändert (Erwärmen, Abkühlen, Befeuchten, Mischen von Luftmengen unterschiedlichen Zustandes usw.)
Im h, x-Diagramm lassen sich diese Zustandsänderungen der Luft graphisch darstellen. Aus der Darstellung der einfachen Prozesse läßt sich die Darstellung auch schwierigerer Prozesse, wie sie in der Ingenieurpraxis auftreten, ableiten.
Luft mit einem Anfangszustand, der mit A bezeichnet werden soll (Bild 5.2./5), kann in einen Endzustand B überführt werden, unabhängig davon, auf welchem Weg dieser Endzustand erreicht wurde (Linie AaB oder AbB). Somit können sowohl einfache als auch komplizierte Prozesse durch die Gerade AB dargestellt werden, so daß der Prozeß durch die Größe

$$\varepsilon = \frac{\Delta h}{\Delta x} = \frac{h_A - h_B}{x_A - x_B} = \frac{\overline{AD}}{\overline{CB}} m \qquad (5.2./17)$$

mit $m = M_h/M_x$, Verhältnis der Maßstäbe des Diagrammes, charakterisiert werden kann.
Folglich werden alle Prozesse zur Veränderung des Luftzustandes, die durch parallele Geraden dargestellt werden können, durch ein- und dieselbe Größe ε charakterisiert. In Abhängigkeit von der Richtung des Prozesses hat ε unterschiedliche Vorzeichen. Soll die Luft bei $x = $ const in einem Oberflächenwärmeübertrager erwärmt werden (Linie BF), so ist $\Delta h = h_F - h_B > 0$, $\Delta x = 0$ und $\varepsilon \to +\infty$. Wenn die Luft abgekühlt wird (der Prozeß verläuft in umgekehrter Richtung auf der Linie FB), gilt $\Delta h = h_B - h_F < 0$, $\Delta x = 0$ und $\varepsilon \to -\infty$. Wenn sich der Luftzustand bei konstanter Enthalpie ändert, so gilt $\Delta h = 0$, $\Delta x \neq 0$ und $\varepsilon = 0$. Zwischen den Werten $\varepsilon = 0$ und $\varepsilon = \pm \infty$ liegen sämtliche Zwischenwerte für ε.
Die Skale ε, die in das Diagramm eingetragen ist, ermöglicht die graphische Lösung verschiedener Aufgaben.
Der Zustand der Luft im Gebiet $\varphi < 1$ wird eindeutig durch zwei Parameter t, x, φ oder h bestimmt: Der Zustand der Luft ergibt sich im Diagramm durch den Schnittpunkt zweier Zustandslinien (z. B. für den Punkt A: der Schnittpunkt der Linien h_A und x_A). Die Werte der anderen Zustandsgrößen liest man auf den entsprechenden Kurven durch diesen Punkt ab (für den Punkt A: Werte φ_A und t_A).

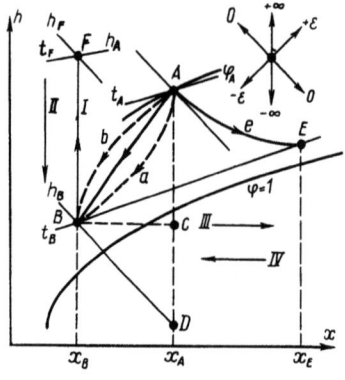

Bild (5.2./5). Zustandsänderung der Luft bei Grundprozessen
I Erwärmung, II Abkühlung, III Befeuchtung, IV Trocknung

Bei gleichem Anfangs- und Endwert einer dieser Größen ist die Veränderung der anderen Parameter in unterschiedlicher Richtung möglich. Z. B. kann bei der Abkühlung von der Temperatur t_A auf die Temperatur t_B (s. Bild 5.2./5) der Feuchtegehalt der Luft von x_A auf x_E ansteigen (eine Befeuchtung der Luft auf der Linie AE) oder von x_A auf x_B sinken (Trocknung der Luft auf der Linie AB). Die Richtung des Prozesses wird durch die äußeren Einflüsse festgelegt.

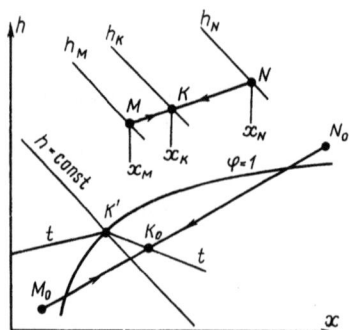

Bild (5.2./6). Mischung von Luftmengen unterschiedlichen Zustandes

Mischung von Luftmengen unterschiedlichen Zustandes

Der Zustand einer Mischung von Luftmengen unterschiedlichen Ausgangszustandes wird im Diagramm nach dem „Hebelgesetz" ermittelt (Bild 5.2./6). Der Punkt K stellt den Zustand des Gemisches dar und liegt auf der Mischgeraden MN, die die Punkte M und N verbindet. Die Punkte M und N charakterisieren den Ausgangszustand der Gemischpartner. Die Lage der Punkte auf der Geraden entspricht dem Verhältnis der Massen der Gemischtpartner $MK/NK = L_N/L_M$, wobei L_N und L_M die Massen der Luft vom Zustand N und M sind.

Das folgt aus der Stoff- und Wärmebilanz für den Mischvorgang:

$$L_M x_M + L_N x_N = (L_M + L_N) x_K \tag{5.2./18}$$

$$L_M h_M + L_N h_N = (L_M + L_N) h_K \tag{5.2./19}$$

Daraus ergibt sich

$$\frac{h_N - h_K}{x_N - x_K} = \frac{h_K - h_M}{x_K - x_M} \tag{5.2./20}$$

Das ist die Gleichung einer Geraden durch die Punkte N und M. h_K und x_K sind die Koordinaten eines beliebigen Punktes auf dieser Geraden.

Liegt der Zustandspunkt K_0 des Gemisches im Nebelgebiet, so findet man den Zustandspunkt der bei der Mischung entstehenden gesättigten Luft als Schnittpunkt der Nebelisothermen durch K_0 mit der Sättigungslinie $\varphi = 1$. Der kondensierende Wasserdampf ist in der Luft in Form von Wassertröpfchen enthalten. Er hat die Temperatur der gesättigten Luft. Aus der Zeichnung (s. Bild 5.2./6) sieht man, daß auch bei der Mischung zweier ungesättigter Luftmengen des Zustandes M_0 und N_0 ein übersättigtes Gemisch entstehen kann.

Abkühlung und Trocknung feuchter Luft

Wird Luft vom Zustand 1 (Bild 5.2./7) abgekühlt, so verläuft der Prozeß der Wärmeabgabe auf der Linie $x =$ const bis zum Zustand 2 (bis zum „Taupunkt" t_2), der auf der Sättigungslinie $\varphi = 1$ liegt. Als Taupunkt bezeichnet man diejenige Grenztemperatur der Luft, bei der diese dem jeweiligen Feuchtegehalt entsprechend gesättigt ist. Darunter beginnt die Kondensation von Wasserdampf. Bei einer weiteren Abkühlung auf den Zustand 3 schlägt sich Feuchte nieder („Tau"). In diesem Zustand hat man gesättigte Luft vom Zustand 3' und Wasser vorliegen, dessen Zustand im Diagramm nicht dargestellt werden kann, da er im Unendlichen auf der Linie $t_3 =$ const liegt.[1] Wird die Luft vom Zustand 3' wieder auf die Ausgangstemperatur t_1 (Punkt 4) erwärmt, so erhält man eine Luft geringerer Feuchtigkeit ($x_4 < x_1$). So kann Luft getrocknet werden. Der Prozeß verläuft auf der Linie $\varphi = 1$ vom Taupunkt 3' bis zum Schnittpunkt mit der Isothermen t_3.

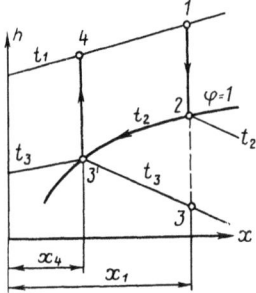

Bild (5.2./7). Abkühlung und Trocknung von Luft

Die Abkühlung der Luft ohne Veränderung des Feuchtegehaltes, die allein durch Verringerung der fühlbaren Wärme zwischen der Anfangstemperatur und der Taupunkttemperatur erreicht wird, bezeichnet man als „trockene" Abkühlung. Praktisch erfolgt sie in Oberflächenwärmeübertragern und führt nicht bis zum Taupunkt, wenn die Temperatur der Kühlfläche über der Taupunkttemperatur der Luft liegt. Niedrigere Oberflächentemperaturen führen zur Kondensation der Feuchte und der Ausbildung eines Flüssigkeitsfilmes. In diesem Fall kommt es zu einer Wechselwirkung der Luft mit dem Flüssigkeitsfilm wie bei unmittelbarem Kontakt von Luft und Wasser (bei der „feuchten" Abkühlung).

5.2.4. Wärmeübergang zwischen Wasser und feuchter Luft

Der Stoffübergang zwischen Luft und Wasser spielt sich in der Grenzschicht an der Flüssigkeitsoberfläche ab und ist stets von einem Wärmeübergang begleitet, da gleichzeitig mit dem Wasserdampf auch die Wärmemenge übergeht, die für die

---

[1] Für reines Wasser gilt $x = m_{H_2O}/m_{Luft} \to \infty$ (die Red.)

Phasenänderung benötigt wird. Außerdem findet ein konvektiver Wärmeübergang statt, der durch den Temperaturunterschied zwischen Wasser und Luft hervorgerufen wird. Die Masse der Feuchte, die je 1 m² Oberfläche und Zeiteinheit verdunstet (in kg/m²·s), wird mit der folgenden Gleichung berechnet:

$$j = \sigma_p (p_S - p_0) = \sigma_x (x_S - x) = \beta (c_S - c_0) \tag{5.2./21}$$

$\sigma_p, \sigma_x, \beta$ Verdunstungskoeffizienten, die von den Prozeßbedingungen abhängen und aus den Ähnlichkeitsbeziehungen für die Feuchtediffusion (Gleichungen der Stoffübertragung) berechnet werden. Sie haben unterschiedliche Dimensionen

x_S Feuchtegehalt gesättigter Luft bei dem Druck p_S in kg Wasserdampf je kg trockene Luft

p_S Wasserdampfsättigungsdruck an der Flüssigkeitsoberfläche (bei der Temperatur der Flüssigkeit) in Pa

x Feuchtegehalt der ungesättigten Luft in der Kernströmung in kg Wasserdampf/kg trockene Luft

p_0 Partialdruck des Wasserdampfes in der Kernströmung in Pa

c_S und c_0 Volumenkonzentration des Wasserdampfes in der Luft entsprechend den Drücken p_S und p_0 in kg/m³

Die Wärmestromdichte von der Luft zum Wasser wird als Summe der „trockenen" (scheinbaren, fühlbaren) Wärmestromdichte $\dot{q}_{tr}$ infolge Konvektion und der Wärmestromdichte der Verdunstung $\dot{q}_W$ ermittelt. Die Gesamtwärmestromdichte in W/m² ergibt sich (ohne Beachtung der Strahlung, die man vernachlässigen kann) aus

$$\dot{q} = \dot{q}_{tr} + \dot{q}_W = \alpha (t_W - t) + r j \tag{5.2./22}$$

α Wärmeübergangskoeffizient zwischen Wasser und Luft in W/m² K
t_W Temperatur an der Wasseroberfläche in °C
t Lufttemperatur in der Kernströmung in °C
r Verdampfungsenthalpie in J/kg Wasser

Ersetzt man in dieser Gleichung j und führt $\Delta t = t_W - t$ und $\Delta x = x_S - x$ ein, erhält man

$$\dot{q} = \alpha \Delta t + \sigma_x r \Delta x \tag{5.2./23}$$

Beide Summanden können positiv, negativ oder Null sein. In Abhängigkeit davon unterscheidet man folgende Fälle des konvektiven Wärmeübergangs:

a) Ist $\Delta t > 0$, so geht die Wärme vom Wasser an die Luft über, das Wasser kühlt sich ab, und die Luft erwärmt sich.
b) Bei $\Delta t = 0$ tritt kein konvektiver Wärmeübergang auf.
c) Ist $\Delta t < 0$ (wenn die Temperatur der Luft höher als die des Wassers ist), geht die Wärme von der Luft an das Wasser über.

Auf der anderen Seite kann man die Fälle Verdunstung und Konvektion der Feuchte unterscheiden:

a) Bei $\Delta x > 0$ erfolgt eine Verdunstung der Feuchte in die Luft. Mit dem Dampf wird die Verdampfungsenthalpie in die Luft übertragen.
b) Bei $\Delta x = 0$ findet kein Stoffübergang statt.
c) Bei $\Delta x < 0$ (der Feuchtegehalt der Luft liegt über dem Sättigungsfeuchtegehalt der Luft an der Wasseroberfläche) kommt es zur Kondensation der Feuchte aus der Luft.

Wenn die Temperatur der Luft höher als die des Wassers ist, wird die Wärme aus der Luft mittels Konvektion an das Wasser übertragen:

$$\dot{q}_{tr} = \alpha \, (t - t_W) \tag{5.2./24}$$

Vom Wasser an die Luft wird folgende Wärmemenge übertragen:

$$\dot{q}_W = \sigma_p \, (p_S - p_0) \, r \tag{5.2./25}$$

Der gesamte auf einen m² Kontaktfläche von der Luft an das Wasser übertragene Wärmestrom beträgt $\dot{q} = \dot{q}_{tr} - \dot{q}_W$. Die Energie dient der Erwärmung des Wassers, so daß sich die Wassertemperatur t_W und der Sättigungsdampfdruck p_S erhöhen. Dadurch kommt es gleichzeitig zu einer Verringerung von $\dot{q}_{tr}$ und zu einer Erhöhung von $\dot{q}_W$ bis zur Gleichheit der beiden Größen ($\dot{q} = 0$). Dabei geht die gesamte Wärme, die das Wasser aus der Luft erhält, durch Konvektion in Form von Verdampfungsenthalpie der Flüssigkeit an die Luft zurück. Eine weitere Erwärmung des Wassers ist nicht möglich. Die Verdunstung wird jedoch bei konstanter Temperatur und konstantem Druck solange fortgesetzt, bis die gesamte Flüssigkeit verdunstet ist.

Die konstante Temperatur t_F, die das Wasser bei seiner Verdunstung in die Luft nach der Erreichung des thermischen Gleichgewichtes aufweist, wie es oben erläutert wurde, wird als Feuchtkugeltemperatur bezeichnet. Diese Temperatur zeigt ein Thermometer an, dessen Fühler mit einem feuchten Gewebe umwickelt ist. Das trockene Thermometer mit unbedecktem Fühler befindet sich neben dem feuchten Thermometer und gibt die höhere, wirkliche Temperatur der Luft t_{tr} wieder. Aus der unterschiedlichen Anzeige der beiden Thermometer kann man mit Hilfe von Psychrometertafeln den Feuchtegehalt der Luft bestimmen.

Von praktischer Bedeutung ist der Fall der adiabatischen Abkühlung und Befeuchtung der Luft. Wenn die gesamte Wärme, die für die Verdunstung des Wassers bei unmittelbarem Kontakt mit der Luft benötigt wird, nur aus der Luft kommt und der Wärmeübergang ohne Verlust und ohne Wärmezufuhr von außen erfolgt, verläuft die Abkühlung der Luft adiabatisch ohne Änderung der Enthalpie. Die für die Verdunstung des Wassers aufgewendete Wärme gelangt in Form der Verdampfungsenthalpie mit dem Wasserdampf in die Luft zurück. Die Temperatur der Luft verringert sich, ihr Feuchtegehalt nimmt aber entsprechend zu, so daß sich diese Veränderungen in Gl. (5.2./13) gerade kompensieren, wodurch der Wert $h = $ const erhalten bleibt.

Die Grenze der möglichen Abkühlung, die Luft bei Sättigung unter adiabatischen Bedingungen erreichen kann, ist wiederum die Temperatur des feuchten Thermo-

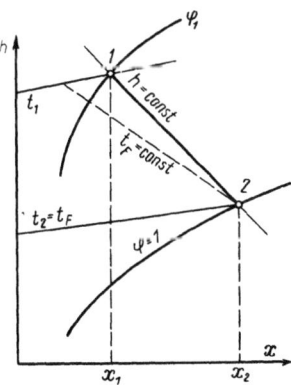

Bild (5.2./8). Abkühlung und Befeuchtung von Luft bei adiabater Prozeßführung

meters t_F. Eben diese Temperatur weist eine Flüssigkeit auf, die mit Luft im Wärme- und Stoffaustausch steht. Am Ende des Prozesses bildet sich ein thermisches Gleichgewicht durch die Annäherung der Luft- und Wassertemperaturen aus.

Der Prozeß der adiabatischen Abkühlung und Befeuchtung der Luft ist in Bild (5.2./8) dargestellt. Die Linie 1—2 kennzeichnet die Abkühlung und Befeuchtung der Luft vom Zustand t_1, φ_1, h_1, x_1 bis zum Zustand $t_2 = t_F$, $\varphi_2 = 1$, $h_1 = h_2$, x_2.

Die Temperatur des feuchten Thermometers ist im Schnittpunkt der Linien $h = $ const und $\varphi = 1$ zu finden. Die Isotherme, die durch diesen Punkt geht, ist die Feuchtkugeltemperatur t_F.

5.2.5. Wärme- und Stoffübergang in Wärmeübertragern mit direktem Kontakt zwischen Luft und Wasser

Wärmeübertrager mit direktem Kontakt zwischen Luft und Wasser (Luftwäscher und Mischkondensatoren) können in zwei Gruppen eingeteilt werden:

a) Apparate mit Verdunstung des Wassers im Luftstrom, wobei die Luft befeuchtet wird, sich abkühlt und dabei das Wasser erwärmt;

b) Apparate mit Kondensation des Dampfes aus der Luft, wobei das Gas getrocknet und abgekühlt wird.

In diesen Apparaten erfolgt ein Wärmetransport nicht nur durch Wärmeübergang, sondern auch infolge Stoffübertragung. Deshalb ist es möglich, daß Wärme von einem kälteren Medium in ein wärmeres übergeht; z. B. wird bei der Verdampfung kalten Wassers in warmer Luft die Verdampfungsenthalpie mit dem Dampf in die Luft übertragen. In Wärmeübertragern mit direktem Kontakt zwischen Luft und Wasser ist die Änderung der Wassertemperatur nicht proportional der Menge an „trockener" Wärme, die das Wasser an die Luft überträgt oder von der Luft aufnimmt, da ein Teil der Wärme für die Verdunstung oder Kondensation des Wassers verbraucht wird. In Abhängigkeit von den Bedingungen des Wärme- und Stoffübergangs kann entweder eine Trocknung oder eine Befeuchtung der Luft stattfinden.

Die wesentlichen Wärmeübertrager mit direktem Kontakt zwischen Luft und Wasser sind Füllkörperkolonnen (zum Kontakt des Gases mit der Flüssigkeit kommt es an den berieselten Oberflächen der Füllkörper), Sprühkolonnen (in diesen Kolonnen wird die Flüssigkeit durch Düsen im Gasstrom zerstäubt) und Kaskadenapparate mit Einbauten (in diesen Apparaten fließt die Flüssigkeit über die Einbauten).

In den Wärmeübertragern mit direktem Kontakt zwischen Luft und Wasser können die Prozesse im Gleich- oder Gegenstrom ablaufen.

Die Gleichung für die Wärmebilanz eines Luftwäschers lautet:

$$\dot{L} h_1 + \dot{W} c_W t_2^e = \dot{L} h_2 + (\dot{W} + \Delta \dot{W}) c_W t_2^a \qquad (5.2./26)$$

$\dot{L}$ Massenstrom der trockenen Luft in kg/s
$\dot{W}$ Massenstrom des Wassers in kg/s
h_1 und h_2 Enthalpie der Luft am Eintritt und am Austritt des Luftwäschers in J/kg trockene Luft
t_2^e und t_2^a Wassertemperatur am Eintritt und am Austritt des Luftwäschers in °C
$\Delta \dot{W}$ Massenstrom des Wassers, das verdunstet oder kondensiert, in kg/s
     Bei der Trocknung der Luft ist $\Delta \dot{W}$ positiv, im allgemeinen kann die Größe $\Delta \dot{W}$ im Vergleich zu $\dot{W}$ vernachlässigt werden.

Diese Gleichung wird für die Konstruktion der Prozeßlinie für den Luftwäscher im h, x-Diagramm verwendet. In Abhängigkeit von der Art der Stromführung und von

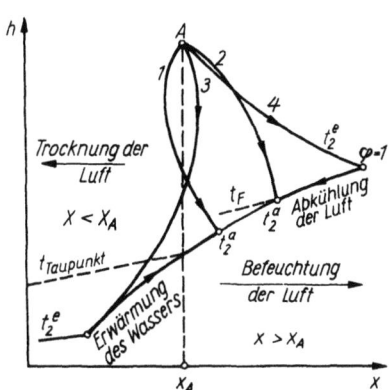
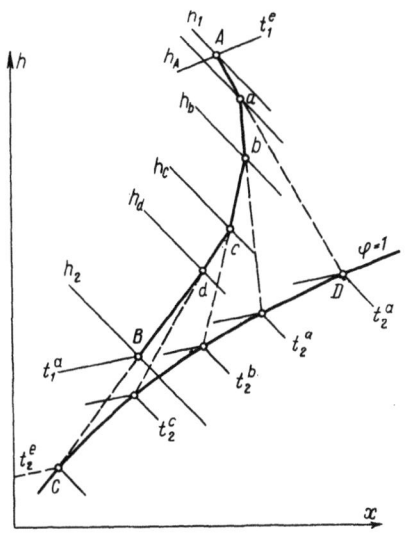

Bild (5.2./9). Zustandsänderung der Luft im Luftwäscher und Mischkondensator bei Gleichstrom (1 und 2), bei Gegenstrom (3 und 4)

Bild (5.2./10). Konstruktion der Prozeßlinie für Gegenstrom im Luftwäscher und Mischkondensator

den Temperaturverhältnissen hat die Prozeßlinie vom Ausgangspunkt A unterschiedliche Richtungen (Bild 5.2./9). Die Linien 1 und 2 beschreiben Gleichstromprozesse, bei denen die eintretende Luft direkt mit dem eintretenden Wasser in Kontakt kommt. Die Linien 3 und 4 stellen Gegenstromprozesse dar. Liegt die Wassertemperatur unter dem Taupunkt, so erwärmt sich das Wasser. Bei höheren Temperaturen kommt es zur Befeuchtung der Luft. Die Änderung der Wassertemperatur wird auf der Linie $\varphi = 1$ gezeigt, da diese Linie dem Zustand des Sattdampfes in der Grenzschicht an der Flüssigkeitsoberfläche entspricht.

In Bild (5.2./10) wird die Konstruktion der Prozeßlinie in einem Gegenstrom-Luftwäscher gezeigt. Diese Konstruktion bildet die Grundlage der graphischen Auslegung von Luftwäschern.

Im h, x-Diagramm werden nacheinander der Punkt A als Ausgangszustand der Luft (t_1^e, h_1) und auf der Linie $\varphi = 1$ die Punkte C (t_2^e) und D (t_2^a) eingetragen, die den Zustand der Feuchte in der Grenzschicht an der Wasseroberfläche charakterisieren. Die Luft kommt am Eintritt in den Luftwäscher mit gesättigter Luft vom Zustand D in Kontakt und mischt sich mit ihr. Deshalb wird als Mischungsgerade die Strecke AD eingezeichnet. Auf dieser Linie entspricht der Punkt a einem Zwischenwert der Enthalpie h_a, der etwas niedriger liegt als die Enthalpie h_1. Es wird angenommen, daß der Prozeß im Abschnitt A-a in Richtung AD abläuft, d. h., daß man durch die Gerade A-a einen Abschnitt der Prozeßlinie ersetzen kann, entlang deren sich der Luftzustand ändert (s. Bild 5.2./9).

Auch für den Punkt a (s. Bild 5.2./10) ist die Mischungsgerade zu konstruieren. Dafür setzt man aus der Wärmebilanz (5.2./26) die Zwischentemperatur des Wassers t_2^a ein

$$t_2^a = t_2^a - \frac{L(h_1 - h_a)}{c_W W} \qquad (5.2./27)$$

Die weitere Konstruktion erfolgt analog, indem man die Zwischenwerte h_a, h_b usw. einführt, für die man die Punkte aus der Mischungsgeraden findet, daraus die Temperaturen t_2^b, t_2^c, usw. für die Konstruktion neuer Mischungsgeraden berechnet. Die Konstruktion wird solange durchgeführt, bis man den gegebenen Ausgangswert der Wassertemperatur t_2^e erhält. Am Ende der Kontaktfläche muß man im Punkt B bei dem gegebenen Enthalpiewert h_2 abbrechen, obwohl die Temperatur der Luft nicht dem Wert t_F entspricht und die Sättigung nicht $\varphi = 1$ erreicht.

Außer den Luftparametern am Anfang und am Ende des Prozesses berechnet man eine mittlere Temperaturdifferenz. Beim Wärme- und Stoffaustausch zwischen Wasser und Luft können die Temperatur- und Feuchtedifferenzen ihre Vorzeichen ändern (s. Bild 5.2./9). Deshalb dürfen arithmetische oder logarithmische Mittelwerte für Δt und Δx nur für jeweils einen Abschnitt, nicht aber für den gesamten Prozeß berechnet werden.

Nimmt man an, daß sich in allen n Abschnitten die Lufttemperatur um den gleichen Betrag ändert, so wird in jedem Abschnitt annähernd die gleiche Menge ,,trockener" Wärme übertragen. Auf diese Weise ist im Luftwäscher folgende mittlere Temperaturdifferenz:

$$\overline{\Delta t} = (t_1 - t_2)_m = \frac{n}{\sum\limits_{1}^{n} \dfrac{1}{\Delta t_i}} \qquad (5.2./28)$$

Ist die Temperaturdifferenz in den einzelnen Abschnitten nicht gleich, so gilt

$$\overline{\Delta t} = \frac{1}{\sum\limits_{1}^{n} \dfrac{b_i}{\Delta t_i}} \qquad (5.2./29)$$

wobei $b_i = \dfrac{(\Delta t_1)_i}{t_1^e - t_1^a}$ Verhältnis der Temperaturänderung der Luft im gegebenen i-ten Abschnitt zur Gesamttemperaturänderung im Luftwäscher.

Die notwendige Kontaktfläche A in m² zwischen Wasser und Luft kann über die Menge des zu verdampfenden Wassers oder den ,,trockenen" Wärmestrom $\dot{Q}_{tr}$ in W berechnet werden

$$A = \frac{\dot{Q}_{tr}}{\alpha \Delta t} \qquad (5.2./30)$$

$\dot{Q}_{tr} = \alpha (t - t_W) A$ Der Wärmestrom, der von der Luft an das Wasser durch Konvektion zu übertragen ist. (Die Strahlungswärme kann in Anbetracht der niedrigen Temperaturen vernachlässigt werden.)

Beim Kontakt der Luft mit einer großen Wassermenge kann die Endtemperatur der Luft wesentlich verändert werden und unter oder über der Temperatur des feuchten Thermometers liegen. Die Luft wird getrocknet, wenn die Temperatur des Kühlwassers unter dem Taupunkt liegt. Die Grenze der Erwärmung bildet die Temperatur des feuchten Thermometers. Die Luft wird befeuchtet, wenn die Wassertemperatur oberhalb des Taupunktes liegt. Die Grenze für die Abkühlung des Wassers bildet ebenfalls die Taupunkttemperatur.

Der Wärmeübergangskoeffizient α (in W/m² K) und der Stoffübergangskoeffizient β (in m/s), die in den Berechnungsgleichungen (5.2./30) und (5.2./21) auftreten, werden über Ähnlichkeitsbeziehungen bestimmt, die der Literatur entnommen werden können. Sie haben folgende Form:

a) Für den Fall des Wärmeübergangs aus der Luft an eine freie Wasseroberfläche gibt *A. V. Nesterenko* an:

$$Nu_c = Nu_0 + A\ Re_c^n\ Pr_c^{0,33}\ Gu^{0,135} \qquad (5.2./31)$$

Nu_0 \qquad Nu-Zahl bei $Re = 0$;

$Gu = \dfrac{T_{tr} - T_F}{T_{tr}}$ \qquad *Guchmann*-Zahl, die den Einfluß des Stoffübergangs auf den Wärmeübergang beinhaltet

T_{tr} und T_F \qquad Absolute Temperaturen des Mediums und der Oberfläche des verdunstenden Wassers (Temperaturen des trockenen und des feuchten Thermometers)

Die Konstanten A und n hängen von der Re-Zahl ab, wobei bei Vergrößerung von Re A abnimmt und n wächst.

b) Für den Fall der Abkühlung der Luft durch Wasser in Luftwäschern mit Füllkörpern geben *N. M. Žavoronkov* und *N. E. Furmer* an:

$$Ki = 0{,}01\ Re_G^{0,7}\ Re_{Fl}^{0,7}\ Pr_G^{0,33} \qquad (5.2./32)$$

$Ki = kd/\lambda$ \qquad die *Kirpičev*-Zahl
Re_G, Re_{Fl} \qquad *Reynolds*-Zahl auf Gas bzw. Flüssigkeit bezogen
d \qquad hydraulischer Durchmesser der Füllkörper in m
k \qquad Wärmedurchgangskoeffizient in W/m² K

c) Für den Fall gleichzeitigen Wärme- und Stoffübergangs bei Verdunstung oder der Kondensation von Dampf aus einem Dampf-Gas-Gemisch gibt *L. D. Bergman* an:

$$Nu = f(Re, Pr, Ar, \pi_W, c_{pD}/c_p) \qquad (5.2./33)$$

$$Sh = f(Re, Sc, Ar, \pi', \varepsilon_G, R_D/R_G)$$

$\pi_W = j\,l/\nu\,\varrho$ \qquad Kriterium des Stoffquerstroms
$\pi' = (p_W - p_n)/p$ \qquad Kriterium des Dampfpartialdruckes (p_W - an der Wand, p_n - in der Kernströmung, p – Gesamtdruck des Gemisches)
$\varepsilon_G = p_G/p$ \qquad relativer Partialdruck der „inerten" Komponente (Trägergas)
R_D/R_G \qquad Verhältnis der Gaskonstanten von Dampf und Gas

Für andere Spezialfälle sind die Kriteriengleichungen Handbüchern oder Monographien zu entnehmen.

Zu empfehlende Literatur

Ginzburg, A. S.: Osnovy teorii i techniki suški piščevych produktov (Grundlagen der Theorie und Technik der Trocknung von Lebensmitteln). Moskau: Pistschewaja promyschlennost 1973, 528 S.

Isacenko, V. I.; Osupova, V. A.; Sukomel, A. S.: Teploperedača (Wärmeübertragung). Moskau, Leningrad: Energija 1965, 424 S.

Levin, D. M.: Termodinamičeskaja teorija i rasčet sušil'nych ustanovok (Thermodynamische Theorie und Berechnung von Trocknungsanlagen). Moskau: Pistschepromisdat 1958, 164 S.

Muchin, V. V.: Kondicionirovanie vozducha v piščevoj promyšlennosti (Konditionierung von Luft in der Lebensmittelindustrie). Moskau: Pistschewaja promyschlennost 1967 520 S.

5.3. Trocknung fester Stoffe

5.3.1. Entfeuchtungsmethoden

Viele Rohstoffe der Lebensmittelindustrie enthalten eine beträchtliche Menge Wasser. Im Ablauf der technologischen Prozesse kommt es nicht selten zu einer Befeuchtung der Zwischenprodukte. Die Endprodukte der Lebensmittelindustrie dürfen jedoch im Hinblick auf Lagerfähigkeit und Transport nur minimale Feuchtegehalte aufweisen. Deshalb findet man Entfeuchtungsprozesse in fast jedem Zweig der Lebensmittelindustrie.

Die Feuchte kann durch verschiedene Methoden abgetrennt werden: mechanisch, physikalisch – chemisch, durch Wärmezufuhr (Trocknung). Bei der mechanischen Entfeuchtung wird die Feuchte durch Pressen oder in Zentrifugen durch die Wirkung der Zentrifugalkraft abgetrennt. Auf mechanischem Weg kann nur ein Teil der im Material enthaltenen Feuchte abgetrennt werden. Der mechanischen Entfeuchtung folgt häufig die Trocknung. Physikalisch-chemische Methoden beruhen auf der Anwendung hygroskopischer Stoffe. In der Industrie finden diese Methoden keine Anwendung, werden jedoch im Labormaßstab eingesetzt (Entfeuchtung durch Schwefelsäure oder durch Kalziumchlorid in Exsikkatoren).

5.3.2. Allgemeine Merkmale des Trocknungsprozesses

Die Trocknung als Methode der Feuchteabtrennung ist weit verbreitet. Es werden sowohl feste als auch flüssige Stoffe, die Wasser enthalten, getrocknet. Der Trocknungsprozeß ist mit der Wärmezufuhr an den zu trocknenden Körper verbunden, wodurch es zu einer Verdampfung (oder Verdunstung) des Wassers kommt. Für die Abführung der verdampften Flüssigkeit werden Trocknungsmedien (Luft, Heißdampf, Rauchgase) eingesetzt, die sich mit der Feuchte, die von der Materialoberfläche in das Trocknungsmedium diffundiert, sättigen.

Die Trocknung stellt einerseits einen Stoffübergangsprozeß und andererseits einen Wärmeübergangsprozeß dar. Sie ist ein schwieriger technologischer Prozeß, bei dem sich die Materialeigenschaften ändern.

Bild (5.3./1) zeigt das Schema eines Trocknungsprozesses.

Der feuchte Stoff tritt in den Trockner A ein, zusammen mit vorgewärmter Luft, Heißgas oder Heißdampf, die den Stoff erwärmen. Dadurch kommt es zur Verdunstung der Feuchte von der Oberfläche des Stoffes. Die Feuchte diffundiert in die Luft. Die Luft kühlt sich also nicht nur ab, sondern wird auch befeuchtet. Wenn die Luft den Trockner verläßt, nimmt sie einen Teil der Feuchte mit. Diese Betrachtung des Trocknungsprozesses ergibt, daß die *Trocknung* eine thermische Entfeuchtung ist, wobei die Feuchte durch Verdunstung und Diffusion übergeht.

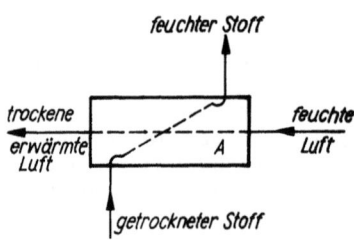

Bild (5.3./1). Prinzipielle Darstellung der Trocknung

5.3.3. Bedeutung des Trocknungsprozesses für die Lebensmittelindustrie

Der Trocknungsprozeß spielt in vielen Bereichen der Volkswirtschaft eine überaus große Rolle. In der Sowjetunion werden jährlich mehr als drei Millionen Tonnen Brennstoff für Trocknungsprozesse aufgewendet. In der Lebensmittelindustrie stellt die Trocknung einen der Grundprozesse dar und wird in fast jedem Produktionsverfahren genutzt.

Bei der Zuckerrübenverarbeitung müssen Weißzucker, Raffinade und die Abprodukte – Preßschnitzel – getrocknet werden. Bei der Spritverarbeitung trocknet man die Abprodukte – Schlempe, Backhefe und die Futterhefe. Eine große Rolle spielt die Trocknung bei der Bierherstellung, wo das Malz und auch Abprodukte zu trocknen sind. Bei der Stärke-Sirup-Verarbeitung werden die Stärke und Abprodukte getrocknet. Die Trocknung spielt auch eine bedeutende Rolle bei der Herstellung von Trockenvollmilch, Trockenobst und -gemüse usw. Gebäck wird für die Herstellung von Zwieback getrocknet. Im Produktionsablauf bildet die Trocknung im allgemeinen einen abschließenden Vorgang, der die Eigenschaft des Fertigproduktes bestimmt, wie z. B. bei der Herstellung von Makkaroni, Süßwaren und Trockenobst.

5.3.4. Feuchte Stoffe

Arten feuchter Stoffe

Feuchte Stoffe kann man in folgende Gruppen einteilen:

1. Flüssigkeiten, die Feuchte enthalten:
Lösungen von Kristalloiden;
kolloide Lösungen;
2. Feststoffe, die Feuchte enthalten:
Kristallsysteme (Zucker, Kochsalz u. a.);
kolloid-disperse Systeme.
Die letzte Gruppe kommt am häufigsten vor. Für kolloide Stoffe, die zu trocknen sind, schlägt *A. V. Lykov* die Einteilung in drei Gruppen vor:

a) Elastische Gele, zu denen die typischen kolloiden Stoffe gehören: Gelatine, Agar-Agar, gepreßter Mehlteig. Bei der Abtrennung von Feuchte schrumpfen diese Stoffe, behalten aber ihre Elastizität.
b) Spröde Gele, zu denen Stoffe gehören, die bei der Abtrennung von Feuchte versproden: Holzkohle, keramische Werkstoffe u. a. Im getrockneten Zustand können diese Stoffe in Pulverform vorliegen.
c) Kolloide kapillar-poröse Stoffe, zu denen solche Stoffe gehören wie Torf, Holz, Leder, Getreide, Brot u. a. Die Kapillarwände dieser Stoffe sind elastisch, deshalb schrumpfen diese Stoffe bei der Trocknung. Nach der Trocknung werden diese Stoffe (Zwieback) spröde.

Arten der Feuchtebindung im Gut

Klassifikation der Arten der Feuchtebindung im Gut (nach *P. A. Rebinder*)
Die Grundlage für die Klassifikation der Arten der Feuchtebindung im Stoff bildet die Bindungsenergie. Die Art der Feuchtebindung spielt beim technologischen Prozeß Trocknung eine große Rolle. Die Bindung kann auf folgende Art und Weise vorliegen:

a) chemisch (Ionenbindung, molekulare Bindung)
b) physikalisch – chemisch (adsorptiv, osmotisch, strukturell)
c) mechanisch (Feuchte in Kapillaren und Makrokapillaren, Haftflüssigkeit)

Die festeste Art der Feuchtebindung ist die chemische. Stoffe mit chemisch gebundener Feuchte sind z. B. $Ca(OH)_2$ (Ionenbindung) und $CuSO_4 \cdot 5\,H_2O$ (Kristallwasser). Für die Abtrennung der so gebundenen Feuchte ist bloße Trocknung häufig nicht ausreichend. Hier ist Kalzinieren oder eine chemische Reaktion notwendig.
Die physikalisch-chemisch gebundene Feuchte kann durch die Trocknung aus dem Gut abgetrennt werden. Es gibt verschiedene Arten physikalisch-chemisch gebundener Feuchte.
Adsorptiv gebundene Feuchte. Die adsorptiv gebundene Feuchte befindet sich an der Grenzfläche der kolloiden Teilchen zum umgebenden Medium. Ist die Oberfläche groß, haben die kolloiden Strukturen ein großes Adsorptionsvermögen. Die adsorptiv gebundene Feuchte wird durch das Molekularkraftfeld gehalten. Da die Feuchte fest an das Gut gebunden ist, bezeichnet man die Feuchte als gebundene Feuchte. Die gebundene Feuchte ist so fest an die kolloiden Teilchen gebunden, daß sie keine kristallinen Teilchen auflösen würde, falls diese der Lösung beigegeben würden. Die Adsorption der Feuchte ist mit Wärmeentwicklung verbunden. Diese Wärme heißt Hydratationswärme.
Osmotisch gebundene und Strukturfeuchte. Diese Feuchte unterscheidet sich von der adsorptiv gebundenen dadurch, daß bei der Bindung dieser Feuchteart keine Wärme freigesetzt wird. Diese Feuchte ist mit dem Gut weniger fest verbunden als die adsorptiv gebundene. Um die Art und Weise der Bindung der osmotischen und der Strukturfeuchte zu erklären, muß man die Struktur des kolloiden Gels betrachten. Das Gel besteht aus Teilchen unterschiedlicher Größe. Hochmolekulare Teilchen lassen sich nicht in Wasser lösen, Teilchen mit geringer Molmasse lösen sich dagegen in Wasser. Der hochmolekulare Anteil bildet das Skelett der Zellen des Gels. Im Inneren der Zellen befinden sich die Teile mit geringer Molmasse in einer Wasserlösung. Die äußere Schicht aus den hochmolekularen Verbindungen hat die Eigenschaften halbdurchlässiger Schichten. Deshalb wird die Feuchtigkeit innerhalb dieser Schichten durch osmotische Kräfte gehalten. Wenn die Feuchte bei der Bildung des Gels in die Zellen gelangt, wird sie als *Strukturfeuchte* bezeichnet. Dieser Gruppe kann man die Feuchte zuordnen, die in den Zellen von pflanzlichen Geweben eingeschlossen ist.
Die am wenigsten fest an das Gut gebundene Feuchte wird durch mechanische Kräfte gehalten. Die mechanisch gebundene Feuchte befindet sich in den Kapillaren des Gutes und an dessen Oberfläche. Die Kapillaren der porösen Körper haben sehr unterschiedliche Durchmesser. Als Mikrokapillaren bezeichnet man die Kapillaren, deren mittlerer Radius kleiner als 10^{-7} m ist. Makrokapillaren haben einen Radius von mehr als 10^{-7} m.
Die an der Oberfläche des Gutes vorliegende Feuchte wird als Haftflüssigkeit bezeichnet. Die Haftflüssigkeit und die Flüssigkeit in den Makrokapillaren ist nur in geringem Maß an das Gut gebunden und kann auf mechanischem Weg abgetrennt werden (Auspressen). Diese Feuchte wird als freie Feuchte bezeichnet.

Konzentration der Feuchte

Gewöhnlich ist die Feuchte ungleichmäßig im Gut verteilt. Deshalb unterscheidet man die mittlere Konzentration der Feuchte und die örtliche Konzentration.
Als Gutfeuchte W bezeichnet man den Feuchtegehalt des feuchten Gutes in Masse-%

$$\xi = \frac{m_F}{m} \cdot 100$$

m_F Wassermasse in kg
m Gesamtmasse des Gutes in kg

Im allgemeinen ist es günstiger, die Feuchte auf die absolute Trockenmasse m_{TS} zu beziehen. In diesem Fall ist der Feuchtegehalt[1]

$$W = \frac{m_F}{m - m_F} = \frac{m_F}{m_{TS}}$$

Gleichgewichtsfeuchte

Ein beliebiges Gut wird in ein abgeschlossenes Gefäß gegeben, das mit feuchter Luft mit einem bestimmten Wasserdampfpartialdruck versehen ist. Durch die Wechselwirkung zwischen der feuchten Luft und dem Gut geht Feuchtigkeit aus dem Gut in die Luft über oder umgekehrt. Es stellt sich dann ein Gleichgewicht ein, und der Stoffübergang ist beendet.
Die Gutfeuchte in diesem Gleichgewichtszustand wird als *Gleichgewichtsfeuchte* bezeichnet. Sie ist vom Partialdruck des Wasserdampfes bei der gegebenen Temperatur abhängig. Verändert man in dem abgeschlossenen Gefäß den Dampfpartialdruck bei konstanter Temperatur, kann man mehrere Gleichgewichtsfeuchten erhalten und daraus eine Linie konstruieren, die als Sorptionsisotherme bezeichnet wird.
Die Praxis hat gezeigt, daß für die meisten Stoffe die Gleichgewichtsfeuchte nicht von der Temperatur abhängt, sondern nur von der relativen Luftfeuchte. In Tab. (5.3./1) sind die Gleichgewichtsfeuchten für einige Produkte der Lebensmittelindustrie zusammengestellt.

Tabelle (5.3./1). Gleichgewichtsfeuchtigkeit verschiedener Materialien

Stoff	Relative Luftfeuchte in %								
	10	20	30	40	50	60	70	80	90
Mehl	2,20	3,90	5,05	6,90	8,50	10,08	12,60	15,80	19,00
Weißbrot	1,00	2,00	3,10	4,60	6,50	8,50	11,40	13,90	18,90
Teigwaren	5,00	7,10	8,75	10,60	12,20	13,75	16,60	18,85	22,40
Kekse	2,10	2,80	3,30	3,50	5,00	6,50	8,30	10,90	14,90
Stärke	2,20	3,80	5,20	6,40	7,40	8,30	9,20	10,60	12,70
Gelatine	–	1,60	2,80	3,80	4,90	6,10	7,60	9,30	11,40
Äpfel	–	–	5,00	–	11,00	18,00	25,00	40,00	60,00
Hartweizen	–	–	9,30	–	–	13,00	–	–	24,00
Roggen	6,00	8,40	9,50	12,00	12,50	14,00	16,00	19,50	26,00
Hafer	4,60	7,00	8,60	10,00	11,60	13,60	15,00	18,00	22,50
Gerste	6,00	8,50	9,60	10,60	12,00	14,00	16,00	20,00	29,00

Aus den Darlegungen geht klar hervor, daß man in einem gegebenen Trocknungsmedium (Luft mit einer bestimmten Feuchte) nicht die gesamte Feuchte abtrennen kann. Deshalb wurde der Begriff der *abtrennbaren Feuchte* W_{ab} eingeführt:

$$W_{ab} = W - W^* \qquad (5.3./1)$$

W Gutfeuchte in %
W^* Gleichgewichtsfeuchte in %

Es kann mehr Feuchte abgetrennt werden, wenn man zur Trocknung Luft mit geringerer relativer Feuchte verwendet.

---

[1] Im Deutschen bezeichnet man diese Größe auch als Beladung (die Red.)

5.3.5. Kinetik der Trocknung

Feuchtetransport und Thermodiffusion

Bei der konvektiven Trocknung feuchter Stoffe wandert die Feuchte im Gut aus dem Gutinneren an die Oberfläche, wo das Gut vom Trocknungsmedium (Luft, Rauchgas) überströmt wird. Dieser Feuchtetransport (Migration) ist im allgemeinen ein Diffusionsprozeß, bei dem die Triebkraft die Konzentrationsdifferenz zwischen der Feuchte an verschiedenen Punkten des Gutes ist. Wie man später sieht, wird dieser Prozeß jedoch durch die Wirkung des Wärmetransportes kompliziert. Zuerst soll nur der Stofftransport aufgrund der Konzentrationsdifferenzen der Feuchte betrachtet werden. Da man es mit einem Diffusionsprozeß zu tun hat, kann die allgemeine Gleichung der Flüssigkeitsleitung analog dem *Fourier*schen Gesetz geschrieben werden

$$m_W = - K_W \cdot A \cdot \frac{dc}{dx} \cdot \tau \qquad (5.3./2)$$

m_W Feuchtemenge, die über die Fläche A in der Zeit infolge des Konzentrationsgradienten dc/dx übergeht

K_W Koeffizient, der von der Art der Bindung der Feuchte an das Gut und von der Art des Gutes abhängt

Man muß hier bemerken, daß die Feuchte im Gut sowohl als Flüssigkeit als auch als Dampf transportiert werden kann. Das hängt ebenfalls von der Art der Feuchtebindung und der Art des Gutes ab.

Die osmotische Feuchte durchdringt die Zellwände im flüssigen Zustand. Die adsorptiv gebundene Feuchte wird in Dampfform transportiert. Ist die Gutfeuchte groß, so erfolgt die Migration der Feuchte auch im flüssigen Zustand. Bei geringen Gutfeuchten geht die Feuchtigkeit meist in Dampfform über.

In der Realität wird der beschriebene Prozeß dadurch komplizierter, daß auf das Gut gleichzeitig Wärme einwirkt. Gemeinsam mit dem Konzentrationsgradienten entsteht auch ein Temperaturgradient. Im feuchten Gut übt dieser Gradient einen bedeutenden Einfluß auf den Ablauf der Diffusion der Feuchte aus. Durch den Temperaturgradienten im feuchten Gut kommt es zum Thermofeuchtetransport. Es wurde experimentell ermittelt, daß sich die Feuchte unter dem Einfluß eines Temperaturgradienten in feuchten Stoffen in Richtung des Wärmestroms bewegt. Man kann drei Ursachen für diese Erscheinung nennen:

1. Thermodiffusion, d. h. eine Molekularbewegung der Flüssigkeit oder des Dampfes.
2. Die Verringerung der Oberflächenspannung σ mit wachsender Temperatur. Dadurch kommt es in den Kapillaren der porösen Körper zu einem Flüssigkeitstransport (Bild 5.3./2) in Richtung der niedrigeren Temperatur, d. h. in Richtung des Wärmestroms.

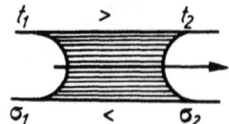

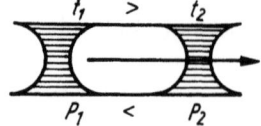

Bild (5.3./2). Kapillarkräfte und die Wirkung eingeschlossener Luft

3. **Der Einfluß eingeschlossener Luft.** Bei der Erwärmung der in den Kapillaren enthaltenen Luft dehnt sich diese aus und schiebt die Feuchte in die Richtung geringeren Luftdrucks, d. h. zur niedrigeren Temperatur. Dadurch bewirkt diese Erscheinung ebenfalls einen Feuchtetransport in Richtung des Wärmestroms.

Die gesamte Feuchtemenge, die durch den Temperaturgradienten $\mathrm{d}t/\mathrm{d}x$ übertragen wird, kann durch folgende Gleichung erfaßt werden:

$$m_\mathrm{t} = -K_\mathrm{t} A \frac{\mathrm{d}t}{\mathrm{d}x} \tau \tag{5.3./3}$$

K_t ein dem Koeffizienten K_W in Gl. (5.3./2) analoger Koeffizient

Die infolge der beiden Gradienten übertragene Gesamtmenge entspricht bei der Konvektionstrocknung gewöhnlich der Differenz

$$m_\mathrm{W} - m_\mathrm{t} = m, \tag{5.3./4}$$

da der Wärmestrom von der Oberfläche in den Kern des Gutes gerichtet ist und der durch einen Konzentrationsgradienten hervorgerufene Feuchtestrom die entgegengesetzte Richtung aufweist.

Trocknungsverlaufskurven und Kurven der Trocknungsgeschwindigkeit

Die Trocknung eines Gutes besteht aus drei Abschnitten:

1. Transport der Feuchte aus dem Inneren des Gutes an seine Oberfläche;
2. Verdunstung;
3. Transport des Dampfes von der Gutoberfläche in die Umgebungsluft.

Der erste der drei Prozesse wurde bereits betrachtet und das komplizierte Zusammenwirken der Erscheinungen erläutert. Die Feuchte wird an der Gutoberfläche oder im Inneren des Gutes verdunstet. Anschließend diffundiert der gebildete Dampf in das umgebende Medium. Dieser dritte Abschnitt des Prozesses wird folgendermaßen verwirklicht:

An der Oberfläche des feuchten Gutes bildet sich eine Luft-Dampf-Grenzschicht, die mit dem feuchten Gut im Gleichgewicht steht. Folglich ist diese Schicht bei der Guttemperatur gesättigt.[1]

Die Triebkraft für den Stofftransport der Feuchte von der Oberfläche in das Umgebungsmedium ist die Partialdruckdifferenz

$$\Delta p = p_\mathrm{s} - p_\mathrm{W}$$

p_s Partialdruck des Wasserdampfes in der Dampfgrenzschicht
p_W Partialdruck des Dampfes im umgebenden Medium

Die Menge des diffundierenden Dampfes beträgt

$$m = \beta (p_\mathrm{s} - p_\mathrm{W}) A \tau \tag{5.3./5}$$

β Stoffübergangskoeffizient
A Verdunstungsfläche auf der Gutoberfläche

---

[1] Nach dem *Nernst*schen Filmmodell herrscht unmittelbar an der Gutoberfläche stets Gleichgewicht zwischen Luft und Gut. Sättigungszustand der Luft liegt dabei nur im 1. Trocknungsabschnitt vor. Im 2. steigt die Temperatur der Gutoberfläche über die Sättigungstemperatur an, während die Luftfeuchte unmittelbar an der Gutoberfläche unter der Sättigungsfeuchte liegt. Gleichgewicht zwischen Gut und Luft und Sättigungszustand sind also zu unterscheiden (die Red.)

Natürlich muß die Feuchtemenge, die durch die Grenzschicht in das umgebende Medium diffundiert, gleich der Feuchtemenge sein, die aus dem Inneren des Gutes an die Grenzschicht übertragen wird. Die Trocknungsgeschwindigkeit wird durch diese beiden Prozesse bestimmt und hängt außerdem von den Trocknungseigenschaften des Gutes und den Trocknungsbedingungen ab.

Betrachtet man die Masseabnahme des Gutes im Laufe des Trocknungsprozesses, kann man die Trocknungsverlaufskurve aufzeichnen. Die Trocknungsverlaufskurve wird mit den Koordinaten W (Gutfeuchte) und τ (Zeit) dargestellt. Bild (5.3./3) zeigt die Trocknungsverlaufskurve für ein kolloides kapillarporöses Gut.

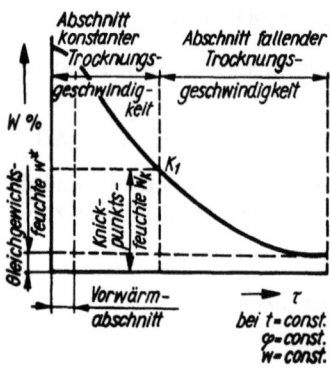

Bild (5.3./3). Trocknungsverlaufskurve für ein kolloides kapillarporöses Gut

Zu Beginn der Trocknung kann die Kurve über einen kurzen Abschnitt gekrümmt sein – das ist der Abschnitt der Vorwärmung des Gutes. Anschließend beginnt der Abschnitt konstanter Trocknungsgeschwindigkeit. In diesem Abschnitt ist die Trocknungsverlaufskurve eine Gerade. Im Punkt K_1, der einer bestimmten Gutfeuchte entspricht, ändert sich der Charakter der Trocknungsverlaufskurve. Sie geht in eine gekrümmte Linie über und nähert sich asymptotisch dem Wert W^* – der Gleichgewichtsfeuchte bei den vorliegenden Trocknungsbedingungen. In diesem zweiten Abschnitt verringert sich die Trocknungsgeschwindigkeit ständig.

Der Punkt K_1, der diese zwei Trocknungsabschnitte trennt, wird als Knickpunkt bezeichnet. Die diesem Punkt entsprechende Gutfeuchte bezeichnet man als Knickpunktsfeuchte.

Im ersten Trocknungsabschnitt erfolgt die Abtrennung der freien Feuchte (Haftflüssigkeit und Feuchte aus den Makrokapillaren). In diesem Abschnitt entspricht der Dampfdruck an der Gutoberfläche dem Druck über der reinen Flüssigkeit, die bei gleichen Bedingungen verdunstet.

Ist die freie Feuchte vollständig abgetrennt, beginnt der zweite Abschnitt – die Abtrennung der gebundenen Feuchte. In diesem Abschnitt hängt die Form der Trocknungsverlaufskurve von der Art der Feuchtebindung im Gut und von der Struktur des Gutes, die den Mechanismus des Feuchtetransportes bestimmt, ab.

Außer der Trocknungsverlaufskurve wird für die Analyse des Trocknungsprozesses die Trocknungsgeschwindigkeit verwendet. Zur Konstruktion dieser Kurve dient die Trocknungsverlaufskurve (Bild 5.3./4). Wenn man bei der Trocknungsverlaufskurve den Neigungswinkel an verschiedenen Punkten mißt, erhält man den Wert $\tan\varphi$, der der Trocknungsgeschwindigkeit $-dW/d\tau$ entspricht. Trägt man auf der Abszisse den Feuchtegehalt des Gutes W und auf der Ordinate die Trocknungsgeschwindigkeit $-dW/d\tau$ auf, so erhält man die Kurve der Trocknungsgeschwindigkeit. Im Abschnitt konstanter Trocknungsgeschwindigkeit wird diese Kurve eine waagerechte Gerade sein. Im Abschnitt fallender Trocknungsgeschwindigkeit ist der Charakter der Kurven der Trocknungsgeschwindigkeit unterschiedlich in Ab-

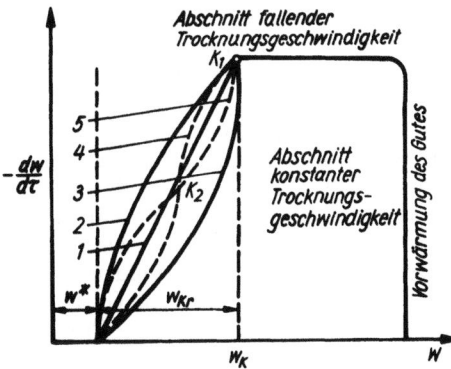

Bild (5.3./4). Kurve der Trocknungsgeschwindigkeit

hängigkeit von der Art des Gutes und der Feuchtebindung im Gut. In Bild (5.3./4) sind verschiedene Kurven der Trocknungsgeschwindigkeit in diesem Abschnitt dargestellt. Alle Kurven enden in einem Punkt, der der Gleichgewichtsfeuchte des Gutes entspricht und bei dem $-\mathrm{d}W/\mathrm{d}\tau = 0$ ist.

Eine einfache Trocknungskurve 1 stellt eine Gerade dar. Solche Kurven ergeben sich für grobporöse Stoffe (Papier, dünner Karton). Kurven vom Typ 2 entstehen für die Trocknung von Gewebe, dünnem Leder und Makkaroniteig. Kurven vom Typ 3 sind charakteristisch für poröse keramische Werkstoffe. Diese Kurven verlaufen alle monoton. Die komplizierter aufgebauten Stoffe haben auch kompliziertere Kurven für die Trocknungsgeschwindigkeit. Kurve 5 z. B. ist charakteristisch für die Trocknung von Zwieback, Kurve 4 für die Trocknung von Ton (Lehm). Diese Kurven haben einen Wendepunkt. Dieser Punkt entspricht einem Grenzpunkt der Gutfeuchte, bei dem sich der Mechanismus des Feuchtetransportes im Gut ändert. Für viele Stoffe ist dieser Punkt der Beginn für die Abtrennung der adsorptiv gebundenen Feuchte, während im ersten Teil des Abschnittes fallender Trocknungsgeschwindigkeit die Feuchte aus den Mikrokapillaren abgetrennt wird.

Gleichungen für die Trocknungsgeschwindigkeit

Erster Trocknungsabschnitt. In diesem Abschnitt wird die freie Feuchte abgetrennt. Die Verdunstung dieser Feuchte kann wie die Verdunstung des Wassers von einer freien Oberfläche betrachtet werden. Während der Abnahme der Gutfeuchte bis zum Knickpunkt bleibt der Partialdruck an der Oberfläche unverändert. Deshalb ergibt sich für die Triebkraft des Prozesses im ersten Trocknungsabschnitt $(p_S - p_W)$. Die Trocknungsgeschwindigkeit (in kg/h m²) wird durch folgende Gleichung ausgedrückt:

$$U = \frac{-\mathrm{d}W}{\mathrm{d}\tau} = 0{,}0745\,(v_W \cdot \varrho)^{0,8}\,(p_S - p_W)^1 \tag{5.3./6}$$

Somit hängt die Trocknungsgeschwindigkeit im ersten Trocknungsabschnitt, bezogen auf eine Einheit der Oberfläche, von $(p_S - p_W)$, der Dichte des Trocknungs-

---

[1] Diese empirische Gleichung ist nicht kontrollierbar, da die zu verwendenden Einheiten nicht für alle Größen angegeben werden. In anderer sowjetischer Literatur (z. B. *Pawlow, Romankow, Noskow* „Beispiele und Übungsaufgaben zur Chemischen Verfahrenstechnik" 5. Aufl. Leipzig: VEB Deutscher Verlag für Grundstoffindustrie 1975) wird häufig folgende Beziehung für die Verdunstungsgeschwindigkeit zitiert:
$m_W = 85 \cdot 10^{-9}\,w^{0,8}\,(p_S - p_W)$ in kg/m² s
$(p_S - p_W)$ Triebkraft für die Verdunstung in Pa;
w Luftgeschwindigkeit in m/s (die Red.)

mediums und der Geschwindigkeit des Trocknungsmediums ab. Die bestimmenden Faktoren für den ersten Abschnitt sind die Parameter des Trocknungsmediums. Die Geschwindigkeit der Feuchtenachlieferung aus dem Inneren des Gutes bestimmt nicht die Verdunstungsintensität.

Zweiter Trocknungsabschnitt. Die kinetischen Gesetzmäßigkeiten für den zweiten Trocknungsabschnitt sind komplizierter, wie das schon aus den Kurven für die Trocknungsgeschwindigkeit abzulesen ist. In diesem Abschnitt beginnt die Abtrennung des gebundenen Wassers. Hierbei wird der Partialdruck des Wasserdampfes an der Gutoberfläche geringer als der Druck über dem reinen Wasser bei der gleichen Temperatur. Im zweiten Trocknungsabschnitt ist der Partialdampfdruck eine Funktion der Guttemperatur und der Gutfeuchte an der Oberfläche. Die Gutfeuchte an der Oberfläche hängt aber von dem Feuchtetransport im Inneren des Gutes ab. Das bedeutet, daß die Trocknungsgeschwindigkeit im zweiten Abschnitt nicht nur von der Diffusion der Feuchte in die Umgebungsluft abhängt, sondern auch vom Feuchtetransport im Gut. Somit wird die Trocknungsgeschwindigkeit im zweiten Abschnitt durch Erscheinungen bestimmt, die mit dem Feuchtetransport im Inneren des Gutes zusammenhängen. Mit der Annahme, daß im zweiten Trocknungsabschnitt die Triebkraft des Trocknungsprozesses der Differenz zwischen dem Feuchtegehalt W und der Gleichgewichtsfeuchte W^* proportional ist, kann man für die Trocknungsgeschwindigkeit im zweiten Abschnitt schreiben

$$-\frac{dW}{d\tau} = K(W - W^*) \qquad (5.3./7)$$

K Trocknungskoeffizient, der die Intensität des Feuchtetransportes charakterisiert

Für den zweiten Trocknungsabschnitt entspricht der Anfangsfeuchtegehalt des Gutes der Knickpunktsfeuchte W_k (Bild 5.3./5) oder genauer – der angenommenen Knickpunktsfeuchte $W_{k_{an}}$. Sie kann entsprechend Bild (5.3./5) bestimmt werden.

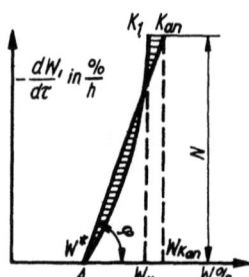

Bild (5.3./5). Berechnung der Trocknungsdauer für den zweiten Trocknungsabschnitt

Man nimmt dabei an, daß die Trocknungsverlaufskurve im zweiten Abschnitt eine Gerade ist. Für die Konstruktion dieser Geraden legt man die Linie AK_{an} so, daß jeweils gleich große Flächen zwischen der Geraden und der wahren Verlaufskurve entstehen (in Bild (5.3./5) sind diese Flächen schraffiert). Der Punkt K_{an} kann links oder rechts von Punkt K_1 liegen, je nach dem Typ der Trocknungsverlaufskurve. Der Punkt K_{an} entspricht der angenommenen Knickpunktsfeuchte $W_{k_{an}}$. Die Integration der Gl. (5.3./7) in den Grenzen $W_{k_{an}}$ und W_2 liefert

$$\ln\left(\frac{W_{k_{an}} - W^*}{W_2 - W^*}\right) = K \cdot \tau$$

W_2 Endfeuchte des Gutes

Aus dieser Gleichung erhält man die Trocknungszeit für den zweiten Trocknungsabschnitt:

$$\tau_2 = \frac{1}{K} \ln\left(\frac{W_{\text{kan}} - W^*}{W_2 - W^*}\right) \tag{5.3./8}$$

Der Trocknungskoeffizient K muß experimentell ermittelt werden. Mit der Annahme, daß die Trocknungsverlaufskurve im zweiten Trocknungsabschnitt durch eine Gerade (s. Bild 5.3./5) angenähert werden kann, läßt sich der Trocknungskoeffizient wie folgt berechnen:

$$K = \frac{1}{R} \cdot \frac{1}{\frac{1}{\beta} + \frac{4}{\pi^2} \cdot \frac{R}{a_m}} \quad ^1 \tag{5.3./9}$$

R Charakteristische geometrische Abmessung des zu trocknenden Körpers, für eine Platte entspricht R der halben Plattendicke
β Stoffübergangskoeffizient der äußeren Oberfläche in m/h
a_m Äquivalenter Stoffübergangskoeffizient in m²/h. Dieser Koeffizient ist analog dem Temperaturleitkoeffizienten und hängt im wesentlichen von der Art der Feuchtebindung an das Gut und der Guttemperatur ab. Der Koeffizient bestimmt den inneren Feuchtetransport

Bei der Einführung des Trocknungskoeffizienten wird angenommen, daß sich der Feuchtekoeffizient während des Trocknungsprozesses nicht verändert. Eine genaue Berechnung muß abschnittsweise durchgeführt werden. Aus Gl. (5.3./9) folgt, daß sich der Koeffizient K mit der Vergrößerung der äußeren Abmessungen der zu trocknenden Körper verringert. Das bedeutet im Zusammenhang mit Gl. (5.3./8), daß sich die Trocknungszeit erhöht. Somit spielen im zweiten Trocknungsabschnitt die geometrischen Abmessungen des zu trocknenden Gutes, die Gutfeuchte und der Feuchtetransport im Gut eine große Rolle. Außerdem haben wie auch im ersten Trocknungsabschnitt die Luftgeschwindigkeit und die Luftparameter eine wenn auch geringere Bedeutung.

Schrumpfung und Verformung der Trocknungsgüter

Fast alle Stoffe haben nach der Trocknung kleinere Abmessungen oder verändern ihre Form. Die erstgenannte Erscheinung bezeichnet man als Schrumpfung. Gleichzeitig mit der Schrumpfung kommt es häufig zum Verformen und Reißen des Gutes. Diese Erscheinungen sind bei einigen Produkten unerwünscht, da sie die Form des Körpers zerstören und seine Qualität mindern. In einigen Fällen werden die Stoffe durch diese Erscheinungen sogar gebrauchsunfähig. Bei verschiedenen Gütern kommt es nur im ersten Trocknungsabschnitt zu einer Schrumpfung, bei manchen nur im zweiten oder in beiden Abschnitten.
Zur ersten Gruppe gehören solche Stoffe wie z. B. Ton (Lehm); zur zweiten Gruppe Holz, Kohle, und zur letzten Gruppe gehören Torf, Getreide, Leder, Brot.
Es konnte festgestellt werden, daß sich bei schonender Trocknung die Gutabmes-

---

[1] Diese Beziehung wurde von *Lykow* für die instationäre Wärmeleitung in einer unendlich ausgedehnten ebenen Platte abgeleitet, indem der Cotangens der charakteristischen Gleichung in eine Reihe entwickelt, diese nach dem zweiten Glied abgebrochen und zur besseren Anpassung an die exakte Lösung anstelle von $^1/_3$ der Wert $^4/_2$ gesetzt wurde (die Red.)

sungen linear ändern. Das Längenmaß eines Körpers mit dem Feuchtegehalt W ändert sich zu

$$l = l_0 (1 + \alpha W)$$

l_0 Bezugslänge; für einige Körper die Länge des absolut trockenen Körpers. Bei anderen Gütern verwendet man eine etwas kleinere Größe

α Koeffizient der linearen Schrumpfung, der die Intensität der Schrumpfung charakterisiert, d. h. die Veränderung der Längenmaße bei 1% Feuchteänderung. Für die unterschiedlichen Stoffe gibt es verschiedene Größen für α: für Makkaroni beträgt $\alpha = 0{,}0061$, für Roggenbrot $\alpha = 0{,}0056$ und für Fadennudeln $\alpha = 0{,}047$.

Bei ungleichmäßiger Trocknung des Gutes ist auch die Feuchte ungleichmäßig verteilt. Das bedeutet eine ungleichmäßige Schrumpfung sowie ungleichmäßiges Reißen und Verformen des Gutes. Deshalb ist es für eine Erhaltung der Form des Gutes und zum Vorbeugen gegen Verformung unbedingt erforderlich, eine gleichmäßige Umströmung des Gutes mit dem Trocknungsmedium anzustreben.

5.3.6. Grundlagen für die Berechnung von Trocknern

Einfacher theoretischer Trocknungsprozeß

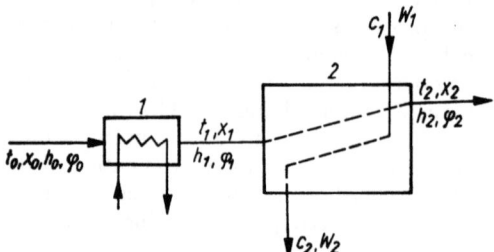

Bild (5.3./6). Schema eines einfachen Trocknungsprozesses

In Bild (5.3./6) ist das Schema eines einfachen theoretischen Trocknungsprozesses dargestellt. Der Trockner besteht aus dem Vorwärmer für die Luft 1 (Kalorifer) und dem eigentlichen Trockner 2. Die in den Vorwärmer eintretende Luft hat eine Temperatur t_0, einen Feuchtegehalt x_0, eine Enthalpie h_0 und eine relative Feuchte φ_0. Aus dem Vorwärmer tritt Luft mit den Parametern t_1, x_1, h_1, φ_1 aus.
Im Trockner trifft die erwärmte Luft auf das feuchte Gut. Die Gutfeuchte beim Eintritt in den Trockner soll W_1 und beim Austritt aus dem Trockner W_2 sein. Im Trockner kommt es zu einem Wärme- und Stoffaustausch zwischen Luft und Gut. Für den theoretischen Trocknungsprozeß setzt man voraus, daß im Trockner der Luft keine Wärme zugeführt wird und daß keine Wärmeverluste auftreten. Ein solcher Prozeß wird als theoretischer Prozeß bezeichnet. Es wird vorausgesetzt, daß die in den Trockner eintretende Luft ihre Wärme an die Feuchte des Gutes abgibt, diese aufwärmt und verdunstet. Der sich bildende Dampf wird mit seiner Wärme, die er aus der Luft erhielt, mit der Luft vermischt. Deshalb bleibt die Enthalpie der Luft konstant, obwohl sich ihre Temperatur verringert.
Die aus dem Trockner austretende Luft hat die Parameter t_2, x_2, h_2 und φ_2. Natürlich gilt $x_2 > x_1$, $\varphi_2 > \varphi_1$, $t_2 < t_1$ und $h_1 = h_2$.
Der theoretische Trocknungsprozeß wird im h, x-Diagramm für feuchte Luft (Bild 5.3./7) dargestellt. Der Punkt A entspricht dem Zustand der Luft bei ihrem Eintritt

in den Vorwärmer. Der Prozeß der Vorwärmung der Luft erfolgt entlang der Linie AB bei $x_1 = x_0$. Der Punkt B entspricht dem Zustand der Luft bei ihrem Austritt aus dem Vorwärmer. Der Feuchtegehalt dieser Luft beträgt $x_1 = x_0$. Der theoretische Trocknungsprozeß wird durch die Linie BC dargestellt, die parallel zur Abszisse verläuft, da der theoretische Trocknungsprozeß entsprechend den bisherigen Ausführungen durch die Gleichung $h = $ const charakterisiert wird. Der Punkt C entspricht dem Luftzustand beim Austritt der Luft aus dem Trockner.
Der in Bild (5.3./7) dargestellte Prozeß heißt einfacher theoretischer Prozeß.

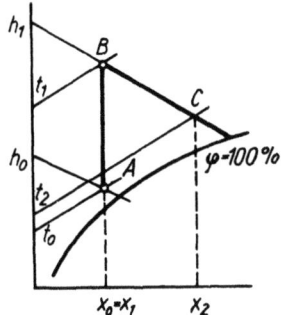

Bild (5.3./7). Einfacher Trocknungsprozeß im h, x-Diagramm

Aus dem h, x-Diagramm kann man die Luft- und die Wärmemenge ermitteln, die zur Verdampfung von 1 kg Wasser im Trockner erforderlich sind.
Der Bedarf an trockener Luft je kg verdampftes Wasser wird berechnet aus

$$l = \frac{1}{x_2 - x_1} = \frac{1}{x_2 - x_0} \tag{5.3./10}$$

Die Feuchtegehalte x_2 und x_0 können einfach aus dem h, x-Diagramm entnommen werden.
Für die Erwärmung von 1 kg trockener Luft im Vorwärmer, die anschließend in den Trockner gelangt, werden $h_1 - h_0 = h_2 - h_0$ kJ benötigt. Der Wärmebedarf je 1 kg Wasser (in kJ) beträgt

$$q = l(h_1 - h_0) = \frac{h_1 - h_0}{x_2 - x_1} \tag{5.3./11}$$

Masse- und Wärmebilanzen für den realen Trocknungsprozeß

In diesem Abschnitt sollen Trocknungsprozesse betrachtet werden, die in einem realen Trockner mit Wärmeverlusten und in Einzelfällen mit Zuführung zusätzlicher Wärme in den Trockner ablaufen (für die Zuführung zusätzlicher Wärme in den Trockner muß im Trockner eine zusätzliche Wärmequelle installiert werden).
Stoffbilanz. Zur Aufstellung der Stoffbilanz um den Trockner werden folgende Bezeichnungen eingeführt (Bild 5.3./8):

$\dot{M}_1$ Durchsatz des feuchten Gutes in kg/h
W_1 Gutfeuchte in Masse-%
$\dot{M}_2$ Durchsatz des getrockneten Gutes in kg/h
W_2 Feuchte des getrockneten Gutes in Masse-%
$\dot{M}_W$ verdampfte Wassermenge in kg/h
L absoluter Bedarf an trockener Luft in kg/h

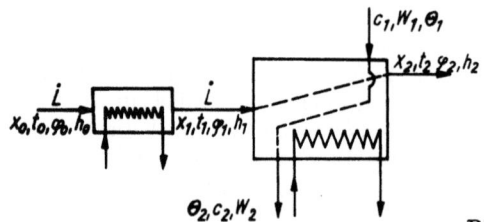

Bild (5.3./8). Berechnung des realen Trockners

Zur Bilanzierung wird eine Tabelle aufgestellt (in kg/h):

Eintritt
trockene Luft $\dot{L}$
die in der Luft enthaltene
Feuchte $\dot{L} x_0$
feuchtes Gut $\dot{M}_1$

Austritt
trockene Luft $\dot{L}$
die in der Luft enthaltene
Feuchte $\dot{L} x_2$
feuchtes Gut $\dot{M}_2$

Die Gleichung für die Massenbilanz lautet also

$$\dot{L} + \dot{L} x_0 + \dot{M}_1 = \dot{L} + \dot{L} x_2 + \dot{M}_2$$

Daraus ergibt sich

$$\dot{M}_1 - \dot{M}_2 = \dot{L} x_2 - \dot{L} x_0 = \dot{L} (x_2 - x_0) \qquad (5.3./12)$$

oder

$$\dot{M}_W = \dot{L} (x_2 - x_0)$$

oder

$$\frac{\dot{M}_W}{x_2 - x_0} = \dot{L} \qquad (5.3./13)$$

Wärmebilanz. Die Wärmebilanz wird für den realen Trockner aufgestellt.
Zugeführte Wärme. Wärmeträger:

1) Luft und darin enthaltene Feuchte sowie das feuchte Gut;
2) Transporteinrichtungen für den Trockner;
3) andere erwärmte Teile.

Abgeführte Wärme. Wärmeträger:

1) Luft;
2) getrocknetes Gut;
3) Transporteinrichtung;
4) Wärmeverluste an die Umgebung.

Es wird eine Tabelle für die Wärmebilanz aufgestellt (in kJ/h) (Tab. 5.3./2).
Aufstellung der Wärmebilanz

$$\dot{L} h_1 + \dot{M}_1 c_1 \Theta_1 + \dot{M}_{tr} c_{tr} \Theta'_{tr} + \dot{Q}_{zus} = \dot{L} h_2 + \dot{M}_2 c_2 \Theta_2 + \dot{M}_{tr} c_{tr} \Theta''_{tr} + \dot{Q}_{Verl}$$

Daraus ergibt sich

$$\dot{L}(h_2 - h_1) = \dot{M}_1 c_1 \Theta_1 + \dot{M}_{tr} c_{tr} \Theta_{tr} + \dot{Q}_{zus} - \dot{M}_2 c_2 \Theta_2 - \dot{M}_{tr} c_{tr} \Theta''_{tr} - \dot{Q}_{Verl}$$

oder

$$\dot{L}(h_2 - h_1) = \sum \dot{Q} \qquad (5.3./14)$$

Tabelle (5.3./2). Zusammenstellung der Wärmebilanz

Eintritt		Austritt	
Anteile	Bezeichnungen	Anteile	Bezeichnungen
Wärme, die von der Luft in den Vorwärmer mitgeführt wird, $\dot{L}h_0$ und die im Vorwärmer zugeführte Wärme $\dot{Q}_{Vor}$	$\dot{L}h_1 = \dot{L}h_0 + \dot{Q}_{Vor}$	Wärme der Luft am Austritt aus dem Trockner	$\dot{L}h_2$
Wärme des Gutes mit c_1-spezifische Wärmekapazität des Gutes in kJ/kgK und Θ_1-Temperatur des Gutes	$\dot{M}_1 c_1 \Theta_1$	Wärme des getrockneten Gutes	$\dot{M}_2 c_2 \Theta_2$
Wärme der Transporteinrichtungen am Trocknereintritt	$\dot{M}_{tr} c_{tr} \Theta'_{tr}$	Wärme der Transporteinrichtungen am Trockneraustritt	$\dot{M}_{tr} c_{tr} \Theta''_{tr}$
im Trockner zugeführte Zusatzwärme	$\dot{Q}_{zus}$	Wärmeverluste an die Umgebung	$\dot{Q}_{ver}$

Die rechte und die linke Seite dieser Gleichung werden auf 1 kg im Trockner verdampften Wassers bezogen.

$$\frac{\dot{L}}{\dot{M}_W}(h_2 - h_1) = \frac{\sum \dot{Q}}{\dot{M}_W}; \quad l(h_2 - h_1) = \Delta. \qquad (5.3./15)$$

Daraus läßt sich h_2 berechnen (in kJ je 1 kg trockene Luft):

$$h_2 = h_1 + \frac{\Delta}{l} \qquad (5.3./16)$$

Δ im eigentlichen Trockner zugeführte oder abgeführte Wärmemenge, bezogen auf 1 kg verdampften Wassers (bezeichnet die Abweichung zum idealen Trockner, d. Red.)

Die Größe Δ kann positiv oder negativ sein, je nachdem, was die Summanden der Wärmebilanz ergeben. Für den Sonderfall, daß die negativen Werte den positiven gleich sind, ist $\Delta = 0$. Dann gilt $h_2 = h_1$. Die graphische Darstellung für die Wärmebilanz im Trockner ist in Bild (5.3./9) enthalten.

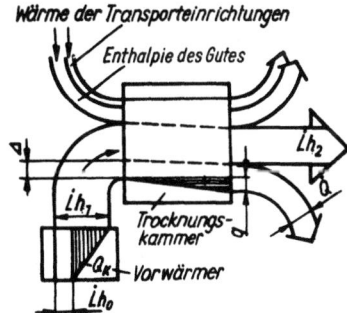

Bild (5.3./9). *Sankey*-Diagramm eines Konvektionstrockners

Der einfache reale Trocknungsprozeß im h, x-Diagramm

Für die Darstellung des Trocknungsprozesses im h, x-Diagramm wird zuerst der theoretische Prozeß für die entsprechenden Arbeitsbedingungen des Trockners (Linie ABC in Bild 5.3./10) eingezeichnet.

Bei $\Delta > 0$ verändert sich der Luftzustand im Trockner nicht entsprechend der Linie BC, sondern entlang irgendeiner Linie, die oberhalb von BC verläuft und im Punkt B beginnt – z. B. die Linie BC_1. Wenn die Luft mit der gleichen relativen Feuchte aus dem Trockner austritt, so ist die Enthalpie der Luft im Punkt C_1 größer als im Punkt C.

Wie bereits erläutert, gilt $h_2 = h_1 + \Delta/l$ und $\Delta = (h_2 - h_1)\, l$, wobei $l = 1/(x_2 - x_1)$ ist. Daraus folgt

$$\Delta = \frac{h_2 - h_1}{x_2 - x_1}$$

Mit Hilfe dieser Gleichung kann die Lage der Linie BC_1 ermittelt werden, wenn Δ bekannt ist. Man führt dazu einen Punkt e auf der Linie BC ein mit der waagerechten Verbindung eF und der senkrechten Linie Ee. Vom Punkt C_1 wird die Senkrechte $C_1 G$ bis zum Schnittpunkt mit der verlängerten Linie BC eingezeichnet. Aus der Ähnlichkeit der Dreiecke BEe und $BC_1 G$, FBe und DBG folgt, daß

$$\frac{GC_1}{Ee} = \frac{DG}{eF}, \quad \text{wobei } GC_1 = (h_2 - h_1) M_\mathrm{h} \text{ und } DG = (x_2 - x_1) M_\mathrm{x}$$

M_h und M_x Maßstäbe für die Enthalpie und den Feuchtegehalt

Aus diesen Gleichungen ergibt sich

$$\frac{(h_2 - h_1) M_\mathrm{h}}{Ee} = \frac{(x_2 - x_1) M_\mathrm{x}}{eF}$$

oder

$$Ee = \frac{(h_2 - h_1) M_\mathrm{h}}{(x_2 - x_1) M_\mathrm{x}} eF = \frac{h_2 - h_1}{x_2 - x_1} eFn, \quad \text{wobei } n = \frac{M_\mathrm{h}}{M_\mathrm{x}}.$$

Mit $\dfrac{h_2 - h_1}{x_2 - x_1} = \Delta$ folgt $Ee = \Delta n\, Fe$ \hfill (5.3./17)

Für $\Delta > 0$ kann man die Linie für den realen Trocknungsprozeß wie folgt konstruieren.

Für die gegebenen Trocknungsbedingungen wird die Linie für den theoretischen Trocknungsprozeß gezeichnet. Über den Hilfspunkt e auf der Linie BC kann man die Linie eF einzeichnen und deren Länge in mm messen. Über Gl. (5.3./17) ermittelt man die Länge von eE in mm. Man zeichnet eE ein, und die Verbindungslinie zwischen den Punkten B und E stellt die Linie für den realen Trocknungsprozeß dar. Analog wird die Lage für die Linie des realen Trocknungsprozesses bei $\Delta < 0$ (Bild 5.3./11) ermittelt. Der spezifische Luftbedarf beträgt

$$l = \frac{1}{x_2 - x_1}$$

Der spezifische Wärmebedarf für den Vorwärmer beträgt

$$q = \frac{h_1 - h_0}{x_2 - x_1}$$

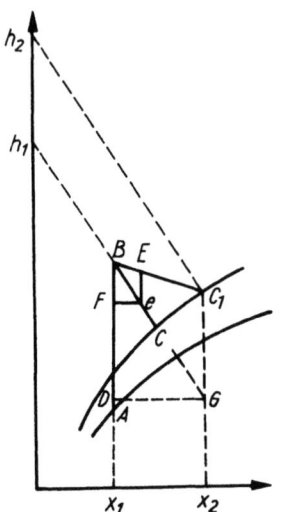
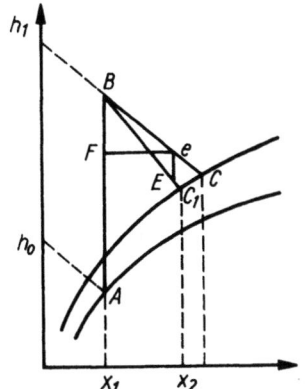

Bild (5.3./10). Zur graphischen Berechnung eines realen Trockners

Bild (5.3./11). Zur graphischen Berechnung eines realen Trockners

5.3.7. Varianten des Trocknungsprozesses

Außer dem bereits behandelten einfachen Trocknungsprozeß gibt es auch andere Prozesse, die sich durch die Art und Weise der Wärmezufuhr zum Trocknungsmedium unterscheiden. Die Anwendung dieses oder jenes Trocknungsprozesses wird durch die Eigenschaften des Gutes und durch die Suche nach dem ökonomischsten Trocknungsprozeß bestimmt.

Prozesse mit zusätzlicher Wärmezufuhr im eigentlichen Trockner

Im folgenden werden einige Besonderheiten dieses Prozesses genannt. Es wird vorausgesetzt, daß der einfache theoretische Prozeß ABC (Bild 5.3./12) durch die Zuführung von Wärme im Vorwärmer abläuft, wobei die Wärmemenge, bezogen auf 1 kg in den Trockner eintretende Luft, gleich $AB\,M_h$ ist. Diese Wärme kann jedoch nicht nur in den Vorwärmer, sondern z. T. auch in den eigentlichen Trockner zuge-

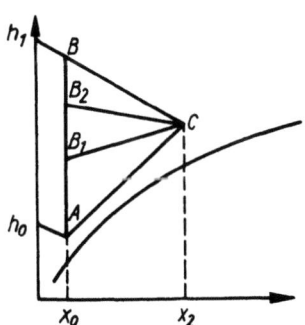

Bild (5.3./12). Trocknungsverlauf mit zusätzlicher Wärmezufuhr im Trockner

führt werden. Ein Grenzfall wäre die Zuführung der gesamten Wärme in den eigentlichen Trockner. Dieser Prozeß würde dann durch die Linie AC dargestellt. Zwischen diesen beiden Grenzfällen (BC und AC) liegen die Prozeßlinien für immer größer werdende Wärmemengen, die im Vorwärmer zugeführt werden. Der Prozeßverlauf ABC ergibt sich dann, wenn die im Trockner zugeführte Wärmemenge gerade die Verluste an die Umgebung deckt. Ein Prozeßverlauf zwischen den Grenzfällen entspricht der Linie B_1C, die auf der Isothermen liegt, die durch den Punkt C geht.
In diesem Fall würde der Trocknungsprozeß bei konstanter Temperatur ablaufen. Ein Teil der Wärme würde im Vorwärmer zugeführt werden, die übrige benötigte Wärme im eigentlichen Trockner.
Da in all diesen Fällen Anfangs- und Endpunkt der Trocknung gleich bleiben, ist der spezifische Luftbedarf unverändert $l = 1/(x_2 - x_0)$. Der spezifische Wärmebedarf des Vorwärmers (in kJ je 1 kg Wasser) beträgt für alle Prozesse

$$(h_1 - h_0)\, l = \frac{h_1 - h_0}{x_2 - x_0} \tag{5.3./18}$$

Die Wirtschaftlichkeit ist deshalb bei allen Prozessen gleich. Der Prozeß mit im Trockner vorgewärmter Luft hat jedoch den Vorzug, daß er bei niedrigeren Temperaturen abläuft. Das ist für solche Stoffe sehr wichtig, die sich bei hohen Temperaturen zersetzen.

Mehrstufiger Trockner

Die Temperatur des Trocknungsmediums kann auch durch eine andere Variante des Trocknungsprozesses niedrig gehalten werden – durch die stufenweise Vorwärmung der Luft. In Bild (5.3./13) ist das Prinzip eines derartigen Trockners dargestellt. Der Trocknungsprozeß für diese Variante ist in Bild (5.3./14) gezeigt.
Die aus dem ersten Trockner austretende Luft gelangt in den ersten Zwischenvorwärmer, die erneut vorgewärmte Luft wird dem zweiten Trockner zugeführt. Die

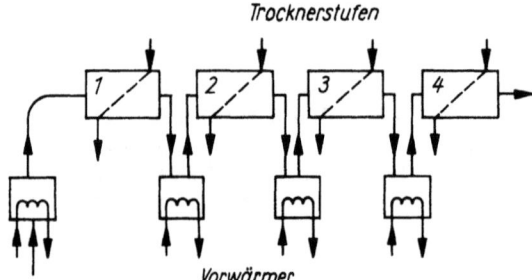

Bild (5.3./13). Prinzipdarstellung eines mehrstufigen Trockners

Abluft des zweiten Trockners kann im zweiten Zwischenvorwärmer nochmals vorgewärmt und dem dritten Trockner zugeführt werden usw.
Die vertikalen Abschnitte AB_1, C_1B_2, C_2B_3 und C_3B_4 in Bild (5.3./14) stellen die Vorwärmung im Hauptvorwärmer und den drei Zwischenvorwärmern dar. Die aus den Trocknern austretende Luft hat die Temperatur t und $\Delta = 0$. Der spezifische Luftbedarf für diese Trocknerart beträgt $1/(x_2 - x_0)$ und der spezifische Wärmebedarf $q = (h_2 - h_0)/(x_2 - x_0)$. Ein einfacher Prozeß ABC hätte den gleichen Luft- und Wärmebedarf, nur wäre dabei die Temperatur weitaus höher.

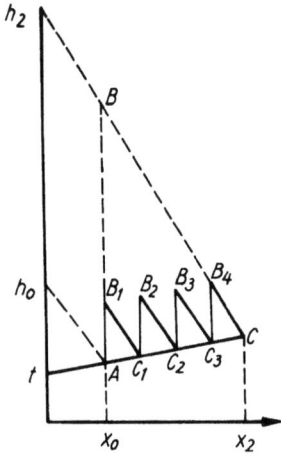

Bild (5.3./14). Darstellung des Trocknungsprozesses für einen mehrstufigen Trockner im Diagramm

Trockner mit Abluftrückführung (Umlufttrockner)

Das Schema dieses Trockners ist in Bild (5.3./15) dargestellt. Ein Teil der Abluft mit den Parametern φ_2, x_2, t_2, h_2 wird mit der Frischluft mit den Parametern φ_0, t_0, x_0, h_0 gemischt. Das entstandene Gemisch wird dem Trockner zugeführt. Im h, x-Diagramm wird diese Variante (bei $\Delta = 0$) folgendermaßen dargestellt (Bild 5.3./16).

Der Punkt M, der das Gemisch darstellt, liegt auf der die Punkte A und C verbindenden Geraden. Der Punkt teilt die Strecke AC in zwei Abschnitte, die im umgekehrten Verhältnis zur Masse der Luft im Zustand A bzw. C stehen. Das Gemisch gelangt in den Vorwärmer, so es auf den Zustand, der dem Punkt B entspricht, vorgewärmt wird. Der Prozeßverlauf im Trockner wird durch die Linie BC charakterisiert. Der bezüglich der Wirtschaftlichkeit vergleichbare einfache Trocknungsprozeß wird durch die Linien AB_1C dargestellt. Vergleicht man diesen Prozeß mit dem Prozeß im Umlufttrockner, kann man feststellen, daß der Luftbedarf für den Umlufttrockner größer ist, da $(x_2 - x_M) < (x_2 - x_0)$.

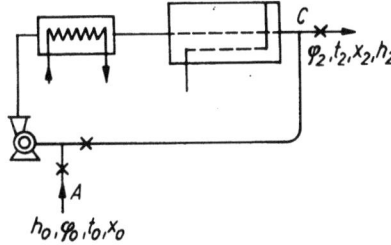

Bild (5.3./15). Prinzipdarstellung eines Trockners mit Abluftrückführung

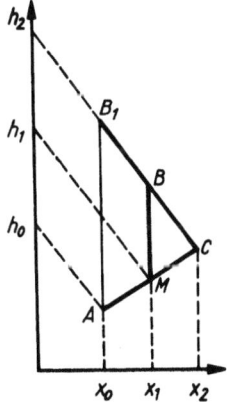

Bild (5.3./16). Darstellung des Trocknungsprozesses in einem Trockner mit Abluftrückführung im h, x-Diagramm

22 Verfahrenstechn. Grundlagen

Der spezifische Wärmebedarf für den Vorwärmer beim einfachen Prozeß wird

$$\frac{h_2 - h_0}{x_2 - x_0}$$

Beim Umlufttrockner ergibt sich der spezifische Wärmebedarf zu

$$\frac{h_2 - h_1}{x_2 - x_M}$$

oder

$$\frac{h_2 - h_0}{x_2 - x_0} = \frac{h_2 - h_1}{x_2 - x_M}$$

Das ergibt sich aus der Ähnlichkeit der Dreiecke AB_1C und MBC (x_M - Feuchtegehalt des Gemisches).
Der Trockenprozeß mit Abluftrückführung erhielt große Verbreitung für die Trocknung von Gütern, die eine schonende Trocknung verlangen, wie z. B. Süßwaren, Marmelade, Makkaroni. In solchen Fällen verringert ein hoher Wasserdampfpartialdruck der zirkulierenden Luft die Triebkraft des Prozesses, was zu einer Verlangsamung des Prozesses führt. Diese Variante ermöglicht eine genaue und flexible Regulierung der Feuchtigkeit und der Temperatur der Luft im Trockner.

5.3.8. Ausführung von Trocknern

Klassifikation der Trockner

In der Lebensmittelindustrie werden verschiedene Trocknerarten eingesetzt, da die verschiedensten Güter zu trocknen sind. Die Trockner lassen sich auf der Grundlage verschiedener Kriterien klassifizieren:

Klassifikationsmerkmal	*Trocknertypen*
Arbeitsweise	periodisch arbeitender Trockner, kontinuierlicher Trockner
Art der Wärmezufuhr	Kontakt-, Strahlungs-, Konvektions-, Hochfrequenztrockner
Art des Trocknungsmediums	Anwendung von Luft, Rauchgas oder Heißdampf
Druck in der Trockenkammer	Normaldruck-, Vakuum-, Hochvakuumtrockner
Art des Trocknungsprozesses	Trockner mit einfachem Prozeß, Trockner mit Vorwärmung im eigentlichen Trockner, mehrstufiger Trockner, Trockner mit Abluftrückführung usw.
Zirkulation des Trocknungsmediums	mit natürlichem Umlauf, mit Zwangsumlauf
Konstruktion	Kammer-, Schacht-, Bahnen-, Trommel-, Röhren-, Tunnel-, Zerstäubungstrockner u. a.
Stromführung von Gut und Trocknungsmedium	Gegenstrom-, Gleichstrom-, Kreuzstromtrockner

Es sollen die wesentlichsten in der Lebensmittelindustrie angewendeten Trocknerarten betrachtet werden.

Trommeltrockner

Trommeltrockner erlangten große Verbreitung für die Trocknung von dispersen Abprodukten der Lebensmittelindustrie: Trocknung von Preßschnitzeln von Zuckerrüben, von Brennereischlempe und Rückstände der Stärkebetriebe. Die Trommeltrockner werden auch für die Trocknung von Getreide und Weißzucker eingesetzt. Trommeltrockner arbeiten bei Normaldruck. Als Trocknungsmedium wird Luft oder Rauchgas eingesetzt.

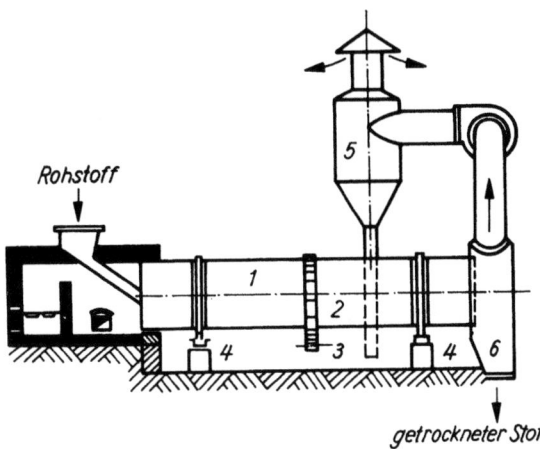

Bild (5.3./17). Prinzipdarstellung eines Trommeltrockners

Bild (5.3./17) zeigt die Prinzipdarstellung eines Trommeltrockners. Die wesentlichen Teile des Trockners sind die Trommel (1), die sich mittels Stützringen auf Rollenlagern dreht. Die Trommel wird durch einen Zahnkranz (2) angetrieben, in den das Zahnrad (3) eingreift. Dieses Zahnrad ist durch ein Getriebe mit dem Motor gekoppelt. Die Trommel ist bezüglich der waagerechten Ebene in Richtung der Gutbewegung etwas geneigt (0,5···6°). Um einen guten Kontakt des Gutes mit dem Trocknungsmedium zu erzielen, hat die Trommel Einbauten. Während sich die Trommel dreht, ermöglichen die Einbauten ein ständiges Umschaufeln des Gutes und eine bessere Umströmung durch das Trocknungsmedium. Die Art der Einbauten wird in Abhängigkeit von den Guteigenschaften gewählt. In Bild (5.3./18) sind verschiedene Arten von Einbauten für Trommeltrockner dargestellt. Die im Bild (5.3./18) dargestellten Einbauten werden angewendet für: a) grobdisperse Güter, die leicht

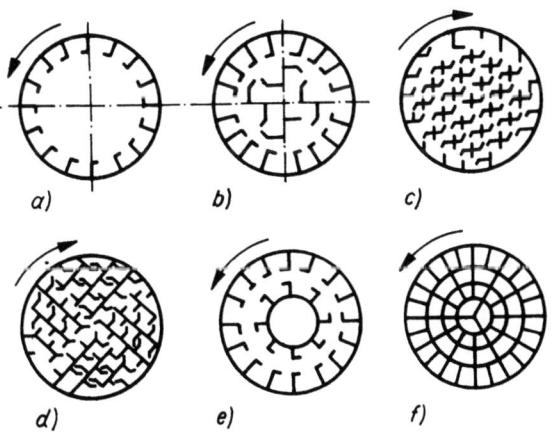

Bild (5.3./18). Einbauten von Trommeltrocknern
a) Hebe-Schaufelsystem b) Sektorensystem c) und d) Verteilungssystem e) kombiniertes System f) Umschaufelsystem mit abgeschlossenen Zellen

festkleben; b) grobdisperse Güter mit geringer Fließfähigkeit und großer Dichte; c) für feindisperse Güter mit guter Fließfähigkeit; d) für stark staubentwickelnde Güter (System mit geschlossenen Zellen).

Die Trommeldrehzahl liegt zwischen 1 bis 8 Umdrehungen je Minute. Der Durchmesser der Trommel hängt vom Gutdurchsatz ab und liegt zwischen 1200···2800 mm. Das Verhältnis von Länge zu Durchmesser der Trommel ($L:D$) beträgt zwischen 3,5:1 und 7:1.

Das feuchte Gut wird mittels Zuführeinrichtungen in die Trommel eingeführt. Das Trocknungsmedium strömt mit Geschwindigkeiten zwischen 2···3 m/s durch den Trockner und trägt Teilchen des getrockneten Gutes mit aus dem Trockner. Für die Abtrennung dieser Teilchen wird ein Zyklon installiert, durch den die aus dem Trockner austretenden Gase in die Atmosphäre gelangen. Der Austrag des Gutes erfolgt am Punkt (6) (s. Bild 5.3./17). Das getrocknete Gut wird mit einer Förderschnecke abtransportiert. Eine charakteristische Größe für die Auslegung eines Trommeltrockners ist die sogenannte Wasserverdampfung $\dot{K}$ (in kg/h m³).

$$\dot{K} = \frac{\dot{M}_W}{z \cdot V}$$

$\dot{M}_W$ Feuchtemenge, die in z Stunden abgetrennt wird
V Volumen der Trommel in m³

In Tab. (5.3./3) werden einige Angaben zu Gütern gemacht, die in Trommeltrocknern getrocknet werden.

Tabelle (5.3./3). Stoff und Prozeßparameter für Trocknung in Trommeltrocknern

Art des Gutes	Gutfeuchte in %		Gastemperatur in %		$\dot{K}$
	am Eintritt	am Austritt	am Eintritt	am Austritt	
Preßrückstände	84	12	750	150···125	185
Preßrückstände	84	12	400	100	100
Kristallzucker	3	0	100	40	8···9
Weizen	20	14	150···200	50···80	20···30
Steinkohle	9	0,6	800···1000	60	32···40

Aus den Ausführungen geht hervor, daß es sich bei einem Trommeltrockner um einen einfachen Trocknungsprozeß handelt. Die Trommeltrockner können im Gegenstrom- oder Gleichstrombetrieb arbeiten.

Tunneltrockner

Tunneltrockner gehören zur Gruppe der Normaldrucktrockner. Als Wärmeträger wird Luft oder Rauchgas verwendet. In der Lebensmittelindustrie wird dieser Trocknertyp für die Trocknung von Gemüse, Zwieback, Obst, Geleefrüchten, Teigwaren eingesetzt. Man verwendet diese Trockner auch zur Trocknung von keramischen Werkstoffen und Holz. Sie eignen sich besonders dann, wenn die Gutform erhalten werden soll und die Güter nicht umgeschaufelt werden sollen.

Bild (5.3./19) zeigt das Schema eines Tunneltrockners mit Hordenwagen für den Guttransport. Der wesentliche Teil des Trockners ist der Tunnel, in dem die Wagen auf Schienen bewegt werden. Auf den Wagen sind Gestelle aufgebaut, auf denen das Gut gelagert wird. Um das Gut besser mit dem Trocknungsmedium in Kontakt zu bringen, ist der Hordenboden aus Siebgewebe hergestellt. Wenn die Wagen durch

Bild (5.3./19). Tunneltrockner

den Trockner laufen, bleibt das Gut unbewegt. Die Luft kann in Richtung des Gutes oder ihm entgegen strömen. Die Wagen mit dem getrockneten Gut werden in bestimmten Zeitabständen aus dem Trockner ausgestoßen. Die Luft wird kontinuierlich umgewälzt.

In Tunneltrocknern können unterschiedliche Varianten des Trocknungsprozesses verwirklicht werden. In Bild (5.3./20) ist das Schema eines solchen Trockners mit Zwischenvorwärmung der Luft dargestellt.

Für Kartoffeln, die zu Stäbchen und Scheiben zerkleinert wurden, beträgt die Beladung je 1 m² Sieb 7···8,5 kg. Bei einer Maximaltemperatur von 85···90 °C dauert die Trocknung 5···6 h. Für Äpfel beträgt die Beladung 7,5 kg/m² und die Trocknungsdauer 6···10 h bei einer Temperatur von 60···70 °C.

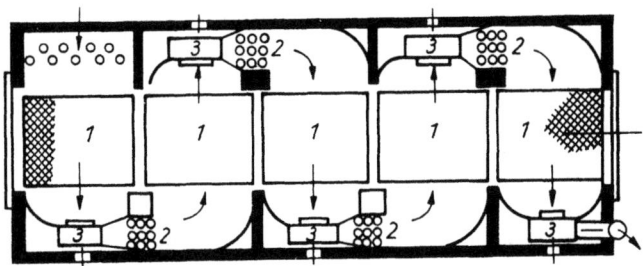

Bild (5.3./20). Grundriß eines Tunneltrockners mit Zwischenerwärmung der Luft
(1) Wagen (2) Vorwärmer (3) Ventilatoren

Bandtrockner

Bild (5.3./21) zeigt das Schema eines Vierbahnen-Bandtrockners. Diese Trockner werden häufig zur Trocknung von Gemüse eingesetzt. Analoge Trocknungstypen wendet man auch für die Trocknung von Obst, Stärke und kurzen Teigwaren an.

Das dem Trockner zugeführte Gut wird auf Transportbänder aus einem porösen Material (Gewebe, Metallgewebe) gegeben, die übereinander angeordnet sind. Das Gut wird von Band zu Band gefördert. Zwischen dem Arbeitsteil und dem Rücklaufteil des Bandes befinden sich Heizregister. Der in Bild (5.3./21) dargestellte Trockner arbeitet somit nach der Variante mit Zwischenvorwärmung der Luft. Die Bandtrockner arbeiten kontinuierlich und mit Kreuzstrom von Gut und Luft. Die Bandgeschwindigkeit kann durch ein Regelgetriebe eingestellt werden. Bei Gemüsetrocknern beträgt die Geschwindigkeit 0,1···0,7 m/min.

Schachttrockner

Bild (5.3./22) zeigt die Prinzipdarstellung eines kontinuierlich arbeitenden Schachttrockners. Diese Trockner werden für die Trocknung von dispersen Stoffen angewandt: Getreide, Preßrückstände, Zuckerrübenabfälle nach der mechanischen Entwässerung, Gemüse, Kohle, Ton (Lehm) u. a. In diesen Trocknern wird das Gut durch die Wir-

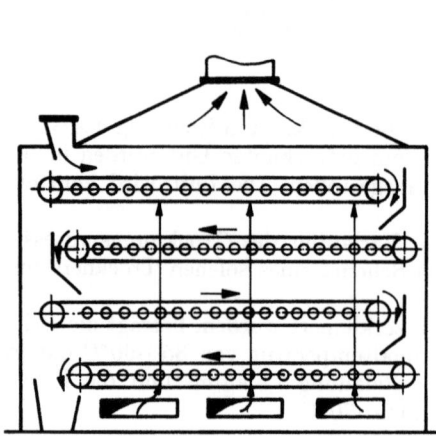
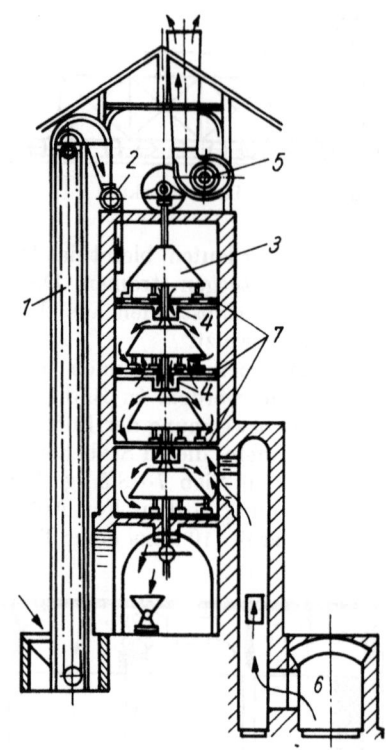

Bild (5.3./21). Schema eines Bandtrockners

Bild (5.3./22). Prinzipdarstellung eines Schachttrockners
(1) Elevator (2) Zuführeinrichtung (3) rotierende Kegel
(4) Verteiler (5) Ventilator (6) Gaseintritt (7) Rost

kung der Schwerkraft bewegt. Um die Bewegung des Gutes zu verlangsamen, sind in den Trockner sogenannte Schikanen eingebaut, die unterschiedliche Formen aufweisen.

Der in Bild (5.3./22) dargestellte Trockner dient der Trocknung von Preßschnitzeln bei der Zuckerrübenverarbeitung. Mit dem Elevator (1) werden die Preßrückstände der Zuführeinrichtung (2) zugeleitet, die die dispersen Preßrückstände dem Trockner zugibt. Der Apparat hat einige Gitterroste (7) mit zentralen Öffnungen. Auf der vertikalen Welle des Trockners sind konusartige Körper (3) mit Schabmessern befestigt, die das Gut abkratzen, das von dem Konus auf die zentralen Öffnungen des Rostes fällt. Das heiße Trocknungsmedium tritt aus dem Zugkanal in den Trockner und wird durch den Ventilator (5) abgeführt. Trockner dieses Typs arbeiten mit Rauchgas oder Luft.

Zerstäubungstrockner

Die Zerstäubungstrockner fanden große Verbreitung für die Trocknung flüssiger Produkte – Milch, Eier, Schlempe, Gelatine, Albumin. Der Trocknungsraum stellt einen leeren Turm mit erheblichen Ausmaßen dar ($D = 2\cdots5$ m; $H = 3\cdots5$ m) (Bild 5.3./23). Das in den Trockner eintretende Gut wurde bereits in den äußeren Anbauten zerstäubt. Die Tropfen gelangen in den Trockner. Dabei kommt es zu einem Kontakt zwischen dem Gut und dem Trocknungsmedium, das im unteren Teil des Trockners eintritt. Die Dispergierung des Gutes erfolgt durch Zerstäuben mittels Druckdüsen oder pneumatisch mit Preßluft in sogenannten Zweistoffdüsen. Zentrifugalzerstäubung wird ebenfalls angewendet (s. Abschn. 3.8.).

Durch die hohe Dispersität des Gutes ergibt sich eine große Kontaktfläche mit dem Trocknungsmedium (Luft oder Rauchgas). Daraus resultiert eine hohe Trocknungsgeschwindigkeit. Das Trocknungsmedium hat eine geringe Geschwindigkeit im Trockner (0,2···0,4 m). Aber auch bei dieser Geschwindigkeit trägt die Luft kleine Gutteilchen aus. Zur Reinigung der Luft werden Filter eingebaut. Das getrocknete Gut gelangt in den Auffangbehälter. Mittels Schabmessern wird das Gut einer Förderschnecke zugeführt, die es aus dem Trockner transportiert.

Zerstäubungstrockner können sowohl im Gleichstrom- als auch im Gegenstrombetrieb zwischen Trocknungsmedium und Gut arbeiten. Die Trockner können nach dem einfachen Prinzip oder mit Abluftrückführung arbeiten. Die Trocknerleistung hängt von den Guteigenschaften und der Lufttemperatur ab und liegt zwischen 2 und 25 kg/m³ h.

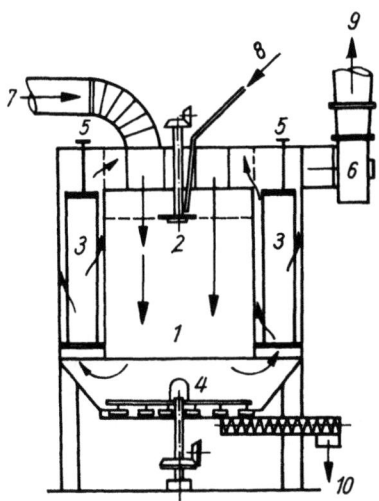
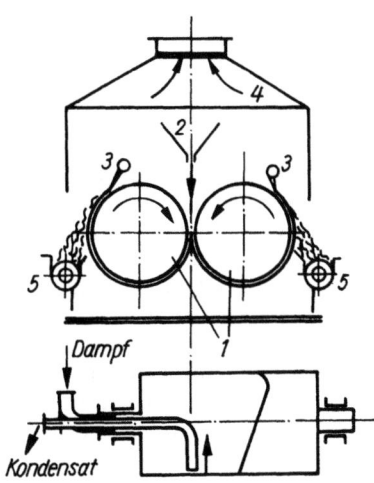

Bild (5.3./23). Zerstäubungstrockner
(1) Trockenkammer (2) Scheibe (3) Filter
(4) Schabmesser (5) Schütteleinrichtung
(6) Ventilator (7) Luft (8) Flüssigkeit (9) Luft
(10) trockenes Gut

Bild (5.3./24). Schema eines Zweiwalzentrockners (1) Zylinder (2) Aufgabevorrichtung (3) Messer (4) Saugeinrichtung (5) Transportschnecke

Kontakttrockner

Kontakttrockner können bei Normaldruck oder unter Vakuum arbeiten.
Kontakttrockner bei Normaldruck. In einem Kontakttrockner bei Normaldruck wird die Wärme durch den unmittelbaren Kontakt des Gutes mit der Heizfläche zugeführt.

In Bild (5.3./24) ist ein Zweiwalzentrockner dargestellt. Diese Trockner werden zur Trocknung flüssiger Stoffe (echter oder kolloider Lösungen, Suspensionen) angewendet. Sie eignen sich für dickflüssige viskose Flüssigkeiten sowie für pastöse Güter. In der Lebensmittelindustrie setzt man Kontakttrockner zur Trocknung von Futterhefe bei der Spritherstellung ein.

Der Trockner besteht aus zwei Hohlwalzen, die sich entgegengesetzt zueinander drehen. Über Hohlzapfen wird den Walzen Heißdampf, heißes Wasser oder ein anderer Wärmeträger zugeführt. Das verbrauchte Heizmittel (Kondensat) wird mit Hilfe einer Saugleitung (Siphon) durch den zweiten Hohlzapfen wieder abgeführt. Das zu trocknende Gut wird von oben auf die Walzenoberfläche aufgegeben und läuft zwischen den Walzen durch. Es gibt auch Konstruktionen, bei denen die Walzen in einen Behälter mit dem zu trocknenden Gut eintauchen.

Die Walzen bewegen sich mit einer Drehzahl von 2···8 min^{-1}. Die Effektivität dieser Trockner richtet sich nach der Leistung der Walzenoberfläche. Die Leistung wird als sogenannte Wasserverdampfung in kg Wasser je 1 h und 1 m² Walzenoberfläche ausgedrückt. Bei der Trocknung von gekochten Kartoffeln beträgt die Leistung z. B. $\dot{K} = 75$ kg/m² h bei einem Dampfdruck von 0,3···0,5 MPa. Für die Trocknung von Stärke bei $p = 0{,}3\cdots0{,}4$ MPa beträgt die Leistung $\dot{K} = 35$ kg/m² h und bei $p = 0{,}1\cdots0{,}2$ MPa $\dot{K} = 18$ kg/m² h.

Vakuumkontakttrockner. Neben den Normaldruckkontakttrocknern werden in der Lebensmittelindustrie auch Kontakttrockner eingesetzt, die unter Vakuum arbeiten. Der Vorteil der Trocknung unter Vakuum besteht darin, daß sich die Intensität der Trocknung bei niedrigeren Temperaturen erhöht. Durch die Trocknung bei niedrigeren Temperaturen werden unerwünschte Erscheinungen starker Erwärmung des Gutes, wie Zersetzung und Verbrennung, vermieden. Die Konstruktion dieser Trockner ist jedoch sehr kompliziert, und die Herstellung ist teuer.

In der Lebensmittelindustrie werden Vakuumtrockner zur Trocknung von Backhefe, Stärke, Obst, Raffinade eingesetzt.

Bild (5.3./25) zeigt den schematischen Aufbau zur Trocknung unter Vakuum. Die Konstruktion besteht aus Trockenkammer mit Heizfläche, Kondensator und Vakuumpumpe. Die Trockenkammer hat hermetisch schließende Türen. Trotzdem dringt stets eine geringe Falschluftmenge ein, die durch die Vakuumpumpe abgeführt wird.

Der Trocknungsprozeß unter Vakuum weist einige Besonderheiten auf. Im ersten Trocknungsabschnitt (Abtrennung der freien Feuchte) wird die Feuchte mit großer Intensität abgetrennt. In diesem Abschnitt liegt die Guttemperatur nahe der Siedetemperatur des Wassers bei dem in der Kammer herrschenden Druck. Bei der Vakuumtrocknung kommt es in den Poren vieler Güter zum Sieden der Flüssigkeit (Kartoffel). Im zweiten Trocknungsabschnitt (Abtrennen der gebundenen Feuchte) erhöht sich die Temperatur stark und nähert sich der Temperatur der heißen Oberfläche des Kontakttrockners. Deshalb können Güter, die hohe Temperaturen schlecht vertragen, nicht bis zu niedrigen Feuchtegehalten getrocknet werden. Die von der Pumpe anzusaugende Falschluftmenge hängt von der Zuverlässigkeit der Trocknerkonstruktion ab. Im Mittel kommen auf 1 kg Feuchte etwa 1 m³ Luft (bei dem jeweiligen Druck im Trockner), die abzusaugen sind.

Außer periodisch arbeitenden Trocknern (Schranktrockner) werden Vakuum-Walzenkontakttrockner angewendet. Bild (5.3./26) zeigt das Schema eines Einwalzenvakuumtrockners für flüssige und pastöse Güter. Der untere Zylinder enthält den Sammelbehälter, der periodisch ausgewechselt wird.

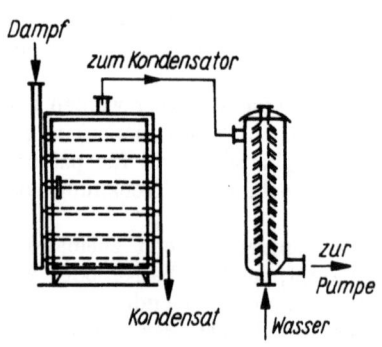

Bild (5.3./25). Schema einer Anlage zur Vakuumtrocknung

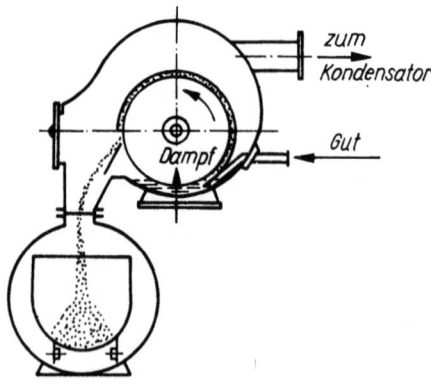

Bild (5.3./26). Einwalzen-Vakuumtrockner

5.3.9. Spezielle Trocknungsarten

In den letzten Jahren wurden in der Lebensmittelindustrie neue Trocknungsmethoden eingesetzt: Trocknung im Hochvakuum, Strahlungstrocknung, Trocknung im Hochfrequenzfeld, Trocknung in der Wirbelschicht und im Schwebezustand.

Trocknung im Hochvakuum

Die Trocknung im Hochvakuum erfolgt bei Drücken von 15 Pa···150 Pa. Bei diesem Druck können die Temperaturen so gering gehalten werden, daß Wasser im gefrorenen Zustand vorliegt. Folglich kann die Verdampfung aus der festen Phase – ohne Verflüssigung – erfolgen: durch *Sublimation*. Deshalb wird die Trocknung im Hochvakuum auch als *Gefriertrocknung* bezeichnet. Der wesentliche Vorteil der Gefriertrocknung von Lebensmitteln besteht darin, daß man ein Produkt mit hoher Qualität erhält. Bei der Gefriertrocknung erfolgt keine Denaturierung der Eiweiße, es finden keine mikrobiologischen Prozesse statt, und sämtliche Vitamine bleiben erhalten, die im frischen Produkt enthalten waren. Es ist auch erwiesen, daß das getrocknete Produkt sein ursprüngliches Volumen behält und damit eine poröse Struktur bekommt. Bei Benetzung nimmt das Produkt leicht Wasser auf und gelangt wieder in seinen ursprünglichen Zustand.

Die Gefriertrocknung kann für die verschiedensten Produkte der Lebensmittelindustrie verwendet werden: z. B. für Milch, Gemüse oder Obst. Die Trocknung im Hochvakuum wird sehr häufig zur Herstellung von Antibiotika, wie Penizillin, Streptomyzin und Blut, eingesetzt.

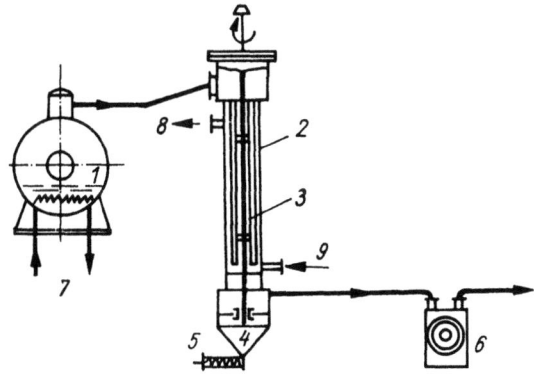

Bild (5.3./27). Schema einer Anlage für die Trocknung im Hochvakuum (1) Trockner (2) Kondensator (3) Eiskratzer (4) Sammelbehälter für Schnee (5) Transportschnecke für den Schnee (6) Vakuumpumpe (7) Vorwärmung (8) Austritt der Flüssigkeit (9) Eintritt für Kühlflüssigkeit

Die zur Trocknung im Hochvakuum eingesetzten Trockner bestehen aus einer Trockenkammer, einem Kondensator und einem Vakuumpumpenaggregat. Bild (5.3./27) zeigt den schematischen Aufbau für die Trocknung im Hochvakuum. Die Trockenkammer selbst ist ein hermetisch abgeschlossener Schrank mit Gestellen, die durch Dampf oder heißes Wasser beheizt werden. Es ist auch eine Erwärmung durch Infrarotstrahlung möglich. Das zu trocknende gefrorene Gut wird auf die Gestelle gegeben. Damit gehört der Trockner zur Gruppe der Kontakttrockner. Der entstehende Dampf gelangt in den Kondensator, wo er kondensiert. Der Kondensator wird durch ein Kältemittel (Kühlflüssigkeit) gekühlt. An der Kondensatoroberfläche bildet sich Eis, das ständig entfernt werden muß. Das Vakuumpumpensystem besteht aus Rotationsvakuumpumpen auf Ölbasis. Man setzt auch mehrstufige Dampfstrahlapparate ein. Diese Apparate erzeugen einen Absolutdruck von 15···150 Pa. Das entspricht einer Trocknung bei $t = -15\,°C$.

Infrarottrocknung

In Infrarottrocknern wird die Wärme zur Verdampfung des Wassers durch Wärmestrahlung zugeführt. Als Wärmestrahler werden Speziallampen oder erwärmte keramische oder metallische Oberflächen verwendet.

Die Speziallampen für infrarote Strahlung unterscheiden sich von den gewöhnlichen Beleuchtungskörpern dadurch, daß die Glühtemperatur 2500 K anstelle von 2920 K wie für gewöhnliche Lampen beträgt. Fast 80% der diesen Lampen zugeführten Elektroenergie werden in Infrarotstrahlung umgewandelt. Zur Ausrichtung des Strahlenbündels werden die Lampen mit parabolischen Reflektoren versehen.

Der wesentliche Vorteil der Infrarottrocknung besteht in der schnellen Abtrennung der Feuchte. Diese Beschleunigung des Trocknungsprozesses läßt sich damit erklären, daß die Strahlungswärme teilweise bis auf 0,1···2 mm in das Innere des kapillarporösen Körpers eindringt. Ist die Strahlung einmal in die Kapillaren des Körpers eingedrungen, wird sie infolge der mehrfachen Reflexion an den Kapillarwänden fast vollständig absorbiert. Deshalb ergibt sich für die Strahlungstrocknung ein größerer Wärmeübergangskoeffizient, und je Oberflächeneinheit des Gutes sowie je Zeiteinheit kann bedeutend mehr Wärme übertragen werden als bei der Konvektions- oder Kontakttrocknung. Die Beschleunigung des Trocknungsprozesses kann ganz erheblich sein. So verringert sich z. B. die Trocknungsdauer bei der Infrarottrocknung von Textilien um das 30- bis 100fache. Das trifft auch auf die Trocknung anderer flächenförmiger Güter zu.

Bild (5.3./28) zeigt das Schema eines Trockners, der mit Lampen ausgestattet ist.

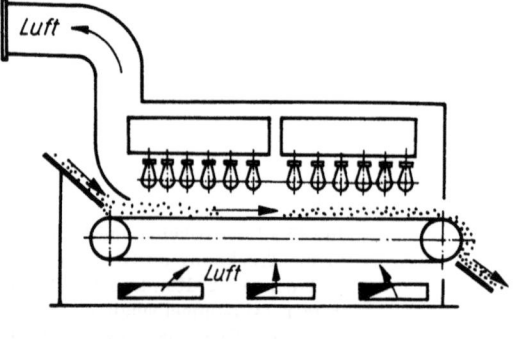

Bild (5.3./28). Schema eines Infrarottrockners mit Lampen

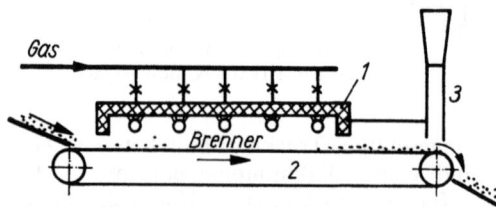

Bild (5.3./29). Schema eines Infrarottrockners mit Strahlerflächen
(1) Strahler (2) Band (3) Absaugeinrichtung

Bild (5.3./29) zeigt dagegen einen Trockner mit Gasstrahlern.

Für die Lampenstrahler ist ein hoher Elektroenergieverbrauch charakteristisch. Das ist das Haupthindernis für eine breite Anwendung dieser Trockner. In vielen Fällen sind jedoch die Selbstkosten für die Trocknung mit Infrarotlampen geringer als für die Konvektionstrocknung, da die Trocknungsdauer geringer ist und die Investitionskosten niedriger liegen.

Die Trockner mit Gasstrahlern sind bezüglich der Konstruktion einfacher und billiger als die Trockner, die mit Lampen ausgerüstet sind. Der Energiebedarf liegt niedriger. Die Strahler werden durch Gas erwärmt, das direkt im Strahler verbrennt.

Es kann auch Rauchgas verwendet werden, das unmittelbar in die Strahler eingegeben wird. Durch die intensive Erwärmung des Gutes durch die Strahler bildet sich im Gut ein großer Temperaturgradient aus. Der dadurch hervorgerufene Thermodiffusionsstrom der Feuchte behindert die Diffusion der Feuchte aus dem Inneren des Gutes an dessen Oberfläche. Um diesen Effekt zu vermeiden, wird ein besonderes Trocknungsregime, die sogenannte Intervalltrocknung, empfohlen. Die Trocknung besteht dann aus kurzen Bestrahlungsperioden (2···4 s) und längeren Ruhepausen (20···80 s) ohne Bestrahlung. In den Bestrahlungsperioden wird dem zu trocknenden Gut Wärme zugeführt. In den Ruhepausen erfolgt ein Transport der Feuchte aus dem Inneren des Gutes an die Oberfläche, da der Temperaturgradient während dieser Periode, in der nicht erwärmt wird, seine Richtung ändert.

Die Intervalltrocknung verringert die Endtrocknungstemperatur und den Energieverbrauch. Die Gesamttrocknungsdauer erhöht sich dadurch nicht. Die Intervalltrocknung von Lebensmitteln ermöglicht die Erhaltung der Vitamine. Zur Verbesserung der Qualität des getrockneten Gutes wird auch die Anwendung einer kombinierten Trocknung empfohlen: Strahlungs- und Konvektionstrocknung, d. h. gleichzeitige Erwärmung durch Strahlung und durch Umströmung des Gutes mit erwärmter Luft.

Trocknung im Hochfrequenzfeld

Wenn das zu trocknende Gut zwischen zwei Platten gelagert wird, denen ein Hochfrequenzstrom zugeführt wird, erwärmt sich das Gut über seine gesamte Dicke. Das läßt sich damit erklären, daß unter dem Einfluß eines Wechselspannungsfeldes die Moleküle des Stoffes in eine Schwingbewegung versetzt werden. Die Bewegung der Moleküle führt zur Erwärmung des Gutes über die gesamte Dicke. Da die äußeren Teile des Körpers aber Wärme an die Umgebung abgeben, sinkt die Temperatur von innen zur Oberfläche. In dieser Richtung ändert sich auch die Feuchtigkeit. Folglich stimmen in diesem Fall Temperatur- und Feuchtigkeitsgradient bezüglich des Vorzeichens überein. Beide Gradienten bewirken die Diffusion der Feuchte aus dem Inneren an die Oberfläche.

Die Geschwindigkeit der Hochfrequenztrocknung ist deshalb bedeutend höher als die Geschwindigkeit der konvektiven Trocknung. Bei der Trocknung von Holz wird der Prozeß z. B. um das 10fache beschleunigt bei einer bedeutenden Verringerung der Ausschußquote. Jedoch kostet die Hochfrequenztrocknung 2- bis 4mal mehr als die Konvektionstrocknung, da der Energieverbrauch hoch liegt (2···5 kWh je 1 kg abgetrennte Feuchte). Deshalb fand die Trocknung im Hochfrequenzfeld bisher nur für schwer zu trocknende dünne Güter Anwendung. Zu diesen Gütern gehört z. B. Holz. Trocknet man Holz konvektiv, so dauert das sehr lange. Außerdem besteht die Gefahr der Rißbildung und der Beschädigung des Gutes. Bild (5.3./30) zeigt das Schema einer Anlage zur Hochfrequenztrocknung.

Um den Energieverbrauch zu senken, wird die kombinierte Trocknung angewendet – Hochfrequenz- und Konvektionstrocknung. In diesem Fall wird die Hochfrequenzenergie nur zur Erwärmung des Gutes und zur Herausbildung des Temperaturgra-

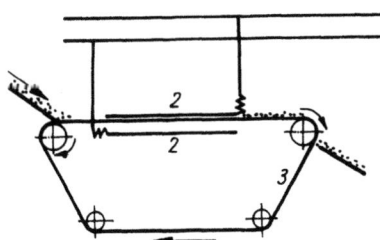

Bild (5.3./30). Schema einer Anlage zur Hochfrequenztrocknung
(1) Netz (2) Elektroden (3) Transportband

dienten benötigt. Der Abtransport der Feuchte von der Oberfläche erfolgt durch Konvektion. Der Energieverbrauch kann dann bedeutend vermindert werden (bis auf $1/3$).

In der Lebensmittelproduktion wurden Versuche zur Anwendung der Hochfrequenztrocknung für Würfelzucker, Brot, Gemüse und Obst durchgeführt. Eine verbreitete Anwendung fand die Hochfrequenztrocknung dieser Güter jedoch bisher nicht.

Wirbelschicht- und Flugstaubtrockner

In Abschnitt 3.8. wurde die Wirbelschicht erläutert und gezeigt, daß die Intensität von Wärme- und Stoffübergang in dieser Schicht sehr groß ist. Diese Eigenschaft der Wirbelschicht wird in Trocknern für disperse Güter ausgenutzt. Diese Trockner werden für verschiedene disperse und pastöse Güter eingesetzt. Z. Z. werden Kohle, Getreide, Gemüse, organische Farbstoffe u. a. in solchen Trocknern getrocknet.

Eine breite Anwendung fand auch die Trocknung disperser Güter im Schwebezustand. Dabei liegt die Gasgeschwindigkeit höher als die zweite kritische Geschwindigkeit (s. Abschn. 3.8.).

Die Trockner für Trocknung in der Wirbelschicht haben die unterschiedlichsten Formen und Arbeitsmethoden. Es gibt periodisch, kontinuierlich und halbkontinuierlich arbeitende Trockner. Bild (5.3./31) zeigt das Schema für einen Wirbelschichttrockner. Das feuchte disperse Gut gelangt aus dem Behälter (7) auf den Rost (3). Heißes Gas tritt aus einem Gaszuführungskanal (1) von unten durch den Rost. Die Trocknungskammer (5) hat eine trogartige Form. Dadurch verringert sich die Strömungsgeschwindigkeit des Gases nach oben hin. Die Abgase gelangen in einen Gasaustrittsbehälter (6). Die zweckmäßige Gestaltung des Behälters und des Rostes gewährleistet eine gleichmäßige Trocknungsgeschwindigkeit.

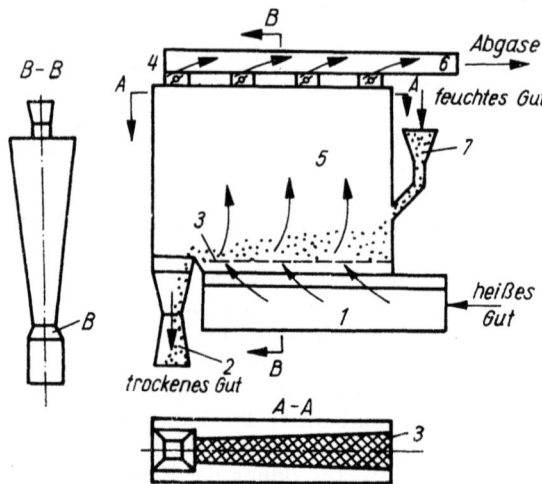

Bild (5.3./31). Schema eines Wirbelschichttrockners
(1) Gaszuführungskanal (2) Entnahme des getrockneten Gutes (3) Rost (4) Klappe (5) Kammer (6) Abgasleitung (7) Aufgabebunker

Aus dem Entladebunker wird das Gut durch einen Schütteltrichter weitergeleitet. Die Vibration des Behälters verhindert ein Anhaften des Gutes im Behälter oder am Rost.

Bild (5.3./32) zeigt den prinzipiellen Aufbau für die Trocknung disperser Güter im Schwebezustand. In diesem Trockner wird das Gut vom Trocknungsmedium aus dem Trockner (2) bis in den Zyklon (3) „getragen". Diese Trockner fanden für die Trocknung von Sägespänen, Baumwolle, Getreide und anderen Gütern Anwendung.

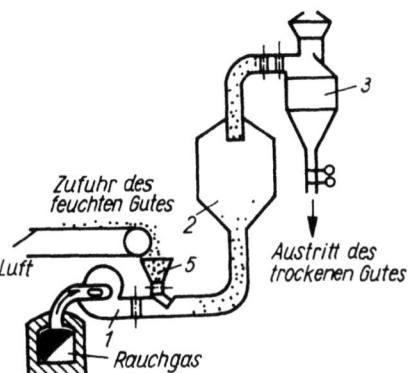

Bild (5.3./32). Schema eines Fontänentrockners
(1) Ventilator (2) Trockner (3) Zyklon
(4) Transportband (5) Aufgabetrichter

Die Trockner zeichnen sich durch eine hohe Effektivität aus. Außerdem erweist sich die geringe Kontaktzeit des zu trocknenden Gutes mit dem Trocknungsmedium als günstig, denn dadurch kann man bei der Trocknung temperaturempfindlicher Güter auch Rauchgase verwenden.

Zu empfehlende Literatur

Ginzburg, A. S.: Sušil'nye ustanovki chlebopekarnoj promyšlennosti (Trockner für die Backwarenindustrie). Moskau: Pistschepromisdat 1954, 195 S.

Ginzburg, A. S.: Suška piščevych produktov (Die Trocknung von Lebensmitteln). Moskau: Pistschepromisdat 1960, 683 S.

Ginzburg, A. S.: Osnovy teorii i techniki suški piščevych produktov (Grundlagen der Theorie und Technologie der Trocknung von Lebensmitteln). Moskau: Pistschewaja promyschlennost 1973, 528 S.

Krasnikov, V. V.: Konduktivnaja suška (Kontakttrocknung). Moskau: Energija 1973, 288 S.

Kremnev, O. A.; Borovskij, V. R.; Dolonskij, A. A.: Skorostnaja suška (Hochleistungstrocknung). Kiew: Gosizdat techničeskoj literatury USSR 1963, 382 S.

Lykov, A. V.: Teorija suški (Theorie der Trocknung). Moskau, Leningrad: Energija 1968, 470 S.

Romankov, P. G.; Raskovskaja, N. B.: Suška vo vzvešennom sostojanii (Wirbelschichttrocknung). Moskau: Chimija 1968, 358 S.

Filonenko, G. K.; Lebedev, P. D.: Sušilznye ustanovski (Trockner). Moskau: Gosenergoizdat 1952, 264 S.

5.4. Sorptionsprozeß

5.4.1. Grundlagen

Als Sorptionsprozeß bezeichnet man die Aufnahme von Gasen, Dämpfen oder gelösten Substanzen durch einen anderen Stoff aus dem ihn umgebenden Milieu. Für die Lebensmittelproduktion sind folgende Sorptionsprozesse von Bedeutung:

1. Absorption. Darunter versteht man das Eindringen eines Stoffes, des Absorbats, in das gesamte Volumen eines anderen, des Absorbens. Letzteres kann eine Flüssigkeit oder ein Feststoff sein. Ein Beispiel dafür ist die Aufnahme von SO_2 durch Wasser unter Bildung von schwefliger Säure. Dieser Prozeß findet bei der Gewinnung von Maisstärke Anwendung.

In der Spirituosenindustrie und bei der Weinbereitung spielt die Absorption beim Auswaschen von bei der Gärung entstehenden Gasen mit Wasser eine Rolle, wobei der in ihnen enthaltene Äthylalkohol aufgefangen wird.

2. *Adsorption.* Darunter versteht man die Anlagerung einer Komponente aus einem gasförmigen oder flüssigen Medium, des Adsorbats, an der Oberfläche eines festen Körpers. Der anlagernde Stoff, genannt Adsorbens, muß eine sehr große Oberfläche haben. Als Adsorbens werden speziell vorbereitete Kohle (Aktivkohle), Kieselgel, Tonerde und andere Stoffe verwendet. Die Adsorption eines Gases an der Oberfläche eines Körpers ist nicht an eine Kondensation gebunden, jedoch kann sie in den Kapillaren des Sorbens eintreten. Diese Erscheinung nennt man Kapillarkondensation.
In der Lebensmittelindustrie wird die Adsorption häufig für die Reinigung wäßriger alkoholischer Lösungen, die Entfärbung von Melasse und Zuckerlösungen genutzt.

3. *Chemosorption.* Darunter versteht man die Aufnahme eines Stoffes auf Grund einer chemischen Wechselwirkung zwischen dem aufnehmenden Medium und dem aufgenommenen Stoff. Dieser Prozeß findet bei der Rübenzuckergewinnung breite Anwendung.

4. *Desorption.* Darunter versteht man den Prozeß der Abtrennung eines Stoffes, der von einer Flüssigkeit oder einem festen Körper aufgenommen worden ist. Dieser Prozeß wird für die Regenerierung sorbierender Substanzen genutzt. Nach Durchführung der Desorption kann das Sorbens von neuem verwendet werden.
Für den Sorptionsprozeß ist die Trennfähigkeit (selektive Wirksamkeit) des sorbierenden Stoffes charakteristisch. Diese Eigenschaft gestattet es, komplizierte Gasgemische durch Auswahl eines entsprechenden sorbierenden Stoffes, der nur eine der Komponenten sorbiert, ohne Aufwand an mechanischer Energie zu trennen. Sorptionsprozesse werden von thermischen Erscheinungen begleitet (in der Mehrheit der Fälle wird während dieser Prozesse Wärme frei). Findet die Sorption eines Gases in einem geschlossenen System statt, so tritt infolge der Anlagerung eines Teils des Gasgemisches eine Druckerniedrigung auf. Bei Anwendung der Regel von *Le Chatelier* folgt hieraus, daß Temperaturerniedrigung und Druckerhöhung die Sorption begünstigen und umgekehrt Temperaturerhöhung und Druckerniedrigung die Desorption fördern. Im folgenden sollen die Absorptions- und Adsorptionsprozesse genauer betrachtet werden.

5.4.2. Absorptionsprozeß

Stoffbilanz der Absorption

In der Industrie wird die Absorption in kontinuierlich arbeitenden Gegenstromapparaten durchgeführt, in welchen Gas und Flüssigkeit (Sorbens) in engen Kontakt gebracht werden. Das Schema eines solchen Apparates (Absorbers) ist in Bild (5.4./1) dargestellt. Das Inertgas (Trägergas), das nicht absorbiert wird (Gasvolumenstrom $\dot{V}_S$ in kmol/Zeiteinheit), enthält bei seinem Eintritt in den Apparat einen bestimmten Anteil der Komponente, die absorbiert wird. Man bezeichnet ihre Konzentration (kmol je kmol Inertgas) mit y_A.
Beim Durchgang des Gasgemisches durch den Absorber wird die Menge des Inertgases nicht verändert, aber die Konzentration der Übergangskomponente verringert sich auf y_E (kmol/kmol des Inertgases).
Der Massestrom des flüssigen Absorbens im Absorber sei $\dot{m}_W$ (kmol/Zeiteinheit). Die Konzentration der Komponente, die von der Flüssigkeit absorbiert wird, beträgt bei ihrem Eintritt in den Absorber x_A (kmol Übergangskomponente/kmol reinen Absorbens), beim Austritt aus dem Apparat x_E.

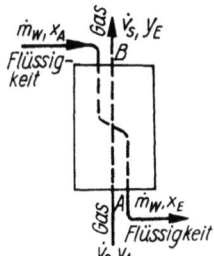

Bild (5.4./1). Schema eines Absorbers

Mit Hilfe des Gesetzes von der Erhaltung der Masse läßt sich die Gleichung für die Stoffbilanz im Absorptionsprozeß für die Komponente aufstellen, die absorbiert wird:

$$\dot{V}_S y_A + \dot{m}_W x_A = \dot{V}_S y_E + \dot{m}_W x_E \tag{5.4./1}$$

Bei der Aufstellung dieser Bilanz sind eventuelle Verluste, die während des Prozesses auftreten können, vernachlässigt worden. Aus Gl. (5.4./1) erhält man

$$\dot{V}_S (y_A - y_E) = \dot{m}_W (x_E - x_A) = \dot{m}_M, \tag{5.4./2}$$

wobei $\dot{m}_M$ den Massestrom der Komponente darstellt, der in der Zeiteinheit aus einer Phase in die andere übergeht (in kmol/s). Aus Gl. (5.4./2) folgt der spezifische Verbrauch des Sorbens m (in kmol/kmol Inertgas)

$$m = \frac{\dot{m}_W}{\dot{V}_S} = \frac{y_A - y_E}{x_E - x_A} \tag{5.4./3}$$

Arbeitslinie des Absorbers

Gl. (5.4./2) ist die Gleichung einer Geraden im x, y-Koordinatensystem. In Bild (5.4./2) ist diese Gerade mit AB bezeichnet. Der Tangens dieser Geraden ist gleich m ($\tan \alpha = m$).
Die Linie AB wird als Arbeitslinie des Absorbers bezeichnet. Mit ihrer Hilfe läßt sich der Zusammenhang zwischen der Zusammensetzung der Flüssigkeit und der Zusammensetzung des Gases für einen beliebigen Querschnitt der Anlage darstellen. Wenn in einem bestimmten Querschnitt des Apparates der Gehalt der absorbiert werdenden Komponente im Gas y_C ist, dann wird der Gehalt dieser Komponente in der Flüssigkeit gleich x_C (s. Bild 5.4./2).

Triebkraft des Absorptionsprozesses

Die Arbeitslinie, die in Bild (5.4./2) dargestellt ist, gestattet es, die Bedingungen festzustellen, unter welchen der Absorptionsprozeß realisierbar ist. Es sollen die Gleichgewichtsbedingungen zwischen dem Gas und dem Sorbens betrachtet und

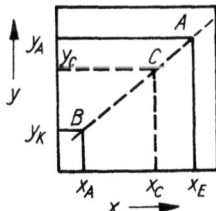

Bild (5.4./2). Arbeitslinie eines Absorbers

dafür die Phasenregel (s. Einführung) angewendet werden. In diesem Falle liegen 2 Phasen (Gas und Flüssigkeit) und 3 Komponenten (die Komponente, die absorbiert wird, inertes Gas und Flüssigkeit) vor. Die Einflußparameter sind Druck, Temperatur und Konzentration.

$$S = K - f + 2$$

S Zahl der Freiheitsgrade
K Anzahl der Komponenten des Systems
f Anzahl der Phasen des Systems

In diesem Falle, wenn eine Komponente des Gasgemisches absorbiert wird, ist

$$S = 3 - 2 + 2 = 3$$

Diese 3 Freiheitsgrade sind die Zusammensetzung einer der Phasen, Druck und Temperatur. Den Gehalt der Komponente, die absorbiert wird, in der anderen Phase willkürlich zu wählen, ist nicht möglich. Er wird durch die drei ausgewählten Parameter bestimmt.

Für ideale Lösungen, in welchen die Wechselwirkungskräfte zwischen den Molekülen der Komponenten des Systems gleich sind, werden die Gleichgewichtsbedingungen durch die Gesetze von *Henry* und *Raoult* definiert. Das *Henrysche Gesetz* kann man formulieren:

$$x = p\psi \qquad (5.4./4)$$

x Menge des in der absorbierenden Flüssigkeit gelösten Gases (Molanteile)
ψ Proportionalitätskoeffizient (*Henry*-Koeffizient), der experimentell bestimmt wird
p Partialdruck des Gases

Dieses Gesetz sagt aus, daß die Löslichkeit eines Gases seinem Partialdruck über der Flüssigkeit direkt proportional ist. Es ist bekannt, daß in Gasgemischen der Partialdruck p einer Komponente ausgedrückt werden kann durch die Gleichung

$$p = y p_G \quad (Raoult\text{-Gesetz}) \qquad (5.4./5)$$

y Molanteil der betrachteten Komponente im Gasgemisch
p_G Gesamtdruck im Gemisch

Wird die Beziehung für p aus Gl. (5.4./4) in die Gl (5.4./5) eingesetzt, so erhält man

$$\frac{x}{\psi} = y p_G; \quad y = \frac{x}{p_G \psi}$$

oder

$$y = Hx$$

hierbei gilt

$$H = \frac{1}{p_G \psi} \qquad (5.4./6)$$

Die Beziehung (5.4./6) ist die Gleichung des Phasengleichgewichtes, die Größe H dessen Konstante.

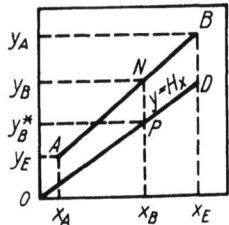

Bild (5.4./3). Arbeitslinie und Gleichgewichtskurve der Phasen

Die Abhängigkeit zwischen y und x kann man durch eine Kurve darstellen, die sog. *Gleichgewichtskurve*, die in der Regel aus experimentell gewonnenen Werten erhalten wird. Sie verläuft in den gleichen Koordinaten wie die Arbeitslinie des Absorptionsprozesses. Für ideale Lösungen, für welche das *Henry*sche Gesetz exakt gilt, ist die Größe H unveränderlich, und die Gleichgewichtskurve wird eine Gerade. Da sich bei starker Verdünnung alle Lösungen der idealen annähern, erhält man im Gebiet niedriger Konzentrationen ebenfalls eine Gerade.

Es ist offensichtlich, daß sich für den Verlauf des Absorptionsprozesses die Gleichgewichtslinie unter der Arbeitslinie befinden muß. In Bild (5.4./3) ist die Gerade OD die Gleichgewichtslinie, die der Gleichung $y = Hx$ entspricht.

Betrachtet wird ein willkürlich gewählter Querschnitt des Apparates, in welchem die flüssige Phase $x_B \%$ der absorbierten Komponente enthält. Der dem Gleichgewicht entsprechende Gehalt an dieser Komponente ist gleich $y_B^* \%$. Entsprechend der Arbeitslinie ist ihr Gehalt in der Gasphase des betrachteten Querschnitts $y_B \%$. Daraus geht hervor, daß in dem gegebenen Punkt die Triebkraft des Prozesses die Größe $(y_B - y_B^*)$ ist, dargestellt durch den Abschnitt NP. Wie aus Bild (5.4./3) zu ersehen, ändert sich die Triebkraft mit der Höhe des Apparates.

Die Triebkraft des Absorptionsprozesses kann auch als Differenz der Partialdrücke der betrachteten Komponente, welche ihrer molaren Konzentration proportional sind, ausgedrückt werden. Ihren Partialdruck im Gasgemisch bezeichnet man mit p_B und den Gleichgewichtspartialdruck mit p_B^*. Dann kann die Triebkraft der Absorption als Differenz $(p_B - p_B^*)$ ausgedrückt werden. Das bedeutet, daß bei der Absorption der Stoffübergang nur in einer Richtung erfolgt: vom Gas zur Flüssigkeit. Es ist leicht einzusehen, daß der Sorptionsprozeß dann beendet ist, wenn $y_B = y_B^*$ oder $p_B = p_B^*$. Ist die Größe $(y_B - y_B^*)$ negativ, so tritt Desorption auf. In diesem Falle wird die absorbierte Komponente von der flüssigen Phase getrennt und geht in die gasförmige über (Bild 5.4./4).

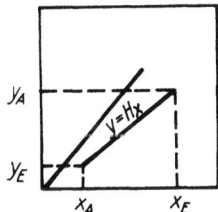

Bild (5.4./4). Desorptionsbedingungen

Grundgleichung der Absorption

Bei der Betrachtung der in der Industrie verwendeten Anlagen für die Absorption, der Absorber, interessiert vor allem die Stoffmenge, die aus einer Phase in die andere je Zeiteinheit übergeht. Die Analogie der Prozesse des Wärmeaustausches und der

Diffusion gestattet es, die Grundgleichung des Stoffüberganges bei der Absorption in folgender Form darzustellen:

$$n = KA\,\Delta c\,\tau \tag{5.4./7}$$

n Stoffmenge, die aus der Gasphase in die Flüssigkeit übergeht, in kmol
A Größe der Berührungsflächen der Phasen in m²
K Absorptionskoeffizient, der dem Koeffizienten der Wärmeübertragung im Prozeß des Wärmeaustausches analog ist,
Δc Triebkraft des Absorptionsprozesses, ausgedrückt als Differenz der Konzentrationen oder der Partialdrücke (die Differenz der Molkonzentrationen kann in kmol je m³ und die der Drücke in Pascal ausgedrückt werden)
τ Prozeßdauer in h

Entsprechend dieser Grundgleichung der Absorption ist

$$[K] = \frac{\text{kmol}}{(\text{m}^2 \cdot \text{h} \cdot \text{kmol})/\text{m}^3} = \frac{\text{m}}{\text{h}}$$

oder

$$[K] = \frac{\text{kmol}}{\text{m}^2 \cdot \text{h} \cdot \text{Pa}}$$

Der Absorptionskoeffizient K ist eine Größe, die dem Widerstand des Stoffüberganges R reziprok ist:

$$K = \frac{1}{R}$$

Im vorhergehenden ist die Grenzschichttheorie erläutert worden. Bei der Betrachtung der Absorption vom Gesichtspunkt dieser Theorie aus kann der Mechanismus des Absorptionsprozesses auf folgende Weise dargestellt werden (Bild 5.4./5):

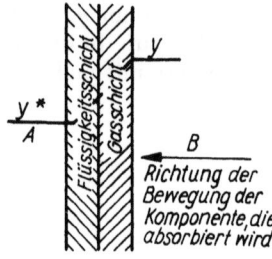

Bild (5.4./5). Mechanismus des Absorptionsprozesses entsprechend der Grenzschichttheorie

Die flüssige Phase A besteht aus der Hauptmenge des Flüssigkeitsstromes und der Grenzschicht (auf der Abbildung schraffiert). Entsprechend hat auch die Gasphase B eine Grenzschicht, die die flüssige Grenzschicht berührt. Es wird angenommen, daß in diesen Schichten die Komponente, die absorbiert wird, nur durch Molekulardiffusion übergeht. So ist der gesamte Widerstand gegen den Prozeß des Stoffüberganges auf die Grenzschichten konzentriert. Den Widerstand gegen den Stoffübergang in der Flüssigkeitsgrenzschicht bezeichnet man mit $1/\beta_{Fl}$, den in der gasförmigen Grenzschicht mit ψ/β_G.
Dann ist

$$1/K = 1/\beta_{Fl} + \psi/\beta_G \tag{5.4./8}$$

Diese Gleichung ist der Beziehung analog, die den Koeffizienten der Wärmeübertragung mit dem Koeffizienten der Wärmeabgabe verbindet.
Bei gut löslichen Gasen ist die Größe $1/\beta_{Fl}$ unbedeutend im Vergleich zum Gesamtwiderstand, und man kann sie vernachlässigen. Dann ist

und
$$1/K \approx \psi/\beta_G$$
$$K = \beta_G/\psi$$

Sind die Gase schlecht löslich, kann man die Größe ψ/β_G vernachlässigen, dann ist $K = \beta_{Fl}$.
Wenn die Größen ψ/β_G und $1/\beta_{Fl}$ vergleichbar sind, dann muß man den allgemeinen Ausdruck (5.4./8) anwenden.
Wie im vorhergehenden gezeigt wurde, ist die Theorie der Grenzschichten gegenwärtig nicht allgemein als zweckmäßig anerkannt, jedoch wird der Absorptionsprozeß gewöhnlich von den Positionen dieser Theorie aus betrachtet. Die Kritiker der Grenzschichttheorie der Absorption weisen richtig darauf hin, daß es praktisch nicht möglich ist, die speziellen Koeffizienten des Widerstandes zu bestimmen. Auf experimentellem Weg wird immer der summarische Stoffübergangskoeffizient K ermittelt. Über die gefundene Größe K berechnet man die speziellen Stoffübergangszahlen der Grenzflächen β_G und β_{Fl}. Da eine Existenz solcher Grenzflächen bei ausgebildeter freier Turbulenz nicht gewährleistet ist, ist es nicht möglich, die Koeffizienten β_G und β_{Fl} zu bestimmen. Man kann sich für die Berechnung der Absorptionsprozesse auf die Bestimmung des Koeffizienten K beschränken. In der modernen Literatur über die Absorption findet man sowohl die Werte der Koeffizienten β_G und β_{Fl} als auch die Werte des summarischen Koeffizienten K.

Bestimmung des Absorptionskoeffizienten

Der Absorptionskoeffizient hängt von der Art, wie der Kontakt zwischen Gas und Flüssigkeit geschaffen wird, von den physikalischen Eigenschaften des Gases und der Flüssigkeit sowie von der Bewegungsgeschwindigkeit ab. Er kann durch zwei verschiedene Formen von Gleichungen bestimmt werden:
1. Die Gleichungen der ersten Form werden durch Bearbeitung experimentell gewonnener Werte mit der Methode der Ähnlichkeitstheorie erhalten.
2. Die Gleichungen der zweiten Form werden unmittelbar aus dem Versuch für ein konkretes System aufgestellt.

Betrachtet man im folgenden einige dieser Beziehungen.
Wenn die Flüssigkeit als dünne Schicht über die Wände abfließt und an den Oberflächen das Gas mit der Flüssigkeit in Berührung kommt, kann der spezielle Koeffizient β_G für die Gasschicht aus folgender Gleichung ermittelt werden:

$$Nu'_G = A Re_G^{'m} Pr_G^{'n},$$

Nu'_G Diffusionskriterium nach *Nusselt*,
Pr'_G Diffusionskriterium nach *Prandtl*
Re_G Reynoldssches Kriterium

Die Werte A, m und n schwanken in den Arbeiten verschiedener Autoren in breiten Grenzen. Bei $Re_G = 100 \cdots 10000$ und $Pr'_G = 0{,}5 \cdots 2$ kann man annehmen

$$Nu'_G = 0{,}027 \, Re_G^{'0,8} \, Pr_G^{'0,33} \qquad (5.4./9)$$

Für die Flüssigkeitsschicht in Füllkörpertürmen kann man β_{Fl} nach der Gleichung berechnen:

$$Nu'_{Fl} = 0{,}00595\, Re_{Fl}^{0,67}\, Pr'^{0,33}_{Fl}\, Ga_{Fl}^{0,33} \qquad (5.4./10)$$

Nu'_{Fl} Nusseltsche Diffusionskennzahl für Flüssigkeit
Re_{Fl} Reynoldssches Kriterium für Flüssigkeit
Pr'_{Fl} Diffusionskriterium von *Prandtl* für Flüssigkeit
Ga_{Fl} Galileisches Kriterium für Flüssigkeit

Außer durch diese Beziehungen berechnet man die Absorptionskoeffizienten auch mit Hilfe empirischer Gleichungen, die für konkrete Systeme und für eine bestimmte Art von Absorbenten gefunden wurden. Zum Beispiel ist der Absorptionskoeffizient für die Absorption von Ammoniak durch Wasser in Absorbern mit rostartigen Füllkörpern

$$K = 0{,}0109\, \omega^{0,7}\, l^{0,5} \qquad (5.4./11)$$

Analoge Ausdrücke sind auch für andere Fälle der Absorption gefunden worden und in speziellen Lehrbüchern angeführt.

5.4.3. Absorber

Die Klassifikation der industriell verwendeten Absorber ist in Bild (5.4./6) vorgenommen worden. In Bild (5.4./7) sind die Schemata der Grundtypen dargestellt. Die größte Verbreitung haben in der Lebensmittelindustrie Füllkörpertürme und Bodenkolonnen.

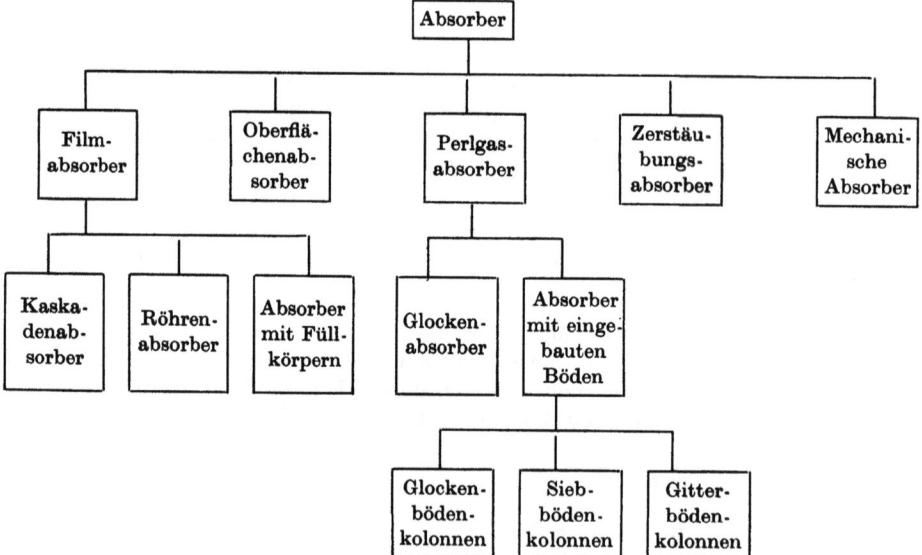

Bild (5.4./6). Klassifikation der Absorbergrundtypen

Bei Betrachtung der Kolonnen über ihre gesamte Höhe werden flüssige und gasförmige Phase grundsätzlich im Gegenstrom geführt. Dabei kann partiell in der Kolonne eine andere Phasenführung vorliegen, z. B. Kreuzstrom auf den einzelnen Böden einer Bodenkolonne.

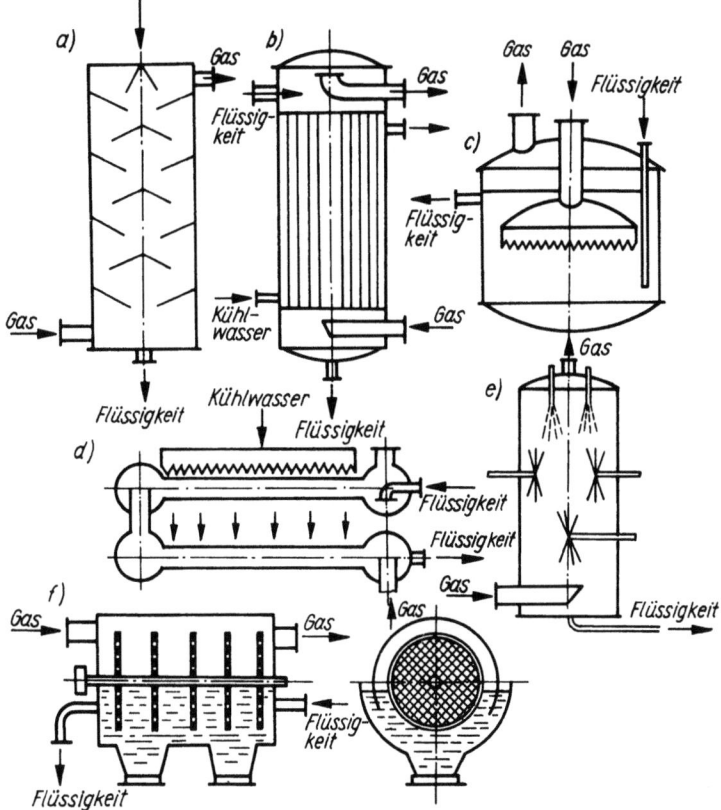

Bild (5.4./7). Grundtypen der Absorber
a) Kaskadenabsorber, b) Röhrenabsorber, c) Glockenabsorber, d) Oberflächenabsorber,
e) Zerstäubungsabsorber, f) mechanischer Absorber (liegender Absorber mit mechanischem Rührwerk)

Absorptionstürme mit Füllkörpern

Füllkörpertürme zeichnen sich durch einen einfachen Aufbau sowie durch ausreichend hohe Effektivität aus und haben deshalb in der Industrie eine weite Verbreitung gefunden. Sie bestehen aus einem zylindrischen Turm, der mit Füllkörpern gefüllt ist. Die Grundbedingung, die eine gute Wirkung dieses Absorbers gewährleistet, ist eine maximale spezifische Oberfläche der Füllkörper. Außerdem müssen diese ein minimales spezifisches Gewicht, einen großen freien Querschnitt sowie ein beträchtliches freies Volumen haben. Die größte Verbreitung haben Füllkörper, die rostartig und ringförmig sind.

Die Konstruktion eines rostartigen Füllkörpers ist in Bild (3.8./6) gezeigt. Die Dicke der Platten beträgt 10···13 mm, die Höhe 100···150 mm. Ihren unteren Rand schneidet man zu einem Konus. Dieser wird aller 200···250 mm mit dreieckigen Ausschnitten versehen, um eine große Kontaktfläche zwischen der herabfließenden Flüssigkeit und dem Gas zu gewährleisten. Die Platten werden in Abständen von 13···20 mm kreisförmig eingebracht. Die aufeinanderfolgenden Ringe dieser Einbauten sind so angeordnet, daß die Platten zweier benachbarter Reihen einen Winkel von 45° oder 90° bilden.

Bei niedrigen Gastemperaturen können auch hölzerne Füllkörper verwendet werden. Ihre Herstellungskosten sind nicht hoch, und sie haben ein geringes spezifisches Gewicht. Mängel dieser Füllkörper sind: keine große chemische Widerstandsfähigkeit, kleine spezifische Oberfläche und geringes freies Volumen.

Die ringförmigen Füllkörper stellt man aus metallischen oder keramischen dünnwandigen Ringen her (s. Bild 3.8./6). Ihr Durchmesser beträgt 15···150 mm, die Höhe ist gewöhnlich dem Durchmesser gleich. Diese Ringe (bis 150 mm Durchmesser) füllt man ungeordnet, größere werden in geordneter Reihung eingebracht. Außerdem verwendet man auch geformte keramische Elemente als Füllkörper, dargestellt in Bild (3.8./6), sowie Koks, zerkleinerten Quarz, Metallnetze und Spiralen.

Bestimmung der Grundmaße von Füllkörpertürmen

Ausgangswerte für die Berechnung von Absorbern sind: Menge des Inertgases in der Zeiteinheit, der in ihm vorhandene Gehalt an der Komponente, die absorbiert wird, Gehalt dieser Komponente in den austretenden Gasen sowie in der eintretenden und den Apparat verlassenden Flüssigkeit.

Auf der Grundlage dieser Werte kann man entsprechend Bild (5.4./1) und den Gl. (5.4./1) und (5.4./2) die Absorbensmenge ermitteln, die in den Absorber je Zeiteinheit eintreten muß.

Grundmaße des Füllkörperabsorbers sind der Durchmesser und die Höhe, die mit Füllung versehen ist. Für die Bestimmung des Durchmessers des Absorbers verwendet man die Gl.

$$\dot{V}_S = \frac{\pi D^2}{4} \omega \tag{5.4./12}$$

$\dot{V}_S$ Gasvolumen, das je Sekunde durchfließt in m³/s
ω fiktive Geschwindigkeit des Gasstromes, bezogen auf den freien Querschnitt des Absorbers in m/s; die Größe dieser Geschwindigkeit nimmt man auf der Grundlage der Darlegung in Abschn. 3.8. an

Die Höhe der Füllkörperschicht kann dann bestimmt werden, wenn die Größe der Phasengrenzfläche A bekannt ist. Diese ist unter Annahme bestimmter Bedingungen gleich der Oberfläche der Füllkörper. In Wirklichkeit unterscheidet sich aber die Größe der Grenzfläche zwischen den Phasen von der Größe der Füllkörperoberfläche, weil nicht deren gesamte Oberfläche mit Flüssigkeit benetzt wird. In diesem Falle ist das freie Volumen der Füllkörper

$$V_A = \frac{A}{\sigma},$$

σ spezifische Oberfläche der Füllkörper in m²/m³

Wenn man V_A kennt, ist es möglich, die Höhe H, die im Absorber mit Füllkörpern zu füllen ist, zu bestimmen:

$$\frac{\pi D^2}{4} \cdot H = V_A \tag{5.4./13}$$

Die Phasengrenzfläche wird, bezogen auf die Zeiteinheit, aus Gl. (5.4./7) bestimmt:

$$n = KA \, \Delta c \, \tau$$

Der Mittelwert der Triebkraft Δc kann für alle Kolonnen durch das logarithmische Mittel zwischen den Extremwerten gefunden werden. Dann ist es möglich, bei bekannter Größe K den Wert A zu ermitteln.

Die Phasengrenzfläche kann auch durch eine andere Methode bestimmt werden, eine genauere, aber kompliziertere. Es wird Gl. (5.4./7) für ein Element der Berührungsfläche der Phasen in irgendeiner willkürlich gewählten Höhe der Kolonne (Bild 5.4./8) geschrieben.

$$\mathrm{d}n = K(y - y^*)\,\mathrm{d}A\,\tau$$

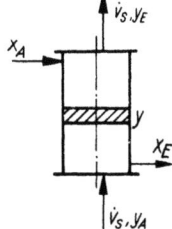

Bild (5.4./8). Zur Berechnung des Absorbers

Außerdem gilt für diesen Bereich die Beziehung:

$$\mathrm{d}n = \dot{V}_\mathrm{S}\,\mathrm{d}y\,\tau$$

$\dot{V}_\mathrm{S}$ Gasvolumen, das in der Zeiteinheit eintritt

Hieraus ergibt sich

$$K(y-y^*)\,\mathrm{d}A\,\tau = \dot{V}_\mathrm{S}\,\mathrm{d}y\,\tau$$

$$\frac{\mathrm{d}A}{\dot{V}_\mathrm{S}} = \frac{\mathrm{d}y}{K(y-y^*)}$$

Wird die erhaltene Gleichung in den Grenzen von 0 bis A und von y_A bis y_E integriert, so erhält man

$$\int_{y_E}^{y_A} \frac{\mathrm{d}y}{K(y-y^*)} = \frac{A}{\dot{V}_\mathrm{S}}$$

Nimmt man an, daß der Koeffizient K unveränderlich bleibt, dann ist

$$\frac{KA}{\dot{V}_\mathrm{S}} = \int_{y_E}^{y_A} \frac{\mathrm{d}y}{y-y^*}$$

und

$$\dot{V}_\mathrm{S} = \frac{KA}{\displaystyle\int_{y_E}^{y_A} \frac{\mathrm{d}y}{y-y^*}}$$

Bekannt ist die Beziehung

$$\dot{V}_S (y_A - y_E) \tau = n$$

somit ist

$$\dot{V}_S = \frac{n}{(y_A - y_E) \tau}$$

Dann kann die Gleichung für die Bestimmung der Stoffmenge, die aus der Gasphase in die Flüssigkeit übergeht, in der Form geschrieben werden

$$n = \frac{K A \tau (y_E - y_A)}{\int_{y_E}^{y_A} \frac{dy}{y - y^*}} \tag{5.4./14}$$

Aus dieser Gleichung kann man die Phasengrenzfläche A bestimmen, wenn K und m_0 bekannt sind:

$$m_0 = \int_{y_E}^{y_A} \frac{dy}{y - y^*} \tag{5.4./15}$$

Wie in Kapitel 5.1. dargestellt wurde, ist die Größe m_0 die Zahl der Übergangseinheiten. Wenn man von den unendlich kleinen Größen zu endlichen übergeht, so kann m_0 durch folgende Beziehung bestimmt werden:

$$m_0 = \frac{\Delta y}{(y - y^*)} \tag{5.4./16}$$

Aus diesem Ausdruck ist ersichtlich, daß die Zahl der Übergangseinheiten gleich ist der Veränderung der Konzentration der Komponente, die absorbiert wird, bezogen auf die Einheit der Triebkraft. Die Zahl der Übergangseinheiten ist so das Maß der Effektivität der mengenübertragenden Apparate.
Für die Bestimmung von m_0 ist die graphische Integrierung möglich. Diese zeigt Bild (5.4./9). Auf die vertikale Achse des Koordinatensystems trägt man die Werte des Nenners der Integralfunktion $1/(y - y^*)$ auf und auf die horizontale die Werte für y. Zur Bestimmung der Größe $(y - y^*)$ kann die Aufzeichnung der Arbeitslinie genutzt werden, die in Bild (5.4./3) dargestellt ist. Zeichnet man hier die verschiedenen Werte für y ein, so erhält man die entsprechenden Differenzen $(y - y^*)$. Hieraus ergibt sich der für die grafische Integrierung notwendige Quotient $1/(y - y^*)$.
Die in Bild (5.4./9) schraffierte Fläche stellt das gesuchte Integral im gegebenen Maßstab dar. Wird diese Fläche mit dem Maßstab der Koordinaten multipliziert, so erhält man den Wert des Integrals und folglich auch für m_0.

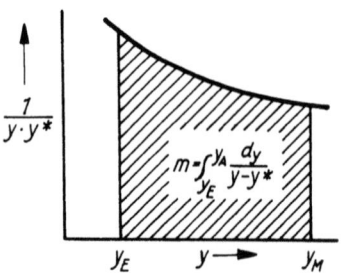

Bild (5.4./9). Graphische Bestimmung der Zahl der Übergangseinheiten

Danach ist es möglich, die Phasengrenzfläche A durch folgende Gleichung zu bestimmen:

$$A = \frac{nm_0}{K(y_A - y_E)\tau} \qquad (5.4./17)$$

Absorptionstürme mit eingebauten Böden

Bodenkolonnen werden mit glockenförmigen oder mit siebartigen Böden bestückt. Die Aufstellung der Stoffbilanz und die Aufzeichnung der Arbeitslinien erfolgt für diese Absorber genau so wie für die Füllkörperkolonnen.
Gewöhnlich verwendet man aber für die Bestimmung der Bodenanzahl in Absorbern dieses Typs eine andere Methode – die grafische Berechnung der Anzahl der theoretischen Kontakte oder der theoretischen Bodenzahl (Bild 5.4./10).

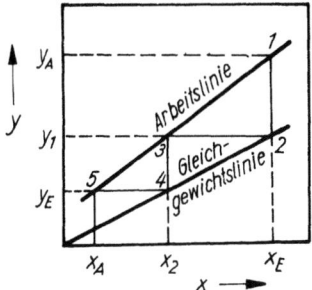

Bild (5.4./10). Zur Berechnung des Absorbers mit eingebauten Böden

Für die Durchführung dieser Berechnung bestimmt man die Zusammensetzung der gasförmigen und der flüssigen Phase auf aufeinanderfolgenden Böden.
In Bild (5.4./10) entspricht Punkt 1 dem Anfangsgehalt der Komponente im Gasgemisch, die absorbiert wird. Die Flüssigkeit hat an diesem Punkt die Konzentration x_E dieser Komponente. Er entspricht dem ersten Boden von unten in der Kolonne. Das Gas, das von diesem aufsteigt, hat die Konzentration y_1 der Komponente, die absorbiert wird. Diese ermittelt man mit Hilfe der Gleichgewichtslinie durch Anlegen einer Horizontalen in den Punkt 2. Die Zusammensetzung der Flüssigkeit auf dem zweiten Boden von unten ergibt sich mit Hilfe der Arbeitslinie durch Fällen einer Senkrechten aus Punkt 3 auf die Abszisse. Setzt man diese Konstruktion fort, so entsteht eine Reihe von Stufen. Jede von ihnen entspricht einer Kontaktstufe. Die letzte Senkrechte, die auf die Abszisse gefällt wird, muß auf den Punkt x_A treffen oder links von diesem liegen.
Praktisch ist eine größere Anzahl von Böden notwendig, weil auf den Böden der realen Apparate kein Gleichgewicht erreicht wird. Deshalb muß die gefundene theoretische Bodenzahl durch den Mittelwert des Wirkungsfaktors der Böden geteilt werden. Leider ist dieser Faktor nicht immer bekannt. Für die Absorption von Alkoholdämpfen durch Wasser kann man näherungsweise den Wirkungsfaktor 0,25 verwenden.

5.4.4. Adsorptionsprozeß

Der Adsorptionsprozeß weist viele Gemeinsamkeiten mit dem vorher betrachteten Absorptionsprozeß auf. Der Adsorptionsprozeß ist jedoch ein komplizierterer Prozeß, da er fast immer gleichzeitig mit einigen anderen Prozessen abläuft. Das Adsorptiv dringt in das Innere des Adsorbens ein, es kommt zur Kapillarkondensation oder zur Chemosorption.

Stoffbilanz für die Adsorption

Trotz der Kompliziertheit und der Eigenart des Prozesses sind die grundlegenden Gesetzmäßigkeiten des Adsorptionsprozesses denen des Absorptionsprozesses ähnlich. Es gilt deshalb für die Adsorption ebenso wie für die Absorption die Stoffbilanz

$$V(y_e - y_a) = W(x_a - x_e) \qquad (5.4./18)$$

W die im Apparat vorhandene Adsorbensmenge in kg
x_e Anfangsgehalt an Adsorptiv, bezogen auf die Adsorbensmenge in kg/kg
x_a Endgehalt an Adsorptiv nach Ablauf des Prozesses in kg/kg

Diese Bilanz gilt für die diskontinuierliche Adsorption, da sich in den meisten Fällen das Adsorbens im ruhenden Zustand befindet, während das Gas durch die Adsorbensschicht filtriert wird.

Seit einiger Zeit werden auch kontinuierlich arbeitende Adsorber eingesetzt, in denen das Adsorbens im Gegenstrom zum Gasgemisch bewegt wird. Für diesen Fall wird Gl. (5.4./18) vollkommen identisch mit der Gleichung für die Stoffbilanz des Absorptionsprozesses. Man führt die Adsorption auch in der Wirbelschicht durch.

Triebkraft der Adsorption

Die Triebkraft des Adsorptionsprozesses ist die Differenz zwischen den Konzentrationen des Adsorptivs im Gasgemisch und in der Gasphase, die sich im Gleichgewicht mit dem Adsorbens befindet. Die Konzentration des Adsorptivs im Gasgemisch soll mit y, die Gleichgewichtskonzentration des Adsorptivs in der Gasphase mit y^* bezeichnet werden. Für die Triebkraft gilt folglich $\Delta y = y - y^*$ (in kg/m³).
Bei der Absorption wurde die Gleichgewichtskonzentration des Sorptivs mit dem *Henry*schen Gesetz beschrieben. Für die Adsorption gilt die Gleichung nach *Freundlich*:

$$x = K \, y^{*1/n} \qquad (5.4./19)$$

x Konzentration des Adsorptivs im Adsorbens in kg/m³
y^* Konzentration der aus der Gasphase aufzunehmenden Komponente im Adsorptionsmittel bei Erreichung des Gleichgewichts in kg/m³
K und n experimentell zu bestimmende Konstanten

Da die Konzentration des Adsorptivs in der Gasphase dem Partialdruck p direkt proportional ist, kann Gl. (5.4./19) auch in folgender Form geschrieben werden:

$$x = K_1 \, p^{1/m} \qquad (5.4./20)$$

Gleichung (5.4./19) läßt sich umschreiben in

$$y^* = \frac{x^n}{K^n} = K_2 \, x^n \qquad (5.4./21)$$

Für $n = 1$ geht diese Gleichung in das *Henry*sche Gesetz über.

Langmuir schlug folgende Gleichung für die Adsorptionsisotherme vor:

$$a = K \frac{Bp}{1+Bp} \qquad (5.4./22)$$

a die Stoffmenge, die von einer Mengeneinheit des Adsorptionsmittels adsorbiert werde[1]

K und B Konstanten, deren Größe von den Eigenschaften des Adsorbens und des Adsorptivs abhängt

p Dampfdruck des Adsorptivs in Pa

Bei kleinen Werten von p kann die Gleichung von *Langmuir* wie folgt geschrieben werden[2]

$$a = K B p$$

Das bedeutet, daß bei kleinen Dampfdrücken des Adsorptivs die Gleichung von *Langmuir* in das *Henry*sche Gesetz übergeht.

Die allgemeinsten Gleichungen für die Adsorptionsisothermen erhielten M. M. *Dubinin* u. Mitarbeiter. Diese Gleichungen berücksichtigen die Struktur des Adsorptionsmittels.

Entsprechend Gl. (5.4./21) ist die Gleichgewichtskurve für die Adsorption eine Parabel und läßt sich graphisch nach Bild (5.4./11) darstellen. Läuft der Prozeß im Adsorber kontinuierlich ab, so kann die Arbeitslinie des Prozesses so wie für den Adsorptionsprozeß konstruiert werden. Für diesen Fall kann die Triebkraft des Prozesses an einem beliebigen Punkt des Adsorbers durch den senkrechten Abstand a — b zwischen Gleichgewichts- und Arbeitslinie dargestellt werden.

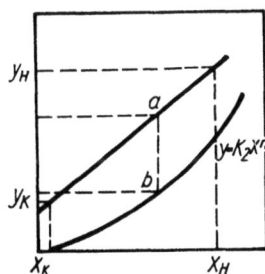

Bild (5.4./11). Triebkraft des Adsorptionsprozesses

Bei der Anlagerung einer Komponente eines Flüssigkeitsgemisches an ein festes Adsorbens kann die Triebkraft des Prozesses analog abgeleitet werden. Dieser Fall tritt beispielsweise bei der Anlagerung von Farbstoffen aus Zuckersirup an Aktivkohle (das findet bei der Zuckerrübenverarbeitung statt) auf. In diesem Fall ist der Farbstoff das Adsorptiv.

Die Menge des in der Zeit τ zu adsorbierenden Stoffes kann in Analogie zum Absorptionsprozeß aus Gl. (5.4./23) ermittelt werden:

$$M = \beta \, \Delta C \, \tau A \qquad (5.4./23)$$

ΔC mittlere Konzentrationsdifferenz oder mittlere Triebkraft des Prozesses
A Oberfläche des Adsorbens
β Stoffübertragungskoeffizient bei der Adsorption

---

[1] Im Deutschen als Beladung bezeichnet (die Red.)
[2] Wenn $Bp \ll 1$ (die Red.)

Der Stoffübertragungskoeffizient β wird experimentell bestimmt. Die Aufarbeitung der vorliegenden Versuchsergebnisse erfolgt über die Ähnlichkeitstheorie. Als allgemeine Gleichung bei der Anlagerung von Gasen oder Dämpfen gilt die Kriteriengleichung

$$Sh = A\, Re^m\, Sc^n \qquad (5.4./24)$$

Sh und Sc Sherwood- und Schmidt-Zahl
Re Reynolds-Zahl

Der Koeffizient A und die Exponenten m und n werden experimentell bestimmt.
Bei überschläglichen Berechnungen der Adsorptionskoeffizienten bei der Anlagerung von Dämpfen an Aktivkohle kann man mit

$$Sh = 1{,}6\, Re^{0{,}54} \qquad (5.4./25)$$

rechnen.
Ersetzt man in dieser Gleichung die Ausdrücke Sh und Re, erhält man für den Adsorptionskoeffizienten

$$\beta = 1{,}6\, \frac{D w^{0{,}54}}{v^{0{,}54}\, d^{1{,}46}} \qquad (5.4./26)$$

D Diffusionskoeffizient in m²/s
w Dampfgeschwindigkeit in m/s
v kinematische Viskosität in m²/s
d Teilchendurchmesser des Adsorbens in m

Gleichung (5.4./23) kann jedoch nicht immer als Berechnungsgrundlage verwendet werden, da die Größe von A schwer zu bestimmen ist. Deshalb werden Adsorber oft auf Grund praktischer Erfahrungen ausgelegt.

Adsorbensarten

In der Lebensmittelproduktion werden viele Arten von Adsorptionsmitteln angewendet. Am weitesten verbreitet sind Aktivkohle, Zellulosemasse, Kieselgur und Silikagel. Am meisten wird Aktivkohle für die Adsorption angewendet. Aktivkohle erhält man durch eine besondere Verarbeitungsmethode aus Holzkohle. Nach dieser Verarbeitung weist die Holzkohle eine poröse Struktur auf, wodurch eine sehr große spezifische Oberfläche erreicht wird. Man hat festgestellt, daß 1 g Aktivkohle eine Oberfläche von 600···1 700 m² aufweist. Diese Oberfläche bewirkt die hohe Aufnahmefähigkeit der Aktivkohle.
Aktivkohle wird in der Spirituosenindustrie für die Reinigung von Wasser-Sprit-Lösungen, in der Zuckerrübenverarbeitung und der Zuckerraffination zum Bleichen von Zuckersirup eingesetzt. Zum gleichen Zweck bei der Raffination und Stärke-Sirup-Herstellung wird Knochenkohle verwendet. Knochenkohle erhält man aus entfetteten Knochen von großen Tieren durch das Ausglühen der Knochen in Gefäßen ohne Luftzufuhr. Die frischen Kohlestückchen haben eine mittlere Abmessung von 3 mm. Knochenkohle stellt ein poröses mineralisches Skelett dar.
Die Porenoberfläche ist mit einer dünnen Kohleschicht überzogen, die eine sehr große Adsorptionsfläche aufweist.
Zellulosemasse wird gewöhnlich für die Bierfiltration verwendet. Ihre Adsorptionsfähigkeit ist zehnmal geringer als die Adsorptionsfähigkeit von Aktivkohle.
Das Gel der Kieselsäure (Silikagel) hat eine feinkörnige Struktur mit Korngrößen von 0,2···7 mm. Es hat eine hohe Adsorptionsfähigkeit, die nicht schlechter als die Adsorptionsfähigkeit der Aktivkohle ist.

5.4.5. Adsorber

Tab. (5.4./1) zeigt eine Klassifikation der Adsorber nach der Art der Arbeitsweise und den konstruktiven Parametern.

In der Lebensmittelproduktion werden am häufigsten die Apparate mit periodischem Betrieb für die Verarbeitung von flüssigen Systemen eingesetzt, um diese zu bleichen. Diese Apparate werden als Kolonnen, Filter oder Rührbehälter ausgeführt.

Tabelle (5.4./1). Klassifikation von Adsorbern

Klassifikationsmerkmal	Adsorber	
Arbeitsweise	kontinuierliche A.	diskontinuierliche A.
Zustand des Adsorbens	mit bewegtem Adsorbens	mit unbewegtem Adsorbens
Aggregatzustand des Adsorptionsmittels	für die Adsorption aus Gas oder Dampf	für die Adsorption aus der flüssigen Phase
Konstruktion des Adsorbers	Kolonne	Filterpresse Rührwerksbehälter
Art des Adsorbens	Aktivkohle Silikagel Knochenkohle	Zellulosemasse Ton (Lehm) Kieselgur u. a.

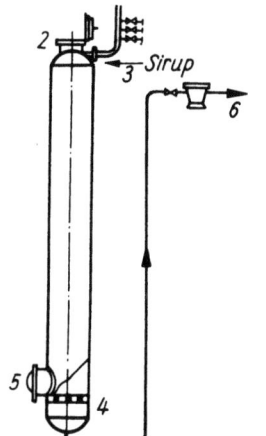

Bild (5.4./12). Adsorptionskolonne
(1) zylindrischer Behälter (2) trichterförmige Öffnung (3) Rohr (4) Rost (5) Öffnung (6) Kontrollgewebefilter

Bild (5.4./13). Prinzip eines Filteradsorbers

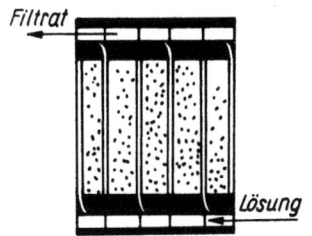

Bild (5.4./12) zeigt das Schema einer Adsorptionskolonne (Filter) für das Entfärben von Sirup mit Hilfe von Knochenkohle. Der Adsorber stellt einen vertikalen zylindrischen Behälter (1) dar mit einer Höhe von 6···10 m und einem Durchmesser von 0,0···1,2 m. Das Schrot wird über eine trichterförmige Öffnung (2) mit Deckel in den Adsorber eingefüllt. Für den Austrag des Schrotes dient die Öffnung (5). Die Kohle wird auf den Rost (4) geschüttet, auf dem sich ein Metallsieb und ein Filtergewebe befinden.

Der zur Filtration eintretende Sirup gelangt durch das Rohr (3), das verschiedene kleinere Rohre verbindet, in den Adsorber. Über die kleineren Rohre treten die Siruparten unterschiedlicher Konzentration ein. Je nachdem wie die Oberfläche der Kohle mit Farbstoff gesättigt ist, wird Sirup mit höherem Farbstoffgehalt (Konzentration) zugeführt. Das ermöglicht eine fast vollständige Ausnutzung der Adsorptionsfähigkeit der Kohle.

Die gebleichte Lösung wird einem Kontrollgewebefilter (6) über eine Rohrleitung zugeführt. An diesem Filter werden Kohlestückchen abgetrennt. Der Durchsatz dieses Adsorbers beträgt 2···4 l/min auf 1 t Kohle, die in den Adsorber gefüllt wird. Die Produktivität des Adsorbers hängt von der Qualität des Sirups und der Aktivkohle ab.

Bild (5.4./13) zeigt die schematische Darstellung eines anderen Adsorber-Filters, der zur Bierfiltration eingesetzt wird. Als Adsorbens dient in diesem Fall ein Filterhilfsmittel auf Baumwollbasis. Durch chemische oder mechanische Bearbeitung erhält man eine dünne fasrige Masse, die auf die Rahmen der Filterpresse aufgezogen wird.

Die Rahmen haben zwei Zulauföffnungen für die Zufuhr des noch nicht filtrierten Bieres und zwei Öffnungen für die Abfuhr des Bierfiltrats. Wenn die Presse geschlossen ist, bilden diese Öffnungen den Querschnitt für den Flüssigkeitstransport.

Die Strömungsrichtung in' der Filterpresse ist in Bild (5.4./13) durch Pfeile gekennzeichnet. Im vorliegenden Fall erfolgt die Adsorption gleichzeitig mit der Filtration des Bieres durch Trebermasse.

Bild (5.4./14) zeigt den prinzipiellen Aufbau einer Anlage zur Adsorption von Farbstoffen aus Sirup durch die Anwendung von Aktivkohle. Der zu bleichende Sirup tritt in den Rührkessel ein, wo er 5···10 min mit Aktivkohle vermischt wird. Dann befördert eine Pumpe den Sirup mit der Kohle in eine Filterpresse. Das erste Filtrat enthält meist Kohleteilchen und wird in den Rührkessel zurückgeführt. Der letzte Filtratanteil gelangt in einen Auffangbehälter und wird einem Kontrollgewebefilter zugeführt. Die Bleichung erfolgt sowohl durch die Adsorption des Farbstoffs im Rührkessel als auch beim Durchströmen des Sirups durch die Kohleschicht, die an der Filterpresse zurückgehalten wird.

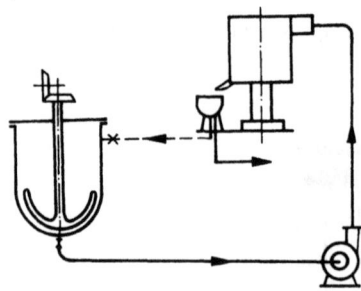

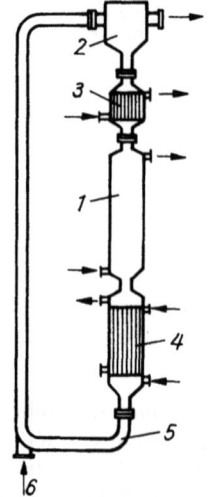

Bild (5.4./14). Schema eines Rührkesseladsorbers

Bild (5.4./15). Schema einer Anlage für die kontinuierliche Adsorption
(1) Adsorptionszone (2) Lagerbehälter (3) Kühlanlage
(4) Desorber (5) Rohrleitung (6) Stutzen

Gegenwärtig werden immer stärker kontinuierlich arbeitende Adsorptionsanlagen eingesetzt. Das Prinzip einer Anlage mit bewegter Adsorbensschicht ist in Bild (5.4./15) dargestellt. In dieser Anlage zirkuliert das Adsorbens (die Kohle) ununterbrochen und trifft im Gegenstrom auf das zu reinigende Gas. Das Gas tritt im untersten Teil der Adsorptionszone (1) ein; die Kohle tritt aus dem Lagerbehälter (2) über eine Kühlanlage (3) ein. Die mit dem Adsorptiv gesättigte Kohle gelangt in den Desorber (4), wo sie erwärmt und von überhitztem Wasserdampf umspült wird. Aus dem Desorber gelangt die Kohle in die Rohrleitung (5). Das zu transportierende Gas tritt über den Stutzen (6) ein. Die Rückfuhr der Kohle in den Lagerbehälter erfolgt pneumatisch.

Auf diese Weise arbeiten auch kompliziertere Anlagen, in denen einzelne Fraktionen mit Komponenten unterschiedlicher Flüchtigkeit entnommen werden.
Neben der Anwendung bewegter Adsorptionsmittelschichten gibt es auch Vorschläge, z. B. das Prinzip der Wirbelschicht für Adsorptionsanlagen anzuwenden (s. Abschn. 3.8.).

5.4.6. Regeneration des Adsorptionsmittels

Nach Beendigung der Adsorption muß das Adsorptionsmittel regeneriert werden. Der Regenerationsprozeß schließt eine Behandlung des Adsorptionsmittels ein, bei der dessen Oberfläche von dem aufgenommenen Stoff gereinigt wird.
Die Desorption erfolgt am intensivsten durch Erwärmung oder durch Glühen des Adsorptionsmittels. Das Durchströmen mittels Dampfs oder Inertgases, das das Adsorptiv aufnimmt, ermöglicht ebenfalls eine Desorption. Zur Regeneration von Aktivkohle wird diese mit Wasserdampf bei einer Temperatur bis zu 200 °C behandelt. Silikagel wird durch Erwärmung auf 300 °C regeneriert.

Zu empfehlende Literatur

Kafarov, V. V.: Osnovy massoperedači (Grundlagen der Stoffübertragung). Moskau: Vysšaja škola 1972, 494 S.

Ramm, V. M.: Absorbcija gazov (Die Absorption von Gasen), 2. Aufl. Moskau: Chimija 1976, 656 S.

Romankov, P. G.; Lepilin, V. N.: Nepreryvnaja adsorbcija parov i gazov (Kontinuierliche Adsorption von Dämpfen und Gasen). Leningrad: Chimija 1968, 227 S.

Serpionova, E. N.: Promyšlennaja adsorbcija gazov i parov (Industrielle Adsorption von Gasen und Dämpfen). Moskau: Chimija 1956, 210 S.

5.5. Destillation

Als Destillation bezeichnet man den Prozeß der Trennung von Flüssigkeitsgemischen in die in ihnen enthaltenen Bestandteile auf Grund ihrer unterschiedlichen Flüchtigkeit. Die dabei bei gleicher Temperatur getrennt werdenden Komponenten müssen sich durch verschiedene Dampfdrücke auszeichnen.
Wenn ein solches Flüssigkeitsgemisch auf Siedetemperatur erhitzt wird, so geht die Komponente, deren Dampfdruck höher ist (die flüchtiger ist), in relativ großer Menge in die Dampfphase über. Sie verdampft bei konstantem Druck bei niedrigerer Temperatur. Folglich reichert sich beim Sieden eines Gemisches aus flüchtigen Bestandteilen die Dampfphase mit der niedrigersiedenden leichter flüchtigen Komponente an. Nutzt man diese Erscheinung aus, so können komplizierte Gemische getrennt werden, wobei die jeweiligen Produkte mehr oder weniger rein von Beimengungen sind.
Der Destillationsprozeß wird in großem Maße in der Lebensmittelindustrie angewandt. Eine besondere Bedeutung hat er in der Spirituosenindustrie sowie bei der Gewinnung ätherischer Öle.
Die Destillation findet auch breite Anwendung in Erdölraffinerien, bei der Produktion synthetischen Kautschuks und in vielen anderen Industriezweigen.

5.5.1. Grundlagen der Destillationstheorie

Klassifizierung binärer Gemische

Zu den Grundlagen der modernen Destillationstheorie gehören die Gesetzmäßigkeiten der Destillation binärer Gemische. Die Grundgesetze, die für die Destillation solcher Systeme gelten, wurden von *D. P. Konowalow* und *M. S. Wrewskij* entdeckt. Die bedeutenden Untersuchungen führte *D. P. Konowalow* Ende des vergangenen Jahrhunderts durch. Sie dienten als Basis für die Schaffung einer Destillationstheorie. Die Arbeiten *Konowalows* gestatteten eine Klassifizierung aller binären Gemische flüchtiger Komponenten, die in der Natur angetroffen werden.

Als Grundlage dieser Klassifikation dient die funktionale Abhängigkeit des Gesamtdampfdruckes des binären Systems von der Zusammensetzung der flüssigen Phase. Wenn man auf der horizontalen Achse (Bild 5.5./1) den Gehalt an der niedrigersiedenden (leichter flüchtigen) Komponente aufträgt und auf der vertikalen Achse den Gesamtdampfdruck des Gemisches, so können in Abhängigkeit vom Charakter des Gemischs die Dampfdruckkurven verschiedene Form haben. Auf Bild (5.5./1) sind p_1 und p_2 die Dampfdrücke der reinen Komponenten.

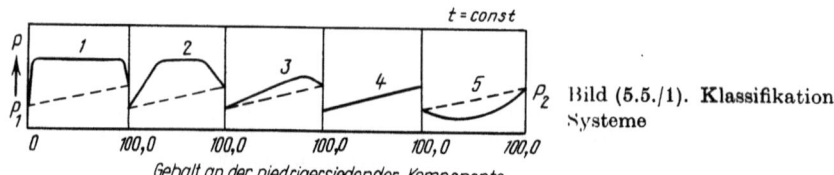

Bild (5.5./1). Klassifikation binärer Systeme

Kurve (1) entspricht dem Fall, daß eine Komponente völlig unlöslich ist (oder genauer, daß nur eine sehr geringe Löslichkeit zu verzeichnen ist). In diesem Falle ergibt sich der Gesamtdampfdruck aus der Summe der Dampfdrücke der reinen Komponenten, solange im flüssigen Medium beide Komponenten vorhanden sind, unabhängig von ihrer relativen Menge. Zu solchen Gemischen gehören z. B. Benzol – Wasser, Schwefelkohlenstoff – Wasser.

Kurve (2) entspricht einem Gemisch von Komponenten, die teilweise ineinander löslich sind. Dazu gehören Wasser – Isoamylalkohol, Wasser – Isobutylalkohol.

Für Gemische, deren Komponenten völlig ineinander löslich sind, gilt in Bild (5.5./1) Kurve (3). Der Gesamtdampfdruck dieser Mischungen hat ein Maximum, entsprechend einer bestimmten Zusammensetzung der flüssigen Phase bei gegebener Temperatur. Zu solchen Gemischen gehören Äthylalkohol und Wasser, Äthylalkohol und Benzol.

Kurve (4) entspricht dem Grenzfall, wenn die Komponenten völlig ineinander löslich sind, ohne daß der Dampfdruck ein Maximum oder Minimum bildet. Zu diesen Gemischen gehören Methylalkohol und Wasser, Benzol und Xylol, Ammoniak und Wasser, Methyl- und Äthylalkohol.

Kurve (5) gilt bei völliger Löslichkeit der Komponenten unter Bildung eines besonderen Punktes, der dem Minimum des Dampfdruckes entspricht. Zu dieser Gruppe gehören die Gemische Wasser und Ameisensäure, Aceton und Chloroform. Die Ursache für den Unterschied in den Gesetzmäßigkeiten der Änderung des Gesamtdampfdruckes binärer Gemische beruht auf dem Unterschied in der Wechselwirkung zwischen den Molekülen ihrer Komponenten.

Die Gemische, die der Geraden (4) entsprechen, bezeichnet man als einfachste oder ideale Lösungen. Ihre Bildung wird von keinem bemerkenswerten Wärmeeffekt begleitet. Beim Mischen findet keine Kompression oder Vergrößerung des Volumens statt. In idealen Lösungen sind die Anziehungskräfte gleicher und verschiedener

Moleküle einheitlich. In diesem Falle ist die Kraft, mit welcher sich die Moleküle in der Flüssigkeit anziehen, von der Zusammensetzung des Gemisches unabhängig. Bei entsprechender Temperatur ist der partielle Dampfdruck einer jeden Komponente ihrem Anteil in der Flüssigkeit proportional.

Ideale Lösungen entsprechen dem Gesetz von *Raoult*: Der partielle Dampfdruck einer Komponente p_a ist gleich dem Druck des gesättigten Dampfes dieser Komponente p_{D_a} bei gegebener Temperatur, multipliziert mit dem Molanteil dieser Komponente in der Flüssigkeit x_a

$$p_a = p_{D_a} x_a \tag{5.5./1}$$

Lösungen, deren Dampfdruckkurve von einer Geraden abweicht (s. Bild 5.5./1), entstehen aus den reinen Komponenten mit bedeutendem Wärmeeffekt; dies weist auf eine Wechselwirkung zwischen den Molekülen der gemischten Komponenten hin.

Wenn die Anziehungskräfte der Moleküle zwischen verschiedenen Komponenten kleiner sind als die zwischen den Molekülen eines Stoffes, dann wird der Dampfdruck des Gemisches von der Linie für ideale Lösungen nach oben abweichen. Das bedeutet, daß der Partialdruck hier höher ist als der von idealen Lösungen (positive Abweichung vom Gesetz von *Raoult*, Bild 5.5./1, Kurve 3).

Sind die Anziehungskräfte der Moleküle verschiedener Komponenten größer als die der Moleküle innerhalb eines Stoffes, so verläuft die Kurve unter der Geraden für ideale Lösungen. Der Partialdruck ist hier niedriger als der von idealen Lösungen (negative Abweichung vom Gesetz von *Raoult*, Bild 5.5./1, Kurve 5).

Sind die Anziehungskräfte ungleichartiger Moleküle sehr klein gegenüber denen zweier benachbarter Moleküle einer Komponente, dann trennt sich die flüssige Phase in zwei Schichten. Aus jeder von ihnen gehen die Moleküle in die Dampfphase so über, als ob sie sich allein in der Lösung befinden würde. In diesem Falle ist der Gesamtdampfdruck gleich der Summe der Partialdrücke der reinen Komponenten bei gegebener Temperatur (Bild 5.5./1, Kurven 1 und 2).

Grundgesetze der Destillation

Für zwei ineinander lösliche Flüssigkeiten kann die Phasenregel geschrieben werden:

$$S = K - f + 2 = 2 - 2 + 2 = 2,$$

- S Zahl der Freiheitsgrade
- f Anzahl der Phasen
- K Zahl der Komponenten

Aus der Phasenregel ist ersichtlich, daß von den drei Parametern, die den Zustand des Systems bestimmen (Temperatur T, Druck p und Zusammensetzung c), zwei willkürlich ausgewählt werden können. Gibt man z. B. Temperatur und Druck vor, dann ist damit die Zusammensetzung des Systems (die Konzentration) sowohl für die flüssige als auch für die Dampfphase bestimmt.

Die Frage nach der Zusammensetzung der Phasen, die sich im Gleichgewicht befinden, ist die wichtigste für die Untersuchung von Destillationsprozessen. Die wesentlichen Gesetzmäßigkeiten dieser Prozesse wurden von *D. P. Konowalow* entdeckt, welcher, als er die Lösungen von Alkoholen und organischen Säuren in Wasser untersuchte, zwei grundlegende Gesetze fand.

Das erste Gesetz von *D. P. Konowalow* kann man folgendermaßen formulieren: „Dampf, der sich im Gleichgewicht mit einer Lösung befindet, enthält immer jene

Komponente im Überschuß, deren Zusatz zur Lösung die Siedetemperatur erniedrigt". Anders ausgedrückt, der Dampf reichert sich mit jener Komponente an, deren Zusatz zur Flüssigkeit den Gesamtdampfdruck über ihr erhöht.

Dieses Gesetz bestimmt die qualitative Zusammensetzung der Dampfphase. Als Beispiel sei das System Äthylalkohol – Wasser betrachtet. Der Zusatz von Alkohol zur flüssigen Phase ruft in diesem System eine Erniedrigung der Siedetemperatur hervor. Folglich wird beim Sieden die Dampfphase mit Alkoholdampf angereichert.

Für ideale Lösungen ist dieses Gesetz bei beliebiger Zusammensetzung der flüssigen Phase exakt gültig.

Für Lösungen, deren Dampfdruckkurve ein Maximum oder Minimum aufweist, existiert eine bestimmte Zusammensetzung des Flüssigkeitsgemisches, bei welcher die entstehenden Dämpfe die gleiche Zusammensetzung haben wie die flüssige Phase. Ein solches Gemisch wird konstantsiedendes oder *azeotropes Gemisch* genannt. Seine Einordnung im p, x-Diagramm wird durch das zweite Gesetz von *D. P. Konowalow* beschrieben: „Die Zusammensetzungen der flüssigen und der Dampfphase stimmen in den Extremwerten der Dampfdrücke (oder der Siedepunkte) der Gemische überein".

Das zweite Gesetz von *D. P. Konowalow* stellt fest, daß, wenn die Kurve im Zusammensetzung-Druck-Diagramm einen Knickpunkt hat (Bild 5.5./1, Kurven 3 und 5), die Konzentrationen der Komponenten in diesem Punkt in beiden Phasen einheitlich sind. Zur Gruppe der konstantsiedenden Gemische gehören Äthylalkohol – Wasser, Äthylalkohol – Benzol u. a.

Gleichgewichtskurven

Zur Untersuchung des Destillationsprozesses eines beliebigen binären Gemisches ist es notwendig, die Zusammensetzung der Dampfphase in Abhängigkeit von der Zusammensetzung der Flüssigkeit zu bestimmen. Für alle Lösungen, außer den idealen, wird dieses Verhältnis experimentell ermittelt. Bei idealen Lösungen kann die Zusammensetzung der Dampfphase im Gleichgewicht leicht berechnet werden.

Die experimentellen Bestimmungen geben die Grundlage für eine Zusammenstellung der Zusammensetzungen im Gleichgewicht. Eine solche Tabelle wird für einen bestimmten Druck aufgestellt. Sie sind in Handbüchern aufgeführt.

Für die Betrachtung der Rektifikation (bei der Bestimmung der Zusammensetzung der Phasen) werden die in Tab. (5.5./1) angeführten Bezeichnungen verwendet.

Tabelle (5.5./1). Bezeichnungen der Phasenbestandteile im Rektifikationsprozeß

Phase	Anteil der Komponenten in Mol-%		in Masse-%	
	niedrigersiedende Komponente	höhersiedende Komponente	niedrigersiedende Komponente	höhersiedende Komponente
Flüssigkeit	x	$100-x$	a	$100-a$
Dampf	y	$100-y$	b	$100-b$

Aus den Versuchsdaten ist es möglich, das y, x-Diagramm aufzuzeichnen: die Abhängigkeit der Zusammensetzung der Dampfphase von der Zusammensetzung der flüssigen Phase (Bild 5.5./2). Die Gleichgewichtskurve, dargestellt in Bild (5.5./2), wird über den Koordinaten y, x (Mol-%) oder über den Koordinaten b, a (Masse-%) aufgezeichnet. In Übereinstimmung mit dem ersten Gesetz von *D. P. Konowalow* verläuft die Kurve für das System Äthylalkohol – Wasser über der Diagonalen.

Folglich wird der Dampf mit Alkohol im Vergleich zur flüssigen Phase angereichert. Jedoch schneidet die Kurve in Übereinstimmung mit dem zweiten Gesetz von D. P. Konowalow die Diagonale in einem Punkt. Dieser entspricht der Zusammensetzung des konstantsiedenden Gemisches und ist der azeotrope Punkt M. Bei Normaldruck enthält das konstantsiedende Gemisch des Systems Äthylalkohol – Wasser 95,57 Masse-% Alkohol bei einer Siedetemperatur von 78,15 °C; bei diesem Druck beträgt die Siedetemperatur von Äthylalkohol 78,3 °C und von Wasser 100 °C.

Die Gesetze von M. S. Wrewskij

Die Grafik, die in Bild (5.5./2) dargestellt ist, gilt unter isobaren Bedingungen. Bei einer Druckveränderung im System wird auch die Lage der Gleichgewichtskurve verändert.

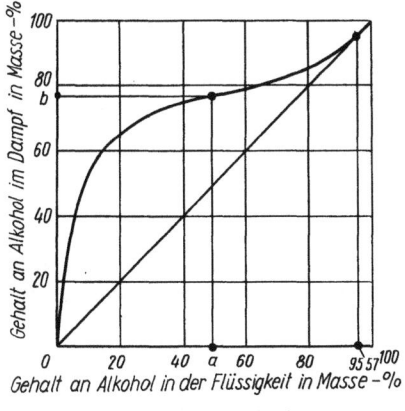

Bild (5.5./2). Gleichgewichtskurve

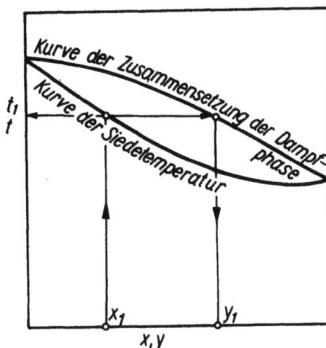

Bild (5.5./3). Temperaturdiagramm (t, x, y)

Die Gesetzmäßigkeiten, die für die Veränderungen des Gleichgewichts bei einer Druckveränderung im System gelten, wurden durch den Schüler D. P. Konowalows M. S. Wrewskij entdeckt. Dieser formulierte zwei Gesetze:

1. Bei Erhöhung der Siedetemperatur (des Druckes) eines Gemisches aus zwei Flüssigkeiten wächst der relative Gehalt jener Komponente, deren Verdampfung den größeren Energieverbrauch erfordert.
2. Bei Erhöhung der Siedetemperatur (des Druckes) von Gemischen, deren Dampfdruck ein Maximum hat, wächst in konstantsiedenden Gemischen der relative Gehalt jener Komponente, deren Verdampfung den größeren Energieaufwand erfordert. Bei Erhöhung der Siedetemperatur der Lösungen, deren Dampfdruck ein Minimum hat, wächst der relative Gehalt jener Komponente, deren Verdampfung den geringeren Energieaufwand erfordert.

Die Gesetze, die M. S. Wrewskij entdeckte, sind sowohl durch seine eigenen Experimente als auch durch spätere Untersuchungen bestätigt worden. Sie zeigen die Richtung, in welcher sich das Gleichgewicht bei einer Druckveränderung verschiebt. Insbesondere ist der Einfluß des Drucks auf das Gleichgewicht im System Äthylalkohol – Wasser von Interesse.

Die Gesetze von M. S. Wrewskij weisen darauf hin, daß sich mit Verringerung des Drucks bei niedrigen Alkoholkonzentrationen in der Flüssigkeit (bis 21 Mol-%) der Wassergehalt im Dampf erhöht, wohingegen bei höheren Alkoholkonzentrationen in der Flüssigkeit der Alkoholgehalt im Dampf ansteigt.

Im azeotropen Punkt führt eine Druckerniedrigung im System zur Erhöhung des Alkoholgehaltes im konstantsiedenden Gemisch. Bei einem bestimmten Druck-

Tabelle (5.5./2). Veränderung der Zusammensetzung des azeotropen Gemisches Äthylalkohol – Wasser in Abhängigkeit vom Druck

Siedetemperatur in °C	Druck in M Pa	Gehalt an Äthylalkohol im azeotropen Gemisch in Masse-%
27,92	0,009	100,00
33,35	0,013	99,56
39,20	0,016	98,70
47,60	0,026	97,30
63,04	0,054	96,25
78,15	1,101	95,57
87,12	0,143	95,35
95,35	1,193	95,25

minimum verschwindet der azeotrope Punkt, und die Destillation ergibt absoluten (wasserfreien) Alkohol. Die Veränderung der Zusammensetzung des konstantsiedenden Gemisches bei verschiedenen Drücken ist in Tab. (5.5./2) dargestellt.

Temperatur- und Enthalpiediagramm

Die Eigenschaften binärer Gemische können in einem Temperaturdiagramm dargestellt werden (Bild 5.5./3). Auf der Ordinate wird die Siedetemperatur aufgetragen und auf der Abszisse der Gehalt der niedrigersiedenden Komponente in der Flüssigkeit und in der Dampfphase. Wenn es erforderlich ist, die Siedetemperatur t_1 und die Zusammensetzung der Dampfphase y_1 für eine gegebene Zusammensetzung der flüssigen Phase x_1 zu bestimmen, so wird die Darstellung folgendermaßen durchgeführt: Im Punkt x_1 wird die Senkrechte bis zum Schnittpunkt mit der Temperaturkurve gezogen (Punkt a). Wird an diesen Punkt a die Horizontale angelegt, so erhält man die Siedetemperatur t_1. Der entsprechende Anteil der Komponenten im Dampf ergibt sich aus der Kurve der Dampfzusammensetzung im Punkt y_1. Dieses Verfahren ist in Bild (5.5./3) dargestellt.

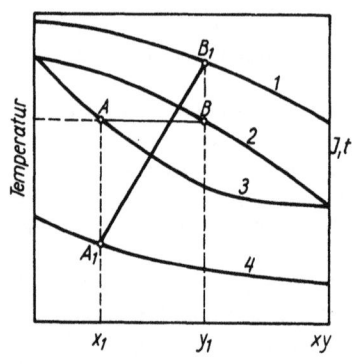

Bild (5.5./4). Enthalpiediagramm (H, t, x, y)
(1) Enthalpieänderung des Dampfes (2) Zusammensetzung des Dampfes (3) Siedetemperaturverlauf (4) Enthalpieänderung der siedenden Flüssigkeit

Bild (5.5./4) zeigt das Enthalpiediagramm für binäre Gemische. Dies wird in den Koordinaten H, t, x, y dargestellt. Auf der Ordinate trägt man die Enthalpie und auf der Abszisse die Zusammensetzung der flüssigen und der Dampfphase auf. In diese Koordinaten wird die Enthalpieänderung der siedenden Lösung und die Enthalpieänderung des gesättigten Dampfes eingezeichnet. Trägt man auf der Ordinate des Diagramms den Maßstab t auf, so ist es möglich, in dieser Grafik den Siedetemperaturverlauf und die Änderung der Dampfzusammensetzung darzustellen. Legt man in die Koordinaten t, x, y die Isotherme AB, dann kann diese in die Koordinaten H, x, y übertragen werden. Zu diesem Zweck wird in den Punkt A eine Senkrechte auf den Enthalpieverlauf der siedenden Flüssigkeit (Punkt A_1) und in Punkt B eine Senkrechte auf den Enthalpieverlauf des Dampfes (Punkt B_1) eingezeichnet. Werden die Punkte A_1 und B_1 verbunden, erhält man die Isotherme A_1-B_1 in den Koordinaten H, x, y. Aus der Darstellung ist ersichtlich, daß die Senkrechten, die man in den Punkten A_1 und B_1 auf die Abszisse fällt, die Zusammensetzungen der flüssigen und der Dampfphase im Gleichgewicht ergeben.

Dephlegmation

Bei der Bildung von Dampf aus einem flüssigen binären Gemisch reichert sich der Dampf mit der niedrigersiedenden Komponente an. Betrachtet werden soll jetzt der umgekehrte Prozeß, die Kondensation des Dampfes, der zwei Komponenten enthält. Wie aus dem Gleichgewichtsdiagramm (s. Bild 5.5./2) ersichtlich ist, befindet sich der Dampf, der $b\%$ der niedrigersiedenden Komponente enthält, im Gleichgewicht mit der Flüssigkeit mit $a\%$ dieser Komponente. Somit reichert sich bei teilweiser Kondensation dieses Dampfes die zurückbleibende Dampfphase mit der niedrigersiedenden Komponente an. Eine solche teilweise Kondensation, die eine Veränderung der Zusammensetzung der Phasen zur Folge hat, wird als *Dephlegmation* bezeichnet. Die sich dabei bildende flüssige Phase, das Kondensat, bezeichnet man als Phlegma. Der Prozeß der Dephlegmation kann für die Trennung eines Gemisches flüchtiger Komponenten mit genutzt werden.

Klassifikation der Destillationsprozesse

Die Destillationsmethoden, die in der Lebensmittelindustrie angewendet werden, sind verschiedenartig. Ihre Klassifikation ist in Bild (5.5./5) dargestellt.
Vorläufer aller Formen der Destillation ist die Durchführung mit nur einem Destillierkolben. Diese einfache Destillation wird auch in der heutigen Zeit noch angewendet, z. B. bei der Herstellung von Kognak und zur Gewinnung ätherischer Öle.

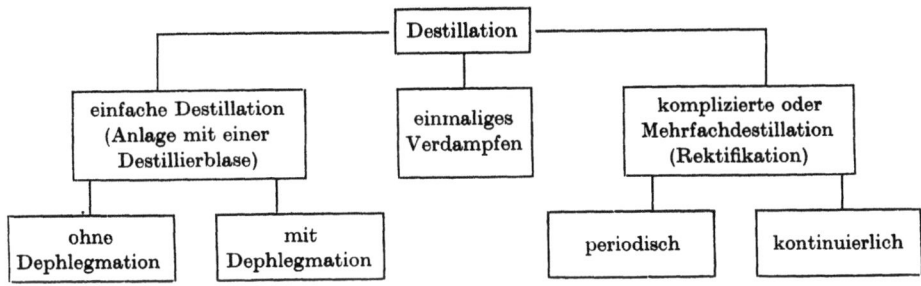

Bild (5.5./5). Klassifikation der Destillationsmethoden

5.5.2. Einfache offene Destillation

Für die nur einfach durchgeführte Destillation gibt es zwei unterschiedliche Verfahren:
- Die offene Destillation, bei welcher der entstehende Dampf ständig abgezogen wird.
- Die geschlossene Destillation, bei welcher Flüssigkeit und Dampf in Kontakt bleiben, sich der Gleichgewichtszustand einstellt (Gleichgewichtsdestillation).

Der Destillationsprozeß

In Bild (5.5./6) ist eine Anlage für die einfache offene Destillation dargestellt. Wenn die Oberfläche der Destillierblase sorgfältig isoliert wird, kann man annehmen, daß auf ihrer inneren Oberfläche der Dampf nicht kondensiert. In einem solchen Falle arbeitet die Apparatur ohne Dephlegmation, und der sich in der Destillierblase (1) bildende Dampf geht in den Kühler (2) über. Hier kondensiert er und bildet das Destillat. Der Arbeitszyklus besteht bei einer solchen einzelnen Destillierblase aus folgenden Operationen: Füllung, Erwärmung des Blaseninhaltes bis zum Sieden, Übergang der Dampfphase, Ablassen des Rückstandes und Vorbereitung für die folgende Füllung.

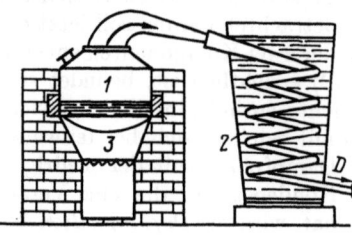

Bild (5.5./6). Anlage für die einfache offene Destillation
(1) Destillierblase (2) Kühler (3) Heizung (D) Destillat

Während des Destillationsprozesses verändert sich der prozentuale Gehalt an der niedrigersiedenden Komponente in der Destillierblase ständig. Der sich bildende Dampf enthält relativ mehr an der niedrigersiedenden Komponente als die flüssige Phase. Deshalb verringert sich im Verlaufe der Destillation die Konzentration dieser Komponente in der Flüssigkeit, die im Kolben zurückbleibt. Somit nimmt aber während des Destillationsprozesses auch der Gehalt an der niedrigersiedenden Komponente in dem sich bildenden Dampf ab, und die entnommenen Fraktionen des Destillats sind hinsichtlich ihres Gehalts an dieser Komponente nicht gleichwertig. Es soll nun die Stoffbilanz für die einfache Destillation mit einer Destillierblase, die ohne Dephlegmation arbeitet, aufgestellt werden. Die Masse des Gemisches, die in einem beliebigen Moment der Destillation in der Blase enthalten ist, sei mit m_G (kg) bezeichnet. Der Gehalt an der niedrigersiedenden Komponente in diesem Gemisch ist in dem betrachteten Moment $m_G a/100$ (kg).

In einem unendlich kleinen Zeitabstand wird aus dem Gemisch, das sich im Kolben befindet, dm_G (kg) entfernt mit einem Gehalt von b (%) an der niedrigersiedenden Komponente. Dabei verringert sich die Konzentration dieser Komponente in der Blase um da. Man erhält

$$m_G a = (m_G - dm_G)(a - da) + dm_G b$$

Daraus ergibt sich

$$m_G a = m_G a - m_G\, da - dm_G\, a + dm_G\, da + dm_G\, b$$

Durch Kürzen der gleichartigen Größen und Weglassen der unendlich kleinen erhält man

$$-m_G\, da - dm_G\, a + dm_G\, b = 0.$$

Hieraus folgt

$$\frac{dm_G}{m_G} = \frac{da}{b-a} \qquad (5.5./2)$$

Die Anfangsmasse des Gemisches im Kolben sei m_{G_0}, der Gehalt an der niedrigersiedenden Komponente in ihr a_0. Entsprechend sei die Menge des Rückstandes am Ende der Destillation mit m_{G_1} und der Gehalt an der niedrigersiedenden Komponente mit a_1 bezeichnet. Durch Integrieren der linken Seite der Gleichung (5.5./2) in den Grenzen m_{G_0} bis m_{G_1} und der rechten von a_0 bis a_1 ergibt sich

$$\int_{m_{G_0}}^{m_{G_1}} \frac{dm_G}{m_G} = \int_{a_0}^{a_1} \frac{da}{b-a}$$

oder

$$\ln \frac{m_{G_1}}{m_{G_0}} = \int_{a_0}^{a_1} \frac{da}{b-a} \tag{5.5./3}$$

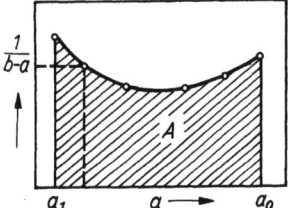

Bild (5.5./7). Grafische Bestimmung der Größe K

Um diese Gleichungen zu integrieren, ist es nötig, b durch a auszudrücken. Jedoch ist dies nicht immer möglich. Deshalb wird diese Gleichung im allgemeinen graphisch gelöst. Für die Bestimmung des zahlenmäßigen Wertes der rechten Seite der Gleichung zeichnet man die Grafik in die Koordinaten a, $1/(b-a)$ (Bild 5.5./7). Die Kurve des Nenners der Integralfunktion wird mit Hilfe der Gleichgewichtstabelle oder der Gleichgewichtskurve erhalten. Nimmt man einen willkürlichen Wert a an, so findet man den entsprechenden Wert b und errechnet die Größe $1/(b-a)$. Diesen Wert trägt man im entsprechenden Maßstab auf (s. Bild 5.5./7). Werden die auf diese Weise gefundenen Punkte verbunden, erhält man die Kurve des Nenners der Integralfunktion. Die in Bild (5.5./7) schraffierte Fläche A drückt in dem entsprechenden Maßstab

$$\int_{a_0}^{a_1} \frac{da}{b-a} \quad \text{aus.}$$

Multipliziert man die Fläche A mit den Maßstäben, die für die Darstellung von $1/(b-a)$ über a verwendet wurden, wird der zahlenmäßige Wert des Integrals, welcher mit K bezeichnet werden soll, erhalten:

$$\ln m_{G_1}/m_{G_0} = K$$

Hieraus kann die Größe m_{G_1} gefunden werden, wenn m_{G_0}, a_1 und a_0 gegeben sind. Die Masse des Destillates m_D ergibt sich aus $m_D = m_{G_0} - m_{G_1}$.
Ihr Gehalt an der niedrigsiedenden Komponente ist $m_{G_0} a_0 - m_{G_1} a_1$.
Der mittlere Gehalt dieser Komponente im Destillat, das im Verlaufe der Destillation erhalten wurde, ist

$$\frac{m_{G_0} a_0 - m_{G_1} a_1}{m_{G_0} - m_{G_1}} = b_{D_m} \tag{5.5./4}$$

Die Effektivität der einfachen Destillation des Gemisches Äthylalkohol und Wasser entspricht den Werten für b_{D_m}, dem mittleren Gehalt an Alkohol im Destillat. Er ist prozentual in Tab. (5.5./3) zusammengestellt.

Mit dieser Destillationsart ist es nicht möglich, ein Destillat mit einem hohen mittleren Gehalt an der niedrigersiedenden Komponente zu erhalten. Dies ist aus Tab. (5.5./3) ersichtlich.

Tabelle (5.5./3). Anteil der niedrigersiedenden Komponente in verschiedenen Destillatmengen von Äthylalkohol – Wasser – Gemischen

Anfangsgehalt der niedrigersiedenden Komponente im Blaseninhalt in %	Gehalt der niedrigersiedenden Komponente in % nach Erhalt verschiedener Destillatmengen in %, bezogen auf die Masse des Blaseninhalts		
	10	25	50
30	65	58,0	39,4
35	74	69,0	58,0
40	75	73,2	68,0
50	77	76,0	74,5
60	80	78,5	78,0
70	83	82,2	81,0
75	84	83,0	81,5

In dieser Tabelle sind die Ergebnisse der Berechnungen für das binäre Gemisch Äthylalkohol – Wasser aufgeführt. Nur die ersten Fraktionen des Destillates enthalten einen bedeutenden prozentualen Anteil an der niedrigersiedenden Komponente. In dem Maße, wie sich die Destillatmenge vergrößert, nähert sich ihre prozentuale Zusammensetzung der des Ausgangsgemisches.

Die einfache Destillation ohne Dephlegmation ist nur möglich, wenn zu deren Vermeidung besondere Maßnahmen durchgeführt wurden (sorgfältige Isolation, Erwärmung der Kolbenwände und der Rohre zwischen Kolben und Kühler).

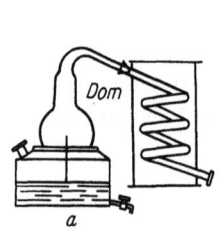
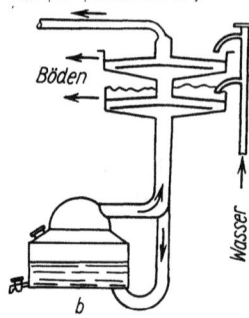

Bild (5.5./8). Anlagen für die einfache offene Destillation mit Dephlegmation
a) mit Dom b) mit Böden

Da die Dephlegmation die Wirksamkeit erhöht, rüstet man die Anlagen für die einfache Destillation mit Vorrichtungen für deren Verstärkung aus. Die einfachste ist der Dom, der über der Blase angebracht und durch Luft gekühlt ist. Später kamen Blasen mit Dephlegmatoren, die mit Böden versehen waren, auf.

In Bild (5.5./8) sind Anlagen für die einfache Destillation mit Einrichtungen für die Dephlegmation dargestellt. Das Destillat, das in einer solchen Anlage erhalten

wird, enthält einen größeren Anteil an der niedrigersiedenden Komponente als das eines Apparates ohne solche Einrichtungen.
Bezeichnet man in der Anlage ohne Dephlegmation die mittlere Konzentration an der niedrigersiedenden Komponente im Destillat mit c_m und bei Vorhandensein einer solchen mit c'_m, so ist der Koeffizient der Dephlegmation

$$\sigma_\mathrm{D} = \frac{c'_\mathrm{m}}{c_\mathrm{m}}$$

größer als 1.

Die einfache Destillation unter Vakuum und die Destillation mit Wasserdampf

Wenn die Destillationstemperatur niedriger sein muß als die Siedetemperatur der Komponenten bei Atmosphärendruck, so kann der Prozeß im Vakuum durchgeführt werden. Dazu wird der Kühler (Kondensator) mit einer Vakuumpumpe verbunden, die die nicht kondensierenden Gase absaugt.
Bei dieser Art der Destillation tritt eine Verschiebung des Phasengleichgewichtes entsprechend dem Gesetz von *Wrewskij* ein.
Die Destillationstemperatur kann man auch durch Destillation in Anwesenheit einer inerten Komponente senken. Als solche dient meistens Wasserdampf. Diese Form der Destillation wird als Wasserdampfdestillation bezeichnet.
Betrachtet werden soll nun der einfachste Fall, wenn sich im Kolben zwei ineinander unlösliche Komponenten befinden, von denen die eine Wasser ist. Ein Beispiel dafür ist ein Gemisch aus Wasser und Benzol. Wie bekannt ist, geht beim Sieden dieses Gemisches jede der Komponenten unabhängig von der anderen in die Dampfphase über. Die Destillation soll bei Atmosphärendruck durchgeführt werden. In diesem Falle würde reines Wasser bei $t = 100\,^\circ\mathrm{C}$ sieden. Weil bei Anwesenheit von Benzol der Gesamtdampfdruck durch die Summe der Dampfdrücke beider Komponenten entsteht, wird der Partialdruck des Wasserdampfes über dem Gemisch niedriger als der Normaldruck, folglich wird die Siedetemperatur des Gemisches niedriger als $100\,^\circ\mathrm{C}$.
In Bild (5.5./9) ist eine Grafik dargestellt, mit deren Hilfe man die Siedetemperatur eines Gemisches von Benzol und Wasser bestimmen kann. Diese Abbildung enthält die Dampfdruckkurven von Benzol und Wasser sowie die Kurve des summierten Dampfdruckes über dem Gemisch dieser Komponenten. Beim Einzeichnen einer Linie, die dem Atmosphärendruck entspricht, findet man den Punkt b. In diesem wird eine Senkrechte auf die Abszisse gefällt. Sie ergibt $70\,^\circ\mathrm{C}$. Folglich wird die Destillationstemperatur $70\,^\circ\mathrm{C}$ (genauer $69{,}4\,^\circ\mathrm{C}$) betragen. Das Mengenverhältnis von Wasser und Benzol im Dampf kann aus folgenden Gleichungen gefunden werden:

$$\frac{p_\sigma}{p_\mathrm{W}} = \frac{\mu_\sigma}{\mu_\mathrm{W}} = \frac{m_\sigma}{M_\sigma} : \frac{m_\mathrm{W}}{M_\mathrm{W}} = \frac{m_\sigma M_\mathrm{W}}{M_\sigma m_\mathrm{W}}$$

p_σ Partialdruck des Benzoldampfes
p_W Partialdruck des Wasserdampfes
μ_σ Molanteile des Benzols im Dampf
μ_W Molanteile des Wassers im Dampf
m_σ Gehalt an Benzol im Dampf in kg
m_W Wassergehalt im Dampf in kg
M_σ Molanteile des Benzols im flüssigen Gemisch
M_W Molanteile des Wassers im flüssigen Gemisch

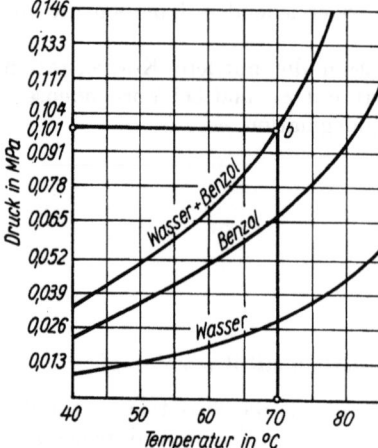

Bild (5.5./9). Dampfdruckkurve für die Wasserdampf-destillation von Benzol

Aus der angegebenen Beziehung folgt

$$\frac{m_\sigma}{m_W} = \frac{p_\sigma M_\sigma}{p_W M_W}$$

Für $m_\sigma = 1$ kg ist

$$m_W = \frac{p_W M_W}{p_\sigma M_\sigma} \qquad (5.5./5)$$

Mit dieser Gleichung ist es möglich, den theoretischen Verbrauch an Wasserdampf je kg Benzol bei der Destillation zu bestimmen.
In Wirklichkeit wird der Verbrauch an Dampf m'_W größer, weil bei der Destillation der Gleichgewichtszustand nicht erreicht wird. Den tatsächlichen Verbrauch an Dampf erhält man nach der Gleichung

$$m'_W = \frac{p_W M_W}{p_\sigma M_\sigma} \cdot \frac{1}{\varphi} \qquad (5.5./5a)$$

In dieser Gleichung wird φ als Sättigungskoeffizient bezeichnet. Der Wert dieses Koeffizienten ist von *E. K. Siirde* bestimmt worden. Es wurde gefunden, daß seine Größe von der Intensität der Destillation abhängt und zwischen 1 und 0,55 schwankt.
Bei der Anwesenheit von zwei oder einer größeren Anzahl von Komponenten, die sich nicht mit Wasser mischen, tritt die analoge Erscheinung auf – eine Erniedrigung der Siedetemperatur. Gewöhnlich leitet man bei einer solchen Destillation gesättigten oder überhitzten Wasserdampf in den Sumpf der Kolonne, der die Komponenten enthält. Die Wasserdampfdestillation findet in der Erdölindustrie und bei der Gewinnung ätherischer Öle breite Anwendung.

5.5.3. Gleichgewichtsdestillation

Im vorhergehenden wurden Destillationsprozesse betrachtet, bei welchen der sich bildende Dampf sofort von der Flüssigkeit getrennt wird. Dieses Verfahren kann man als kontinuierliches Verdampfen bezeichnen.

Die Destillation ist aber auch so durchführbar, daß die flüssige und die Dampfphase während des gesamten Verdampfungsprozesses in Kontakt bleiben und letztere erst am Ende abgetrennt wird. Einen solchen Prozeß des einmaligen Verdampfens bezeichnet man als Gleichgewichtsdestillation.
In Bild (5.5./10) ist das Prinzipschema für diesen Prozeß dargestellt.
Die Flüssigkeit, die verschiedene flüchtige Komponenten enthält, tritt in den Wärmetauscher ein, wo sie erwärmt und verdampft wird. Das aus dem Vorwärmer austretende Dampf-Flüssigkeits-Gemisch gelangt in den Verdampfer, wo eine schnelle Trennung in die beiden Phasen erfolgt. Sie treten dann nicht mehr in Kontakt. Das Verfahren wird in der Erdölindustrie angewendet.

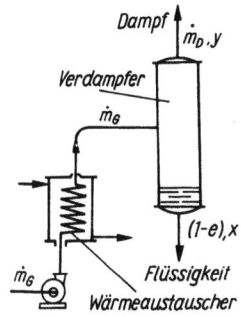

Bild (5.5./10). Anlage zur Gleichgewichtsdestillation

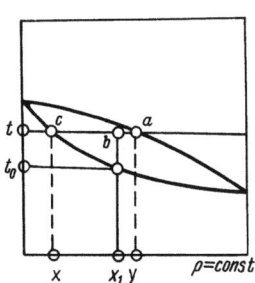

Bild (5.5./11). t, x-Diagramm der Gleichgewichtsdestillation

Dieser Verdampfungsprozeß soll mit Hilfe eines t, x-Diagrammes (Bild 5.5./11) analysiert werden: Es wird angenommen, daß in den Vorwärmer 1 kg eines Gemisches aus zwei Komponenten eintritt, deren t, x-Diagramm in Bild (5.5./11) dargestellt ist. Der Gehalt an der niedrigersiedenden Komponente sei in diesem x_1. Wenn das Gemisch im Vorwärmer auf die Temperatur t_0 erwärmt wird, wird dieser bei dem gegebenen Druck keinen Dampf enthalten. Ist jedoch die Temperatur des Gemisches höher als t_0, so wird ein Teil der Flüssigkeit in Dampf übergehen. Zeichnet man die Isotherme t ein und fällt von Punkt x_1 aus die Senkrechte, wird der Punkt b erhalten, der auf der Isotherme t liegt. Bei dieser Temperatur ist der Gehalt an der niedrigersiedenden Komponente in der Flüssigkeit x und im Dampf y. Bezeichnet man die Dampfmenge, die im System enthalten ist, mit m_D, dann gilt

oder
$$x_1 = m_D y + x(1 - m_D)$$
$$x_1 = m_D y + x - m_D x$$

Hieraus folgt

$$\frac{(x_1 - x)}{(y - x)} = \frac{bc}{ac}$$

$$1 - m_D = 1 - \frac{bc}{ac} = \frac{ac - bc}{ac} = \frac{ab}{ac}$$

oder

$$\frac{m_D}{1 - m_D} = \frac{bc}{ab}$$

Folglich verhält sich die Dampfmenge, die sich bei der Gleichgewichtsdestillation bildet, zur Menge der flüssigen Phase wie der Abschnitt bc, der an der Kurve der Zusammensetzung der Flüssigkeit anliegt zum Abschnitt ab, der an der Kurve der Zusammensetzung des Dampfes anliegt.

5.5.4. Mehrfache Destillation

Anlagen mit mehreren Blasen

Die geringe Effektivität der einfachen Destillation führte zur Suche nach effektiveren Destillationsmethoden. Wie auch bei der Verdampfung erwies sich die Idee der mehrfachen Nutzung der Wärme als besonders günstig. Jedoch war bei der Realisierung in Destillationsanlagen die Besonderheit des Destillationsprozesses zu berücksichtigen. Ursprünglich wurde das Prinzip der mehrfachen Wärmeausnutzung in einer Kaskade, die aus mehreren Destillationsblasen und einem Dephlegmator bestand, angewendet.

Das Schema einer Anlage mit mehreren Blasen ist in Bild (5.5./12) gezeigt. Auf diesem sind drei Blasen (1, 2, 3) dargestellt, gefüllt mit dem zu destillierenden Gemisch. Die Konzentration der niedrigsiedenden Komponente a ist in den Blasen verschieden. Dieser Konzentrationsunterschied wird durch den Dephlegmator (4) verursacht, der einen Teil des in ihn eingetretenen Dampfes kondensiert und das Phlegma in die obere Blase zurückgibt. Bei Zuführung der notwendigen Energie geht der entstehende Dampf aus der ersten Blase in die zweite über. Hier tritt er mit den Komponenten der Flüssigkeit, die diese Blase füllt, in Wechselwirkung. Dabei reichert sich der Dampf mit der niedrigsiedenden und die Flüssigkeit mit der höhersiedenden Komponente an. Der Dampf tritt dann aus der zweiten Blase in die dritte ein. In dieser reichert er sich nochmals mit der niedrigsiedenden Komponente an und wird in den Dephlegmator geführt.

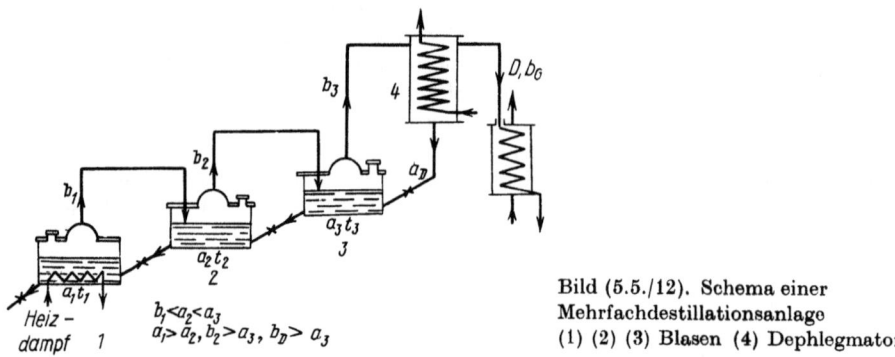

Bild (5.5./12). Schema einer Mehrfachdestillationsanlage
(1) (2) (3) Blasen (4) Dephlegmator

Das Phlegma, das im Dephlegmator entsteht, enthält einen höheren prozentualen Anteil an der niedrigsiedenden Komponente als die Flüssigkeit in der dritten Blase. Es fließt ab, indem es alle Blasen nacheinander passiert, und reichert sich dabei mit der höhersiedenden Komponente an.

Meistens betrachtet man den Stoffaustausch als Triebkraft des beschriebenen Prozesses. Infolge des Unterschiedes zwischen den Konzentrationen der niedrigsiedenden Komponente in den Blasen ist die Siedetemperatur unterschiedlich. Deshalb ist die Temperatur des Dampfes, der aus der ersten Blase in die zweite und aus dieser in die dritte übergeht, höher als die Siedetemperatur in der jeweiligen Blase, in die er gelangt. Somit wird der eintretende Dampf kondensiert. Durch die Kondensationswärme findet in der Blase eine Verdampfung statt. Die Menge des entstehenden Dampfes entspricht der Wärmemenge, die bei der Kondensation des ankommenden Dampfes abgegeben wird.

Von dem dargestellten Gesichtspunkt aus erscheint bei mehrfacher Destillation die Temperaturdifferenz $t_1 - t_2$ als Triebkraft, begründet auf dem Unterschied zwischen den Konzentrationen der niedrigersiedenden Komponente in den aufeinanderfolgenden Blasen.

In einer mehrstufigen Verdampferanlage wird der stufenförmige Abfall der Temperatur durch die Verringerung der Drücke in den aufeinanderfolgenden Verdampfern erreicht. Bei der Destillation beruht bei unverändertem Druck die Temperaturabnahme auf dem Unterschied zwischen den Konzentrationen der niedrigersiedenden Komponente in den aufeinanderfolgenden Blasen.

Bei der mehrfachen Destillation sind die Wärme- und Stoffaustauschprozesse eng miteinander verbunden, d. h., der Stoffaustausch ist unmöglich ohne Wärmeaustausch zwischen den Phasen und umgekehrt.

Die Darstellung dieser beiden Austauschprozesse zwischen den Phasen vom Gesichtspunkt der Grenzschichttheorie aus zeigt Bild (5.5./13). In dieser ist der Grenzabschnitt zwischen der Dampf- und der flüssigen Phase dargestellt. In den sich auf beiden Seiten dieser Grenze befindenden Schichten ist die Strömung laminar. Die Komponenten, die zwischen den Phasen ausgetauscht werden, diffundieren durch diese Schichten zur Grenze, an welcher ein Gleichgewichtszustand entsteht.

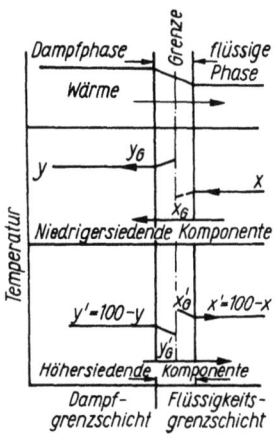

Bild (5.5./13). Schema des Wärme- und Stoffaustausches bei der Rektifikation
y_G-Gleichgewichtskonzentration der niedrigersiedenden Komponente in der Dampfphase,
x_G-Gleichgewichtskonzentration der niedrigersiedenden Komponente in der Flüssigkeit, y'_G-Gleichgewichtskonzentration der höhersiedenden Komponente in der Dampfphase, x'_G-Gleichgewichtskonzentration der höhersiedenden Komponente in der Flüssigkeit

Der Hauptdampfstrom enthält $y\%$ an der niedrigersiedenden Komponente, der Hauptstrom der flüssigen Phase $x\%$.

An der Grenze der beiden Phasen ist $x_G < x$ und $y_G > y$. Infolgedessen geht die niedrigersiedende Komponente vom flüssigen in den dampfförmigen Zustand über. An der Phasengrenze finden auch die thermischen Prozesse – Kondensation und Sieden – auf Grund der Temperaturdifferenz zwischen dem Dampf und der Flüssigkeit statt.

Anlagen mit Kolonnen

Die Anlagen mit mehreren Blasen waren die Übergangsstufe von solchen für die einfache Destillation zu modernen mit Bodenkolonnen.

In modernen Anlagen sind die Blasen durch Böden ersetzt, die in der Vertikalen übereinander angeordnet sind.

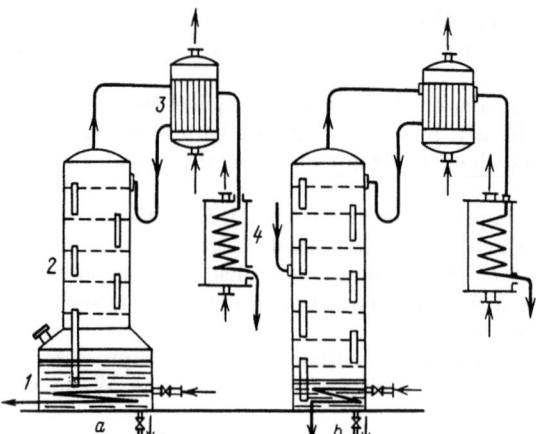

Bild (5.5./14). a) und b) Rektifikationsanlagen
(1) Destillierblase (2) Bodenkolonne
(3) Dephlegmator (4) Kühler

Auf Bild (5.5./14) sind Schemata der Anlagen mit Bodenkolonnen, die periodisch (a) bzw. kontinuierlich (b) betrieben werden, dargestellt. Die periodisch betriebene Anlage besteht aus der Destillierblase (1), der Bodenkolonne (2), dem Dephlegmator (3) und dem Kühler (4). Auf dem Schema sind die einfachsten Böden, Siebböden, dargestellt. Der Dampf strömt aus der Blase, gelangt durch die Sieböffnungen in den Oberteil der Kolonne und tritt in den Dephlegmator ein. Das sich bildende Phlegma fließt in entgegengesetzter Richtung auf den oberen Boden. Danach gelangt es von Boden zu Boden durch Überlaufrohre zurück in die Blase.
Jeder Boden entspricht so einer Blase in der Anlage mit mehreren Blasen. Die beschriebene Anlage arbeitet periodisch.
Die Destillationsblase füllt man mit dem flüssigen Gemisch, aus welchem im Verlaufe der Destillation die niedrigersiedende Komponente abgetrennt wird. Zum Erwärmen des Gemisches bis zum Sieden dient eine mit Dampf beheizte Rohrschlange.
Der Arbeitszyklus dieser Anlage besteht aus den gleichen Operationen wie der Arbeitszyklus bei der einfachen Destillation, jedoch wird durch die Wirkung der Kolonne eine höhere Konzentration im Destillat erreicht.
In Bild (5.5./14 b) ist das Schema einer kontinuierlich arbeitenden Anlage dargestellt. Das Gemisch, das der Destillation unterworfen wird, führt man in der Mitte der Kolonne zu. Der Teil der Kolonne, der sich über der Eintrittsstelle des Gemisches befindet, spielt die gleiche Rolle wie die Kolonne der periodisch betriebenen Anlage. Er wird als Verstärkungssäule bezeichnet.
Im unteren Teil der Kolonne wird die niedrigersiedende Komponente aus dem Flüssigkeitsgemisch, das aus der Verstärkungssäule der Kolonne abfließt, abgetrennt. Dieser Teil der Kolonne wird als Abtriebssäule bezeichnet. In der kontinuierlich arbeitenden Anlage wird der Eintritt des Gemisches, die Abführung des Sumpfes und des Destillates kontinuierlich durchgeführt.
Der Heizdampf kann sowohl in einem geschlossenen System als auch direkt zugeführt werden.

Auf den Böden ablaufende Prozesse

Unabhängig von der Konstruktion wird durch den Boden ein enger Kontakt zwischen Dampf und Flüssigkeit und eine möglichst große Oberfläche für den Stoffaustausch geschaffen. Der Dampf, der in den Boden eintritt, perlt in einer bestimmten Zone durch das Phlegma hindurch, das über den Boden fließt. Diese wird als *Barbotagezone* bezeichnet.

Da die zu destillierende Lösung häufig schaumbildende Stoffe enthält, bildet sich über der Barbotagezone eine Schaumzone und über dieser eine Spritzzone (Bild 5.5./15). Jedoch auch dann, wenn die Lösung keine oberflächenaktiven Stoffe enthält, entsteht über der Barbotagezone eine Zone mit unbeständigem Schaum. In allen diesen Zonen findet an der Berührungsfläche von Dampf- und flüssiger Phase ein Stoffaustausch statt. Bei einer hohen Dampfgeschwindigkeit können Schaum und Spritzer auf den darüberliegenden Boden mitgerissen werden. Dies führt auf diesem zu einer Erniedrigung der Konzentration an der niedrigsiedenden Komponente, und im Ergebnis dessen verringert sich der Trenneffekt bei der Destillation. Deshalb müssen die Geschwindigkeit des Dampfstromes und der Bodenabstand so gewählt werden, daß keine Schaum- und Spritzübertragung möglich ist oder diese sich wenigstens auf ein Minimum beschränken.

In allen drei Zonen tritt an der Kontaktfläche außer dem Stoffaustausch auch ein Wärmeaustausch zwischen den Phasen auf. Durch den Stoffaustausch wächst der Gehalt an der niedrigsiedenden Komponente in der Dampfphase und wird in der flüssigen Phase verringert. Dieser Austausch findet in bestimmten Mengenverhältnissen statt. Geht man davon aus, daß an der Kontaktfläche der Dampf kondensiert und die Wärmeverluste vernachlässigt werden, so dient die gesamte frei werdende Kondensationswärme zur erneuten Bildung von Dampf, der einen höheren prozentualen Anteil an der niedrigsiedenden Komponente enthält.

Wie bekannt ist, ist für Flüssigkeiten, die vollständig ineinander löslich sind, die molare Verdampfungswärme ($I_m = Mr$ in kJ/Mol) annähernd gleich, z. B. gilt für Äthylalkohol bei Normaldruck $I_m = 46 \cdot 878 = 40400$ kJ/Mol und für Wasser $I_m = 18 \cdot 2246 = 40500$ kJ/Mol. So werden bei der Kondensation von n Molen Dampf n Mole neuen Dampfes gebildet. Infolgedessen kann man annehmen, daß die aufsteigende Dampfmenge (ausgedrückt in Molen) in der Kolonne und in der in ihr fließenden Flüssigkeit unverändert bleibt.

Bild (5.5./15). Zonen zwischen den Böden

Bild (5.5./16). Graphische Darstellung des Stoffaustausches auf den Böden einer Verstärkungssäule

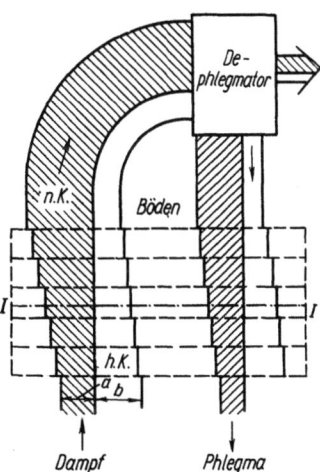

Der Stoffaustausch auf den Böden der Kolonne kann in einer Grafik wiedergegeben werden (Bild 5.5./16): In dieser sind die Ströme des Dampfes und des Phlegmas in der Verstärkungssäule der Kolonne einer kontinuierlichen Anlage in gleichem Maßstab dargestellt. Die punktierten Linien sind die in ihr befindlichen Böden. Die Breiten a und b symbolisieren den Molanteil, der sich in der Kolonne in der Zeiteinheit bewegt.

Den Austausch der Komponenten zwischen der Dampf- und der flüssigen Phase auf den Böden kann man sich folgendermaßen vorstellen: Auf jedem Boden wächst der Gehalt an der niedrigersiedenden Komponente im Dampf. Um die gleiche Größe nimmt der Anteil der höhersiedenden in ihm ab. Der umgekehrte Vorgang findet in der flüssigen Phase, dem über die Böden abfließenden Phlegma, statt.

In der Grafik ist dargestellt, daß der Dephlegmator die Zusammensetzung der Dämpfe nicht verändert, sondern den Dampf nur in zwei Teile teilt. Dies entspricht bekanntlich nicht völlig der Realität, wird aber zur Vereinfachung der weiteren Theorie angenommen. Aus dem Bild ist zu ersehen, wie die Anreicherung der Dämpfe mit der niedrigersiedenden Komponente vor sich geht. Auch die Rolle des Phlegmas als Quelle für diese Anreicherung wird deutlich.

Der dargelegte komplizierte Prozeß des Stoffaustausches wird als *Rektifikation* bezeichnet und die Anlage, in welcher er verläuft, als *Rektifikationsanlage*.

Bestimmung der Bodenzahl von Rektifikationskolonnen

Verstärkungssäule: Um die Abhängigkeit zwischen der Zusammensetzung des Dampfes und der Flüssigkeit für einen beliebigen Abschnitt der Kolonne zwischen den Böden zu bestimmen, wird die Grafik verwendet, die den Stoffaustausch in der Kolonne darstellt. In Übereinstimmung mit dem im vorhergehenden über die Gleichheit der molaren Stoffströme Gesagten ist die Molmenge des in der Kolonne aufsteigenden Dampfes $\dot{m}_G = $ const. und auch die Molmenge des abfließenden Phlegmas $\dot{m}_p = $ const., daraus resultiert $\dot{m}_G - \dot{m}_p = $ const.

Aus Bild (5.5./16) ist ersichtlich, daß gilt

$$\dot{m}_G - \dot{m}_p = \dot{m}_D \qquad (5.5./6)$$

Es sei der Abschnitt I—I zwischen zwei willkürlich gewählten benachbarten Böden betrachtet: Für diesen Abschnitt ergibt sich aus der Grafik

$$y\dot{m}_G - x\dot{m}_p = \text{const.}$$

$$y\dot{m}_G - x\dot{m}_p = \dot{m}_D x_D \qquad (5.5./7)$$

Aus den Gleichungen (5.5./6) und (5.5./7) erhält man

$$y = \frac{x\dot{m}_p + \dot{m}_D x_D}{\dot{m}_G}$$
$$= \frac{x\dot{m}_p + \dot{m}_D x_D}{\dot{m}_p + \dot{m}_D}$$
$$= \frac{\dot{m}_p}{\dot{m}_p + \dot{m}_D} x + \frac{\dot{m}_D x_D}{\dot{m}_p + \dot{m}_D} \qquad (5.5./8)$$

Den Quotienten $\dot{m}_p/\dot{m}_D$ bezeichnet man als *Rücklaufverhältnis* oder *Rücklaufzahl* v. Er zeigt, in welchem Verhältnis sich der Dampfstrom, der in den Dephlegmator eintritt, in Phlegma und Destillat trennt.

Wird in Gl. (5.5./8) $\dot{m}_p$ durch $v\dot{m}_D$ ersetzt, erhält man

$$y = \frac{v\dot{m}_D}{v\dot{m}_D + \dot{m}_D} x + \frac{\dot{m}_D x_D}{v\dot{m}_D + \dot{m}_D}$$
$$= \frac{v}{v+1} x + \frac{x_D}{v+1} \qquad (5.5./9)$$

Gl. (5.5./9) ist die Gleichung einer Geraden, da $v =$ const. und $x_D =$ const. Sie wird als Arbeitsgerade, Arbeitslinie der Verstärkungssäule oder Verstärkungsgerade bezeichnet.

Diese Gerade wird in den Koordinaten $y = x$ dargestellt, d. h. in den gleichen Koordinaten wie die Gleichgewichtskurve. Die Arbeitslinie der Verstärkungssäule ist in Bild (5.5./17) dargestellt, jedoch kann die Konstruktion auch auf anderem Wege durchgeführt werden: Man fällt im Punkt x_D die Senkrechte bis zum Schnittpunkt mit der Diagonalen und zeichnet eine Gerade, die den Punkt L mit dem Punkt N verbindet.

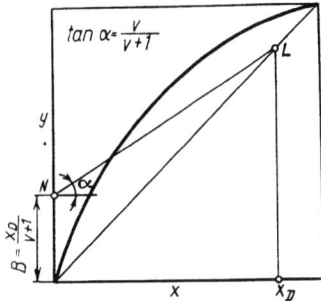

Bild (5.5./17). Konstruktion der Arbeitslinie einer Verstärkungssäule

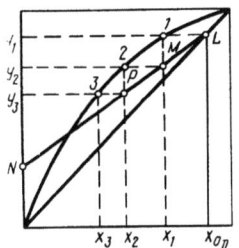

Bild (5.5./18). Graphische Ermittlung der Zahl der theoretischen Böden einer Verstärkungssäule

Die Möglichkeit einer solchen Konstruktion beruht auf der Annahme, daß Destillat, Phlegma und der Dampf, der in den Dephlegmator eintritt, einheitliche Zusammensetzungen haben. Hieraus folgt, daß die Senkrechte vom Punkt x_D zum Schnittpunkt mit der Diagonalen in der Grafik einen der Punkte der Arbeitslinie ergibt.

Verwendet man Gl. (5.5./9) und die Gleichgewichtstabelle, so kann man den Gehalt an der niedrigersiedenden Komponente im Dampf und in der Flüssigkeit auf jedem Boden der Kolonne berechnen, wenn x_D gegeben ist. Jedoch ist dieses Problem zufriedenstellender grafisch zu lösen, wie dies in Bild (5.5./18) gezeigt ist. In diesem Bild ist die Bestimmung der Zusammensetzung des Dampfes und der Flüssigkeit für aufeinanderfolgende Böden mit Hilfe einer Stufenlinie zwischen der Gleichgewichtskurve und der Arbeitslinie durchgeführt.

Die Konstruktion wird mit dem Punkt L begonnen, der der Zusammensetzung des Destillates, des Phlegmas und des Dampfes, der in den Dephlegmator eintritt ($x_D = y_1$), entspricht.

Die Senkrechte, die im Punkt 1 auf die horizontale Achse gefällt wird, ergibt die Zusammensetzung der Flüssigkeit, die auf dem ersten Boden siedet. Der Gehalt an der niedrigersiedenden Komponente y_2 im Dampf, der vom zweiten auf den ersten Boden aufsteigt, kann mit Hilfe der Arbeitslinie gefunden werden. Dazu muß man aus dem Punkt M auf der Arbeitslinie eine Horizontale bis zur Ordinate ziehen. Punkt 2 auf der Gleichgewichtskurve gibt die Zusammensetzung der Flüssigkeit, die auf dem zweiten Boden siedet, an, und der Punkt P auf der Arbeitslinie ist die Zusammensetzung des Dampfes y_3, der vom dritten Boden auf den zweiten steigt.

So entspricht jede Stufe auf der Grafik einem Boden der Kolonne. Bei der Konstruktion ist angenommen, daß auf dem Boden Gleichgewicht zwischen Dampf und Flüssigkeit erreicht wird. Deshalb bezeichnet man einen solchen Boden als *theoretischen Boden* oder treffender als *Konzentrationsstufe*.

Mit Hilfe der beschriebenen Konstruktion ist es möglich, die Zahl der Konzentrationsstufen zu bestimmen, die für die Erhöhung der Konzentration der niedrigersiedenden Komponente von x_K auf x_D notwendig ist, z. B. bei $x_K = x_3$ (s. Bild 5.5./18) sind drei Konzentrationsstufen erforderlich.

Abtriebssäule: Die Abtriebssäule der kontinuierlichen Anlage ist für die Abtrennung der niedrigersiedenden Komponente aus der nach unten fließenden Flüssigkeit bestimmt. Die Konzentration dieser Komponente in der Flüssigkeit, die die Kolonne verläßt, darf ein bestimmtes gegebenes Minimum nicht überschreiten. In Bild (5.5./19) ist das Schema einer Kolonne dargestellt und in Bild (5.5./20) die Grafik für die Bewegung des Dampf- und des Flüssigkeitsstromes in der Abtriebssäule. Der in dieser Kolonne abfließende Flüssigkeitsstrom besteht aus zwei Teilen: dem Phlegma $\dot{m}_P$, das aus der Verstärkungssäule kommt, und dem frischen Gemisch $\dot{m}_M$. Der Dampf, der in dieser Kolonne aufsteigt, wird in ihrem unteren Teil durch die Wärmeabgabe des kondensierenden Heizdampfes $\dot{m}_H$ gebildet. Dieser kann direkt oder in einem geschlossenen System zugeführt werden. Es ist offensichtlich, daß die Molmenge des Dampfes, der in der oberen und in der unteren Säule aufsteigt (s. Bild 5.5./14 b) gleich ist, wenn das in die Destillation kontinuierlich eintretende Gemisch auf Siedetemperatur erhitzt wurde und die Wärmeverluste an den umgebenden Raum vernachlässigbar sind.

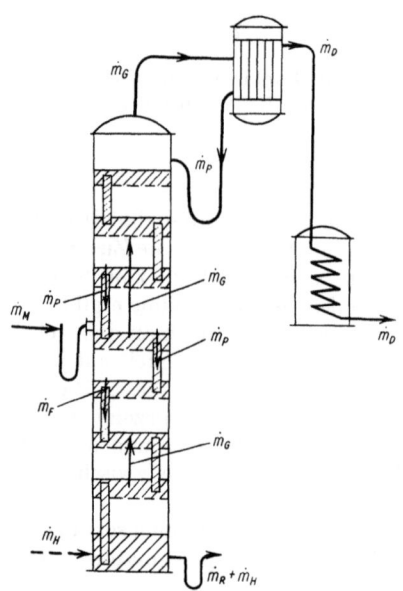

Bild (5.5./19). Schema der Stoffbewegung in einer Abtriebssäule

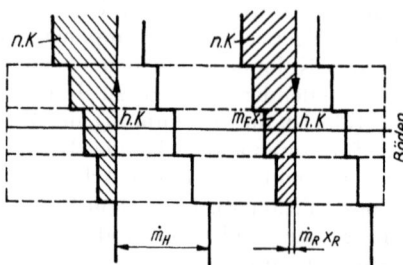

Bild (5.5./20). Graphische Darstellung der Bewegung von Dampf und Flüssigkeit in einer Abtriebssäule

Unter diesen Bedingungen kann man für die Abtriebssäule die Beziehungen aufstellen:

1. $\dot{m}_M + \dot{m}_P = \dot{m}_F$
2. $\dot{m}_M = \dot{m}_R + \dot{m}_D$
3. $\dot{m}_F - \dot{m}_R = \dot{m}_G$

4. $\dot{m}_F x - \dot{m}_G y = \dot{m}_R x_R$ (bei Erwärmung mit abgeschlossenem Dampf; Bild 5.5./20)

   x Gehalt an der niedrigersiedenden Komponente in der Flüssigkeit in einem beliebigen Abschnitt der Abtriebssäule

   y Gehalt an der niedrigersiedenden Komponente im Dampf in einem beliebigen Abschnitt der Abtriebssäule

   $\dot{m}_R$ Rückstand der Destillation in der Zeiteinheit

   x_R Gehalt an der niedrigersiedenden Komponente im Rückstand

5. $\dot{m}_F x - \dot{m}_G y = (\dot{m}_R + \dot{m}_H) x_R$ (für Erhitzung mit offenem Dampf).

Da aber $\dot{m}_H$ immer bedeutend geringer ist als $\dot{m}_R$, wird auch bei der direkten Zuführung von Dampf häufig die vierte Gleichung verwendet.

Durch Umformen dieser Gleichungen erhält man den Gehalt an der niedrigersiedenden Komponente in der Flüssigkeit

$$x = \frac{\dot{m}_F - \dot{m}_R}{\dot{m}_F} y + \frac{\dot{m}_R}{\dot{m}_F} x_R$$

Da

$$\dot{m}_F = \dot{m}_M + \dot{m}_p \text{ und}$$

$$\dot{m}_M = \dot{m}_R + \dot{m}_D,$$

ergibt sich

$$x = \frac{\dot{m}_M + \dot{m}_p - \dot{m}_M + \dot{m}_D}{\dot{m}_M + \dot{m}_p} y + \frac{\dot{m}_M - \dot{m}_D}{\dot{m}_M + \dot{m}_p} x_R = \frac{\dot{m}_p + \dot{m}_D}{\dot{m}_M + \dot{m}_p} y + \frac{\dot{m}_M - \dot{m}_D}{\dot{m}_M + \dot{m}_p} x_R$$

Stellt man das Mengenverhältnis des Ausgangsgemisches und des Destillates als Quotient dar

$$u = \frac{\dot{m}_M}{\dot{m}_D}$$

und führt das Rücklaufverhältnis ein

$$\dot{m}_p = v \dot{m}_D,$$

so ergibt sich

$$x = \frac{v \dot{m}_D + \dot{m}_D}{u \dot{m}_D + v \dot{m}_D} y + \frac{u \dot{m}_D - \dot{m}_D}{u \dot{m}_D + v \dot{m}_D} x_R$$

$\dot{m}_D$ kürzend, erhält man die Gleichung für den Gehalt an der niedrigersiedenden Komponente in der Flüssigkeit:

$$x = \frac{v+1}{u+v} y + \frac{u-1}{u+v} x_R \qquad (5.5./10)$$

Diese Gleichung ist wieder eine Gerade, den Teil $u-1/u+v \cdot x_R$ auf der x-Achse abtrennend. Sie wird als Arbeitslinie der Abtriebssäule oder Abtriebsgerade bezeichnet.

Diese Gerade bildet mit der Vertikalen den Winkel β

$$\tan \beta = \frac{v+1}{u+v} \qquad \text{(Bild 5.5./21)}$$

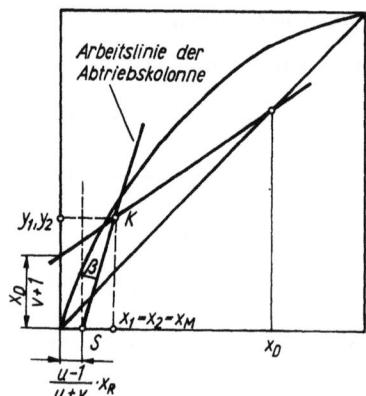

Bild (5.5./21). Konstruktion der Arbeitslinie einer Abtriebssäule

In der Grafik ist auch die Arbeitslinie der Verstärkungssäule konstruiert. Beide Arbeitslinien überschneiden sich im Punkt K.
Betrachtet werden sollen die Koordinaten dieses Punktes. Sie müssen die Bedingung $y_2 = y_1$ und $x_2 = x_1$ erfüllen; der Index „2" bezieht sich auf die Abtriebssäule und der Index „1" auf die Verstärkungssäule.
Es gelten die Beziehungen für die Abtriebssäule

$$y_2 = \frac{x_2 - \dfrac{u-1}{u+v} x_R}{\dfrac{v+1}{u+v}}$$

$$= \frac{u+v}{v+1} x_2 - \frac{u-1}{v+1} x_R = \frac{u+v}{v+1} x_2 + \frac{1-u}{v+1} x_R$$

und für die Verstärkungssäule

$$y_1 = \frac{v}{v+1} x_1 + \frac{x_D}{v+1}$$

Wenn $y_2 = y_1$, dann ist

$$(u+v) x_2 + (1-u) x_R = v x_1 + x_D$$

oder

$$u x_2 + (1-u) x_R = x_D$$

Hieraus folgt

$$x_2 = \frac{x_D - (1-u) x_R}{u} = \frac{x_D - x_R + u x_R}{u}$$

$$= \frac{x_D - x_R + \dfrac{\dot m_M}{\dot m_D} x_R}{\dfrac{\dot m_M}{\dot m_D}}$$

$$= x_D \frac{\dot m_D}{\dot m_M} - x_R \frac{\dot m_D}{\dot m_M} + x_R = \frac{\dot m_D}{\dot m_M} (x_D - x_R) + x_R$$

Die Masse des Gemisches, die kontinuierlich zugegeben wird, ist

$$\dot{m}_M = \dot{m}_D + \dot{m}_R$$

und

$$\dot{m}_M x_M = \dot{m}_D x_D + \dot{m}_R x_R$$

Hieraus folgt

$$x_M = \frac{\dot{m}_D}{\dot{m}_M} x_D + \frac{\dot{m}_R}{\dot{m}_M} x_R$$

oder

$$x_M = \frac{\dot{m}_D}{\dot{m}_M} x_D + \frac{\dot{m}_D - \dot{m}_M}{\dot{m}_M} x_R = \frac{\dot{m}_D}{\dot{m}_M} x_D + x_R - \frac{\dot{m}_D}{\dot{m}_M} x_R = \frac{\dot{m}_D}{\dot{m}_M}(x_D - x_R) + x_R$$

Ist $x_2 = x_M$ und $x_1 = x_2$, dann folgt

$$x_1 = x_2 = x_M \tag{5.5./11}$$

Somit kann man, wenn das Gemisch mit Siedetemperatur in die Anlage eintritt, die Konstruktion der Arbeitslinie der Abtriebssäule vereinfachen. In Bild (5.5./21) ist der Wert x_M ermittelt. Fällt man im Punkt x_M die Senkrechte bis zum Schnittpunkt mit der Arbeitslinie der Verstärkungssäule, so wird der Überschneidungspunkt der Arbeitslinien K erhalten. Aus dessen Verbindung mit dem Punkt S resultiert die Arbeitslinie der Abtriebssäule.

Die Bodenzahl in der Abtriebssäule bestimmt man genau so wie bei den Verstärkungssäulen. Dieses Verfahren ist in Bild (5.5./22) dargestellt.

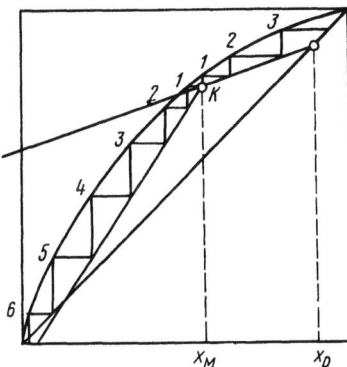

Bild (5.5./22). Ermittlung der Zahl der Konzentrationsstufen

Die erhaltene Zahl der Konzentrationsstufen (d. h. die Zahl der theoretischen Böden) ist die Ausgangsgröße für die Bestimmung der Zahl der praktisch notwendigen Böden. Um diese zu erhalten ist es nötig, die Zahl der theoretischen Böden zu vergrößern, weil praktisch der Gleichgewichtszustand nicht erreicht wird. Das Maß der Leistungsfähigkeit des Bodens ist der *Bodenwirkungsgrad*.

Diese Größe, kleiner als 1, wird experimentell bestimmt. Die Division der Zahl der Konzentrationsstufen durch den Wirkungsgrad ergibt die Zahl der praktisch notwendigen Böden. Die Größe des Bodenwirkungsgrades ist eine komplizierte Funktion verschiedener Faktoren, dazu gehören:

Konstruktion des Bodens,
Abstand zwischen den Böden,
Dampfgeschwindigkeit und
physikalische Eigenschaften des zu destillierenden Gemisches.

In der Praxis dienen zur Berechnung der Anlagen die Mittelwerte des Wirkungsgrades, die für verschiedene Fälle der Destillation ermittelt wurden. Der Bodenwirkungsgrad schwankt zwischen 0,25 und 0,9.

5.5.5. Analyse der Arbeit von Rektifikationsanlagen

Minimales Rücklaufverhältnis

Wenn man die Größe des Rücklaufverhältnisses variiert, so wird dabei auch die Lage der Arbeitslinie verändert. Bestimmt werden sollen die Grenzlagen der Arbeitslinie: Es ist offensichtlich, daß eine der Grenzen $v = \infty$ ist, weil sich für $\dot{m}_D \to 0$ $v = \dot{m}_p/\dot{m}_D \to \infty$ ergibt. Die Arbeitslinie fällt mit der Diagonalen zusammen. Aus Bild (5 5./23) ist zu entnehmen, daß diesem Fall der größte Nutzeffekt entspricht; folglich wird dabei die Bodenzahl ein Minimum annehmen. Der andere Extremwert ist die Mindestrücklaufzahl. Die Arbeitslinie verläuft in diesem Fall durch den Punkt N auf der Gleichgewichtskurve. Dieser Punkt liegt auf der Senkrechten, die im Punkt x_E gefällt wurde (x_E – Gehalt der niedrigersiedenden Komponente im Phlegma, das vom unteren Boden abläuft).

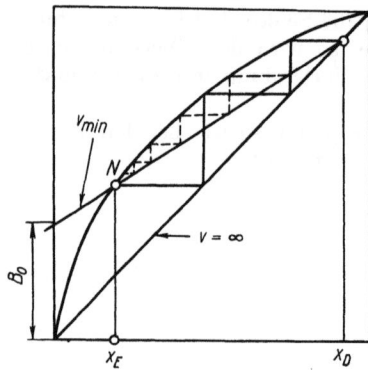

Bild (5.5./23). Grenzwerte des Rücklaufverhältnisses

In diesem Fall wird die für die Destillation notwendige Bodenzahl unendlich, wie dies aus dem Bild ersichtlich ist. Bei weiterer Verringerung der Rücklaufzahl ist die Destillation unter den gegebenen Bedingungen technisch sinnlos. Wenn man den Abschnitt B_0 mißt, kann man v_{min} bestimmen, weil $x_D/v_{min}+1 = B_0$; hieraus folgt

$$v_{min} = \frac{x_D - B_0}{B_0}.$$

Der Minimalwert des Rücklaufverhältnisses kann auch auf analytischem Wege gefunden werden. Aus der Gleichung

$$y = \frac{v}{v+1}x + \frac{x_D}{v+1}$$

erhält man

$$y(v+1) = vx + x_D$$
$$yv + y = vx + x_D$$
$$yv - vx = x_D - y$$
$$v = \frac{x_D - y}{y - x} \qquad (5.5./12)$$

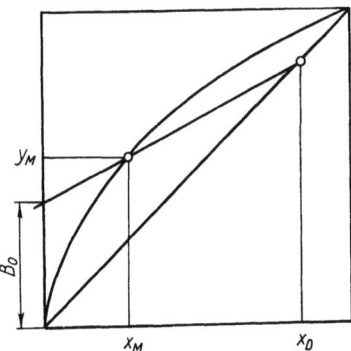

Bild (5.5./24). Graphische Darstellung des minimalen Rücklaufverhältnisses

Für siedendes flüssiges Eintrittsprodukt ist v_{min} relativ einfach zu bestimmen:

$$v_{min} = \frac{x_D - y_M}{y_M - x_M}$$

x_M Gehalt an der niedrigersiedenden Komponente im Eintrittsgemisch
y_M Gehalt an der niedrigersiedenden Komponente im Dampf, der sich mit dieser Flüssigkeit im Gleichgewicht befindet (Bild 5.5./24)

Jedoch ist Gl. (5.5./12) nicht für alle binären Gemische anwendbar, z. B. nicht bei einigen Konzentrationen des Systems Äthylalkohol – Wasser, das eine charakteristische sattelartige Gleichgewichtskurve hat, die in drei Punkten durch die Arbeitslinie geschnitten werden kann.

Das minimale Rücklaufverhältnis entspricht einem minimalen Energieverbrauch, aber einer unendlichen Bodenzahl. Umgekehrt hat ein unendlich großes Rücklaufverhältnis $v = \infty$ eine minimale theoretische Bodenzahl, die für die Destillation notwendig ist, zur Folge. Gilt für die Rektifikation $v = \infty$, so ist die Leistungsfähigkeit der Kolonne maximal. Dann kann man, um die Konzentration der niedrigersiedenden Komponente zu erhöhen, mit einer „Verzögerung" arbeiten, d. h. zeitweise ohne Entnahme des Destillats. Wenn die Kolonne eine Zeitlang in sich selbst fährt, begünstigt das die Konzentration an der niedrigersiedenden Komponente auf ihren Böden. Nach Beendigung der „Verzögerung" wird diese der Kolonne entnommen.

Auswahl des optimalen Rücklaufverhältnisses

Für die Berechnung der Kolonne und die Konstruktion der Arbeitslinien ist es notwendig, den Wert für das Rücklaufverhältnis v festzulegen. Dabei geht man von v_{min} aus. Dieses stellt den unteren Grenzwert dar, bei dem die Energiekosten ein Minimum betragen. Die notwendigen Investitionsmittel werden aber unendlich hoch und damit auch die Kosten für Amortisation und Reparatur. v_{min} muß k-mal vergrößert werden. Die Größe k wählt man oft nach in der Praxis gewonnenen Werten. Jedoch ist es richtiger, den Koeffizienten k durch eine Analyse seines Einflusses auf die Betriebskosten der Kolonne und auf die notwendig werdenden Mittel für deren Errichtung zu bestimmen. Mit wachsendem k und somit zunehmendem Rücklaufverhältnis steigen die Ausgaben für Energie. Allerdings sinken zunächst die Investitions- und damit auch die Gesamtkosten. Wird das Rücklaufverhältnis weiter vergrößert, vermindert sich die Bodenzahl nur noch geringfügig, doch infolge des steigenden Energieverbrauchs erhöhen sich die Gesamtausgaben. Des weiteren nehmen bei einem großen Rücklaufverhältnis auch die Kosten für Amortisation und Reparatur auf Grund des größeren Kolonnendurchmessers zu (Bild 5.5./25). Der optimale Wert für k ist also jener, bei welchem die Gesamtausgaben je Jahr minimal werden. Seine Bestimmung ist folgendermaßen durchzuführen: Man stellt die Arbeitsbedingungen der Kolonne auf und wählt eine Reihe von Werten für k aus. Ist v_{min} bekannt, so ist es möglich, die jeweils entsprechende Zahl der praktisch wirksamen Böden, den Durchmesser und die Höhe der Kolonne zu ermitteln. Danach schätzt man die Kosten ein. Ihre jährliche Summe (in M/Jahr) ergibt sich für die Anlage aus

$$P = P_A + P_V + P_D + P_B$$

P_A Amortisationskosten der Kolonne
P_V Kosten für den zur Verdampfung der Flüssigkeit notwendigen Dampf
P_D Amortisationskosten des Dephlegmators
P_B Amortisationskosten des Baus (der Unterbringung)

Mit Hilfe der Berechnungen kann die Kurve für die Gesamtkosten ermittelt werden, wie in Bild (5.5./25) dargestellt ist. Der auf der horizontalen Achse durch einen kleinen Kreis gekennzeichnete Punkt ergibt den optimalen Wert für k. Oft liegt das Kostenminimum im Bereich $v = (1{,}1 \cdots 1{,}5)\, v_{min}$.

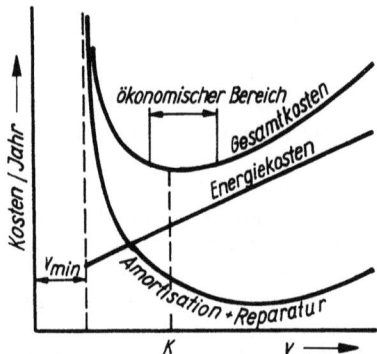

Bild (5.5./25). Einfluß des Rücklaufverhältnisses auf die Kosten

Der Einfluß der Temperatur des eintretenden Gemisches auf den Destillationsverlauf

Die Temperatur des Gemisches, das zur Destillation in die Rektifikationsanlage eintritt, liegt häufig unterhalb der Siedetemperatur. In diesem Falle kondensiert ein Teil des auf dem Einspritzboden ankommenden Dampfes. Dadurch wird die eintretende Flüssigkeit zum Sieden erhitzt, und es erhöht sich in ihr die Konzentration an der niedrigersiedenden Komponente. Deshalb verläuft die Destillation so, als ob eine Flüssigkeit mit einem höheren Gehalt an dieser eingetreten wäre.

Man kann die Menge, um die sich das Ausgangsgemisch durch die Kondensation des Dampfes vergrößert, berechnen: Für die Erwärmung der Flüssigkeit bis zum Sieden wird an Dampf in kg kondensiert:

$$\Delta m_M = \frac{m_M C_p (T_S - T_A)}{q} \tag{5.5./13}$$

q Kondensationswärme in kJ/kg
m_M Menge des Ausgangsgemisches in kg
C_p spezifische Wärmekapazität der Flüssigkeit in kJ/(kg·K)
T_S Siedetemperatur des Gemisches in K
T_A Temperatur des zugegebenen Gemisches in K

Die Summe $(m_M + \Delta m_M)$ bezeichnet man mit m_{M_G}. Die Flüssigkeitsmenge, die vom Einlaufboden abfließt, ist

$$m_{F_1} = m_p + m_{M_G} m_M$$

$$u' = \frac{(m_M + \Delta m_M) m_M}{m_D} = \frac{m_{M_G} + m_M}{m_D} = m_{M_G} u$$

Die Gleichung der Arbeitslinie der Abtriebssäule kann man entsprechend Gl. (5.5./10) in der Form schreiben:

$$x = \frac{v+1}{v+u'} y + \frac{u'-1}{u'+v} x_R \qquad (5.5./14)$$

Die Konstruktion wird in diesem Falle nach der allgemeinen Methode durchgeführt, wie sie in Bild (5.5./21) dargestellt ist, d. h. mit Hilfe von tan α, welcher in diesem Falle gleich ist $(v + 1)/(v + u')$.

5.5.6. Stoff- und Wärmebilanzen der Rektifikationsanlagen

Für die Aufstellung der Bilanzen einer kontinuierlichen Rektifikationsanlage stellt man sich die Kolonne der Anlage in einen Kreis eingeschlossen vor, wie dies in Bild (5.5./26) gezeigt ist und betrachtet, was bei diesem ein- bzw. ausgeht.

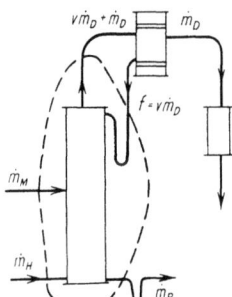

Bild (5.5./26). Aufstellung der Stoffbilanz der Rektifikationsanlage

Stoffbilanz

Eingang in kg/h:
1. in die Destillation eintretende Flüssigkeit m_M,
2. Heizdampf $\dot{m}_H$,
3. Phlegma (aus dem Dephlegmator) $\dot{m}_p = v\dot{m}_D$

Ausgang in kg/h:
1. Destillat $\dot{m}_D$,
2. Phlegma (im Dampf) $\dot{m}_p = v\dot{m}_D$,
3. Rückstand $\dot{m}_R$,
4. Kondensat des Heizdampfes $\dot{m}_H$, $\dot{m}_H = \dot{m}'_H$.

Dieses Kondensat kann man gesondert vom Sumpf abführen, wenn der Heizdampf abgeschlossen ist und gemeinsam mit diesem, wenn der Dampf direkt zugeführt wird.

Es gilt

$$\dot{m}_M + \dot{m}_H + v\dot{m}_D = \dot{m}_D + v\dot{m}_D + \dot{m}_R + \dot{m}'_H \tag{5.5./15}$$

hieraus folgt

$$\dot{m}_M = \dot{m}_R + \dot{m}_D \tag{5.5./16}$$

Auf der Grundlage der Stoffbilanz läßt sich die Wärmebilanz der Anlage aufstellen.

Wärmebilanz

Eingang in kJ/h:

1. Wärme, die mit dem zu destillierenden Gemisch zugeführt wird

$$\dot{Q}_M = \dot{m}_M C_M t_M$$

C_M spezifische Wärmekapazität des Gemisches
t_M Temperatur des Gemisches

2. Wärme, die mit dem Heizdampf zugeführt wird

$$\dot{Q}_H = \dot{m}_H H_H$$

i_H Enthalpie des Dampfes

3. Wärme, die durch das Phlegma aus dem Dephlegmator zugeführt wird

$$\dot{Q}_{pFl} = v\,\dot{m}_D\, C_p\, t_p$$

C_p spezifische Wärmekapazität des Phlegmas
t_p Temperatur des Phlegmas

Ausgang in kJ/h:

1. Wärme, die durch das Destillat entfernt wird

$$\dot{Q}_D = \dot{m}_D H_D$$

H_D Enthalpie des Destillatdampfes

2. Wärme, die durch den Phlegmaanteil im Dampf entfernt wird

$$\dot{Q}_{pD} = v\dot{m}_D H_D$$

3. Wärme, die durch den Rückstand entfernt wird

$$\dot{Q}_R = \dot{m}_R C_R t_R$$

$\dot{m}_R = \dot{m}_M - \dot{m}_D$ in kg/h
C_R spezifische Wärmekapazität des Rückstandes
t_R Temperatur des Rückstandes

4. Wärme, die durch das Kondensat entfernt wird

$$\dot{Q}_K = \dot{m}_H C_K t_K$$

C_K spezifische Wärmekapazität des Kondensates
t_K Temperatur des Kondensates

5. Wärme, die an den umgebenden Raum abgegeben wird $\dot{Q}_V$.

Nachfolgend sei die Gleichung der Wärmebilanz aufgestellt und der Dampfverbrauch bei der Destillation ($\dot{m}_H$) bestimmt:

$$\dot{m}_M C_M t_M + \dot{m}_H H_H + v\dot{m}_D C_p t_p$$
$$= \dot{m}_D H_D + v\dot{m}_D H_D + \dot{m}_R C_R t_R + \dot{m}_H C_K t_K + \dot{Q}_V \qquad (5.5./17)$$

$$\dot{m}_H = \frac{\dot{m}_D H_D + v\dot{m}_D (H_D + C_p t_p) + \dot{m}_R C_R t_R + \dot{Q}_V + \dot{m}_M C_M t_M}{(H_H - t_K C_K)} \qquad (5.5./18)$$

Aus Gl. (5.5./18) kann man folgende Schlußfolgerungen ziehen:

1. Der Dampfverbrauch wird bei der Rektifikation durch Erhöhung der Rücklaufzahl gesteigert.

2. Der Dampfverbrauch wird durch Erhöhung der Temperatur des Eintrittsgemisches verringert.

In Bild (5.5./27) ist die Wärmebilanz der Anlage grafisch dargestellt.

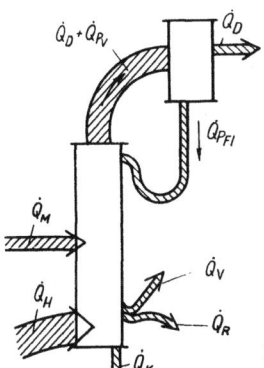

Bild (5.5./27). Graphische Darstellung der Wärmebilanz der Rektifikationsanlage

5.5.7. Konstruktionen von Rektifikationsanlagen

Die Rektifikationsanlagen können entsprechend ihrer Konstruktion in verschiedene Grundtypen eingeteilt werden (Bild 5.5./28).

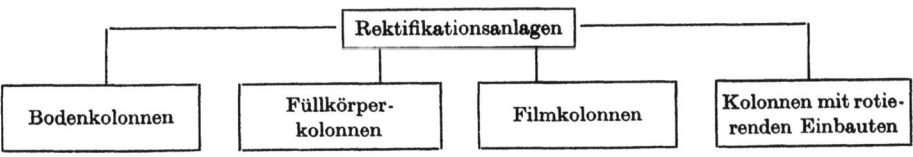

Bild (5.5./28). Einteilung der Rektifikationsanlagen

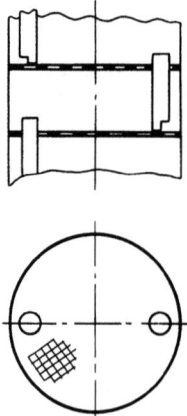

Bild (5.5./29). Siebboden

Bodenkolonnen

Die Bodenkolonnen haben in der Lebensmittelindustrie eine sehr große Verbreitung gefunden. In Bild (5.5./29) ist ein Siebboden mit zwei zylindrischen Überlaufrohren dargestellt. Solche Böden werden sowohl für reine Flüssigkeiten als auch für Flüssigkeiten, die kleine Feststoffteilchen enthalten, verwendet. Für erstere haben die Öffnungen einen Durchmesser von 2···3 mm, für letztere 7···8 mm.
In Kolonnen mit großem Durchmesser entsteht beim Fließen der Flüssigkeit auf den Böden ein bedeutender Niveauunterschied zwischen ihrem Ein- und Austritt. Infolgedessen ist ein ungleichmäßiger Durchgang des Dampfes durch die Öffnungen an verschiedenen Punkten der Kolonne möglich. Um diese Erscheinung zu verhindern, neigt man die Böden entsprechend der Strömung der Flüssigkeit so, daß die Flüssigkeit ein einheitliches Niveau auf diesem erhält. Die Regulierung der Höhe der Flüssigkeitsschicht erfolgt mit Hilfe von Überlaufrohren.
Ein wesentlicher Mangel der Siebböden ist, daß die Flüssigkeit auf ihnen nur durch den Dampfdruck zurückgehalten wird. Deshalb fließt bei Verminderung der Dampfzuführung in der Kolonne die Flüssigkeit durch die Öffnungen der Böden ab. Der hauptsächliche Vorzug der Siebböden ist die Einfachheit ihrer Konstruktion.
Glockenböden gibt es in unterschiedlichen Ausführungen. Die wesentlichsten Typen, die in der Lebensmittelindustrie verwendet werden, sind in den Bildern (5.5./30, 5.5./31 und 5.5./32) dargestellt.
In Bild (5.5./30) und (5.5./31) sind Böden abgebildet, die in der Regel für die Destillation von Flüssigkeiten, die Feststoffteilchen enthalten, verwendet werden. Der Boden, der in Bild (5.5./31) wiedergegeben ist, zeichnet sich dadurch aus, daß in ihm der Dampf von zwei Seiten durch die Flüssigkeit perlt: unter den Glockenrändern und unter den Rändern der Manschette hervor. Dadurch tritt die Flüssigkeit, die durch ein schmales ringförmiges Überlaufrohr fließt, in engen Kontakt mit dem Dampf. Einen solchen Boden kann man als Glockenboden mit doppeltem Sieden bezeichnen.
Die Überlaufrohre, die in Bild (5.5./30) und (5.5./31) dargestellt sind, haben ovalen oder runden Querschnitt.
Bild (5.5./32) zeigt einen Mehrglockenboden mit Wehren vor dem Überlauf. Durch die größere Kontaktfläche zwischen Dampf und Flüssigkeit hat er eine höhere Wirksamkeit als der Einglockenboden. Die Wehre bedingen eine gleichmäßige Verteilung des Phlegmas auf dem Boden. Zur besseren Dispergierung des Dampfes haben die Glocken gezackte Ränder.

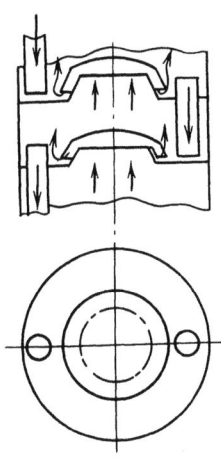
Bild (5.5./30). Boden mit einer Glocke

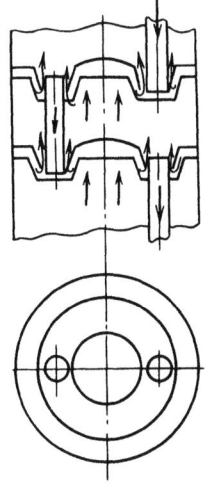
Bild (5.5./31). Glockenboden mit doppeltem Sieden

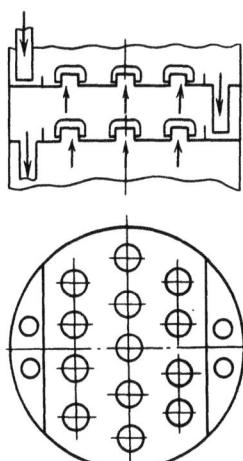
Bild (5.5./32). Mehrglockenboden

Ein Mangel der Böden mit Überlaufrohren ist, daß das Flüssigkeitsniveau auf ihnen auf Grund des Strömens der Flüssigkeit nicht einheitlich ist. Da der Dampf dort durchströmt, wo das Niveau niedriger ist, arbeitet der Boden ungleichmäßig.

Die *Gitterböden*, die während der letzten Jahre Verbreitung gefunden haben, beheben diesen Mangel. Sie haben keine Fallrohre, die flüssige Phase fließt in ihnen durch die Schlitze ab, durch die der Dampf strömt. Gitterböden haben unterschiedlichen Aufbau. Der in Bild (5.5./33) dargestellte hat Schlitze mit einem rechtwinkligen Querschnitt, es werden aber auch solche mit runden Öffnungen eingesetzt.

Für reine Flüssigkeiten beträgt die Breite der Schlitze 3···4 mm. Der Abstand zwischen den Böden ist 300···600 mm.

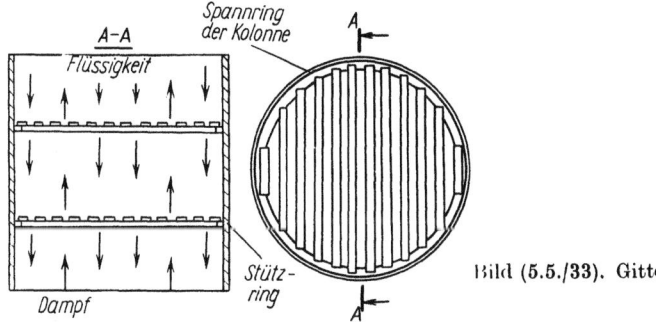
Bild (5.5./33). Gitterboden

Gitterböden können auch für Flüssigkeiten eingesetzt werden, die Feststoffteilchen enthalten. In diesem Falle müssen die Schlitze eine größere Breite haben.

Diese Art von Böden sind leistungsfähiger als solche mit Überlaufrohren, die den gleichen Durchmesser aufweisen. Ihr wesentlicher Mangel besteht darin, daß sie keine große Änderung der Belastung der Kolonne zulassen und nur bei einer bestimmten Dampfgeschwindigkeit effektiv arbeiten können.

Von den anderen Bodenarten sei noch der Boden mit gelenkter Flüssigkeits- und Dampfströmung erwähnt. Bei diesen wird der Dampf auf die Seite geführt, zu der der

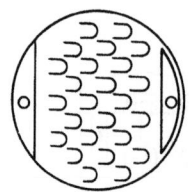

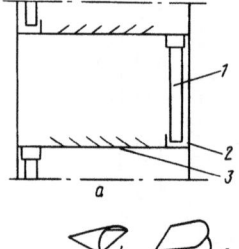

Bild (5.5./34). Schuppenboden
a) Prinzipschema der Kolonne
(1) Überlaufrohr (2) Aufnahmestelle für die abfließende Flüssigkeit (3) Schuppen
b) gebogene Schuppe
c) Lamellenschuppe

Flüssigkeitsstrom gerichtet ist. Dadurch wird das Absinken des Flüssigkeitsniveaus auf dem Boden verringert.

In Bild (5.5./34) ist ein *Schuppenboden* dargestellt. Auf diesem tritt der Dampf durch Löcher, die die Form von kleinen Schuppen haben. Böden dieser Art sind sehr leistungsfähig und einfach im Aufbau.

Die grundlegenden konstruktiven Abmessungen der Rektifikationskolonne sind ihr Durchmesser, der Abstand zwischen den Böden und die Höhe der Kolonne. Für die Bestimmung des Durchmessers kann man die **Durchsatzgleichung** verwenden:

$$\dot{V}_D = \frac{\pi d^2}{4} \omega$$

$\dot{V}_D$ Volumenstrom der Dämpfe in der Kolonne in m³/s
d Innendurchmesser der Kolonne in m
ω lineare Dampfgeschwindigkeit in m/s

Den Volumenstrom des Dampfes erhält man aus der Gleichung

$$\dot{V}_D = \frac{(\dot{m}_D + v\dot{m}_D)\,22{,}4\,Tp_N}{T_0 p} \qquad (5.5./19)$$

$\dot{m}_D$ Mengenstrom des Destillates in kmol/s
v Rücklaufzahl
T_0 273 K
T Dampftemperatur in K
p Druck in der Kolonne in Pa
p_N Normaldruck in Pa

Die optimale Dampfgeschwindigkeit bestimmt man mit Hilfe empirischer Gleichungen. Höhere Geschwindigkeiten führen zur Spritzerübertragung und zur Verringerung des Wirkungsgrades der Böden, bei geringeren ist die Kontaktfläche klein und ein enger Kontakt zwischen Dampf und Flüssigkeit nicht gewährleistet. Deshalb muß v_D für jeden Abstand zwischen den Böden den günstigsten Wert haben, bei welchem der Wirkungsgrad des Bodens maximal wird. Für Wasser-Alkohol-

Gemische kann man die optimale Dampfgeschwindigkeit durch folgende Gleichung ermitteln:

$$v_D = \frac{0{,}305\, h_B}{60 + 0{,}05\, h_B} - 0{,}012\, h_z \qquad (5.5./20)$$

h_B Abstand zwischen den Böden in mm
h_z Höhe der Barbotage in mm

Die Höhe der Barbotage ist die Weglänge des Dampfstromes in der auf dem Boden befindlichen Flüssigkeit. Die Dampfgeschwindigkeit kann man auch durch die allgemeinere Gleichung bestimmen:

$$v_D = A\, \varrho^{-n} \qquad (5.5./21)$$

ϱ Dichte des Dampfes (kg/m³),
A, n Größen, die vom Abstand zwischen den Böden abhängen. Ihre Werte sind in Tab. (5.5./4) aufgeführt.

Tabelle (5.5./4). Abhängigkeit der Koeffizienten A und n vom Bodenabstand

Abstand zwischen den Böden in mm	Koeffizient A	Koeffizient n
500	1,14	0,465
400	1,10	0,470
300	1,02	0,490
200	0,82	0,545
150	0,62	0,490
135	0,54	0,425

Filmkolonnen

Füllkörperkolonnen. Als Einsätze in Rektifikationskolonnen werden in der Lebensmittelindustrie auch Füllkörper verwendet, die einen engen Kontakt zwischen Dampf und Flüssigkeit gewährleisten (s. Abschn. 3.8.).
In Bild (5.5./35) ist das Schema einer periodisch betriebenen Füllkörperkolonne dargestellt. Aus diesem ist ersichtlich, daß die Füllkörper von der Flüssigkeit, die über eine Verteilervorrichtung in die Kolonne gelangt, umspült werden.
Wie in Abschn. 3.8. gezeigt, kann die Füllkörperkolonne im Zustand der Turbulenz oder der Emulgierung arbeiten. Man stellte fest, daß die Effektivität der Füllkörperkolonnen bei letzterem maximal ist.
Zwischen dem reinen Zustand der Turbulenz und dem der Emulgierung gibt es in der Füllkörperkolonne eine Übergangsphase, in welcher der turbulente Zustand zwar durchbrochen, aber der Dampfstrom noch zusammenhängend und kontinuierlich ist.
Die Erhöhung der Dampfgeschwindigkeit und der Dichte der Füllkörperbenetzung durch das Phlegma fördert die Emulgierung. Außerdem kann diese mit Hilfe spezieller Vorrichtungen zur Austreibung des Sumpfes aus der Kolonne erreicht werden.
In Bild (5.5./36) ist das Schema einer Abtriebssäule gezeigt, welche für die Arbeit im emulgierten Zustand eingerichtet ist. In dieser ist der Durchfluß der Flüssigkeit im unteren Teil durch eine Schicht kleiner zylindrischer Ringe erschwert, die sich auf einem Gitter befinden. Deshalb fließt sie über ein U-Rohr ab, dessen Höhe ihr statisches Niveau in der Kolonne bestimmt. Praktisch bleibt dieses aber höher, weil sich die flüssige Phase mit dispergierten Dampfblasen füllt.

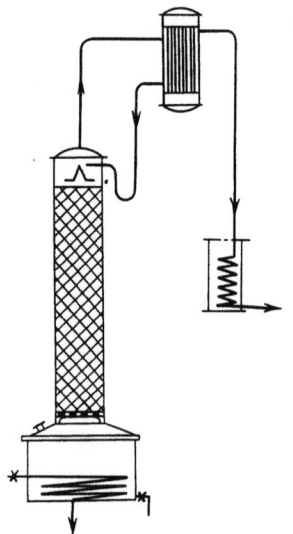 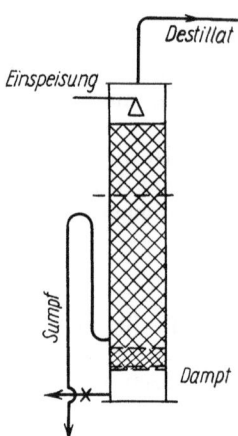

Bild (5.5./35). Rektifikationsanlage mit Füllkörperkolonne

Bild (5.5./36). Schema einer Füllkörperkolonne, die im Zustand der Emulgierung arbeitet

Wenn der Dampfstrom sehr stark ist, kann es vorkommen, daß durch diesen Flüssigkeit nach oben mitgerissen wird. Diese unerwünschte Erscheinung bezeichnet man als „Überflutung" der Kolonne.
Die optimale Dampfgeschwindigkeit in der Füllkörperkolonne läßt sich nach der von *A. N. Planowski* und *W. W. Kafarow* vorgeschlagenen Gleichung (s. Abschn. 3.8.) bestimmen. Der erhaltene Wert ist immer etwas geringer als der, welcher dem Überfluten der Kolonne entspricht.
Berechnet man so die Dampfgeschwindigkeit und kennt das Volumen des aufsteigenden Dampfes, kann der Durchmesser der Kolonne ermittelt werden.
Für die Bestimmung der Kolonnenhöhe sind die Angaben zur Bewertung ihres Wirkungsgrades notwendig. Zur Ermittlung der Effektivität von Füllkörperkolonnen sind zwei grundlegende Methoden bekannt.
Nach der ersten Methode stellt man die Höhe einer Füllkörperschicht fest, die einer Konzentrationsstufe äquivalent ist. Die äquivalente Höhe $h_{äq}$ wird empirisch durch Messungen an betriebenen Kolonnen bestimmt. Ist sie bekannt und die Zahl der notwendigen Konzentrationsstufen wurde berechnet, so ist die Gesamthöhe der Füllkörperschicht $h_{Ges} = n\, h_{äq}$.
Diese Bestimmung hat den wesentlichen Mangel, daß eine Gleichwertigkeit der Konzentrationsstufen angenommen wird. Eine modernere Methode der Effektivitätsbewertung von Füllkörperkolonnen ist die Verwendung von „Übergangseinheiten", dargestellt in Abschn. 5.4. bei der Betrachtung des Absorptionsprozesses.
Die Zahl der Übergangseinheiten ist nicht nur für die Bewertung des Wirkungsgrades der genannten Kolonnen, sondern auch für Bodenkolonnen, Rieselblechkolonnen und Kolonnen mit rotierenden Einbauten, welche im weiteren beschrieben werden, nutzbar. Ihre Anwendung ist für die Effektivitätsbewertung von Rektifikationsanlagen im Vergleich zur Verwendung des theoretischen Bodens wesentlich vorteilhafter.
Der hauptsächliche Mangel der Berechnung mit Hilfe der theoretischen Böden ist der, daß diese, wenn man die verschiedenen Abschnitte der Gleichgewichtskurve betrachtet, keinen gleichwertigen Wirkungsgrad haben. Verwendet man für die Bewertung der Effektivität die Zahl der Übergangseinheiten, so wird damit eine einheitliche und unveränderliche Effektivitätseinheit erhalten.

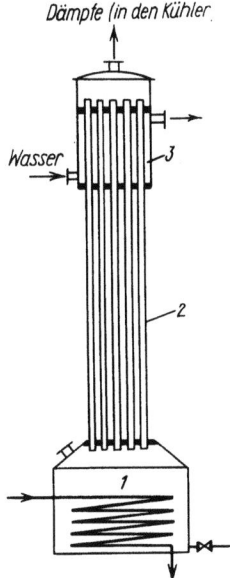

Bild (5.5./37). Schema einer Filmkolonne mit Rohren
(1) Destillierblase (2) Rohre (3) Dephlegmator

Filmkolonnen mit Rohren. In Bild (5.5./37) ist das Schema einer periodisch arbeitenden Filmkolonne mit Rohren dargestellt. Ihr grundlegendes Element sind Rohre (2), in welche der Dampf aus der Destillierblase (1), die mit einer Rohrschlange versehen ist, eintritt. Das Phlegma entsteht im Dephlegmator (3), indem im oberen Teil der Rohre der Dampf durch Kühlung mit Wasser, das ihre Außenflächen umspült, kondensiert. So wird das Phlegma unmittelbar auf der Innenfläche der Rohre gebildet und fließt durch diese nach unten ab, auf den Dampf treffend, der entgegensteigt. Der Kontakt zwischen Dampf und Flüssigkeit tritt an der Oberfläche der fließenden Flüssigkeitsschicht auf. Der Dampf, der im Resultat des Austauschs mit dem Phlegma an der niedrigersiedenden Komponente angereichert wird, steigt in den oberen Teil der Kolonne und gelangt in den Kühler.

Außer diesem Typ sind weitere Anlagen bekannt, in welchen das Phlegma in einem gesondert gelegenen Dephlegmator gebildet und aus ihm in die Kolonne mit Rohren geleitet wird. Jedoch ist es bei einem solchen Aufbau sehr schwierig, das Phlegma gleichmäßig über die Rohre der Anlage zu verteilen.

Der Wirkungsgrad dieser Filmkolonnen hängt vom Rohrdurchmesser ab, er wächst mit dessen Verringerung. Der Durchmesser der verwendeten Rohre beträgt 5···20 mm. Filmkolonnen mit kleinem Rohrdurchmesser (6 mm) haben eine geringere Höhe als Füllkörper- und Bodenkolonnen bei gleichem Wirkungsgrad. Diese Anlagen werden industriell für die Vakuumdestillation einiger Produkte der Parfümindustrie genutzt.

Kolonnen mit rotierenden Einbauten

Rektifikationsanlagen mit rotierenden Einbauten können in zwei Gruppen eingeteilt werden:

1. Kolonnen mit vertikalen Wellen,
2. Kolonnen mit horizontalen Wellen.

In beiden Anlagetypen erfolgt die Verteilung der Flüssigkeit mit Hilfe der Zentrifugalkraft. In Bild (5.5./38) ist eine Kolonne mit rotierender vertikaler Welle und sich drehenden Böden dargestellt.

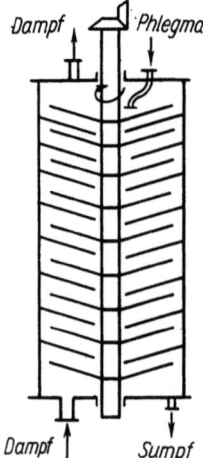

Bild (5.5./38). Schema einer Kolonne mit rotierenden Einbauten

Dieser Typ enthält zwei Arten konischer Böden. Die eine Gruppe ist an der vertikalen Welle befestigt und dreht sich mit dieser mit einer Geschwindigkeit bis zu 250 min^{-1}. Die anderen Böden sind starr und mit dem Gehäuse der Kolonne verbunden. Bei Inbetriebnahme der Anlage wird das Phlegma durch die Zentrifugalkraft auf die sich drehenden Böden geschleudert, von welchen es auf die starren Konusse und über sie nach unten auf den niedrigerliegenden konischen Boden fließt. Der Dampf bewegt sich dem Phlegma entgegen, und zwischen beiden entsteht ein enger Kontakt. Eine solche Anlage hat eine hohe Trennwirkung.
Kolonnen mit horizontaler rotierender Welle sind in ihrem Aufbau komplizierter. In ihnen dreht sich um die horizontale Achse ein Metallband, das spiralenförmig gewunden ist. Das Gemisch tritt in das Zentrum der Spirale ein und wird durch die Zentrifugalkraft an deren Wände gedrückt, sie mit einem dünnen Film überziehend. Der Dampf strömt dem Phlegma entgegen. Die Phasen berühren sich an der Flüssigkeitsoberfläche. In der Bewertung des Wirkungsgrades eines solchen Anlagentyps gibt es in der Literatur unterschiedliche Auffassungen. Infolge der komplizierten Konstruktion finden diese Apparate in der Lebensmittelindustrie keine Anwendung.

5.5.8. Prinzipschemata der Rektifikation von Mehrstoffgemischen

Bisher wurden Destillations- und Rektifikationsprozesse binärer Gemische betrachtet. In der Praxis werden aber kompliziertere Gemische, die aus mehreren Komponenten bestehen, der Destillation und Rektifikation unterworfen, um sie in einzelne mehr oder weniger reine Komponenten zu trennen. So gewinnt man z. B. in der Alkohol herstellenden Industrie aus Maische, die etwa 40 verschiedene flüchtige Komponenten enthält, vier Fraktionen: Äthylalkohol (Rektifikat), Äther-Aldehydfraktion, Fuselöle und den Sumpf, der im wesentlichen aus Wasser und Feststoffen besteht.
Der Trennungsprozeß komplizierter Gemische wird in Anlagen mit mehreren Kolonnen realisiert.

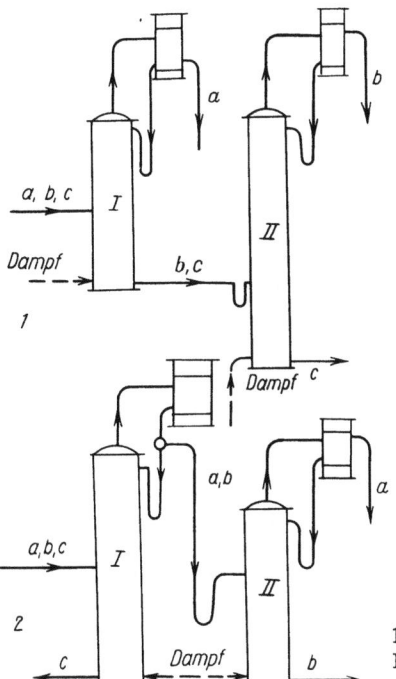

Bild (5.5./39). Anlagen für die Rektifikation eines Dreikomponentengemisches

In Bild (5.5./39) sind die Schemata für die Trennung von Dreikomponentengemischen, die aus den Komponenten a, b und c bestehen, dargestellt. In ihnen ist a diejenige mit dem niedrigsten und c die mit dem höchsten Siedepunkt.
Die Destillation kann in Apparaten mit mehreren Kolonnen nach zwei Methoden durchgeführt werden:

1. In der ersten Kolonne wird die Komponente mit dem niedrigsten Siedepunkt ausgetrieben und die beiden anderen werden der zweiten Kolonne zugeführt, wo ihre Trennung erfolgt.
2. Die erste Kolonne trennt die Komponente c mit dem höchsten Siedepunkt ab, und die Komponenten a und b treten in die folgende Kolonne ein, wo sie getrennt werden.

Nach dem gleichen Prinzip kann das Schema einer Anlage für die Destillation eines Vierkomponentengemisches oder eines Gemisches, das eine beliebige Anzahl von Komponenten enthält, dargestellt werden.
In einem solchen Falle würden für die Destillation eines n-Komponentengemisches (n − 1) Kolonnen gefordert. Praktisch gelingt es jedoch, die komplizierte Destillation mit einer geringeren Anzahl Kolonnen durchzuführen. Dies ist dadurch erklärbar, daß bei der Destillation komplizierterer Gemische in bestimmten Zonen der Kolonne eine maximale Konzentration der einen oder anderen Komponente auftritt. Dies ermöglicht, die jeweilige Komponente aus dieser Zone zu entfernen. In Bild (5.5./40) ist das Schema einer Rektifikationsanlage mit Zwischenentnahme von Fraktionen dargestellt. In dieser Anlage wird das Vierkomponentengemisch a, b, c, d getrennt. Die Komponente mit dem niedrigsten Siedepunkt erhält man hauptsächlich in der ersten Kolonne. Ein gewisser Teil von ihr geht aber noch zusammen mit den anderen Komponenten in die zweite über und wird hier endgültig abgetrennt. Die Komponenten b und c konzentrieren sich in bestimmten Zonen dieser

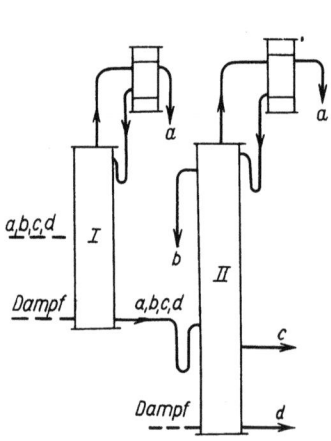

Bild (5.5./40). Schema einer Rektifikationsanlage mit Zwischenentnahme der Fraktionen

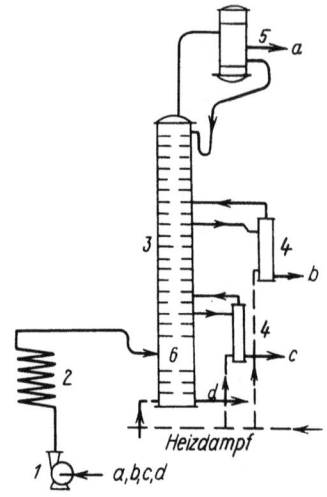

Bild (5.5./41). Schema einer Rektifikationsanlage für Mehrkomponentengemische (1) Pumpe (2) Vorwärmer (3) Kolonne (4) Zusatzkolonnen (5) Dephlegmator (6) Einspritzboden

Kolonne, aus welchen sie als Dampf oder Flüssigkeit entnommen werden. Der Sumpf, der in der zweiten Kolonne anfällt, enthält dann die Komponente d.

Bild (5.5./41) zeigt das Schema einer Anlage für die Rektifikation komplizierter Gemische durch einmaliges Verdampfen und nachfolgender Zwischenentnahme der Fraktionen. Die Pumpe (1) gibt das flüssige Gemisch der Komponente a, b, c und d in den Vorwärmer (2). Das hier gebildete Dampf-Flüssigkeits-Gemisch tritt in den Einspritzboden (6) der Kolonne ein. Hier findet eine Gleichgewichtsdestillation statt. Der Dampf steigt in den oberen Teil der Kolonne, die zurückgebliebene Flüssigkeit fließt nach unten ab, wobei aus ihr der Rest der niedrigersiedenden Komponente abgetrennt wird. Im unteren Teil der Kolonne entfernt man die Komponente mit dem höchsten Siedepunkt.

Die Komponente a mit dem niedrigsten Siedepunkt wird oben aus dem Dephlegmator (5) entnommen. Die Fraktionen b und c, in verschiedenen Höhen der Kolonne erhalten, leitet man als Flüssigkeiten in kleine Zusatzkolonnen (4), wo die niedrigersiedenden Komponenten abgetrennt werden.

Die Dämpfe aus diesen Kolonnen gelangen in die Hauptkolonne zurück. Der beschriebene Anlagentyp findet in der Erdölindustrie Anwendung.

5.5.9. Rektifikationsanlagen mit mehrfacher Ausnutzung der Wärme des Sekundärdampfes

Bei Verdampfungsprozessen wird der Sekundärdampf sehr häufig ausgenutzt. Dadurch können sie mit minimalem Wärmeverbrauch durchgeführt werden. Dies ist auch für die Lebensmittelindustrie sehr wesentlich, da diese Prozesse hier eine große Rolle spielen.

Wie in Abschn. 4.3. ausgeführt, ist die Nutzung des Sekundärdampfes bei der Verdampfung nach zwei Varianten möglich:

1. Durch Anwendung einer Verdampferanlage mit mehreren Stufen,
2. durch Anwendung eines Thermokompressors.

Diese Möglichkeiten zur Verwendung des Sekundärdampfes können auch in der Rektifikationstechnik ausgenutzt werden, um den Wärmeverbrauch bei der Destillation zu verringern. Jedoch benötigen diese Verfahren infolge der Besonderheiten des Prozesses eine spezielle Durchführung.

In Bild (5.5./42) und (5.5./43) sind Prinzipschemata zweier Varianten zur Ausnutzung von Wärme des Sekundärdampfes wiedergegeben.

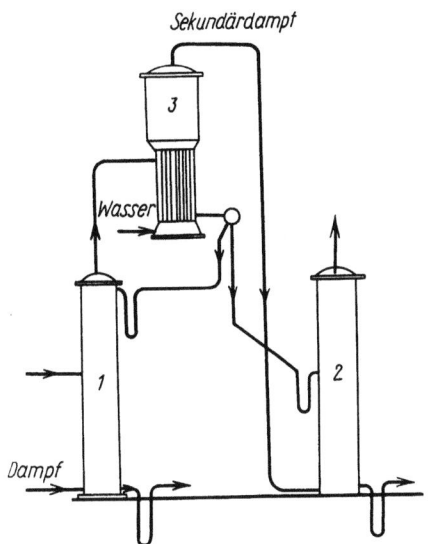

Bild (5.5./42). Schema der Ausnutzung von Sekundärdampf
1. Variante (1) und (2) Kolonnen (3) Dephlegmator-Verdampfer

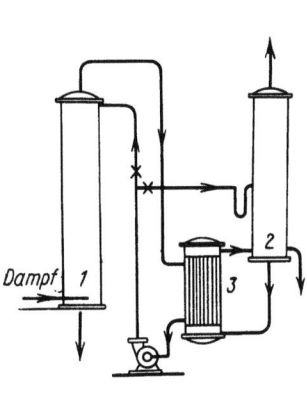

Bild (5.5./43). Schema der Ausnutzung von Sekundärdampf
2. Variante (1) und (2) Kolonnen (3) Dephlegmatorkocher

Das Schema der ersten Variante zeigt Bild (5.5./42). In einer Anlage mit mehreren Kolonnen arbeitet eine Kolonne (1) bei höherem Druck als die andere (2). Die Dämpfe aus der Kolonne (1) treten in den Dephlegmator-Verdampfer (3) ein. Dieser Dephlegmator dient gleichzeitig als Verdampfungsapparat. Durch die Kondensationswärme der Dämpfe, die aus der Kolonne kommen, wird in diesem Wasser verdampft, und der gebildete Wasserdampf heizt die zweite Kolonne.

Das Schema der zweiten Variante zur Wärmeausnutzung zeigt Bild (5.5./43). Die Dämpfe treten aus der ersten Kolonne in den Dephlegmator-Kocher ein. Hier geben sie beim Kondensieren Wärme an das in den Rohren des Kochers zirkulierende Flüssigkeitsgemisch ab, das dadurch verdampft. Das entstehende Kondensat wird abgepumpt.

Bei der Anwendung beider Varianten gestattet die Ausnutzung des Sekundärdampfes eine bedeutende Einsparung an Wärme, die für die Destillation zugeführt werden muß.

Die Ausnutzung einer Wärmepumpe kann man bei der Rektifikation ebenfalls in einigen Varianten realisieren.

In Bild (5.5./44) ist ein Schema dargestellt, wie es bei der Destillation von Maische Anwendung findet. Die Schlempe, die aus der Kolonne entfernt wird, gelangt in einen Sammelbehälter, in welchem durch einen Ejektor Vakuum erzeugt wird. Hier-

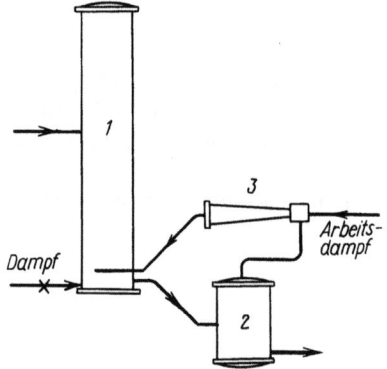

Bild (5.5./44). Schema einer Rektifikationsanlage mit Thermokompressor
(1) Kolonne (2) Sammelbehälter (3) Dampfejektor

durch findet eine „Selbstverdampfung" der Schlempe statt. Die gebildeten Wasserdämpfe werden durch den Injektor komprimiert und von neuem in der Kolonne ausgenutzt. Dies verringert den Dampfverbrauch bei der Destillation um 20%.
In einer Reihe von Verfahren, bei welchen gleichzeitig Verdampfung und Rektifikation realisiert werden, finden auch kombinierte Anlagen Anwendung. Bild (5.5./45) zeigt das Prinzipschema einer solchen zur Verdampfung und Destillation einer alkoholhaltigen Flüssigkeit. Es wird ein Rückstand erhalten, dem der Alkohol entzogen wurde. Dieser Sumpf (Schlempe) enthält die gesamte Trockensubstanz des Ausgangsgemisches (Maische) in konzentrierter Form. Des weiteren gewinnt man ein Alkoholhalbfabrikat.
Kombinierte Anlagen finden in der Spirituosenindustrie Anwendung und gewährleisten durch die Ausnutzung des Sekundärdampfes ebenfalls eine bedeutende Wärmeeinsparung.

5.5.10. Molekulardestillation

Bei der gewöhnlichen Destillation, die bei Normaldruck oder bei geringem Vakuum verläuft, haben die sich von der Oberfläche der Flüssigkeit abtrennenden Moleküle eine unbedeutende freie Weglänge und kehren teilweise in die flüssige Phase zurück.

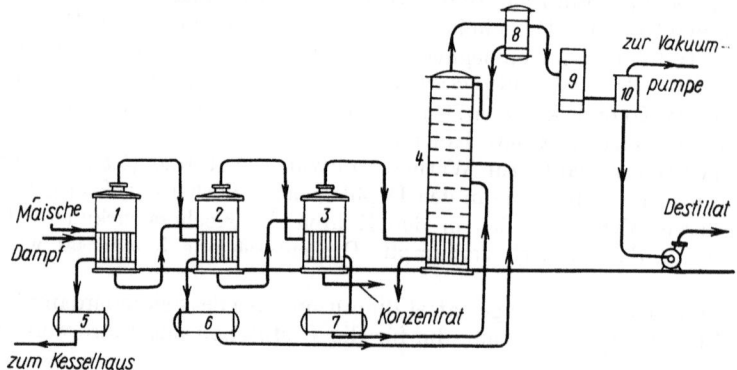

Bild (5.5./45). Prinzipschema einer kombinierten Verdampfungs- und Rektifikationsanlage
(1) (2) (3) Verdampferanlagen (4) Rektifikationsanlage
(5) (6) (7) Kondensatsammelbehälter (8) Dephlegmator (9) Kühler
(10) Destillatsammelbehälter

Bei der Destillation im Hochvakuum hat die freie Weglänge der Moleküle eine bedeutende Größe. Übertrifft diese den Abstand zwischen Verdampfungsfläche und Kondensationsfläche, so wird die Destillation als Molekulardestillation bezeichnet. Die Destillationstemperatur ist dabei sehr niedrig, und die destillierten Produkte werden nicht zersetzt.
Die Molekulardestillation verläuft im Hochvakuum bei einem Druck von 0,01 bis 1 Pa.
In der Lebensmittelindustrie findet diese Art der Destillation bei der Vitamingewinnung Anwendung.

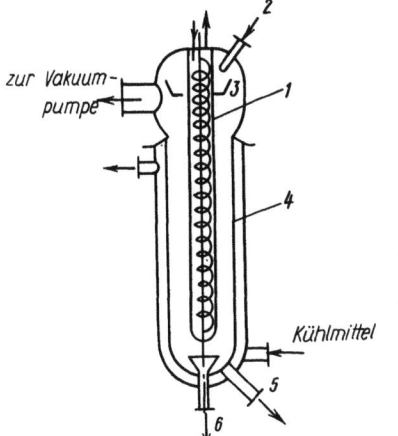

Bild (5.5./46) Schema der Apparatur für die Molekulardestillation
(1) Verdampfer (2) Rohr für die Einspeisung (3) Verteilungstrichter (4) Kondensator (5) Destillatabfluß (6) Sumpfabfluß

In Bild (5.5./46) ist das Schema einer Anlage für die Molekulardestillation dargestellt: Das Gemisch gelangt durch ein Rohr (2) in den ringförmigen Verteilungstrichter (3), von hier aus fließt es als dünne Schicht an der Außenwand des zylindrischen Verdampfers (1) ab. Dieser wird mittels einer elektrischen Heizspirale, die sich in seinem Inneren befindet, erwärmt, wodurch die Flüssigkeit verdampft. Die Dampfmoleküle gelangen auf die Oberfläche des Kondensators (4), der von einem Kühlmantel umgeben ist, durch welchen das Kühlmittel fließt. Das Destillat wird durch ein Rohr (5) abgeführt und durch ein weiteres (6) der Sumpf der Destillation.
Der Abstand zwischen der Oberfläche des Verdampfers und der des Kondensators beträgt 15···20 mm. Das Vakuum wird in zwei Stufen erreicht. Anfangs saugt man die Gase mit Kolben- oder Rotationspumpen ab, das Endvakuum erzeugen Diffusionspumpen.

Zu empfehlende Literatur

Bagaturow, S. A.: Kurs teorii peregonki. Moskau: Gostoptechisdat 1954, 478 S.

Kafarow, W. W.: Osnowy massoperedatschi. Moskau: Wysschaja schkola 1972

Siirde, E. K.; Tearo, E. P.; Mukkal, W. J.: Distilljazija. Leningrad: Chimija 1971, 213 S.

Stabnikow, W. N.: Peregonka i rektifikazija etilowogo spirta. Moskau: Pischtschewaja promyschlennost 1969, 456 S.

Stabnikow, W. N.: Rektifikazionnye apparaty. Moskau: Maschinostrojenie 1965, 356 S.

Autorenkollektiv: Thermische Verfahrenstechnik I. Leipzig: VEB Deutscher Verlag für Grundstoffindustrie 1974, 368 S.

5.6. Kristallisation und Lösen

5.6.1. Einführung

Wesen der Kristallisations- und Löseprozesse

Als *Kristallisation* bezeichnet man den Prozeß der Abtrennung einer festen Phase aus einer Lösung oder einer Schmelze.

Die Abtrennung eines gelösten kristallisierten Produktes aus einer Lösung ist für viele technologische Abläufe der Abschlußprozeß: bei der Herstellung von Kristallzucker, Traubenzucker, Zitronensäure u. a.

In anderen Fällen müssen bestimmte Bedingungen eingehalten werden, damit es nicht zur Kristallisation kommt (bei der Herstellung von Karamel). In verschiedenen Fällen überlagert die Kristallisation die technologischen Hauptprozesse (Bildung von kleinkristalliner Zucker-Apfelkruste auf der Oberfläche von Geleefrüchten).

Als *Lösen* bezeichnet man das Einwirken eines Lösungsmittels auf die zu lösende feste Phase, die keine poröse Reststruktur (Skelett) hat oder Schlamm (unlöslichen Bodenkörper) bildet. Bleibt eine poröse Struktur erhalten, so wird der Übergang des zu lösenden Stoffes in die Lösung als *Auslaugen* bezeichnet. Das Auslaugen verläuft in zwei Abschnitten: die Diffusion innerhalb der Poren und der Stoffübergang von der geometrischen Oberfläche des Körpers. Beim Lösen kommt es nur an der äußeren Oberfläche des Körpers zur Einwirkung des Lösungsmittels auf den Feststoff.

Der Löseprozeß ist die Umkehrung der Kristallisation. Auf vielen Gebieten der Lebensmittelindustrie hat der Löseprozeß eigenständige Bedeutung (Lösen von Kristallzucker bei der Herstellung von Würfelzucker, Lösen von Kochsalz bei der Brotbäckerei usw.). Durch aufeinanderfolgendes Kristallisieren und Lösen (Umkristallisation) kann ein bedeutend reineres Produkt erzielt werden, z. B. Raffinade.

Bedingungen für die Kristallisation und das Lösen

Die Kristallisation und das Lösen finden nur unter bestimmten Bedingungen statt. Die Kristallisation eines beliebigen gelösten Stoffes kann nur aus einer übersättigten Lösung erfolgen, in der der Gehalt des gelösten Stoffes die Löslichkeit übersteigt. Als Löslichkeit wird die Gleichgewichtskonzentration (der Gehalt an gelöstem Stoff in der Lösung bei Gleichgewicht) bei der gegebenen Temperatur bezeichnet.

Eine solche Lösung ist gesättigt. Die Löslichkeit H_0 wird wie folgt ausgedrückt: in kg des gelösten Stoffes je 1 kg Lösungsmittel; in kg des gelösten Stoffes je 1 kg Lösung; in Molanteilen usw. Im gesättigten Zustand ist die Lösung stabil. Es werden keine Kristalle mehr gelöst und auch keine aus dem gelösten Stoff gebildet. Die ungesättigte Lösung enthält eine Menge an gelöstem Stoff, die unter der Löslichkeit liegt. Eine solche Lösung kann solange Kristalle lösen, bis sie gesättigt ist.

Der Grad der Abweichung der Lösung vom Sättigungszustand wird durch den Übersättigungskoeffizienten π charakterisiert. Dieser Koeffizient stellt das Verhältnis der Konzentration H des gelösten Stoffes in der gegebenen Lösung zur Löslichkeit H_0 im reinen Lösungsmittel bei der gleichen Temperatur dar.

$$\pi = \frac{H}{H_0}$$

Bei $\pi < 1$ ist die Lösung ungesättigt, bei $\pi > 1$ übersättigt. Der Zahlenwert des Übersättigungskoeffizienten hängt von der Einheit der Löslichkeit ab. Wird z. B. die Löslichkeit $H_0 = z_0$ mit z_0 als Massenkonzentration des gelösten Stoffes in kg/kg

gesättigte Lösung ausgedrückt, ergibt sich für $\pi = z/z_0$. z ist die Massenkonzentration des gelösten Stoffes in der gegebenen Lösung in kg/kg Lösung. Wird die Löslichkeit als Gehalt des gelösten Stoffes in der gesättigten Lösung z_0/W_0 angegeben, so ergibt sich für $\pi = (z/W):(z_0/W_0)$. W_0 stellt den Gehalt an Lösungsmittel in der gesättigten Lösung dar; W ist der Gehalt an Lösungsmittel in der gegebenen Lösung.
Die Löslichkeit in einer idealen Zweikomponentenlösung (reine Stoffe in reinem Lösungsmittel) hängt von der Temperatur und den Teilchenabmessungen ab.[1] Erheblichen Einfluß auf die Löslichkeit reiner Stoffe haben Verunreinigungen in technischen Lösungen, die das für das Zweikomponentensystem Lösungsmittel – gelöster Stoff typische Verhalten verfälschen. Einige Verunreinigungen erhöhen die Löslichkeit des hauptsächlich zu lösenden Stoffes. Andere Verunreinigungen verringern dessen Löslichkeit und begünstigen damit das Ausfällen aus der Lösung (die Kristallisation).
Die Löslichkeit der meisten Stoffe erhöht sich mit steigender Temperatur. Die Löslichkeit in Mehrkomponentensystemen ist weitaus schwieriger auszudrücken. Der Wert der Löslichkeit verschiedener Stoffe ist Tabellenbüchern zu entnehmen. In entsprechenden technologischen Vorlesungen werden diese Probleme ausführlich behandelt.

Arten der Kristallisation

Für die Abtrennung des gelösten Stoffes in Form von Kristallen muß die Lösung in den Zustand der Übersättigung gebracht werden. Das ist durch eine der folgenden Methoden möglich:
a) Eindicken der Lösung und Erhöhung der Konzentration des gelösten Stoffes durch die Verdampfung eines Teils des Lösungsmittels in einem Verdampfer oder durch die Verdunstung des Lösungsmittels in Luft bei Temperaturen unter dem Siedepunkt.
b) Abkühlen der Lösung zur Verringerung der Löslichkeit.
c) Zugabe von Stoffen in die Lösung, die sich mit dem Lösungsmittel (Wasser) verbinden oder zur Verringerung der Löslichkeit (Aussalzen) dienen.

Zustandsbereiche der Lösung

Bei der Herstellung übersättigter Lösungen kommt man in das Konzentrationsgebiet $H > H_0$. Die Lösung kann kurzzeitig ohne Kristallbildung existieren. Ihre Keimbildung beginnt aber mit Ablauf der „latenten" Periode τ_{lat}, deren Dauer von mehreren Faktoren abhängt (Übersättigungsgrad, Intensität der Lösungsdurchmischung, vorhandene Verunreinigungen, Zugabe von Kristallisationskeimen oder anderen Teilchen u. a.). Dieses Gebiet der Konzentration wird als metastabiles Übersättigungsfeld bezeichnet. Nach unten wird dieses Feld durch die Löslichkeit H_0 und nach oben durch die maximal erreichbare Grenze der Übersättigung H_{max} oder – nach der Terminologie *E. I. Achumovs* – durch die zweite Löslichkeit (Bild 5.6./1) begrenzt.
Darüber liegt die stabile Zone der spontanen Kristallisation.
Weil die Löslichkeit der Stoffe von den Abmessungen der Kristalle abhängt, entsprechen der oberen Grenze H_{max} Kristalle unendlich kleiner Abmessungen, d. h. Keime, die die spontane Kristallisation der übersättigten Lösung einleiten.[1]
Es existieren verschiedene Gleichungen zur Ermittlung der Größe der kritischen Kristallabmessungen und der Wahrscheinlichkeit ihrer Entstehung bei bestimmten thermodynamischen Bedingungen.

---

[1] Hierbei handelt es sich offenbar um die Lösegeschwindigkeit (die Red.)

Die Zustandsänderung der Lösung

Anhand Bild (5.6./1) kann die Zustandsänderung der Lösung für die verschiedenen Kristallisationsmethoden verfolgt werden. Die Abkühlung der anfangs ungesättigten Lösung mit der Konzentration H_1 und der Temperatur t_1 (Punkt A) wird durch die Linie AC dargestellt, die die Löslichkeitskurve im Punkt B schneidet. Dieser Punkt ist durch den Sättigungszustand der Lösung bei der Temperatur t'_1 charakterisiert. Wenn die Kristallisation der Lösung nach ihrer Abkühlung auf die Temperatur t_2 beginnt, wird der Kristallisationsprozeß durch die Linie CD dargestellt. Der Endzustand der Lösung, der Punkt D auf der Löslichkeitskurve, entspricht der Gleichgewichtskonzentration H_2 (Kühlkristallisation).

Der Übergang der Ausgangslösung (Punkt A) in den übersättigten Zustand durch Ausdampfen eines Teils des Lösungsmittels wird durch die aus zwei Abschnitten bestehende Linie AEG dargestellt. Der erste Abschnitt entspricht der Erhöhung der Siedetemperatur der Lösung auf t''_1 mit dem Sättigungszustand H'_1 (Abschnitt AE). Im zweiten Abschnitt EG wird der Übersättigungszustand H_3 erreicht. In den Punkten E und G weichen die Siedetemperaturen vieler Stoffe kaum von t''_1 ab.

Die Diagramme für die Löslichkeit können auch in anderen Koordinatensystemen dargestellt werden. Für Dreikomponentensysteme eignen sich beispielsweise Dreieckskoordinaten.

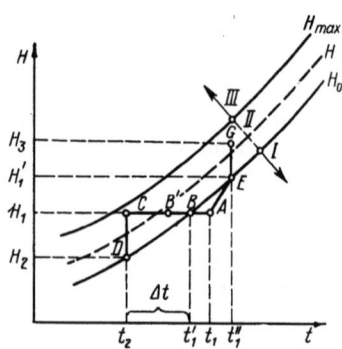

Bild (5.6./1). Löslichkeits- und Übersättigungskurven für eine Zweikomponentenlösung
I ungesättigte Lösung, II metastabile Lösung, III labile Lösung, H_0 normale Löslichkeit

5.6.2. Theoretische Grundlagen der Lösungskristallisation

Die Statik des Kristallisationsprozesses beinhaltet Aussagen über die Grenzzustände der kristallisierenden Systeme – die Werte der statischen (stabilen) „normalen" Löslichkeit, die nicht von hydrodynamischen Faktoren und der Prozeßdauer abhängen. Außerdem werden Kenntnisse über die Wahrscheinlichkeit der Kristallbildung und über die Massenbilanz des Prozesses für den Anfangs- und Endzustand benötigt.

Die Kinetik der Kristallisation beinhaltet Angaben über die Änderung der Prozeßparameter mit der Zeit: über die Übersättigungsgeschwindigkeit, über die Intensität der Kristallbildung, über die Geschwindigkeit des Kristallwachstums und deren Änderung mit der Zeit in Verbindung mit anderen Einflußfaktoren: Wärmeübergang, Umkristallisation, Auflösung u. a. sowie Daten über den granulometrischen Zustand der Kristalle.

Die effektive Nutzung des Kristallisationsprozesses in der Lebensmittelindustrie setzt die Kenntnis der Kinetik dieses Prozesses voraus.

Die Dynamik der Kristallisation untersucht die Reaktion des Systems auf innere Veränderungen und äußere, regulierende Einflüsse, die den ursprünglichen Zustand

des Systems verändern (Antwortreaktion). Angaben zur Dynamik sind für die automatische Regelung des Kristallisationsprozesses erforderlich.
Kristallisationsprozesse zeichnen sich durch erhebliche Kompliziertheit aus. Am gründlichsten erforscht sind bisher die Probleme der Statik des Prozesses, weniger erforscht die Kinetik, während sich die Untersuchung der Dynamik des Kristallisationsprozesses aus Lösungen noch im Anfangsstadium befindet. In der UdSSR wurden zur Beschleunigung der Lösung praktischer Fragen der industriellen Kristallisation einige wissenschaftliche Zentren gegründet, die die Forschungsarbeiten auf diesem Gebiet koordinieren. Einen führenden Platz unter diesen Forschungszentren nehmen die Moskauer, Leningrader, Charkowsker (UkrNIIchimaš) und Swerdlowsker Forschungszentren ein.
Die grundlegenden Arbeiten auf dem Gebiet der Theorie der Lösungskristallisation und der Theorie des Lösens wurden von *O. M. Todes, E. V. Chamskov, L. N. Matusevits, I. V. Melichov, S. V. Gorbačev, E. I. Achumov, A. B. Zdanovskov, V. G. Ponomarenko* und anderen Forschern durchgeführt. Die Kristallisation von Zuckerlösungen und anderen Lebensmittelprodukten wurde von *I. A. Kucharenko, P. M. Silin, P. V. Golovin, G. M. Znamenskij, I. E. Sadovyi, A. L. Sokolovskij, S. E. Charin, Ju. M. Žvirbljanskij* u. a. untersucht. Diese Untersuchungen werden gegenwärtig von den Forschungskollektiven des KTIPP, MTIPP, VNIIKP, dem Voronesher Politechnischen Institut, dem VNIISP und von anderen Institutionen (*Ju. D. Kot, A. V. Zubtšenko, I. N. Kaganov* u. a.) weitergeführt. Die praktische Ausrichtung der Forschungen wird durch das Hauptziel festgelegt, immer bessere Kristallisatoren für kontinuierlichen Betrieb zu entwickeln. Im folgenden werden die wesentlichen theoretischen Grundlagen der Kristallisation behandelt.

Die hauptsächlichen Parameter der Kristallisation

Zur Bildung von Kristallisationskeimen, die wachsen können, muß die Lösung in den *Übersättigungszustand* gebracht werden. Der Übersättigungsgrad muß so hoch sein, daß sich selbständig Keimbildungszentren bilden. Bei geringer Übersättigung erhöht sich die Induktionszeit (latente Periode, ,,Wartezeit") beträchtlich. Während dieser Zeit erfolgt die anfängliche Ausrichtung der Moleküle vor der Bildung von Elementen des festen Kristallgitters. Zur Verkürzung dieser Zeitspanne werden der Lösung Impfkristalle zugegeben, die Impulse für die Herausbildung von Kristallisationszentren in der gesamten Lösung darstellen. Die Entstehung von Kristallisationszentren im System erfolgt nicht gleichzeitig. Die Keimbildungsgeschwindigkeit ist eine Funktion der Prozeßdauer.
Keime, deren Größe einen kritischen Wert überschreiten, beginnen zu wachsen, während kleinere bei gleichen Bedingungen wieder gelöst werden. Wenn bei gleichem Übersättigungsgrad größere Kristalle auf Kosten kleinerer wachsen, bezeichnet man diesen Prozeß als Rekristallisation.
Bei nichtisothermen Arbeitsbedingungen in Industrieapparaten bewegen sich die Kristalle mit dem Lösungsstrom und durchlaufen so ein Temperaturfeld. Sie können dabei in Gebiete ungesättigter erwärmter Lösung geraten und teilweise oder vollständig gelöst werden. Gleichzeitig können in Gebieten hoher Übersättigung (unterkühlte Lösung) neue Kristallisationszentren entstehen. In solchen Fällen wird der Gesamtprozeß durch das Verhältnis der Kristallisations- zur Lösegeschwindigkeit bestimmt. Unter industriellen Bedingungen erhält man immer Kristalle mit unterschiedlichen Abmessungen, mit unterschiedlicher ,,Lebensdauer". Deshalb wird die Qualität des fertigen Produktes durch den granulometrischen Zustand der Kristalle (Fraktionen) charakterisiert. Erwünscht ist eine große Einheitlichkeit der Kristalle. Für jedes Produkt ist der Grad der Einheitlichkeit standardisiert.

Die Änderung des granulometrischen Zustandes der Kristalle im Laufe des Prozesses ist ein Prozeßparameter und ein Charakteristikum für die Qualität der Prozeßführung im gegebenen Apparat.

Die Kristallbildung läßt sich charakterisieren durch die Veränderung der Übersättigung, durch die Geschwindigkeit dieser Änderung und die Kristallverteilung bezüglich der Abmessungen. Diese Parameter erfassen die Wirkung aller Faktoren.

Die zeitliche Änderung der Übersättigungsgeschwindigkeit

Es sollen nun die typischen Kurven für die Änderung $\Delta H = H - H_0$ der Übersättigung der Lösung und die Kristallisationsgeschwindigkeit (Verbrauch der Lösung) $v = dH/d\tau$ über die Dauer des Prozesses τ (Bild 5.6./2) betrachtet werden.

Bei der Kühlkristallisation (Kurven 1) wächst die absolute Übersättigung bis zu einem Maximum ΔH_{max} bei τ_{max}. Anschließend verringert sie sich und bleibt vom Zeitpunkt τ_P an konstant. Das bedeutet eine konstante Geschwindigkeit der Bildung der Übersättigung und des Verbrauchs der Lösung.

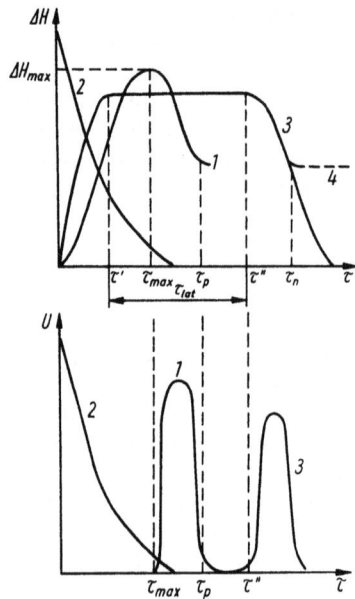

Bild (5.6./2). Zeitliche Änderung der absoluten Übersättigung und die Geschwindigkeit des Verbrauchs der Lösung ohne Impfkristalle
(1) Kühlkristallisation (2) isotherme Kristallisation aus labilen übersättigten Lösungen (3) isotherme Kristallisation aus metastabilen übersättigten Lösungen

Die Kurven 2 entsprechen der isothermen Kristallisation, die im labilen Bereich beginnt (ohne Zufuhr frischer Lösung). Durch die große Übersättigung beginnt der Kristallisationsprozeß sofort, ohne Induktionsperiode. Die Lösung wird schnell verbraucht, und die Geschwindigkeit des Verbrauchs der Lösung fällt auf den Wert Null ab.

Die Kurven 3 entsprechen der isothermen Kristallisation aus dem metastabilen Übersättigungsfeld. Mit Erreichen der notwendigen Übersättigung τ' und während der latenten Periode $\tau_{lat} = \tau'' - \tau'$ bleibt die Lösung ohne sichtbare Veränderungen. Nach dem Zeitpunkt τ'' (der durch das Auftreten erster Kristallkeime mit Hilfe des Mikroskops zu ermitteln ist) beginnt der Rückgang der Übersättigung. Die Geschwindigkeit der Änderung der Übersättigung durchläuft ein Maximum und fällt auf Null ab. Die Kurven 1 bis 3 entsprechen der Kristallisation ohne Zufuhr frischer Lösung. Wenn dem System frische Lösung bei gleichzeitiger Verdampfung des Lösungsmittels zugeführt wird, so kann der Rückgang der Übersättigung unterdrückt werden (wie im Falle 1). Mit dem Augenblick der Zuführung frischer Lösung τ_n geht die Kurve 3 in die Kurve 4 über.

Die Konzentration H der Lösung verändert sich analog der absoluten Übersättigung ΔH. Der Kurvenverlauf $H = f(\tau)$ hängt von den Kristallisationsbedingungen ab. Hat man die Kurve $H = f(\tau)$, kann man daraus viele für die Berechnungen erforderliche Größen ermitteln. Besonders wichtig ist der Zusammenhang zwischen der Geschwindigkeit der Keimbildung $dN/d\tau$ und der Geschwindigkeit des linearen Kristallwachstums $dL/d\tau$ (N - Anzahl der Keime in einer bestimmten Menge, L - charakteristische lineare Abmessung des Kristalls).

Verhältnis von Bildungs- und Wachstumsgeschwindigkeit der Kristalle

Betrachtet man nun den Prozeß der Kühlkristallisation (s. Bild 5.6./1). Damit sich in der Lösung mit der Konzentration H_1 (Punkt A) Keime bilden können, muß sie auf die Sättigungstemperatur t'_1 abgekühlt und um $\Delta t = t'_1 - t_2$ weiter unterkühlt werden bis zu einem Zustand, der dem Punkt C entspricht. Bei geringerer Unterkühlung (z. B. bis zu einem Zustand, der durch den Punkt B' dargestellt wird) werden noch keine Keime gebildet, und es wachsen folglich keine Kristalle.

Die Keimbildungsgeschwindigkeit hängt vom Grad der Unterkühlung der Lösung ab. Unterhalb eines bestimmten Wertes ist die Geschwindigkeit sehr klein durch die hohe Löslichkeit der Keime. Bei einer zu starken Unterkühlung und entsprechend hoher Zähigkeit der Lösung verringert sich die Kristallisationsgeschwindigkeit ebenfalls. Auch die Wachstumsgeschwindigkeit der Kristalle hängt von der Unterkühlung und der entsprechenden Übersättigung ab.

Das Kristallwachstum ist ein Stoffübergangsprozeß. Bezeichnet man mit C und C_0 die Konzentration der übersättigten und der gesättigten Lösung, so läßt sich die massenbezogene Wachstumsgeschwindigkeit der Kristalle mit der Stoffübergangsgleichung beschreiben:

$$\frac{dM}{d\tau} = k_1 (C - C_0) A = k_1 \Delta C A = \dot{q}' A \qquad (5.6./1)$$

dM Stoffmenge in kg, die sich an der Gesamtoberfläche A in m² in der Zeit $d\tau$ in s anlagert

k_1 mittlerer Stoffübergangskoeffizient, bezogen auf die gesamte Oberfläche, in m/s. Als Grenzschicht wird der Konzentrationsunterschied zwischen der Übersättigungskonzentration der Lösung C und der Sättigungskonzentration C_0 definiert

$C - C_0 = \Delta C$ „Triebkraft" der Kristallisation als Diffusionsprozeß in kg/m³

Die Oberfläche der Kristalle beträgt augenscheinlich $A = a \cdot L^2$, das Volumen $V = b \cdot L^3$ und die Masse $M = \varrho \cdot V$, wobei a und b Konstanten sind. Deshalb wird $dM = 3 \varrho \cdot b \cdot L^2 \cdot dL$. Setzt man diesen Ausdruck in Gl. (5.6./1) ein und faßt alle Konstanten in einer Größe zusammen, wird die lineare Kristallwachstumsgeschwindigkeit wie folgt beschrieben:

$$\frac{dL}{d\tau} = \frac{ak_1}{3\varrho b}(C - C_0) = K k_1 (C - C_0) = K \dot{q}' \qquad (5.6./2)$$

$\dot{q}'$ Massenstromdichte an der Oberfläche der Kristalle in kg/m² s

Die letzte Gleichung setzt vereinfachend voraus, daß alle Kristalle geometrisch ähnlich sind und in der gegebenen Lösung mit gleicher Geschwindigkeit wachsen, wenn die Übersättigung nicht zu groß ist.

Jetzt sollen mögliche Fälle für die relative Lage der Bildungs- (1) und Kristallwachstumskurven (2) (Bild 5.6./3) in Abhängigkeit vom Unterkühlungsgrad Δt betrachtet werden. Die Kurven gelten für die Kühlkristallisation verschiedener Stoffe.

Im Fall „a" bei geringer Unterkühlung (A) bilden sich viele sehr langsam wachsende Kristalle, wodurch sich ein feinkörniges Produkt ergibt. Bei starker Unterkühlung (B) erhält man eine geringe Anzahl grober Kristalle.

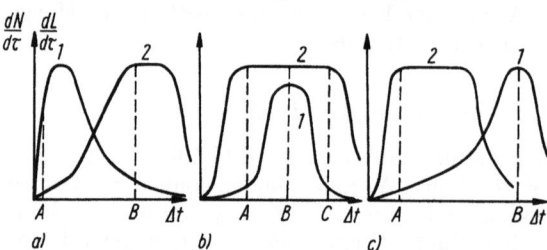

Bild (5.6./3). a) bis c) Varianten des Zusammenwirkens der Kristallwachstums- und -bildungsgeschwindigkeit
(1) Geschwindigkeit der Kristallbildung (2) Kristallwachstumsgeschwindigkeit

Im Fall „b" erhält man bei geringer (A) und starker (C) Unterkühlung ein grobkörniges Produkt und bei mittlerer Unterkühlung (B) ein feinkörniges.
Charakteristisch für den Fall „c" ist ein grobkörniges Produkt bei geringer Unterkühlung und ein feinkörniges bei starker Unterkühlung (B).
Somit ergibt sich bei verschiedener Temperaturführung für ein- und dasselbe Produkt ein unterschiedliches Ergebnis der Kristallisation. Man erkennt daraus die Bedeutung einer produktspezifischen Regelung des Abkühlungsprozesses.
Analoge Ergebnisse erhält man, wenn man Kristallbildung und -wachstum in Abhängigkeit vom Übersättigungsgrad bei der Verdampfungskristallisation untersucht.
Diese Ergebnisse führen zu der Schlußfolgerung, den Kristallisationsprozeß zu optimieren.

Wesentliche Bedingungen für die Optimierung des Kristallisationsprozesses

Die Grundbedingungen für die Optimierung des Kristallisationsprozesses sind:

a) stabile regulierbare Kristallbildung;
b) regulierbares Kristallwachstum;
c) regulierbare Wärmezu- und abfuhr des Systems.

Stabile regulierbare Kristallbildung. Anzahl und Abmessungen der Kristallkeime hängen von der Prozeßtemperatur, der Übersättigung und der Keimbildungsgeschwindigkeit ab. Jede Abmessung eines existenzfähigen Keims entspricht einem bestimmten Übersättigungsgrad. Je größer die Übersättigung, um so kleiner sind die Keime. Um die Bildung neuer Keime während des Wachsens der Kristalle zu vermeiden, muß die Übersättigung verringert werden. Die Anzahl der je Volumen- und Zeiteinheit gebildeten Keime ist durch die Prozeßparameter bedingt. Diese Parameter müssen reguliert werden, um im entscheidenden Augenblick die Bildung neuer Keime zu unterbinden. Dieser Zeitpunkt wird durch die Gesetzmäßigkeit des Anwachsens der Gesamtzahl der Kristallisationszentren N mit der Zeit (Bild 5.6./4) bestimmt. Der Abschnitt a der Kurve $N = f(\tau)$ charakterisiert die Induktionszeit der Anfangsausrichtung der Moleküle. Die Anzahl der entstehenden Kristallisationszentren ist gering. Im Abschnitt b ist die Anzahl der gebildeten Keime

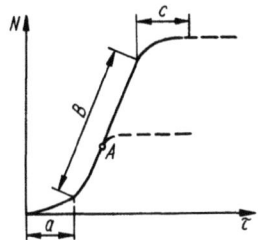 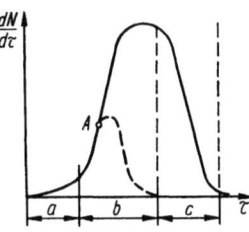

Bild (5.6./4). a) und b) Zeitliche Änderung der Keimbildungsgeschwindigkeit

proportional der Zeit. Abschnitt c charakterisiert das Abklingen des Prozesses, wenn die Anzahl der Keime den entsprechenden Grenzwert erreicht hat; hier werden Doppelkristalle (Drusen) gebildet, die für den technologischen Prozeß unerwünscht sind. Der Arbeitsbereich ist der Abschnitt b. Innerhalb dieses Abschnitts kann die geforderte Zahl der Kristalle zur Herstellung eines Produktes mit bestimmten Eigenschaften reguliert werden. Die Bildung neuer Kristallisationszentren wird durch eine Verringerung der Übersättigung auf den Arbeitspunkt A unterbrochen.

Regulierbares Kristallwachstum. Kristallbildung und Kristallwachstum sind zwei aufeinanderfolgende Phasen des Prozesses, die zeitmäßig schwer zu trennen sind, da die gebildeten Keime sofort zu wachsen beginnen, indem sich ein Stoffstrom aus der Lösung an die Kristalloberfläche anlagert. Die Keimbildung ist ein stochastischer Prozeß. Während des Wachsens der bestehenden Kristalle können sich neue Keime bilden. Kristalle mit unterschiedlichen Abmessungen unterscheiden sich durch die „Entwicklungsstufe". Die Kristallwachstumsgeschwindigkeit hängt praktisch von den gleichen Faktoren ab wie die Kristallbildungsgeschwindigkeit: Temperatur, Übersättigung, hydrodynamische Bedingungen u. a. Die gebildete Kristallmenge wird durch Faktoren bestimmt, die in den Gleichungen des Stoffübergangs (5.6./1) und (5.6./2) enthalten sind. Von diesen Faktoren sind beeinflußbar:

– Erhöhung der Temperatur zur Verringerung der Zähigkeit der Grenzschicht an der Kristallgrenzfläche und zur Erhöhung des Stoffübergangskoeffizienten k_1.
– Erhöhung der absoluten Übersättigung ΔC durch Unterkühlung oder Verdampfung der Lösung.
– Aufrechterhaltung der Übersättigung auf konstantem Niveau durch Verringerung der Temperatur der Lösung oder durch Verdampfung des Lösungsmittels bei Zuführung frischer Lösung.
– Vergrößerung der Kristalloberfläche A durch die Aufrechterhaltung des geforderten granulometrischen Zustandes der Kristalle im Anfangsmoment des Wachstums.
– Änderung der Mischungs-, Zirkulations- und Rezirkulationsgeschwindigkeit der kristallisierenden Massen, um für alle Kristalloberflächen die gleichen Kontaktmöglichkeiten mit dem an die Kristallgrenzflächen diffundierenden Stoff zu schaffen und den mittleren Stoffübergangskoeffizienten k_1 zu erhöhen usw.

Regulierbare Wärmezu- und -abfuhr zum System. Die Unterkühlung und Verdampfung des Lösungsmittels muß in bestimmter zeitlicher Abhängigkeit und mit einer bestimmten Geschwindigkeit, die der Geschwindigkeit der Phasenumwandlung des gelösten Stoffes entspricht, verlaufen. Die Wärmeab- oder -zufuhr soll die Kristallisationsgeschwindigkeit nicht überholen oder hinter ihr zurückbleiben. Eine zu starke Unterkühlung oder Verdampfung kann die Kristallbildung und das Kristallwachstum behindern. Die Zähigkeit der Lösung erhöht sich, und die Lösung geht in einen glasartigen Zustand über; es erfolgt keine Kristallisation. Die Darlegungen zeigen, daß einzelne Optimierungsbedingungen entgegengesetzt wirken. Z. B. führt die

Erhöhung der Übersättigung der Lösung ΔC zur Erhöhung der Kristallisationsgeschwindigkeit, was aus Gl. (5.6./1) folgt. Gleichzeitig mit der Erhöhung der Übersättigung wächst der Gehalt an gelöstem Stoff, der die Zähigkeit der Lösung erhöht. Dadurch werden die Lösungsgeschwindigkeit im Apparat und der Stoffübergangskoeffizient verringert. Deshalb müssen solche Bedingungen gewählt werden, bei denen alle unterschiedlich wirkenden Faktoren insgesamt den Prozeß in der gewünschten Richtung beeinflussen.

Die Wahl der entsprechenden Kristallisationsbedingungen erfolgt auf der Grundlage einer genauen Analyse aller Prozesse, die in den kristallisierenden Massen, an den Kristallgrenzflächen und an den beheizten oder gekühlten Oberflächen der Kristallisationsapparate ablaufen.

Beispiel zur Analyse der Wirkungsfaktoren des Kristallisationsprozesses

Der Grad der Beeinflussung des Stoffübergangskoeffizienten durch die einzelnen Faktoren wird durch die Analyse der diesen Koeffizienten bestimmenden Größen ermittelt. Nehmen wir an, daß die Gesamtkonzentrationsdifferenz $\Delta C = C - C_0$ aus zwei aufeinanderfolgenden Prozessen entsteht: durch die Diffusion der Moleküle aus der freien Volumeneinheit der übersättigten Lösung an die Oberfläche der Kristalle ($\Delta C_1 = C - C_1$) und durch den Einbau der Moleküle in das Kristallgitter ($\Delta C_2 = C_1 - C_0$). Dabei gilt $\Delta C = \Delta C_1 + \Delta C_2$ mit C_1 der Zwischenphasenkonzentration.

In der Grenzschicht der Dicke δ ergibt sich ein spezifischer Stoffstrom zur Grenzfläche der Kristalle bei linearer Konzentrationsänderung von

$$\dot{q}'_1 = -D \frac{dC}{d\delta} \approx \left| D \frac{\Delta C_1}{\delta} \right| = \beta \Delta C_1 \qquad (5.6./3)$$

D Diffusionskoeffizient des kristallisierenden Stoffes in einer interkristallinen Lösung (Mutterlösung) in m²/s

β Stoffübergangskoeffizient von der Lösung an die Grenzfläche der Kristalle in m/s

Dieser Stoffstrom gelangt an die Kristalloberfläche und liefert den Stoff zum Aufbau des Kristallgitters. Er entspricht dem Strom $\dot{q}'_2$ des angelagerten Stoffes.

Nach Versuchen von *Mark* und *Savinov* gilt für die „Grenzflächenreaktion"

$$\dot{q}'_2 = \varkappa \Delta C_2^2 \qquad (5.6./4)$$

$\varkappa$ Konstante für die Umwandlungsgeschwindigkeit in m⁴/kg s

Für den stationären Prozeß muß gelten $\dot{q}'_1 = \dot{q}'_2 = \dot{q}' = k_1 \Delta C$

Durch Gleichsetzen der Gleichungen (5.6./3) und (5.6./4) erhält man eine quadratische Gleichung zur Ermittlung der Zwischenkonzentration. Es gilt

$$\Delta C_1 = C_0 - \frac{\beta}{2\varkappa} \pm \sqrt{\frac{\beta}{\varkappa} \Delta C + \frac{\beta}{4\varkappa}} \qquad (5.6./5)$$

Physikalisch sinnvoll ist nur die Lösung mit positivem Vorzeichen der Wurzel, da $C_1 > C_0$. Verwendet man dieses Ergebnis zur Berechnung von C_1, so erhält man aus den genannten Gleichungen den Stoffübertragungskoeffizienten

$$k_1 = \beta + \frac{\beta^2 - \sqrt{4\varkappa\beta \Delta C + \beta^2}}{2\varkappa \Delta C} \qquad (5.6./6)$$

Damit ergibt sich für den Stoffstrom

$$\dot{q}' = \beta \Delta C - \frac{\sqrt{4\varkappa\beta \Delta C + \beta^2} - \beta^2}{2\varkappa} \qquad (5.6./7)$$

Diese hier in veränderter Form beschriebene Gleichung wurde zuerst 1936 von *P. M. Silin* aufgestellt für Saccharose mit entsprechenden Zahlenwerten für β und $\varkappa$.
Die Analyse dieser Gleichung wird folgendermaßen durchgeführt:
Im diffusionsbestimmten Prozeßabschnitt, in dem der Diffusionswiderstand in der Grenzschicht der geschwindigkeitsbestimmende Schritt ist und der Stoffübergang durch den Stofftransport zur Umwandlungsfläche bestimmt wird, ist der Wert $\varkappa$ groß und $k_1 \approx \beta$.
In diesem Fall gilt $\dot{q}' = \dot{q}'_1 = D \Delta C / \delta = \beta \Delta C$, und die Einflußfaktoren für den Diffusionskoeffizienten D und die Grenzschichtdicke δ sind hinreichend untersucht. Als Haupteinflußgrößen erweisen sich Temperatur und Übersättigung, da sie die Zähigkeit der Lösung bestimmen. Nach *Einstein* wird der Diffusionskoeffizient ausgedrückt durch

$$D = \frac{k_0 T}{\eta} = \frac{k_0 T}{\eta(T, C)} \qquad (5.6./8)$$

k_0 Stoffkonstante
η dynamische Zähigkeit, die mit steigender Temperatur T und sinkender Übersättigung abnimmt

Der Diffusionskoeffizient D und folglich auch der Strom des kristallisierenden Stoffes wachsen mit steigender Temperatur und verringerter Übersättigungskonzentration C der Lösung.
Die Dicke der Grenzschicht wird durch die Umströmungsgeschwindigkeit der Kristalle in der Lösung und deren Zähigkeit bestimmt. Der wichtigste Faktor ist die Zähigkeit, da nach Berechnungen von *P. M. Silin* $\delta \sim \eta^{2,5}$ ist. Das bedeutet, daß auch hier Temperatur und Übersättigung einen starken Einfluß ausüben.
Somit muß die überschüssige Übersättigung $\Delta\pi = \pi - 1$ und die entsprechende überschüssige Konzentration $\Delta C = C - C_0$ auf einem solchen Niveau gehalten werden, daß sich einerseits keine neuen Kristallisationszentren bilden und andererseits die wachsende Zähigkeit nicht das Kristallwachstum hemmt.
Im kinetischen Abschnitt wird der Prozeß nicht durch den Transport, sondern durch die „Grenzflächenreaktion" begrenzt. Der Wert β ist hier groß, und die Kristallisationsgeschwindigkeit wird annähernd durch Gl. (5.6./4) beschrieben.
Im diffusionskinetischen Abschnitt (Zwischenabschnitt), in dem die Diffusions- und die kinetischen Widerstände von gleicher Größenordnung sind, ist die Kristallisationsgeschwindigkeit nach der allgemeinen Gl. (5.6./7) zu bestimmen.
Da die Kristallisation in einem ganz bestimmten Apparat abläuft, muß die Wirkung beliebiger Faktoren unter Beachtung der Besonderheiten des Prozesses bei den konkreten apparatetechnischen Bedingungen und den physikalisch-chemischen Eigenschaften des gegebenen Produktes analysiert werden.
Zum Beispiel unterscheiden sich die Kristallisationsprozesse in kontinuierlich arbeitenden Apparaten von denen in periodisch arbeitenden Apparaten durch die hydrodynamischen Bedingungen, d. h. durch die Strömungsgeschwindigkeit und den Anteil der Rezirkulation. Kristallisationsprozesse von Zweikomponenten- und schwierigeren Systemen unterscheiden sich in den Bedingungen zur Schaffung der Übersättigung usw.

Wachstumskinetik der festen Phase

Die Kristallwachstumsgeschwindigkeit gilt nach den Gleichungen (5.6./1) und (5.6./2) für einen beliebigen Zeitpunkt nach dem Beginn der Kristallisation, für den die Konstanten $\dot{q}'$ und A bekannt sind. Die angegebenen Gleichungen enthalten keine direkten Aussagen über den Systemzustand zum jeweiligen Zeitpunkt (z. B. über den Ertrag an Kristallen oder den Umsatz der Grenzflächenreaktion). In der Realität verändert sich der spezifische Massenstrom $\dot{q}'$ mit der Zeit zusammen mit der Veränderung der Bedingungen des Stoffübergangs (z. B. beim Rückgang der Übersättigung oder durch das Ansammeln von nicht kristallisierenden Bestandteilen in der Mutterlösung). Die Kristallisationsfläche $A(\tau)$ verändert sich auch unvermeidlich mit der Zeit τ, wenn die Kristalle wachsen. Diese Erscheinungen wurden mit verschiedenen Methoden untersucht, um Schlußfolgerungen für die Abhängigkeit der Menge der zu bildenden festen Phase von der Kristallisationsdauer ziehen zu können. Die vereinfachende Annahme von *A. K. Skrjabin* besteht darin, daß man den Übersättigungsüberschuß als eine Größe betrachten kann, die der Differenz zwischen dem theoretischen Grenzwert der Menge M_T, die aus einem bestimmten Lösungsvolumen ausfallen kann, und der Stoffmenge M, die zum gegebenen Zeitpunkt τ ausgefallen ist, proportional ist:

$$(C - C_0) \sim (M_T - M)$$

Aus Gl. (5.6./1) erhält man dann

$$dM = E k_1(\tau) (M_T - M) A(\tau) d\tau \tag{5.6./9}$$

E Proportionalitätsfaktor

Die Integration dieser Gleichung in den Grenzen von M_0 (Masse zu Beginn) bis M und von 0 bis τ liefert

$$M = M_T - (M_T - M_0) \exp\left[-E \int_0^\tau k_1(\tau) A(\tau) d\tau\right] \tag{5.6./10}$$

Vernachlässigt man die Masse zu Beginn, erhält man

$$M = M_T \left[1 - \exp\left(-E \int_0^\tau \Phi(\tau) d\tau\right)\right] \tag{5.6./11}$$

$\Phi(\tau) = k_1(\tau) A(\tau)$ eine allgemeine Zeitfunktion, die den Wert des Integrals im Exponenten bestimmt

Durch die Schwierigkeiten, einen analytischen Ausdruck für die Funktion $\Phi(\tau)$ zu finden, die von der Zeit, dem Prozeßregime, der Dispersität der Kristalle und ihrer Verteilung bezüglich der Abmessungen (ihrem granulometrischen Zustand) abhängt, wurde der Ausdruck im Exponenten bei den Untersuchungen des KTIPP durch einen äquivalenten Ausdruck ersetzt:

$$E \int_0^\tau \Phi(\tau) d\tau = \left(\frac{\tau}{\Theta}\right)^n \tag{5.6./12}$$

Θ und n experimentell ermittelte kinetische Koeffizienten, von denen Θ eine physikalisch begründete Bezugszeit und n ein Koeffizient der Form der kinetischen Kurve (Formfaktor) ist, die von den Kristallisationsbedingungen abhängt

Die Größe Θ wird als diejenige Zeit bestimmt, in der der Massegehalt K_L an Kristallen bei exponentiellem Wachstum den Wert $K_{L\Theta} = 0{,}632\, K_{L_T}$ erreicht (mit $K_{L_T} = M_T/M_L$; M_L – Masse der Lösung mit Kristallen). Bei $\tau/\Theta = 1$ und $n = 1$ ist

$$K_{L\Theta} = K_{L_T}\left(1 - e^{-\frac{\tau}{\Theta}}\right) = K_{L_T}\left(1 - \frac{1}{2{,}72}\right) = 0{,}632\, K_{L_T}$$

Führt man diese Beziehungen in Gl. (5.6./11) ein, so entsteht in dimensionsloser Form (Gleichung KTIPP, Autoren *V. D. Popov, I. S. Skripko, V. G. Tregub*):

$$\frac{K_L}{K_{L_T}} = 1 - \exp\left[-\left(\frac{\tau}{\Theta}\right)^n\right] \qquad (5.6./13)$$

Bild (5.6./5) zeigt den Einfluß des Zahlenwertes von n auf die Form der kinetischen Gleichung, die durch Gl. (5.6./13) beschrieben wird. Bei $n < 1$ erfolgt der Wachstumsprozeß der festen Phase zu Beginn der Kristallisation beschleunigt, bei $n > 1$ verzögert. Die Beschleunigung kann durch eine große Anfangs-(Basis-)Oberfläche der Kristallisation hervorgerufen werden, die Verzögerung durch zu kleine Oberflächen, wenn nur eine geringe Anzahl von Keimen vorliegt. Folglich kann das kinetische Modell des Kristallisationsprozesses in Form der Gl. (5.6./13) nicht nur das Kristallwachstum, sondern auch die Kristallbildung beschreiben, indem der Gesamteffekt dieser Primär- und Sekundärprozesse (Rekristallisation, Auflösung u. a.) erfaßt wird.

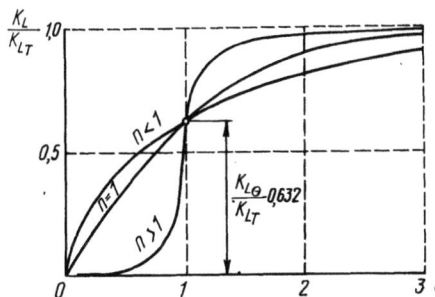

Bild (5.6./5). Einfluß des Faktors n auf die Form der kinetischen Kurve der Kristallisation

Gleichung (5.6./13) wird durch eine Vielzahl von Versuchsergebnissen zur Kristallisation von Saccharose, Penicillin und anderen Stoffen bestätigt. Die Zeitkonstante Θ wird über die Verdampfungsgeschwindigkeit des Lösungsmittels oder die Abkühlgeschwindigkeit der Lösung bestimmt, bei der die Erzielung einer bestimmten Kristallmenge in Übereinstimmung mit der Stoffbilanz gewährleistet wird. Wenn man z. B. aus der Stoffbilanz die Menge des auszudampfenden Wassers $W_{\text{verd}\Theta}$, die einer Kristallmenge $K_{L\Theta}$ entspricht, ermittelt, so gilt für den Verdampfungskristallisator:

$$\Theta = W_{\text{verd}\Theta} : \left(\frac{dW_{\text{verd}}}{d\tau}\right)_m \qquad (5.6./14)$$

$(dW_{\text{verd}}/d\tau)_m$ mittlere Verdampfungsgeschwindigkeit des Wassers für die Zeit Θ. Sie wird gewährleistet durch die entsprechende Intensität des Wärmeübergangs an die siedende Lösung (den erforderlichen Temperaturgradienten)

Somit wird der Zeitmaßstab des Kristallisationsprozesses durch den Wärmeübergang bestimmt.

Für verschiedene Bedingungen industrieller Prozesse liegt der die Kurvenform bestimmende Faktor n zwischen $n = 0{,}2 \cdots 10$, wobei die Größe n entscheidend von den vorliegenden Bedingungen abhängt: von physikalischen Eigenschaften des Systems, der Temperatur, der Anfangsübersättigung zum Zeitpunkt der Kristallbildung u. a. m. Für Zuckerlösungen hängt n von der Menge nichtzuckerartiger Verunreinigungen ab.

Für die Kristallisation an großen Basisoberflächen der Kristalle außerhalb der Anfangsperiode (z. B. in gerührten Kühlkristallisatoren) wird Gl. (5.6./13) komplizierter (s. Ausgangsgleichung 5.6./10):

$$K_L = K_{L_T} - (K_{L_T} - K_{L_A}) \exp\left[-\left(\frac{\tau'}{\Theta_1}\right)^{n_1} \right] \qquad (5.6./15)$$

Diese Gleichung beschreibt den Kristallisationsprozeß mit einem Anfangsgehalt K_{L_A} an Kristallen. Die kinetischen Konstanten Θ_1 und n_1 nehmen neue Werte an.

Die Kinetik des Wärmeübergangs bei der Kristallisation

Wie aus Gl. (5.6./14) zu ersehen ist, ist der Stoffübergangsprozeß der Kristallisation eng verbunden mit dem Prozeß der Wärmeübertragung an die siedende kristallisierende Masse (Untersuchungen von *V. D. Popov*, *I. G. Bažal*, KTIPP). Dieses Zusammenwirken von Wärme- und Stoffübertragung tritt auch bei der Kühlkristallisation auf. Durch die zeitliche Änderung der physikalischen Eigenschaften des Gemisches aus Lösung und Kristallen, bedingt durch den Gehalt an fester Phase und durch das Anhäufen von nichtkristallisierenden Verunreinigungen in der Mutterlösung, verändern sich auch die Wärmeübergangsbedingungen von den Heizflächen an das Gemisch.

Für alle untersuchten Fälle wurde eine exponentielle Abhängigkeit des Wärmeübergangskoeffizienten vom Anwachsen des Gehalts an fester Phase festgestellt. Nach den Ergebnissen von *V. D. Popov* (KTIPP) ergibt sich für die Kristallisation in Vakuumapparaten

$$Nu = Nu_M \exp(-a_0 \pi^2) \qquad (5.6./16)$$

Nu_M dimensionsloser Wärmeübergangskoeffizient, der für die siedende Mutterlösung nach einer der für die hochkonzentrierten Lösungen empfohlenen Formeln (z. B. Formel von *V. I. Tolubinskij* mit unterschiedlichen Konstanten, von *M. A. Kičigin*, *N. Ju. Tobilevič* u. a.) berechnet wird;
a_0 Kontante

$\pi = \dfrac{K_L}{100 - K_L}$ Faktor der festen Phase

Hier gilt $K_L = f(\tau)$. Wenn man in Gl. (5.6./16) die Zeit direkt einführt, gelangt man zu der verallgemeinerten Gleichung, die von *N. A. Sevandin* (KTIPP) vorgeschlagen wird

$$Nu = Nu_0 \exp(-\tau/\Theta_T) \qquad (5.6./17)$$

Nu_0 Nusseltzahl zu Beginn des Kristallwachstums
Θ_T Zeitkonstante des Wärmeübergangsprozesses, die experimentell für verschiedene technologische Bedingungen zu bestimmen ist

Analoge Beziehungen werden für Rührkristallisatoren von *I. S. Gulij* und *I. A. Belokon* angegeben. Es wurde festgestellt, daß die Durchmischung und die Vibration der Heizfläche einen entscheidenden Einfluß auf den Wärmeübergang bei der

Kristallisation ausüben (*E. A. Nedužko, D. E. Sinat - Padčenko*, KTIPP). In Arbeiten von *V. T. Garjazi, V. I. Pavelko, V. G. Artjuchova* (KTIPP) wird die Möglichkeit aufgezeigt, in den Gleichungen der Art (5.6./16) die physikalischen Parameter der Mutterlösung durch effektive Parameter des kristallisierenden Stoffes zusammen mit dem Faktor π zu ersetzen. Arbeiten auf diesem Gebiet werden mit dem Ziel durchgeführt, eine allgemeine Gleichung zu erhalten, die für Berechnungen mittels EDV (*V. D. Popov, E. A. Nedužko*) geeignet sind. Konkrete Ergebnisse sind in der empfohlenen Literatur zu finden. Die vollständigsten Ergebnisse liegen in der Zuckerindustrie vor.

Bei der Lösungskristallisation sind die Größen vom technologischen Charakter (Ertrag und Gehalt an Kristallen, Geschwindigkeit und Dauer der Kristallisation u. a.) unmittelbar mit der Intensität des Wärmeübergangs verbunden. Bei der Kristallisation mit Wasserverdampfung (in Vakuumapparaten) werden die Verdampfungsintensität, die Gesetzmäßigkeiten des Kristallwachstums und die Einspeisung der Lösung in den Apparat durch die Wärmestromdichte bestimmt. Sie hängen ab von der nutzbaren Temperaturdifferenz und dem Wärmeübergangskoeffizienten von der Heizfläche zum Kristallisat (Gemisch aus Kristallen und Lösung). Nach Ergebnissen des KTIPP gelten die Näherungsgleichungen, die mit Hilfe der Ähnlichkeitsbeziehung (5.6./16) abgeleitet werden:

$$k = f\,(TS_{krist})\,\Delta t;$$
$$\dot{q} = k\Delta t = f\,(TS_{krist})\,\Delta t^2 \tag{5.6./18}$$

$\dot{q}$ Wärmestromdichte über der Heizfläche
k Wärmedurchgangskoeffizient zwischen Heißdampf und Kristallisat in Abhängigkeit von der Zeit τ; aus Gl. (5.6./17) zu berechnen

$$k = k_0 \exp\,(-\tau/\Theta_T) \tag{5.6./19}$$

k_0 Wert k zu Beginn der Kristallbildung
Δt Temperaturdifferenz zwischen Heißdampf und Kristallisat
TS_{krist} Funktion der physikalischen Parameter des Kristallisats, abhängig vom Gehalt an Trockensubstanz TS_{krist} des Kristallisats (einschließlich der Kristalle).

Aus Gl. (5.6./18) ist ersichtlich, daß die Wärmestromdichte $\dot{q}$ stark vom Temperaturgefälle Δt (nämlich quadratisch) abhängt. Folglich werden die Geschwindigkeit der Wasserverdampfung $dW_{verd}/d\tau$ und die Kristallisationsgeschwindigkeit $dK_L/d\tau$ durch die Temperaturdifferenz geregelt. Entsprechend der Temperaturdifferenz muß die Zufuhr frischer Lösung geregelt werden, um die Kristalle mit neuem Stoff für ihr Wachstum zu versorgen.

Unterschied zwischen periodischer und kontinuierlicher Kristallisation

Bei der *periodischen* Kristallisation wird der Apparat mit der festgelegten Menge Ausgangslösung gefüllt, die in den Übersättigungszustand gebracht wird. In der übersättigten Lösung kommt es zur Bildung von Kristallen - auf natürliche Weise oder erzwungen, was durch die Zugabe von Fremdkeimen oder durch mechanische Schwingungen (z. B. durch Ultraschall) erreicht wird. Anschließend erfolgt das Wachstum der Kristalle infolge Ausdampfen oder Abkühlung mit oder ohne Zufuhr frischer Lösung. Der gesamte Prozeß wird in ein- und demselben Apparat durchgeführt, mit oder ohne Lösungsumlauf. Der Zustand des Systems in einem bestimmten Moment ist örtlich konstant, verändert sich aber mit der Zeit. Wenn die geforderte Menge an Kristallen erreicht und die Mutterlösung maximal genutzt ist, wird der Apparat geleert und die kristallisierende Menge einer mechanischen Flüssigkeitsabtrennung, meist in einer Zentrifuge, unterworfen. Dann beginnt ein neuer Kristallisationszyklus.

Der Verlauf des periodischen Prozesses wird durch die Entnahme von Proben über die Zeit und deren Analyse kontrolliert, um zu überprüfen, ob die geforderte Kristallmenge und der granulometrische Zustand erreicht ist. Periodische Prozesse sind meist vorteilhaft bei der Produktion im kleinen Maßstab oder bei einmaligen Arbeiten mit großen Pausen zwischen den Zyklen. Der Nachteil dieser Prozesse besteht im ungleichmäßigen Bedarf an frischer Lösung und Heißdampf bzw. Kühlwasser, unterschiedlicher Produktqualität und der Schwierigkeit automatischer Regelung.

Für großtechnische Prozesse (z. B. in der Zuckerindustrie) sind kontinuierlich arbeitende Kristallisatoren geeigneter, die sich durch kontinuierliche Zufuhr frischer Lösung und kontinuierlichen Abzug des fertigen Produktes von den periodischen Prozessen unterscheiden.

In kontinuierlich arbeitenden Kristallisatoren läuft der gleiche technologische Prozeß ab wie in den periodisch arbeitenden Apparaten. Bei der Kristallisation mit kontinuierlichem Massenstrom im Apparat ist der Zustand des Systems in jedem Querschnitt zeitlich konstant, die Prozeßparameter verändern sich aber entlang dem Strom des kristallisierenden Stoffes. Deshalb gehört zum Unterschied zwischen periodischer und kontinuierlicher Kristallisation auch der Einfluß der hydrodynamischen Faktoren.

Es muß betont werden, daß das Vergrößern und die Ablagerung von Kristallen an den inneren Flächen kontinuierlicher Apparate Unterbrechungen der Arbeit erforderlich machen, wodurch die Vorteile oft aufgehoben werden (Möglichkeit der Automatisierung des Prozesses bei gleichen Stoff- und Energieströmen usw.).

In der chemischen Industrie ist das Problem der kontinuierlichen Kristallisation gemeistert. In der Lebensmittelindustrie erschweren spezifische Produkteigenschaften den Übergang zum kontinuierlichen Kristallisationsprozeß. Jedoch steht diese Aufgabe und wird auch gelöst werden.

5.6.3. Technische Anlagen zur Kristallisation aus Lösungen

Apparate für die Verdampfungskristallisation

Obwohl die praktische Beherrschung des Kristallisationsprozesses schon Jahrhunderte bekannt ist, erreichte die Apparategestaltung für diesen Prozeß in der Lebensmittelindustrie nicht den Vervollkommnungsgrad wie z. B. die Apparate für die Eindampfung oder die Rektifikation.

In der Zuckerindustrie wie auch in anderen Zweigen der Lebensmittelindustrie wird der Kristallisationsprozeß periodisch durchgeführt. Die Kristallisation beginnt in dampfbeheizten Vakuum-Verdampfern. Mit Erreichen der Grenzkonzentration wird die siedende Masse aus dem Apparat abgelassen und die Kristallisation in meist wassergekühlten Rührwerkskristallisatoren durchgeführt.

Die Vakuumapparate mit periodischer Arbeitsweise für die verschiedensten Produkte sind Verdampfer, die sich für das Eindampfen konzentrierter Produkte eignen. Die Vakuumapparate haben einen ausreichend großen Zu- und Abflußquerschnitt der Heizflächen als Voraussetzung für die notwendige Zirkulation und den Austrag der dickflüssigen siedenden Stoffmenge (z. B. Siederohre mit einem Durchmesser über 85 mm). Die optimale Konstruktion des Vakuumapparates konnte noch nicht gefunden werden. Deshalb sind die angewandten konstruktiven Formen dieser Apparate sehr vielgestaltig. Apparate mit außenliegendem Rohrbündel werden

meist für die Beheizung mit Abdampf unterschiedlichen Drucks angewendet. Seltener findet man Apparate mit innenliegendem Rohrbündel. Besonders vielgestaltig sind die Verdampfungskristallisatoren in der chemischen Industrie.
Die Konstrukteure suchen nach einer rationellen Form der Heizflächen und des Apparatekörpers (Bild 5.6./6). Zur Verbesserung des Austrags der kochenden Stoffmenge verwendet man konische Rohrböden oder Ringkammern. Um die Zirkulation der Lösung zu gewährleisten, werden die Apparate mit zylindrischen Leitrohren versehen (Bild 5.6./6a). Schlangenförmige Heizflächen werden meist im Konus des Apparates angeordnet (Bild 5.6./6b). Um die Anfangsfüllung des Apparates mit dem zu kochenden Produkt zu verringern (bis 25% oder weniger zur Gesamtmenge der eingedickten Lösung), wird die Heizfläche im Apparat möglichst weit unten angeordnet (Bild 5.6./5c). Um die Siedetemperaturerhöhung infolge des hydrostatischen Drucks gering zu halten, erweitert man den Apparat über dem Rohrbündel (Bild 5.6./6d). Das Niveau der kristallisierenden Stoffmenge sinkt dann.

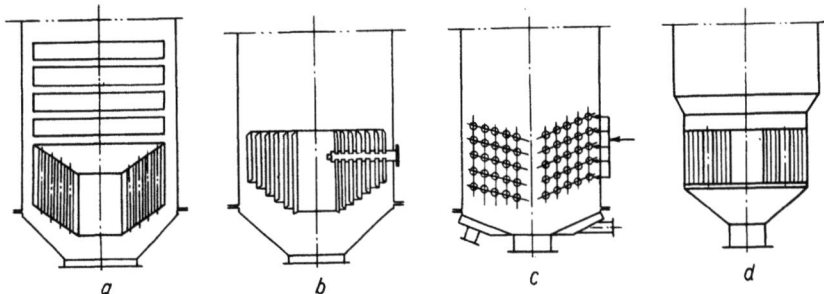

Bild (5.6./6). a) bis d) Anordnung der Heizflächen bei Vakuumapparaten

In den letzten Jahren wurden in der UdSSR umfangreiche Arbeiten zur Auswahl der optimalen Konstruktion für Vakuumapparate mit periodischem Betrieb und zur Konstruktion kontinuierlicher Vakuumapparate für die Zuckerindustrie durchgeführt. Bis zum Vorliegen vollständiger Ergebnisse werden periodisch arbeitende Vakuumapparate vorzugsweise nach der Färbung des Erzeugnisses und der Gleichförmigkeit der Kristalle beurteilt, was auf eine normale Zirkulation und auf das Vermeiden von Totraumzonen im Apparat hinweist.

Apparate für die Kühlkristallisation

Diese Apparate nennt man gewöhnlich *Rührwerkskristallisatoren*.
In den Rührwerkskristallisatoren wird meist das letzte Kristallisationsstadium durchgeführt, bei dem eine maximale Kristallausbeute durch eine hohe Ausnutzung der Mutterlösung angestrebt wird. Die meisten Kristallisatoren haben dazu Kühlflächen, in manchen Fällen auch zusätzliche Heizflächen.
Bei der Lebensmittelherstellung verwendet man im wesentlichen zwei Typen von Rührwerkskristallisatoren (mit Abkühlung oder ohne Abkühlung): Tröge oder Wannen (Bild 5.6./7a) und rotierende Trommeln (Bild 5.6./7b).
In den Rührwerkskristallisatoren kann die Kühlfläche starr als Rohrschlange (Bild 5.6./8a) ausgeführt sein. Meist jedoch ist die Kühlfläche beweglich als Scheiben, Rohre u. a. angeordnet und übernimmt damit die Aufgabe des Rührers (Bild 5.6./8 b, c, d,). Die Formen der Kühlfläche sind vielgestaltig. Die optimale Variante wurde ebenfalls noch nicht gefunden.
Bei verzögerter Kristallisation sind sehr lange Kristallisatoren erforderlich. Für diesen Fall installiert man eine Batterie aufeinanderfolgender, untereinander ver-

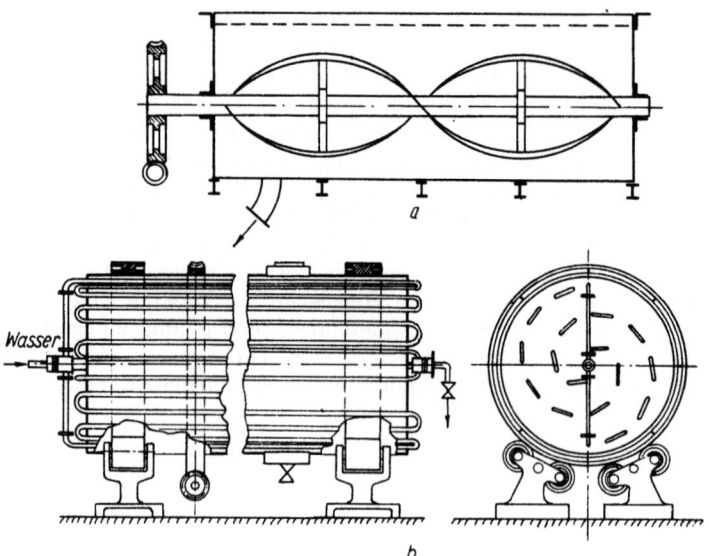

Bild (5.6./7). a) und b) Rührwerkskristallisatoren

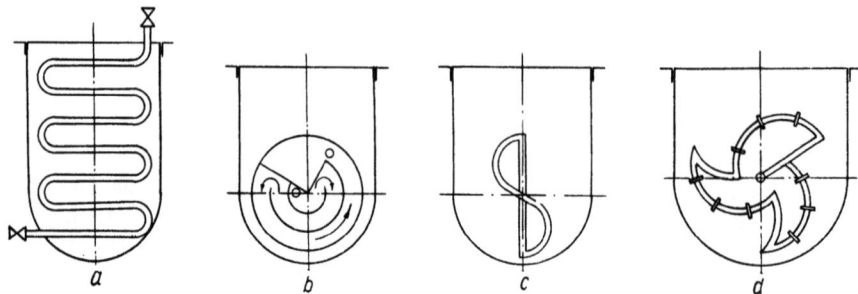

Bild (5.6./8). a) bis d) Anordnung der Kühlflächen bei Kristallisatoren

bundener Rührwerkskristallisatoren mit Abkühlung. Im letzten Rührkessel wird das fertige Produkt erwärmt, um die Abtrennung der Kristalle aus der Mutterlösung in den Zentrifugen zu erleichtern. Auch Kühlkristallisatoren werden in erster Linie nach technologischen Gesichtspunkten ausgewählt, die als Betriebserfahrungen mit verschiedenen Apparaten vorliegen.

Die Grundschaltungen von Anlagen zur kontinuierlichen Kristallisation

Die kontinuierlichen Prozesse lassen sich in zwei unterschiedliche Arten einteilen: Prozesse mit Durchmischung und ohne Durchmischung (Bild 5.6./9).
Im Apparat mit Durchmischung (a), der dem chemischen Reaktor mit völliger Durchmischung entspricht, läuft der Kristallisationsprozeß bei einer im gesamten Volumen einheitlichen Konzentration ab. Der Austrag der Kristalle und der verbrauchten Lösung erfolgt getrennt.
Im Kristallisator ohne Durchmischung (b) tritt die gesättigte Lösung an einem Ende ein. Keimbildung und Kristallisation erfolgen in den aufeinanderfolgenden Abschnitten entlang dem Apparat.

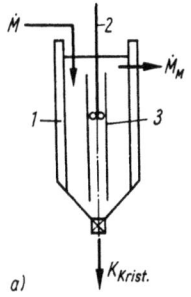
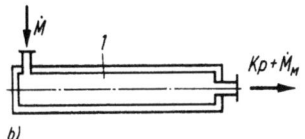

Bild (5.6./9). Schemata der Grundtypen kontinuierlich arbeitender Kristallisatoren
a) mit Durchmischung b) ohne Durchmischung
(1) wassergekühlte Wände (2) Rührer (3) Zirkulationsrohr ($\dot{M}$) Lösungszufuhr ($\dot{M}_M$) Abfuhr der Mutterlösung (K_{Krist}) Kristallaustrag

Ohne Rückvermischung verhält sich der Kristallisator wie ein ideales Strömungsrohr. Zusammensetzung und Temperatur der Lösung ändern sich entlang dem Kristallisator.
Bei der gesteuerten Kristallisation ist die Regulierung der Übersättigung am wichtigsten. In dieser Beziehung bietet der Prozeß mit Durchmischung große Vorteile.
Von den kontinuierlich arbeitenden Apparaten, die aus der chemischen Industrie bekannt sind und in der Lebensmittelindustrie Anwendung finden, sollen zwei Varianten des Kristallisatortyps „Kristall" vorgestellt werden: der Kühl- und der Verdampfungskristallisator (Bild 5.6./10).

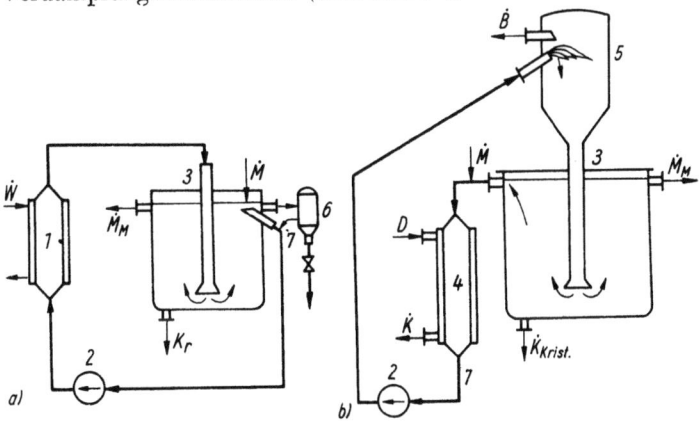

Bild (5.6./10). Schema der Kristallisatoren vom Typ „Kristall"
a) Kühlkristallisator
b) Verdampfungskristallisator
($\dot{M}_M$) Entnahme der Mutterlösung ($\dot{M}$) Lösungseintritt (K_{Krist}) Kristallaustrag
(D) Heizdampfzufuhr (7) Fallrohr (2) Pumpe (K) Kondensataustritt
(3) Zirkulationsrohr (1) Kühlaggregat (6) Klassierstrecke (4) Vorwärmer
(5) Ausdampfkörper ($\dot{B}$) Brüdenaustritt

Der Kühlkristallisator (a) ist ein Apparat mit Zwangsdurchmischung in einem äußeren Flüssigkeitsumlauf, in dem die Übersättigung durch Wasserkühlung geregelt wird. Die Kristallisation erfolgt in einer Klassierstrecke, in der die Lösung den absinkenden Kristallen entgegen nach oben geführt wird. Die Abscheidung der Kristalle wird so geregelt, daß ein konstantes Niveau der Kristalle unter dem Eintritt in das Absaugrohr eingehalten wird. Die Mutterlösung wird durch eine Beruhigungsstrecke geleitet, um kleine Kristalle noch abzuscheiden. Diese ist in den Flüssigkeitskreislauf einbezogen. Die verbrauchte Lösung wird am oberen Flüssigkeitsniveau abgezogen.
Der Verdampfungskristallisator (b) unterscheidet sich von dem Kühlkristallisator

(a) im äußeren Kreislauf dadurch, daß anstelle des Kühlers ein dampfbeheizter Heizkörper eingebaut ist. Das vorgewärmte Gemisch aus Mutterlösung und frischer Lösung wird in den Heizkörper geleitet, in dem die Verdampfung erfolgt. Dadurch kommt es zur Übersättigung. Die Klassierstrecke ist in der Zeichnung (b) nicht dargestellt, kann aber wie beim Kühlkristallisator in das System einbezogen werden. Der Apparat kann auch mit einem zusätzlichen Gegenstromklassierer am Kristallaustritt versehen sein, wo die Kristalle entgegengesetzt zur Mutterlösung austreten. Die beschriebene Anlagenschaltung wird für beliebige Drücke eingesetzt. Verdampfungskristallisatoren dieser Art können auch mehrstufig betrieben werden – wie das bei mehrstufigen Eindampfungsanlagen üblich ist.

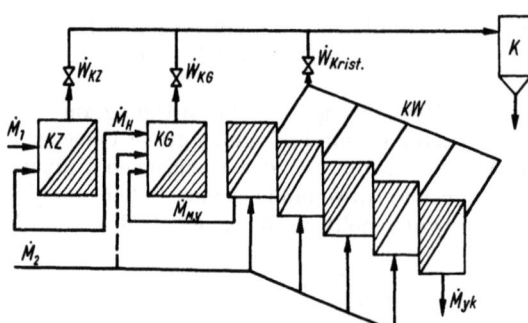

Bild (5.6./11). Prinzipdarstellung eines kontinuierlich arbeitenden Vakuumapparates (System des KTIPP) (KZ) Konzentrator (KG) Kristallgenerator (KW) Kristallwachstumskammer in Sektionsbauweise (K) Kondensator

In der Zuckerindustrie wurden verschiedene kleintechnische Versuchsanlagen und Apparate industriellen Maßstabs für die kontinuierliche Verdampfungskristallisation untersucht. Aus einer dieser Untersuchungen entstand ein Vakuumapparat für kontinuierlichen Betrieb des Systems KTIPP, dessen ursprünglicher Prototyp der Apparat von *G. M. Znamenskij* und *N. I. Burjakov* ist (Autoren *I. S. Gulyi*, *I. G. Bažal*, *S. I. Sirenko*, *V. D. Popov*; UdSSR-Patent Nr. 194661, 1966; 234253, 1968). Das Versuchsmuster dieses Apparates wird in der Gnivansker Zuckerfabrik unter Betriebsbedingungen beim Kochen des sekundären (letzten) Produktes getestet. Der Apparat arbeitet nach dem Prinzip auf Bild (5.6./11) und enthält verschiedene Teile, die den aufeinanderfolgenden Abschnitten des technologischen Prozesses entsprechen:

a) Konzentrator *KZ* für das **Eindicken** der frischen Lösung der Menge $\dot{M}_1$ in kg/s bis zur erforderlichen **Übersättigung** und der Menge $\dot{M}_H$ (in kg/s) durch die Verdampfung der Wassermenge $\dot{W}_{Kz}$ (in kg/s).
b) Kristallgenerator *KG* für die Bildung und Festigung der Kristalle, die in regelbarer Menge in der übersättigten Anfangslösung mit einem Massenstrom von $\dot{M}_c$ gebildet werden.
c) Kristallwachstumskammer *KW* für das Wachsen der gefestigten Kristalle im Strom des „jungen" Kristallisats $\dot{M}_{MY}$ durch die Zufuhr eines zweiten Stroms frischer Lösung $\dot{M}_2$, der längs der Kristallwachstumskammer bei gleichzeitiger Wasserverdampfung (Menge $\dot{W}_{Krist}$) verteilt wird.

Es sind verschiedene konstruktive Lösungen für das Schaltschema möglich. In allen Konstruktionen muß jedoch der Stoffstrom der kochenden Masse (Kristallisat) in der gleichen Richtung durch die Elemente geleitet werden. Der Konzentrator wird meist ein Durchfluß-Vakuum-Verdampfer mit vergrößertem Rohrdurchmesser sein. Die Konstruktion des Kristallgenerators hängt davon ab, wie die Übersättigung erreicht wird (Verdampfung ohne Kochen, Entspannungsverdampfung der vorgewärmten Lösung, Kühlung). In dem Bild ist die Variante eines Kristallgenerators mit Verdampfung und der Ableitung des Sekundärdampfes der Menge W_{KG} zum Kondensator gezeigt. Eine mögliche Zufuhr frischer Lösung zur Festigung der Kristalle aus dem zweiten Lösungsstrom ist punktiert eingezeichnet. Die Wachstumskammer ist ein Komplex aus Gleichstromelementen (Zellen oder Abschnitten), deren Zahl und Abmessungen für das jeweilige Produkt entsprechend der Rezirkulationstheorie und den Versuchsergebnissen optimiert werden müssen. Nach diesem Schema wurden einige Anlagen und Apparatevarianten ausgearbeitet.

5.6.4. Berechnungsgrundlagen für Kristallisationsanlagen

Grundlage für die Berechnung von Kristallisationsanlagen sind die Massen- und Wärmebilanzen. Sie können für feste Werte zu Beginn und am Ende des Prozesses (meist für periodisch arbeitende Apparate) oder für laufende Größen, die sich über die Kristallisationsdauer verändern, aufgestellt werden.

Die *technologische* Berechnung der Kristallisatoren liefert Aussagen über die Änderung der Stromgrößen (Dicksaftanteil im Strom, Kristallausbeute) und über technologische Parameter (Übersättigung, Temperatur, granulometrischer Zustand, Menge der Verunreinigungen in der Lösung u. a.).

Die *wärmetechnische* Berechnung verlangt die Berechnung der Wärmeübertragungskoeffizienten, der Wärmestromdichte, der Heizflächen der einzelnen Apparate und der gesamten Anlage (der Konzentratoren, Kristallgeneratoren, Kristallwachstumskammern, Vorwärmer, Kühler u. a.).

Die *hydrodynamische* Berechnung muß die Zirkulationsgeschwindigkeit, den Strömungsquerschnitt in einzelnen Apparateteilen, die Höhe des Lösungsniveaus u. a. festlegen. Auf der Grundlage dieser Berechnungen werden andere wie konstruktive, Sicherheitsberechnungen usw. durchgeführt.

Alle Arten der Berechnungen sind untereinander verknüpft und der technologischen Berechnung untergeordnet.

Graphische Darstellung der Stoffströme und der Massenbilanz für die Kristallisation

Ehe man Berechnungen durchführt, muß die Änderung der physikalischen Größen mit der Prozeßdauer bei unterschiedlichen Kristallisationsmethoden bekannt sein. Dazu werden graphische Darstellungen der Stoffströme bei der Kristallisation er-

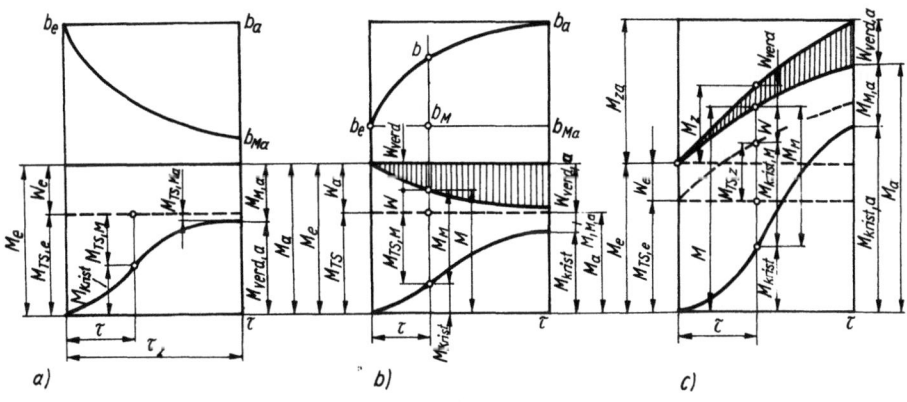

Bild (5.6./12). Grundregimes der Kristallisation
a) Abkühlung ohne Lösungszufuhr
b) Verdampfung ohne Lösungszufuhr
c) Verdampfung mit Lösungszufuhr

arbeitet, die die laufende Massenbilanz bei unterschiedlichen Kristallisationsbedingungen darstellen. Die elementaren Grundschaltungen, aus denen schwierigere kombiniert werden können, sind die Kühlung (a), die Verdampfung ohne Zufuhr frischer Lösung (b) und die Verdampfung mit kontinuierlicher Zufuhr frischer Lösung (c) (Bild 5.6./12).

Es soll der Fall angenommen werden, es sei eine reine übersättigte Ausgangslösung zu kristallisieren.

Bezeichnungen[1]:

M_e, M_a	Anfangs- und Endmenge an kristallisierender Masse in kg beim periodischen Prozeß, in kg/s für den kontinuierlichen Kristallisationsprozeß
$M, M_{krist}, M_M, M_{TS}$	laufende Größen der Menge an kristallisierender Masse, Masse der Kristalle, Masse der Mutterlösung, Masse der gesamten Trockensubstanz in kg oder kg/s (zum Zeitpunkt τ oder zu Beginn des Prozesses)
$M_{TS,e}, W_e$	Menge an Trockensubstanz und Wasser in der Ausgangslösung in kg oder kg/s
$M_{krist,a}$	Endmenge der Kristalle (Kristallaustrag) in kg oder kg/s
$W_{verd}, W_{verd,a}$	laufende und Endmenge an verdampftem Wasser in kg oder kg/s
M_{Ma}	Endmenge (Austrag) an Mutterlösung in kg oder kg/s
b_e, b_a, b_{Ma}	Konzentrationen der Trockensubstanz zu Beginn, in der Kristallausbeute und in der Endmenge der Mutterlösung
b, b_M	laufende Konzentrationen der Trockensubstanz in der kristallisierenden Masse und der Mutterlösung;
$M_z, M_{za} = M_2$	laufender und Endwert der Lösungsmenge, die zusätzlich zugeführt wird, in kg oder kg/s

Im Fall (a) bleibt die Lösungsmittelmenge (Wasser) über die Zeit konstant ($W_e = W_a$). Die Gesamtkonzentration der Trockensubstanz (b = Trockensubstanz/100) verändert sich nicht: $b_e = b_a$. Die Trockensubstanz der Lösung teilt sich aber auf die Kristalle und die Mutterlösung auf: zum Zeitpunkt τ: $M_{TS,e} = M_{krist} + M_{TS,M}$, am Prozeßende bei $\tau = \tau_Z$: $M_{TS,e} = M_{krist,a} + M_{TS,Ma}$.
Zu Beginn des Prozesses gilt $b_e = b_M = M_{TS,e} : M_e$ = Trockensubstanz/100. Am Prozeßende gilt $b_M = b_{Ma} = M_{TS,Ma} : M_{Ma} = M_{TS,Ma} : (M_e - M_{krist,a})$. Deshalb ist $b_{Ma} < b_e$ (da auch die Wassermenge infolge der Abtrennung der festen Phase auf eine geringere Menge gelösten Stoffes bezogen wird). Für diesen Fall lautet die Gesamtmassenbilanz ohne Wasserverdampfung:

$$M_e = W_e + M_{TS,e} = M_{krist,a} + M_{Ma} = M_a = M_{krist,a} + M_{TS,Ma} + W_a \quad (5.6./20)$$

Die Bilanzgleichung für den kristallisierenden Stoff entspricht

$$M_{TS,e} = M_{TS,M} + M_{krist} = M_{krist,a} + M_{TS,Ma} = M_M b_M + M_{krist}$$
$$= M_{Ma} b_{Ma} + M_{krist,a} \quad (5.6./21)$$

Wenn der Stoff wasserfrei kristallisiert, ist seine Konzentration in den Kristallen $b_{krist} = 1$. Bei der Bildung von Kristallhydraten gilt $b_{krist} = \mu_{wasserfrei} : \mu_{krist}$ mit

---

[1] Für kontinuierliche Prozesse lies $\dot{M}, \dot{W}$ und $\dot{Q}$ statt M, W, Q (d. Red.)

$\mu_{\text{wasserfrei}}$-Molmasse des wasserfreien Stoffes, μ_{krist}-Molmasse des Kristallhydrates.
Für den zweiten Fall gilt

$$M_{\text{TS,e}} = M_M b_M + M_{\text{krist}} b_{\text{krist}} \qquad (5.6./22)$$

Aus Gl. (5.6./20) und (5.6./21) erhält man bei bekannter Löslichkeit und Restübersättigung der Endmutterlösung $M_{\text{krist,a}}$ und M_{Ma}.
Im Fall (b) wird die Übersättigung durch die Ausdampfung des Lösungsmittels erzielt. Wenn keine frische Lösung zugeführt wird, bleibt die Menge der Trockensubstanz des kristallisierenden Stoffes konstant. Aus Bild (5.6./12) ergibt sich folgende Beziehung für die Massenbilanz:

Für die Gesamtmasse:

$$M_e = W_e + M_{\text{TS,e}} = W_{\text{verd}} + W + M_{\text{TS,M}} + M_{\text{krist}} = M + W_{\text{verd}}$$
$$= M_{\text{krist}} + M_M + W_{\text{verd}} = M_{\text{krist,a}} + M_{\text{Ma}} + W_{\text{verd,a}} \qquad (5.6./23)$$

Für den kristallisierenden Stoff:

$$M_{\text{TS,e}} = M_e b_e = M_{\text{krist}} + M_{\text{TS,M}} = M_{\text{krist}} + M_M b_M$$
$$= M_{\text{krist,a}} + M_{\text{Ma}} b_{\text{Ma}} \qquad (5.6./24)$$

Gl. (5.6./24) verdeutlicht den Einfluß von b_M, das von der Übersättigung der Lösung abhängt.
Der Fall (c) unterscheidet sich von den anderen dadurch, daß die Menge der kristallisierenden Masse durch die Zugabe frischer Lösung anwächst. Aus der Lösung wird das Wasser ausgedampft und der gelöste Stoff kristallisiert. Die laufende Bilanz hängt von der Lösungszufuhr, der Kinetik des Wärmeübergangs und der Wasserverdampfung ab. Für den Endzustand $\tau = \tau_z$ steht fest, daß der erste Strom der Anfangslösung M_e mit dem zweiten Strom der Zufuhr M_{za} addiert werden muß. Daraus entsteht folgende Gleichung:

$$M_e + M_{za} = M_a + W_{\text{verd,a}} = M_{\text{krist,a}} + M_{\text{Ma}} + W_{\text{verd,a}} \qquad (5.6./25)$$

Für einen beliebigen Zeitpunkt τ gilt:

$$M_e + M_z = M + W_{\text{verd}} = W_{\text{verd}} + W + M_{\text{TS,M}} + M_{\text{krist}} \qquad (5.6./26)$$

$$M_{\text{TS,e}} + M_{\text{TS,z}} = M_{\text{TS,M}} + M_{\text{krist}} = M_e b_e + M_z b_z =$$
$$M_M b_M + M_{\text{krist}} \qquad (5.6./27)$$

Gl. (5.6./27) zeigt den Einfluß von b_M, das von der Übersättigung der Lösung abhängt, und von b_z, der Konzentration der Trockensubstanz in der zugeführten Lösung, die von deren Vorkonzentrierung abhängt. Im allgemeinen ist $b_z \neq b_e$. In Bild (5.6./12) ist eine kontinuierliche Zufuhr dargestellt.
Um diese graphische Darstellung der Stoffströme anfertigen zu können, braucht man natürlich Daten über die Wachstumskinetik der festen Phase und die Kinetik der Wasserverdampfung, um die Zwischenwerte der Rechengrößen zu einem beliebigen Zeitpunkt τ nach Beginn des Prozesses ermitteln zu können.
In der Praxis kombiniert man diese Grundregime der Kristallisation zu komplizierten Prozessen. Z. B. beginnt bei den Produktionsbedingungen für die Kristallisation von Zucker in Vakuumapparaten der Prozeß mit dem Regime (b), geht dann in Regime (c) über und wird in Rührwerkskristallisatoren mit Regime (a) beendet.

Einzelheiten über diese Regime werden in technologischen Lehrveranstaltungen oder in Monographien angegeben. Die Kristallisation verschiedener Stoffe (Produkte der Zuckerrüben-, Raffinade-, Glukoseverarbeitung sowie anderer Prozesse) unterscheidet sich durch die Regimes sowie durch die Besonderheiten des Wärmeübergangs.

Wärmebilanz für die Kristallisation

Für die Kühlkristallisation mit Abtrennung eines Teils des Lösungsmittels kann die Wärmebilanz wie folgt geschrieben werden (für den geschlossenen Prozeß, in J):

$$M_e c_e t_e + M_{krist} r_{krist} = M_M c_M t_M + M_{krist} c_{krist} t_{krist} + W_{verd} h + Q_{Verl} + Q \qquad (5.6./28)$$

c_e, c_M, c_{krist} spezifische Wärmekapazität der Ausgangslösung, der Mutterlösung und der Kristalle in J/kg K

t_e, t_M Temperaturen zu Beginn und am Ende des Kristallisationsprozesses in °C

h Enthalpie des abgeführten Lösungsmitteldampfes in J/kg

r_{krist} Kristallisationswärme, die aus Tabellen entnommen oder rechnerisch nach dem *Hess*schen Satz ermittelt wird, in J/kg

Die Wärmebilanz drückt aus, daß die von der Ausgangslösung eingetragene Enthalpie ($M_e c_e t_e$) zusammen mit der Kristallisationsenthalpie ($M_{Krist} r_{Krist}$) durch die Enthalpie der Mutterlösung ($M_M c_M t_M$), der festen Phase ($M_{Krist} c_{Krist} t_{Krist}$), des verdampften Lösungsmittels in Dampfform ($W_{verd} h$), durch Wärmeverluste an die Umgebung (Q_{Verl}) und durch das Kühlmittel (Q) in J abgeführt wird.
Gl. (5.6./28) läßt sich auch wie folgt schreiben:

$$M_M c_e (t_e - t_M) + M_{krist} r_{krist} = W_{verd} (h - t_M c_W) + Q \qquad (5.6./29)$$

c_W spezifische Wärmekapazität des Lösungsmittels (Wasser) in J/kg K

Zur Sicherheit bei der Berechnung von Kühlflächen werden in der summarischen Größe Q Wärmeverluste berücksichtigt. Bei $W_{verd} = 0$ (Kristallisatoren mit Kühlung durch Wasser oder Sole) wird die gesamte Wärme, die von der Lösung abgegeben und bei der Kristallisation gewonnen wird, durch das Kühlmittel abgeführt. In Vakuum-Kristallisatoren mit Entspannungsverdampfung gilt $Q = 0$, und die gesamte Wärme wird zur Verdampfung des Wassers benötigt. Über die Größe Q, die die Wärmebelastung des Apparates darstellt, werden die Kühlflächen für Rührwerkskristallisatoren berechnet.
Für die Kristallisation in Vakuumapparaten hat die Wärmebilanz (mit endlichen Differenzen) für den Zeitabschnitt $\Delta \tau$ folgende Form:

$$\Delta Q + h_z \Delta M_z + r_{krist} \Delta M_{krist} = h \Delta W_{verd} + M \Delta h_L + h_L \Delta M + \Delta Q_{Verl} \qquad (5.6./30)$$

h_z, h, h_L Enthalpie der zugeführten Lösung, des Sekundärdampfes und der siedenden Masse in J/kg

Die endlichen Differenzen Δ erhält man aus der Massenbilanz und der graphischen Darstellung der Stoffströme des Kochprozesses. Für die übrigen Größen (Enthalpie u. a.) müssen Hilfsdiagramme gezeichnet werden.

Berechnung der Heizfläche

Aus Gl. (5.6./30) erhält man die Wärmemenge ΔQ_i, die vom Heizdampf im Zeitabschnitt $\Delta \tau$ zugeführt werden muß.
Die Wärmemenge für den gesamten Prozeß ergibt sich aus der Summe

$$Q = \sum_1^n \Delta Q_i$$

Die aktive Prozeßdauer (ohne Beachtung der Zeitabstände zwischen den Zyklen) wird in 10 bis 20 Abschnitte aufgeteilt:

$$\tau_z = \sum_1^n \Delta \tau_i; \quad n = 10 - 20$$

Man kann näherungsweise ansetzen:

$$\Delta Q_i \approx r \Delta W_i$$

$r = 2350$ kJ/kg Verdampfungswärme im Vakuum
ΔW_i Wassermenge, die in der Zeit $\Delta \tau_i$ verdampft

Die Werte ΔW_i erhält man aus dem Zusammenhang von Wärmestromdichte und der Gesamtmenge des auszudampfenden Wassers

$$\Delta W_i = \frac{\dot{q}_i}{\sum_1^n \dot{q}_i} W_{\text{verd,a}} = \frac{\dot{q}_i}{\sum_1^n \dot{q}_i} M_{\text{ges}} \left(1 - \frac{b_e}{b_a}\right) \tag{5.6./31}$$

$\dot{q}_i = k_i \Delta \tau_i$ über die Zeit $\Delta \tau_i$ gemittelte Wärmestromdichte in W/m²
$M_{\text{ges}} = M_e + M_{za}$ Gesamtlösungsmenge in beiden Strömen für $b_z = b_e$ in kg
(s. Bild 5.6./12)

Aus diesen Werten erhält man den Ausdruck

$$A\tau_z \approx \sum_1^n \frac{\Delta Q_i}{\dot{q}_i} \tag{5.6./32}$$

Daraus kann die Heizfläche A des Vakuumapparates (bei der Auslegung) oder die Zeit τ_z eines Zyklus (bei der Nachrechnung) ermittelt werden. Den genauen Wert für $A\tau_z$ erhält man durch graphische Integration.
Die Berechnung von Kühlkristallisatoren wird ebenfalls über die Differenzenmethode oder durch graphische Integration durchgeführt. Bei der graphischen Darstellung der Stoffströme des Prozesses müssen sowohl technologische als auch wärmetechnische Größen verwendet werden. Als Grundlage für die Konstruktion dieser Diagramme dient die kinetische Kurve $K_L = f(\tau_z)$, die mit den o. g. Formeln berechnet oder aus Versuchswerten für das konkrete Kristallisationsregime des jeweiligen Produktes bestimmt werden kann. Die Kurven für die übrigen Größen (M, M_{TS}, W, M_z) zur Konstruktion der Diagramme werden aus der Massenbilanz errechnet.
Die Berechnung kontinuierlich arbeitender Kristallisatoren wird mit denselben Massen- und Wärmebilanzen durchgeführt. Dem Apparateschema (Bild 5.6./11) entsprechend berechnet man den Konzentrator KZ, den Kristallgenerator KG und die Kristallwachstumskammer KW getrennt.

5.6.5. Theoretische Grundlagen des Lösens

Einführung

Das Lösen erfolgt im Gebiet der ungesättigten Lösung (s. Bild 5.6./1). Das Lösen besteht aus einigen aufeinanderfolgenden Abschnitten:
1. Zufuhr des Lösungsmittels an die Oberfläche,
2. Grenzflächenreaktion an der Oberfläche,
3. Abfuhr des gelösten Stoffes von der Reaktionsfläche.

In Abhängigkeit davon, welcher dieser Teilprozesse am langsamsten abläuft und die Geschwindigkeit des Gesamtprozesses begrenzt, unterscheidet man folgende Grenzfälle des Löseprozesses:

Kinetisches Gebiet: Die Prozeßgeschwindigkeit wird durch die Grenzflächenreaktion bestimmt.

Diffusionsgebiet: Der Prozeß wird durch die Transportgeschwindigkeit des Lösungsmittels an die Oberfläche und den Rücktransport des Reaktionsproduktes in das System begrenzt.

Wenn die Prozeßgeschwindigkeit durch das Zusammenwirken der Geschwindigkeit der Grenzflächenreaktion und der Diffusionsgeschwindigkeit durch die Grenzschicht an die Oberfläche bestimmt wird, verläuft der Prozeß im Zwischengebiet, dem Diffusions-kinetischen Gebiet des Lösens.

Die Mehrzahl der industriellen Löseprozesse läuft im Diffusionsgebiet ab und wird durch die Gleichungen der Diffusion beschrieben. Im allgemeinen wird vorausgesetzt, daß die Oberfläche des zu lösenden Stoffes überall gleichmäßig für das Lösungsmittel zugänglich ist, um damit günstige hydrodynamische Bedingungen zu schaffen (Durchmischung, Zirkulation, Wirbelschicht u. a.).

Grundgleichung des Löseprozesses

Das direkte Ergebnis des Lösens ist eine Lösung mit der geforderten Konzentration des gelösten Stoffes. Die Konzentration kann dabei nicht die Konzentration der gesättigten Lösung, d. h. die Löslichkeit bei der jeweiligen Temperatur, übersteigen. Aus der Sicht der Reaktionstechnik stellt das Lösen einen heterogenen chemischen Prozeß dar, der aus der chemischen Reaktion zwischen einem Lösungsmittel und einem gelösten Stoff besteht und durch die Bildung von Verbindungen gelöster Ionen (Moleküle) mit Molekülen des Lösungsmittels abgeschlossen wird. Wie auch andere chemische Reaktionen wird das Lösen durch die Reaktionsordnung charakterisiert. Bei einfachen Reaktionen ist die Lösegeschwindigkeit proportional der Konzentration der Übergangskomponente an der Oberfläche. Der obere Grenzwert ist die Konzentration der gesättigten Lösung C_S in kg/m³ = H_0. Deshalb beträgt die obere Grenze der Stoffstromdichte an der Oberfläche bei konstanter Temperatur

$$j_K = k\, C_s^\alpha \qquad (5.6./33)$$

j_K Stromdichte des zu lösenden Stoffes in kg/m² s
k Koeffizient der Lösegeschwindigkeit
α Reaktionsordnung

Im stationären Zustand ist die Stoffmenge, die zur Reaktion an die Oberfläche gelangt, gleich dem Diffusionsstrom, dessen Stromdichte durch die Stoffübergangsgleichung beschrieben wird.

$$j_D = \beta\, (C_S - C) \qquad (5.6./34)$$

C Konzentration der zu lösenden Komponente in der Kernströmung in kg/m³
β Stoffübergangskoeffizient in m/s

Mit der Gleichsetzung $j_K = j_D$ erhält man die Grundgleichung für das Diffusionskinetische Regime des Lösens bei konstanter Temperatur

$$k\, C_s^\alpha = \beta\, (C_S - C) \tag{5.6./35}$$

Diffusions-kinetische Theorie des Lösens

Entsprechend der Diffusions-kinetischen Theorie des Lösens haben für reale heterogene Prozesse sowohl die Grenzflächen- als auch die gleichzeitig ablaufenden Diffusionsprozesse Bedeutung.
Die Gesamttriebkraft des Stoffübergangsprozesses $(C_S - C)$ läßt sich als Summe $(C_S - C_1) + (C_1 - C)$ darstellen, wobei $(C_S - C_1)$ die Konzentrationsdifferenz an der Phasengrenzfläche und $(C_1 - C)$ die Konzentrationsdifferenz über die flüssige Grenzschicht ist, die sich an der Oberfläche der festen Phase aufbaut. C_1 ist dabei eine Zwischenphasenkonzentration.
Für die Kinetik eines Zwischenphasenprozesses mit einer Reaktion erster Ordnung und die Diffusion werden folgende Beziehungen verwendet, die für konstante Konzentration C und Temperatur t gelten:

$$dM/d\tau = \gamma\, (C_S - C_1)\, A \tag{5.6./36}$$

$$dM/d\tau = -D\, (dC/dl)_{l=0}\, A = \frac{D}{\delta}\, (C_1 - C)\, A \tag{5.6./37}$$

$dM/d\tau$ Lösegeschwindigkeit der übergehenden Masse je Zeiteinheit und Einheit der Kristalloberfläche A in kg/s
γ Koeffizient des Zwischenphasenprozesses des Lösens in m/s
D Diffusionskoeffizient des zu lösenden Stoffes in m²/s
$(dC/dl)_{l=0}$ Konzentrationsgradient an der Kristalloberfläche in kg/m⁴
δ effektive aus der Definition folgende Dicke der Diffusionsgrenzschicht, die von hydrodynamischen Bedingungen und der Zähigkeit der Lösung abhängt ($\delta \approx \eta^{2,5}$) in m

Aus den Beziehungen (5.6./36) und (5.6./37) kann man die Zwischenkonzentration C_1 eliminieren, und man erhält

$$(C_S - C_1)A = \frac{1}{\gamma}\frac{dM}{d\tau}$$

$$+ (C_1 - C)A = \frac{\delta}{D}\frac{dM}{d\tau}$$

$$\overline{(C_S - C)A = \left(\frac{1}{\gamma} + \frac{\delta}{D}\right)\frac{dM}{d\tau} = \frac{1}{\beta}\frac{dM}{d\tau}} \tag{5.6./38}$$

$\beta = 1/\left(\dfrac{1}{\gamma} + \dfrac{\delta}{D}\right)$ Stoffübergangskoeffizient (Intensitätskoeffizient des Löseprozesses in m/s
$1/\gamma$ kinetischer Widerstand in s/m
δ/D Diffusionswiderstand in s/m
$1/\beta = 1/\gamma + \delta/D$ Gesamtwiderstand des Löseprozesses in s/m

Vergleicht man die Gleichungen (5.6./38) und (5.6./34), so ergibt sich

$$j_D = dM/A d\tau = \beta(C_S - C) = \beta\Delta C \tag{5.6./39}$$

Hier ist der Stoffübergangskoeffizient $\beta=\gamma D/(D+\gamma\delta)$ ein Gesamtstoffübergangskoeffizient, weil er den Stoffübergang in zwei Prozeßabschnitten erfaßt.
Die Analyse des Ausdrucks für β ermöglicht eine Aufteilung auf zwei Grenzgebiete des Lösens – das kinetische und das Diffusionsgebiet.

Diffusionsgebiet. Wenn $\gamma \gg D/\delta$; $1/\gamma \to 0$, ist der kinetische Widerstand klein, und der Prozeß wird durch die Diffusion allein bestimmt und läuft im Diffusionsgebiet ab. Dann gilt $\beta \to D/\delta$ und hängt wesentlich von der hydrodynamischen Anordnung, d. h. von Form und Abmessungen der Löseapparate ab. Die Rolle der Geschwindigkeitskonstanten der Reaktion übernimmt im Diffusionsgebiet der Stoffübergangskoeffizient β. Die interessierende Reaktionsgeschwindigkeit hängt nicht von der Kinetik und der Ordnung der Grenzflächenreaktion ab. Die Geschwindigkeit des Gesamtprozesses (bei irreversibler Reaktion) wird durch die Geschwindigkeit des Stofftransportes (Diffusion) bestimmt. Der Grenzwert des Stoffstroms entspricht dem Fall $C = 0$ (Lösen in reinem Lösungsmittel) und wird durch die Gleichung (5.6./39) beschrieben:

$$j_{Dgr} = \beta\, C_S \tag{5.6./40}$$

Kinetisches Gebiet. Wenn $\gamma \ll D/\delta$, gilt $\beta \to \gamma$. Das bedeutet, daß der Löseprozeß durch den Zwischenphasenprozeß an der Oberfläche der Kristalle begrenzt wird. Der Diffusionsprozeß verläuft schnell ($\delta/D \to 0$). Den Hauptwiderstand bildet der kinetische Widerstand ($1/\gamma$), der unabhängig von der Geschwindigkeit ist, mit der das Lösungsmittel an die Kristalloberfläche gelangt. Die Gesamtgeschwindigkeit des Prozesses wird durch die Geschwindigkeit der Grenzflächenreaktion (Gl. 5.6./33) bestimmt. In den meisten Fällen wurden Reaktionen erster Ordnung ($\alpha = 1$) gefunden.

Für den allgemeinen Fall hängt die Kinetik des realen Prozesses gleichzeitig von Diffusions- (D, δ) und Zwischenphasenparametern (γ) ab. Ist der Wert für γ bekannt, kann die Konzentration der Lösung in der Grenzschicht durch Gleichsetzen von $\gamma\,(C_S - C_1) = \beta\,(C_S - C)$ ermittelt werden.

$$C_1 = C_S - \frac{\beta}{\gamma}(C_S - C) \tag{5.6./41}$$

Nach den Prinzipien der Ähnlichkeitstheorie erhält man β aus Ähnlichkeitsbeziehungen für Stoffübergangsprozesse. Diese Gleichungen sind den Wärmeübergangsgleichungen analog. Für das Lösen loser Teilchen, die in der Strömung mitgeführt werden, gilt:

$$Sh = A \cdot Re^m \cdot Sc^n \tag{5.6./42}$$

$Sh = \beta d/D$	*Sherwood*-Zahl
d	Teilchendurchmesser in m
$Re = ud/\nu$	*Reynolds*-Zahl
u	relative Strömungsgeschwindigkeit der Teilchen in m/s
$Sc = \nu/D$	*Schmidt*-Zahl
A, m, n	experimentell ermittelte Konstanten, die von den Versuchsbedingungen und der Art der Teilchenbewegung abhängen

Neben der *Reynolds*-Zahl Re können in der Gleichung auch die *Archimedes*-Zahl Ar, die *Froude*-Zahl Fr und die *Grashof*-Zahl Gr sowie andere auftreten.
In der Form von Gl. (5.6./42) wurden von den verschiedenen Autoren eine Vielzahl von Gleichungen aufgestellt, die in der Literatur beschrieben werden (A. B. Zdanovskij, P. A. Kulle, G. A. Aksel'rud, Frössling u. a.).

Kinetische Funktion des Lösens

Die Abhängigkeit des Stoffübergangskoeffizienten von den physikalischen Eigenschaften des Systems und den Mischungsbedingungen ist sehr kompliziert. Für Rührwerksbehälter kann man überhaupt keine Abhängigkeit der Art (5.6./42) aufstellen. Die Lösungsprozesse für Lebensmittelprodukte wurden am KTIPP von *V. M. Lysjanskij, P. P. Loboda* u. a. untersucht. Die Untersuchungen dieser Prozesse und die mathematische Beschreibung zur ingenieurmäßigen Nutzung stoßen auf erhebliche Schwierigkeiten. Diese Schwierigkeiten ergeben sich hauptsächlich aus der zeitlichen Abhängigkeit der Prozeßparameter (ΔC, A, D, δ, β u. a.), der Verringerung der Teilchenabmessungen des polydispersen Systems bei Veränderung des granulometrischen Zustandes sowie aus der Änderung der Prozeßtemperatur t. Deshalb ist die oben angeführte theoretische Beschreibung ein vereinfachtes Modell der Lösung eines Einzelteilchens und nur zur orientierenden, hauptsächlich qualitativen Bewertung der Parameter realer technologischer Prozesse unter konstanten Bedingungen geeignet.

Qualitative Berechnungen werden auf einem anderen Lösungsweg durchgeführt. Anstelle der uns unbekannten Gesetzmäßigkeiten des Lösens jedes einzelnen Teilchens werden experimentelle kinetische Charakteristika des realen zu lösenden Produktes genutzt, das sich aus einer Menge unterschiedlichster Teilchen, die sich in Form und Abmessung unterscheiden, zusammensetzt.

Die wesentliche kinetische Kenngröße des Prozesses ist die kinetische Funktion $\omega = f(x)$, die die Abhängigkeit des Anteils an nichtgelöstem Stoff ω von der dimensionslosen Zeit $x = \tau/\Theta$ bei konstanter Konzentration C und Temperatur t darstellt.

Als Maßstab für die laufende Zeit τ wird die Zeit bis zur vollständigen Auflösung aller Teilchen Θ verwendet. Wie *E. M. Vigdorčik* und *A. B. Scheinin* zeigten, weist die kinetische Funktion einige Eigenschaften auf, die verallgemeinerte Aussagen über die Lösegeschwindigkeit bei verschiedenen Bedingungen zulassen.

In den meisten Fällen ist die kinetische Funktion $\omega = f(x)$ von der Konzentration des gelösten Stoffes und der Temperatur unabhängig. Jedem Wert der dimensionslosen Zeit x entspricht ein bestimmter Wert ω für beliebige konstante Werte C und t. Deshalb läßt sich die Kurvenschar $\omega = f(\tau)$ für verschiedene C und t zu einer Kurve $\omega = f(x)$ verallgemeinern (Bild 5.6./13).

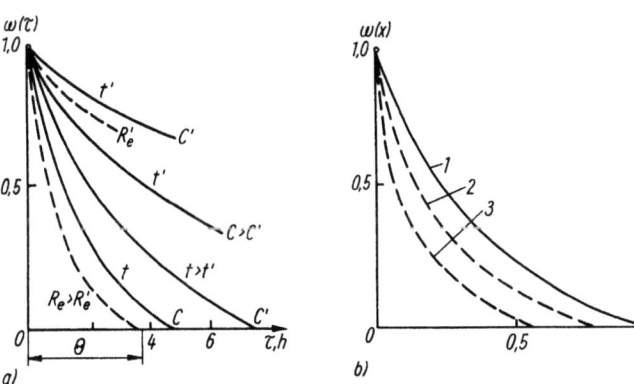

Bild (5.6./13). Eigenschaften der kinetischen Funktion:
a) Kurvenschar für verschiedene Werte C und T
b) Verallgemeinerung der Kurvenscharen C und T in $\omega(x)$
(1) verallgemeinerte Kurve für die Kurvenschar (s. a) bei einem monodispersen Produkt
(2) Produkt mit gleichmäßiger Verteilung der Teilchen nach dem Durchmesser (3) Produkt mit vorwiegend kleinen Teilchen

Die Bedingung für die Verallgemeinerung ist der einheitliche Charakter der Abhängigkeiten des Prozesses von C und t sowohl bei kleinem als auch bei großem Lösegrad. Das gilt, wenn sich das Regime im Laufe des Prozesses nicht ändert (Diffusions-, kinetisches oder Übergangsgebiet).

Die zweite wichtige Eigenschaft der kinetischen Funktion ist ihre Unabhängigkeit von den hydrodynamischen Bedingungen. Die Eigenart der hydrodynamischen Bedingungen (Drehzahl und Abmessungen des Rührers, Abmaße und Formen des Reaktors u. a.) gehen nur in die Zeit bis zur vollständigen Lösung Θ ein, die Form der Funktion $\omega = f(x)$ bleibt jedoch bei verschiedenen hydrodynamischen Bedingungen (s. punktierte Linien in Bild 5.6./13a) erhalten. Die Zeit zur Erreichung des festgelegten Lösegrades ist umso geringer, je größer der Anteil der kleinen Teilchen im Ausgangsprodukt ist (Bild 5.6./13b). Der zahlenmäßige Wert und die Art der kinetischen Funktion hängen vom granulometrischen Zustand der Teilchen im Ausgangsprodukt ab.

Die kinetische Funktion $\omega = f(x)$ in der dimensionsbehafteten Form wird bei der Auswertung von Versuchen zur Lösung konkreter Stoffe ermittelt. Für das einfache Modell (Reaktion erster Ordnung) erhält man meist eine Exponentialfunktion. Für Grenzfälle, die in Bild (5.6./13b) dargestellt sind, sind analytische Lösungen möglich. Für ein monodisperses Produkt z. B., dessen Teilchen alle einen einheitlichen Anfangsradius r_0 aufweisen, hat die kinetische Funktion die Form (Kurve 1)

$$\omega(x) = (1 - x)^3 \qquad (5.6./43)$$

Für ein Produkt mit gleichmäßiger Verteilung der Teilchen bezüglich des Radius im Bereich von $r_0 = 0$ bis $r_0 = r_{max}$ (Kurve 2) ergibt sich

$$\omega(x) = (1 - x)^4 \qquad (5.6./44)$$

Für ein Produkt mit linearer Abnahme der Teilchenmenge erhält man schließlich

$$\omega(x) = (1 - x)^5 \qquad (5.6./45)$$

Hat man die Kurve oder die Gleichung der kinetischen Funktion, kann man einige ingenieurgemäße Aufgaben zur Lösung konkreter Produkte lösen: Ermittlung von Grad und Dauer des Löseprozesses, Ermittlung des granulometrischen Zustands usw. Besonders wesentlich sind diese Angaben für die Modellierung und Projektierung von Industriereaktoren. Diese Aufgaben werden in der empfohlenen Literatur und in Vorlesungen zur Technologie einzelner Zweige der Lebensmittelindustrie behandelt.

Zu empfehlende Literatur

Achumov, E. I.: Issledovanie peresyščennych vodnych rastvorov solej. (Untersuchung von übersättigten Salzwasserlösungen). „Trudy Vsesojusnoge naučno-issledovatel' skogo instituta metallurgii". Vyn. XLII, L., Goschimizdat, 1960, 128 S.

Vigdorčik, E. M.; Šeinin, A. B.: Matematičeskoe modelirovanie nepreryvnych processov rastvorenija (Mathematische Modellierung von kontinuierlichen Löseprozessen). Leningrad: Chimija 1971, 248 S.

Gerasimenko, A. A.: Kristallizacija sacchara (Die Kristallisation des Zuckers). Kiew: Naukova dumka 1965, 316 S.

Zdanovskij, A. B.: Galurgija (Halurgie). Leningrad: Chimija 1972 528 S.

Matusevič, L. N.: Kristallizacija z rastvorov v chimičeskoj promyšlennosti (Die Kristallisation aus Lösungen in der chemischen Industrie). Moskau: Chimija 1968, 304 S.

Nikiforova, K. N.; Zubčenko, A. V.: Fiziko-chimičeskie osnovy -proizvodstva karameli (Physikalisch-chemische Grundlagen der Karamelherstellung). Moskau: Pistschewaja promyschlennost 1973, 320 S.

Popov, V. D.: Osnovy teorii teplo- i massoobmena pri kristallizacii sacharozy (Grundlagen der Theorie des Wärme- und Stoffübergangs bei der Kristallisation von Saccharose). Moskau: Pistschewaja promyschlennost 1973, 210 S.

Silin, P. M.: Technologija sveklosacharnogo i rafinadnogo proizvodstva (Die Technologie der Zuckerrübenverarbeitung und Raffination). Moskau: Pistschepromisdat 1958, 602 S.

Chamskij, E. V.: Kristallizasija iz rastvorov (Lösungskristallisation). Leningrad: Nauka 1967, 151 S.

Ziborovskij, Ja.: Osnovy processov chimičeskoj technologii (Grundlagen der Prozesse der chemischen Technologie). Übersetzung aus dem Poln. Leningrad: Chimija 1967, 720 S.

5.7. Extraktion

Als *Extraktion* bezeichnet man das Herausziehen einer oder mehrerer Komponenten aus einem festen oder flüssigen Stoffsystem mit Hilfe eines Lösungsmittels, das selektives Lösevermögen hat.

Abhängig vom Aggregatzustand der Phasen wird unterschieden zwischen Fest-Flüssig-Extraktion und Flüssig-Flüssig-Extraktion. In der Lebensmittelindustrie sind beide Arten von Bedeutung, besonders verbreitet ist jedoch die Fest-Flüssig-Extraktion.

Die Extraktion kann als ein Grundprozeß der Lebensmittelherstellung angesehen werden, so z. B. das Herauslösen des Zuckers aus den Zuckerrübenschnitzeln bei der Weißzuckerherstellung, das Gewinnen von Öl aus Ölsaaten in der Pflanzenölproduktion, die Extraktion von Enzymen aus Schimmelpilzkulturen bei der Herstellung von Enzympräparaten. Eine wichtige Rolle spielt die Fest-Flüssig-Extraktion auch bei der Herstellung von Wein, Bier, Stärke, Spirituosen, löslichem Kaffee und Tee u. a.

Die Flüssigkeitsextraktion wird angewendet bei der Herstellung von Spiritus, Wein, Pflanzenöl und anderen Lebensmitteln.

5.7.1. Fest-Flüssig-Extraktion

5.7.1.1. Physikalisches Wesen des Prozesses

Das Schema der Stoffübertragung, das im Abschn. 5.1.9., Kapitel 5.1., abgehandelt wurde, erlaubt nur eine sehr vereinfachte Vorstellung vom Extraktionsprozeß. In Wirklichkeit ist der Vorgang bei weitem komplizierter.

In allgemeinster Art dargestellt, verläuft der Extraktionsprozeß in vier Phasen:

1. Eindringen des Lösungsmittels in die Poren der Feststoffteilchen;
2. Lösung der entsprechenden Komponente (Komponenten);
3. Transport des zu extrahierenden Stoffes aus dem Inneren der Feststoffteilchen an die Phasengrenzfläche;
4. Übergang des zu extrahierenden Stoffes von der Phasengrenzfläche in die flüssige Phase und Verteilung im gesamten Extraktionsmittel.

Nicht immer trifft man diese 4 Phasen voll ausgeprägt an. So liegt beispielsweise bei der Extraktion von Zuckerrübenschnitzeln der Zucker als der zu extrahierende Stoff bereits im gelösten Zustand vor.

In der Regel werden bei der Berechnung eines Extraktionsprozesses die ersten beiden Phasen entweder überhaupt nicht berücksichtigt, oder sie können durch Anbringen entsprechender Korrekturen bei den kinetischen Koeffizienten einbezogen werden.

Die Geschwindigkeit der Extraktion ist direkt proportional der Triebkraft des Prozesses und indirekt proportional dem Diffusionswiderstand. Die Größe der Triebkraft und deren Veränderung bei der Extraktion hängen von der Art der Relativbewegung zwischen den Feststoffteilchen und dem Extraktionsmittel ab: Gleichstrom, Gegenstrom usw., sowie vom Mengenstromverhältnis zwischen Feststoff $\dot{m}_2$ in kg/s und Extraktionsmittel $\dot{m}_1$ in kg/s. Der Diffusionswiderstand resultiert aus den Einzel-Widerständen des Prozesses: Stofftransport im Feststoffteilchen und in der umgebenden Flüssigkeit.

5.7.1.2. Faktoren, die den Diffusionswiderstand beim Stofftransport innerhalb der Feststoffteilchen bestimmen

Vom strukturellen Aufbau her stellen die zu extrahierenden Lebensmittelstoffe kapillar-poröse Systeme pflanzlicher oder tierischer Herkunft dar. So z. B. ist die Pflanzenzelle aus einer Reihe von Bestandteilen aufgebaut, die ein Hindernis für die Diffusion der Stoffe darstellen, welche in den Vakuolen gelöst sind: Zellwand (1), bestehend aus Faserbündeln unterschiedlicher Länge (Mikro- und Makrofibrillen), Protoplasma (3) sowie semipermeable Membranen (2) und (4), die das Protoplasma gegen die Zellwand und die Vakuolen (5) abgrenzen (Bild 5.7./1). Solange das Protoplasma nicht durch thermische, elektrische oder chemische Einwirkung zerstört (denaturiert) ist, verläuft die Stoffübertragung innerhalb des Gewebes mit außerordentlich geringer Geschwindigkeit. Deshalb muß natives pflanzliches Gewebe vor der Durchführung des Extraktionsprozesses oder in dessen Anfangsstadium speziell behandelt werden (Zerkleinern, Erhitzen, Gefrieren, Fermentieren u. a.).

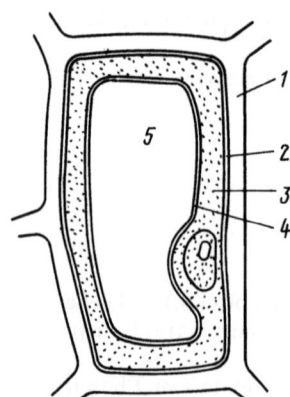

Bild (5.7./1). Bau der pflanzlichen Zelle
(1) Zellwand (2) und (4) semipermeable Membranen
(3) Protoplasma (5) Vakuolen

Nach solch einer Behandlung stellen die Zellwände den wesentlichen Diffusionswiderstand im pflanzlichen Gewebe dar. Die Mikro- und Makrofibrillen als Grundbausteine der Zellwand sind dicht miteinander verflochten und bilden Poren unterschiedlicher Abmessungen (von 0,5 nm bis 20···25 nm), durch die der Stofftransport aus den Zellen erfolgt (Bild 5.7./2).

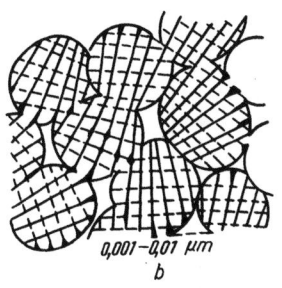

Bild (5.7./2). Struktur der Zellwand einer Pflanze
a) Quer- und Längsschnitt durch Makrovibrillenbündel
b) Querschnitt in starker Vergrößerung

Bild (5.7./3). Schematische Anordnung der Makromoleküle

Die Mikrofibrillen ihrerseits sind aus Makromolekülen (Zellulose) aufgebaut (Bild 5.7./3).
Infolge der kleinen Ausmaße der Poren in der Zellwand und der Zellen selbst (5 bis 50 μm) wird der in der Flüssigkeit gelöste Stoff ausschließlich auf dem Wege der molekularen Diffusion transportiert. Die Gesamtquerschnittsfläche der Poren, durch die der Transport vonstatten geht, ist kleiner als die Gesamtquerschnittsfläche der Teilchen in der betrachteten Ebene. Infolge der Nichtgeradlinigkeit der Poren ist der Diffusionsweg groß, weiterhin erwächst ein zusätzlicher Widerstand durch das häufigere Anprallen von Teilchen an den Porenwänden. Deshalb ist die Diffusionsgeschwindigkeit in Feststoffteilchen geringer als in reinen Flüssigkeiten. Der molekulare Diffusionskoeffizient in pflanzlichem Gewebe (der sogenannte Koeffizient der „behinderten Diffusion"), der genauer Stoffleitfähigkeitskoeffizient heißen müßte, wird demzufolge zahlenmäßig kleiner sein als in einer Lösung mit freibeweglichen Flüssigkeitsteilchen.
Der Diffusionskoeffizient hängt von der Temperatur, der Konzentration, der Struktur des Materials und den physikalischen Eigenschaften des zu extrahierenden Stoffes und des Lösungsmittels ab.
Mit der Erhöhung der Temperatur wächst der Diffusionskoeffizient.
Durch Temperatureinwirkung und das Entfernen der gelösten Stoffe aus dem Zellinnern und zum Teil auch aus den Zellwänden gehen im Gewebe physikalisch-chemische Vorgänge vonstatten, die Einfluß auf das Durchlässigkeitsvermögen nehmen. So verändert sich zum Beispiel beim Extraktionsprozeß von Öl aus Ölsaaten der Diffusionskoeffizient im Prozeßverlauf um mehr als eine Zehnerpotenz (Bild 5.7./4).

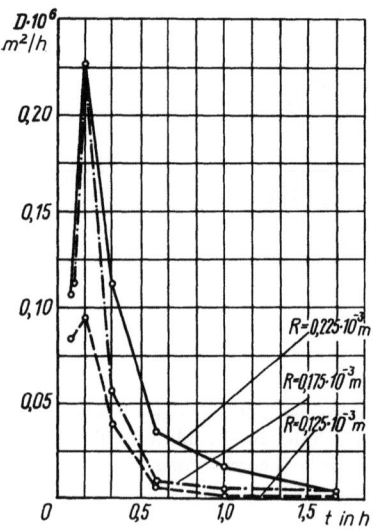

Bild (5.7./4). Änderung des Diffusionskoeffizienten bei der Ölextraktion in Abhängigkeit von der Prozeßdauer

Wie aus dem Bild weiterhin ersichtlich ist, ändert sich der Diffusionskoeffizient auch in Abhängigkeit von den Abmessungen der Feststoffteilchen.
Analog verhalten sich die Diffusionskoeffizienten anderer pflanzlicher Rohstoffe, wenn auch in anderen Größenordnungen.
Eine wichtige Rolle für den normalen Prozeßverlauf des Stofftransportes im Feststoffteilchen spielt die richtige Auswahl des Lösungsmittels. Es muß ein selektives Lösevermögen aufweisen, eine maximale Lösegeschwindigkeit sichern, nach Möglichkeit eine niedrige Siedetemperatur haben (sich leicht austreiben lassen), rein und chemisch einheitlich sein, um das erhaltene Produkt nicht zu schädigen. Das Lösungsmittel darf weiterhin keine Geruchsstoffe entwickeln und keine schädlichen Verbindungen mit dem zu extrahierenden Stoff eingehen, keine Korrosion an den Apparaten hervorrufen, nicht feuer- und explosionsgefährlich sein und sollte letztendlich einen niedrigen Preis haben. In der Lebensmittelindustrie werden Wasser, Spiritus, Benzin, Benzol, Dichloräthan und andere Flüssigkeiten als Lösungsmittel verwendet.

5.7.1.3. Faktoren, die den äußeren Diffusionswiderstand bestimmen

Der äußere Diffusionswiderstand ist von den hydrodynamischen Bedingungen im Flüssigkeits-Feststoff-System und der realen, aktiven Oberfläche der am Prozeß beteiligten Teilchen abhängig. Der in Gl. (5.1./21) enthaltene Stoffübergangskoeffizient hängt hauptsächlich von der Geschwindigkeit und Art der Relativbewegung zwischen fester und flüssiger Phase, der Größe und Form der Teilchen und der im Prozeß wirksamen Stoffaustauschfläche ab.
Aus der Formel (5.1./21) geht hervor, daß eine Vergrößerung der spezifischen Oberfläche mit abnehmender Teilchengröße die Prozeßgeschwindigkeit erhöhen muß. Bei Verringerung der Teilchenabmessungen wird andererseits jedoch der Stoffübergangskoeffizient kleiner als unmittelbare Folge der gegenseitigen Blockierung der Oberflächen der Feststoffteilchen. Die reale aktive Stoffaustauschfläche wird offensichtlich nicht größer, sondern kleiner.
In analoger Weise kann eine Zunahme der Geschwindigkeit der Flüssigkeit bezüglich der Feststoffteilchen wirken. Die Teilchenschicht wird dadurch zusammengepreßt,

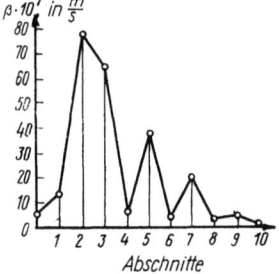

Bild (5.7./5). Änderung des Stoffübergangskoeffizienten über die Länge eines geneigten Zweischnecken-Diffuseurs der Zuckerindustrie

was zu einer Verringerung ihrer aktiven Oberfläche führt und im Endergebnis zu einer Verringerung und nicht zu einer Erhöhung der Prozeßgeschwindigkeit.
Die hydrodynamischen Bedingungen des Extraktionsprozesses werden nicht nur von Form und Größe der Teilchen, der Geschwindigkeit und den physikalischen Eigenschaften der Flüssigkeit beeinflußt, sondern auch von den konstruktiven Gegebenheiten des Apparates. Infolge der Veränderung der physikalischen Prozeßbedingungen über die Länge des Apparates, der Veränderung der Elastizität der Teilchen und ihrer Deformation, aber auch durch konstruktive Besonderheiten des Extraktors kann sich in komplizierter Weise der äußere Diffusionswiderstand, ausgedrückt durch den Stoffübergangskoeffizienten, ändern. Ein Beispiel dafür, wie sich der Stoffübergangskoeffizient über die Länge eines Extraktionsapparates der Zuckerindustrie verändert, zeigt Bild (5.7./5).

5.7.1.4. Einfluß der Relativbewegung der Phasen und des Massenstromverhältnisses auf den Prozeß

In Extraktionsapparaten bzw. in deren einzelnen Abschnitten kann der Extraktionsprozeß nach folgenden Prinzipien der Phasenbewegung durchgeführt werden: Gleichstrom (s. Bild 5.1./1), Gegenstrom (s. Bild 5.1./3), Mischen (s. Bild 5.1./5), kombiniertes System (s. Bilder 5.1./7 und 5.1./8).
Das Gegenstromprinzip bietet die größten Möglichkeiten für einen maximalen Stoffübergang von einer Phase in die andere. Natürlich nur bei hinreichend großen kinetischen Koeffizienten (Diffusionskoeffizient D und Stoffübergangskoeffizient β) und minimalen Teilchenabmessungen. Im Gegenstrom kann eine beliebige niedrige Minimalkonzentration $\bar{c}_E$ in den Teilchen des zu extrahierenden Stoffes bei einer bestimmten Prozeßdauer erreicht werden.
Im Gleichstrom und beim idealen Mischprozeß ist für jedes Mengenstromverhältnis zwischen Feststoff und Extraktionsmittel nur eine definierte minimale Restkonzentration $\bar{c}_E$ in den Teilchen des zu extrahierenden Stoffes zu erzielen, unabhängig von der Prozeßdauer.
Gleichzeitig jedoch bringt die praktische Durchführung des Extraktionsprozesses im Gegenstrom eine Reihe von Schwierigkeiten im Hinblick auf das Erreichen von genügend hohen Stoffübergangskoeffizienten mit sich, besonders bei sehr kleinen Extraktionsgutteilchen.
Bei der entgegengerichteten Bewegung von Flüssigkeit und Extraktionsgut werden die Feststoffteilchen an das Transportorgan angepreßt, so daß diese schlechter von dem Extraktionsmittel umspült werden können. Damit wird die reale Oberfläche der am Prozeß beteiligten Teilchen vermindert. Für die Verbesserung des Stoffübergangs sind größere Teilchenabmessungen notwendig, dies jedoch erhöht den inneren Diffusionswiderstand. Der Gesamtdiffusionswiderstand bleibt dabei unverändert oder kann sich sogar vergrößern.

Maßnahmen, die eine Verbesserung des Stoffaustausches durch Schaffen einer maximalen Stoffaustauschfläche bewirken (Wirbelschicht, mechanische Schwingungen u. a.), führen gewöhnlich zu einer verstärkten Durchmischung, besonders der flüssigen Phase, und zum Übergang vom Gegenstrom- zum Gleichstromprozeß oder zum idealen Mischprozeß. Jedoch kann man durch das Hintereinanderschalten solcher Prozesse bei einer genügend großen Stufenzahl und durch Anwendung des Gegenstromprinzips beim Übergang von Stufe zu Stufe (Bild 5.7./6) wegen des hohen Stoffübergangskoeffizienten und den geringen Teilchenabmessungen bei niedrigem Verbrauch an Lösungsmittel eine weitaus höhere Auslaugung des Stoffes erzielen als im reinen Gegenstromprozeß mit denselben Parametern für Stoffaustausch und Teilchenabmessungen.

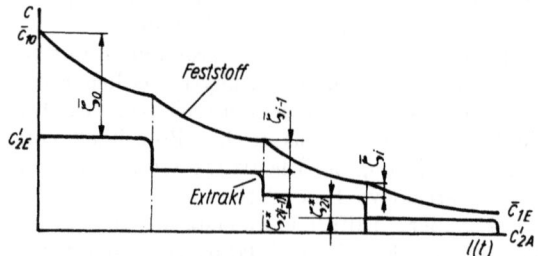

Bild (5.7./6). Konzentrationskurven eines kombinierten Extraktionsprozesses: Mischen in jeder Stufe, Gegenstrom beim Übergang von Stufe zu Stufe

Eine charakteristische Kombination von Prozessen, wie zum Beispiel in einigen Apparatetypen für die Zuckerherstellung, ist der ideale Mischprozeß im Anfangsbereich und Gegenstrom in den übrigen Teilen des Apparates. Das Mengenverhältnis von Flüssigkeit und Feststoff wird dabei in der Abschlußphase des Prozesses abrupt reduziert, was einen Abbruch der Extraktionskurve hervorruft (s. Bild 5.1./6). Die Triebkraft des Prozesses $\zeta = \bar{c}_1 - c_2$ ändert sich dabei im allgemeinen während des Prozeßverlaufes, wie das aus den Bildern (5.1./2) und (5.1./4) ersichtlich ist.

Das Massenstromverhältnis von Extraktionsmittel und Feststoffteilchen hat Einfluß auf die Größe der Triebkraft, die Art ihrer Veränderung und folglich auch auf die Prozeßgeschwindigkeit. Der zu extrahierende Stoff geht in das Extraktionsmittel über und erhöht dessen Konzentration. Dadurch verkleinert sich die Triebkraft des Prozesses. Je größer der spezifische Extraktionsmitteleinsatz ist, desto weniger erhöht sich dessen Konzentration beim Übergang von ein und derselben Stoffmenge, und dementsprechend groß ist die Triebkraft des Prozesses. Dies führt einerseits zur Erhöhung der extrahierten Stoffmenge bei gleicher Prozeßdauer und zur Konzentrationsminderung $\bar{c}_{1E}$ im Feststoff und andererseits zu einer niedrigeren Endkonzentration c_{2E} im Extraktionsmittel, das aus dem Apparat austritt. Eine relativ niedrige Konzentration an extrahiertem Stoff im Extraktionsmittel verteuert dann aber den nachfolgenden Abtrennungsprozeß für das in reiner Form zu gewinnende Produkt (durch Verdampfen, Destillieren u. a. Verfahren), wie das in der Produktion meist erforderlich ist.

Eine Beziehung zwischen den Endkonzentrationen der Phasen im Prozeß oder in einzelnen Intervallen und dem Mengendurchsatzverhältnis q kann man auf Grundlage einer Massenbilanz herstellen.

Hierfür gilt die Gleichung (5.1./12a)

$$\dot{m}_1 (\bar{c}_{1A} - \bar{c}_{1E}) = \dot{m}_2 (c_{2E} - c_{2A})$$

oder

$$q = \frac{\dot{m}_2}{\dot{m}_1} = \frac{\bar{c}_{1A} - \bar{c}_{1E}}{c_{2E} - c_{2A}} \tag{5.7./1}$$

5.7.1.5. Prozeßberechnung

Ziel der Berechnung ist die Bestimmung der für einen vorgegebenen Extraktionsgrad $\bar{c}_{2E}/\bar{c}_0$ notwendigen Prozeßdauer oder der entsprechenden Apparatelänge H (direkte Berechnung) oder die Berechnung der Endkonzentrationen in den Phasen ($\bar{c}_{1E}, c_{2E}$) bei gegebener Apparatelänge bzw. Prozeßdauer (umgekehrte Berechnung).
Auf Grund der Tatsache, daß sich bei realen Prozessen die kinetischen Koeffizienten (β, D) über der Zeit (Apparatelänge) wesentlich verändern und sich außerdem in den verschiedenen Abschnitten die Prozeßart ändern kann (Gleichstrom, ideale Vermischung u. a.), muß der Prozeß abschnittsweise berechnet werden.
Das Wesen dieser Methode besteht darin, den ganzen Prozeß (entsprechend Apparatelänge) zeitlich in solche Abschnitte aufzuteilen (im allgemeinen 10 bis 20), daß für jeden dieser Abschnitte die kinetischen Koeffizienten D und β und das Mengendurchsatzverhältnis q als konstante Größen angenommen werden können (Bild 5.7./7). Gewöhnlich wird die Berechnung in zwei Etappen vorgenommen. Zunächst wird für einen ausgewählten Anfangswert $\bar{\zeta}_0$ eine Überschlagsrechnung durchgeführt (Bild 5.7./8) und danach die Extraktionskurven in der Weise transformiert, daß die Konzentrationslinie des Lösungsmittels durch den vorgegebenen Punkt c_{2A} verläuft.

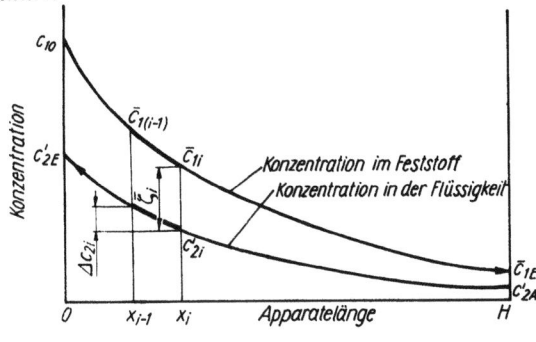

Bild (5.7./7). Extraktionskurven

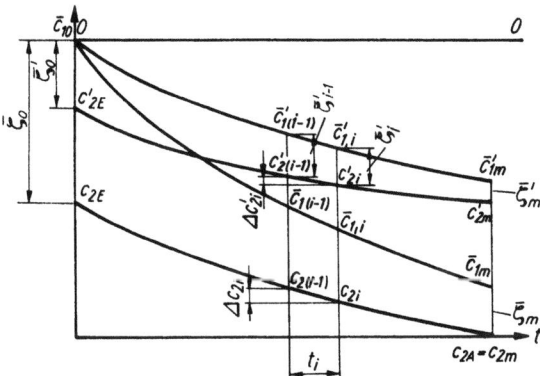

Bild (5.7./8). Transformation der Extraktionskurven

So werden z. B. bei der umgekehrten Methode (Kontrollrechnung) für den Gegenstromprozeß alle m Abschnitte berechnet, indem man willkürlich den Anfangswert $\bar{\zeta}_0$ wählt und so die Werte für $\bar{\zeta}_m$ und c'_{2m} auffindet. Sodann wird die Transformation der Extraktionskurven vorgenommen: Sie werden bezüglich der Achse 0—0 gestreckt bzw. gestaucht (Bild 5.7./8). Diese vorläufige Berechnung eines jeden i-ten Abschnittes wird folgendermaßen durchgeführt:

Für die gegebenen Größen D_i, β_i, l_i, q_i im Abschnitt berechnet man F_{0i} und Bi_i, bestimmt $F_0^{\mathrm{I}} = \sum_{i=1}^{i-1} F_{0i}$ und $F_0^{\mathrm{II}} = \sum_{i=1}^{i} F_{0i}$, und danach gemäß Grundformel (z. B. 5.1./58) für diese Summen jeweils Z^{I} und Z^{II}.
Den Wert Z_i im Abschnitt bildet man als

$$Z_i = \frac{Z^{\mathrm{II}}}{Z^{\mathrm{I}}} \tag{5.7./2}$$

Mit Hilfe der Größe Z_i kann die Überkonzentration am Ende des Abschnittes mittels nachstehender Formel aufgefunden werden:

$$\bar{\zeta}'_i = \bar{\zeta}'_{i-1} Z_i \tag{5.7./3}$$

Die Konzentrationsänderung im Extraktionsmittel in einem Abschnitt (Bild 5.7./8) erhält man nach Gleichung

$$\Delta c'_{2i} = \bar{\zeta}'_{i-1} \frac{1 - Z_i}{q - 1} \tag{5.7./4}$$

Die Konzentration des Extraktionsmittels am Ende des Abschnittes ergibt sich aus Formel

$$\bar{c}'_{2i} = c'_{2(i-1)} - \Delta c'_{2i} \tag{5.7./5}$$

Aus nachfolgender Beziehung läßt sich die mittlere Konzentration in den Feststoffteilchen ermitteln:

$$\bar{c}'_{1i} = c'_{2i} + \bar{\zeta}'_i \tag{5.7./6}$$

Der Streckungs- bzw. Stauchungskoeffizient errechnet sich zu

$$\varphi = \frac{\bar{c}_{10} - c_{1A}}{\bar{c}_{10} - c_{2m}} \tag{5.7./7}$$

Die Größe $\bar{\zeta}_i$ ist nach der Formel

$$\bar{\zeta}_i = \bar{\zeta}'_i \varphi \tag{5.7./8}$$

zu bestimmen und die Konzentrationen zu

$$\bar{c}_{1i} = \bar{c}_{10} - \varphi(\bar{c}_{10} - \bar{c}'_{1i}) \tag{5.7./9}$$

$$c_{2i} = \bar{c}_{10} - \varphi(\bar{c}_{10} - c'_{2i}).$$

Im Falle einer Auslegungsberechnung, wenn also die Anzahl der Abschnitte nicht bekannt ist, hingegen aber der Extraktionsgrad $\zeta = \bar{c}_{1E}/\bar{c}_{10}$
wird es notwendig, im Verlaufe der Rechnung zu prüfen, wie nahe der erreichte Extraktionsgrad an dem geforderten liegt.
Diesem Ziel entsprechend muß man vor allem die Größe

$$\bar{\zeta}' = \frac{\bar{c}_{1E} - c_{1A}}{\bar{c}_{10} - c_{2A}} \tag{5.7./10}$$

als Operativgröße bestimmen und damit die Überschlagsrechnung kontrollieren.

Wenn $c_{2A} = 0$, dann ist $\zeta' = \zeta$.
Nach Berechnung jedes Abschnittes findet man die Größe

$$\underline{\underline{Z}}i = \prod_{i=1}^{i} \overline{\overline{Z}}i \qquad (5.7./11)$$

und daraus ζ' nach Formel

$$\zeta' = \frac{Z(q-1)}{q - \underline{\underline{Z}}} \qquad (5.7./12)$$

Ein Beispiel der analytischen Berechnung eines einzelnen Abschnittes und des gesamten Prozesses findet man in der Aufgabensammlung (s. Literaturverzeichnis). Da die analytische Prozeßberechnung sehr kompliziert ist, wendet man in der Praxis oft graphisch-analytische Methoden an.
Aus Gleichung (5.1./63) folgt, daß das Verhältnis der Konzentrationsdifferenzen am Ende eines Abschnittes $\bar{\zeta}_i$ und am Anfang des Abschnittes $\bar{\zeta}_{i-1}$ eine Funktion der Größen B_{i_D} und F_{0_D} sowie des Verhältnisses q ist

$$Z = \frac{\bar{c}_{1i} - c_{2i}}{\bar{c}_{1(i-1)} - c_{2(i-1)}} = f(B_{i_D}, F_{0_D}, q) \qquad (5.7./13)$$

In Bild (5.7./9) ist eine solche Funktion für die Gegenstromextraktion aus zylinderförmigen Körpern graphisch dargestellt.

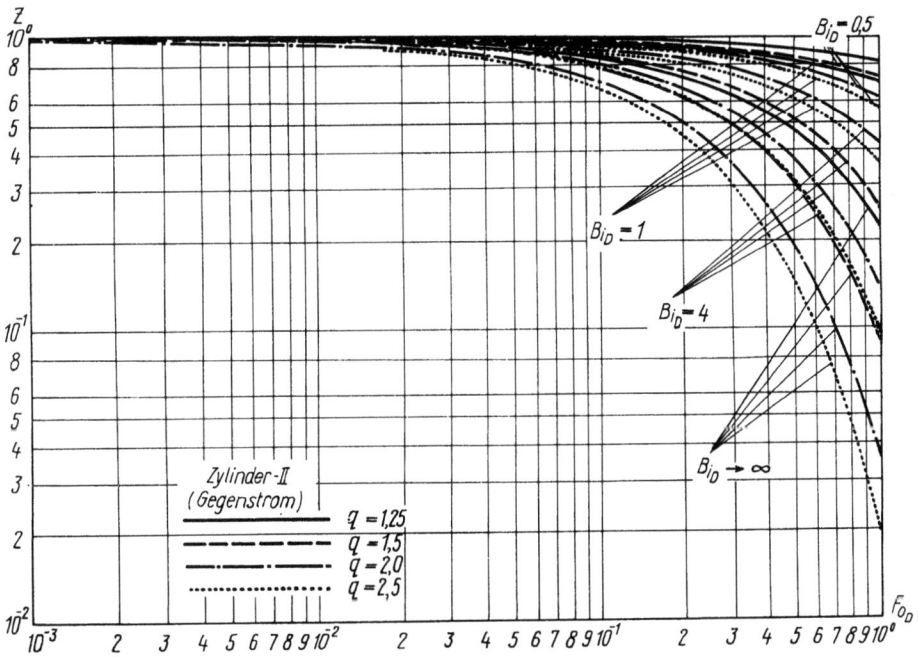

Bild (5.7./9). Nomogramm für eine abschnittweise Berechnung der Gegenstromextraktion (zylinderförmige Festkörper)

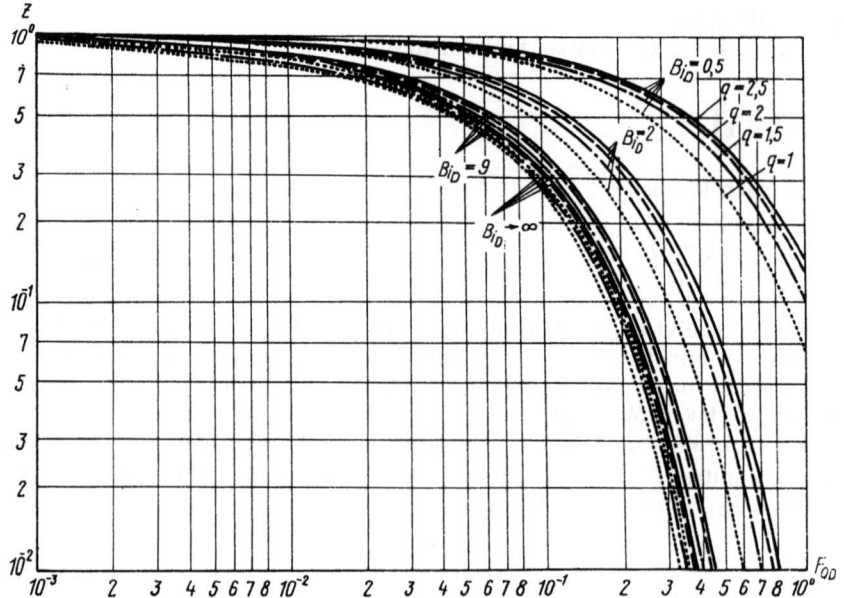

Bild (5.7./10). Nomogramm für eine abschnittweise Berechnung der Gleichstromextraktion (kugelförmige Festkörper)

Auf der Abszisse dieses Nomogrammes sind die Werte für F_{0_D} aufgetragen, auf der Ordinate das Verhältnis der Konzentrationsdifferenzen Z. Das Nomogramm enthält zwei Kategorien von Kurven: Eine für eine Anzahl ausgewählter B_{i_D}-Werte und gleichbleibendem q, die zweite für eine Reihe q-Werte bei gleichbleibendem B_{i_D}.
Mit den aus dem Nomogramm entnommenen Größen Z wird die nachfolgende Rechnung entsprechend den Formeln (5.7./2) bis (5.7./9) durchgeführt.
Das in Bild (5.7./10) dargestellte Nomogramm kann bei Gleichstrom in jeder Stufe und bei Gegenstrom zwischen den Stufen angewendet werden.
Für Gleichstrom (Bild 5.7./11) gilt

$$Z_i = \bar{\zeta}_i/(\bar{\zeta}_{i-1} + \zeta^*_{2(i-1)} + \zeta^*_{2i}) \tag{5.7./14}$$

$$\zeta^*_{2i} = (\bar{\zeta}_{i-1} + \zeta^*_{2(i-1)})(1 - Z_i)/(q_i + Z_i) \tag{5.7./15}$$

$$c_{2i} = c_{2(i-1)} - \zeta^*_{2(i-1)} \tag{5.7./16}$$

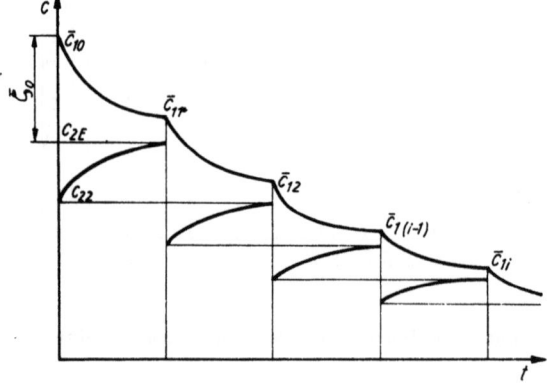

Bild (5.7./11). Extraktionskurve eines kombinierten Prozesses

Schrittfolge der direkten Prozeßberechnung

1. Auswahl der Abschnittlänge für die Prozeßberechnung in den Grenzen $t = 0,1$ bis $0,3$ h.
2. Für die gegebenen Abmessungen der Teilchen l, den Diffusionskoeffizienten D, den Stoffübergangskoeffizienten β, werden die Werte F_{0_D} und Bi_D für jeden Abschnitt (i = 1, 2, ..., n) berechnet. Die Koeffizienten D_i und β_i werden aus Literaturangaben (s. Literaturverzeichnis) in Abhängigkeit von der Temperatur, der Konzentration in jedem Abschnitt, der Beladung, d. h. dem Massenstromverhältnis, den Teilchenabmessungen und anderen Faktoren herausgesucht.
3. Mit einer der Formeln (5.1./58) bis (5.1./60) oder aus dem analogen Nomogramm (s. Bild 5.7./9; 5.7./10) wird durch Rechnung gemäß Formel (5.7./2) Z_i bestimmt.
4. Bei einem vorgegebenen überschlägigen Wert $\bar{\zeta}_0$ (vorzugsweise $\bar{\zeta}_0 = 1$) wird die vorläufige Berechnung eines jeden Abschnittes nach den Gleichungen (5.7./3) bis (5.7./6) für Gegenstrom und mit (5.7./12) bis (5.7./16) sowie (5.7./6) für Gleichstrom durchgeführt, jeweils in Übereinstimmung mit der Prozeßart und mittels der Größen $F_{0\,Di}$, Bi_{Di}, q_i und Z_i je Abschnitt.
5. Man berechnet den vorläufigen Extraktionsgrad $\zeta'_{ber.}$ nach jedem Abschnitt und vergleicht mit dem gegebenen Wert $\zeta'_{geg.}$. Wenn $\zeta'_{ber.} > \zeta'_{geg.}$ ist, wird der Abschnitt (i + 1) berechnet. Für $\zeta'_{ber.} < \zeta'_{geg.}$ ist die Interpolation von t im i-ten Abschnitt so vorzunehmen, daß

$$|\zeta'_{ber.} - \zeta'_{geg.}| < \varepsilon \text{ ist.} \tag{5.7./17}$$

6. Die Transformation der Extraktionskurven wird in Übereinstimmung mit den Formeln (5.7./7) bis (5.7./9) vorgenommen und c_{2E} sowie $\bar{c}_{1E}$ bestimmt.

Bei vorgegebener Bewegungsgeschwindigkeit w für das Extraktionsgut und der Extraktionszeit t_E kann die Apparatelänge $H = t_E w$ berechnet werden.

5.7.1.6. Möglichkeiten zur Intensivierung des Extraktionsprozesses

Um den Extraktionsvorgang zu beschleunigen, müssen ausgehend von den allgemeinen theoretischen Grundlagen die Triebkraft des Prozesses erhöht und der Diffusionswiderstand vermindert werden.

Wenn die Triebkraft des Extraktionsprozesses erhöht werden soll, ist es notwendig, das Gegenstromprinzip mit maximalem Mengenstromverhältnis anzuwenden.

Wie jedoch oben schon gezeigt, führt die Forcierung des Extraktionsprozesses unter Gegenstrombedingungen zu einer starken Verschlechterung des Stoffaustausches und zum Anwachsen des Diffusionswiderstandes, infolgedessen sich die Gesamtgeschwindigkeit des Prozesses nicht erhöhen kann, sondern sich sogar verringern wird.

Eine Erhöhung der eingesetzten Extraktionsmittelmengen ist mit Schwierigkeiten bei der Durchführung der nachfolgenden technologischen Prozesse verbunden und kann deshalb nur begrenzt zur Intensivierung des Prozesses beitragen.

Um den Diffusionswiderstand zu reduzieren, ist es notwendig, den Diffusionskoeffizienten D innerhalb der Feststoffteilchen und den Stoffübergangskoeffizienten β zu erhöhen und den Teilchenradius $R_{äqu.}$ zu verringern.

Der einzige Parameter, mit dessen Hilfe man Einfluß auf den Diffusionskoeffizienten des zu extrahierenden Stoffes bei pflanzlichen Extraktionsgütern nehmen kann, ist die Temperatur. Jedoch kann die Temperaturerhöhung über eine bestimmte Grenze hinaus zur Qualitätsverschlechterung des Extraktes führen oder zur Veränderung der physikalischen Eigenschaften der Teilchen, zum Verlust ihrer Elastizität und am Ende zu schlechteren Bedingungen für den Stoffübergang.

Die Temperatur kann deshalb nur in bestimmten Grenzen den Extraktionsvorgang beschleunigen.

Einen wesentlichen Einfluß auf den inneren Diffusionswiderstand haben die Teilchenabmessungen. Die Verringerung der Teilchengröße ist zweifellos eines der wirkungsvollsten Mittel zu dessen Senkung. In dem Maße, wie die Feststoffteilchen verkleinert werden, verschlechtern sich jedoch auch die hydrodynamischen Bedingungen für das Fließen des Extraktionsmittels durch das Haufwerk. Deshalb gibt es für jede Rohstoffart und Prozeßführung eine bestimmte optimale Teilchengröße, bei der der innere und äußere Diffusionswiderstand in der Summe einen minimalen Wert annimmt. Wird dieser Optimalwert unterschritten, vergrößert sich der äußere Diffusionswiderstand im stärkeren Maße, als sich der innere verringert.

Um den Extraktionsprozeß wirkungsvoll zu verbessern, müssen neben einer Teilchenverkleinerung günstigere Bedingungen für den Stoffübergang von der Teilchenoberfläche an das Lösungsmittel geschaffen werden. Dabei ist nicht so sehr die Erhöhung der Relativgeschwindigkeit der Phasen von Bedeutung als vielmehr die Forderung, daß die gesamte Teilchenoberfläche am Stoffaustausch teilnimmt. Bei sehr geringen Teilchengrößen blockieren diese sich gegenseitig, das durchströmte Porensystem verengt sich, und es können Bereiche entstehen, in denen die Flüssigkeit nicht zirkuliert.

Auf den äußeren Diffusionswiderstand kann durch niedrigfrequente mechanische Schwingungen, Pulsation, Ultraschall, Elektroimpulse oder Erzielen einer Wirbelschicht[1] eingewirkt werden.

Letztgenannte Variante senkt den äußeren Diffusionswiderstand entscheidend (um 70···90%). Jedoch erfordert das Entstehen einer Wirbelschicht komplizierte konstruktive Maßnahmen an der Anlage. Solch ein Prozeß muß unter Vakuum geführt werden, da das Sieden bei atmosphärischem Druck Temperaturen erfordert, die für Lebensmittel nicht anwendbar sind. Außerdem verstärkt das Sieden die Längsvermischung, und es müssen konstruktive Elemente vorgesehen werden, die diesen Vorgang hemmen. Weiterhin kann der Extraktionsprozeß durch niedrigfrequente mechanische Schwingungen wesentlich intensiviert werden. Während bei der Gegenstromextraktion nur etwa 20···25% aller äußeren Teilchenoberflächen am Stoffaustausch beteiligt sind, strebt die aktive Teilchenoberfläche bei Einwirkung niedrigfrequenter mechanischer Schwingungen, vorausgesetzt optimale Schwingungsparameter, 100% zu.

Der Einfluß von Ultraschall und Einwirkung von Elektroimpulsen auf den Extraktionsprozeß sind bis jetzt noch wenig erforscht worden. Voruntersuchungen zeigten jedoch, daß Elektroimpulse den Prozeß wesentlich beschleunigen können.

5.7.1.7. Maschinen und Apparate für die Feststoffextraktion

In der Lebensmittelindustrie finden die verschiedensten Ausführungen von Extraktoren Anwendung. Ihre Klassifizierung kann nach verschiedenen Gesichtspunkten erfolgen:

- Nach dem Arbeitsprinzip teilt man die Extraktionsanlagen in periodische, halbkontinuierliche und kontinuierliche ein.
- Bezüglich der Bewegungsrichtung von Extraktionsmittel und Feststoffteilchen in Gegen- und Gleichstromextraktoren, in Apparate mit einer geschlossenen periodischen Arbeitsweise und in Anlagen, die einen idealen Mischprozeß, einen Schichtprozeß und kombinierte Prozesse verwirklichen.

---

[1] Siedeschicht

- Nach der Art der Zirkulation in Anlagen mit einmaligem Durchlauf des Extraktionsmittels, mit rezirkulierendem Extraktionsmittel und in Sprühextraktoren.
- Hinsichtlich des Druckes in Normaldruck-, Vakuum- und Druckextraktionsanlagen.
- Nach den Eigenschaften der am Prozeß beteiligten Feststoffteilchen in Extraktoren für grobstückige, körnige, feindisperse, pastöse, faserige u. a. Güter.
- Bezüglich der Konstruktionen werden die Extraktionsanlagen nach verschiedenen Gesichtspunkten eingeteilt: nach der Art des Gehäuses in Kolonnen- und Kammerextraktoren; nach der Art des Transportorgans in Schnecken-, Ketten-, Becher-, Trommel- und Bandextraktoren; nach der Transportrichtung in Horizontal-, Vertikal- und geneigte Extraktoren; nach dem hydrodynamischen Prozeßcharakter in Apparate mit unbeweglicher Feststoffschicht, mit sich bewegender Schicht und mit Wirbelschicht.

In die Apparatebezeichnung geht meist nur eines der oben genannten Kennzeichen ein, obwohl deren Konstruktion auch noch andere wichtige konstruktive Merkmale aufweist. Deshalb charakterisiert die Apparatebezeichnung bei weitem nicht alle grundlegenden konstruktiven Besonderheiten.

Kolonnenapparate

Der Prozeß verläuft hierbei kontinuierlich und im Gegenstrom, die Feststoffmasse ist ständig von flüssiger Phase umgeben. Das gesamte Volumen des Apparates wird ausgenutzt, die benötigte Grundfläche zur Aufstellung ist gering, insgesamt handelt es sich um eine außerordentlich materialsparende konstruktive Lösung.

Abhängig von der Kolonnenanzahl werden die Apparate in Ein- und Mehrkörperkolonnen eingeteilt.

Die Einkörperkolonne (Bild 5.7./12) hat Schaufeln, die schraubenförmig um die Vertikalwelle angeordnet sind, und feststehende, am Gehäuse angebrachte Einbauten, die zwischen den Schaufeln positioniert sind und einen Umlauf der Feststoffteilchen mit der langsam rotierenden Welle verhindern sollen. Bei einer derartigen Konstruktion des Transportorgans tritt eine bestimmte Rezirkulation der Flüssigkeit und der Feststoffteilchen auf, die teilweise das Gegenstromprinzip aufhebt. Als kritischer Bereich zeigt sich die Einspeisezone für das Extraktionsgut in den Apparat. Beim Transport findet eine erhebliche Zerkleinerung der Feststoffteilchen statt, was die hydrodynamischen Prozeßbedingungen verschlechtert. Die Zufuhr von Wärme an bestimmte Abschnitte des Apparates ist nicht realisierbar.

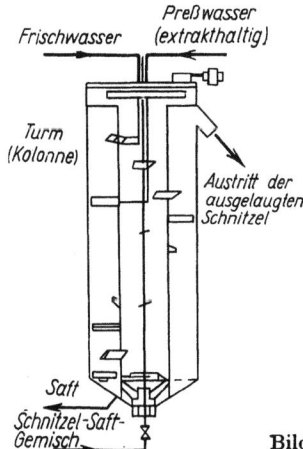

Bild (5.7./12). Kolonnenextraktionsapparat mit Transportschaufeln

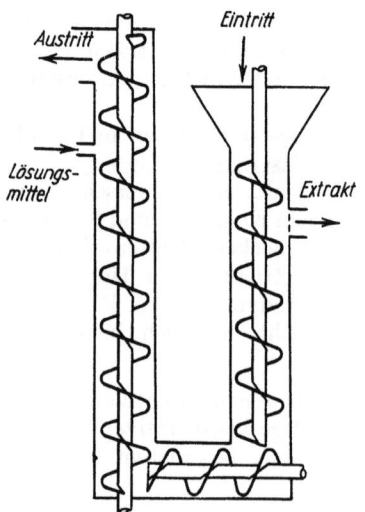
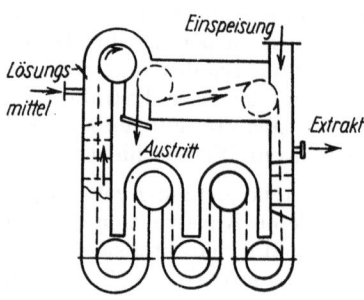

Bild (5.7./13). Dreikolonnenextraktor mit Schneckentransport

Bild (5.7./14). Kolonnenapparat mit Kettentransport

In Mehrkörperkolonnen mit Schneckentransport (Bild 5.7./13) kann ein Mitdrehen der Feststoffmasse mit der rotierenden Schnecke auftreten. Dies erschwert den Transport durch die Anlage. Beim Übergang von einer Kolonne in die andere ist mit zusätzlicher Teilchenzerkleinerung und einer verstärkten Rezirkulation der Flüssigkeit zu rechnen.

In Apparaten mit Kettentransport (Bild 5.7./14) liegt der Feststoff in geringer Schichtdicke auf perforierten Unterlagen, damit sind beste Bedingungen für die Realisierung des Gegenstromprinzips gegeben. Außerdem unterliegen die Feststoffteilchen keinen Einwirkungen, die eine Zerkleinerung hervorrufen könnten. Ein vorgegebenes Temperaturregime läßt sich im Apparat leicht verwirklichen. Solche Apparate sind jedoch aufwendiger zu betreiben und haben im Vergleich zu den Einkörperkolonnen einen größeren Flächen- und Raumbedarf. Außerdem wird beim Übergang von einer Kolonne in die andere die Gleichmäßigkeit der Teilchenschicht zerstört und dadurch das hydrodynamische Gleichgewicht zwischen der flüssigen und festen Phase beeinträchtigt.

Trommelextraktoren

Der zylindrische Grundkörper (Bild 5.7./15a) dreht sich auf Rollen. Das Innere der Trommel ist über die gesamte Länge durch einen in der Trommelquerachse angeordneten Siebrost (2) in 2 Hälften geteilt (Bild 5.7./15b). An der Innenfläche der Trommel sind Bleche (1) wendelförmig eingeschweißt.

Im Zentrum der Trommel befinden sich schrägstehende Trennwände (4), die jeweils die wendelförmigen Bleche benachbarter Windungen verbinden. Der Apparat wird nur bis zur Höhe dieser geneigten Trennwände mit dem Feststoff-Flüssigkeits-Gemisch beschickt, d. h. etwa $1/4$ bis $1/3$ des Trommelvolumens ausgenutzt. Beim Drehen der Trommel führt das Lösungsmittel, das sich stets an der tiefsten Stelle im Gangraum der Förderwendel befindet, eine Axialbewegung aus. Die Feststoffteilchen gelangen jeweils nur bis an den Siebrost (2). Dort werden sie von der Flüssigkeit getrennt und rutschen bei einem bestimmten Drehwinkel der Trommel an den schrägen Trennwänden in den benachbarten Gangraum der Wendel. Auf diese Weise bewegen sich die Feststoffteilchen in entgegengesetzter Richtung durch den Extraktionsapparat.

Der Extraktionsprozeß verläuft in jedem Raum zwischen den Windungen (Kammer) als Gleichstromprozeß, beim Übergang in eine andere Kammer jedoch als Gegenstromprozeß. Das Transportsystem im Apparat ist denkbar einfach, und die Feststoffteilchen werden kaum deformiert.

Als nachteilig erweisen sich bei Apparaten dieser Bauart der sehr geringe Volumenausnutzungsgrad und die schwierige Aufrechterhaltung des benötigten Temperaturregimes über der Apparatelänge.

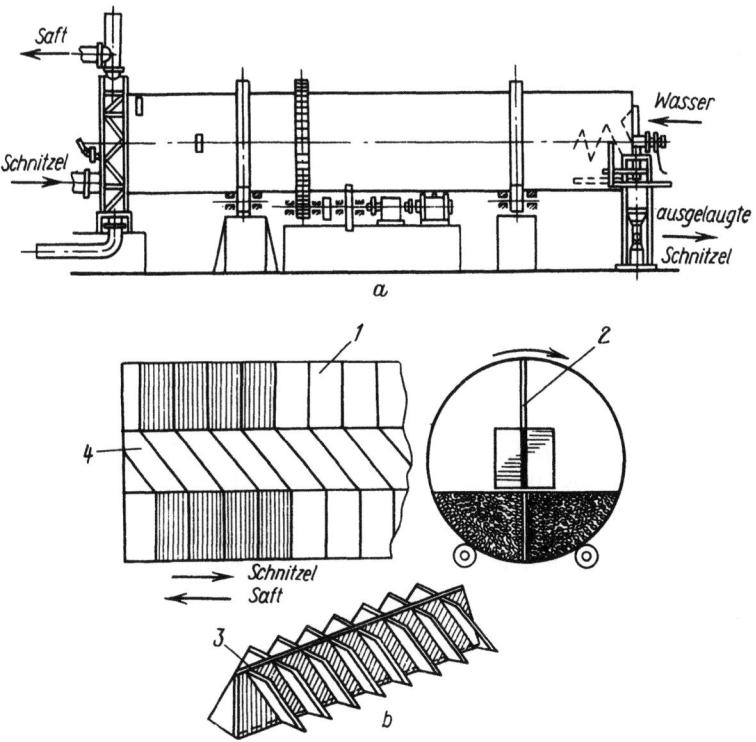

Bild (5.7./15). Trommelextraktor
a) Gesamtaufbau; b) Apparatelemente
(1) schraubenförmige Oberflächen (2) Siebrost (3) Leitflächen (4) durchgehende Trennwände

Bandextraktoren

Das Extraktionsgut wird hierbei auf ein Band (Bild 5.7./16) oder auf ein System von Bändern, die aus einzelnen Siebelementen bestehen, aufgegeben.

Das Extraktionsmittel wird unter bestimmten Abschnitten des Transportbandes gesammelt und mittels Pumpen über Spezialdüsen auf den entgegen der Bewegungsrichtung des Bandes benachbarten Extraktionsbereich aufgesprüht. Die Teilchen liegen in geringer Schichtdicke und werden demzufolge wenig deformiert. Der Prozeß im Apparat verläuft nach einem komplizierten Schema: Kreuzstrom in jedem Abschnitt (eigentlich ein Mischprozeß) und Gegenstrom beim Übergang von Abschnitt zu Abschnitt. Der konstruktive Aufbau der Anlage ist relativ aufwendig und wenig raumsparend.

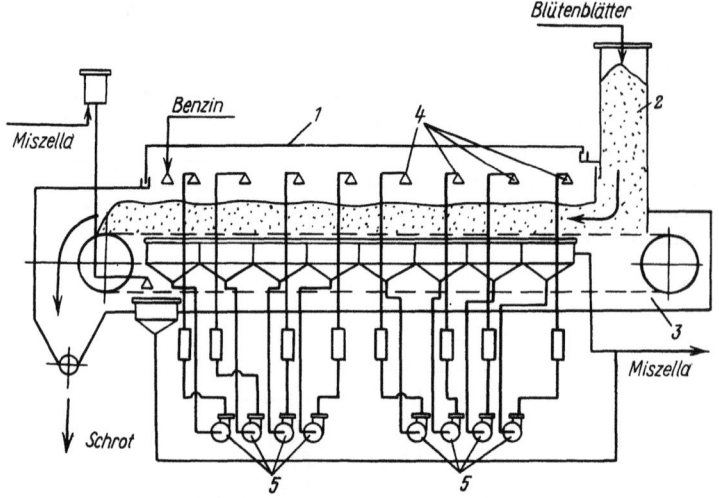

Bild (5.7./16). Sprühbandextraktionsanlage
(1) Gehäuse (2) Füllschacht (3) Band (4) Düsen (5) Pumpen

Becherextraktoren

Nach ihrer Konstruktion unterscheidet man vertikale und horizontale Becherextraktoren. Sie sind mit Siebbechern ausgestattet, die an einem kontinuierlich umlaufenden Band befestigt sind. Bei vertikalen Becherextraktoren (Bild 5.7./17) wird das Gut jeweils in den obersten Becher des nach unten führenden Bandes eingefüllt und mit Lösungsmittel beaufschlagt. Da das Extraktionsmittel bereits die aufsteigende Becherreihe durchlaufen hat, ist es schon mit Extraktstoff angereichert. Es fließt nun durch die im Becher befindliche Füllung und durch den Siebboden und gelangt in den nächsten Becher. Auf diese Weise findet in der abwärts führenden Becherreihe ein Gleichstromprozeß statt. Der oberste Becher der nach oben führenden Becherreihe wird mit frischem Lösungsmittel besprüht, folglich geht in dieser Reihe ein Gegenstromprozeß vonstatten. Die Flüssigkeit, die durch den letzten Becher dieser

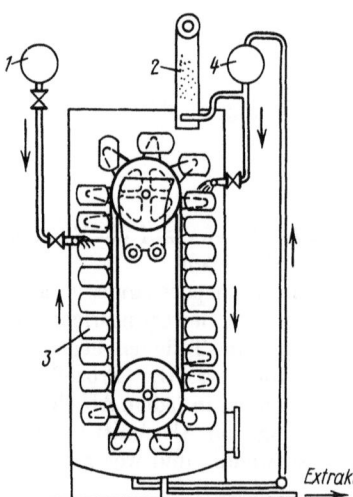

Bild (5.7./17). Vertikal-Becherextraktionsanlage
(1) Speiseeinrichtung für Lösungsmittel (2) Beschickungseinrichtung (3) Becher (4) Speiseeinrichtung für angereichertes Extraktionsmittel

Reihe fließt, sammelt sich am Boden (Sumpf) des Apparates und wird zum obersten Becher des abwärts führenden Stranges geleitet.

Horizontale Becherextraktoren arbeiten nach demselben Prinzip wie Bandextraktoren. Im Gegensatz zu den Bandextraktoren werden bei Horizontal-Becherextraktoren beide Bandstränge prozeßtechnisch genutzt. Wenn auch Becherextraktionsanlagen insgesamt produktiver als Bandextraktoren sind, haben sie die gleichen Unzulänglichkeiten: Nichtaufrechterhaltung des Gegenstroms, relativ große Abmessungen, schlechte Nutzung des Apparatevolumens.

Zweischnecken-Trog-Extraktionsanlagen

Extraktoren dieser Art haben ein trogförmiges, schwach geneigtes Gehäuse, das unterseitig mit einem Doppelmantel für die Beheizung mit Dampf ausgestattet ist (5.7./18). Im Extraktionsraum befinden sich zwei gegeneinander umlaufende Bandschnecken, die durch eine Reihe gleichmäßig über die Länge verteilte Lager abgestützt werden. Die Schneckenwindungen greifen teilweise ineinander ein, wodurch das Mitdrehen der Teilchen mit den Schnecken verhindert wird. Vor der unteren Stirnwand des Apparates befindet sich ein Sieb, das zur Abtrennung des Extraktionsmittels dient. Es wird durch rotierende Abstreifer freigehalten. Über dem Oberteil des Apparates befindet sich der Aufnahmebunker, der kontinuierlich mit Frischgut beschickt wird.

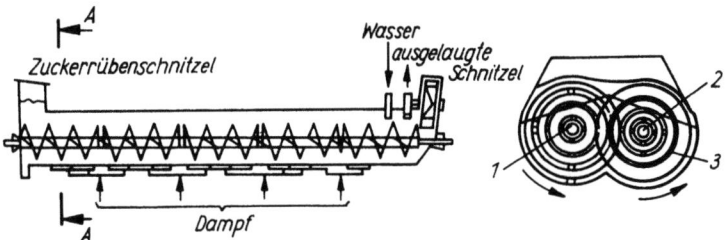

Bild (5.7./18). Trog-Extraktionsanlage
(1) und (2) Wellen der Fördereinrichtungen (3) Bandstahlwendel zur Gutsförderung

Die Schnecken werden durch zwei spezielle Antriebe, die an der unteren und oberen Stirnwand montiert sind, in Rotation versetzt. Um den Feststoff nach Durchlauf aus dem Apparat auszutragen, ist in den oberen Teil des Troges ein Schaufelrad eingebaut. Das Lösungsmittel wird im Kopfteil des Apparates oberhalb der letzten Schneckenwindungen durch spezielle mit Düsen versehene Rohrstutzen eingegeben.

Geneigte Zweischnecken-Trogextraktoren oder -diffuseure weisen gegenüber entsprechend anderen Ausrüstungen eine materialsparende Konstruktion, niedrigen Raumbedarf, geringe Energie- und andere Kosten auf. Der Aufbau ist relativ einfach und zugänglich für Inbetriebnahme und Reparaturen. Nachteile der beschriebenen Anlagen sind die Rezirkulation von Feststoffteilchen und Extraktionsmittel über die Apparatelänge, die relativ hohe mechanische Beanspruchung der Feststoffteilchen und die schwierige Aufrechterhaltung des notwendigen Temperaturregimes besonders bei großen Anlagen.

Extraktionsbatterien

Batterieschaltungen sind gekennzeichnet durch eine Gruppe von Einzelgefäßen gleicher Art, meist von zylindrischer Form, die mit Siebeinbauten ausgestattet sind (Bild 5.7./19) und mit Extraktionsgut gefüllt werden. Sie haben dazu eine Be-

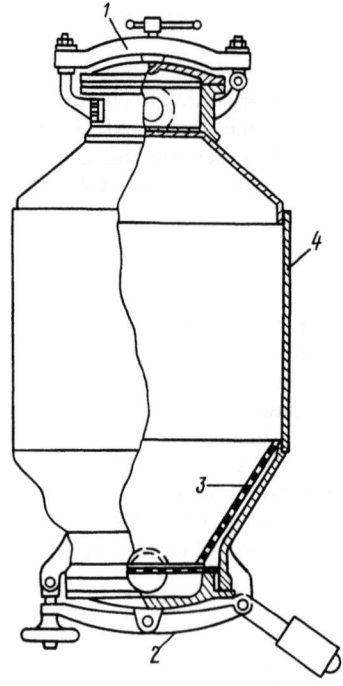

Bild (5.7./19). Diffusionsapparat
(1) Verschlußdeckel (2) Bodenöffnung (3) Siebeinbauten
(4) Gehäuse

schickungs- als auch eine Entleerungsöffnung, desgleichen Anschlußstutzen für die Zu- und Ableitung des Extraktionsmittels.

Die Einzelgefäße werden hintereinandergeschaltet, dadurch kann der Prozeß im Gegenstrom geführt werden. Durch das geschlossene Rohrleitungssystem ist es möglich, daß zyklisch einer der Apparate ausgeschaltet, das ausgelaugte Gut entleert und frisches eingefüllt wird. Danach wird dieser Apparat von neuem in das Zirkulationssystem eingeschaltet. Dem neugefüllten Gefäß wird nun das am stärksten angereicherte Lösungsmittel, das bereits alle übrigen (n-1) oder (n-2) Apparate passiert hat, zugeführt, und das nächste Gefäß, in das bis zu diesem Zeitpunkt frisches Lösungsmittel eingetreten ist, wird abgeschaltet. Je größer die Anzahl der Einzelgefäße ist, desto mehr nähert sich der Prozeß einem kontinuierlichen an.

Als wesentliche Nachteile der Extraktionsbatterie sind zu nennen: der große Aufwand an schwerer körperlicher Arbeit bei deren Bedienung (manuelle Beschickung und Entleerung), erhebliche Extraktverluste, weil der Feststoff gemeinsam mit dem zuletzt in den Apparat eingetretenen Lösungsmittel ausgetragen wird, ein hoher Einsatz an Konstruktionswerkstoff, Schwierigkeiten bei der Prozeßsteuerung sowie die Unmöglichkeit einer durchgängigen Mechanisierung und Automatisierung. Vorteilhaft ist, daß die stationär im Gefäß befindliche Feststoffmenge während des Extraktionsprozesses nicht mechanisch beansprucht wird und daß ein beliebiges Temperaturregime realisiert werden kann, da das Extraktionsmittel jeweils über einen Wärmeübertrager von einem in das andere Gefäß übergeht.

In Fällen, wo die Durchführung des Extraktionsprozesses besonders langwierig ist oder die Extraktstoffe von nur geringen Ausgangsmaterialmengen gewonnen werden sollen, verwendet man Reaktoren mit Rühreinrichtungen oder solche, die eine interne Zirkulierung des Extraktionsmittels ermöglichen. Die Vielfalt der Konstruktionen von Extraktionsanlagen resultiert auch aus der großen Verschiedenartigkeit der Rohstoffe, die in diesen Apparaten verarbeitet werden. Wenn z. B. die Feststoffteilchen weich und leicht zerstörbar sind, müssen Sprühextraktoren verwendet werden, bei Feststoffen, die wenig elastisch sind und zum Zusammenballen neigen, sind Mehrkörperkolonnen und Zweischneckenapparate vorzuziehen.

Es ist eine Tatsache, daß keine der existierenden Konstruktionen alle Anforderungen erfüllt, die im Idealfall gestellt werden müßten:

Strenge Gegenstromprozeßführung mit geringem äußerem Diffusionswiderstand bei kleinen Teilchenabmessungen.

Kompakte Bauweise bei minimalem Materialeinsatz, einfachem Aufbau und guter Zugänglichkeit während des Betriebes und bei Reparaturen.

5.7.2. Flüssig-Flüssig-Extraktion

5.7.2.1. Wesen des Prozesses

Bei der Flüssig-Flüssig-Extraktion wird der Kontakt zwischen einem zu trennenden Flüssigkeitsgemisch (Ausgangslösung), das die zu extrahierende Komponente enthält, und einem Lösungsmittel, das diese Komponente gut löst, hergestellt. Diese Flüssigkeiten, die ineinander unlöslich oder nur teilweise löslich sind, bilden zwei flüssige Phasen. Maßgeblich für den Übergang des Extraktstoffes (Übergangskomponente) von der einen flüssigen Phase in die andere sind Stoffübergang, Löslichkeit und Phasengleichgewichtszustand. Mit Hilfe der Grundlagen des Stoffübergangs lassen sich entsprechende Methoden für den Kontakt zwischen den Phasen finden, die eine vollständige und schnelle Prozeßdurchführung ermöglichen. Die Löslichkeitstheorie bietet die Möglichkeit, das geeignete Lösungsmittel auszuwählen, welches eine von der Einsatzflüssigkeit unterschiedliche Dichte haben muß, eine geringe Löslichkeit in der Ausgangslösung, einen hohen Verteilungskoeffizienten, einen hohen Diffusionskoeffizienten, eine maximale Selektivität u. a. Eigenschaften.

Im Ergebnis der Wechselwirkung zwischen der Einsatzflüssigkeit und dem Lösungsmittel haben sich bei Einstellung des Gleichgewichtszustandes eine mit Extraktstoff angereicherte Lösung – der Extrakt – und ein Flüssigkeitsgemisch – das Raffinat – gebildet.

Der Zustand des Phasengleichgewichtes wird durch das Gesetz der Gleichgewichtsverteilung charakterisiert (s. Bild 5.1./10). Die Beschaffenheit dieser Funktion hängt von der Art der Komponenten ab, von der Temperatur und von der Konzentration des Extraktstoffes im Raffinat. Deshalb hat sogar bei konstanter Temperatur die Gleichgewichtslinie im Koordinatensystem $c_1 - c_2$ die Form einer Kurve. Sie ist experimentell zu ermitteln.

Nur in grober Näherung kann man das Gesetz der Gleichgewichtsverteilung als lineare Funktion annehmen:

$$c_1^* = k\, c_2 \tag{5.7./18}$$

k Verteilungskoeffizient

Die Einstellung der Gleichgewichtskonzentrationen zwischen den Phasen ist nicht das Endstadium des Extraktionsprozesses, da für die Gewinnung der zu extrahierenden Komponente in reiner Form die Phasen voneinander und der Extraktstoff vom Lösungsmittel getrennt werden müssen.

Das Lösungsmittel kann von neuem in den Hauptprozeß zurückgeführt werden. Die Phasentrennung erfolgt mittels Schwerkraftabscheidung oder Zentrifugation, die Regenerierung des Lösungsmittels durch Destillation u. a. Prozesse.

Die Berechnung der Extraktionsprozesse wird vorrangig mit Hilfe graphischer Methoden durchgeführt. Dabei werden vor allem Dreiecksdiagramme verwendet, in denen die Phasenzustände anschaulich reproduziert werden können, da es sich um ternäre Stoffsysteme handelt.

5.7.2.2. Besonderheiten der Dreiecksdiagramme

Ein Dreiecksdiagramm stellt ein gleichseitiges Dreieck dar (Bild 5.7./20), dessen Eckpunkte A, B und C den reinen Komponenten entsprechen. Die drei gleichlangen Seiten $\overline{AB}$, $\overline{BC}$ und $\overline{AC}$ widerspiegeln jeweils die Zusammensetzung der Zweikomponentenlösungen A—B, B—C, A—C. Jeder Punkt in der Fläche des Dreiecks entspricht der Dreikomponenten-Lösung A-B-C (ternäres Stoffsystem).
Die Abbildung der Zusammensetzung der Zweikomponentensysteme ist auf der Eigenschaft des gleichseitigen Dreiecks begründet, daß stets die Summe der Abschnitte $\overline{CH}$, $\overline{AD}$, $\overline{BF}$, wie in Bild (5.7./20) dargestellt, der Länge einer Dreieckseite entspricht.

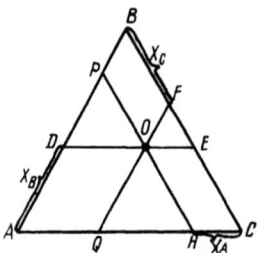

Bild (5.7./20). Dreiecksdiagramm

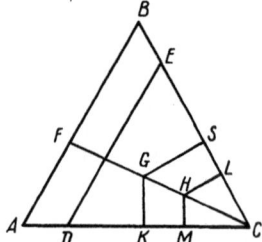

Bild (5.7./21). Besondere Geraden im Dreiecksdiagramm

Alle Lösungen, die auf einer parallel zu einer der Seiten des Dreiecks verlaufenden Geraden liegen, beinhalten eine konstante Menge der Komponente, die dem gegenüberliegenden Eckpunkt entspricht. So ist z. B. in der Lösung, die den Punkten auf der Geraden $\overline{DE}$ entspricht, eine konstante Menge der Komponente C enthalten (Bild 5.7./21).
Alle Lösungen, die auf einer von der Spitze des Dreiecks zur gegenüberliegenden Seite verlaufenden Geraden liegen, beinhalten in einem konstanten Verhältnis die Komponenten, die den Dreieckpunkten zu beiden Seiten dieser Geraden entsprechen. Zum Beispiel wird die Zusammensetzung der Lösung, die den Punkten F, G, H (Bild 5.7./21) zugeordnet werden kann, durch ein konstantes Verhältnis der Komponenten A und B, d.h. x_A/x_B charakterisiert. Eine Verschiebung von Punkt F in Richtung Punkt H kann gewissermaßen als Verdünnung der Zweikomponentenlösung mit der dritten Komponente C angesehen werden. Sollen zwei ternäre Stoffsysteme, charakterisiert durch die Punkte M und N, gemischt werden, so entspricht die Zusammensetzung ihres Gemisches dem Punkt S, der auf der Verbindungsgeraden der Punkte M und N liegt (Bild 5.7./22).

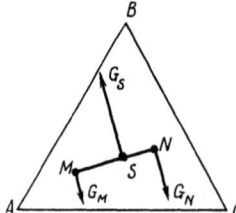

Bild (5.7./22). Hebelgesetz

In Übereinstimmung mit dem Hebelgesetz sind die Abschnitte $\overline{MS}$ und $\overline{NS}$ umgekehrt proportional den eingesetzten Lösungsmengen m_M und m_N

$$m_M \overline{MS} = m_N \overline{NS} = m_N (\overline{MN} - \overline{MS}) \qquad (5.7./19)$$

Wird umgekehrt das Gemisch S in zwei Gemische M und N zerlegt und sind Zusammensetzung der Gemische M, N und S und Masse des Ausgangsgemisches m_S bekannt, können die Mengen m_M und m_N ebenfalls ermittelt werden.
Hierfür ist es notwendig, die Massenbilanz bezüglich einer der Komponenten, z. B. A, aufzustellen:

$$m_S\, x_{AS} = m_M\, x_{AM} + m_N\, x_{AN}$$

wobei

$$m_S = m_M + m_N$$

Aus diesen beiden Gleichungen folgt

$$m_M = m_S \frac{x_{AS} - x_{AN}}{x_{AM} - x_{AN}} \qquad (5.7./20)$$

$$m_N = m_S \frac{x_{AS} - x_{AM}}{x_{AN} - x_{AM}} \qquad (5.7./21)$$

Das Hebelgesetz ist in Bild (5.7./22) graphisch dargestellt. Das Dreiecksdiagramm hat noch eine weitere wichtige Eigenschaft. Wenn beliebige Lösungen K', L', M' mit den Massen m'_K, m'_L, m'_M zerlegt werden und diese die gleiche Menge m_S eines neuen Stoffsystems S ergeben, so schneiden sich im Dreiecksdiagramm die Linien, die man durch die Punkte der ursprünglichen und der neuerhaltenen Stoffsysteme legt, in einem Punkt (Bild 5.7./23).

Der Punkt S kann auch außerhalb des Dreiecks liegen (Bild 5.7./24). S stellt dann ein fiktives Stoffsystem dar.

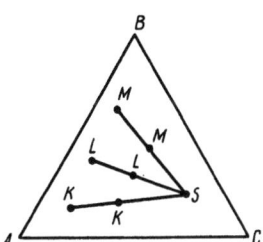

Bild (5.7./23). Weitere Eigenschaften eines Dreiecksdiagramms

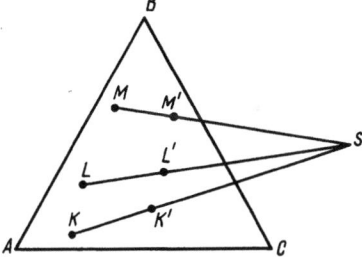

Bild (5.7./24). Zur Konstruktion des Punktes S für ein Mehrkomponentengemisch fiktiver Zusammensetzung

5.7.2.3. Phasengleichgewichtskurve im Dreiecksdiagramm

Ein typisches Gleichgewichtsdiagramm für ternäre Stoffsysteme, die man in der Lebensmitteltechnologie antrifft, ist in Bild (5.7./25) dargestellt. Der Eckpunkt A des Dreiecks entspricht der 100%ig reinen Ausgangslösung, der Eckpunkt B – dem gelösten Stoff (100%) und C – dem Lösungsmittel (100%). Die Komponenten A und B sowie B und C sind unbegrenzt miteinander mischbar, die Komponenten A und C haben jedoch nur eine geringe gegenseitige Löslichkeit. Sie weisen im Dia-

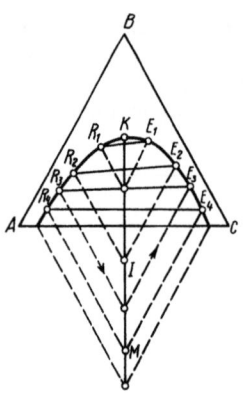

Bild (5.7./25). Methode zur Interpolation von Konnoden

gramm eine Mischungslücke auf. Deshalb entsteht beim Mischen bestimmter Mengen der Komponenten A, B und C ein Zweiphasensystem.
Die Zusammensetzung der im Gleichgewichtszustand befindlichen Phasen wird jeweils durch die Punkte R_1 und E_1; R_2 und E_2; R_3 und E_3 usw. ausgedrückt. Wenn man diese Punkte verbindet, erhält man zwei Äste der Gleichgewichtskurve. Der Punkt K, in dem sich beide Kurvenäste vereinigen, heißt kritischer Punkt. In diesem Punkt besteht das System aus einer Phase. Die Sehnen, die die Punkte R_1 und E_1; R_2 und E_2; R_3 und E_3 usw. paarweise verbinden und den im Phasengleichgewicht befindlichen Lösungen entsprechen, werden als Konnoden bezeichnet, und die Gleichgewichtskurve R_1, R_2, R_3, K, E_1, E_2, E_3 heißt Binodalkurve.
Die Punkte, die innerhalb der von der Binodalkurve begrenzten Fläche liegen, entsprechen einem Zweiphasensystem, die Punkte, die sich außerhalb dieser Fläche befinden, einem Einphasensystem. In dem Maße, wie die Komponente B zum Zweiphasensystem A-C zugegeben wird, verbessert sich die gegenseitige Löslichkeit der Komponenten A und C, was sich im Dreiecksdiagramm durch die Verkürzung der Konnodenlänge und durch eine Vergrößerung des Bereichs der Einphasenlösung ausdrückt.
Die Konnoden liegen nicht parallel zueinander, da die Verteilung der Komponente B zwischen den Phasen nicht gleichmäßig entsprechend ihrer Zugabe erfolgt.
Aus dem Dreiecksdiagramm kann man auf die Eignung des Lösungsmittels schließen.

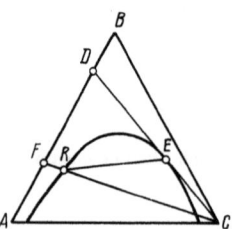

Bild (5.7./26). Zur Bestimmung der Eignung des Lösungsmittels

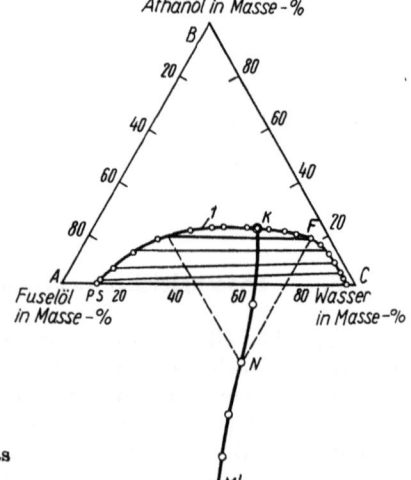

Bild (5.7./27). Phasengleichgewichtsdiagramm für das Stoffsystem Fuselöl – Äthanol – Wasser bei 20 °C

Dazu werden durch die Gleichgewichtspunkte R und E und durch den Punkt C Geraden gelegt, die bis zum Schnitt mit der Seite $\overline{AB}$ geführt werden (Bild 5.7./26). Die Schnittpunkte D und F entsprechen der Zusammensetzung in den Punkten R und E nach Entfernung der Komponente C. Der von C ausgehende Strahl selbst repräsentiert Stoffsysteme mit konstantem Verhältnis der Komponenten A/B.
Aus der Lage der Punkte D und F ist ersichtlich, daß die Zusammensetzung der Phasen unterschiedlich ist. Eine ist mit der Komponente A angereichert, die andere mit der Komponente B.
Wenn in einem Dreiecksdiagramm keine ausreichende Anzahl Konnoden angegeben sind, kann man mit Hilfe graphischer Methoden die benötigte Anzahl konstruieren. Dazu werden durch die Gleichgewichtspunkte Geraden gelegt, die parallel zu den Seiten des Dreiecks verlaufen (s. Bild 5.7./25).
Die Schnittpunkte dieser gestrichelten Linien bilden die Hilfslinie 1, Konjugationslinie, die sich wegen nur geringer Krümmung leicht extrapolieren läßt. Unter Ausnutzung der Konjugationslinie kann für einen beliebigen Punkt R_n der Binodalkurve sein Gleichgewichtspunkt E_n konstruiert werden (s. a. Verbindung R_4-M-E_4).
Als Beispiel ist in Bild (5.7./27) das Gleichgewichtsdiagramm für das System Fuselöl – Äthanol – Wasser bei 20 °C, aufgestellt von *W. F. Suchodol* und *P. M. Malzew*, gezeigt.

5.7.2.4. Extraktionsmethoden

Die Flüssig-Flüssig-Extraktion kann stufenweise oder durch den kontinuierlichen Kontakt beider Flüssigkeiten erfolgen. Im ersten Fall wird das Mischen der Lösungen und das Trennen der zwei Phasen in verschiedenen Apparaten durchgeführt: in Mischern und Abscheidern, die jeweils paarweise die Extraktionsstufen darstellen. Im zweiten Fall wird der laufende Kontakt beider sich im Gegenstrom bewegenden Flüssigkeiten in einem Apparat, der Kolonne, realisiert.
Die stufenweise Extraktion läßt sich wie folgt unterteilen: einstufige Extraktion, mehrstufige Gleichstromextraktion, mehrstufige Gegenstromextraktion.

Einstufige Extraktion

Dieser Prozeß ist gekennzeichnet durch Zusammenführen und Vermischen bestimmter Mengen an Ausgangslösung und Lösungsmittel mit Hilfe von Rührern oder anderen Einrichtungen und durch nachfolgendes Trennen des Gemisches in einem Separator oder Abscheider, wenn sich der Phasengleichgewichtszustand eingestellt hat. Die entstandenen neuen Stoffsysteme sind der Extrakt und das Raffinat (5.7./28).

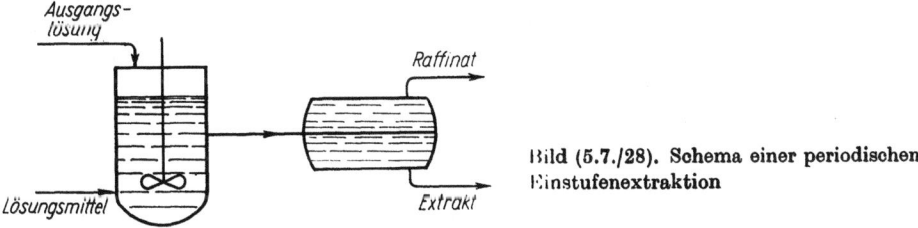

Bild (5.7./28). Schema einer periodischen Einstufenextraktion

Im Dreiecksdiagramm wird der Prozeß der einstufigen Extraktion in folgender Weise abgebildet (Bild 5.7./29): Der Ausgangslösung, die die Komponenten A und B enthält, entspricht der Punkt S, dem reinen Lösungsmittel der Punkt C. Das Gemisch

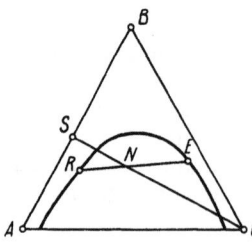

Bild (5.7./29). Einstufige periodische Extraktion im Dreiecksdiagramm

dieser beiden Flüssigkeiten wird durch den auf der Linie $\overline{CS}$ befindlichen Punkt N ausgedrückt.
Während der Punkt N im Gebiet der Zweiphasenlösung liegt, bilden sich nach dem Konzentrationsausgleich zwei Fraktionen, Extrakt und Raffinat, deren Zusammensetzung durch die Punkte E und R widergespiegelt wird, die auf der durch den Punkt N verlaufenden Konnode liegen.
Wenn die Masse des zu trennenden Flüssigkeitsgemisches m_S und die des Lösungsmittels m_C bekannt sind, können die Lage des Punktes N im Diagramm sowie die Masse des Extraktes m_E und die des Raffinates m_R nach dem Hebelgesetz bestimmt werden.

$$\overline{SN} = \overline{SC}\,\frac{m_C}{m_C + m_S} \tag{5.7./22}$$

$$m_R = (m_S - m_C)\,\frac{\overline{NE}}{\overline{RE}} \tag{5.7./23}$$

$$m_E = (m_S + m_C)\,\frac{\overline{RN}}{\overline{RE}} \tag{5.7./24}$$

wobei $\overline{SC}$, $\overline{NE}$, $\overline{RE}$ und $\overline{RN}$ Geradenabschnitte sind, die im Diagramm gemessen werden.
Die einstufige Extraktion ergibt einen äußerst geringen Trenneffekt und eine dementsprechend niedrige Produktivität. Damit erklärt sich auch die geringe Verbreitung der einstufigen Extraktion in der Praxis.

Mehrstufige Gegenstromextraktion

Die mehrstufige Extraktion wird unter Produktionsbedingungen vorrangig nach dem Gegenstromprinzip durchgeführt. Der Grund dafür ist, daß beim Gegenstrom das Lösungsmittel ökonomischer ausgenutzt und mit Hilfe einfacher und billiger Methoden regeneriert werden kann.
Das Schema einer dreistufigen Gegenstromextraktion zeigt Bild (5.7./30).
Der Endextrakt wird von der ersten Stufe abgegeben, das Endraffinat von der letzten.
Auf diese Weise trifft das frische, zu trennende Flüssigkeitsgemisch auf bereits beladenes Lösungsmittel und das austretende Raffinat auf frisches Lösungsmittel.
Analog dazu tritt das Lösungsmittel in jeder Zwischenstufe mit konzentrierteren Lösungen in Kontakt und wird mit der zu extrahierenden Komponente gesättigt.
Bei teilweiser Mischbarkeit von Ausgangslösung und Lösungsmittel wird die Berechnung der Stufenzahl mit Hilfe des Dreiecksdiagramms durchgeführt.

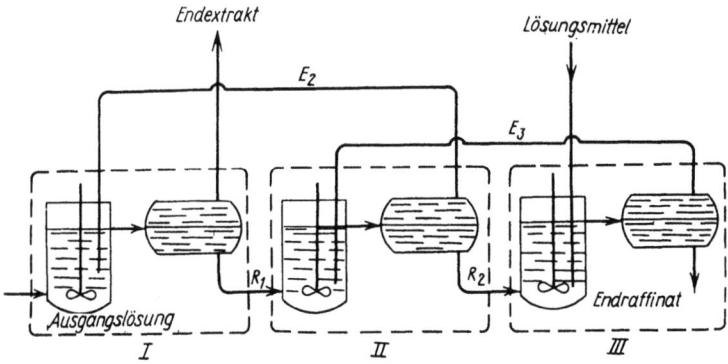

Bild (5.7./30). Schema einer dreistufigen Gegenstromextraktion (R₁) und (R₂) Raffinat der ersten und zweiten Stufe (E₂) und (E₃) Extrakt der zweiten und dritten Stufe

Wenn die Massen des zu trennenden Flüssigkeitsgemisches mit m_S, die des Lösungsmittels mit m_C, des Extraktes mit m_E und des Raffinates mit m_R bezeichnet werden, ergibt sich folgende Massebilanz:

$$m_S + m_C = m_E + m_R$$

Hieraus folgt

$$m_S - m_E = m_R - m_C \tag{5.7./25}$$

Bei einer konstanten Massedifferenz der zu mischenden Lösungen entspricht dies dem Punkt 0, den man als Schnittpunkt der Geraden über die Punkte S und E sowie R und C erhält (Bild 5.7./31).

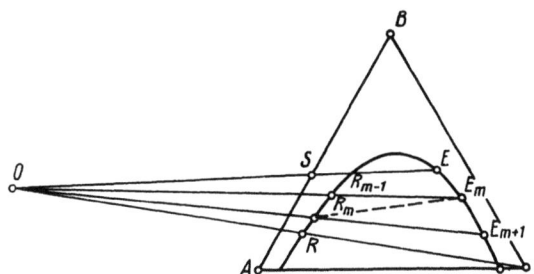

Bild (5.7./31). Konstruktion des Polpunktes in einem Dreiecksdiagramm

Der Punkt 0, der ein fiktives Stoffsystem ausdrückt, heißt Arbeitspol oder Polpunkt. Eine analoge Abhängigkeit liegt für eine beliebige Stufenzahl des Gegenstromextraktionsprozesses vor. Man kann somit zeigen, daß für jede Stufe die Massedifferenz der sich begegnenden Ströme eine konstante Größe ist, d. h. gleiche Differenzen zwischen dem zu trennenden Flüssigkeitsgemisch und in den Apparat eintretendem Lösungsmittel, oder zwischen Raffinat und aus dem Apparat abgeschiedenen Extrakt vorhanden sind. Demzufolge liegen die Punkte, die im Dreiecksdiagramm dem in jede Stufe eintretenden Raffinat R_{m-1} und dem austretenden Extrakt E_m sowie dem austretenden Raffinat R_m und dem eintretenden Extrakt E_{m+1} entsprechen, paarweise auf den Geraden, die durch den Punkt 0 führen (Bild 5.7./33).
Die Punkte R_m und E_m sind durch die Konnode verbunden. Die Lage der Punkte im Dreiecksdiagramm, die den Anfangszustand S und C und den Endzustand R und E charakterisieren, gestattet es, diesen Prozeß in allgemeiner Weise als ein

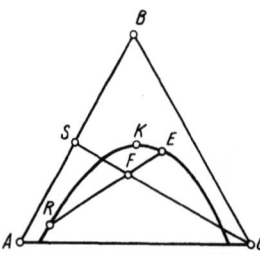

Bild (5.7./32). Gesamtbilanz der Gegenstromextraktion im Dreiecksdiagramm

Mischen der Ausgangslösungen und deren Zerlegung in zwei neue Bestandteile zu betrachten (Bild 5.7./32). Die Lage des Punktes F, welche die mittlere Zusammensetzung des entstandenen Gemisches widerspiegelt, kann durch das Hebelgesetz gefunden werden.

$$\overline{SF} = \overline{SC}\frac{m_C}{m_C + m_S} \qquad (5.7./26)$$

Für die Bestimmung der Stufenzahl werden meist die Zusammensetzung S und Menge m_S der Ausgangslösung, die Masse m_C des Lösungsmittels C und die Zusammensetzung des Extraktes E oder des Raffinates R vorgegeben.
Die Punkte, die der vorgegebenen Zusammensetzung der Lösungen entsprechen, werden im Dreiecksdiagramm aufgetragen.
Wenn zum Beispiel die Punkte S, R und C fixiert sind, so verbindet man die Punkte S und C durch eine Gerade und trägt auf ihr den Punkt F ab, indem man die Streckenlänge $\overline{SF}$ nach Formel (5.7./26) bestimmt. Auf dem Schnittpunkt der Geraden $\overline{RF}$ mit der Binodalkurve liegt der Punkt E, der der Endkonzentration des Extraktes entspricht (Bild 5.7./33).

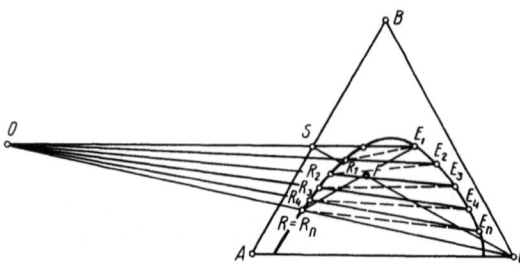

Bild (5.7./33). Bestimmung der Stufenzahl der Gegenstromextraktion im Dreiecksdiagramm

Durch Schneiden der Geraden, die die Punkte S und E sowie C und R verbinden, erhält man den Polpunkt 0.
Dem Punkt E ist auf der Konnode der entsprechende Punkt R_1 zugeordnet, der die Zusammensetzung des Raffinates, das aus der ersten Stufe austritt, angibt. Der Polpunkt 0 wird nun mit R_1 verbunden, der Schnittpunkt der so erhaltenen Geraden mit der Gleichgewichtskurve ist der Punkt E_2, die Zusammensetzung des aus der zweiten Stufe austretenden Extraktes. Mittels der Konnode, die durch diesen Punkt gelegt wird, kann der Punkt R_2, d. h. die Zusammensetzung des aus der zweiten Stufe austretenden Raffinates, bestimmt werden.
Auf analoge Weise werden die Phasenzusammensetzungen der übrigen Stufen ermittelt.
Wenn bei der weiteren Konstruktion der letzte Punkt R_n nicht mit dem Punkt R der vorgegebenen Zusammensetzung des Endraffinates übereinstimmt, muß die

vorgesehene Extraktkonzentration oder das Mengenverhältnis an Flüssigkeitsgemisch zu Lösungsmittel m_S/m_C verändert werden.

Die Bestimmung der Stufenzahl der Gegenstromextraktion wird wesentlich vereinfacht, wenn die Trägerflüssigkeit A und das Lösungsmittel C absolut ineinander unlöslich sind. In diesem Fall können die Bestimmungsmethoden für den Stoffübergang im System ohne feste Phase Anwendung finden (Kap. 5.2.8.).

5.7.2.5. Anlagen für die Flüssigkeitsextraktion

Eine Anlage zur Durchführung der Flüssig-Flüssig-Extraktion muß aus zwei Elementen bestehen: einer Mischeinrichtung, die einen intensiven Kontakt zwischen den Phasen garantiert, und einer Abscheideeinrichtung.

Im Misch-Absetz-Extraktor sind diese zwei Bestandteile konstruktiv voneinander getrennt. In dem in Bild (5.7./34) gezeigten Apparat ist z. B. die Kammer, in der die Phasen durch Zentrifugalpumpen gemischt werden, von der Absetzkammer durch eine Jalousiewand getrennt.

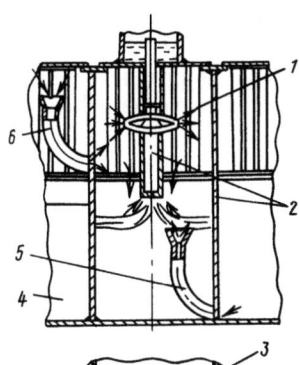

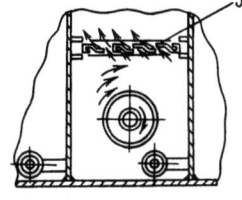

Bild (5.7./34). Gegenstrom-Misch-Absetz-Extraktor Apparateschema (oben), Mischkammer (unten)
(1) Mischkammer (2) Rohr mit Stutzen (3) Jalousiewand (4) Absetzkammer (5) Überlaufstutzen für die schwere Lösung (6) Überlaufstutzen für die leichte Lösung

In Kolonnenapparaten mischen sich die Phasen hauptsächlich auf Grund ihres Dichteunterschiedes. Der Kontakt zwischen den Phasen findet über die gesamte Apparatelänge statt, die vollständige Phasentrennung jedoch nur im Endstadium des Prozesses.

Im Sprühextraktor (Bild 5.7./35) stellt eine der Flüssigkeiten die kontinuierliche Phase dar, die zweite wird in einen dispergierten Zustand überführt. Im gegebenen Beispiel wird die dispergierte leichtere Phase nach oben gesprüht. Zur besseren Phasentrennung ist die Kolonne im oberen und unteren Teil erweitert.

In Tellerkolonnen (Bild 5.7./36) sind Einbauten verschiedener Art angebracht, die die Ansammlung der leichten Phase auf der Unterseite oder der schweren auf der Oberseite der Teller bewirken. Die dabei entstehende Schicht an leichterer oder schwererer Phase wird beim Überlaufen über den Tellerrand oder durch vorhandene Öffnungen leicht zerteilt. In Rührkolonnen (Bild 5.7./37) erfolgt die Mischung der Phasen, wie in Kolonnen überhaupt, durch die Wirkung von Gravitationskräften.

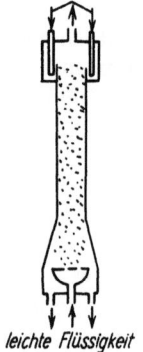
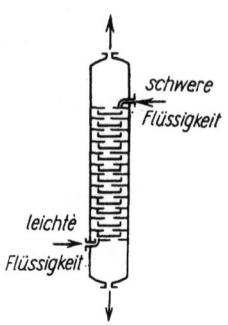

Bild (5.7./35). Sprühextraktor   Bild (5.7./36). Tellerextraktor

Die Rühreinrichtungen, die die Teilchen der dispergierten Phase kontinuierlich zerteilen, müssen dabei nicht unbedingt eine Phasenvermischung entlang der Kolonnenachse hervorrufen. Durch das Mischen wird der Stoffaustauschprozeß in der Kolonne wesentlich intensiviert.

In der Pulsationskolonne spielen die durch ventillose Kolbenpumpen hervorgerufenen Pulsationen dieselbe Rolle wie der Mischvorgang bei den vorhergehenden Kolonnentypen (Bild 5.7./38).

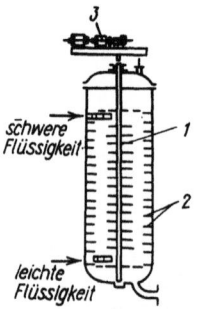
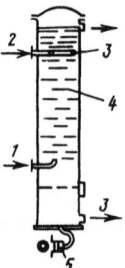

Bild (5.7./37). Rührkolonnenextraktor
(1) Welle mit Rührarmen (2) feststehende Einbauten (3) Rührerantrieb

Bild (5.7./38). Pulsationsextraktor
(1) Zulauf der leichten Flüssigkeit (2) Zulauf der schweren Flüssigkeit (3) Zerstäuber (4) Siebteller (5) Pumpe

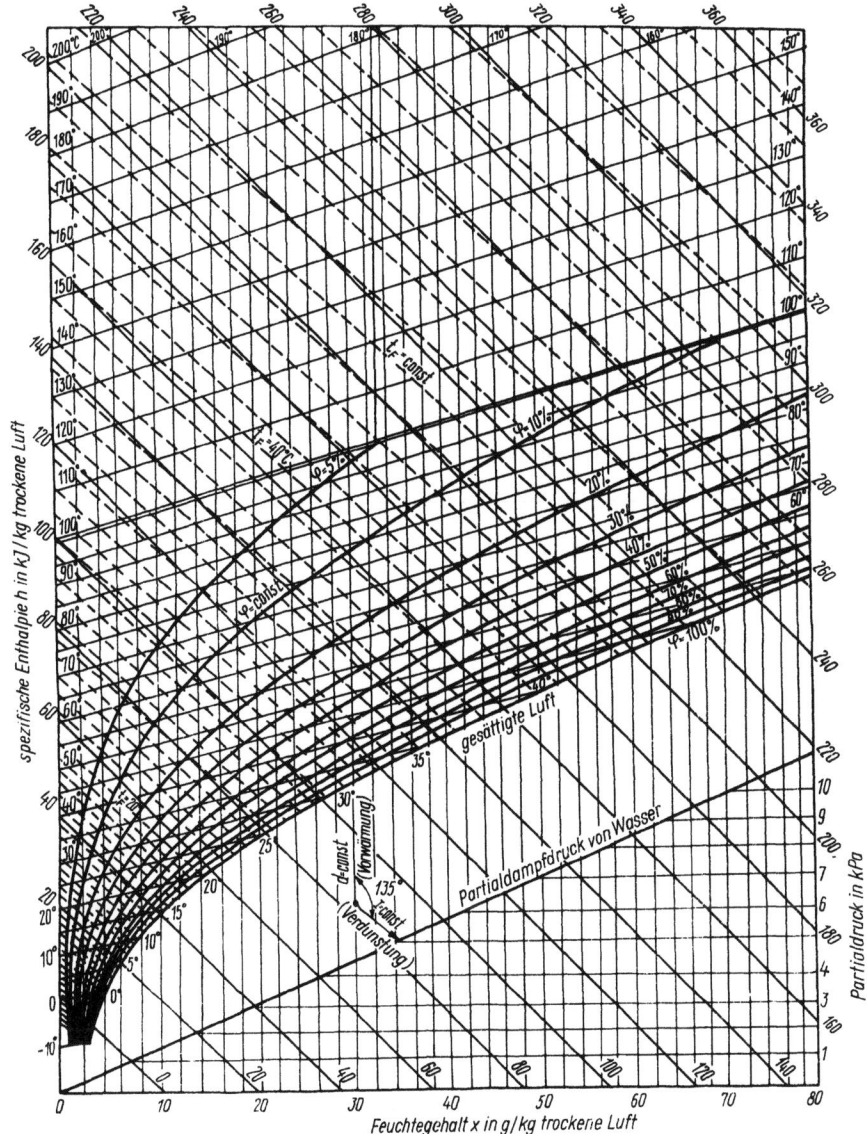

Bild (5.2./4) zu S. 311. h, x-Diagramm für feuchte Luft

Zu empfehlende Literatur

Nikolajew, A. P., u. a.: Verfahrenstechnik der Lebensmittelproduktion. Aufgabensammlung. Kiew: Wischta Schkola 1972, S. 258

Botschenko, N. G., u. a.: Verfahrenstechnik der Lebensmittelproduktion. Laborpraktikum. Kiew: Wischta Schkola 1971, S. 198

Autorenkollektiv: Lehrbuch der chemischen Verfahrenstechnik. Leipzig: VEB Deutscher Verlag für Grundstoffindustrie 1969

Autorenkollektiv: Thermische Verfahrenstechnik I. Verfahrenstechnik, Lehr- und Lernmaterialien für die Aus- und Weiterbildung. Leipzig: VEB Deutscher Verlag für Grundstoffindustrie 1974

Axelrud, G. A.; Lysjanski, O. M.: Extraktion, System fest/flüssig. Leningrad: Chimia 1974

Lysjanski, W. M.: Prozeß der Zuckerrübenextraktion. Moskau: Pischtewaja Promyschlennost 1973, S. 224

Sjulkowski, S.: Flüssigkeitsextraktion in der chemischen Industrie. Leningrad: Goschimisdat 1963, S. 480

Stabnikow, W. N.: Destillation und Rektifikation von Spiritus. Moskau: Pischtepromisdat 1962, S. 373

Suchodol, W. F.; Malzew, P. M.: Untersuchungen über das Gleichgewicht zweier flüssiger Phasen im System Fuselöl – Äthanol – Wasser. Iswestija Wusow – „Pischtewaja Technologija" 1961, Nr. 2

Sachwortverzeichnis

Abpressen 83
Abscheidegrad 113
Absetzen 112
–, Sedimentieren 114
– –, Geschwindigkeit (des) 118
– – –, kritische 117
–, Zentrifugieren 126
– –, Geschwindigkeit (des) 127
– –, hydrostatischer Druck beim 131
Absetzer, halbkontinuierlich 120
–, kontinuierlich 122
–, periodisch 119
Absetz-fläche 122f., 126
– -zentrifugen 131
Absorber 356
–, Arbeitslinie 351
–, Gleichgewichtskurve 353
Absorption 278, 349, 364
–, Grundgleichung 353
–, Stoffbilanz 350
Absorptions-koeffizient 355
– -prozeß, Triebkraft (des) 351
– -türme, Bodenkolonnen 361
– –, Füllkörpertürme 357
Adsorber 365
Adsorption 278, 280, 350, 361, 362
Adsorptionskoeffizient 364
Abtriebssäule 386
–, Arbeitslinie 387
Aerozyklon 136
–, Geschwindigkeitsprofil im 137
Ähnlichkeit 36
–, Indikator der 38
Ähnlichkeits-faktor 36
– -gleichung 40
– -konstante 36
– -kriterium 39, 41, 43
– -theorem, *Newtonsches* 37
– -theorie 32, 43

Ansatzbildung an Heizfläche, s. Verschmutzung
Apparatetypen, s. Verdampfer
Arbeits-intensität eines Apparates 50
– -linie 289
– -pol 461
Ausnutzungs-, Auslastungskoeffizient 209, 223, 255
Ausstanzen 93
Austrag (Zyklon) 135
Auswahl von Verdampferanlagen 260
– von Wärmeübertragern 218
azeotropes Gemisch 370

Bandextraktion 451
Barbotagezone 382
Barboter 104
Batteriezyklon 138
Becherextraktion 452
Befeuchtungsprozeß 280, 304
Belastungskurve bzw. -charakteristik bei Wärmedurchgang 209, 222, 252
Berechnungsalgorithmus, Mischkondensator 275
–, Oberflächenkondensator 268
–, Verdampfer, mehrstufig 254
–, Wärmeübertrager 220
Betriebsdauer 252, 255
Beutelfilter 164
Bilanzgleichung 194, 221, 239ff., 258, 269, 275
binäre Gemische 368
– –, Temperaturdiagramm 372
– –, Wärmediagramm 372
Binodalkurve 458
biologische Prozesse 110
Biot-Zahl 45, 200, 276
Blasenrührer 187f.
Blattfilter 163

Boden-kolonnen 396
–, theoretischer 385
– -wirkungsgrad 389
– -zahl 384
– –, effektive 300
– –, theoretische 299, 300
Bottichfilter 160
Brechen 57
Brecher, Backen 60, 62
–, Kegel 60
–, Walzen 64
Brikettierung 82, 83, 86
Brüden, s. Sekundärdampf
– -stromdichte 238, 251ff., 256
– -verdichtung, s. Verdampfer

Černobylski, I. I. 239
Chemosorption 350
Claasen, R. 239, 246
*Clapeyron*sche Gleichung 304

*Dalton*sches Gesetz
Dampfverbrauch 241
–, spezifischer 244
Dephlegmation 373
Dephlegmator 268, 270
Desorption 350
Destillation 278, 367
–, einfache, offene 373
–, Gleichgewichtskurven 370
–, Grundgesetze 369
–, mehrfache 380
Dichte 24
– binärer inhomogener Systeme 24
– effektive 112
– eines homogenen Einkomponentenstoffes 24
Diffusion 290, 291, 293, 301, 324, 417, 432
Diffusions-koeffizient 439, 443, 447, 292, 294

– –, äußerer 440, 448
– –, innerer 441, 448
– -saft 109
– -weg 439
– -widerstand 292, 296, 438
Dimensionsanalyse 42, 98
disperse Systeme 23, 110
– –, Trennung 111
Dispersionsmittel 148
Dochlenko 239
Doppelmantel-Apparat 213
Doppelrohr-Wärmeübertrager 216
Dreiecksdiagramm 456
Druck-filter 168
– -verlust 227, 237
Durchflußwiderstand 148
Durchkneten 108

Eigenschaften der Lebensmittel, sensorische 22
Eindampfen 231
–, Berechnung (des) 239, 254 ff.
–, Prozeßführung beim 233
–, Veränderung der Stoffwerte beim 232
Einstein 292, 417
Elektrofilter 143
–, Berechnung der 147
–, Effektivität der 146
Elektrosedimentation 142 ff.
–, physikalische Grundlagen 144 f.
Emulsion 110
Energie-bilanz (Wärmebilanz) 16
– -intensität eines Apparates 50
Enthalpiediagramm 372
Ergonomie 51
Eulersches Kriterium 45, 99
Extradampf 236, 241 ff., 249, 258
Extrakt 455, 459
Extraktion 278, 281, 437
–, einstufige 459
–, mehrstufige 460
Extraktions-analogon 448
– -batterien 453
– -grad 443, 444
– -kurven 443
– -mittel 437, 444
– -prozeß 437
– -zeit 447
Extrudieren 82

Federman-Buchingham-Theorem 40
Fedorow-Zahl 190 f.

Fedotkin 260
Fest-Flüssig-Extraktion 437
Feststoff-phase 148
– -teilchen 151
Feuchtigkeitsbindung 321
Feuchtkugeltemperatur 315
Ficksches Gesetz 291, 300
Film-kolonnen 399
– – mit Rohren 401
– -strömung 181
Filter-apparate (Übersicht) 159
– -fläche 150
– -gewebe 161
– -kuchen 148, 170
– – bildung 149
– – höhe 154, 169, 170
– -nutsche 161
– -schichtdicke 150
– -zentrifugen 170
– – anlaufzeit 172
– – antriebsleistung 171
– –, kontinuierlich arbeitende 173
– – mit Zentrifugalaustrag 174
Filtration 82, 148
– bei konstantem Druck 153
– mit konstanter Filtrationsgeschwindigkeit 155
– ohne Filterkuchenbildung 157
Filtrations-geschwindigkeit 148, 149, 153
Filtrations-regime 153
– -triebkraft 149
– -widerstand 151
Filtrieren 112
Flachstrahl-Kaskadenkondensator 273
Flächenwärmeübertrager 212, 276
Fließ-grenze 27
– -verfestigung 27
Flotation 81
Flüssig-Flüssig-Extraktion 455
Flüssigkeiten, dilatante 27
–, Newtonsche 26
–, nicht-Newtonsche 26
–, pseudoplastische 27
–, rheopexe 27
–, thixotrope 27
Flüssigkeitsfilme 178, 181
Formen 82, 85
Formkoeffizient (im Absetzprozeß) 118
Fourier 195
Fouriersches Gesetz, erstes 28, 324
Freundlich 362

Froude-Zahl 46, 107, 190 f.
Füllkörperkolonne 399

Galilei-Zahl 45, 206
Gangzahl 201, 225, 227
Gasstrahlpumpe 104
Gebäckformmaschine 93
Gegenstrom-extraktion 438, 445
– -schaltung 201, 202, 236
Geschwindigkeitsgradient 26
Gibbssche Phasenregel 286
Gleichgewicht, Gleichgewichtslinie 286, 289, 295
–, thermodynamisches 17
Gleichgewichts-destillation 378
– -feuchte 323, 328
– -konzentration 455
– -kurve 462
Gleichstrom-extraktion 438, 446
– -führung 282
– -schaltung 201, 202, 236
Glockenboden 396
Grashof-Zahl 203, 205
Grenzschicht 290, 293

Heiz-dampfbedarf beim Verdampfer 241, 248, 256
– -dampftemperatur 255
– -fläche 256
– –, Belastung der, s. Wärmestromdichte
– –, Berechnung der Größe der 194, 224, 238, 255, 269
– –, Geometrie der 212 ff., 224, 260, 266
Henrysches Gesetz 352, 362, 363
Hohlräume 25
Homogenität, Grad 105
Hookesches Gesetz 58
Hydrodynamik (Gas-Flüssigkeitswechselwirkungen) 177
Hydrostatik, Eulersche Differentialgleichung der 127
Hydrozyklon 130
–, Durchsatz 141
–, Prinzipschemata 140
ideale Lösungen 368
Ionisation 145 f.

Jacob-Tolubinski-Kennzahl 206
Jalousie-Tröpfchenabscheider 189

Kalorifer 217
Kammerfilterpresse 161, 162

-, automatische 163
-, Kapillaren 150, 157
Kaskadenkondensator, s. Kondensator
Keimbildungsgeschwindigkeit 413
Kicigin, M. A. 239
Kinetik 18f., 298, 324, 410, 420, 433
kinetische Koeffizienten 443
Körper, *Binghamsche*, plastische 27
-, elastische 27
-, viskoelastische *Maxwell* 27
Kolonne mit rotierenden Einbauten 401
Kolonnenapparate 449, 450, 463
Kompressibilitätsmodul 152
Kondensation 195, 266ff.
-, Wärmeübertragung bei 206, 222
Kondensator, Apparate 213, 217, 266, 271
-, Berechnung Mischkondensator 275
-, Berechnung Oberflächenkondensator 269
-, Bilanz 269, 275
Konnoden 458
Konowalowsche Gesetze 369
Kontinuität (von Prozessen) 20
Konvektion 293, 315 und s. Wärmeübertragung
Konzentrations-gradient 291, 325
- -maße 285
- -profil 290, 301
- -stufe 385
- -überschuß 303
Korona, elektrische 143, 145f.
Korrosion 50, 53
Korrosionsgrad 53
Kostenko, G. N. 239
Kristallbildung 414
Kristallisation 278, 281, 408ff., 420ff.
- beim Eindampfen 208, 233
Kristallisationsgeschwindigkeit 412, 418, 421
Kristallisator 422, 424
Kriterien-gleichung 40
- -simplex 41
Kuchenfiltration 149
Kühler 212ff.
Kühlmedium 192
Kybernetik 32

Langmuir 363
Lockerungszustand 63
Lösen 408, 432
Lösegeschwindigkeit 426
Löslichkeit, Kurve 408ff.
Lösungskonzentration 232, 240ff., 255
Luftkondensator 268
Luft, feuchte 304ff.
Luftwäscher 316

Magnetseparatoren 79
Mahlen 57
mantelbeheizte Wärmeübertrager 213
Mantelrohr-Wärmeübertrager 216
Massenstromverhältnis 441, 442
Maßstabsübertragung 21
Matrize 92
Mesch-Zahl 75
Membrantrennprozeß 282
Mikrorisse 59f.
Misch-Absetz-Extraktor 463
Mischen 95
-, Effektivität 105
Mischer, Ejektor 103
-, pneumatische 104
-, Schnecken 107
-, Strömungs 103
Misch-kondensator 266, 271
- -wärmeübertrager 212
Mischungslücke 458
Modell 34
Modellierung 21, 32, 33, 35
Molekular-destillation 406
- -masse 25
Mühlen, Hammer 66
-, Kolloid 61, 70
-, Kugel 61, 68
- mit rotierenden Teilen 61
-, Scheiben 67
-, Schlag 61
Mühlen, Strahl 61, 69
-, Vibrations 61
Multiplikator der ähnlichen Verwandlung 36, 44
Multizyklon 138f., 141f.

Naßkondensator, s. Kondensator
Nebensubstanzen 23
Newtonsche Kennzahl 38
Newtonsches Gesetz (Absetzwiderstand) 115, 121
Normalfilterkuchen 151
Nußelt-Zahl 45, 203–208, 222
Nutsch-Filter 160

Oberflächen-energie 59
- -spannung 31
- -wärmeübertrager 193, 266 und s. Wärmeübertrager
Optimalitätskriterium 52
Optimierung, Prozeß 19

Packung, dichte 25
-, freie 25
Parallelstromschaltung bei Verdampfern 236
Parameter 22
-, physikalische 23
Passagen, Gänge 202, 214, 216, 219
Peclet-Zahl 45, 206
Phasen-führung s. Stromführung
- -gleichgewichtskurve 457
- -grenze, Fläche 290, 295, 302
- -übergang 231
- - -, Kennzahlen 206
- -zusammensetzung 282
physikalische Eigenschaften 23
- - der Lebensmittelstoffe 24
Plattenwärmeübertrager 218
Poiseuille-Gleichung 150
Polpunkt 461
Poren, Filterkuchen 150
Porosität des Schüttguts 25
Potenzgesetz von *Ostwald-de Waele* 27
Prägen 82
Prandtl-Zahl 203ff.
Presse, Extrusions 92
-, Form 92
-, Schnecken 90
-, Stangen 94
-, Topf 90
-, Walzen 91
Pressen 82
Produktionsselbstkosten 52
Produktivität eines Apparates 50
Protektor 55
Prozesse (Systematisierung) 15
Psychrometer 305
Pulsationsextraktor 464

Raffinat 455, 459
Raoult-Gesetz 352, 369
Rahmenfilterpresse 161, 162
Rebinder-Effekt 60
Regeneration 367
Reibung s. Druckverlust
Reibungs-koeffizient 64
- -winkel 65
Rektifikation 278, 384
- von Mehrstoffgemischen 402

Rektifikationsanlagen 384
–, Stoffbilanz 393
–, Wärmebilanz 394
Rekuperator 193
Relaxation 85
Reynolds-Zahl 45, 100, 203 ff., 222
– – beim Absetzen 116 f.
– – eines Flüssigkeitsfilms 178 f.
– – in der Wirbelschicht 190
Rheologie 26, 28
Riesel-kondensator 268
– -wärmeübertrager 217
Rippenwärmeübertrager 217
Rohrbündelwärmeübertrager 213, 219, 234, 260 ff., 266
–, Berechnung Rohrboden 224
–, Druckverlust 227
–, Kondensator 266
–, Verdampfer 234, 260 ff.
Rohrschlangenwärmeübertrager 213
Rosum 239
Rückflußdauer 229
Rücklauf-verhältnis 384
– –, minimales 390
– –, optimales 391
– -zahl 384
Rühren, pneumatisches 186 ff.
Rührer, Blatt 95
–, Planeten 96
–, Propeller 96
–, Turbinen 97
Rühr-kolonnenextraktor 464
– -werk 95

Sättigungskoeffizient 378
Sandfilter 159
Saturationssaft 109
Schaum 110
Schmidt-Zahl 46, 294
Schikane 214
Schneckenzentrifuge 132 f., 174
Schneidarbeit, spezifische 72
Schneiden 57, 71
Schneidmaschinen, Kreisscheiben 71
–, Zentrifugal 71
Schub-beanspruchung 26
– -kolbenzentrifuge 174
– -spannung 26
Schüttdichte 25
Schüttungen, Fließen in 183
Schuppenboden 398
Schwimmkopfwärmeübertrager 214
Sedimentationsgeschwindigkeit im Absetzer 118
– im Zyklon 135

Sedimentieren 114
Sekundärdampf 231, 236, 242
– -ausnutzung 404
Selbstverdampfungskoeffizient 244, 246
Separatoren 131, 132, 134
Sherwood-Zahl 45, 294
Siebe 74
Sieben 74
Sieb-analyse 76
– -boden 396
Sieb-leistung 77
– -maschine 78
– -modul 75
– -wirkungsgrad 77
Siedetemperatur der Lösung 237, 255
Sorptionsprozeß 349
Sortierung 74
spezifisches Volumen 24
Sprüh-düsen 184 f.
– -extraktor 463
– -scheiben 185 f.
Stauchungskoeffizient 444
Stoff-bilanz 16
– -übergangs-koeffizient 293 ff., 325, 363, 416, 441, 447
– – prozeß 278, 288, 293, 300
– -wirtschaft 14
*Stokes*sche Zahl 137 f.
– *s* Gesetz 117
Strahl-kondensator s. Kondensator
– -rühren 187
– -strömung 189
Streckungskoeffizient 444
Strömungs-struktur (in Apparaten) 176
– -technik 176
Strom-führung 282, 288
– -klassieren 79
– -richtereinbauten 125
Struktur-bildung 95
– -viskosität 27
– -widerstand 151
Sublimation 280
Suspension 110

Tablettieren 82
Tauchrohrwärmeübertrager 216
Technologie 13
Teller-kolonne 463
– -separator 132 ff.
Temperatur-differenz, mittlere, logarithmische 196, 202, 221, 224, 229, 249, 269
– –, treibende 195 ff.
– –, vollständige und nutzbare

bei Verdampfern 237, 253, 255, 258, 259
– -gradient 28
– -leitfähigkeit 30
– -verlauf in Wärmeübertragern 197
Theorem von *Kirpičev* und *Guchman* 42
Tiščenko, I. A. 239
Tobilevič, N. J. 239, 260
Trägerstoff 279
Transportleistung 228
Trenn-effekt (Zyklon) 138
– -faktor (Zentrifuge) 126
Triebkraft 18
– der Extraktion 442, 447
Trieur 78
Trockenkondensator s. Kondensator
Trockner 335 ff.
Trocknung 278, 304, 321, 330, 345 ff.
Trocknungs-abschnitt 326 ff.
– -geschwindigkeit 326 ff.
– -verlaufskurve 326
Trog-Extraktoren 453
Trommelextraktoren 450
Übergangskomponente 288
Überlauf (Zyklon) 135
Übersättigung, Grad 408 ff., 417
Übertragungseinheit, Anzahl 297 ff.
Ultrazentrifugen 131

Vajsman, M. L. 239
Vakuum-apparate 422
– -bandfilter 167
– -destillation 377
– -pumpe 260, 262, 266, 276
– -scheibenfilter 166
– -trommelfilter 164
– -verdampfer 263
Verarbeitung 22
–, Grundziele der 22
Verarbeitungseigenschaften 23
Verdampfer 212, 232, 234, 260 ff.
– -anlage, mehrstufig 380
–, Auswahl 263
–, Berechnung 239 ff., 255 ff.
–, Prozeßführung 234, 247, 253
–, Schaltungen, mehrstufig 235
–, –, mit Brüdenverdichtung 235
–, stabile Betriebszeit 251
–, Umlauf 234, 251, 260 ff.
–, Wärmeübertragung im 206, 250

Verdampfungs-koeffizient 244, 246
– -leistung 240, 248
Verdrängung, vollständige 176
Verdunsten 231
Verdunstung 314ff.
Verdunstungskoeffizient 314ff.
Verfahrenstechnik 14
–, Gesetze und Prinzipien der 15ff.
Vermischung, vollständige 176
Verschmutzung 209, 223, 251, 255
Versprühen 184
Verstärkungssäule 384
–, Arbeitslinie 385
Verstopfungsfiltration 148, 157
Verteilungskoeffizient 455
Viskosität 26
– des Filtrats 153
–, dynamische 26
–, kinematische 26
–, plastische 27
Volkov 239
Volumendeformation 58
Vorwärmer 212, 214, 219, 227 und s. Wärmeübertrager

Wärmebilanz 194, 220, 242ff., 269, 275
Wärmedurchgang 192, 196
–, Belastungskurve 209, 222, 252
– -s-Koeffizient 196, 208, 216, 251, 256
Wärmekapazität 28
–, mittlere 194
–, spezifische 28, 194
Wärmeleitfähigkeit 28
Wärmeleitung 28, 195
– -s-Koeffizient 195, 208
Wärmestrom 194
– – dichte 28, 194, 195ff., 223
Wärmeübergang 192, 195
– -s-Koeffizient 319
– – beim Kondensieren 206, 222
– – beim Verdampfen 207, 250
– – ohne Phasenänderung 202ff., 216, 217, 250ff.
Wärmeübertrager, Apparatetypen (Klassifikation) 212ff.
–, Auswahl 218
–, Berechnung 220ff.
–, mehrgängig 202, 214
–, Wirtschaftlichkeit der 228
Wärme-trägheitscharakteristik 51
– -übertragung (-transport) 192
– -verlust 221, 244
Walzenmaschine 93
Wasserdampfdestillation 377
Widerstand, thermischer 198, 208, 250, 251
Windsichten 79
Wirbel-bildung (beim Absetzen) 115f.

Wirbel-schicht 190ff.
– –, kritische Geschwindigkeit der 190
*Wrewskij*sche Gesetze 371

Zeichenmodell 33
Zentrifugal-filtration 168
– -sedimentation 126
– -versprüher 185f.
Zentrifuge 131ff.
–, Durchsatz der 132
–, hängende 170, 171
–, Nutzkoeffizient der 132
Zentrifugentrommel 129, 170
–, Flüssigkeitsverteilung in der 130
Zentrifugieren 113
Zerkleinerung 57
–, Fein- 59
–, Feinst- 68, 70
–, Grob- 59
Zerkleinerungs-grad 57
– –, Walzen 60, 64
Zerstörungsarbeit 58
Zuev, M. D. 239
Žura 254
Zustandsdiagramm für feuchte Luft 307, 331, 334
Zweikomponentensystem 456
Zyklon 135
–, Sedimentationsgeschwindigkeit im 136
–, Wirkungsgrad 138
–, Wirkungsweise 135f.
π-Theorem 41

MIX
Papier aus verantwortungsvollen Quellen
Paper from responsible sources
FSC® C105338

If you have any concerns about our products,
you can contact us on
ProductSafety@springernature.com

In case Publisher is established outside the EU,
the EU authorized representative is:
Springer Nature Customer Service Center GmbH
Europaplatz 3, 69115 Heidelberg, Germany

Printed by Libri Plureos GmbH
in Hamburg, Germany